高等学校材料成型及控制工程专业系列教材———焊接技术

焊接科学与工程

王元良　陈　辉　编著
　　　王一戎　主审

西南交通大学出版社
·成都·

图书在版编目（CIP）数据

焊接科学与工程 / 王元良，陈辉编著. —成都：西南交通大学出版社，2008.11（2020.8 重印）
（高等学校材料成型及控制工程专业系列教材. 焊接技术）
ISBN 978-7-81104-952-7

Ⅰ. 焊… Ⅱ. ①王… ②陈… Ⅲ. 焊接－高等学校－教材 Ⅳ. TG4

中国版本图书馆 CIP 数据核字（2008）第 107491 号

高等学校材料成型及控制工程专业系列教材—焊接技术

焊 接 科 学 与 工 程

王元良　陈　辉　编著

*

责任编辑　高　平
特邀编辑　刘　恒
封面设计　翼虎书装

西南交通大学出版社出版发行
四川省成都市二环路北一段 111 号西南交通大学创新大厦 21 楼
邮政编码：610031　发行部电话：028-87600564
http：//press.swjtu.edu.cn

四川森林印务有限责任公司印刷

*

成品尺寸：210 mm×285 mm　　印张：18.75
字数：622 千字
2008 年 11 月第 1 版　2020 年 8 月第 2 次印刷
ISBN 978-7-81104-952-7
定价：44.00 元

图书如有印装质量问题　本社负责退换
版权所有　盗版必究　举报电话：028-87600562

前 言

焊接是钢结构制造的主要方法。目前正在发展异种材料焊接和复合高性能材料及器件焊接工艺，它们广泛用于大型基础设施建设和装备制造等行业，在这些行业中焊接都起着关键作用，同时，它们对焊接质量和可靠性提出了越来越高的要求。特别是轨道交通要大力发展高速铁路和重载运输，这对线路和桥梁基础设施建设、机车车辆和工程机械的装备制造提出了较高要求，而焊接在其主体结构有效工作和安全运行中都起着极其重要的作用，所以这些行业也是焊接技术应用最广的领域。

焊接结构的优质可靠需要众多学科的科技工作者共同努力：冶金和材料工作者必须致力于提高焊接结构材料的焊接性和与之相匹配的焊接材料；结构设计工作者必须致力于按焊接接头的特点和所用材料及工艺的要求来设计焊接结构；焊接工作者必须致力于按结构设计要求，用最优的焊接方法和焊接工艺优质高效地完成焊接结构的焊接；焊接设备和材料工作者必须致力于提供焊接所需的优质焊接材料和焊接设备等。因此，焊接工作者必须具有焊接冶金和结构、焊接材料、焊接结构力学和强度、焊接方法和工艺、焊接设备和控制等多方面较为深广的知识和运作能力；与焊接结构关系密切的冶金和材料工作、各种结构设计工作、焊接设备和材料工作诸方面的技术和管理人材也必须具备"焊接科学与工程"的基本知识。

本书可作为与焊接结构关系密切的学生和技术及管理人员的教材和参考书。在作为教材时不同专业可以有所侧重，如通用的材料科学与工程、材料成型加工及控制专业的非焊接方向学生，学时较多时选择面可较宽，对土木（如桥梁、铁道、工程结构等与焊接密切相关的专业方向）、机械（如机车、车辆、工程及起重机械、石化机械、矿山机械、汽车及拖拉机等与焊接密切相关的专业方向）专业，就可仅在其中选择必要章节。另外，高速铁路的发展，对桥梁焊接、道岔及轨道焊接、机车车车辆及其他运载工具的焊接提出了更高的要求，因此这本《焊接科学与工程》同时也是高速铁路焊接丛书的基础卷，为高速铁路《轨道焊接》、《桥梁焊接》、《机车车辆焊接》等分卷的基础。

本书强调阐述焊接科学基础与工程的结合，不只着眼于现在，也着眼于未来，按此原则对内容和图表进行了整合，不过于汇集知识和资料及细节描述，而尽可能做到深而不精、宽而不细，目的在于着重其规律和发展的比较与分析，以启迪读者的思维和创意，为开拓技术创新打基础。

本书是在1986年中国铁道出版社出版的《焊接及焊接结构》高校试用教材的基础上改编的，吸收了该教材部分内容，吸收了国内外近20年来焊接技术的发展成果，特别是我校近20年来的科研成果，延伸了焊接科学的范畴，在焊接科学理论的指导下大幅度地增加了新能源和高效焊接方法，扩充了材料和新材料的焊接内容，集中和重点阐述了焊接变形应力和接头强度，故本书被赋予了全新的内容。

在此，对本书文献和素材的提供者表示衷心的感谢。本书的编著和出版得到了西南交通大学教务处和出版社的大力支持，对此也表示衷心的感谢。

本书由王元良、陈辉编著；王一戎主审；刘拥军、苟国庆参加了部分编写工作。

王元良 陈辉
2008年10月

目 录

第1章 材料连接与焊接 …………………………………………………………………… 1
 1.1 接头形式与连接方法 ……………………………………………………………… 1
 1.2 焊接过程与能源及焊接方法 ……………………………………………………… 4
 1.3 焊接技术的学科领域及应用 ……………………………………………………… 6
 1.4 材料及焊接接头性能 ……………………………………………………………… 8

第2章 化学能源及其焊接和加工 ……………………………………………………… 11
 2.1 气焊和火焰加工热源及其应用 …………………………………………………… 11
 2.2 氢气能源及其焊接与切割 ………………………………………………………… 17
 2.3 铝热焊 ……………………………………………………………………………… 18

第3章 电弧能源及其电弧焊接和加工 ………………………………………………… 22
 3.1 焊接电弧物理 ……………………………………………………………………… 22
 3.2 焊接电源及其特性 ………………………………………………………………… 25
 3.3 电弧切割和焊接方法 ……………………………………………………………… 29
 3.4 钨极氩弧保护焊（TIG焊）………………………………………………………… 34
 3.5 熔化极气保护焊 …………………………………………………………………… 37
 3.6 药芯焊丝焊 ………………………………………………………………………… 42
 3.7 等离子弧及其应用 ………………………………………………………………… 48

第4章 电阻热的利用及电渣焊和接触焊 ……………………………………………… 55
 4.1 电阻热及其利用 …………………………………………………………………… 55
 4.2 电渣焊（液体电阻焊）…………………………………………………………… 55
 4.3 电阻焊（固体电阻焊）…………………………………………………………… 58
 4.4 电阻热在焊接及切割中的其他应用 ……………………………………………… 64

第5章 其他能源的焊接 ………………………………………………………………… 66
 5.1 电子束焊接 ………………………………………………………………………… 66
 5.2 激光焊接 …………………………………………………………………………… 68
 5.3 摩擦焊 ……………………………………………………………………………… 70
 5.4 超声波在焊接工程中的应用 ……………………………………………………… 74
 5.5 爆炸焊接与加工 …………………………………………………………………… 75

第6章 焊接时金属加热和焊接规范的选择 …………………………………………… 76
 6.1 焊接温度场与热循环 ……………………………………………………………… 76
 6.2 电弧对金属的加热及焊接规范选择 ……………………………………………… 80
 6.3 焊接规范的选择 …………………………………………………………………… 84
 6.4 焊接规范对焊缝形状的影响 ……………………………………………………… 86
 6.5 焊接接头形式及坡口尺寸 ………………………………………………………… 89
 6.6 提高焊接生产率的方法 …………………………………………………………… 91

第7章 电弧焊冶金过程及焊接材料的选择 …………………………………………… 92
 7.1 焊接冶金过程的特点 ……………………………………………………………… 92

7.2	熔渣与焊缝金属的作用	94
7.3	熔渣的作用	94
7.4	手工焊焊条	96
7.5	埋弧焊焊丝及焊剂	101
7.6	气体保护焊材料	105
7.7	自保护药芯焊丝	109

第8章 焊接接头组织性能及主要金属的焊接 111
- 8.1 焊缝结晶及其组织 111
- 8.2 焊接热影响区及其组织 113
- 8.3 材料的焊接性 121
- 8.4 碳素钢的焊接 131
- 8.5 合金结构钢的焊接 137
- 8.6 高合金钢焊接 152
- 8.7 铸铁的焊接 157
- 8.8 有色金属的焊接 160
- 8.9 特种合金及材料的焊接 166

第9章 焊接变形及应力 174
- 9.1 焊接变形及应力的产生原理 174
- 9.2 纵向收缩变形及所引起的变形和应力 177
- 9.3 构件边缘加热时的收缩变形和弯曲变形 183
- 9.4 横向收缩所引起的变形 185
- 9.5 横向收缩引起的角变形和弯曲角变形 188
- 9.6 影响焊接变形的因素及防止措施 193
- 9.7 焊接组织应力 199
- 9.8 焊接残余应力 202
- 9.9 焊接残余应力的测定 212

第10章 焊接接头的强度计算 219
- 10.1 焊接接头应力集中与应力分布 219
- 10.2 焊缝的静载强度计算 222

第11章 焊接接头和结构断裂分析 233
- 11.1 焊接结构的断裂失效分析 233
- 11.2 焊接接头的静载断裂强度分析 237
- 11.3 焊接结构的脆性断裂 245
- 11.4 焊接结构的疲劳强度 263
- 11.5 焊接接头的应力腐蚀 282
- 11.6 焊接接头的质量控制及检验 288

参考文献 293

第1章 材料连接与焊接

焊接结构是由材料焊接而成的承载结构,其连接质量对整个结构的安全和寿命起着关键作用。因此,合理设计结构,选择合理的焊接方法、焊接设备、焊接材料、焊接工艺及质量保证措施,设计或改造工艺装备,建立完整的质量保证体系,在制造过程中确保焊接结构制造质量,是焊接结构生产的关键。在此基础上还要选用优质高效节能的焊接技术。

1.1 接头形式与连接方法

1.1.1 机械连接与连接形式

把两种材料连接为一体,连接的方法最早是机械连接,如常见的螺栓连接和铆接。螺栓连接是将板制孔,穿入螺栓用螺母旋紧为一体,由于其具有可拆卸和重装性,至今仍为机械组装连接所采用;在大型结构中则多采用铆接,即将板制孔,穿入加热(高塑性小铆钉可不加热)的铆钉将另一头热压成型,同时收缩紧固,可拆卸但不能重装,只能换铆钉重铆。螺栓连接和铆接都是由其承载截面(单钉截面×钉数)传递剪力,仅实用于搭接接头,如需作成对接接头则需加盖板,螺栓连接和铆接的形式如图1-1所示。另外,还有两种机械连接接头,即套管螺栓接头和热压接头,前者是用两端各有正反内螺纹的套管套入两端各有相应的正反外螺纹的杆件,转动套管直到内杆件靠近至接触形成套管接头;如果套管接头未加工螺纹,套管内杆件靠近至接触后加热,加压成不同程度的凹凸接触形成套管接头,叫热压接头。机车轮毂与轮圈的连接是将两者的配合留一定的过盈量,将轮圈加热膨胀后套进轮毂然后冷却收缩与轮毂形成整体。实际上这两种连接与前述连接原理相似。

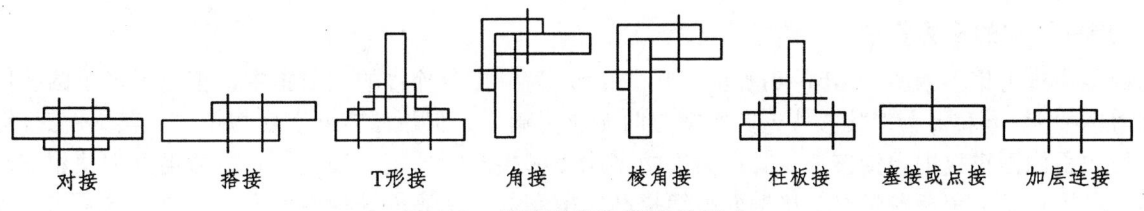

图 1-1 螺栓连接和铆接的形式

1.1.2 焊接连接与连接形式

近几十年发展最快的是焊接连接,可以直接连接成各种接头,该类接头如永久性接头,不可拆卸,如图 1-2 所示。各类机械由于需要经常拆装修理,而且通常要在不大的空间安装很多零件,因此用螺栓连接较好,但对不需经常拆卸的机械,如大型机械的机体和大型部件,现在也改用焊接件代替铸件和锻

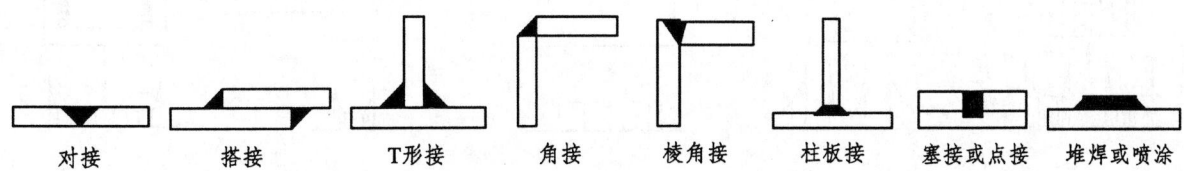

图 1-2 焊接连接的各种接头形式

件或采用铸-焊或锻-焊联合结构。对于大中型的工程（桥梁、水工、建筑等）结构，运载工具（机车车辆、轮船、起重工程机械等）结构，容器（锅炉、罐车、化工设备等）结构，过去都用铆接，现在都采用焊接。

1.1.3 焊接接头形式在结构图上的标注

焊接结构是由各种焊接接头组成，在一个结构设计图纸上都有焊接接头接头形式的代号，其表示方法如图1-3所示。

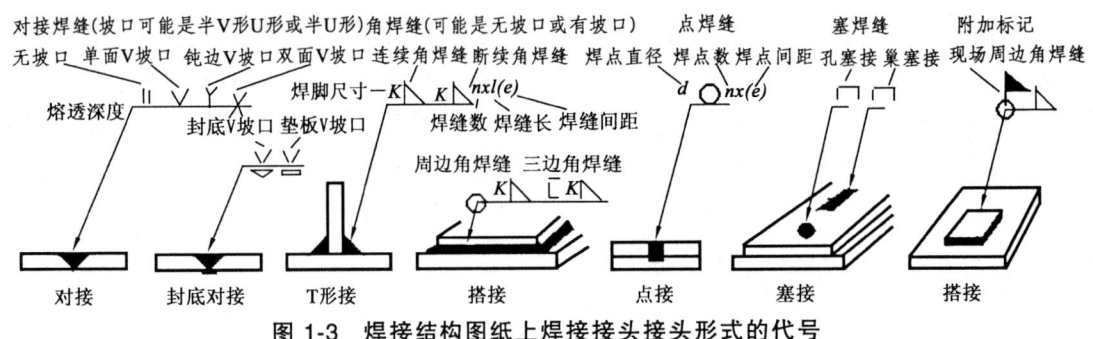

图1-3 焊接结构图纸上焊接接头接头形式的代号

1.1.4 接头形式与应力集中

1. 应力集中

从力学理论得知，有孔的板受拉力，由于孔截面削弱了母材，不能传力，应力向孔边密集而引起应力集中，最大应力σ_{max}与平均应力σ之比叫应力集中系数K_T如图1-4(a)所示，根据理论和实验分析，K_T与孔形和方向有关：

$$K_T = 2 + \frac{a}{b} = \frac{\sigma_{max}}{\sigma}$$

式中　a——垂直于受力方向的孔径；
　　　b——平行于受力方向的孔径。

由上式看出，圆孔a等于b，所以K_T等于3；如a大于b，K_T就大于3，反之就小于3。

2. 接头形式的应力集中

几种接头应力集中如图1-4(b)~(e)所示，其中（b）为铆接及栓接的应力集中，相当于多个圆孔应力集中，应力集中大，c和d为对接接头，其板宽方向无应力集中，但板厚方向有应力集中，其K_T与焊缝形状有关。但如用侧面搭接的焊接接头，其应力集中可能比铆接及栓接接头还要大。目前钢桥中使用的高强度栓接结构是用在所加盖板和母材的接触面喷铝提高摩擦系数，用高强螺栓旋紧产生的拉力压紧用盖板和母材的摩擦力传力可减少应力集中。

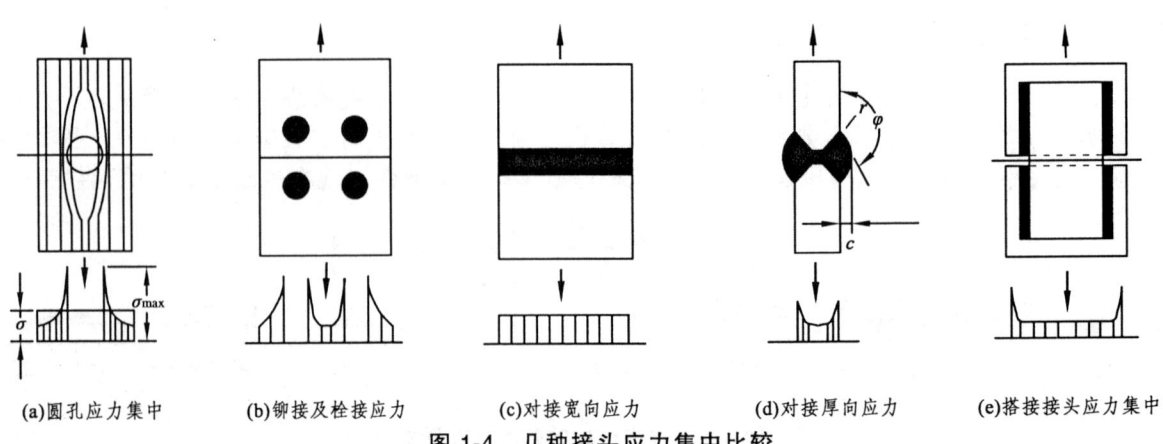

(a)圆孔应力集中　(b)铆接及栓接应力　(c)对接宽向应力　(d)对接厚向应力　(e)搭接接头应力集中

图1-4 几种接头应力集中比较

$$K_\mathrm{T} = 1 + 2\sqrt{\frac{c}{r}\sin\varphi}$$

式中 c——焊缝余高，mm；

r——焊缝到母材的过渡半径，mm；

K_T——焊缝宽度系数，一般取 0.7～0.8；

φ——焊缝余高过渡面与母材面的夹角，度。

由上式看出，焊缝余高越大，焊缝到母材的过渡半径越小、越急，应力集中系数就越大；如加工去除余高应力集中系数为 1，即无应力集中。

3. 焊接缺陷的应力集中

如焊缝中有垂直于受力方向的未焊透和裂纹等缺陷，也会引起较大的应力集中，其 K_T 与裂纹的长度和尖端尖锐程度有关，即

$$K_\mathrm{T} = 1 + 2\sqrt{\frac{a}{\rho}}$$

式中 a——裂纹与受力垂直方向的半长，mm；

ρ——与受力垂直方向裂纹的尖端半径，mm。

由上式看出，与受力垂直方向裂纹应力集中系数 K_T 大，其长度 $2a$ 越大，尖锐度越大，即 ρ 越小，K_T 越大；如裂纹与受力方向平行，则 K_T 很小。

4. 应力集中对结构强度和寿命的影响

应力集中对结构的精度、强度和寿命都有一定影响，特别是承低温冲击和疲劳载荷的结构影响很大，若采用高碳钢和高强钢其影响更大，在高速和重载的运行情况下应力集中对结构强度和寿命的影响更加突出。根据世界各国的调查，很多焊接结构的断裂都起始于焊缝与母材交界的焊趾应力集中处或焊接缺陷的应力集中处，在高碳钢轨和高强钢运载工具和工程结构的结构设计中，避免结构和焊接接头的不连续性引起的应力集中，选择焊接性能好的母材、焊接材料、焊接方法和焊接工艺，避免焊接工艺和缺陷引起的应力集中。因此只有从焊接结构的设计、选材、焊接工艺多方面进行质量控制才能保证结构的安全运行。

1.1.5 焊接结构与其他结构的比较

1. 与铆接及栓接结构比较

焊接结构与铆接及栓接结构比较：① 可节省金属材料量 15%～20%；② 无需钻孔加工和铆钉及螺栓螺母，节省加工和材料；③ 减轻结构重量，这就意味运载工具可多装快跑，工程结构可减轻基础的压力；④ 结构形式设计的自由度大，应力集中小；整体性强，现场安装工作量少，但脆断整体破坏的倾向较铆接及栓接结构要大；⑤ 可目测检查性较铆接及栓接结构低。维修较铆接及栓接结构难。

2. 与锻压和铸造相比较

① 比铸铁结构节省材料 50%～60%；比铸钢结构节省 30%。② 减轻结构重量，这就意味运载工具可多装快跑，节约能源和减少温室气体排放。上部结构可减轻基础的压力。③ 可节约固定资产设备投资，无需大型锻造和铸造设备和加热熔化设备及其大型厂房的投资。④ 与锻压和铸造相比，大大减少劳动量和制模工作量，以某重型落地镗铣机床铸钢改焊接结构为例，焊接工时只有铸造木模工时的 52%，节约优质木材 40 m³，节约金属 33%，节约成本 19.76%。缩短生产周期，一般速度要提高 1.7～3.5 倍；提高劳动生产率，同时便于结构产品的更新换代。⑤ 与锻压和铸造相比，降低劳动强度，改善劳动条件，环保节能。

3. 混合结构的比较

① 压型-焊接联合结构：薄板结构多用压型-焊接联合结构，如汽车车身和底架都是，客车车体和很多箱体结构也是。② 锻压-焊接结构：对一些中小型复杂组件用锻压比较合适，可减少复杂组件的焊接难度，

可减少结构总体的变形和应力；对一些锻钢件采用双金属锻件焊接结构，如大型齿轮可以用锻压加工和热处理后的耐磨齿圈和中等强韧钢的锻造轴套与钢板幅条焊接成大型齿轮，如柴油机阀体，可用耐热钢阀座和一般材料的阀杆成为阀体焊接可节约大量贵重金属。③ 铸钢-焊接结构：与整体铸钢结构相比，可以小拼大，可利用一些铸钢件的优点，又降低了对大型铸钢熔炼和浇注设备的要求，还可与锻压-焊接双金属结构一样作成铸钢-焊接双金属结构。④ 表面复合结构：用堆焊或喷涂的方法在一般金属构件上堆焊或喷涂一层合金钢以达到耐磨、耐蚀、耐高温、导电、绝热等特殊要求的表面复合结构，可节约大量贵重金属。⑤ 金属与非金属组成的复合结构：如钢管混凝土结构目前开始用于桥梁桁架结构，可充分利用钢管的抗拉特性和混凝土的抗压特性，同时也用于桥梁的基础和塔架结构；在金属结构表面喷铝或塑料可以防腐蚀以延长结构寿命。⑥ 栓-焊结构：在桥梁建设中广泛采用高强螺栓的栓焊桁架结构，其杆件为焊接结构，在现场用高强螺栓加盖板连接，在盖板与母体接触面喷铝提高摩擦系数，使在高强螺栓拉力作用下形成整体，目前已发展到整体节点的栓-焊结构，即将每一杆件节点在工厂焊接而成，到现场用高强螺栓在节点外连接，这样节约材料和现场焊接量。栓-焊结构的优点是减少大型结构的运输难度，对防止结构整体脆断有利。与栓-焊结构不同，栓-焊或铆-焊接头传力接头则不可用，因为焊接接头是刚性接头，栓-接或铆-接接头为半刚性接头，在受力时首先加到焊接接头上，在其破坏后栓-接或铆-接接头才受力，两者不能共同受力。

1.2　焊接过程与能源及焊接方法

两种或两种以上的材料（同种或异种）通过原子或分子之间的结合和扩散形成永久性连接的工艺过程叫做焊接。焊接与其他的连接方法不同。通过焊接被连接的材料不仅在宏观上建立了永久性的联系，而且在微观上建立了组织之间的内在联系。接头处是共同熔化凝固结晶形成共同的原子分子结构，也可是固体金属表面紧密接触，在表面上进行扩散、再结晶等物理化学过程，形成金属键，达到焊接的目的。还有一种与焊接十分相似的连接方法是热喷涂和胶接，前者是机械坎入结合，后者是化学键结合，两者与母材的结合强度都不如焊接结合。

1.2.1　焊接过程与焊接方法

按焊接过程可分为熔化焊、压力焊和钎焊，如图1-5所示。三者主要在于焊接时加热温度、加热对象、加热金属状态和连接过程不同，这是焊接过程的本质。

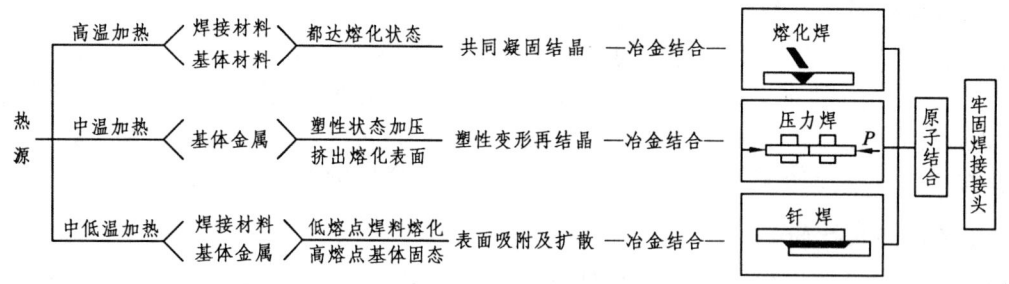

图1-5　焊接过程及分类

1. 熔化焊

将两工件的结合处加热到熔化状态（常需加入填充金属），并形成共同的熔池，冷却凝固结晶后，形成牢固的接头。

2. 压力焊

利用力（或同时加热）的方法，使两工件接合面紧密接触在一起，加热到塑性状态或表面熔化状态，并产生一定的塑性变形，使它们的原子组成新的结晶，加压是使连接处发生局部塑性变形，目的是加速接触面氧化膜的破坏，增加有效接触面积，从而达到紧密的接触，继续加压产生大塑性变形后再结晶，形成牢固的接头。加热被焊金属的连接处，降低金属变形的阻力。不加热的压力焊只有在高塑性的纯铝或纯铜的接头中才用，叫冷压焊，其他压力焊都要加热到塑性状态或表面熔化状态。真空扩散焊也属于压力焊，与前不同的是对焊接工件先加以较大压力再加热而靠其清洁面膨胀接近的原子扩散结合，无需加热到塑性状态和产生整体塑性变形，只有微小的塑性流动；对某些金属还需加入扩散剂，以起到增加扩散速度，减少焊接压力、加热温度和保温时间；如加中间金属为钎料，又称扩散钎焊。

3. 钎焊

对工件和作为填充金属的钎料进行适当的加热，工件金属不熔化，但熔点低的钎料被熔化后填充到工件之间，与固态的被焊金属相互溶解和扩散，钎料凝固后，将两工件焊接在一起。这时加热被焊金属的连接处，目的是增加原子的热振动能，促进扩散、互溶过程的发展。

1.2.2 焊接能源与焊接方法

除冷压焊外，所有的焊接方法都需要用能源加热，大多数能源可适用于多种焊接方法，其能源不同所用工具设备明显不同，其加热的结果也不同，其应用的范围也有所不同，所以经常是按能源系统来命名焊接方法（如图 1-6 右所示）。与焊接相似的是喷涂，所用的能源与方法也与焊接大体相同，不过结合过程不

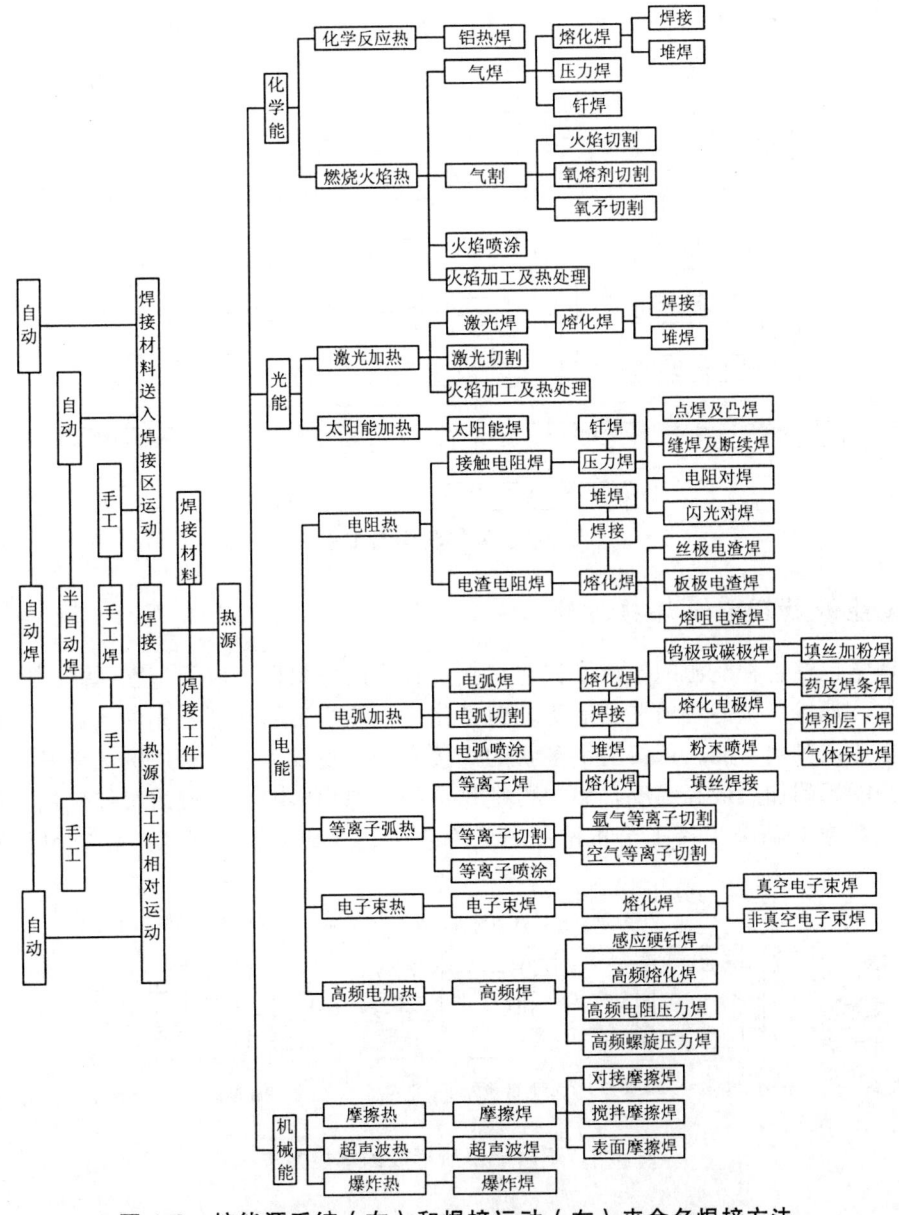

图 1-6 按能源系统（右）和焊接运动（左）来命名焊接方法

是焊接结合而是机械坎合。与焊接相反的是切割，所用的能源与方法也与焊接大体相同，但其作用是使材料一分为二，是原子分离。焊接能源还可作很多其他加工，如合金冶炼、材料热处理、材料机械加工、新材料和一次成型制造。

1.2.3 焊接运动与焊接方法

焊接运动是由焊接材料送给运动和热源与工件的相对运动来完成焊接。如这两种运动都是手工完成就是手工焊(如最常见的药皮焊条手工焊)；如这两种运动都是自动进行就是自动焊(如最常见的埋弧自动焊)；如焊接材料送给运动是自动进行而热源与工件的相对运动由手工完成叫做半自动焊（见图1-6左）。

1.3 焊接技术的学科领域及应用

焊接科学技术的发展依托于物理和能源科学的发展，形成了几十种各具特性的焊接新方法。由于不同的焊接热源作用于不同金属的结构，产生了不同的热力学、冶金学和力学相互交叉和依存的焊接过程，形成了独具特色的焊接物理学、焊接冶金学和焊接力学等科学理论，并由此指导焊接工艺、焊接设备和焊接结构工程的发展，形成了有科学基础有广泛的应用范围和发展前景十分广阔的焊接科学与工程，如图1-7所示。

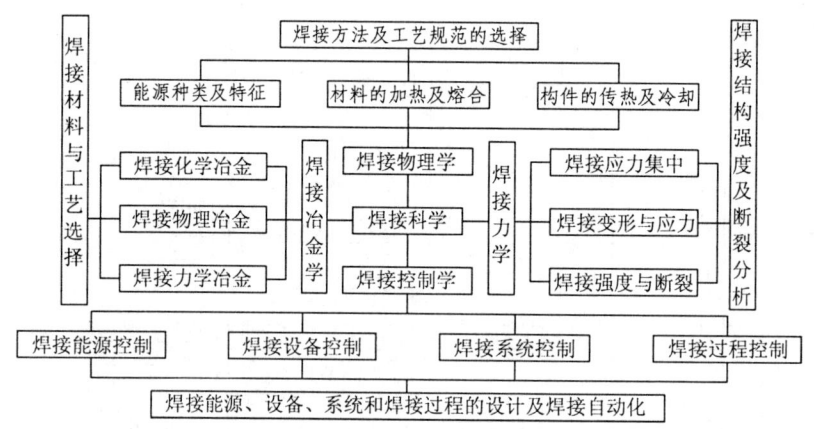

图1-7 焊接科学与工程

1.3.1 焊接能源物理学与焊接方法

焊接能源物理学包括各种能源的本质及其在焊接过程中的作用以及应用范围，焊接能源设备及其控制，形成了焊接物理学。焊接能源的应用非常广泛，包括化学反应产生的热源、光学热源、电能（电弧和电阻热）和机械（摩擦热或其他）能，可衍生很多新的焊接方法设备及工艺，常用的热源及相应的焊接方法如图1-8所示。这些能源的加热最高温度、集中程度和保护状态都影响到焊接质量和应用范围，因此焊接能源物理学是选用、发展和研究焊接工艺和设备的理论基础，焊接也是新能源最先应用和发展最快的领域之一。

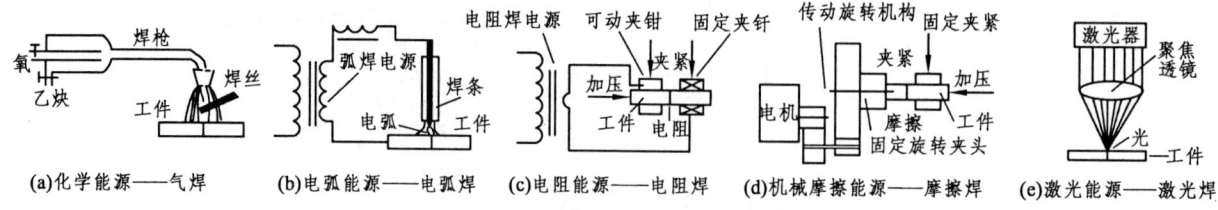

图1-8 不同能源所形成的焊接方法

1.3.2 焊接冶金学与材料焊接

材料加热焊接过程是一个复杂而特殊的冶金过程：其熔化焊过程的熔池的凝固结晶相当于化学冶金过程（炼钢和铸造）；而相邻的区域材料被加热到不同温度以不同速度冷却相当于物理冶金过程（热处理）；在压力焊时是加热到材料塑性状态加以压力产生塑性变形再结晶，相当于力学冶金过程（压力加工）；这一系列的冶金过程，形成了焊接接头不同的组织性能，而这一系列的冶金过程又与炼钢和铸造、热处理和压力加工既相似又有不同，形成了在一个焊接接头内有明显不同的组织性能区，而且与焊接能源、焊接方法、焊接工艺参数有很密切的关系，形成了特殊的焊接冶金学，这是指导各种材料焊接的基础，是各种材料焊接性能研究、焊接材料选择、焊接方法及工艺的选择和相应焊接参数选择的基础。

1.3.3 焊接力学与焊接结构强度

焊接与一般热加工不同，从加热来看，它加热区很小而且温度梯度很大，加热速度、最高温度和冷却速度绝大多数情况都不是由均匀炉温和冷却介质决定，而是由本身的极不均匀的温度场决定，因而会在焊接接头区域产生很大的变形和应力，对裂纹的产生有重要影响，进而保持到室温为焊接残余变形和残余应力，在焊缝和热影响区的峰值残余应力可能达到屈服极限，这对焊接结构强度在很多情况下要产生重要影响。另外，焊缝及焊接接头的形式和焊接缺陷会产生应力集中，在很多情况下也会对焊接结构强度产生重要影响。这二者又正处于组织性能不均质的焊接接头部位，加载时形成了焊接接头特殊的力学行为，如果质量控制不好，在使用中的起裂往往由此开始，这点在高速列车和重载货车结构、高速铁路的钢轨和桥梁结构等高速动载结构特别重要。还有就是焊接接头一般都不是以一个零件参与工作，而是在一个结构整体中起连接传力作用又具有整体性，一旦发生断裂，就会危及到整个结构安危，因而对焊接结构的质量控制理论和方法研究，以及安全的科学监测和评定就显得特别重要。这些焊接结构强度分析和控制的基础就在焊接力学。

1.3.4 焊接控制学与焊接工程控制

焊接控制学包括多方面：焊接能源的控制是对焊接能源的性能和特性的控制，焊接参数的控制；焊接设备工程控制是焊接过程执行和协调的控制；焊接过程的自动控制是指焊接过程稳定性和变化规律的自适应控制；焊接系统控制是指整个焊接系统的综合和集中控制。这使焊接全过程的自动化过程的提高，对提高焊接质量和生产率起到关键作用。

1.3.5 焊接与再制造工程

焊接结构有些特殊用途部位需要堆焊特殊合金层，如某些化工容器需要在内层堆焊不锈钢，如某些工程机械需要在工作刀具面上堆焊耐磨合金，如某些冶金机械需要在轧辊工作面上堆焊耐热耐磨合金。表面喷涂及喷熔技术应用很广，其所用设备、材料、能源与焊接类似甚至相同，它可形成不同使用性能材料的表面层，使达到耐磨、耐冲刷、耐蚀、耐热、隔热、导电（或半导体）及超导、绝缘、辐射、催化、仿生等特殊功能，可合理利用材料，扩展零部件用途和延寿。发展再制造工程还可制造出很多新材料和特殊表层的零部件及新产品，可大大节材（特别是贵重材料）和延寿，可创造出很大的经济效益和社会效益。但热喷涂的喷涂材料与基体结合为机械结合，这点与焊接不同，因此其结合强度不如焊接，最适合于不直接传力（特别是冲击力）的薄层平面表面制备和加厚修复，以及钢结构长效防腐中应用。

1.3.6 焊接技术的发展

1. 焊接新能源及其方法设备的应用

如高能密度的等离子焊接、电子束焊接和激光焊接，如低耗能的摩擦焊和搅拌摩擦焊，采用一些新能源和复合能源焊接和切割的应用。

2. 焊接高效化和自动化

焊接、切割、堆焊自动化是焊接技术发展方向。包括焊接机器人的研究开发及应用、研究开发灵巧轻便组合式智能焊机和生产过程低成本自动化。

3. 焊接过程的计算机模拟和仿真

焊接技术的计算机仿真是利用物理或数学模型进行数值模拟和试验研究，可以对焊接热过程、焊缝和加热区的相变过程和组织性能、焊接变形应力的发展过程、焊接熔池流动和焊缝形成过程、不均质焊接接头的力学行为和焊接结构及其部件的应力分析等进行计算机数值模拟，使焊接技术研究变为"理论-计算机模拟-生产应用"循环，可达到组织性能预测及优化，裂纹预测及诊断，材料及工艺优化，焊接缺欠及结构安全评定的目的，使其分析逐步由定性到定量（如图1-9(a)所示）。同时还可对产品设计制造过程的实际系统采用一定的建模方法来建立一定数学模型；用计算机仿真算法转换成仿真模型，用仿真软件进行仿真试验，在装备和结构设计、焊接工艺和焊接过程和系统设计方面，由此可大大节约设计和试制成本（如图1-9(b)所示）。

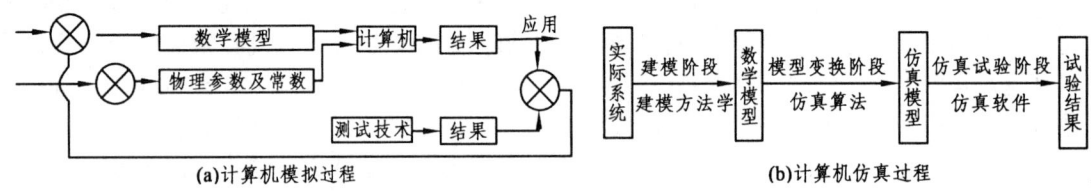

图1-9 焊接过程的计算机模拟和仿真过程

4. 最优化技术

它是用计算机研究和解决在一切可能的方案中寻求最优方案的科学方法，其本质是以所期望的目标为目标函数，与此相关联的关系为一些约束条件，建立目标函数与约束条件之间的函数关系，求出此函数的极大值来确定其约束条件的数值为最优值。可用于焊接结构及机械产品设计优化，焊接接头品质及焊接材料选择优化，焊接工艺方法、过程及其参数的优化，焊接自动化方案及其系统设计的优化，工厂及车间及其工段的布置优化，生产计划、材料库存及运输优化，焊接材料配方设计优化等。其涉及面很宽和应用面很广，应用得好就会达到优质高效节材节能的目的。

5. 焊接专家系统

它是一种基于专家的知识和经验求解难题的计算机程序，利用专家的知识和经验形成的数据库中提取所需的知识、信息和图表，与用户工程师人机对话作出推理和解释后作出决策。专家系统是目前人工智能中用于实践最多体现效益最好的领域。各专业都可作出相应领域的专家系统，神经网络技术的发展更加速了专家系统的完善与发展。

1.4 材料及焊接接头性能

1.4.1 材料及焊接接头拉伸性能

常规材料拉伸性能有强度和塑性。强度为单位面积上的极限承载能力，在一定的温度条件和外力的作用下抵抗断裂的能力，工程上常用的强度指标有抗拉强度（强度极限 σ_b）、屈服强度（屈服极限 σ_s），这一般都是指静载强度。塑性是金属材料在外力作用下产生永久变形的能力，常用的塑性指标有延伸率 δ、断面收缩率 ψ。钢材的强度和塑性指标可以通过拉伸试验获得，其获取过程如图1-10所示，在实验过程中，随载荷的增加到 P_s 开始塑性变形（屈服），由于变形硬化，强度随变形增加而有所增加，达到最大值 P_b 产生缩颈，形成应力集中和三向应力状态在脆性点启裂并扩展直至断裂（如图1-10（a）所示），这一过程会由记录仪自动记录（如图1-10(b)所示），将断裂的试件合龙测出其标称长度（5倍直径或10倍直径）的塑性变形增加量（L_b-L）和断面的塑性变形减少量（$F-F_b$），由此可求出 σ_b、σ_s、δ_5 和 δ_{10}、ψ（如图 1-10(c)所示）。图 1-10(b)中的面积代表塑性变形功和断裂功（弹性变形功在卸载后复原），实际上就是静力韧性。对一些高碳钢或某些合金钢，往往没有明显的屈服点，就以其产生 0.2%的塑性变形量载荷 $P_{0.2}$ 计算出的 $\sigma_{0.2}$ 为屈服极限。这时强度有较大提高，但塑性指标大幅下降，塑性储备很少。上述是由拉伸试验所得的指标。如果将材料进行压缩和扭转试验，则可得出抗压或抗剪和抗扭性能指标。在焊接接头中除焊缝金属可作标准的拉伸试验外，焊接接头可作全厚度的焊接接头拉伸试验，以断裂时（断在母材区、各热影响区或焊缝区）的强度为焊接接头强度，不一定求其他指标。如果要求求出焊缝或热影响区的强度则需将试件该部分削弱，以便在此断裂，即可得出该部位的断裂强度。

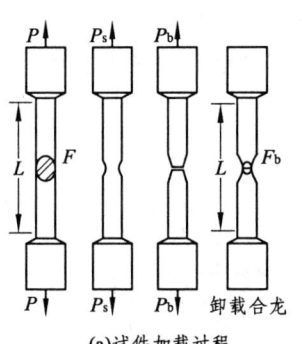
(a)试件加载过程

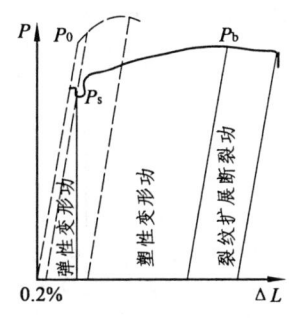
(b)载荷变形图

应力 $\sigma=\dfrac{P}{F}$，应变 $\varepsilon=\dfrac{\Delta L}{L}$，弹性模量 $E=\dfrac{\sigma}{\varepsilon}$，

强度极限 $\sigma_b=\dfrac{P_b}{F_b}$，屈服极限 $\sigma_s=\dfrac{P_s}{F_s}$，$\sigma_{0.2}=\dfrac{P_{0.2}}{F_{0.2}}$；

延伸率 $\delta=\dfrac{L_b-L}{L}\times 100\%$，断面收缩率 $\varphi=\dfrac{F-F_b}{f}\times 100\%$

总功=弹性变形功+塑性变形功+裂纹扩展断裂功

(c)材料性能指标及含义

图 1-10　材料的基本性能图解

1.4.2　材料及焊接接头的弯曲性能

如果对在一定支点距上的试件或构件作三点弯曲或悬臂弯曲试验，会产生弯曲，以断裂前的弯曲角和下弯变形量作为塑性指标，以断裂前所加的载荷可计算出抗弯强度。在做板试件弯曲时对不同板厚的压头半径和支座间距有一定规定。焊接接头的弯曲试验有面弯和背弯两种，是考验焊接接头塑性和抗弯性能的重要方法。对焊接构件也可进行弯曲试验，例如在钢轨焊接中的焊接接头就作静弯试验，其支点距离为 1 m，试验机的容量需 2 000 kN，用断裂前的最大应力为抗弯强度，用断裂前的最大下弯距离 f 为塑性指标。

1.4.3　材料及焊接接头的韧性

韧性是指金属材料在载荷下破断前吸收的能量，采用冲击加载，可以是悬臂弯曲、三点弯曲、拉伸或扭转。从冲击载荷—变形曲线可得出冲击韧性，一般多用 10 mm×10 mm×55 mm 切口深 2 mm 的标准试件的三点弯曲试验的冲击功 A_{KV}（试样刻槽缺口是"V"形叫却贝试件）或 A_{KU}（试样刻槽缺口是"U"形，叫梅氏试件）表示，单位为（J）。有时也用单位面积（计算面积为 0.8 cm²）上的的冲击功 α_{KV} 或 α_{KU} 表示，单位为（J/cm²）。焊接接头的韧性测试则要麻烦一些，要在试件磨光腐蚀后显出焊接接头各区后，在指定区开切口，以测出该指定区的韧性值。可以在常温冲击得出常温冲击韧性，也可在指定低温冲击得出低温冲击韧性，都以三个试件平均值为准。还可以作系列温度的冲击功绘出显示韧—脆转变的 A_K-T 曲线。

1.4.4　材料及焊接接头的硬度

硬度是衡量钢材软硬程度的一种指标，以布氏硬度、维氏硬度、洛氏硬度和肖氏硬度表示（如图 1-11 所示）。布氏硬度用符号 HBS（压头为钢球）或 HBW（压头为硬质合金球）表示（如图 1-11(a)所示），它的大小表示压痕单位面积上所承受的压力 P/F，一般不标出单位。硬度愈高，表示材料愈硬；HBS 适应于布氏硬度值在 450 HB 以下材料，为一般常用，称为 HB，另外还有 HBW 适用于布氏硬度值在 650 HB 以下的材料。洛氏硬度以金刚石圆锥形压头压入深度来表示硬度（如图 1-11(b)所示），有几种不同的硬度标尺，我国常用的有 HRA、HRB、HRC 三种，最常用的是 HRC。维氏硬度值是以金刚石四面锥形压头压入的压痕的对角线来计算面积所承受的压力 P/F 表示硬度（如图 1-11(c)所示）用符号 HV 表示，其优点是从低到高有一个连续的标尺；用显微镜配小载荷（以克力计量）的维氏硬度测量出的硬度（可测出显微组织组成体的硬度）又称显微硬度，用 HM 表示。还有一种与上面不同原理测出的硬度（如图 1-11(d)所示），即用一金刚石圆头的重锤提升到一定高度后落下锤击金属后回弹的高度来确定硬度，称之为邵氏（肖氏）硬度 HS，此法的优点也是从低到高有一个连续的标尺，除了能在试验机上对试件测试外，还可用其手持机头在大机件上测出肖氏硬度值。以上几种硬度的相互换算如表 1-1 所示，还可得到相近的抗拉强度 σ_b 的近似值。目前还有一种里氏硬度计，其测试原理与肖氏相似，测出值叫里氏硬度 HL，可用多种冲击装置测量 HRC、HRB、HB、HV、HS 等硬度和对多种工件形状和材料测量硬度，轻巧简便易用。目前各种硬度计都有很快的发展，不少硬度计能有自动操作、数据处理、数据存储数显和打印、硬度数据转换和与计算机联结接口。在材料的硬度测试中，一般以测出三点的平均值为其硬度值。对焊接接头的硬度测试比较麻烦一些，要用在焊接接头表面或横截面磨光腐蚀后显出焊接接头各区，然后再跨三区的直线上以 1 mm 甚至更小的间距测量其 HV 值，由此可得到焊接接头的硬度分布，也可确定其近似的焊接接头的强度分布或各区的三点平均值。

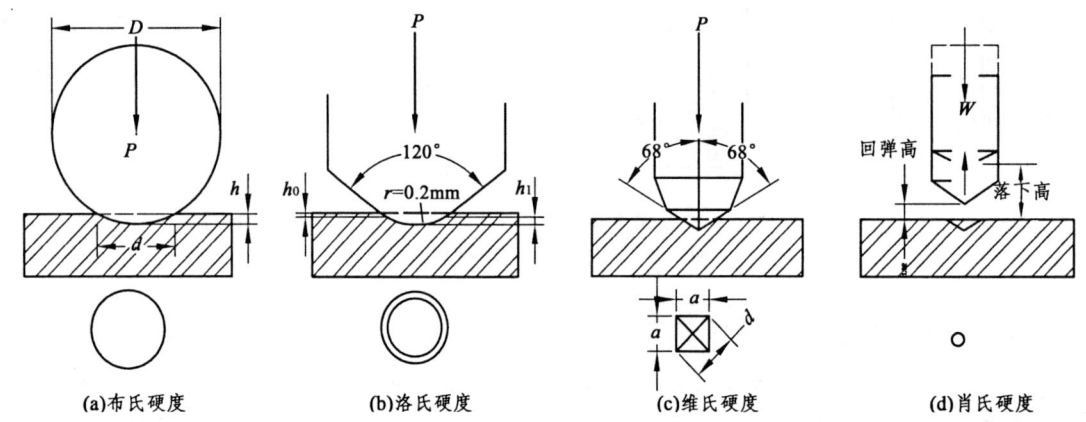

图 1-11　几种常用硬度测试方法示意

表 1-1　各种硬度指标和抗拉强度对照表

HV	940	680	560	520	480	440	400	360	320	290	270	250	220	180
HB				480	448	415	379	341	303	275	256	238	209	171
HRC	68	59.2	53	50.5	47.7	44.5	40.8	36.6	32.2	28.5	26.6	22.2		
HS	97	80	71	67	64	59	55	50	45	41	38	36	32	26
σ_b 约（kg/mm²）		232	189	176	162	148	134	120	106	96	89	82	71	59

第 2 章 化学能源及其焊接和加工

化学能源焊接是应用最早的焊接方法，其中锻焊在公元前 5 000 多年就开始应用，一种用碳燃烧产生的能源加热需要连接的接头，"涂黄泥于上入火"，加热到 1 200 ℃锤击，"取其神气为媒合"，形成牢固接头。涂黄泥是为了防止氧化，取其神气为媒合则是在高温塑性状态锤击加压使其达到原子结合。这是我国最早的焊接理论和焊接方法，在古代的刀剑和农具生产中的刃-体焊接中得到广泛应用，而今已为先进能源的压力焊所代替。铸焊也有很悠久的历史，用熔化的高温金属浇铸到连接接头的型框内使成为一体，这在四川三星堆的复杂的青铜器焊接中得到应用，以后发展成用化学反应热焊接的铸焊-铝热焊，至今仍是钢轨焊接的重要方法之一。气焊是应用最广的化学能源焊接，在 20 世纪二三十年代是焊接方法的主流，可用于熔化焊接、压力焊、钎焊、热喷涂、切割和表面热处理等。

2.1 气焊和火焰加工热源及其应用

气焊及火焰加工的特点是用气体的火焰作为热源。乙炔、氢气、石油蒸汽、天然气及其他燃气均可作为燃料，但最常用的是乙炔，因为它燃烧的火焰，热量最集中，因而温度最高，适用于作焊接热源。在气割、预热、火焰淬火和正火等也用其他气体火焰作为热源。为了充分燃烧，常用氧气作为助燃气体加入。

2.1.1 氧-乙炔火焰热源

氧-乙炔气混合后一点火就剧烈燃烧为火焰，反应如下：
$$2C_2H_2 + 5O_2 \longrightarrow 4CO_2 + 2H_2O + Q_{放}$$

1. 火焰的性质

氧（O_2）和乙炔（C_2H_2）的比例一般按 1~1.2 的比例混合，如果 O_2/C_2H_2 在 1~1.2 则成为中性焰，为焊接和火焰加工所常用，这时火焰高温区为还原性气氛可防止氧化，外焰可起隔绝空气起保护作用。O_2/C_2H_2 小于 1 时为碳化焰，这时火焰变长变软，出现冒黑烟，如用以焊接，易使金属有增碳作用，降低焊缝质量，除有时焊易氧化金属时用 C_2H_2 稍多的还原焰，碳化焰很少使用。当 O_2/C_2H_2 大于 1.2 时则成为氧化焰，火焰变短有吱吱声，这时火焰中有多余的氧可氧化金属，使焊缝性能变坏，故一般不用这种火焰进行焊接和火焰加工。火焰的性质可用焊枪上的阀门来调节氧和乙炔的比例来获得所需的火焰性质。

2. 氧-乙炔气体火焰的化学反应热源

C_2H_2 和 O_2 混合后一点火就剧烈燃烧生成 CO 和 H_2，同时放出热量 Q 作为焊接和各种火焰加工热源：
$$2C_2H_2 + 5O_2 \longrightarrow 4CO_2 + 2H_2O$$

过去用的乙炔由电石和水在乙炔发生器中反应生成乙炔和熟石灰，即 $CaC_2+2H_2O= C_2H_2+Ca(CH)_2$，可随时发生使用。现在一般都用瓶装乙炔，既方便又安全。

3. 火焰结构

由图 2-1 看出，这里 C_2H_2 和 O_2 混合的区域叫焰心，生成的 $4CO+2H_2$ 是还原气体，故称为还原区名叫内焰，这个区域内由于猛烈地燃烧，而且燃烧区域小，因而温度高可达 3 000 ℃以上；不完全燃烧的生成物 $4CO+2H_2$ 与空气中 O_2 相遇进一步进行完全燃烧，即：

$$4CO + 2H_2 + 3O_2 \longrightarrow 4CO_2 + 2H_2O$$

这里生成物 $4CO_2+2H_2O$ 是氧化性的，故叫氧化区名叫外焰，一般焊接就是用这种中性火焰（$O_2/C_2H_2=1\sim1.2$）又叫标准焰的还原区进行焊接，即把焊丝和工件放在 $4CO_2+2H_2$ 区域内熔化，因为这个区域温度最高，同时是还原性气氛，又有外焰形成保护层，防止外面空气中 O_2 和 N_2 继续侵入以氧化熔化的金属，因而造成良好焊接接头质量。

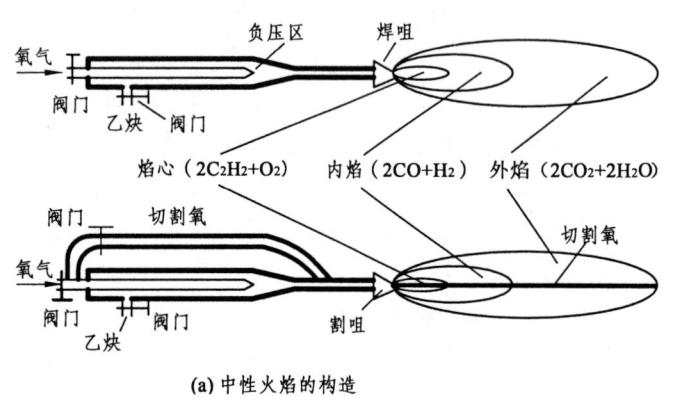 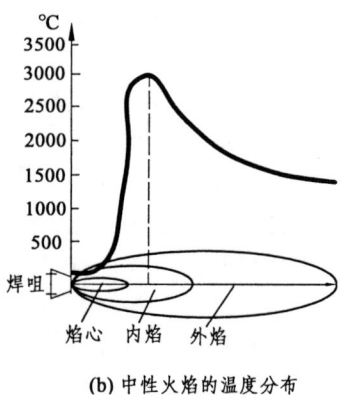

(a) 中性火焰的构造　　　　　　　　　(b) 中性火焰的温度分布

图 2-1　火焰的构造及温度分布

4. 切割火焰

因为切割是一个高温氧化过程，即要用中性火焰来加热金属到达高温后，立即要用放出的切割氧使高温金属氧化，因此火焰中多了一路高压切割氧，氧与铁起作用产生氧化铁：

$$3Fe + 2O_2 = Fe_3O_4 + Q$$

该化学反应是一个放热反应，同时放出大量的热 Q 加热待切金属就得以不断继续切割。高压氧的另一个作用是吹去氧化物。

2.1.2　氧-乙炔火焰焊接及加工的设备、工具系统及其应用

氧-乙炔火焰是焊接及火焰加工最常用的热源，可用于气焊、加压气焊、火焰粉末喷涂、火焰熔丝喷涂与气割是应用最广的火焰加工工艺，各种工艺的燃气可用乙炔，助燃气是氧气。其设备及供气系统相同（如图 2-2(a)所示），不同的是工具有一定区别（如图 2-2(b)~(f)所示）。

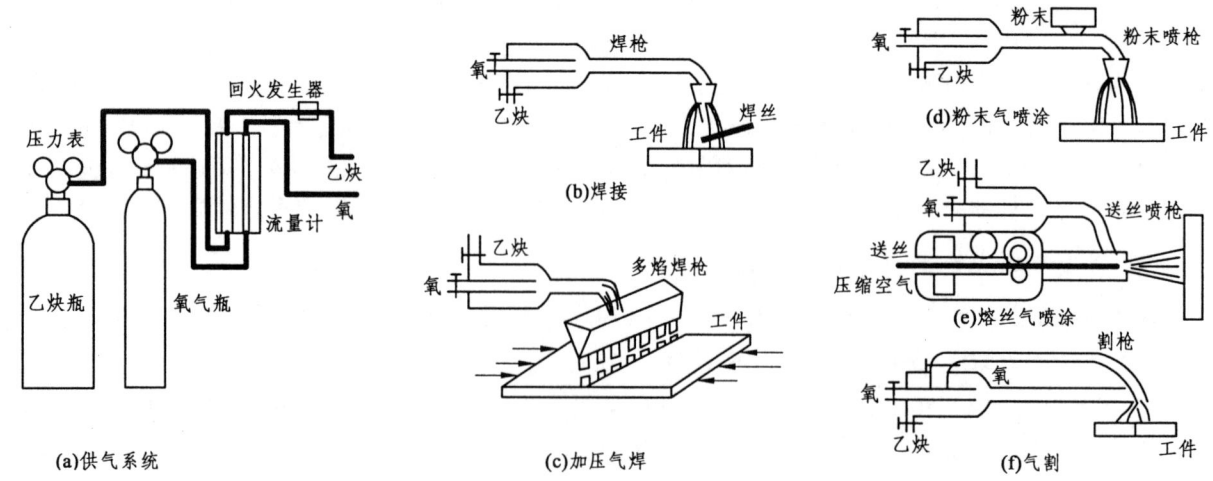

图 2-2　气焊和火焰加工的设备组成及工具组成示意

1. 气　焊

气焊是用火焰还原区的高温高热量来加热焊接部位和加热焊丝到熔化状态形成熔池共同凝固结晶成为

焊缝（如图 2-2(b)所示）。因为希望热量大而比较集中，火焰温度高，所以焊接多用氧-乙炔焰，焊接时要注意按工作物情况选择热量大小即选烧尖号数以改变燃气流量大小，燃气消耗量可参考下列经验公式选择。

$$A = KS$$

式中　A——焊枪乙炔消耗量（L/h），由此即可选出相应烧尖号数；

　　　S——工件厚度，mm；

　　　K——系数，左焊法时焊钢、铸铁及铝为 110～120，焊纯铜为 140，焊不锈钢为 72，右向焊时加大 20%～30%。

气焊由于生产率低，焊接热影响区宽，焊接变形大，故大多由手工电弧焊代替，但在一些薄工件或低熔点金属焊接中由于有火焰的保护，故能用光焊丝焊接，这样就便于选用与工件金属相同的光焊丝焊各种不同的材料。同时不用电源，故便于在一些无电单位（如野外工地及无强电源处所）焊接；另外还可以集清理、预热和焊接设备为一体，便于焊修工作，因此目前气焊应用仍不少。

2. 火焰钎焊

如果是把要焊的金属用火焰加热到非熔化状态，将较低熔点的焊料熔化填入到焊接部位，依靠润湿和毛细管作用被吸附在母材上，通过相互扩散作用达到冶金结合叫火焰钎焊（如图 2-2(b)所示）。因而结合强度低，只适合于搭接。各种热源都可用于钎焊，火焰钎焊应用相当广泛。钎焊用氧-乙炔火焰加热，所用设备与气焊完全相同，由于焊料（多为有色金属）熔点低于母材，故也可用其他燃气的火焰。焊前要对工件清除氧化膜，而且还要添加焊剂以除去钎焊过程中的氧化膜，增加润湿和毛细管作用而提高结合强度。

3. 气压焊

气压焊也是一种气焊，也多用氧-乙炔火焰加热，所用设备与气焊基本相同，但其不同的特点是要对焊接部位同时加热到表面熔化状态或塑性状态（不添加焊接材料），然后加以压力使其焊接处原子结合，因而要用形状与工件接头处形状相适应的多火焰炬来对该处同时加热，另外还需有加压设备来完成加压过程（如图 2-2(c)所示）。气压焊是钢轨焊接的一种重要方法，西南交通大学在设备和工艺方面作了很多创新性的工作，在青藏铁路无缝线路中成功应用，接头质量首次超过进口焊机闪光焊。

4. 火焰粉末喷涂

火焰粉末喷涂用的焊枪与气焊基本相同，只是外加一送粉斗，将合金粉末通过重力和枪内低压区的吸力送入喷枪，在火焰中熔化或软化，利用火焰气流喷到并嵌入温度相当低的基体形成机械结合（图 2-2(d)）；如喷涂后停止加粉用火焰加热重熔，由于基体表面温度的提高，通过共同结晶或原子扩散也可达到冶金结合，这时改称为喷焊或重熔。

5. 火焰丝喷涂

火焰丝喷涂与火焰粉末喷涂不同的是将喷丝在火焰中熔化同时通过压缩空气使熔滴粒化喷到并嵌入温度相当低的基体形成机械结合（如图 2-2(e)所示）；喷丝由一空气涡轮带动减速机构和送丝轮送进，压缩空气既是动力源也是喷涂熔滴的粒化和输送压入的力源。有的丝喷枪动力用直流电机，喷涂熔滴的粒化和输送压入的力源仍是压缩空气。

6. 气　割

气割的原理是用 O_2-C_2H_2 火焰先将金属预热到高温，然后放 O_2 使其在氧气中作剧烈的氧化并吹去氧化物。因此除了要 O_2-C_2H_2 火焰外，还需要一路用氧化金属和吹去氧化物的切割氧，这就是割炬与焊炬不同之处（如图 2-2(f)所示）。由于气割的原理是一个氧化过程。一是要求金属在氧内的燃点比熔点低，否则就形成熔割使切口凸凹不平，质量很差，含碳高于 0.7%的钢则燃点接近熔点，如铸铁，燃点高于熔点，一般不用气割；二是金属所形成的氧化物的熔点应比金属的熔点低，而且流动性好，否则难以切割，不少高合金钢切割是由于氧化物熔点很高，故也难以切割；三是金属燃烧时所放出的热量越大导热性越差，则越易切割，有色金属由于导热性高，熔点低，有的燃烧生成热很小，有的易生成高熔点氧化物，故也难以切割。这些都必须用其他切割方法。

7. 氧熔剂切割和氧矛切割

为了解决难以气割的材料切割，发展了氧熔剂切割和氧矛切割。氧熔剂切割是用一带有管状送粉器的割炬，内装以富铁铁粉，当其进入切割氧通道时迅速氧化生热作为外加热量提高温度，也可加入一些降低氧化物熔点的熔剂以利于排渣，氧熔剂切割可切割高碳和高合金钢、铸铁、有色金属及其合金，如今这些材料的切割大多用等离子切割所代替，但在混凝土切割中有其独特优势，可切割达 0.45 m 厚的钢筋混凝土，切割速度可达 2.5~6.6 m/h。氧矛切割是将一 3~6 mm 厚的内径钢管直接接氧气管，将另一端和待切金属加热到高温后立即通氧开始切割。有资料介绍，对 300 mm 厚钢板切直径 64 mm 孔只需 2 min；采用与割炬联用，氧矛沿厚度作锯齿运动，最厚曾切割到 2 400 mm 厚的钢板。氧矛切割用以切割混凝土也有其独特优势，用氧熔剂-氧矛切割 360 mm 厚的水泥墙体上 203 mm 的孔需 1.25 小时，切割 1 200 mm 水泥墙体的切割速度可达 380 mm/h。

8. 其他火焰加工

在焊接修复中，现场焊接的表面清理、缺欠挖割、焊前预热和焊后正火及表面淬火处理都可用火焰进行。火焰不一定用氧-乙炔火焰，可以选用温度较低而发热量大的氧-丙烷焰、氧-甲烷焰、石油气或汽油蒸汽火焰，也可选用环保节能的氢-氧焰。为扩大加热面和提高生产率要用多焰焊炬。如钢轨气压焊时也用与钢轨截面相适应的多焰焊炬来进行焊前预热和焊后正火处理。低能量的火焰也可用于塑料焊接和塑料喷涂，这是火焰能源利用的一个新领域。

2.1.3 火焰热源所用气体

1. 乙 炔

乙炔（C_2H_2）由瓶装乙炔通过降压压力表，再通过阻火器（防止回火装置）供给焊枪或割枪作为燃气。过去多用乙炔发生器，将电石 CaC_2 溶入水 H_2O 中产生 C_2H_2 和电石渣 $Ca(OH)_2$。目前国内已普遍使用瓶装乙炔，因为乙炔能溶于丙酮，所以在钢瓶内灌入浸透丙酮的多孔填料，多孔填料由活性木炭、木屑、浮石及硅藻土组成，其容积为 40 L，外形尺寸为直径 260 mm、高 1 050 mm，充满乙炔时压力为 1.5 MPa，其肩部设有安全易熔栓，温度在 106 ℃ 时熔化，乙炔缓慢溢出而避免爆炸。瓶装乙炔的优点是方便、安全、节约电石和水、无废渣处理之忧。为了便于识别，乙炔瓶体表面涂白色，用红漆写上"乙炔"。

2. 氧 气

氧气是焊接中的助燃气体，由氧气瓶通过降压压力表供给焊枪或割枪作助燃气，在气割中还分出一路作切割氧。氧气由制氧厂用制氧机使空气压缩、冷却、膨胀而使空气液化，然后分离出氮气而得纯氧，灌入氧气瓶。氧气瓶容积为 40 L，外形尺寸为直径 219 mm，高度 1 370 mm，充满氧气压力为 15 MPa（150 大气压即 150 kg/cm^2）。为了便于识别，氧气瓶体表面涂天蓝色，用黑漆写上"氧"。

3. 其他气体

在焊接和切割时常用一些其他气体，特别是在切割和其他火焰加工时由于不需要加热金属到熔点，故常用燃烧温度较低的其他气体，如氧-丙烷焰、氧-丙烯焰、氧-甲烷焰、氢-氧焰，在钢轨焊接前预热时还使用液化天然气或汽油气，这些气体的的火焰温度都不如氧-乙炔焰高，但也有它自己的一些优点，例如有些气体火焰发热量大，与空气混合气中的可爆炸的体积百分数（$\varphi\%$）高，而且不易回火，故安全性较高。几种常用燃气的性能及用途比较如表 2-1。由表看出，以氧乙炔焰火焰温度最高，发热量也较大，用途最广，但空气中 φ 值低，易回火。其他火焰温度较低，但发热量不低，在很多领域能很好地应用。氧-丙烷火焰虽温度较低，但发热量大，为预热所乐用。

表 2-1 几种常用燃气的性能及用途比较表

气体火焰	燃烧反应式	发热量/(J/L)	火焰温度/℃	耗氧比	空中 φ%	应用范围
氧乙炔焰	$C_2H_2+2.5O_2=2CO_2+H_2O$	最低 47 916	3 150	2.5	2.2~81	焊接加工
氧-丙烷	$C_3H_8+5O_2=8CO_2+4H_2O$	最低 85 875	2 050	5.0	2.2~9.5	低熔点金属焊接，钎焊，切割，预热，清理，预热热处理
氧-甲烷焰	$CH_4+2O_2=CO_2+2H_2O$	最低 35 542	2 000	2.0	4.8~16.7	
氢-氧焰	$H_2+0.5O_2=H_2O$	最低 10 708	2 100	0.5	3.3~81.5	
石油气		最低 43 750	2 400	3.5		
汽油蒸汽		最低 44 300	2 550	2.6	2.6~6.7	

4. 气体量的计算

气体的压力 p 与体积 V 成反比，$p_1/p_2=V_2/V_1$，即 $p_1V_1=p_2V_2$，氧气瓶一般是 40 L 容积的钢瓶，以 15 MPa 的压力将氧气压入瓶内，这时瓶内折合一个大气压时的氧量为

$$V_1=p_2V_2=15\times40=6\ 000\ \text{L}=6\ \text{m}^3$$

式中　V_1——折合 1.01×10^5 Pa 时的氧量，L；
　　　V_2——钢瓶容积，L；
　　　p_2——瓶内氧气压力，MPa。

由这个公式，根据表上压力也可算出瓶内实有氧气量。如压力表上还有 50 kg/cm²（5 MPa），则瓶内还有 2 000 L。乙炔瓶内气体计算方法与此相同。

2.1.4　氧-乙炔气体火焰所用工具及设备

1. 调压器

氧气在使用时必须将瓶内高压氧降压并调节到工作所需的压力，这就必须用调压器（如图 2-3（a）所示），以达到降压、调压、保压和压力显示的目的；当氧气由氧气瓶进入高压室，高压表即可测得瓶内压力，手柄调节右旋螺丝使对调压加力弹簧加压，当压力超过活门弹簧的压力时，阀门被打开，氧气就进入低压室流出使用，这时低压表上即可表示出低压室压力即工作压力；阀门开得越大，压力越高。调压器中薄膜是起自动恒压作用的，当压力过高时，即气体薄膜使阀门开小，即降低压力，反之则升高压力。这种调压器是气体压力与主弹簧作用相反的故叫反作用式，如气体压力作用与主弹簧作用力方向相同则叫正作用式。不管是反作用式或正作用式只有一级降压的叫单级式，单级式压力表的缺点是当氧气瓶内压力降低时会在一定程度上引起工作压力的变化，反作用式在瓶内压力下降时会提高一些工作压力，而正作用式则降低一些工作压力。因而就出现了双级调压器，即第一次降压到（30~40）×10⁵ Pa 再经一次降压并调压到工作压力，就克服了上一缺点。乙炔调压气原理与此类似，由于压力差小，故为单级式，压力表满值刻度较低。

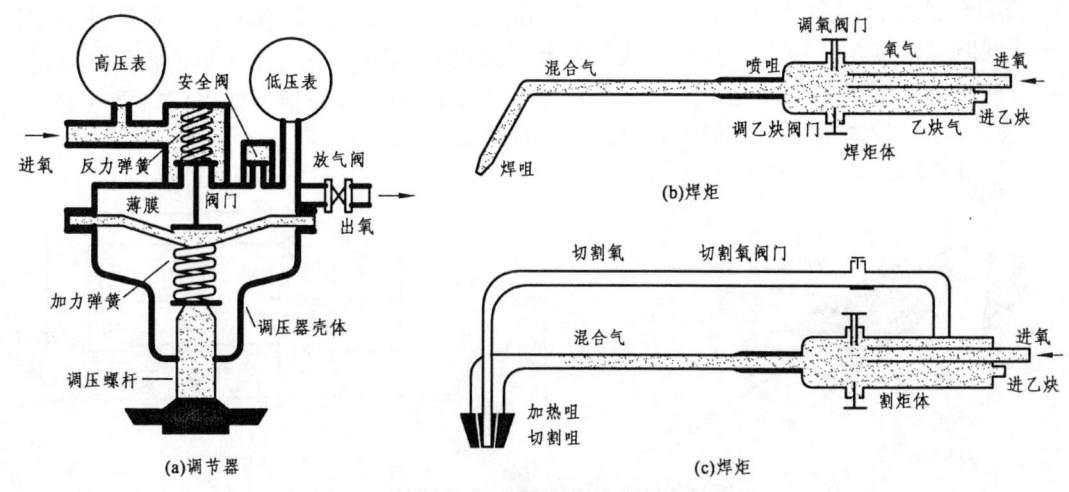

图 2-3　调压器及气焊气割工具

2. 焊枪

焊枪的作用就是将 O_2 与 C_2H_2 以一定的比例混合而获得焊接所需的移动火焰，其构造如图 2-3(b) 所示。氧气以约 3×10^5 Pa 左右的压力通过调节氧气阀门送到喷嘴，由于氧气以高速流出将出口处抽成真空，就能把较低压力（$10^3\sim2\times10^3$ Pa）的 C_2H_2 经乙炔阀门吸入混合室，使成混合气体经焊嘴送出，点燃即为焊接火焰。氧气乙炔的比例，即火焰性质由调氧阀及调乙炔阀配合进行；火焰的大小，即燃气供应量多少，由更换不同焊嘴来获得。这种焊炬有喷射作用的叫射吸式焊炬，应用最多；如氧乙炔等压直接混合的叫等压式焊炬。为了适应不同热量需要有多种孔径（直径 0.5～4.6 mm）的焊嘴可选择和更换，其混合气体流速由 60～80 m/s 到 140～160 m/s，其孔径越大，流速越快，火焰提供的热量就越多。在表面清理、预热、热处理等时为了扩大加热面，可以用多嘴多焰焊枪，如钢轨气压焊或焊补时的预热及热处理就要用与钢轨形状相适应的多嘴多焰焊枪。由于目前多用瓶装乙炔，在很多情况也用 O_2 与 C_2H_2 直接混合的等压焊枪。钎焊枪与一般焊枪是通用的。粉末气喷枪与一般焊枪也基本相同，只不过多了一个送粉斗。熔丝气喷枪，其火焰混合燃烧部分仍与一般焊枪相同，不同的是多一套自动送丝系统和一个压缩空气送入管，如用电动送丝机构，完全可以用作半自动气焊。

3. 割炬

气割所用设备基本与气焊相同，所不同的是，不是用焊炬而是用割炬，割炬与焊炬不同的是除了有 O_2、C_2H_2 火焰作预热外，还有一路高压氧作切割金属时氧化金属和吹走氧化物用，这路氧没有经过喷射作用，因而压力较高。割炬构造如图 2-3c 所示，有的焊炬只要换加一附件就可作切割炬用。为了适应不同热量需要有多种孔径（直径 0.6～3.0 mm）的割嘴可选择和更换，割嘴中心为切割气孔。周围为环形或梅花形的混合气通道，这种割炬可切割板厚 2～300 mm。如用等压割枪，也有多种孔径（直径 0.8～4.0 mm）的割嘴，可切割板厚 5～500 mm。另外还有高压重型割炬（G2-101 型）可割 200～1 000 mm 的低碳或中碳钢材。

4. 切割机

气割机有小车式和仿形式两种。目前我国已生产和应用很多种固定式大型切割机械，如光电跟踪气割机、数字程序控制气割机等。最通用的是 CG1-30 气割机：CG1-30 气割机系小车移动式，可以用轨道割直线及定心规割圆。如图 2-4 所示。气割机由小车、割炬、气体分配器及气阀、横移架和升降架及其调节手柄、压力开关和控制板组成。这种机器可装 1 个割炬割直线和圆，也可装两个割炬割一定宽度的板条以避免变形；也可以用两个割炬同时割法兰及 V 形坡口。机器内有 S261 型 110 V 24 W 直流伺服电机，与 1：1 035 由二对蜗轮蜗杆和一对正齿轮组成的减速器通过离合器连接驱动小车走轮。小车速度由一电阻 R_1 和电容 C_1 移相晶闸管导通角以控制整流电压进行电机的无级调速。转动控制板上电位器 W 即可以使小车速度（即切割速度在 50～750 mm/min 范围内调整。控制板上还有启割开关 K_1 和倒顺车开关 K_2。这种气割机习惯上叫半自动气割机，实际上应该是可以自动切割圆和直线的自动气割机。切割时先空车对好切割线及割炬与钢板距离，选定倒顺开关 K_2 到需要切割方向，根据工件厚度调整电位器到所需切割速度，将离合器固定在合的位置；K_1 在停位点火预热到所需温度后开切割氧阀，这时微动开关 K_W 就随之动作即开始切割。停割时先关氧气阀即同时自动停车，再关预热火焰阀门，最后关控制板电源。这种气割机实际上就是一个可调速的动力小车，如带动的不是割炬而是多焰烤具就可进行火焰清理、预热和热处理；如果带动的是熔丝喷枪就可进行自动热喷涂；带动的是熔丝焊枪就可进行自动气焊。

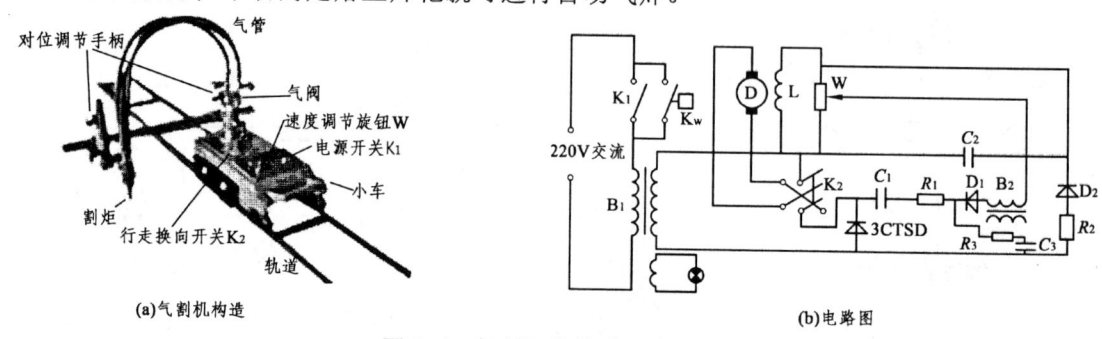

图 2-4 气割机的构造及电路图

5. 数控切割机

对于不规则形状的切割，如果以前多用样板切割或光电跟踪自动气割机切割，目前大多用数控自动气割机切割。数控焊接切割技术是目前发展的方向。数控多头切割机早已在各工厂使用。小型轻便的数控切割机近年已有问世，与前述 CG1 型机不同的是小车换为步进电机传动，手动机构改用步进电机代替，用数字控制器控制机头行走轨迹。如上海华威公司生产的 HNC-1000W 微型（便携式）数控切割机就可用随机的编程软件进行任意复杂图形的自动套料编程，也可从 AutoCAD 绘制的另件图直接取出编程形成文件存于 U 盘，插入机身的 USB 接口，执行自动切割。同理，如带动的不是割炬而是多焰烤具就可进行所设定轨迹的自动火焰清理、预热和热处理；如果带动的是熔丝喷枪就可进行所设定轨迹的自动热喷涂；带动的是熔丝焊枪就可进行所设定轨迹的自动气焊。

2.2 氢气能源及其焊接与切割

2.2.1 氢原子焊及其应用

氢原子焊是一种早期应用的气电联合焊接，有的地方将其归为化学焊，其方法是将氢气通入一两钨极间的电弧中，如图 2-5 所示。氢分子到电弧焊分解为[H]吸热，遇到冷金属聚合为 H_2 放热焊接，现在从能源应用的观点归于此类。氢原子焊的原理是：

在电弧高温下 $H_2=2[H]-Q$（吸热反应）；

在金属低温下 $2[H]=H_2+Q$（放热反应）用以加热金属；

在外层气流 $2H_2+O_2=2H_2O+Q$ 高温水蒸气流作保护层。

从原理看出氢原子焊利用的主要还是化学反应热，而且以生成水蒸气作保护。氢原子焊的特点是热能利用充分，温度高达 5 540 ℃（氢-氧焰才 2 100 ℃），热源独立，可熔化高熔点金属，而对基体加热和熔化程度可在很大的范围调整。氢原子焊最早焊接薄板和有色金属的功能已由日后发展的一些新方法所代替，但在高熔点合金堆焊和重熔仍有其独到之处。

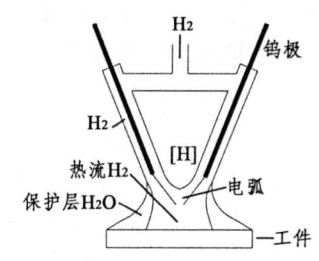

图 2-5 氢原子焊原理

2.2.2 水蒸气保护焊

由氢原子焊原理可以看出，氢可作为能源进行焊接，能不能利用电解水得出氢作为能源进行焊接，水蒸气保护焊即为其例。

电解水时：$H_2O \rightarrow OH+H$

进入电弧：$H_2O \rightarrow OH+H$

常用的焊接气体中 H_2 和 H_2O 的解离能比较低（表 2-2），离解的过程是一个吸热过程，遇到冷的焊接工件原子聚合为分子放出热量作为辅助热加热金属，与冷空气相遇形成水蒸气保护汽层，但与冷的焊接工件原子聚合为分子 H_2O 和游离氧对金属有氧化作用，含硅锰较高的焊丝以先期氧化，以防止氧化焊缝。在高碳钢和合金钢以及铸铁堆焊中可利用其氧化性降低焊缝含碳量和利用辅助热以减慢冷却速度，可减小冷裂倾向。

表 2-2 常用焊接气体的解离能比较

解离过程	解离能 /eV	解离过程	解离能 /eV
$H_2 \rightarrow H+H$	4.4	$H_2O \rightarrow OH+H$	4.7
$N_2 \rightarrow N+N$	9.1	$NO \rightarrow N+O$	6.2
$O_2 \rightarrow O+O$	5.1	$CO_2 \rightarrow CO+O$	5.5
		$CO \rightarrow C+O$	10.0

简易电解水设备原理如图2-6所示，气压可通过调节配重来调压和限压，电解电源就用直流电焊机.可以看出设备相当简单，可以随用随产生气体供水蒸汽保护焊使用。

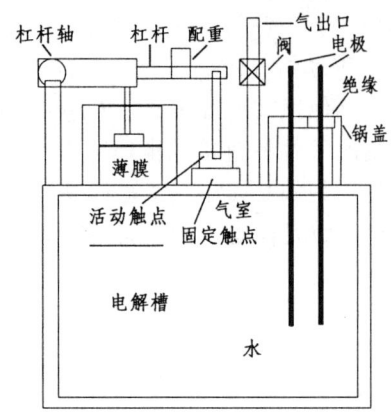

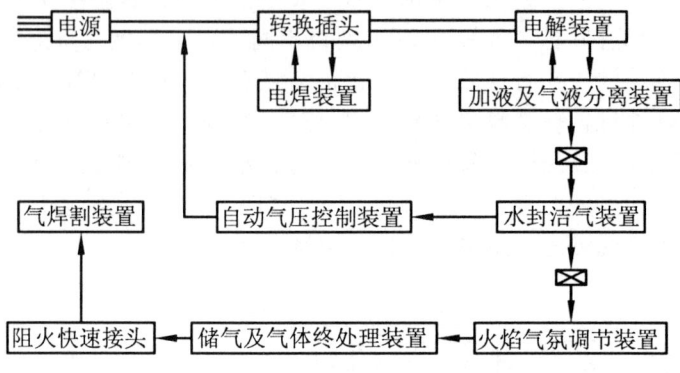

图 2-6 简易电解水设备原理图　　　　图 2-7　HGQU2000/315 火焰电弧焊割机工作原理图

2.2.3 氢-氧焰焊接及加工

氢-氧焰所用原料为水，不用大耗能量生产的化工产品电石（CaC_2），生成物为水蒸汽，无 CO 和 CO_2 气体的排放，是一种节能又环保的加热能源，现代成套生产出的 HGQU2000/315 火焰电弧焊割机组成原理如图2-7所示。其原理与图2-6相似，电源用 IGBT315 弧焊电源，独特的电解电极专利技术，独特的制冷循环和控制技术，低压工作，生成混氢氧混合少量蒸汽，额定产气量 2 000 L/h，燃气随产随用。用氢-氧焰代替氧-乙炔焰焊接切割可节约成本 40%～50%；电源还可用于手工电弧焊，用该机逆变电源电焊，节约电费可达 30%。但由表 2-1 看出，氢-氧焰的发热量和加热温度比氧-乙炔焰低，但耗氧比低，安全性好，用于低熔点金属焊接，钎焊，塑料焊接和喷涂有利，特别是切割，预热，清理，预热热处理有良好的效果，在这些应用量最大的工艺中推广，对很多工业中的节能环保会起到重要作用。

2.3 铝热焊

铝热焊是用金属氧化物与铝粉的化学反应所放出的热来加热待焊接头到熔化状态使熔化的填充金属与熔化的母材共同结晶为一整体焊接接头。按热源分属化学焊，按焊接过程分属熔化焊。

2.3.1 铝热焊原理

1. 铝热焊时的化学反应

铝热焊剂的组成主要是金属氧化物与还原剂 Al，由于氧对铝的亲和力远大于铁、铜、镍、铬和锰等元素，会置换出金属元素形成三氧化二铝而使金属还原，同时放出热量它们之间产生放热化学反应，所生成的热使生成物达到很高的温度，用此作热源来加热要焊接部位到熔化状态，以还原出的金属作为填充金属共同结晶为一整体焊接接头。不同的材料焊接，可用不同的氧化物，其化学反应生成的热和所达到的温度也有所不同。其典型的铝热剂的化学反应生成的热和所达到的温度如下：

$$3Fe_3O_4 + 8Al = 9Fe + 4Al_2O_3 + 3010 \text{ kJ/mol} \quad (3\,088\,℃)$$

$$3FeO + 2Al = 3Fe + Al_2O_3 + 783 \text{ kJ/mol} \quad (2\,300\,℃)$$

$$Fe_2O_3 + 2Al = 2Fe + Al_2O_3 + 759 \text{ kJ/mol} \quad (2\,960\,℃)$$

$$3CuO + 2Al = 3Cu + Al_2O_3 + 1\,152 \text{ kJ/mol} \quad (4\,866\,℃)$$

$$3Cu_2O + 2Al = 6Cu + Al_2O_3 + 1\,089 \text{ kJ/mol} \quad (3\,138\,℃)$$

$3NiO+2Al=3Ni+Al_2O_3+864\ kJ/mol$ (3 171℃)

$Cr_2O_3+2Al=2Cr+Al_2O_3+2\ 287\ kJ/mol$ (2 977℃)

$3MnO+2Al=3Mn+Al_2O_3+1\ 686\ kJ/mol$ (2 427℃)

$3MnO_2+4Al=3Mn+2Al_2O_3+4\ 356\ kJ/mol$ (4 993℃)

铝热剂的化学反应，由引燃剂引燃，所产生的热量足以将附近的铝热焊剂引燃（约 1 204℃）并立即起化学反应，其化学反应是非爆炸性的，不到一分钟就可完成，而且与铝热焊剂的数量关系很小。其反应的结果生成液态金属和密度小的液态熔渣 Al_2O_3 而浮于液态金属表面（如图 2-8 所示）。

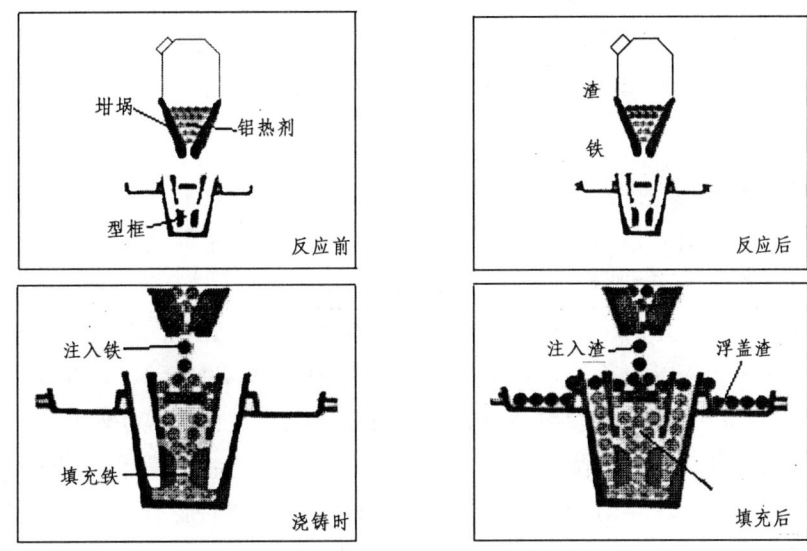

图 2-8 铝热焊化学反应过程

2.3.2 铝热焊过程及应用

铝热焊实质上是用液体成型（铸造）的方法来进行焊接。不同的是，不是用加热炉来熔化金属和完成冶金过程，然后注入钢水包再浇注到型框中凝固成型，而是在坩埚内的铝热剂发生化学反应而产生的金属和熔渣立即注入由要焊部位的型框中凝固成型。具体的焊接方法如图 2-9 所示。

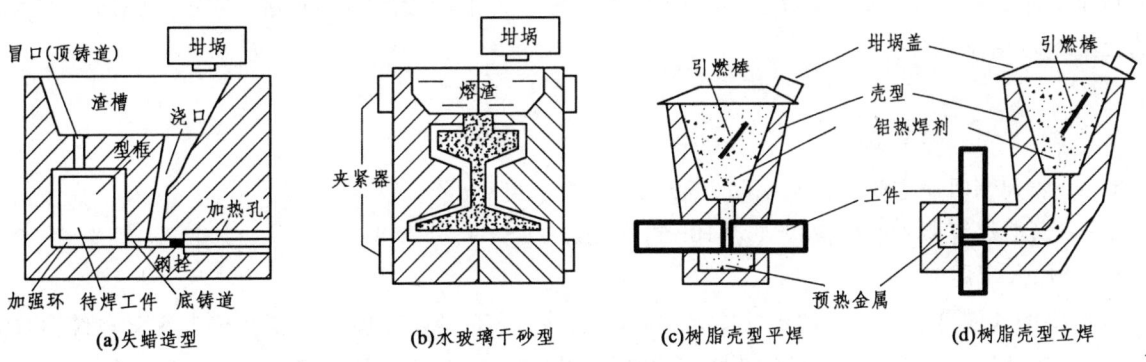

图 2-9 常用的几种铝热焊焊接方法示意图

1. 失蜡型铝热焊接

对一些单件生产的铝热焊接头或修理，用失蜡型造可不用制造能多次使用的木模或金属模型，而用一次使用的蜡模型，将蜡（石蜡+松香）放入工件预留的间隙中并形成一定高度的加强环，以形成所需形状，然后安上浇口、冒口和加热口型芯，填入自硬砂（加5%水玻璃即硅酸钠的石英砂）挖出渣槽，取出型芯棒，扎出通气孔，即得到利用蜡模形成型框制成砂型（如图2-9(a)所示）。焊接前通过加热孔用火焰加热并频频离开以使蜡模熔化由加热孔流出，蜡完全流出后即形成型框。继续加热使砂型彻底干燥，并不断预热工件要焊部位到樱红色（相当于 820~980℃），停止加热并塞入钢栓。立即由坩埚注入熔化金属和熔渣。铁水由带斜坡的浇口流入经上部通道（顶铸）或由底部通道（底铸）流入与待焊接头外形相适应的型框填充，然后凝固结晶而形成具有一定余高（加强高）的焊接接头。此法多用于单件铝热焊、部件补焊（如轧辊、大齿轮、大轴及柱、钢锭模等），还可用作一些双金属零件的制造（如工程机械的合金刀片和多刃刀具等）。

2. 水玻璃砂型铝热焊

此法的造型方法与普通铸型相似（如图 2-9(b)所示），造型用砂成份配比为：石英砂（$SiO_2 \geq 90\%$）粒度 40~100 目 100%，膨润土粒度 200 目以上 4%~6%，水玻璃 8%~10%，用混砂机搅拌均匀后使用。制作干砂型的模板用铝金属（包括焊筋、浇口杯、横浇口、底板）和直浇口棒、内浇口棒、漏板、砂箱、模具的尺寸要准确，才能保证两个型框的吻合密贴，充砂要捣固均匀密实。其工件预热在砂型顶部用多焰烤矩进行，浇铸和焊接过程与失蜡型铝热焊接相同。这两种都属于预热焊接。

3. 树脂壳型铝热焊

这种壳型的型砂是用细石英砂掺入 5%左右的酚醛树脂放入翻转机中，在翻转机中同时固定有经过预热的金属模型，翻转机翻转时树脂砂打击粘在金属模体上，在靠近热模的几毫米薄层呈粘糊状，落砂不断粘附在外形成壳型。再经 200~230℃烘烤结成硬壳，即可使用。此法不需混砂机混砂，可把坩埚与壳型作成一体，两片组合用夹具夹紧，在坩埚内放入铝热焊剂即可焊接，实际上是用轨底的预热金属来预热，因此所用的铝热剂要比预热法多一倍，焊后堆瘤量大（如图 2-9(c)和 2-9(d)所示）。此法操作间单，勿需火焰预热，辅助时间短，效率高。由于高温停留时间短，所以热影响区宽度比预热法小得多。钢液不通过大气而直接由壳体上部流入有利于金属的净化和提高掺合金的效率。壳型的制造简单和便于机械化和大量生产，壳型强度高、重量轻、难吸潮、储存时间长、透气好、焊缝表面光洁易脱砂。此法可用于钢轨焊接，更多用于钢筋和杆类零件的焊接，其中（c）为平焊，（d）为立焊。

2.3.3 铝热焊材料

铝热焊剂配比的基本组成一般为三份氧化铁皮和一份铝制成细颗粒状。用 Mg 或过氧化物和铬酸盐组成的引火剂引燃即起化学反应。1 kg 的铝热剂的生成物为 0.524 kg 的铁和 0.476 kg 的熔渣。释放的热量只根据铝热剂的基本组成计算，其温度是全部反应产物的温度。在考虑焊接用铝热剂重量时，只考虑氧化铁和铝的重量，不包括为调整成分和温度所加的材料重量。为了增加焊缝金属量，常加入钢屑，加入钢屑而需要的铝热剂可由下式计算：

$$X = \frac{E}{0.5 + 0.01S}$$

式中 X——加入钢屑而需要的铝热剂量，kg；

E——形成焊缝所需的钢液量（含 10%的损耗），kg；

S——加入钢屑的百分比，%。

有时也要加入铁合金以提高焊缝性能如加入一定量的 Mn 可以以提高强韧性和去 S、P 以纯净金属提高韧性；加入 Cr、Mo、V 以提高强度；加 Ni 以提高低温韧性；加入 Nb、Ti 和 Re 等的一种或几种以细化晶粒，提高焊缝的强韧性。有时加稀释剂以降低熔渣黏度和凝固温度。

如用石蜡型浇入量估计，每 kg 石蜡约需 25 kg 的铝热剂。

铝热焊剂和引燃材料的配方各生产单位都可能不同，一般都不公开，而且不同焊接对象就有不同的铝热焊剂。如钢轨焊接的铝热焊剂就有：焊接 50 kg/m AP 轨的 I-50 铝热焊剂（硬度 200 HB）；焊接 U71Mn 50 kg/m 的 III-50 铝热焊剂（硬度 265 HB）；焊接 60 kg/m V74 轨的 I-60 铝热焊剂。铝热焊剂的组成对焊接接头的组织性能有很大的影响，很多厂家对此都采取专利保密状态。

2.3.4 焊缝及型框尺寸的确定

铝热焊的焊缝及模型必需匹配,其尺寸可参考表 2-3。由表可根据焊接件的截面尺寸确定型框尺寸、浇冒口尺寸及数量、加热孔尺寸及数量、连接孔尺寸及数量和所需铝热焊剂量。

表 2-3 铝热焊的焊缝及模型尺寸匹配

	截面尺寸或直径	间隙	加强环截面	冒口/mm 数量	冒口/mm 直径	浇口/mm 数量	浇口/mm 直径	加热孔/mm 数量	加热孔/mm 直径	连接孔/mm 数量	连接孔/mm 直径	所需铝热剂/kg **
方形	51×51	11	38×11	1	19	1	19	1	32			2.7
	51×102	14	43×14	1	19	1	25	1	32			5.4
	102×102	17	67×17	1	25	1	25	1	32			11.3
	102×203	22	87×22	1	25	1	25	2*	32			22.7
	203×203	29	117×29	1	44	1	32	2*	32			56.7
	203×305	32	140×32	1	44	1	32	1	32	1	32	79.4
	305×305	37	159×37	1	64	1	38	2*	38	1	38	136.0
	305×457	43	197×43	1	64	1	38	2*	38	1	38	227.0
	406×406	44	227×44	2	70	2	51	2	38	2	38	318.0
圆形	61	11	35×11	1	19	1	19	1	32			2.3
	102	16	60×16	1	25	1	25	1	32			11.3
	203	25	106×25	1	38	1	32	1	32			34.0
	395	33	149×33	1	44	1	38	1	38*	1	38	90.0
	406	41	191×41	1	51	1	38	1	38	1	38	193.0

注:*包括1个单独背面加热孔;**包括单浇口时 10% 增加量和双浇口时 20% 增加量。

第3章 电弧能源及其电弧焊接和加工

电弧焊的热源是电弧热。电弧实质上是在一定条件下,在两电极间气体中的电子发射和气体电离现象,或者说是一种气体放电现象。借助这种特殊的气体放电过程,使电能转换为热能进行焊接,电弧弧柱温度可达 6 000 K 左右,比气体火焰温度高,而且热量集中,因此焊接生产率高。

3.1 焊接电弧物理

3.1.1 电弧物理基础

物质由分子组成,分子由原子组成,原子有带正电的质子和带负电的电子组成,两者数值等并相互吸引而呈中性。物质的差异就在于质子或电子的差异,如一个氢原子只有一个质子和一个电子,氦原子就有 4 个质子和 4 个电子,而铋则有 209 个质子和 209 个电子。

1. 电子发射

当在正电场静电库仑力用下,达到一定程度后使阴极表面自由电子脱离轨道飞向正极,这叫电场发射;在电极表面加热使电子运动速度加快,也会使阴极自由表面电子脱离轨道飞向正极,这叫热发射;同理光幅射能也能使电子发射。由此可见,电子发射需要一定能量,使一个电子发射所需的外加能量叫逸出功 U_w,几种金属及其氧化物的逸出功如表 3-1。如将 W 极中加入 Ce 或 Th,可将逸出功降至 1.36 或 2.63 eV。逸出功越低,越容易发射电子,促使气体电离和电弧稳定。

3-1 几种金属及其氧化物的逸出功

纯金属及其氧化物		W	Fe	Al	Cu	K	Ca	Mg
逸出功 U_w /eV	纯金属	4.54	4.48	4.25	4.36	2.02	2.12	3.78
	氧化物		3.92	3.90	3.85	0.46	1.80	3.31

2. 气体电离

由阴极发射出的电子碰撞两极间的中性分子和原子而使之成为正离子及负离子使气体电离。在一般的气体分子处于稳定状态呈中性。而且处于不规则的运动。在电场作用下电子碰撞两极间的中性分子和原子动量加剧,而且向极性相反的方向移动,形成带电离子流,这种电离叫场致电离,而且成连锁反应(如图 3-1(a)所示)使本来不导电的气流变成导电的弧柱气流,其伏安特性如图 3-1(b)所示;根据电流的大小在自持放电区段分暗放电区、辉光放电区和电弧放电区。用的最多的是电弧区,其电弧构造和电压分布如图 3-1(c)。与电子发射相似,也有热致电离和光致电离。气体电离也需要一定外加能量,一为激励电压,就是其能量还不足以使电子完全脱离其原子或分子使之电离,但可把电子激励到较高能级,使中性分子稳定状态被破坏,易于接受一定能量而电离,也可能释放出辐射能而恢复到稳定状态。当外加能量达到一次电离电压时就会产生一次电离,在更高一些电压还有二次或多次电离,其激励电压和一次电离电压的值见表 3-2。激励电压和一次电离电压的值越低的物质越容易电离。由表还可看出不只原子可被电离,分子也可被电离。在弧柱气流中有多种元素存在时,电离电压低的先行电离,这时离子与中性分子同时存在,这就是一般焊接电弧的情况;如电弧通过压缩集中使温度升高,使弧柱间气体完全电离,就成为能量集中的高温等离子弧,现在也用于焊接、切割和热喷涂。

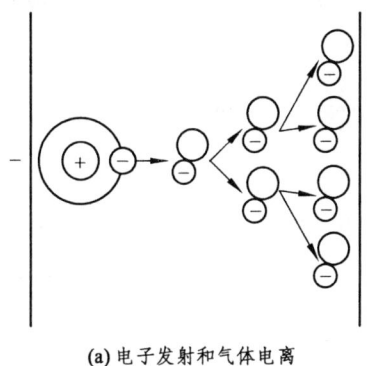
(a) 电子发射和气体电离

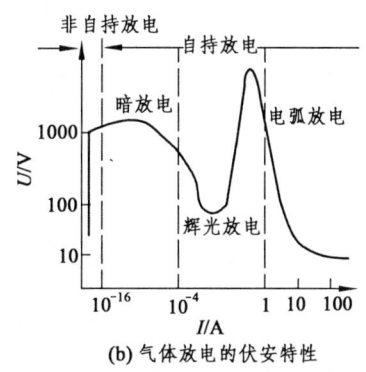
(b) 气体放电的伏安特性

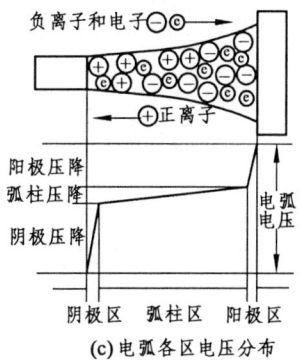
(c) 电弧各区电压分布

图 3-1　电子发射及气体电离和电弧结构

表 3-2　常见元素的激励电压和一次电离电压

元素	激励电压 /V	一次电离电压 /V	元素	激励电压 /V	一次电离电压 /V	元素	激励电压 /V	一次电离电压 /V
H	10.2	13.5	K	1.6	4.3	CO	6.2	14.1
He	19.8	24.5	Fe	4.4	7.9	CO_2	3.0	13.7
Ne	16.6		Cu	1.4	7.7	H_2O	7.6	12.6
Ar	11.6	15.7	H_2	7.0	15.4	Cs	1.4	3.9
N	2.4	14.5	N_2	6.3	15.5	Ca	1.9	6.1
O	2.0	13.5	O_2	7.9	12.2			

3. 电弧结构及能量传递

如图 3-1(c)所示,在阴极区,由于电场的存在,可使产生的电子发射,由于阴极区很短,约为 $10^{-5}\sim10^{-6}$ cm,电压降约为 10 V,则电场强度可达 $10^6\sim10^7$ V/cm,使大量电子发射并且给以加速,向弧柱提供大量的高速高电子流。一碰到中性分子即使之电离,其负离子与电子与直接发射出的电子形成电子流向阳极区流动,撞击阳极使之加热阳极;其正离子流向阴极撞击产生二次发射以维持电子发射。在阳极区,只是被动接受电子(约为 0.999 电弧电流 I),不发射正离子,而形成表面电子堆积形成 $10^{-2}\sim10^{-3}$ cm 的阳极区;但在高温的阳极表面金属蒸发或气体热电离时可形成满足电弧所需的正离子(约为 0.001 电弧电流 I),弧柱区是一个导电气流,其能量密度和电流密度都比阴极区和阳极区低,由于气体比固体导热慢,其温度比阴极区和阳极区高;由于阳极受大量电子冲击,阳极区比阴极区的热量大和温度高。

4. 最小电压原理

电弧这个导电气体,其断面和大小是可变的,但当电流一定和周围条件(气体的成分、温度和压力)一定时,电弧各区就有相应大小的断面,以保持最小的电压,这就是最小电压原理。这实际意味着当电流一定和周围条件不变时,电弧有自动保持散热最小和电场强度最低的功能。

3.1.2　焊接电弧的产生、维持和极性

前面曾经讲到电弧是两个电极间气体中的放电现象,现在进一步阐述电弧在焊接中的应用及有关的焊接及切割方法。

1. 焊接电弧的产生与维持

将直流电源中接入正(阳)负(阴)两极,在 40～90 V 的开路电压下,还达不到电场发射的电压,不

会有电弧产生，必需先行将两电极短路，使其突出的表面多点小面积接触产生高密度的电流，通过其接触电阻产生热量加热阴极（如图 3-2(a)所示），随即离开一定距离，造成热发射的条件，这时阴极发射电子并奔向阳极冲击其表面而产生电弧（如图 3-2(b)所示），同时也使两极间气体电离生成正负离子由两极而奔向异性极冲击其表面，使电弧得以维持（如图 3-2(c)所示）。

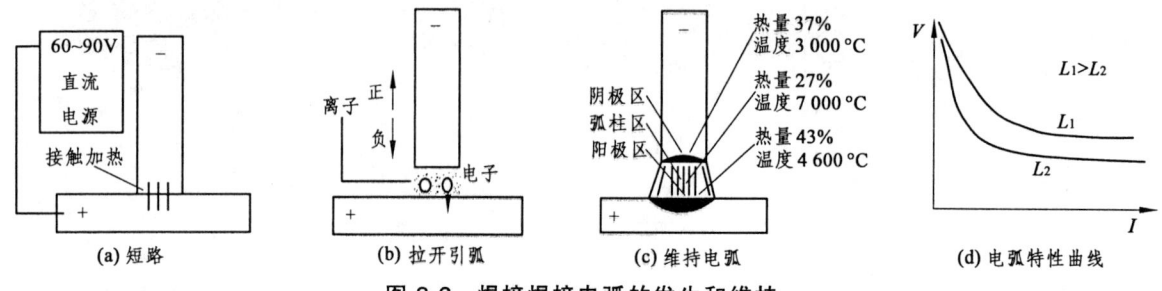

图 3-2 焊接焊接电弧的发生和维持

2. 电弧的极性

由于阳极比阴极多了电子冲击产生的热量，所以热量较多和温度较高。由于一般工件较大，故接于阳极，这种接法叫"正联"或"正极性"；反之为"反联"或"反极性"，用于薄板、铸铁和有色金属等需要热量少的工件。对于交流电弧，其电流方向是呈周期性变化的，两极热量相等，故无正联反联之分。

3. 电弧的特性

电弧的负载特性与电阻负载特性（$V=IR$）不同，它是一个下降特性（如图 3-2(d)所示），其表达式为：

$$V = a + bL + (c + dL)/I$$

式中 a，b，c，d——与电极材料、气体性质和压力有关的系数；

L——弧长；

V——电弧电压；

I——电弧电流。

实际上该式就是代表电弧电压为阴极区电压、弧柱区电压和阳极区电压的总和。由上式看出，当 I 增加时，V 下降，到一定数值以后，$V=a+bL$，与电流继续增加无关，这时电压只随弧长增加而增加。但在用细焊丝和二氧化碳气体保护焊时，由于电流密度加大和气体性质和压力的改变，可能使曲线的尾部上升而成上升特性。对于电渣焊，由于负载是一个电阻，因此其负载特性是一个平特性。由于各种焊接方法的负载特性不同，因而对电源特性要求也不同。

3.1.3 电弧偏吹

1. 电弧偏吹原因

电弧是一个带电的离子流导体，电流由工件经电弧流到焊条，其周围就有磁力线产生，由图 3-3(a)可看出，经过电流流过的左边磁力线密度（磁场强度）大，就把电弧挤向右方，发生电弧偏吹，不利于焊缝的对位和成形。

2. 电弧偏吹的预防

如将电线由工件的两边接入，使两边磁力线密度（磁场强度）相等则可解决电弧偏吹问题（如图 3-3(b)

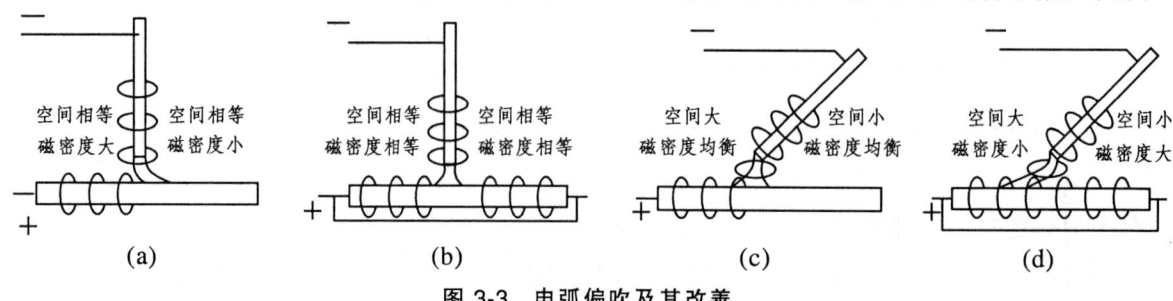

图 3-3 电弧偏吹及其改善

所示)。如不改变接线(如图 3-3(c)所示),将焊条偏向不接线方以加大左边的空间,可使磁力线密度均衡以减少电弧偏吹。但如焊条偏向一方而电线的工件的两边接入(图 3-3(d)),则磁力线密度变成右边大左边小,使电弧向左偏吹。另外,如果在工件上电弧附近有容易加热电离的物质,也会引起电弧向此偏吹。同理,如果在焊条药皮中加入容易加热电离的物质,会使电弧集中而稳定。短弧焊也可减少电弧偏吹和增加电弧的稳定性。

3. 电流性质对电弧偏吹和稳定性的影响

交流电弧由于电流方向按其频率随时变化,可减少电弧偏吹,但由于电流有周期性的瞬时过零,故电弧不如直流稳定。

4. 电磁作用对熔滴输送的影响

电弧和焊条周围的磁力线的另外一个作用是磁压缩作用,磁力线向心的收缩力可压缩电弧使其集中,还可压缩焊条端部熔滴使其脱离焊条而进入熔池,在仰焊位置焊接时磁力收缩、短路和熔滴及熔池的表面张力是形成良好焊缝的关键。

3.2 焊接电源及其特性

3.2.1 焊接电源特性

焊接电源特性必需与电弧特性相匹配,一般手工电弧焊和埋弧半自动焊为下降特性,而电渣焊和电阻焊为电阻负载,故电源为平特性,细丝及 CO_2 气保护焊由于电弧后跷特性,故也用平特性电源。

1. 焊接电源下降特性

焊接电源为一特殊的发电机、变压器、整流器和逆变电源,其要求必需与电弧特性与焊接要求相匹配,一般手工电弧焊和埋弧自动焊要求有下降特性如图 3-4(a)所示,在较高的空车电压 V_0 引燃电弧后,即保持为较低的工作电压 V_h,这就必须有下降特性相适应,电弧特性曲线(V 和 I 的关系曲线)与焊接电源特性曲线的交点就是工作电压 V_h 和工作电流 I_h。另外电弧在起弧或工作时常有短路发生,因此必需不能有过大的短路电流 I_d。

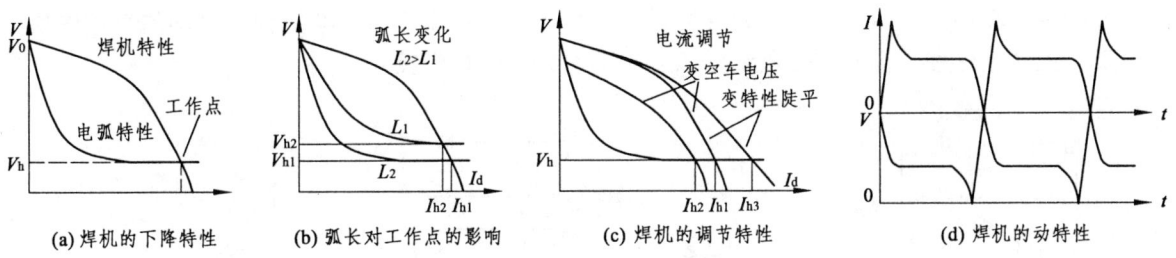

图 3-4 电焊机的特性及其调节

2. 弧长对焊接电流和电压的影响

从电弧特性得知电弧电压是随弧长变化而变化,在一定电流调节而使特性恒定时,如弧长变化,其电弧特性曲线则上下移动,就会改变工作电压和电流(如图 3-4(b)所示)。如弧长加长,焊接电压升高焊接电流减少,因此在焊接过程中必须保持弧长基本不变以保证焊接参数的稳定。

3. 焊机的调节特性

为了适应不同板厚和焊条直径的需要,焊机要有可以调节电流大小的调节特性,即调整电源特性曲线的坡度(这时空车电压不变)或上下平移以改变特性曲线的上下位置(这时空车电压要变),因而与电弧特性曲线的交点改变而使电流改变(如图 3-4(c)所示)。在已调好电源特性和电弧特性曲线的交点工作时,供电网压的变化也会使焊接电源特性上下平移而改变工作点。

4. 焊接电源的动特性

电弧电压和电流随时间变化的关系曲线叫动特性曲线（如图3-4(d)所示），由于焊机特性的工作点会随时间而不断的变化，在引弧时先得短路，在焊接过程中特别是短弧焊接和短路过渡的气体保护焊时，经常有短路发生，这时电流达到最大，电压降到零，熔滴断开时电压升高又产生电弧。其变化的快慢反映其动态响应能力的大小。

3.2.2 焊机的类型及构造原理

1. 旋转直流电焊机

图 3-5(a)为旋转发电机式直流电焊机，为三相电动机带动转子（电枢）转动而切割定子（磁极）在激磁电流作用下产生的磁力线，因而产生电势，其值为 $E=C_eN\Phi=C_eN(\Phi_主-\Phi_反)$。在输出端接入负载，就形成回路而产生电流，如负极 F_0 接 W_0（这时串激线圈数为0、反磁通为0）与 $F+$ 相连，这时负载为电阻 R，通过电阻的电流 I 和电压 V 的关系为 $V=IR$，其特性为一近似水平直线。如 R 值一定，输出电压 V 一定，电流大小 I 也就成定值，如负载 R 减少，电流 I 也就变大，如 R 为 0（即两极直接接触短路），电流 I 也就可能变得很大很大，可能烧毁电机，为了预防，必需使负载与电源功率相适应，还必需在供电电源处安装保险片（在电流增加到一定时熔化断电）。这种普通发电机不能用于电弧焊，因为焊接必需短路引弧，必需有下降特性相匹配（但在 CO_2 和电渣焊及接触焊用平特性），由于焊接时需要调节电流大小，故需要有调节特性。如果 F_0 与 W_0 之间串联一可调电阻 R，在 F_0 与 $F+$ 连接焊条和电弧作为负载，这时 $V=IR+U_h$，U_h 为电弧电压，由于 IR 的加入而具有下降特性，I 越大 V 越低，短路时 $V=IR$。同时当调节 R 也可得到调节特性，当 R 减少时，特性曲线变平，焊接电流变大，反之焊接电流变小。用此原理可连接多个可调电阻箱就是一部多头直流焊机。一般的直流电焊机与普通直流发电电焊机不同的是在输出电刷端串联反绕于磁极的去磁线圈（接 F_1），在空载时回路电流为0，有负载时就有电流通过产生 $\Phi_反$，起去磁作用而使输出电压降低，负载电流越大，电压越低，在短路时电流也不会过大，可满足下降特性的要求。如果改变去磁线圈的圈数，就可改变曲线的陡平以改变焊接电流但不改变空载电压，如串激线圈数加多（接 F_2），则使特性曲线变陡而不改变空车电压。另外如改变激磁线路上的可变电阻 R_w 将改变主磁通大小以改变空车电压使特性曲线上下平移以改变焊接电流（如图 3-5(b)、(c)所示）。还有一种三电刷直流电焊机是靠增加第三电刷来产生去磁作用，用移动电刷来改变去磁大小以调整特性的平陡程度。其实这些直流焊机由于结构复杂能耗大，现已很少生产和使用，但在钢轨、油气管道等现场焊接中仍采用汽（柴）油机带动的直流焊机，也有一些专门工厂生产，这种焊机的好处在于可在无电源的野外进行焊接。

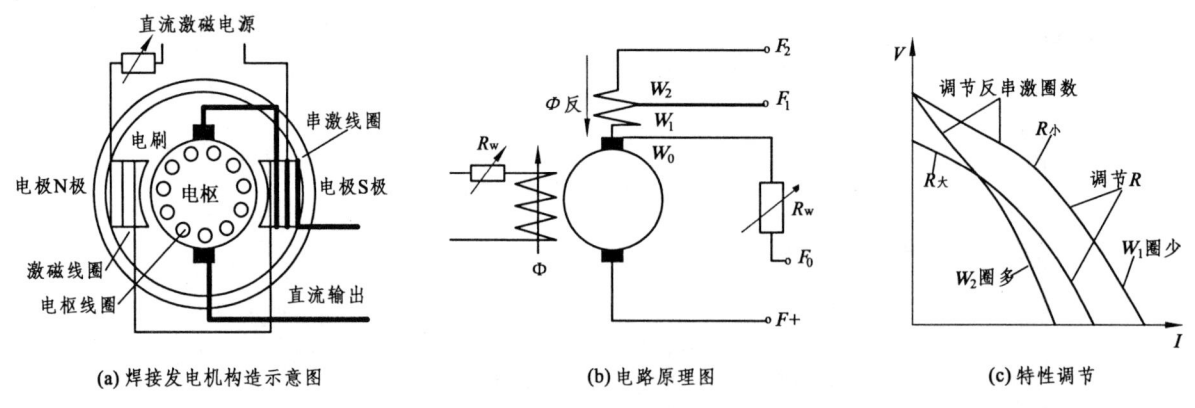

(a) 焊接发电机构造示意图　　(b) 电路原理图　　(c) 特性调节

图 3-5　发电机式直流电焊机

2. 交流焊接变压器

图 3-6 为交流焊接变压器，同样也要有下降特性和调节特性。变压器的构造是在一个硅钢片叠成的铁芯上围绕两组线圈，接到外电源的叫原线圈 W_1，接到负载方的叫次线圈 W_2，原边电压和电流分别为 V_1 和 I_1，次边电压和电流分别为 V_2 和 I_2，它们的关系是 $V_1/V_2 \approx W_1/W_2 \approx I_2/I_1$，由于次边电压是由原边电流流过

原线圈在铁芯中产生的磁通在次线圈的互感作用而产生，无负载时只有很小的激磁电流 I_0 用以产生空车电压 V_2，接通次边回路就有 I_2，同时也增加了 I_1。除产生互感作用的主磁通外，还有一部分未产生互感作用的叫漏磁，漏磁会产生自感作用而降低输出电压 V_2，在一般通用变压器希望 V_2 稳定，把原次线圈重叠以把漏磁降到最少，得到的是平特性。电焊变压器与此不同，希望增加漏磁产生电抗以得到下降特性（如图 3-6（a）、(b) 所示），还需要调节漏磁量以得到调节特性（如图 3-6（c）所示），其方法是让一部分次线圈与原线圈分离得到下降特性，用抽头改变 W_1/W_2 以改变 V_2 和平移特性曲线以得到调节特性，这就是抽头交流焊机，用改变主次线圈距离增加漏磁和调整漏磁量的叫动圈式交流焊机，在口型铁芯中加一可动铁芯以调整漏磁量的叫动铁式交流焊机。还有一种焊接变压器本身是平特性，在体外或体内串联一可调电抗器以获得下降特性和调节特性。还可用一三相平特性变压器在每相接 1-4 个可调电抗器可作三相或多头焊机使用。

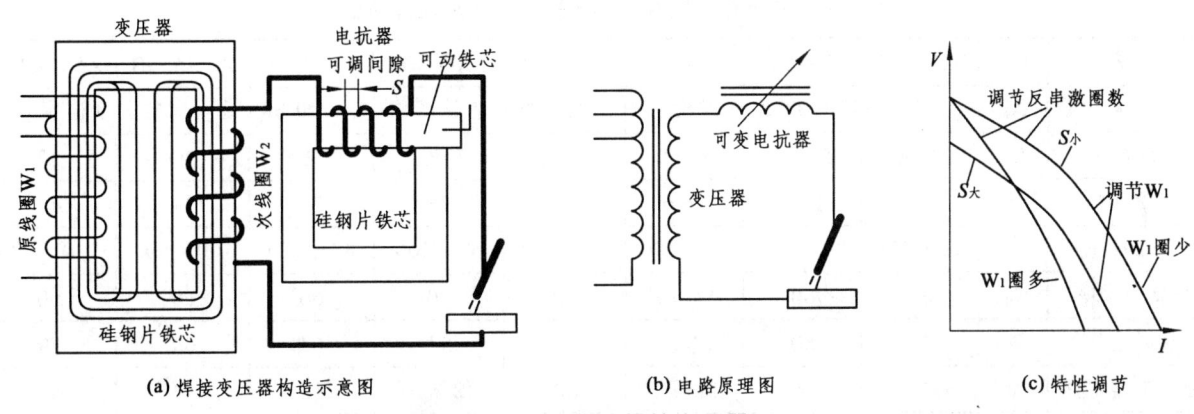

(a) 焊接变压器构造示意图　　(b) 电路原理图　　(c) 特性调节

图 3-6 为交流焊接变压器

交流焊接变压器的优点是结构简单，价格低，电弧偏吹小，但在用碱性焊条或小电流时电弧不稳，除特殊的三相电弧焊和多头焊机外，都是单相，会造成电源电网的不平衡，降低功率因数。常用的两种交流焊接变压器特性见表 3-3。由表看出，BX_6 抽头式焊接变压主要用于小电流和低暂载率焊接，BX_1 动铁芯式用于较大电流焊接，甚至用于 1 000 A 暂载率 100%的交流埋弧焊，这种焊机必须有电动移动铁芯装置。

表 3-3　常用的两种交流焊接变压器特性

参数	单位	$BX_6$160	$BX_6$200	$BX_6$250	$BX_1$250	$BX_1$315	$BX_1$400	$BX_1$500	$BX_1$630
电源电压	V	单相220/380抽头式			单相380动铁芯式				
电源频率	Hz	50/60	50/60	50/60	50/60	50/60	50/60	50/60	50/60
额定输入功率	kVA	10.6	12.5	15.6	19	25.2	33	42	52.5
输出交流范围	A	60～180	5～250	5～315	50～250	55～315	80～400	100～500	120～630
额定暂载率	%	20	20	35	35	35	35	35	35
空载电压	V	55	55	55	65	73	75	78	78
适用焊条直径	mm	2～3.2	2.5～4	2.5～4					
重量	kg	32	42	50	70	102	140	165	180

3. 硅整流和可控硅直流焊机

图 3-7(a)为硅整流直流焊机，实际上就是在交流焊接变压器后加一组硅原件（一种单向导电半导体）组成的整流桥将交流变为纹波直流，再经过电感 L 和电容 C 滤波，输出平滑直流，其下降特性与调节特性由交流完成或用可调磁饱和电抗器来完成。为了平衡电源载荷提高设备效率，一般采用三相整流桥（也可用单相整流桥）。图 3-7(b)为可控硅直流焊机（又称晶闸管焊机），不同的是将硅元件换成可用一晶闸管组成的三相整流桥（也可用单相整流桥），还必须有一套控制电路来控制可控硅控制极的导通角以改变输出电

压和电流大小,这两种焊机目前应用最广。其焊机参数见表3-4。

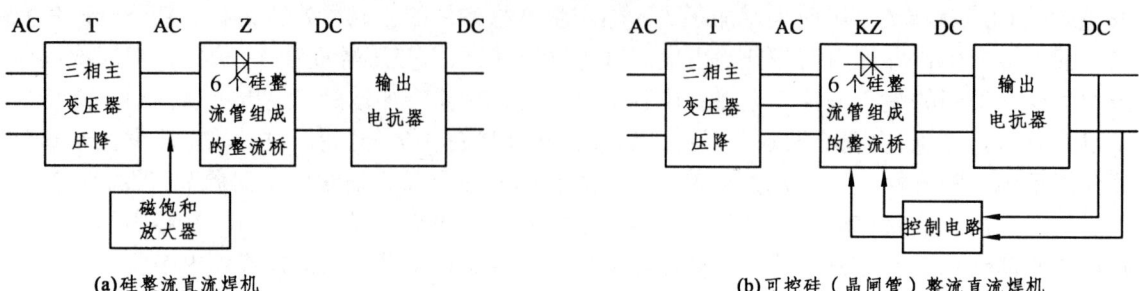

图 3-7 硅整流直流焊机和可控硅直流焊机

表 3-4 晶闸管直流焊机和 IGBT 逆变直流焊机参数

参数	单位	ZX$_7$-315	BX$_7$-400	BX$_7$-500	ZXG-250	ZXG-400	ZX$_5$-400B	ZX$_5$-500B	ZX$_5$-630A
电源电压	V	三相380IGBT逆变焊机			三相硅整流直流焊机		三相380晶闸管整流直流焊机		
电源频率	Hz	50/60	50/60	50/60	50/60	50/60	50	50	50
额定输入功率	kVA	12.4	17.6	26.6	14.5	35	24	28	44
输出直流范围	A	10~315	20~400	25~500	50~250	60~400	80~400	100~500	120~630
额定暂载率	%	60	60	60	60	60	60	60	60
空载电压	V	75	80	80	57	57	63	65	79
输出工作电压	V	32.6	36	36	30	22~36	36	44	44
重量	kg	32	42	50	160	330	160	170	224

4. 逆变直流焊机

图 3-8 为逆变直流焊机,该机原理是将普通的工频交流用整流器并经过滤波变为直流,又经过一组开关管使控制其连续不停的通断而形成高频高压交流,再经过高频降压变压器变为高频低压交流,再用整流器整流并滤波变为直流,即通过交-直-交-直逆变后用于焊接。开关管是逆变的核心,开关管可以是快速晶闸管(F-SCE),这叫晶闸管逆变直流焊机;也可以是双结型晶体管(BJT),这叫晶体管逆变直流焊机;还可以是金属氧化物半导体场效应管(MOSFET),这叫场效应管逆变焊机;现发展最快应用最多的是绝缘栅双结型晶体管(IGBT),这叫 IGBT 逆变焊机。IGBT 逆变直流焊机的参数也列在表3-4左面。两者比较,IGBT 逆变焊机与同容量的晶闸管焊机比,输入功率明显减少,重量明显减轻,调节范围宽,调节特性好,为优质、高效、节能的优质焊接电源。

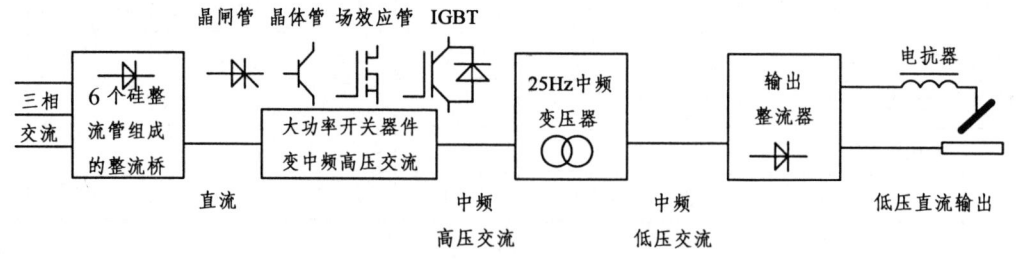

图 3-8 逆变直流焊机原理图

3.2.3 焊机选用

1. 几种焊接电源比较

以上几种焊接电源的性能比较见表 3-5。由表看出以逆变焊机重量最轻,效率和功率因数最高,节能节材效果最好,而且具有调控容易和精确的特性。表 3-5 中是焊接电源的基本型式,原则上可适用于各种电弧焊接方法,但其特性性质和调节与控制方法各有不同,因而分成各种大类和小类,可以分成几十上百种,而且形成了一个庞大的电焊机产业。也是一个应用新型电器元器件和先进控制技术的新兴产业,用这些先进的设备可大大提高焊接质量和效率,还可大大减少能源消耗。

表 3-5 焊接电源的基本型式及其比较

电源种类	一般重量 /(kg/A)	效率 /%	一般功率因数范围	实例比较(资料取自产品样本)			
				焊机牌号	重量/kg	效率 cosφ	功率/kW
旋转直流电焊机	12~13	47~54	0.86~0.88	AX9-500	700	54% 0.88	20
硅整流器电焊机	0.7~1.0	62~75	0.64~0.7	ZXG-500	485	70% 0.70	38
晶闸管整流电焊机	0.38~0.9	70~78	0.68~0.75	ZD5(L)-1250	440	78% 0.75	90
逆变电源电焊机	0.1~0.16	72~90	0.96~0.99	MZ7-1250IGBT	99	>83% 0.99	68

2. 焊机使用安全

焊机使用必需特别注意安全,首先电源线(包括电源保险片)和输出线必须与焊机能量相匹配,使用电流不能超载,也不能在较长时间短路工作(引弧时长时间粘连)。连线必需牢靠和接触良好。焊接时必需戴面罩和绝缘手套和绝缘鞋。室内或狭窄空间焊接时必需通风良好。

3. 焊接电源型式的表示

常用焊接电源的型式在焊机铭牌中都有所表示,其表示含义如图3-9所示。由图可看出焊接电源的基本性质。例如ZPG1-500为直流平特性硅整流500安培焊机,ZX7-400为直流下降特性400安培逆变焊接电源。如BX1-250为交流下降特性动铁芯式250安培焊机,铭牌中一般还要标出额定功率、效率、功率因数、空车电压、暂载率和在该暂载率和工作电压使用条件下的额定电流和调节范围。

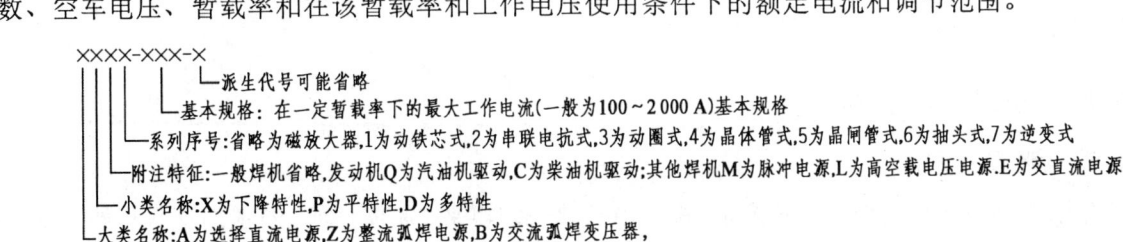

图 3-9 常用焊接电源的型式铭牌识别

3.3 电弧切割和焊接方法

3.3.1 手工电弧切割和焊接方法

手工电弧切割和焊接方法如图3-10所示。

1. 电弧切割

由焊接电源供电在不熔电极碳棒与工件之间引燃并维持电弧,用其热量熔化金属以切断金属叫碳弧电弧切割(如图3-10(a)所示)。在一些情况下,有时用焊条电弧切割,但这样质量很差。现在通用的是碳弧气刨,即在碳弧处加一压缩空气氧化和吹走液体金属及氧化物,这只要一把碳弧气刨枪用普通较大能量直流焊机即可进行,多用于对接焊后反面清根和清除另件缺欠或伤痕以利于修补。

2. 不熔电极焊接

用不熔电极碳棒或钨棒与工件之间引燃并维持电弧,用其热量熔化工件待连接处金属和焊丝填料以连接为一体叫不熔电极焊接(如图3-10(b)所示),也可在工件上预铺金属片或合金粉末用不熔电极将其熔化堆焊。

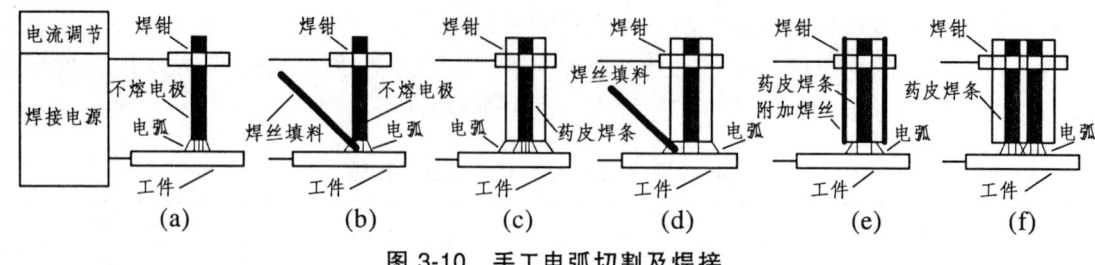

图 3-10 手工电弧切割及焊接

3. 药皮焊条焊

应用最多的是药皮焊条焊（如图 3-10(c)所示），其电极是一可以熔化为填充金属，与熔化工件组成熔池共同结晶形成焊缝，焊条的芯部为金属丝，外包药皮可同时熔化，以起阻隔空气、脱氧、去硫磷和掺合金以提高焊缝质量。

4. 药皮焊填丝焊

为了充分利用电弧热，在药皮焊条焊的基础上，加入填充丝焊接（如图 3-10(d)所示）目的在于提高生产率或加入合金丝、片和粉末以提高焊层的合金成分，这在堆焊中常用。

5. 附加焊丝焊

另外也可将金属丝绑在药皮焊条一块以达到掺合金的目的（如图 3-10(e)所示）。

6. 同极多条焊

还有用双导线专用焊钳夹持互相有药皮绝缘的焊条，可以在两焊芯与工件间起弧作同极多条焊，或只在两焊丝间起弧，独立电弧堆焊以减少工件熔化，也可以接三相焊接变压器各相分别接于两个焊丝及工件以提高焊接效率（如图 3-10(f)所示）。

3.3.2 埋弧自动焊及半自动焊

1. 埋弧自动电弧焊接方法

在焊剂层（相当于焊条药皮的作用）下燃烧，没有电弧弧光露出来，叫埋弧焊。一般的埋弧焊如图 3-11(a)，焊丝由送丝机连续送进或与工件接触回抽引弧熔化焊丝和工件形成熔池，在焊剂下面凝固结晶。电弧与工件产生相对运动就形成焊缝，如这个运动是由电动机械拖动完成的叫自动焊，如是手工带动就叫半自动焊。为了提高生产率可以将单丝改为多丝或带极以充分利用电弧热和提高填充金属量，仍然用一套送丝机和一套电源，这叫多丝焊和带极焊。另外几种高效的埋弧自动焊方法有分离电弧不共熔池双丝焊（如图 3-11(b)所示），分离电弧共熔池双丝焊（如图 3-11(c)所示），三相电弧共熔池双丝焊（如图 3-11(d)所示），这些都要用两套送丝机构，要两台独立的焊接电源或专用的三相焊接电源。在焊接中厚板焊接时需要有较大的热量熔透工件和焊接材料填充熔池以提高生产率，可用图 3-11(d)的焊接方法。

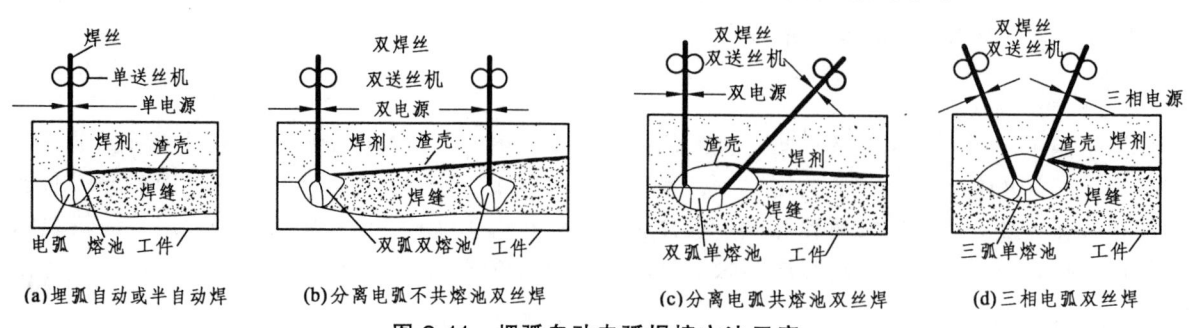

图 3-11 埋弧自动电弧焊接方法示意

2. 埋弧自动电弧堆焊方法

焊接是把两块工件焊接为一体，堆焊是在一个工件上加焊一层合金，这就需要母材熔化少熔深浅，要求焊缝宽而加焊金属多。用串联独立电弧焊是母材熔化量达到最少（如图 3-12(a)所示），为增加焊缝宽度和充分利用电弧热和提高生产率，可用多丝焊和带极焊（如图 3-12(b)和 3-12(c)所示），为了加入某些特殊合金，可用在焊接时同时加入合金粉末以堆焊高合金层（如图 3-12(d)所示）。

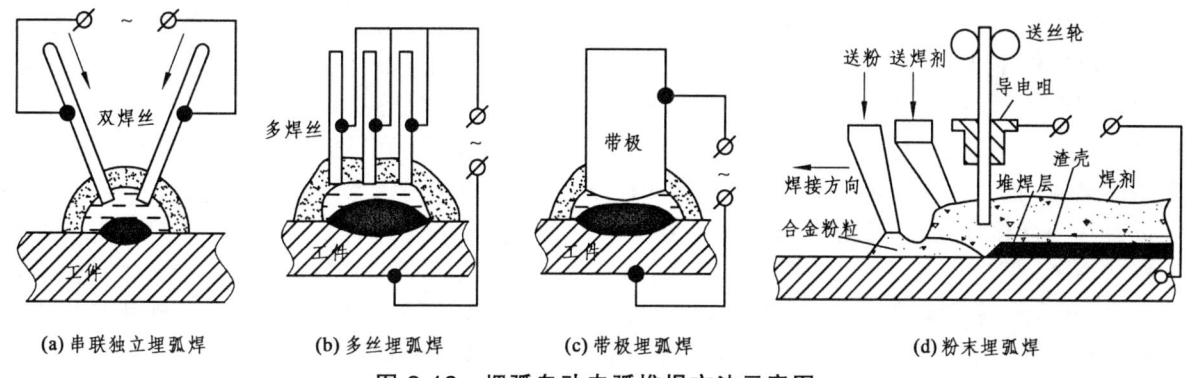

(a) 串联独立埋弧焊　　(b) 多丝埋弧焊　　(c) 带极埋弧焊　　(d) 粉末埋弧焊

图 3-12　埋弧自动电弧堆焊方法示意图

3. 埋弧自动焊的优点

① 生产率高：埋弧焊时，焊丝从导电嘴伸出的长度较短，这样就可以使用较大的焊接电流，使单位时间内焊丝的熔化量显著增加，从而使焊接生产率显著提高。② 焊缝质量好：由于焊剂对电弧有可靠的保护作用，防止了空气的侵入，减少了空气对焊接熔池的不良影响。并且埋弧焊时焊接规范稳定，焊缝的化学成分和性能比较均匀。③ 节省焊接材料和电能：对于较厚的材料，可以不开坡口进行焊接，节省了由于加工坡口而消耗掉的金属；同时，由于焊剂的保护，金属的烧损和飞溅显著减少；也完全消除了手工焊中焊条头的损失。由于埋弧焊的电弧热量得到充分利用，所以单位长度焊缝上所消耗的电能也大为降低。④ 焊接变形小：埋弧焊的热量集中。焊接速度又快，故焊缝的热影响区较小，这样焊件的变形就小。⑤ 改善了劳动条件：采用自动焊使焊工的劳动强度大为降低。电弧在焊剂下燃烧，没有弧光露出；同时焊接时放出的有害气体较少，从而也改善了焊工的劳动条件。

4. 埋弧自动焊设备

埋弧自动焊焊接设备常用的为 MZ 系列如图 3-13 所示。焊机包括焊接电源、焊接小车和控制箱，自动焊的主要设备的构造接线图如 3-13(a)所示，主要由焊接电源、焊接小车和控制箱组成，上面还有焊丝盘和焊剂斗以储存焊丝和焊剂。控制箱固定在小车上，控制箱面板上有显示仪表、参数调节旋钮、按钮和开关。机体有多个手轮用以调节机头的上下左右和旋转运动。各电器部件用电缆或多心电缆连接。其控制电路方框图如图 3-12(b)所示，主要用以调整和控制送丝电机和小车电机的速度和焊接过程，其控制有等速和变速两种，前者送丝速度不变，靠焊丝熔化速度变化引起的规范变化而自行调整；后者送丝速度随电弧弧长而

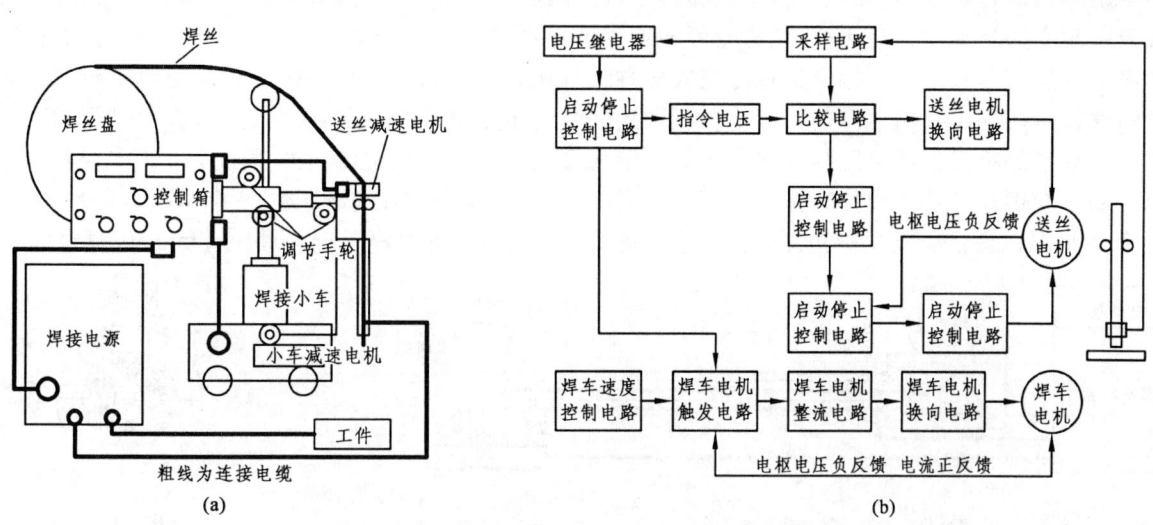

图 3-13　MZ-1000 自动焊机系列自动焊电源

自动调整以保持弧长和焊接电压恒定，这就需要从电弧取电压信号以控制送丝电机的反馈电路，当弧长过长而使弧压升高时，快速送丝以减小弧长而降低电压，同时能在短路时回抽引弧。除此而外，还必须有保持两个电机稳定工作的反馈电路，和保证电机换向运转的换向电路和焊接动作的启动和停止电路。埋弧焊设备的另一种型式为悬挂式机头，焊接速度由另外的机构带动工件运动来完成。自动焊机目前很多工厂都能生产。电源可以用交流、晶闸管整流和IGBT逆变电源，与手工焊不同的是功率要大，还能自动调整电流。现举两工厂生产的 MZ 自动焊机如表3-7。表中前5列为电源规格，后8列为自动焊焊机焊接小车的参数规格。自动焊电源过去多用交流焊接变压器和硅整流或晶闸管整流焊机，现已有多家生产 IGBT 系列逆变自动焊电源，而且有大功率的 IGBT 逆变自动焊电源。由表3-7中比较，由于电源改用 IGBT 逆变电源，与同能量的晶闸管整流焊机电源的工作电流低限变小，便于使用细焊丝焊接，焊接速度和焊丝速度变宽，更易于特性调节，同时电源重量大大降低，相应小车的调节范围也变宽。该焊接小车重量为 50 kg，MZ630、1000 和 1250 的整机重量分别为 125、205 和 225 kg，远低于晶闸管整流焊机的重量。埋弧自动焊用焊丝为成盘的光焊丝或镀铜焊丝，直径为 2～6 mm，焊接电流一般为 1 000 A，最大可达 1 600 A。

表 3-7 常用的埋弧焊设备的主要规格

技术参数 MZ	电源功率 /kVA	焊接电流 /A	负载率 /%	空车电压 /V	焊丝直径 /mm	焊接速度 /(m/h)	焊丝速度 /(cm/min)	机头侧仰度	机头回转度	机头调节 /mm	容量 /kg	整机重量 /kg
630	32	40～630	100	75	1.6～3	0.280	50～630	前后90° 左右45°	360	150×100	焊丝25 焊剂10	125
1000	50	60～1 000	100	75	2～6		50～200					205
1250	63	60～1 250	60	75	2～6							225
1600	80	60～1 600	60	75	2～6							238
以上为成都铭石的自动焊机配相应的逆变电源，以下为广州长胜的自动焊机配相应的晶闸电源													
630	32	60～630	60	70	2～3							340
1000	50	200～1 000	100	60	3～5	25～102	30～120	30	180	85×60		500
1250	63	200～1 250	60	60	3～6							550

4. 埋弧半自动焊设备

埋弧半自动软管细丝焊与自动焊相似，只是没有焊接小车，有一个单独的送丝机把盘绕的细焊丝通过软管送到焊枪，由手工操作焊接如图3-14(a)所示，电源电缆和控制线也由送丝机上的接头通过软管送到焊枪，分别接到导电嘴和控制开关。软管的组成如图3-14(b)所示。前苏联生产的埋弧半自动软管细丝焊设备有两类，一类如图3-14所示，分交流和直流两种，这类送丝机构造特别简单，由三相380/36 V供三相交流马达带动一组蜗轮蜗杆和一组直齿轮组成的两级减速器，外联一对可换大小齿轮以调节主轴带动的送丝轮的转速来改变送丝速度，有10对直齿轮可使送丝速度在79～600 m/h范围内作10级调节；其控制电路也特别简单，还有多种专用焊枪及工具可完成多种工件进行半机械化焊接。另一类是直流电机无级调速由软管内的气管用压缩空气输送焊剂到焊枪，我国过去生产的都属于这两类。西南交通大学进行的的细丝自动焊和多种双丝焊都是上述思路的发展，这时十分轻便的直流无级调速的送丝机随处可买，控制电路也十分简单，搞一套钢轨补焊和焊接装置应该不难。2000年初，成都焊研威达还生产了MZ(L)630-1-A2J柔性(软管)角焊小车以满足自动平焊角焊缝的要求。埋弧半自动焊设备的焊丝直径最大2 mm，电流最大600 A。

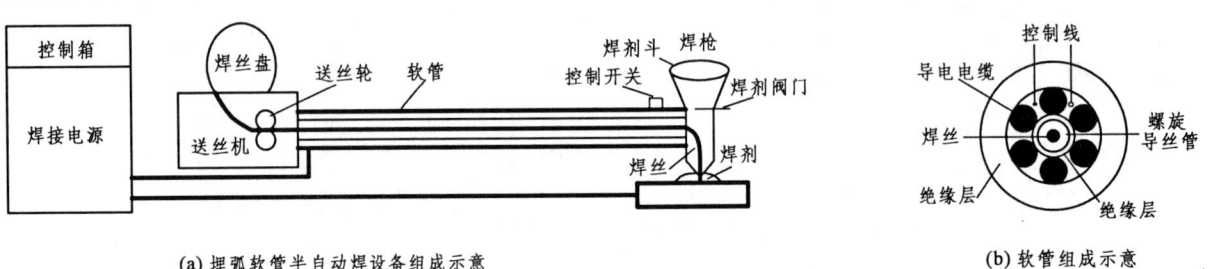

(a) 埋弧软管半自动焊设备组成示意　　　　　　　(b) 软管组成示意

图 3-14 埋弧半自动软管细丝焊

5. 细丝埋弧焊

由于焊接电流流过焊丝中电阻热的贡献，与粗丝焊相比有突出的优点。① 熔化系数 K（1 安培电流在 1 小时熔化焊丝的重量 g）大。由于焊丝电阻热的贡献，细焊丝比粗焊丝熔化系数大得多（如图 3-15(a)所示），对同等截面焊缝可相应提高焊接速度因而可提高生产率 70%以上。② 不同焊接方法和材料其熔化系数是不同的，以 2 mm 焊丝直流焊比较如图 3-15(b)所示，由图看出药芯焊丝 CO_2 焊 K 值最高。烧结焊剂埋弧焊其次，酸性焊剂埋弧焊最低。③ 电流可调范围大（如图 3-15(a)、(c)所示）。2 mm 焊丝可在 200~800 A 电流焊接。④ 节能效果显著，可节能 35%以上（如图 3-15(c)所示）。⑤ 可减少气孔及热裂纹倾向，可焊含碳 0.6%碳钢不需预热（手工焊一般含碳 0.35%以上碳钢就需预热）。⑥ 改善了温度场和热循环，改善焊接接头组织性能。

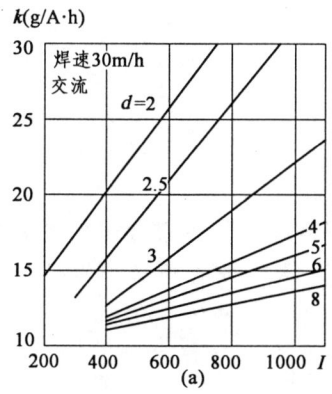
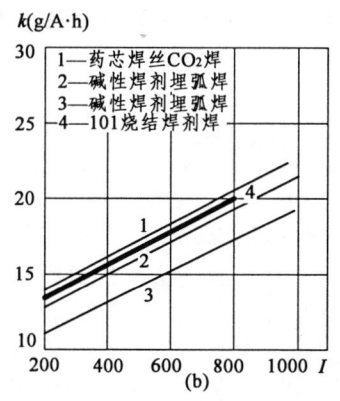
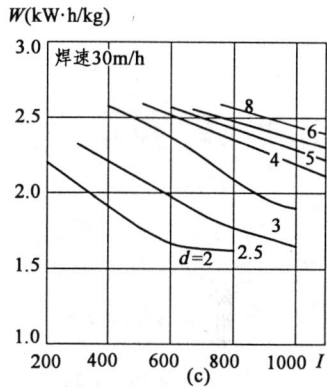

图 3-15 自动焊的高效和节能

6. 双丝细丝埋弧焊

双丝细丝埋弧焊突出的优点就是高效和节能，双丝细丝埋弧焊可以是：① 三相交流电源、单相电源并联或单相电源抽头输出的交流电进行三弧焊接（图 3-16(a)为单相电源抽头）。② 用两台交流、两台直流或交流直流各一台分别输出供两个电弧共熔池或不共熔池双丝双弧焊接（图 3-16(b)为双丝双弧共熔池焊接）。用一台交流或直流焊接电源供电，通过主焊丝焊接，并由另接一分路与辅焊丝对其预热后送入熔池进行双丝预热填丝焊接（如图 3-16(c)所示），这与图 3-16(b)不同的是只用一个电源，但仍需两套送丝和导电机构，也可用一套相互绝缘的送丝和导电机构。③ 用一台交流或直流焊接电源通过双丝或多丝前后或并列进行双丝或多丝同极焊接（图 3-16(d)为双丝同极焊接），这只用一台焊接电源和一套送丝和导电机构。对上述几种细丝双丝埋弧焊进行了实验研究，其熔敷率及热效率比较结果如图 3-17 所示。除此而外，双丝焊还可以大幅度调整焊缝的熔合比和宽深比，以改变焊缝的成分和凝固结晶状况来减少焊接高强钢和堆焊高合金层时极易产生的裂纹倾向，可作到焊含碳 0.8% 碳钢不需预热同时也可减少焊接时的气孔和夹渣倾向。并列双丝药芯焊丝焊接电弧与预热填丝焊类似，均系单弧，都只用一个电源，但预热填丝焊需两套送丝机，可分别用不同材料和直径焊丝，并列双丝焊焊只需一套送丝机，可分别用不同材料和相同直径焊丝，在焊接中我们发现绝大多数是双焊丝同时导电共生一个电弧，但也有时双焊丝轮回导电单丝维持电弧同时预热相邻焊丝，并列双丝焊接可用比单丝焊较大的电流。

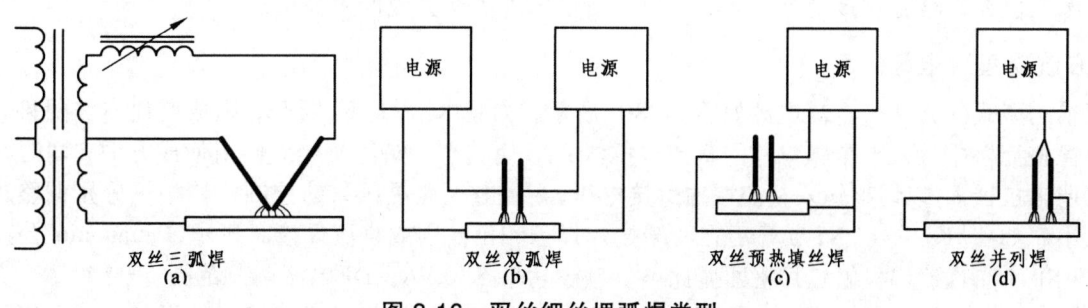

图 3-16 双丝细丝埋弧焊类型

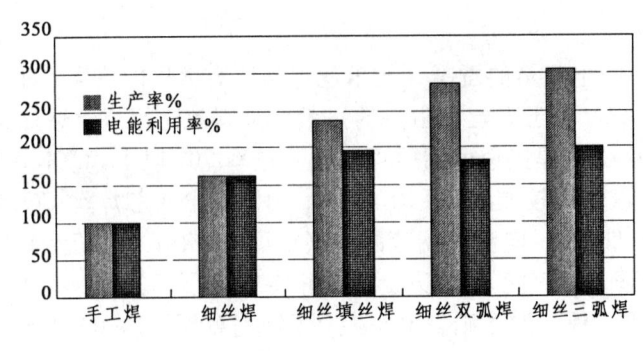

图 3-17 几种细丝双丝自动焊熔敷率及能量利用效率

3.4 钨极氩弧保护焊（TIG 焊）

钨极氩弧保护焊是用氩气来保护焊接过渡熔滴和熔池，由于氩气是惰性气体，不与金属起化学作用，可以阻断空气，不受空气中的氧氮污染以提高焊缝质量。焊接时外加填丝，又以惰性气体作保护，故最适合于高合金钢和有色金属焊接，在焊补中也多用。

3.4.1 钨极氩弧焊特点

钨极氩弧焊用不熔电极钨作电极，钨的熔点可达 3 500℃，沸点可达 5 000℃，但使电子逸出功高，如加入一些金属氧化物，一般加入逸出功低的氧化钍，叫钍钨极，这就可提高其钨极的电子逸出能力，明显改善其引弧和稳弧性能和许用电流值。外加气体氩为惰性气体，不与金属起化学作用，是最常用的惰性保护气体，该类气体的电离电势高不利于引弧，故在设备中要加高频引弧装置来引弧，但在引弧以后由于氩气的比热及热传导系数小，散热能力差，能使弧柱保持较高温度和很好的稳弧性，这时就应该断开高频引弧装置。钨极氩弧焊可以是手工送丝和移动电弧的手工钨极氩弧焊，也可以自动送丝和自动完成电弧与工件的相对运动的自动焊，还有可能是对焊丝预热后填丝的预热填丝高效钨极氩弧焊。

3.4.2 钨极氩弧焊的设备

1. 钨极氩弧焊的设备系统

钨极氩弧焊的设备系统包括由焊接电源和控制系统（在机体内）组成的氩弧焊机，可以在机体的控制面板上调整设置和显示焊接功能和参数；还包括气体供应、调节和流量测量系统；还包括不同用途的焊枪及其水冷系统（如图 3-18(a)所示）。钨极氩弧焊电源从特性到构造都与手工电弧焊相似，最初的氩弧焊机就是在手弧焊机上加一个控制箱，其中包括高频引弧装置（高频振荡器或直流脉冲引弧装置）和控制提前送气和延时断气的装置；现在很多厂家也将手工焊机作成手工/氩弧两用焊机，钨极氩弧焊一般用下降特性的直流电源，但在铝合金焊接则需用交流电源，所以出现了交直流两用焊机。

2. 方波交直流电源

最简单的型式的方波交直流电源如图 3-18(b)所示，如将 K_1 合上 K_2 断开，则成交流方波焊接，其原理为一晶闸管整流桥中接入一个强电感的直流电抗器 L_1，使其产生储能及续流作用使成方波，同时在交流端接入一可调电抗器 L_2 以调整输入整流桥的焊接电压，用调整两路晶闸管的控制极移相可分别调整正负半波的电流大小。如将 K_2 合上 K_1 断开后在两端接入焊枪和工件则成直流焊接。日本 Panasonic 公司生产的 YC-500TWSP-4 交直流钨极氩弧焊机即属此类，额定功率 51 kVA，DI 电流调节范围 5～500 A，交流空载电压 100 V，直流空载电压 65 V，有脉冲功能，机器重量 254 kg，可进行钨极氩弧焊和一般手工焊。我国目前也有类似的焊机生产，如广州长胜公司生产的 WSE-S、WSE-P、WSE-M、WSE-GP 系列交直流钨极氩

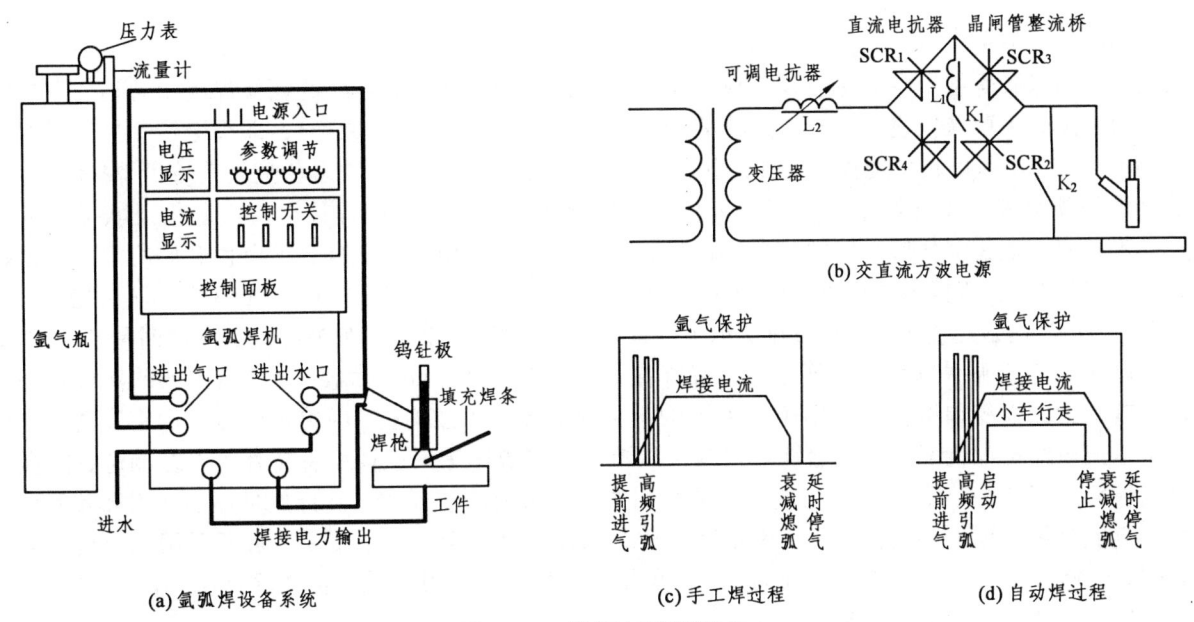

(a) 氩弧焊设备系统　　(c) 手工焊过程　　(d) 自动焊过程

图 3-18 钨极氩弧焊设备

弧焊机，现仅举 WSE-S、WSE-P（只举了一种）、WSE-M 三种如表 3-8。由表看出，WSE-S、WSE-P 系列为单相 220/380 V 供电晶闸管电源及控制，两者性能相近，但 WSE-P 可作脉冲输出。WSE-M 系列为三相 380V 供电 IGBT 双重逆变电源及控制，同规格相比，设备的额定输入功率大大减少，效率高，重量大大减轻，体积变小，功能变强，调节范围变宽。以上几种焊机都可用于焊接碳素钢、不锈钢、钛、铜、铝、镁及其合金。能有多种焊接功能的选择，能满足各种高精度焊接要求，可配合各种自动焊机使用，广泛适用于各工业部门，特别是节能显著的 WSE-M 系列更值得推广。焊接过程的程序控制：为了良好的保护，必须提前送气和延时停气，为了能很好引弧必须合上焊接电源并及时接入和断开高频引弧装置，为了焊接良好必须保持气压和电流稳定，为了防止弧坑，还必须断弧时有电流衰减（如图 3-18(c)所示），如为了自动焊还需适时地对焊接小车启动和停车以完成自动焊接，这就需要对焊接过程进行程序控制（如图 3-18(d)所示），一般由继电器作时序程序控制，在一些新型焊机中，大多是采用单片机或可编程控制器来控制。

表 3-8 国产交直流氩弧焊机（广州长胜）

参数	单位	WSE180	WSE-250S	WSE-315S	WSE-500S	WSE-315P	WSE-315M	WSE-500M
电源电压	V	单相 220/380 晶闸管控制					三相 380IGBT 双重逆变	
电源频率	Hz	50/60	50/60	50/60	50/60	50/60	50/60	50/60
额定输入功率	kVA	8.8	16	24	40	24	12	18.5
输出直流范围	A	5~180	5~250	5~315	5~500	5~315	10~315	20~500
输出交流范围	A	20~180	20~250	20~315	20~500	20~315	10~315	20~500
额定暂载率	%	60	60	60	60	60	60	60
空载电压	V	80	80	80	80	80	80	80
预送气时间	s	0.1	0.3	0.3	0.3	0.3	0.1	0.1
延迟断气时间	s	1~20	1~20	1~20	1~50	1~20	0-30	0~30
电流下降时间	s		0.1~5	0.1~5	0.1~5	0.1~5	0~10	0~10
电流上升时间	s					0.1~5	0~10	0~10
脉冲时间	s	无					0.03~1.4	脉冲频率 0.5~50 Hz
基值电流时间	s						0.05~2.5	脉冲宽度 15~100%
外形尺寸	cm	52.35.50	70.44.75	72.44.75	76.51.95	70.44.75	65.37.76	65.37.76
重量	kg	70	144	164	286	164	86	95

3. 焊接电源及应用

氩弧焊可用多种焊接电源,也有其相应的用途(如图 3-19 所示)。最早的氩弧焊就用普通的下降特性焊接电源加上高频引弧装置进行,一般直流采用正联极性(如图 3-19(a)所示),即钨极接负极,可减少钨极热量(约 $30\%U_I$),即可减少烧损和增加熔化工件的热量,适用于各种钢铁黑色金属的薄板焊接和打底焊,但去氧化膜的能力差,不适用于铝及铝合金和镁及镁合金等有色金属的焊接。直流采用反联极性(如图 3-19(b)所示)时,能去氧化膜,工件热量少,可进行铝及铝合金和镁及镁合金等有色金属的焊接,但钨极热量大(约 $70\%U_I$),钨极烧损严重。图 3-19(c)为直流脉冲氩弧焊,钨极热量小(约 $30\%U_I$),图中 I_p(A)为峰值电流,I_b 为基值电流(A),t_p 为峰值电流时间,t_b 为基值电流时间,T 为电流脉冲的时间(s),$T=1/f$,f 为频率(Hz)。直流脉冲氩弧焊主要用于一般焊接很难的 0.1~0.3 mm 薄膜,也用于 1 mm 薄板和 10 mm 这样尺寸差别大的管板焊接,这时用 10~20 A 的小电流焊接会电弧不稳,因钨极斑点能量密度高可小电流焊接,用峰值电流指向性好以熔化金属,用基值电流保持电弧不灭,这样两者交替,以控制母材热量以保证熔合和焊缝成型良好。图 3-19(d)为较早时期采用的正弦波交流氩弧焊,其特点是更需要引弧和稳弧,还需要消除直流分量,但能去氧化膜,可焊铝及铝合金和镁及镁合金等有色金属。近期采用了交流方波电源(如图 3-19(e)所示),优点是电流瞬时换向,电弧高频引弧后不需稳弧装置无需消除直流分量,能去氧化膜,可焊铝及铝合金和镁及镁合金等有色金属。

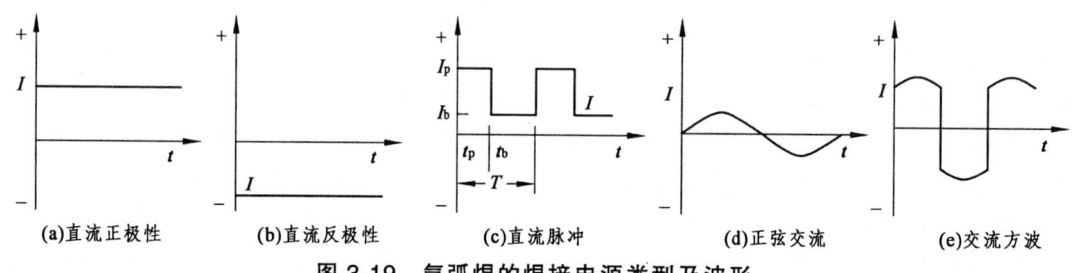

(a)直流正极性　　(b)直流反极性　　(c)直流脉冲　　(d)正弦交流　　(e)交流方波

图 3-19　氩弧焊的焊接电源类型及波形

4. 近期生产的钨极氩弧焊设备

现举两种常用的钨极氩弧焊设备,这类机型由于应用面广,生产厂家很多,一般多作成钨极氩弧和手工焊两用焊机,而且已由晶闸管或晶体管向 IGBT 转变。现列出成都铭石生产的 IGBT 钨极手工/氩弧两用焊机和成都华远生产的 IGBT 钨极手工/氩弧/脉冲三用焊机表 3-9。

表 3-9　国产直流氩弧焊机(成都华远)

参　数	单位	ZX7-315ST	ZX7-400ST	ZX7-500S	WS(M)-315P	WS(M)-400	WS-500
性　质	V	成都铭石产三相380IGBT手工/氩弧			成都华远产三相380IGBT手工/氩弧/脉冲		
电源频率	Hz	50	50	50	50	50	50
额定输入功率	kVA	12	17	40	7.9	11.4	17
输出直流范围	A	15~315	20~400	5~500	10~315	10~400	10~500
空载电压	V	75		75	80		
额定暂载率	%	100		60	60		
工作电压	V	32.6/	36	40	22.6	26	30
预送气时间	s				0.4		
延迟断气时间	s				10		
点焊时间调节	s				4~16	4~16	
脉冲峰值调节	A				10~315	10~400	
峰值时间调节	s				0.01~5	0.01~5	
脉冲底值调节	A				10~315	10~400	
底值时间调节	s				0.01~5	0.01~5	
外形尺寸	cm	55×30×45			62.5×31×54.5		
重　量	kg	30	35	40	46	47	53

3.4.3 钨极氩弧焊工艺及应用

1. 手工钨极氩弧焊

此法多用于薄板合金钢焊接，厚板坡口对接的打底焊，合金堆焊。优点是方便灵活，保护气体不与合金起化学作用又能隔绝空气的侵入，便于用与母材相同的材料焊接，也可堆焊特种合金，西南交通大学在20世纪90年代成功地用手工钨极氩弧焊堆焊钢轨闪光焊的堆瘤合金刀口。手工钨极氩弧焊也可用于钢轨的小量补焊，有很多厂家生产的氩弧焊机有手弧焊功能，有的还有脉冲焊功能，可灵活使用。焊接时手工操作，一手拿焊枪，一手拿光焊条。与气焊操作类似，也可对工件局部预热后再填丝焊接。

2. 自动钨极氩弧焊

自动钨极氩弧焊就是把焊枪固定在小车上自动行走，同时用一送丝机送丝到氩弧中溶化焊接或堆焊；也可以让焊枪和送丝机固定由工件移动或旋转，完成焊接或堆焊。

3. 自动热丝钨极氩弧焊

自动热丝钨极氩弧焊是一种高效焊接方法，与自动钨极氩弧焊不同的是将送入焊丝在进入电弧前先通电预热再送到氩弧中溶化焊接或堆焊。

3.5 熔化极气保护焊

熔化极气保护焊是以焊丝为自熔电极来完成焊接。用气体保护进行焊接，保护气体可以是惰性气体和活性气体。熔化极气保护焊都是半自动焊和自动焊，目前已成为主流焊接方法。

3.5.1 熔化极气保护焊分类及用途

1. 熔化极气保护焊分类及用途

由图3-20中看出不同气体保护适用于不同金属的焊接。另外熔化极气保护焊的熔滴过渡形式有所不同，分为短路过渡和自由飞行过渡，自由飞行过渡又分滴状过渡和喷射过渡，其过渡形式与电流大小和保护气体有关，一般在小电流焊接时为短路过渡，大电流焊接时大多为喷射过渡。当使用脉冲电流焊接时形成脉冲过渡，可使在较小的平均电流时得到相当稳定的焊接过程，适宜于全位置焊接和薄板焊接。在厚板焊接时，脉冲过渡可使用3 mm以上的焊丝和500 A以上的电流焊接，适宜于MAG或CO_2焊各类钢材，还适宜于MIG焊不锈钢、高合金钢、铝及铝合金和铜及铜合金。0.5～2.0 mm小直径焊丝小电流焊接一般用于半自动焊，大直径焊丝大电流焊接只用于自动焊。

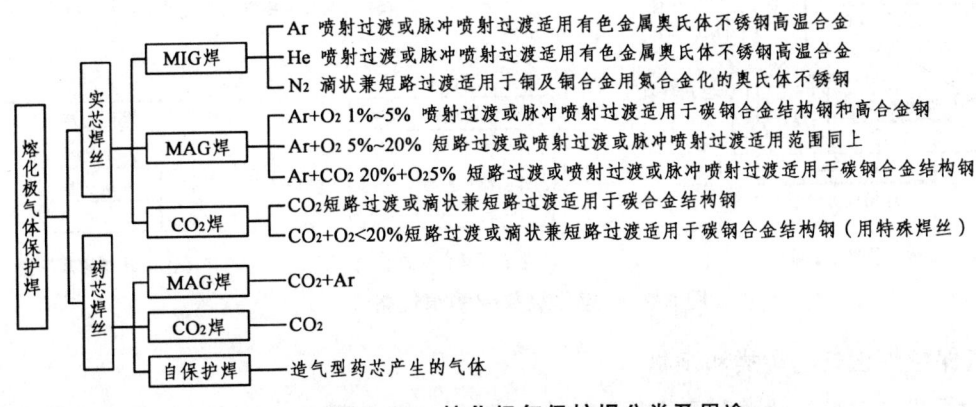

图3-20 熔化极气保护焊分类及用途

2. 熔化极气保护焊的熔滴过渡

熔化极气保护焊的熔滴过渡对焊接质量有很大关系。熔滴过渡形式除了与气体有关外，主要决定于焊接规范，根据焊接电流电压不同大致可把熔滴过渡形式分为 5 个区如图 3-21a 所示。几种典型过渡形式的电流范围和相应的熔敷率（相当于焊接生产率）如图 3-21b 所示。由于气体的影响，不同熔滴过渡形式所适用的焊接方法如图 3-21c 所示。

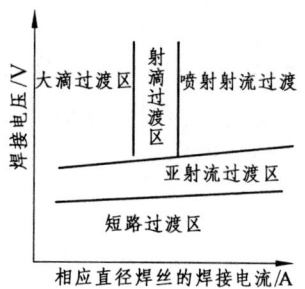
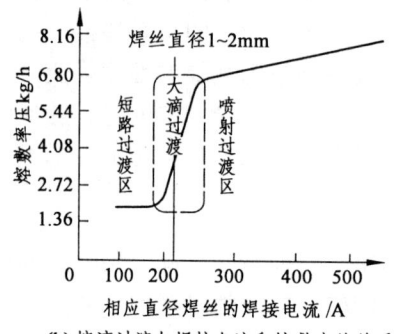
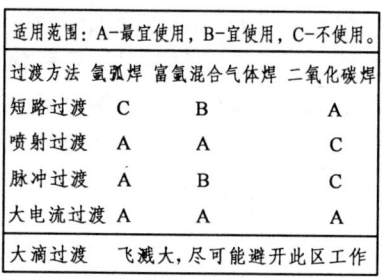

(a) 焊接规范与熔滴过渡的关系　　(b) 熔滴过渡与焊接电流和熔敷率的关系　　(c) 各种熔滴过渡的适用范围

图 3-21　熔化极气保护焊的熔滴过渡

3.5.2　熔化极气保护焊设备

1. 熔化极气保护焊设备

各种大体相同，其设备系统示意图如图 3-22 所示。电源与前 TIG 氩弧焊原理基本相同，但氩弧焊电源为下降特性，而熔化极气保护焊为平特性并不需高频引弧装置，也可用脉冲电源，氩弧焊和氮弧焊枪一般 200 A 以上就需水冷，而熔化极气保护焊半自动焊枪在 500～600 A 还可气冷，自动焊枪大都需水冷。半自动焊的送丝机有拉丝式，送丝机和焊丝盘与焊枪成为一体（如图 3-22(a)所示），这种只适用于 0.5～0.8 mm 焊丝作薄板焊接。另外用得最多的是推丝式送丝机，送丝机与焊枪用与埋弧软管半自动焊类似的软管（内包控制线、气体导管、送丝导管和电力电缆）相连，并通过送丝机上的接口与焊机上的电路和气路相连（如图 3-22(b)所示）。半自动焊的要求是提前送气和延时停气，以便能保护良好；焊接电流和送丝速度慢慢减小并在送丝停止后才断电（如图 3-22(c)所示）；在自动焊时焊接过程的控制如图 3.22(d)所示，要求在送丝停止后和断弧前停车，以便能填满弧坑。

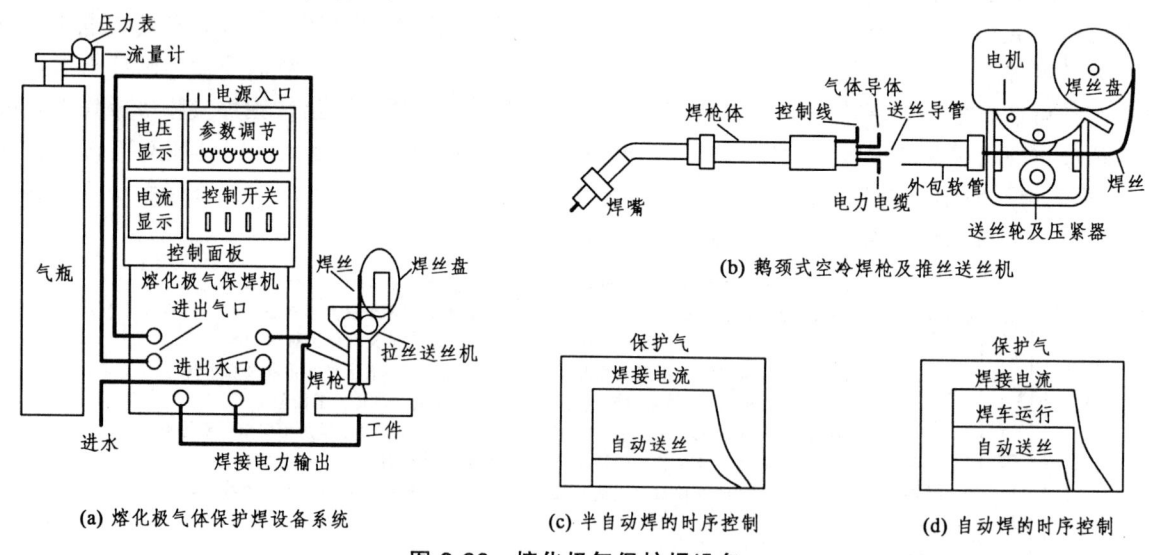

图 3-22　熔化极气保护焊设备

2. 熔化极气保护焊设备的种类和规格

熔化极气保护焊设备对半自动焊主要是电源和送丝机，电源可以是硅整流，可控硅（晶闸管）整流器，近年来也发展了 IGBT 逆变器，与埋弧焊和 TIG 焊不同的是电压低特性平；小电流的细焊丝送丝机可用拉丝送丝机，较大电流和粗焊丝用推丝送丝机。送丝机与电源安装在一个机体内叫同体式，送丝机与电源分开的叫分体式。熔化极半自动气保护焊设备较多的是 MIG、MAG 和 CO_2 气保护焊通用，有的还是实心焊丝与药芯焊丝通用。熔化极气保护焊设备目前生产的厂家很多，都大同小异，现列举几种典型的半自动气保护焊设备如表 3-10。熔化极自动焊机与埋弧自动焊机大致相似，只是机头带的是送丝和送气的焊嘴。也可用一走行小车带一半自动焊枪进行熔化极自动焊。

表 3-10 典型的半自动气保护焊设备的性能和规格

技术参数 NB-	电源功率 /kVA	焊接电流 /A	负载率 /%	输出电压 /V	焊丝直径 mm	电源尺寸/cm 长×宽×高	电源重 kg	电源 50Hz 3.380 V	成套配置
180	6.1	40~180	25	16~29	0.6~1	44×33×68	57	硅整流，同体或分体，拉丝或推丝	焊机主机，送丝机，焊枪，流量计，气管，电缆，扣
200	6.9	40~200	60	19~35	0.8~1.2	70×39×88	110		
300	13.2	40~390	60	18~45	0.8~1.2	70×39×88	130		
350K	17.7	60~350	60	17~31	0.8~1.2	75×41×69	125	可控硅整流，分体，推丝，用于实/药芯	
500K	28	100~500	60	19~39	1.0~1.6	85×43×70	155		
630K	44	100~630	60	19~44	1.0~1.6	85×51×65	200		
350	14	60~350	100	16~32	0.8~1.2	57×29×53	39	IGBT 逆变，分体，推丝	
500	23	60~630	100	16~39	1.0~1.6	64×29×53	45		
630	30	60~500	100	16~44	1.0~1.6	69×32×57	54		

3. 熔化极气保护焊机的发展

数字化焊接是焊接发展的方向。丹麦美佳生产的 Flex 系列的全数字化智能脉冲焊机，可进行 MIG、MAG 和 CO_2 气保护焊，可协同控制 MIG、MAG，精确控制焊接质量；有 MIG、MAG 专家系统根据实际情况微调和储存，可控制最小热输入和最佳的熔滴过渡；简洁和友好的人机界面，所有功能可内置，只需启动，就可一钮操作完成对应的特殊焊接程序；可热启动和自动调频，在引弧瞬间调整电流，保证优质引弧；有一元化调节和脉冲 MIG 焊功能，可通过 Smartcard 更新程序参数和专家系统，有不断更新和不断编辑学习的功能。

3.5.3 熔化极氩弧焊

1. 熔化极氩弧焊特点

熔化极氩弧焊与钨极氩弧焊不同的是焊丝自动送进和导电及自熔化，因此只能是半自动焊和自动焊；无需高频或脉冲引弧，一般情况是 MIG、MAG 和 CO_2 气保护焊机可以通用平特性电源，可以用直流电源焊接铝及镁合金，可焊接厚板，生产率高，与埋弧软管半自动焊机不同的是不需要焊剂斗或焊剂输送系统，软管中要有气体输入通道。自动焊机也与埋弧焊机相似，只是把焊剂输送系统改为气体输入系统，在控制上要增加提前送气和延后停气的控制。

2. 熔化极氩弧焊新工艺；

（1）要素复合焊。国外发展了要素复合焊接法以满足不同要求，并可大大提高效率。氩弧焊中非熔化极（TIG）和熔化极（MIG）两种组合，可改善成形、调节熔合比和加入合金，其组合方法的应用和施工如图 3-23 所示。

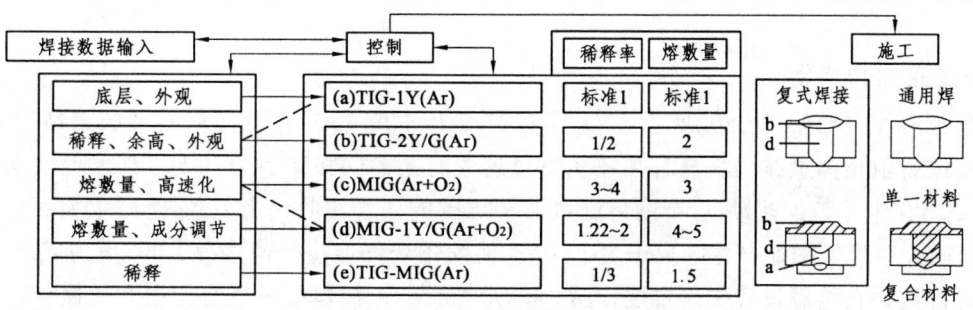

图 3-23 要素复合焊接法组成示意

(2) 高效双丝 MIG 焊。国外对 MIG 双丝自动焊已有研究和应用,证明有很高的效率,图 3-24 为双丝预热填丝焊,以 2.4 mm 单丝 MIG 焊和外加 1.6 mm 分路预热(如图 3-24(a)所示)填丝焊比,其熔敷速度可提高两倍左右(如图 3-24(b)所示); 如用以焊脚 K 为 7 mm 的角焊缝,其焊接速度可提高一倍左右(如图 3-24(c)所示);同时使熔池温度降低,随填丝量的增加,熔池温度也降低(如图 3-24(d)所示)。与同样焊接方法的比埋弧焊效率还要高,这是因为节约了大量熔化焊剂的热量。以此类推,气保护各种双丝焊预计比埋弧焊都要高。气保护双丝自动焊对非平焊位置熔池的保持和单面焊一次成形十分有利,对全位置焊接和打底焊十分有利,同时也可改善焊缝和热影响区的组织和性能。

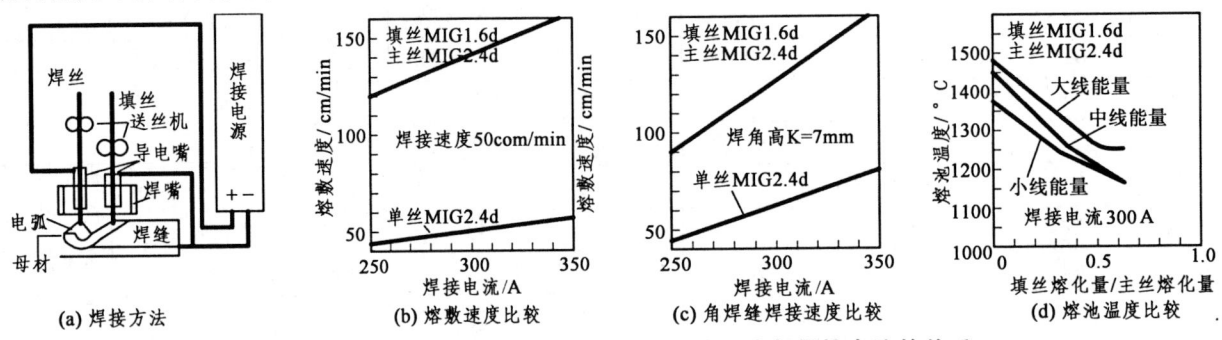

图 3-24　双丝预热填丝焊的高效率和熔池温度与焊接电流的关系

3.5.4　CO_2 气体保护焊

1. CO_2 作用及 CO_2 气保护焊过程

与熔化极氩弧焊不同,CO_2 气体保护焊属于活性气体焊,外加 CO_2 气体在电弧高温中分解为 CO 和 O,可起阻断空气而起保护作用,但它具有氧化性,能与金属起氧化作用,其化学反应为:

$$2Fe + O_2 = 2FeO$$
$$Fe + CO_2 = FeO + CO$$
$$Si + 2CO_2 = SiO_2 + 2CO$$
$$Mn + CO_2 = MnO + CO$$

熔化的金属被氧化后生成 FeO,熔池开始凝固时,又对 Si、Mn 还原,反应式为:

$$2FeO + Si = 2Fe + SiO_2$$
$$FeO + Mn = Fe + MnO$$
$$FeO + C = Fe + CO$$

由上述反应中可以看出,CO_2 气保护焊中会发生大量的 C、Si、Mn 的烧失、氧化而降低 C、Si、Mn 的含量,从而降低接头机械性能,另一方面产生的 CO,熔池快冷时易生成气孔。因此 CO_2 气保护焊时必须有足够脱氧元素的焊丝,因此一般都用 H10MnSi 和 H08Mn2Si 焊丝(一般埋弧焊丝含 Si 很少),以弥补合金元素,用高硅焊丝先期氧化来保护熔池金属,焊合金钢时元素烧损大,要在焊丝中补足,最好是用混合气体保护焊。CO_2 气保护焊用于一般结构焊接,成本低,效率高,现已在很多场合逐步取代了药皮焊条手工焊。焊接或堆焊高碳钢或铸铁由于熔池中 C 被氧化而降低,有利于减少裂纹倾向,过去有的单位曾用于堆焊球墨铸铁曲轴。

2. 熔滴过渡的力作用

熔滴过渡的力作用如图 3-25(a)所示。① 阴极斑点力($F_{斑}$):在大滴过渡时形成缩颈前 $F_{斑}$ 是阻止熔滴过渡,形成缩颈后阻止力量减弱,只有在细滴喷射过渡时总的阴极斑点力($F_{斑总}$)才促使熔滴过渡。② 电弧力($F_{电}$ 和 $F_{磁}$):电子流的运动 $F_{电}$ 帮助熔滴过渡和周围的磁力线收缩力 $F_{磁}$ 促使产生缩颈;由于产生缩颈后,电流密度加大温度升高而产生等离子力 $F_{离}$ 等都使缩颈变细促进熔滴过渡。③ 重力 $F_{重}$:在大直径焊丝小电流平焊时,重力在熔滴过渡中起重要作用,在大电流小直径焊接时重力作用大大减少,主要是电弧力起作用。④ 表面张力 $F_{张}$:液体总是保持其最小表面-球面,这就是表面张力的作用。在大滴过渡时形成缩颈前只有$F_{张轴}$是阻止输送，产生缩颈后，在熔滴颈部后产生$F_{张径}$促使熔滴过渡；在细滴喷射过渡时，表面张力的作用大大减少；但在短路过渡时，当缩颈进一步加剧在于熔池面相遇，电流短路，熔池表面的表面张力拉下熔滴，形成熔池而重新引弧，以后熔滴长大和短路接近再短路形成一个焊接周期（如图 3-25(b)所示）。⑤ 爆炸力$F_{爆}$：当熔滴在电弧中存在时间长，熔滴内气体膨胀聚合爆破形成爆炸力，一部分落入熔池，一部分形成飞溅，在大滴过渡时爆炸力最强，飞溅也最大。

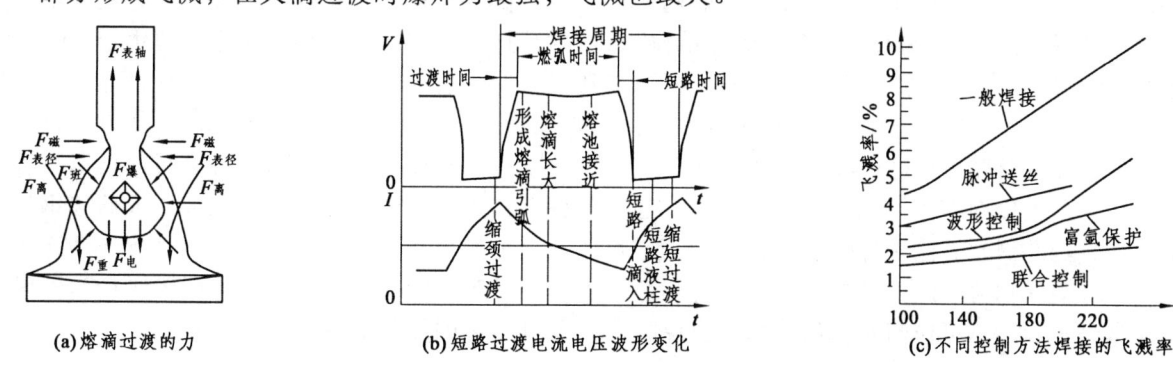

图 3-25 熔滴过渡的力和波形控制及其对飞溅的影响

3. CO_2气保护焊的熔滴过渡及飞溅

CO_2气体保护焊的缺点是气孔倾向大，飞溅大，成形不良。近年来在设备、工艺和材方面进行了很多研究，使二氧化碳的焊接质量有很大提高。由此大大地减少了飞溅，改善了焊缝成形。短路过渡时不同控制方法焊接的飞溅率如图 3-25(c)所示。① 一般连续送丝焊：一般连续送丝焊时用的是恒压电源和等速送丝，随时都会产生短路，无固定规律，短路电流峰值大，产生熔滴爆破使飞溅很大，而且随焊接电流的增大而迅速增加。② 脉动送丝控制：脉动送丝是有规律的脉动快速送进强制短路，串接较大电抗，电流不高，上升慢而有规律，可减少飞溅一半左右。③ 波形控制法；波形控制法就是在图 3-25(b)的基础上加一电流脉冲。一种是用脉冲控制让二个电流脉冲间完成一个熔滴过渡，第一电流脉冲形成熔滴并使之长大，直至熔滴与工件短路；第二电流脉冲是一个短时窄脉冲并不断检测其dI/dt，同时控制电流脉冲值，以产生适当的电磁收缩力，使熔滴颈部收缩变细，最后靠熔池表面张力拉断，完成一个熔滴过渡而不产生飞溅。此为林肯公司专利并已形成产品。其他还有在燃弧周期中加正脉冲、在短路周期加负脉冲和在燃弧后期及短路后期分别都加负脉冲等方法，主要是降低短路电流上升速度和峰值以减少正常短路时的飞溅，在燃弧后期熔滴与熔池顺利汇合条件。目前逆变电源的控制性能比较容易做到波形控制。波形控制能大大减少飞溅。④ 富氩CO_2气保护焊可大大减少飞溅和改善成型。⑤ 联合控制：脉动送丝和波形控制联合使用，在减少飞溅方面可得最好的效果。

3.5.5 混合气体保护焊

1. 混合气体保护焊焊特点

为了提高二氧化碳气体保护焊的焊接质量，特别是焊接质量要求很高的重要结构更需采用加80%氩气的富氩混和气体保护焊。采用混合气体保护焊可改善保护，提高临界电流，减少飞溅和改善成形。混合气体可以用气体配比器按一定比例混合输入，现在也有瓶装混合气体供应。

2. 混合气体保护焊焊接参数

混合气体保护焊可以是短路过渡和喷射过渡，喷射过渡与CO_2气保护焊的细熔滴过渡有明显不同，喷射过渡指向性好，保护性好，因而飞溅小和成形好。

3. 混合气体窄间隙气保护焊

混合气体窄间隙气保护焊比手工或埋弧窄间隙焊的间隙更小，可小到6~9 mm，用0.9 mm直径焊丝以220~240 A和25~26 V就可焊接中厚板立焊一次成形对接，接头韧性好变形小。窄间隙气保护焊也可用2.5~4.8 mm的粗丝焊接。窄间隙气保护焊的熔滴过渡为喷射过渡。

3.6 药芯焊丝焊

3.6.1 药芯焊丝焊接的实质

药芯焊丝是以很薄的低碳焊条钢皮内包焊药（作用与焊条药皮相同），这样使焊接时是外皮导电进行半自动焊或自动焊如图 3-26(a)所示。药芯焊丝的制造过程如图 3-26(b)所示，用焊条钢的薄钢带输送到第一轧机逐次轧制成 U 形，后加定量的混合药粉，再输送到第二轧机逐次包裹轧制成 O 形，最后通过拉丝机多次拉制成规定尺寸。药芯焊丝的形式图 3-26(c)所示，其中无缝式质量最好，但制造困难，如采用钢管拔制法装药困难，目前最高水平是在线焊合法，日本新日铁有月生产 1 500 t 的生产线。但在目前仍以有缝药芯焊丝生产为主，其接口有搭接和对接两种。另外还有一种双重式药芯焊丝，就需要先轧制成药芯钢带，然后用此轧制成药芯焊丝，此种焊丝用于自保护药芯焊丝有突出的优点。药芯焊丝焊接可外皮连续送丝和导电，便于半自动焊和自动焊，又能内包不同药芯像手工药皮焊条那样焊接不同金属，可以作 CO_2 气保护焊或混和气体保护焊，也可作药芯产生气体的自保护焊，还可作添加焊剂的埋弧焊。

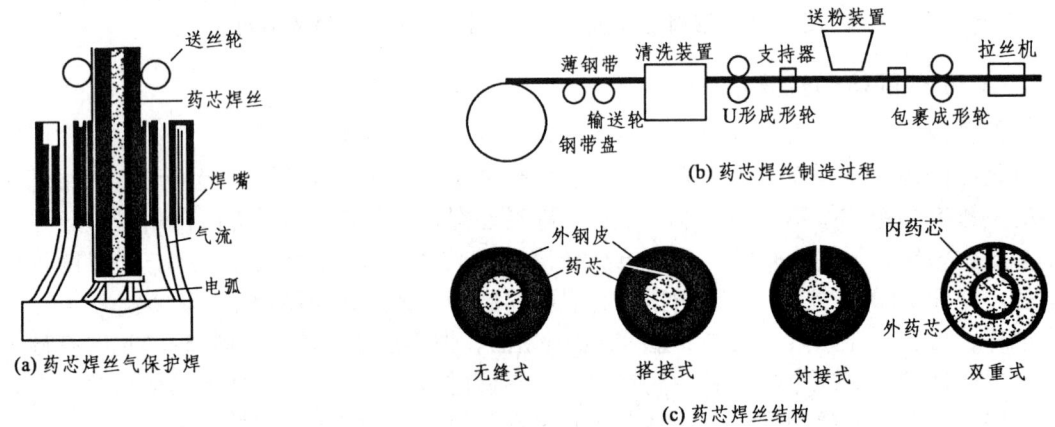

图 3-26 药芯焊丝气体保护焊原理及焊丝示意

3.6.2 药芯焊丝气体保护焊的特点

1. 易于软管半自动或自动全位置焊

对埋弧焊来说半自动或自动全位置焊焊剂保持困难，由于电流大熔池保持也较难。手工焊操作较难，要求技术高。药芯焊丝气体保护焊在各种焊接位置焊接无焊剂保持之难，无熔池过大之忧，与手工焊和 CO_2 焊相比，焊接位置的变化对焊接电流的影响最小（如图 3-27 所示），因此利于半自动或自动全位置焊。

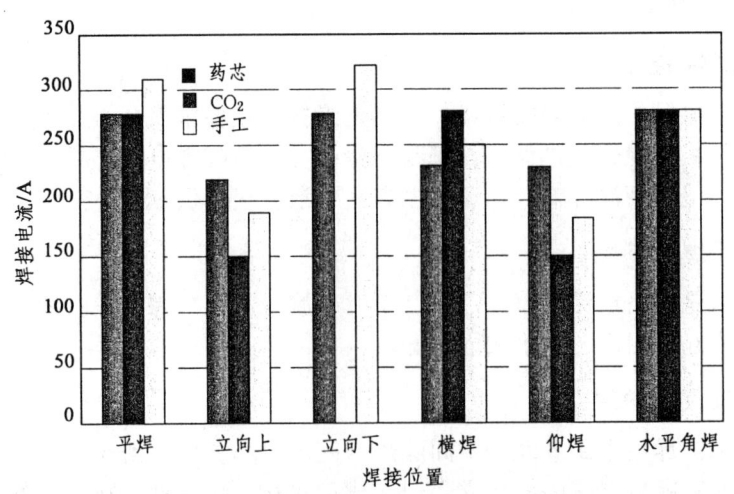

图 3-27 几种焊接方法各种位置焊接的电流变化比较

2. 药芯焊丝气体保护焊易于焊接各种钢材和合金堆焊

由于焊条外皮材料成分比较单一（一般用 H08A），并可由钢铁企业供应优质的定宽定厚的钢带，可以用药粉中掺合金来作成各种不同药芯焊丝以焊各种不同的母材和堆焊各种不同的堆焊层，也便于应用量少的合金药芯焊丝生产，不需像埋弧焊和实芯焊丝气保护焊那样需依赖钢铁企业供应品种繁多的焊丝原料。可更大范围地代替手工焊和实心焊丝气保护焊及埋弧焊。

3. 药芯焊丝气体保护焊焊接规范及熔敷率

由于药芯焊丝气体保护焊是圆周薄钢皮导电燃弧，电阻热贡献大，电流可调范围也大，因而焊接规范及熔敷率比实心焊丝要大，因而生产率高。以林肯药芯焊丝 E70T-I 为例，其焊接规范如图 3-28(a) 所示，相应的熔敷率如图 3-28(b) 所示。由图看出 1.6 mm 焊丝最大电流可到 350 A，2 mm 焊丝最大电流可到 500 A，2.4 mm 焊丝最大电流可到 600 A。相应的熔化率高达 7 kg/h、10 kg/h 和 14 kg/h。

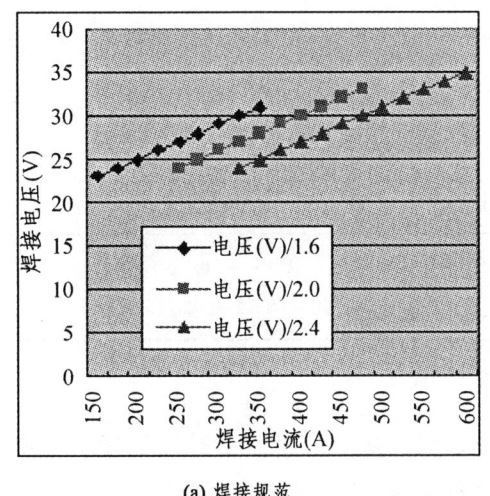

(a) 焊接规范

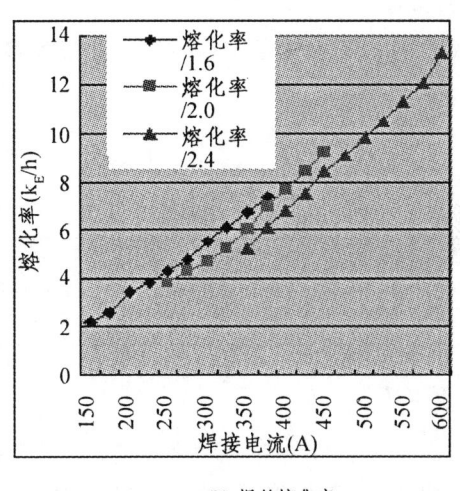

(b) 焊丝熔化率

图 3-28 不同直径药芯焊丝的焊接规范和焊丝熔化率

4. 熔深大

由于圆周导电燃弧，药芯焊丝比 CO_2 气保护焊焊接穿透力强，西南交通大学用 2 mm 药芯焊丝焊接规范为 I=300 A，U=30 V，V_C=30 m/h 焊接时，熔深可达 5 mm，热影响区宽 10 mm；用埋弧焊焊接时熔深只有 4 mm，热影响区宽 14 mm。有资料介绍，用于角焊缝焊接时可增加喉深，提高强度，减少焊角尺寸。如减少角焊缝喉高 1.6 mm，就将减少焊缝金属量 50%～60%。在对接时可减少坡口尺寸，一般比手工焊减少 10 度左右，在窄间隙焊时可比手工焊减少预留间隙 50% 左右。与实芯焊丝比还不容易造成焊缝两侧熔合不良。

5. 工艺性能好

药芯焊丝比 CO_2 气保护焊焊接电弧稳定，飞溅小，成型好，有薄渣复盖，脱渣性好。但这些方面还不如埋弧焊，这也是埋弧焊在很多方面难以被取代的原因。

6. 力学性能好

由于药芯焊丝比埋弧焊容易做到与母材的匹配，再加上可以大范围调整热输入，较易在焊接高强钢时获得高强度和高韧性。

7. 生产率高和节能节材

药芯焊丝比 CO_2 气保护焊和手工焊生产率高和节能节材，其熔敷速度比较如图 3-29 所示，以药芯焊丝焊接为最高。其节能节材节时比较如图 2-30 所示，以药芯焊丝焊接节能节材最多。

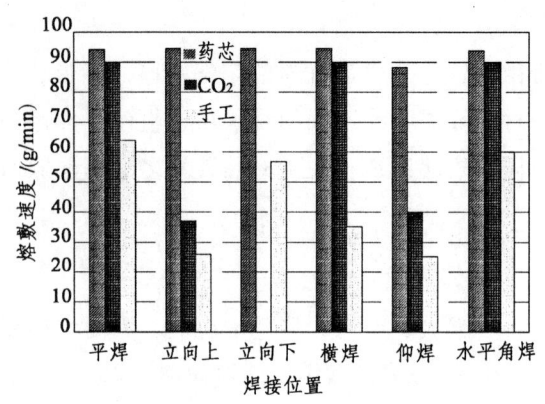

图 3-29 几种焊接方法熔敷速度比较

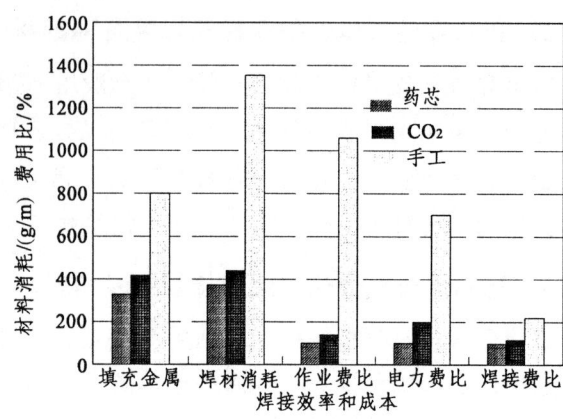

图 3-30 几种焊接方法节能节材节时比较

8. 综合成本低

药芯焊丝虽然成本比手工焊条和实芯焊丝高，但其综合成本低，生产率高，几种焊接方法的综合成本比较如表 3-11 所示。

表 3-11 几种焊接方法的综合成本比较

国家\综合成本	药芯焊丝焊	实芯焊丝焊	焊条手工焊	备注
中国 16 mm 板	3.32 元/m	3.54 元/m	6.7 元/m	1990 年价格，只是生产直接费用，现可按相对比例估计
美国（同条件）	4.4 美元/m	5.2 美元/m	14.1 美元/m	

9. 应用实例

药芯焊丝焊接在国外得到广泛应用，在机械制造方面，英国一拖拉机厂早在 1970 年就在 160 个半自动焊工位 10 个自动焊工位采用了药芯焊丝焊接，每月消耗药芯焊丝 30 t，占焊接工作量的 70%。美国一工厂焊接 100 t 大卡车，每车就要消耗 1 t 药芯焊丝。德国一工厂采用了药芯焊丝修复焊接水泥磨盘，只用了 7 000 马克代替了换新需 40 000 马克的开支。苏联在核电站防护结构大型容器、换热器、高炉结构等的焊接中广泛采用了药芯焊丝焊接，比手工焊提高工效 9～10 倍，比 CO_2 气保护焊提高工效 4～5 倍。世界主要地区应用药芯焊丝发展很快，例如日本在 1981 年药芯焊丝只占焊材总量的 1%，1990 年就达 16.5%，1997 年已达 27%，手工焊条生产已由 1979 年的 63% 降到 1997 年的 20%。韩国的药芯焊丝已占焊材总量的 36%。我国在 1997 年药芯焊丝才占焊材总量的 0.6%，手工焊条还占 54%，可见差距之大。最近的信息，到 2006 年我国药芯焊丝产销量已达 12 万 t 以上，超过了美、日、韩等国的生产量，但还远远不能满足要求，据悉单造船业在 2006 年就需焊材 25 万 t，其中一半以上为药芯焊丝，可见我国发展之快。

3.6.3 药芯焊丝气体保护焊的设备

药芯焊丝气体保护焊的设备与通用的气体保护焊设备差别不大，主要是不能用单驱动和带齿三角槽的送丝轮，一般要用双联驱动和不带齿半圆槽的送丝轮。成都熊谷电器工业有限公司在过去生产 TIG 或实芯焊丝 MAG CO_2 气保护焊机的基础上研制生产的 D7（IGBT）逆变直流多功能焊机，电源特性平陡可调，并有独特的功能控制系统和焊接材料的自适应功能（包括纤维素焊条、低氢焊条、气保护药芯焊丝和自保护药芯焊丝），可适用于手工焊、TIG 焊、MIG 焊、MAG 焊、药芯焊丝焊和埋弧焊；可适用于碳钢、不锈钢、有色合金的焊接；由于防水、防尘、防振、体积小和重量轻，因此使用性能好，特别适用于野外工程的焊接，在输气管道中运用，得到了好评，其主要性能指标比较如表 3-12 所示。如在西气东输中能取代进口设备，将节约近 1/3 的设备费用。本焊机也适用于其他野外工程的焊接。成都华远生产的 NB-350K、NB-500K 和 NB-630K 也可用于药芯焊丝气体保护焊。

表 3-12 几种气保护药芯焊丝设备比较

型号 指标	美国林肯 DC-400V/CC	日本松下 YD(M)-500CL4	中国熊谷 D7-400	中国熊谷 D7-500
逆变方式	晶闸管	晶闸管	IGBT	IGBT
额定输入容量/kVA	17	31.9	17	23
输出电流/A	80~500		25~400	30~500
输出电压/V	10~40	16~45	15~40	15~45
额定负载持续率/%	450A/40V60%	60%	400A/35V60%	500A/40V60%
实用焊丝类型	NR207	1.0~1.2mm	降特性手工TIG埋弧，平特性药芯气自保护	
重量/kg	220.4	148	50	55
送丝机类型	LN23P	YT-35CSM3	XG65全封闭式	XG65全封闭式
效率/%	<70	<70	≥90	≥90

3.6.4 自保护药芯焊丝焊接

1. 自保护药芯焊丝焊接特点

一般焊条的焊药中常分解出气体，手工焊中有一种叫造气焊条，就是焊药主要成分是淀粉，纤维等氢氧化合物，加热分解后也是 H_2、H_2O、CO 和 CO_2 等物质。气焊燃烧的产物也是这些物质，同样可起气保护作用。在药芯焊丝中也加入这些物质，焊接时形成气保护而不用外加气体，这就是自保护药芯焊丝焊，可以大范围的取代手工焊。自保护药芯焊丝焊接是不用外加气体而用本身焊药分解的气体作保护，除有药芯焊丝焊接的优点外，不用气体供应和相应设备，同时抗风能力强，因此特别适用于工程建设中的野外焊接和全位置焊接。如用双层自保护药芯焊丝焊能达到更好的效果。

2. 自保护药芯焊丝焊在工程结构上的应用

20 世纪 70 年代在芝加哥采用了药芯焊丝焊接 25 层高层建筑中，焊接了 24 mm×55 m 重 3 800 t 的塔架建筑结构；此后，在 110 层的世界贸易中心及其他摩天大楼中都采用了药芯焊丝焊接。美国自 1983 年起在金门大桥等桥梁修复中采用了药芯焊丝焊接；近十几年来，德国在桥梁、钢结构、管道及钢轨的焊接和堆焊上应用自保护药芯焊丝焊接，1996 年 6 月在建设的莱因-赫尔内运河铁路桥工地焊接中采用了自保护药芯焊丝以平焊、立直焊和仰焊位置焊接工地焊缝。我国在宝钢建设中使用了日本 YM-505N 焊机和 SAN-53 自保护药芯焊丝焊接钢板桩、转炉车间框架结构，还采用了国产结 552 和 ZS-4 自保护药芯焊丝焊接储矿槽漏斗，其工效都比手工焊提高 3 倍；在 20 世纪 90 年代宝钢 3 号高炉建设及武钢新 3 号高炉建设采用了美国林肯公司 NR 系列的自保护药芯焊丝焊接（电流 200~450 A、电压 21~30 V）。在西气东输管道焊接中使用了中国熊谷 D7-400IGBT 逆变焊机取代进口设备美国林肯 DC-400V/CC 和日本松下 YD(M)-500CL4 晶闸管焊机进行自保护药芯焊丝管道半自动焊接，节约近 1/3 的设备费用。但焊丝大多采用进口焊丝，同时应用还不广。我认为现在还有相当大的发展空间，一些堆焊掺合金药芯焊丝，由于品种多批量小，要求特殊，技术含量高，还有待加以发展。现在药芯焊丝应用主要还在半自动焊，而自动焊应用很少。国外轧辊焊接中广泛采用自保护药芯焊丝自动焊接。对几种自动堆焊所作比较如表 3-13 所示。由表可看出自保护药芯焊丝的耐磨堆焊有很好的发展前途。在我国本溪钢铁公司使用证明，用自保护药芯焊丝自动堆焊连铸辊（100~300 mm 直径和 300~1 062 mm 长），用 414N-O 或 430N-O 自保护药芯焊丝堆焊 2~2.5 mm 厚的圆周连续堆焊，比制造连铸辊节约费用 90%，比埋弧焊节约焊丝 66%~75%，不用焊剂，不需焊前预热和焊后热处理，使用寿命提高一倍。如用 414N-O 自保护药芯焊丝堆焊 6~9 mm 厚的圆周连续堆焊制造同样直径和长度的新连铸辊，比更换新辊节约费用 60%~70%。如用以制造高线辊环可节约费用 75%。英国焊接合金公司还在钢轨和道岔焊接以及车轮焊接在多个国家推广使用自保护药芯焊丝自动焊和半自动焊。

表 3-13 几种堆焊方法的比较

特点	电流 A	药芯	埋弧	带极	比较	药芯	埋弧	带极
熔敷率 /(kg/h)	250	4.0	2.5 药芯	不能	设备	简单无敷设	复杂要敷设	同左
	400	8.0	3.9 药芯, 4.0 实芯	不能	材料	有限制	无限制	极少
	550	12.0	7.0 药芯, 5.5 实芯	6.0	弧光	需遮罩	无需遮罩	同左
	1 100	24.0	14 双药芯, 11 双实芯	15.0	粉尘	粉尘少有烟尘	粉尘多烟少	同左
线能量 /(kJ/cm)	400	18	30	不能	生产率	熔敷率高	比药芯低	较高
	550	20	33	不能	熔合比	低	高	很低
	1 100	25	45	130	焊缝形状	易控制	较易控制	难控
辊子温升 /℃	400	250	665	不能	焊接成本	很低	较贵	更贵
	1 100	225	625	610	节能	很节能	不如药芯焊	同左

3.6.5 电弧螺柱（栓钉）焊

电弧螺柱焊过去只作为一些零件在其母体上螺栓连接的中介，近十几年来，由于桥梁和大型工业及场馆设施建筑，在钢筋-混凝土联合结构中广泛采用了电弧螺柱焊连接。

1. 电弧螺柱焊原理

电弧螺柱焊实际上就是一个杆与板或其他型体的电弧压力焊过程。由于电容储能螺柱焊功率有限，只适于小直径杆件的瞬时快速焊接。对较大直径杆件则用电弧螺柱焊，其焊接过程如图 3-31 所示。整个焊接循环包括准备-提起引弧-电弧熔化金属形成熔池-压下挤出熔池的熔化金属-停压-断电-形成焊缝-冷却结晶完成焊接。为了利于引弧加引弧结或将杆件待焊端部加工成带锥度和小接触面，为了使电弧气流压力阻止空气侵入要采用与杆件直径相匹配并经过干燥的陶瓷环，气流和飞溅金属一块由陶瓷环的空间排出。在压下后约束焊缝成形，同时热气流对熔池可起一定保护作用。如把磁环改为焊剂埋弧则为埋弧栓钉焊，其保护良好，可用较小电流焊接，但必需特别的焊枪。

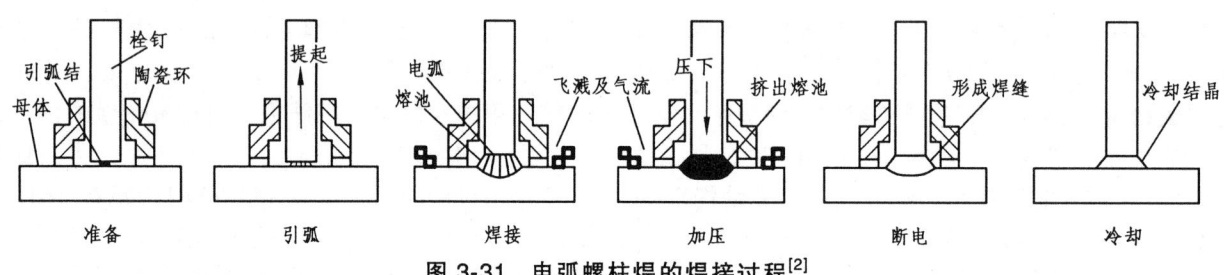

图 3-31 电弧螺柱焊的焊接过程[2]

2. 电弧螺柱焊设备及工艺

电弧螺柱焊设备已有系列产品，如成都斯达特焊接研究所生产的 RSR 系列电弧螺柱焊机如表 3-14 所示。该系列电弧螺柱焊机在桥梁、工业及民用建筑结构中广泛使用。电弧螺柱焊设备最重要的是焊接规范的可调稳定，机头（焊枪）及其控制灵巧、方便和可靠。在 RSN3-3150 设备中采用了晶闸管控制使电流连续可调，并能补偿电源电网电压的波动以稳定焊接规范，用微机控制和数字显示焊接电流、电压和焊接时间，配提升力和负载电流大的 RSNQ4 型焊枪，可用高达 3 150 A 的电流焊接最大 30 mm 直径（小可焊到 13 mm 直径）的栓钉的平焊和横焊，以适应各种钢结构需要。另外栓钉穿透焊是指栓钉穿透过镀锌板与结构母体焊接，这就必须加大提升高度，保持较高电压的稳定电弧，以缩短穿透镀锌板的时间和迅速汽化，排除锌和漆等物质；同时加长干伸长度，使镀锌板与结构母体间隙>1 mm 的情况下也能完成焊接，可使一次焊接合格率由 60%～70%提高到 90%以上。按上述原则编出的工艺在苏州国际博览中心近 30 万颗 19 mm 直径栓柱穿透焊中应用效果很好。

表 3-14 电弧螺柱焊设备的规格

焊机型号	电源电压 /V	电源功率 /kVA	螺柱焊				弧焊电源		焊接量 /(件/分) 小/大	外形尺寸 /mm 长×宽×高
			配用焊枪	焊接电流 /A	可焊直径 /mm	可焊长度 /mm	电流 /A 负载60%	空载电压 /V		
RSN-630	3×380	14	RSNQ1	100~630	3~8	≤400	25~200	<130	6/3	580×500×950
RSN-1250	3×380	21	RSNQ1	200~1 000	4~12	≤400	40~400	<130	6/3	665×520×1 010
RSN-1600	3×380	48	RSNQ1	300~1 600	6~16	≤400	130~630	<130	6/3	860×590×1 060
RSN-2500	3×380	80	RSNQ3	400~2 500	13~22	≤400	200~800	<130	6/3	950×670×1 360
RSN-3150	3×380	100	RSNQ3	500~3 150	13~28	≤400	300~1 000	<130	5/3	950×670×1 360

3. 电弧螺柱焊的应用

电弧螺柱焊应用十分广泛。① 在车体船体及箱体结构上的应用：在车体船体及箱体结构上往往需要加内墙板（金属或非金属）和其他零部件连接，用电弧螺柱焊可省工、省事和不伤及外墙母体。② 在锅炉和石化行业中应用：在锅炉和石化等行业中固定保温层和夹壁水冷槽时电弧螺柱焊得到了广泛应用。③ 在桥梁建设中的应用：现在很多公路桥大多采用钢梁与钢筋混凝土桥面组合为一体的组合结构，在正常受力情况下主要是受剪力。上海南浦大桥就在钢梁上焊上 16 万个栓钉，采用直径 22 mm 长 200 mm 的 ML15 材质冷拉栓钉，用 YD-2000LS-2 型陡降外特性电源和 YS223G 型焊枪焊接，焊接规范为：焊接电流 1 800~1 850 A，直流正极性焊接，焊接时间为 1.3~1.4 s。芜湖长江大桥就在整体节点上弦杆上焊上 28 万个栓钉，与钢筋混凝土桥面连接。④ 在高层建筑及其他工业及水工建筑工程中应用：在高层建筑及其他工业建筑工程中的几乎都有钢柱与钢筋混凝土基础或钢柱与横向钢筋混凝土现浇构件的；连接，都要在钢制构件上用电弧螺柱焊焊接栓钉起预埋件作用。

3.6.6 电弧热喷涂

电弧作为热源可进行电弧热喷涂，但一般只用于丝喷涂。电弧丝喷涂系统及喷枪构造原理如图 3-32。由图看出与气体保弧焊十分相似，其能源可以用平特性的直流或交流电源，电弧丝喷涂枪可以用直流电机或空气涡轮通过减速机构传动与喷枪组成一体的拉丝式喷枪，目前更多是用一套另外组成双丝送丝机构，这样可减轻喷涂枪体重量。国产 CTY-AS 电弧喷涂设备就属于这一类，这种设备就与软管半自动焊设备相似，不过一个直流电机要通过两套相互绝缘的送丝轮将两根丝通过软管送到喷涂枪体内（其实也可作双丝焊接）。与气体保护焊最大的不同是要用一套空气压缩机及其供气系统作气源作喷射熔融粒子之用。电弧丝喷与火焰丝喷涂相比，其粒子速度较快，因而接合强度较高，孔隙率较低，生产率要高得多，但设备较贵较重，特别是喷枪较重，嘈声较大，人工操作环境不如火焰丝喷涂，因而喷涂自动化对电弧丝喷涂就显得更为重要。另外两者都在向高速喷涂和药芯丝喷涂方向发展。热喷涂的操作环境的改善也是必需解决的重要问题。国产 CTY-AS 其电弧喷涂设备的主要技术指标如表 3-15。

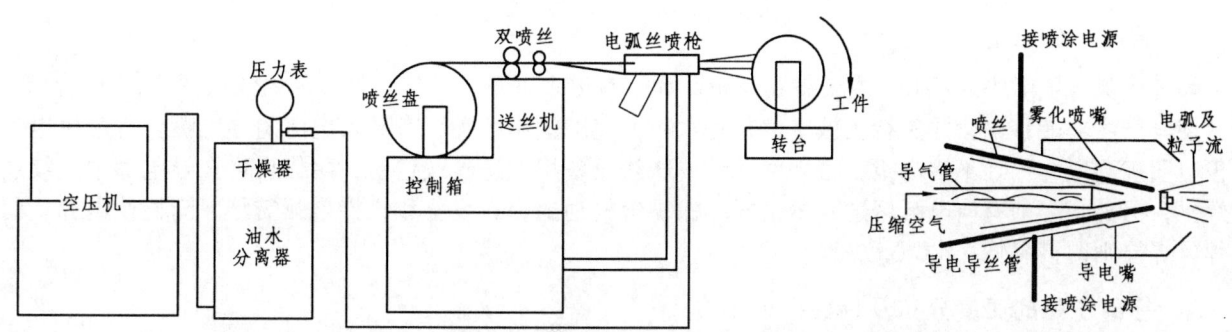

图 3-32 电弧丝喷涂设备系统及喷枪构造原理示意图

表 3-15　国产 CTY-AS 系列电弧喷涂设备的主要技术指标

技术指标\型号	CTY-AS9730 I	CTY-AS9730 II	CTY-AS9730
额定功率/kVA	24	15	15
空载电压/V	27~45	27~40	22~40
额定电流/A	400	300	300
丝材直径/mm	3	3	2
暂载率/%	100	100	100
送丝速度/(m/min)	0~5.4	0~5.4	0~11.2
主要应用领域	主机和电源可分开 50 m 距离，可 24 h 连续喷涂，适合工厂大面积防腐施工	可 24 h 连续喷涂，适合大面积防腐施工和另件表面喷涂	适用于另部件表面喷涂，涂层致密，可用于修复、强化和喷涂制模

3.7　等离子弧及其应用

等离子弧也是电弧，不过是它一种压缩的电弧，由于能量密度高，温度高，能用于高熔点金属的焊接、切割、机械加工、喷涂、堆焊、快速成型、熔炼、粉末冶金、单晶硅及宝石晶体制造、化工产品的合成等，在航天和核工业中也有广泛应用。

3.7.1　等离子弧的形成及特性

1. 等离子弧的形成

等离子弧与一般钨极氩弧不同的是一种压缩的电弧，其压缩效应有：① 机械压缩：电弧通过水冷铜喷嘴，使电弧集中，提高了能量密度和温度，这就是机械压缩。② 热压缩：通过水冷铜喷嘴和冷气流，使弧柱导电截面进一步缩小，这就是热压缩。③ 磁压缩：弧柱是一个导电气流，周围会产生磁场使弧柱向心收缩，使弧柱导电截面进一步缩小，电流密度越大，其收缩作用越强，这就是磁压缩，或称磁致收缩效应。由于压缩电弧的能量密度和温度的提高，使气体余下的中性分子全部电离（约在 10 000 K 温度即可基本完成，到 30 000 K 各种气体都能完成），所以称为等离子弧。

2. 等离子弧的类型

等离子弧的类型如图 3-33(a)所示，一般分为三类。① 非转移电弧：即电弧在阴极和水冷喷嘴间产生并喷出，形成与工件无关的独立等离子流。非转移电弧多用于热喷涂、机械加工、堆焊、快速成型和新材料制造。② 转移电弧：电弧在阴极和工件中产生，这种转移电弧在切割和焊接中常用。③ 联合电弧：联合电弧是非转移电弧和转移电弧的联合，在转移电弧中有的也要用非转移电弧先引弧而后切断；如一直不切断则成联合电弧，其好处是极大地提高转移电弧小电流时的稳定性。

3. 等离子弧焊枪

等离子弧与氩弧焊的不同，主要就在焊枪。焊枪有很多种形式，但其基本的组成如图 3-33(b)所示，主要有使其产生非转移电弧并进行机械压缩并有水冷通道的铜制喷嘴；有导入电流的导电嘴；有产生电弧的阴极，阴极一般为钨钍不熔电极，另外由送丝或送粉设备用以送丝或送粉，阴极也可在导电嘴中连续送进的焊丝；另外还必须有向电弧区送入离子气和保护气的通道；在发生和维持电弧需接下降特性电源，而熔化焊丝焊接则需接平特性电源。

4. 等离子弧的温度分布及特性

等离子弧的温度分布和钨极氩弧的温度分布如图 3-33(c)所示。由图看出等离子弧的温度区温度远高于钨极氩弧的温度，同时高温区的电弧长度和集中程度远大于钨极氩弧。等离子弧的最高温度可达 24 000 K 以上，能量密度可达 $10^5 \sim 10^6 \text{ W/cm}^2$，等离子熔流速度可达 300 m/s，所以可以用于高能密度的等离子弧焊接、切割、喷涂、熔炼及其他材料制造及加工。等离子弧的缺点是易产生双弧现象，要求气体种类多，要求冷却水水质高，因而等离子枪及设备的构造和控制比较复杂。

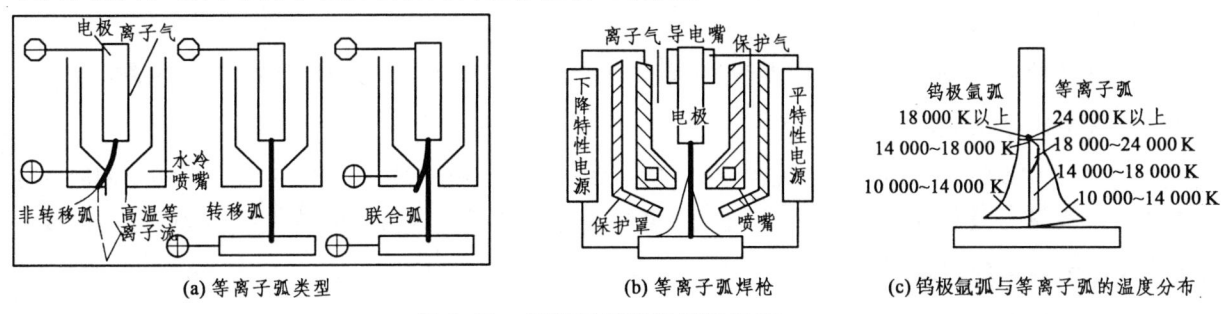

图 3-33 等离子弧的类型及温度

3.7.2 等离子设备

等离子弧设备组成由等离子弧产生原理中可看出，除了图 3-33 中的喷枪外，需要电源系统、供气系统、供粉或送丝系统、供水系统和控制系统。

1. 等离子弧的电源系统

与氩弧一样，为了减少电流的波动，需用下降特性或恒流特性，可用各种类型的一般焊接直流电源，有时也采用交流电源（如焊接铝合金和等离子堆焊中联合电弧中的非转移电弧电源和热丝电源都可使用一般焊接交流电源）。用氩气作离子气时，电压为 65～85 V，与一般焊机相当；当用氩气和氢气作离子气时，电压为 110～120 V，可用高压等离子电源或两台直流焊机串联。为了便于引弧，有时也需加入高频引弧装置。联合型电弧可用两套电源，也可用一套电源；在用送丝焊接时，接焊丝这套电源要用平特性焊接电源（如图 3-33(b)所示）。

2. 等离子弧的供气系统

等离子弧的供气系统如图 3-34(a) 所示。其是中引弧和保护气体多用氩气，离子气也可用以氩气，也可用氦、氢等气体的组合所以需用汇流排和储气筒。每一气路都有气阀、调节阀和流量计，以便进行气体参数的观测和控制，对离子气还需要有在熄弧衰减时气体流量同时衰减气体的衰减气阀。

3. 等离子弧的控制系统

等离子弧的控制系统时序图如图 3-34(b)所示。其中 t_1 为提前通离子气时间，紧接着引弧，引弧后通预保护气体时间为 t_2，然后接通焊接电流，经过一段预热时间 t_3 后焊丝送进和小车行走开始焊接，焊接完后电流衰减，离子气 2 随之减少，经历电流衰减时间 t_4 后焊接电流断，经过一定延时 t_5 后断保护气，完成整个过程，这个过程过去由分离元件作程序控制，目前已发展到用可编程控制器（PLC）按所编程序自动控制。

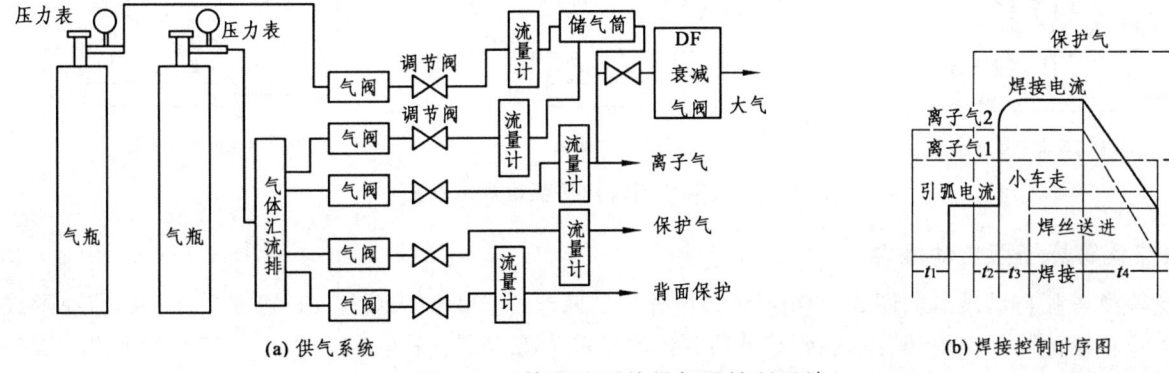

图 3-34 等离子弧的供气及控制系统

3.7.3 等离子焊接

等离子焊接与氩弧焊相似,其不同的是氩弧成锥形,而等离子弧是被压缩的等离子弧成圆柱形,加热集中,能量密度高,增加熔透,因而所用填充金属少,焊接速度高。

1. 普通等离子弧焊接

一般使用电流在 30 A 以上。适合焊接 3 mm 以上的板材,可一次焊双面成形,生产率高。

2. 微束等离子弧焊接

微束等离子弧焊接与普通等离子弧焊接区别是非转移等离子弧与转移等离子弧在焊接中同时存在,前者电流在 5 A 以下,只起引导并稳定转移等离子弧。微束等离子弧焊最小可焊到 0.01 mm 厚的钢板。

3. 脉冲等离子弧焊接

脉冲等离子弧焊接是将电流调制成基值电流和脉冲电流两部分,前者起维持和稳定作用,后者起熔化焊丝和母材作用,调制脉冲电流的峰值、脉宽和频率可拓宽焊接规范范围以适应不同接头和不同焊接位置的需要。

4. 熔化极等离子弧焊接

熔化极等离子弧焊接与熔化极氩弧焊接也十分相似,是一种等离子弧的熔化极气体保护焊接。其等离子焊枪有两种,一种为钨极与工件之间燃弧,另一套为送丝机构送丝得到的弧中进行焊接;一种为水冷喷嘴与工件之间燃弧,也是另一套送丝机构送丝得到弧中进行焊接。前者多用于焊接,后者多用于堆焊。熔化极等离子弧焊比熔化极氩弧焊接可以小开坡口,熔深大和生产率高。

3.7.4 等离子弧堆焊

等离子弧堆焊有其独特的优点,主要是焊缝形状可调范围大,其稀释率可低至 5%以下,焊层厚度可达 0.25~8 mm,焊层宽度可达 4~50 mm,生产率高,可用于各种高熔点材料堆焊,在堆焊中达到很好效果。

1. 手工和自动等离子弧堆焊

手工等离子弧堆焊如图 3-35(a)所示,钨极接负,水冷喷嘴接正,可双手分别持焊枪和焊接材料堆焊,焊接材料可用焊丝、铸棒、药芯焊丝和粉末进行堆焊,也可在需要堆焊处预先放上丝、棒、片和合金细粒,然后熔化堆焊。由于一般堆焊工作量大而形状较规则,所以多用自动等离子弧堆焊,这时由堆焊小车带动焊枪和材料(包括送丝、棒、片和合金细粒)输送装置按一定加入量焊接。有些情况也可改送料为预置。

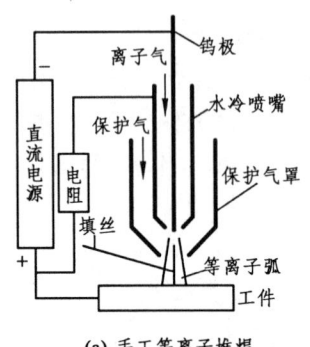
(a) 手工等离子堆焊

(b) 双热丝等离子堆焊

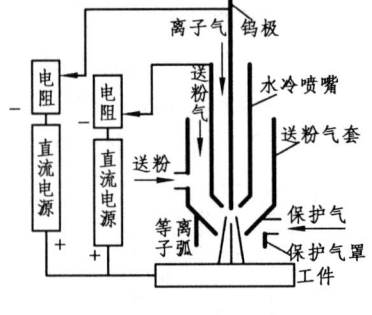
(c) 粉末等离子堆焊

图 3-35 几种常用等离子弧堆焊示意图

2. 热丝等离子弧自动堆焊

热丝等离子弧自动堆焊如图 3-35(b)所示,由外加的双丝送丝机构送双丝(也可是单丝)到熔池形成通路的电阻热和熔池热熔化焊丝并添加到熔池后,依次结晶为堆焊层,其熔敷速度可达 13~27 kg/h。国外采用正联(即水冷喷嘴接正极),可使稀释率达到 1%以下,熔深可小到 5 μm。

3. 粉末等离子弧自动堆焊

熔化粉末等离子弧自动堆焊如图 3-35(c)所示，合金粉末由送粉器送到枪体，由送粉气送入等离子弧熔化进行堆焊，焊层平整光滑，可控制焊层厚度在 0.25～6.5 mm 和焊层宽度在 3～50 mm 之间。还有一种粉末等离子弧自动堆焊是用普通等离子焊枪（如图 3-35(a)所示），不在枪内送粉，也不送填丝，用在堆焊处预置较粗的合金颗粒（0.25～2.5 mm），接着用等离子弧自动堆焊。

3.7.5 等离子喷涂

等离子弧喷涂与等离子粉末堆焊十分类似，但结合机理却截然不同。

1. 等离子弧喷涂原理

等离子弧喷涂是利用一种非转移型等离子弧把喷涂粉熔融雾化后随等离子流高速冲击到基体产生很大的塑性变形，并嵌入到预先粗化和净化的基体表面达到机械结合。如果事先喷涂一层 Mo 或 Ni-Al 合金，可以达到冶金结合。由于温度比电弧要高得多，因此可快速熔化难熔的喷涂粉（如陶瓷材料），由于粒子速度比电弧喷涂要高得多，因此结合强度要高得多，孔隙率要低得多，而且生产率也相当高。近些年来又发展了低压等离子喷涂和高速等离子喷涂，又进一步提高了结合强度和降低了孔隙率。由于等离子喷涂的工作气体是还原性气体（如 H_2）和惰性气体（如 Ar），可保护喷涂材料和工件不被氧化而得到纯洁的涂层。

2. 等离子喷涂设备系统

等离子喷涂喷焊设备组成原理如图 3-36 所示，其组成包括直流电源、高频引弧装置、主电流通断控制器、刮板送粉器、喷枪和转台，另外还有进行气电水的通断时序控制和流量控制的控制箱。

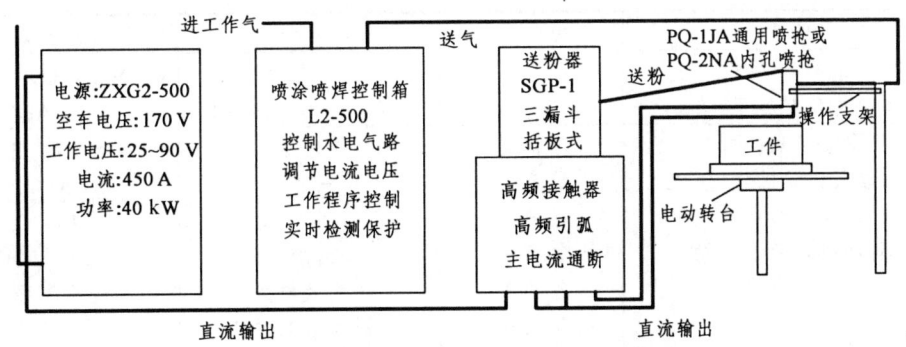

图 3-36 等离子喷涂的设备组成原理图

3. 高能等离子喷涂设备

国产 GP-80 型高能等离子喷涂设备为一种大功率高速高焓的等离子喷涂系统，最大使用功率为 80 kW，最小使用功率为 10 kW；等离子焰流最大速度可达 3 000 m/s，熔化粒子最大速度可达 605 m/s；常用送粉量为 40～80 g/min，最大送粉量可达 250 g/min；喷涂沉积效率一般为 70%～80%；枪外送粉，不堵喷嘴；有自动控制装置，控制灵敏，参数稳定。主要组成为：① GPD-80A 硅整流电源：最大输出功率为 80KW；最大工作电流为 1 000 A；空载电压为 165 V；工作电压为 80 V。② GPK-A 控制箱：可进行手工操作和自动操作；有完善的保护环节，能对主气压力、次气压力、等离子气流量、喷枪冷却水压力和温度进行安全保护；等离子弧在自动操作情况下电流稳定值偏差不大于 5%。③ SF-1A 双筒式送粉器：输送粉末种类不限；输送粉末最小粒度为 5 μm；送粉不均匀率为 ±(1%～5%)；送粉量调节范围为 3～250 g/min。④ SR-1A 热交换器：蒸馏水压力可调；蒸馏水流量为 10～17 L/min.，蒸馏水出口温度≥21 ℃。⑤ 喷枪：该机有 5 种喷枪，其型号规格及用途如表 3-16 所示。

表 3-16 国产 PQ 系列喷枪的型号规格及用途

型号\规格及用途	最大功率/kW	最大工作电流/A	可喷涂粉末	可喷涂对向
PQ-1SA 手提式喷枪	80	1 000	各种粉末	喷外圆、平面或型面

续表 3-16

型号\规格及用途	最大功率/kW	最大工作电流/A	可喷涂粉末	可喷涂对向
PQ-1JA 机装式喷枪	80	1 000	各种粉末	喷外圆、平面或型面
PQ-1NA 大内孔喷枪	40	500	各种粉末	喷 150 mm 以上内孔
PQ-2NA 中内孔喷枪	38.5	500	各种粉末	喷 60 mm 以上内孔
PQ-2NA 小内孔喷枪	40	500	各种粉末	喷 45 mm 以上内孔

4.等离子喷涂的应用及发展

等离子喷涂的应用面很广，表 3-17 是等离子喷涂在一些部门应用的实例。由表看出，等离子喷涂多用在一些特殊材料，如高耐磨耐热和耐冲蚀材料、硬质合金材料、陶瓷材料，以及一些功能材料和复合材料制品。其实际应用的方面和对象远不止这些，方法和材料也有选择余地。由于等离子喷涂设备较贵，噪声较大，近几年来高速喷涂和粉芯喷丝的发展，大有取代了一部分等离子喷涂的应用领域，但等离子喷涂仍有其独特的优越性和应用领域。一些复合新技术和电子束、激光高能束能源的引入，使等离子喷涂特别是喷熔技术向前大大推进了一步。① Protal 工艺：用一激光和等离子串列的喷枪，先用激光使待喷表面污物气化和表面粗化，同时也有预热作用，随后进行等离子喷涂，这样可提高结合强度，减少预处理喷沙污染和提高总的喷涂效率。② 微束等离子喷涂：电源电流可在几十毫安到几十安之间，等离子束直径可小到 1～5 mm，可在几十微米到几毫米工件上喷涂。③ 反应式等离子喷涂：在等离子流中注入固体、液体和气体反应剂，在冲击到基体时合成新的材料并迅速凝固，形成新型材料或表面复合器件。

表 3-17 热喷涂的应用领域

领域	零部件	喷涂法	涂层用途	涂层材料
航天	火箭头和喷管	等离子	耐热，抗冲蚀	Al_2O_3，ZrO_2，$WZrO_2$，Al_2O_3
	宇宙研究装置	等离子	防粘，绝热，热辐射	Al_2O_3，
航空	喷气发动机涡轮叶片	等离子	抗冲蚀	Co-WC，TiC，Cr_2O_3
	燃气涡轮叶片	等离子	耐热	Ni-Al，Al，Al_2O_3
	燃烧室内层	等离子	耐热	Co-Cr-Al-Y
	机翼和机身承载结构	等离子	耐磨	碳化物及合金
	前整流舱	等离子	强度及刚度	纤维增强复合材料
	机匣	等离子	滑动，封严	聚苯脂-硅铝
	起落架轴颈	等离子	耐磨，滑动，封严	Ni 包石墨，Ni 包硅藻土
机械制造	压铸模具	等离子	耐热	Cr-Ni 合金
	高频感应圈	等离子	绝缘	Al_2O_3
	切削及磨削工具，量具	等离子	耐久性，精确度	Al
	阀门密封面	等离子，喷熔	耐磨	Ni 基，Fe 基，自熔性合金
动力及原子能	燃料电池，粉状燃料燃烧嘴	等离子	热强，耐热	Al_2O_3，ZrO_2
	反应堆铀芯和导热原件表面	等离子	改善热交换	有铝底层的镁合金
	反应堆零件（包括石墨零件）	等离子	防粘合，绝热	Al_2O_3，ZrO_2
冶金	高炉节气阀及风口和闸口	等离子	高温热强及耐磨	Al_2O_3，ZrO_2，Ni-Al
	柱塞阀密封面	等离子，喷熔	耐腐，耐磨	Ni 基合金
石油煤炭	水力采煤钻孔泵机械零件	等离子	耐腐，耐磨	WC+Cr-Ni，Cr-B-Ni-Si
	加工及铲运机械的工作工具	等离子	耐腐，耐磨	硬质合金
	固液泵叶轮，采煤机械工具	喷熔或堆焊	耐磨	高 Cr 铸铁合金
轻工	烘烤元件	等离子	增加红外辐射	TiO_2，ZrO_2 等
交通	活塞端部和燃烧室	等离子	绝热，耐热	Al_2O_3，Al-Ni，CeO+LaO
电子	热电子发射极，电子离子源	等离子	增强发射	LaB_3
	固体电路和电子器件	等离子	磁性，导电，绝缘	铁氧体，半导体及绝缘体
	可变电容，热敏电阻	等离子		Al_2O_3（前），$BaTiO_3$（后）
材料	纤维增强或其他复合材料	各种方法	制备材料基体	金属和合金

3.7.6 等离子切割

等离子切割是一个比等离子焊接应用更广的领域。经过近一二十年的发展，无论在切割材料种类和材料厚度方面都有了很大进展。

1. 等离子切割原理

等离子切割是熔割而不是氧化切割，但仍能得到高质量的切割。其原理是由于高密度的集中高温热源把不断熔化的阳极活性斑点来回冲刷，并同时高速气流吹走形成很窄的切口区域而完成切割。

2. 等离子切割的类型

等离子切割的类型有：① 普通等离子切割：普通等离子切割一般用转移电弧（如图3-37(a)所示），等离子切割一般都不用保护气，工作气与离子气为同一气体，为提高等离子弧能量，宜采用一些双原子气体。切割薄板用微束等离子弧。切割非金属时用非转移电弧。② 水下等离子切割：水下等离子切割与普通等离子切割不同的是除了喷嘴冷却水外，还必须有一路压缩水在等离子弧周围，可以进一步压缩等离子弧，并形成高速气流排开水，同时还有分解的氢和氧参与切割气工作。水下等离子切割除了在水下工程中应用外，在工厂中也有应用，如在铁路客车制造中的墙板下料就用了数控水下等离子切割以减少切割变形，同时也减少了紫外线、粉尘、烟气和飞溅。③ 空气等离子切割：它是以压缩空气为工作气体（离子气和切割气），与普通等离子切割不同的是不用钨极，因为空气的氧化性很强，故用水冷导电夹头端嵌入纯锆电极。④ 混合气等离子切割：即将工作气体（离子气）用氩气，以便于使用钨极，切割气采用压缩空气。

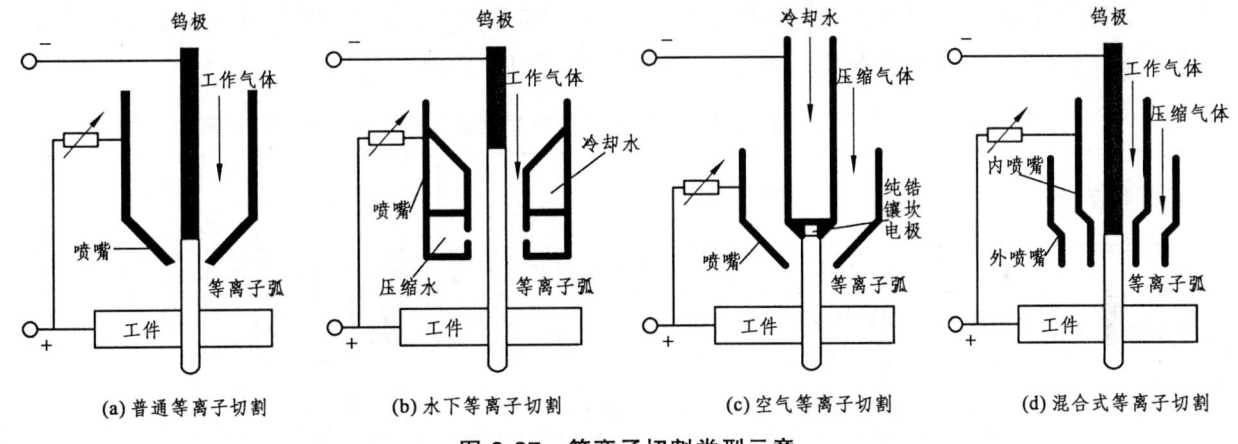

图 3-37 等离子切割类型示意

3. 等离子切割设备

等离子切割电源采用陡降特性和恒流特性直流电源，只是要用高空载电压和工作电压。各种等离子切割设备的主要技术数据见表3-18所示。常州泛洋电气设备有限公司近期生产有多种等离子切割设备，其中

表 3-18 各种等离子切割设备的主要技术数据

技术数据	型 号				
	LG-400-2	LG-250	LG-100	LGK-400	LGK-400
空载电压/V	300	250	350	240	230
工作电压/V	100~150	100	100~150	140	85
切割电流/A	100~500	80~320	10~100	45~90	30
负载持续率/%	60	60	60	60	45
电极直径/mm	6	5	2.5		
类型	自动型	手工型	微束型	压缩空气型	压缩空气型

① PC-D 型为高精度切割机，割枪采用了两层进气，可比一般 G-D 型等离子切割设备割缝缩小 1/3，光洁度提高两个等级，速度提高 20%以上。② CGP 型采用平特性斩波电源，可节电 20%以上，电压稳定，电流无级可调，切割厚度大和范围宽，使用成本低。③ 逆变 PC-D/N 型采用逆变电源和数字控制，设备体积小重量轻，节电显著，电流无级调节，切割质量好，成本低。几种等离子切割设备切割厚度范围（mm）如表 3-19 所示。

表 3-19 几种等离子切割设备切割厚度

PC-D 型	PC60-D	PC100-D	PC120-D	PC160-D	PC200-D
切割厚度/mm	1.8～22	1～32	1～42	1～55	1～65
CGP 型	CGP-200	CGP-400	CGP-600	CGP-1000	
切割厚度/mm	1～70	2～90	2～110	2～150	
PC-D/N 逆变型	PC60-D/N	PC80-D/N	PC160-D/N		
切割厚度/mm	1～15	1～30	1～60		
G-D 型	G40-D				
切割厚度/mm	0.8～12				

4. 等离子切割与其他切割在切割不同厚度金属的速度比较

等离子切割能切割氧气切割难以切割的高碳钢、铸铁和有色金属，其不同厚度金属的切割速度比较如表 3-20 所示。由表看出，不同气体配比切割铝、铜和不锈钢有相当高的生产率。

表 3-20 等离子切割与其他切割在切割不同厚度金属时的速度（m/h）比较

切割方法	切割材料及气体	金属厚度/mm				
		10	20	30	50	60
转移型等离子弧切割	铝，(Ar+H_2)比例 1∶1 流量 3 m^3/h 混合气切割	450	130	80	35	
	不锈钢，H_2 流量 3 m^3/h 切割	80	50	30	15	12
	铜，H_2 流量 3 m^3/h 切割	5	20～30	12～15		5～6
非转移型等离子弧切割	不锈钢(20%N_2+ Ar) 流量 2.5 m^3/h 切割	55	30	15		6
氧熔剂切割	不锈钢(O_2+熔剂) 切割	20	18		12	
	铜(O_2+熔剂) 切割	7.8	4.8	2.6	1.3	
氧气切割	碳钢 O_2 切割	33	27	24		16

第 4 章 电阻热的利用及电渣焊和接触焊

电流通过电阻就会产生电阻热，前面电弧焊中已有多处用上了电阻热，如电弧焊引弧时需要焊条与工件短路通过其接触点处的接触电阻产生热量加热后离开而引弧，又如在细焊丝自动焊接时由于焊丝导电部分电阻热的供电而提高了焊接生产率，又如预热填丝焊和热丝 TIG 焊中利用焊丝通电加热提高了焊接生产率等。这些都利用了电阻热，但其主要的焊接热量来自电弧，所以叫电弧焊。电渣焊开始引弧造渣时是电弧焊，如焊丝与工件一直有电弧存在的窄间隙立焊叫渣池电弧焊，只有在产生渣池后，焊丝一直插入渣池全靠渣池电阻产生的热量来完成全部焊接过程，它与渣池电弧焊的设备材料和工艺都十分接近，但从焊接热源来看属于电阻焊。

4.1 电阻热及其利用

电流通过电阻就会产生电阻热对某一种材料的平均值 Q 为：

$$Q = I^2 RT = UIT \quad (J)$$

$$U = IR,$$

导体电阻 $R = \rho L/F$，接触电阻只与接触面大小和清洁程度以及外加压力有关。

式中　I——电流，A；

　　　R——电阻，Ω；

　　　T——通电时间，s；

　　　U——外加电压，V；

　　　ρ——电阻系数，Ω/cm；

　　　L——导体长度，cm；

　　　F——导体截面，cm^2。

接触电阻焊接方法的焊接回路都是一个由导体电阻和接触电阻组成的回路。其中以接触电阻最大，产生热量最大，接触处加热温度最高，此为焊接的加热热源。而电渣焊则是用电流通过熔渣液体电阻来作为热源。

4.2 电渣焊（液体电阻焊）

4.2.1 电渣焊的基本原理

1. 电渣焊的热源

电渣焊的热源是在引弧造渣后焊丝插入渣池利用电流通过熔渣（具有导电性的液态熔剂）而发出的电阻热，用以熔化基体金属和填充金属。实际上这也是一个串联电阻负载，其中焊丝、工件是固体导电体，熔渣是液体导电体，熔渣与焊丝和熔渣与工件之间也有接触电阻，电流通过此熔渣电阻和接触产生的热量，以熔化焊丝和母材。熔渣还同时起到埋弧焊熔渣的作用。由于熔剂密度低，所以在焊接过程中熔渣（渣池）

始终浮于液体金属（熔池-凝固后称焊缝）的上面。焊缝的结晶是在水冷成型模中进行（如图 4-1(a)所示），如焊接速度过快，则结晶形状熔深可能过大，容易产生"人"字形结晶裂纹（如图 4-1(b)所示）。因为是电阻特性，所以专用的电渣焊设备是平特性（有时也可用下降特性代替），两种特性的交点就是电渣焊的电流和电压（如图 4-1(c)所示）。由图 4-1(c)可看出，焊接的电流和电压主要由焊接电源电压来定，也与进条速度 V_t 有关，V_t 越大，插入渣池越多，与渣池接触面加大，电阻减少而使电流加大，所以在电源电压调定后，主要是调整进条速度使能保持一定的焊接电压和电流。其焊接的热量由焊接电压和电流而定，可用 $Q=UIT$ 计算得出。

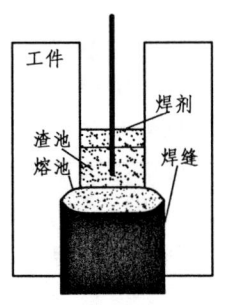
(a) 电渣焊过程（焊速低）

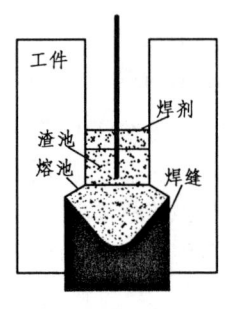
(b) 电渣焊过程（焊速高）

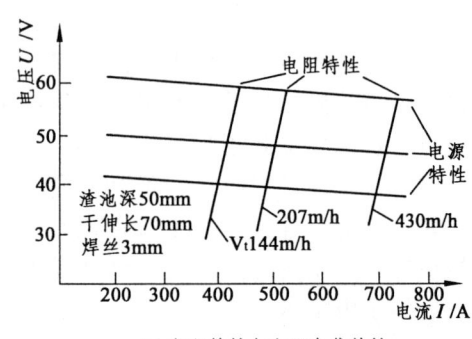
(c) 电源特性与电阻负载特性

图 4-1 电渣焊过程和电源负载特性

2. 电渣焊的热循环

电渣焊在离熔合线不同距离的热循环如图 4-2 所示。与埋弧焊相比，焊接热循环明显不同，在高温停留时间长，冷却速度很慢，其热循环和相应的焊接参数的电弧焊比较如图 4-2 的附表。由表看出，焊接参数中焊接电流和电压相近，但焊接速度和线能量相差甚大；两者热循环特性中加热速度、高温停留时间和冷却速度有很大差异；因而电渣焊过热区宽而晶粒粗大，因此需正火使用。但焊前高碳钢甚至铸铁焊接都无需预热。

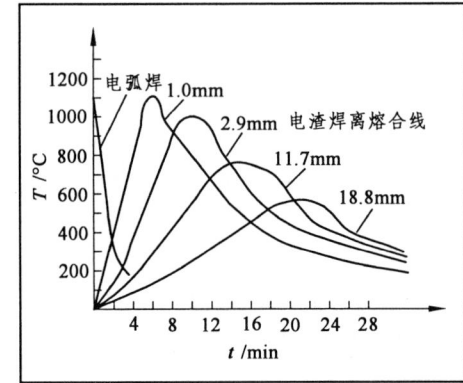

焊接电流：	电弧焊 500 A	电渣焊 450 A
焊接电压：	电弧焊 32~34 V	电渣焊 38~40 V
焊接速度：	电弧焊 10 m/h	电渣焊 0.7~0.8 m/h
线能量：	电弧焊 6.12 kJ/cm	电渣焊 81 kJ/cm
加热至高温时间：	电弧焊 5 s	电渣焊 640 s
1 000℃停留时间：	电弧焊 7 s	电渣焊 95 s
700~300℃冷却时间：	电弧焊 55 s	电渣焊 630 s
热影响区宽度：	电弧焊 5 mm	电渣焊 16 mm

图 4-2 埋弧焊与电渣焊的热循环比较和相应的焊接参数比较

3. 电渣焊的经济性

以标准的万能电渣焊机焊接与埋弧自动焊比，可不开坡口一道焊成，熔敷系数可增加一倍以上，焊丝消耗减少 30%~40%，焊剂减少 80%~86%，电力消耗可减少 35%，焊接质量比埋弧多层焊高。

4.2.2 电渣焊类型及应用

1. 手工电渣焊

手工电渣焊是一种操作容易、设备简单、生产效率高的焊接及焊补方法（如图 4-3(a)所示）。这种方法的过程是用普通电焊机，用两个钳子，一个夹碳棒，一个夹金属棒，先用碳棒引弧熔化焊剂造成渣池后即将碳棒插入渣池预热工件 4~5 min，然后取出碳棒立即将金属棒放入渣池中，利用电流通过渣池电阻发热熔化工件及金属棒,即开始焊接,焊接时应将金属棒沿孔边缘均匀缓慢移动,并不断测量渣池深度并不时加入少量焊剂。手工电渣焊一般规范为:电流 350~400 A,电压 35~40 V,渣池深 40 mm,金属棒和碳棒直径均为 15~20 mm 左右。手工电渣焊可用以补铸件气孔砂眼,不只可以补铸钢件,也可以补铸铁件,铸铁焊补时裂缝倾向很小,不易生成白口,也很易于加工。

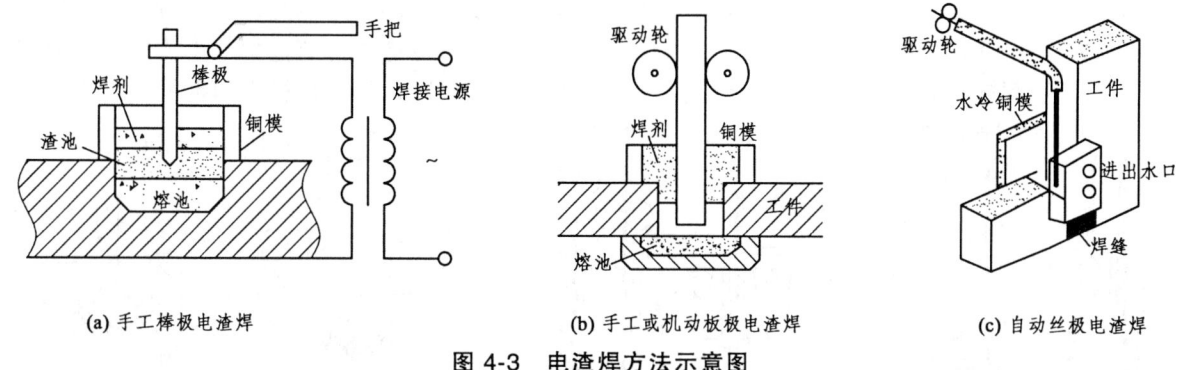

图 4-3 电渣焊方法示意图

2. 机动板极电渣焊

电渣焊也可用于焊接直径 150 mm 以下工件(如轴、粗钢筋)和与此相适应截面的矩形截面工件,周围要用相应形状的水冷铜成型块或耐火砖成型块,也可筑砂型,这时也可在 10~20 mm 间隙处加一引弧极,引弧的方法可用碳棒引弧造渣,也可以用炭粉铁末或导电熔剂来使板极与工件通电造渣池。由于焊接截面较大,所需填充金属较多,可用机动输送板极(如图 4-3(b)所示)。板极宽厚视堆焊面积大小而定,一次不成,可多次加焊,电流密度为 0.8~1.5 A/mm² 板极。在机车修理部门焊接车架,得到成功的应用。其规范为:① 一个板极宽 $B \leqslant 110$ mm;② 板极厚度 S 为 8~20 mm;③ 间隙大小 $b=B+14$ mm<25 mm;④ 电流 $I=(0.5~1.2) F$(F——板极横截面,mm²);⑤ 焊接电压用焊剂 431 时为 35 V 左右;⑥ 渣池深度为 35 mm 左右;⑦ 如用多板极时板极间间隙为 10~15 mm。板极电渣焊时建立渣池的方法有:① 将在坩埚内熔化的焊剂倒入间隙;② 在引弧板上放 15~30 mm 铁屑使与板极端部接触,板极端部最好切成 60°~90° 尖角,③ 用导电熔剂。收弧的方法有:① 间断性停止供电(停 10~15 s 依次增加),供电时间 10~5 s 依次减少;② 间断重复送进板极;③ 逐渐减少电流。

3. 丝极或带极自动电渣焊

丝极自动电渣焊是用焊接小车上的送丝机构送单丝或多丝(用于厚板)到渣池,水冷成型滑块随焊机上移,熔池和渣池也同时上移,在水冷成型滑块强制冷却下,熔池逐次结晶完成即形成焊缝(如图 4-3(c)所示)。如工件板更厚,可用单带极或多带极作带极自动电渣焊,这种焊法适用于厚板一次成形立焊 50~200 mm 厚板对接及角接焊缝,如早期 12 500 t 水压机的机架、横梁、立柱都是用丝极电渣焊焊成的。也可使电渣焊机和冷却型块固定,管子旋转以焊厚壁管对接或堆焊。

4. 其他类型电渣焊

其他类型电渣焊有:① 板极熔嘴电渣焊:如板极中有孔(并固定不送进)而焊丝由板极孔中连续送进以补填充料的不足,这种叫熔嘴电渣焊,熔嘴电渣焊也适于焊较短的或变断面焊缝(如图 4-4(a)所示)。② 管状熔嘴电渣焊:前述的板极或丝极和板极熔嘴电渣焊适宜于焊接厚度 50 mm 及以上的工件,但用管状熔嘴电渣焊这种新工艺,可焊 18~60 mm 厚的工件。其原理是熔嘴是一根或多根涂有焊药皮的细管子,电源一端接管子,一端接工件,焊丝从管心送进,与熔嘴一块在渣池中熔化。凝固后形成焊缝,管外的药皮可以补充熔渣和起渗合金作用同时也起到防治与母材短路的作用(如图 4-4(b)所示)。管状熔嘴电渣焊不只可以用于较小的板厚,而且可以减少装配间隙提高生产率和改善热循环。③ 电渣压力焊:电渣压力焊过程如图 4-4(c)所示。在轴类另件和钢筋竖向焊中广泛采用电渣压力焊,电渣压力焊工具一端夹持固定在下端的待焊工件上,上端夹持固定在上端待焊可上下移动的工件上,引弧造渣后上端钢筋在渣池中利用其电阻热熔化两端后,不断下移工件使渣池电压保持在 40 V 左右,加热到一定时间后加压焊接。此法也可用于杆与板焊接。④ 电渣堆焊及熔炼：图 4-4(d)为电渣堆焊柱头，例如在一般杆状材料上堆焊硬质合金刀具或锤头，可以节约大量贵重金属。电渣堆焊也可用于平面堆焊，还有一种躺板极电渣焊常用于堆焊，即将要堆焊的工件上铺上一薄层熔剂，在其上平放一个与堆焊尺寸相应的板，再在上面堆一厚层熔剂，在板极端部用碳棒引弧，然后形成渣池而熔化板极自动进行焊接。此种方法在车辆修理部门堆焊钩舌得到成功的应用。也可用可移动的冷模配合，进行垂直面的丝极平面堆焊或圆柱面的堆焊，可以是工件旋转，也可以是焊接机头转动。如图 4-4(d)的下部不是工件而是一水冷成型模，就成为电渣熔炼或成型。电渣熔炼或成型可以用一般焊机熔炼少量的特种合金和零件，掺合金易，成本低，见效快，不怕熔量小和批量小。

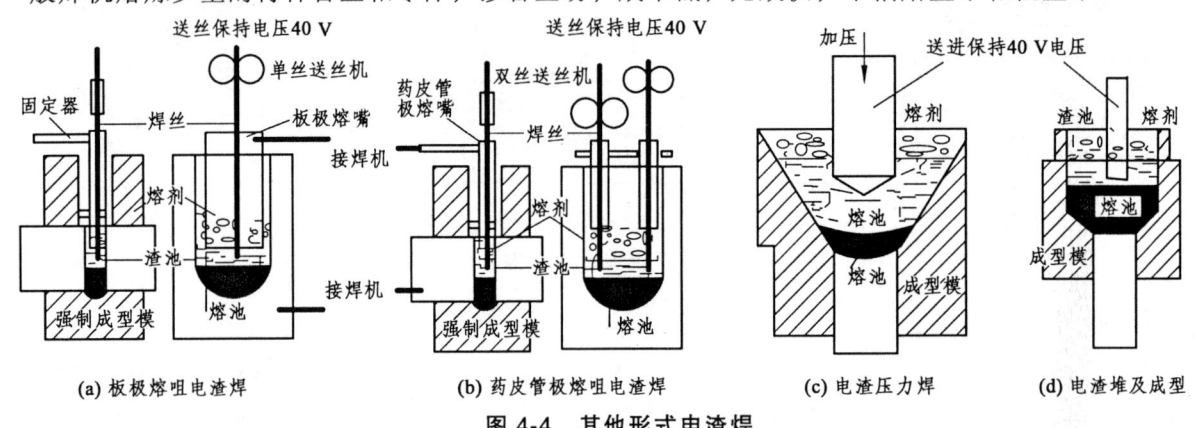

图 4-4　其他形式电渣焊

4.2.3　电渣焊设备

1. 电渣焊电源

电渣焊电源一般用平硬外特性的交流变压器，如标准的自动电渣焊机就配 BP1-3×1000 的 150 kVA 和 3×380/38～53.4 V 的交流变压器，但平时较小电流作单极电渣焊，普通的下降特性手工焊变压器也可用，因为电渣焊是一个以渣池深度来决定的液体电阻，其焊接电压与焊接电流与埋弧焊相近。

2. 电渣焊机

标准的万能电渣焊机可以用单丝、双丝和三丝以每相电流 900 A 焊接厚 60～250 mm 对接直焊缝、T 形接头和角接接头，还可焊接直径在 3 000 mm 以下、厚度在 450 mm 以下的厚壁管环焊缝。如用板极可焊 800 mm 以下的对接，适用于重型结构焊接，一般短小焊缝可用半自动或自动焊机的送丝机进行即可，也可自制一些简易的电动送进或固定工具。

4.3　电阻焊（固体电阻焊）

4.3.1　电阻焊基本原理

电阻焊热源是电流通过一系列串联电阻产生的热量来把焊接部位加热到塑性状态或表面局部熔融状态加以压力，以产生塑性变形再结晶而形成冶金结合的焊接接头。以电阻点焊（如图 4-5(a)所示）为例来说明，由图看出，在电极对工件加压后一部分接触面接触短路，高电流密度通过此处局部加热，随此局部温度的升高和扩展而使金属变形和接触面加大，使电流密度分布趋于均匀，并向旁边金属传递，在工件之间的接触面的电流密度分布在两侧仍有集中现象。这个电流通过一系列串联电阻包括铜电极电阻 $R_{铜}$、工件电阻 $R_{铁}$、电极与工件接触的触电阻 $R_{铜-铁}$ 和工件之间的接触电阻 $R_{铁-铁}$，在焊接回路中，电流相同而电阻不同，就在各处产生不同的热量，将其加热到不同温度，其电阻点焊的温度分布如图 4-5(b)所示。因为电阻热量是与电流的平方成正比，所以需要很高的焊接电流，因而必须采用平特性的降压变压器供电，即低电压（1～10 V）大电流（1 000～100 000 A）供电，其原边用 220/380 V，而次边只用大截面的铜片束与焊接回路组成的一圈，连接到固定臂及固定电极和可动臂及可动电极，另有一套是动臂加压装置。焊接电流的调节是通过改变圈数来调整次边电压以改变次边电流，另外还需有一套加压和通电时间控制的装置。由温度分布看，不希望铜电极温度过高，因此必须通水冷却，为了增加电极的高温强度和耐磨性，采用铬锆铜合金电极，同时经常打磨其承压面以减少接触电阻。在工件的接触面必须将油污特别是铁锈氧化物以减少焊接开始时的导电面积和焊后焊点内的残留杂质。焊接面的表层由于接触电阻大，是焊接的主要热源，由于加热区小，故温度最高，可能达到材料熔点而形成熔核，熔核外热量由工件传出降温而达到塑性状态，在持续的压力作用下产生塑性变形而形成一定压下量。

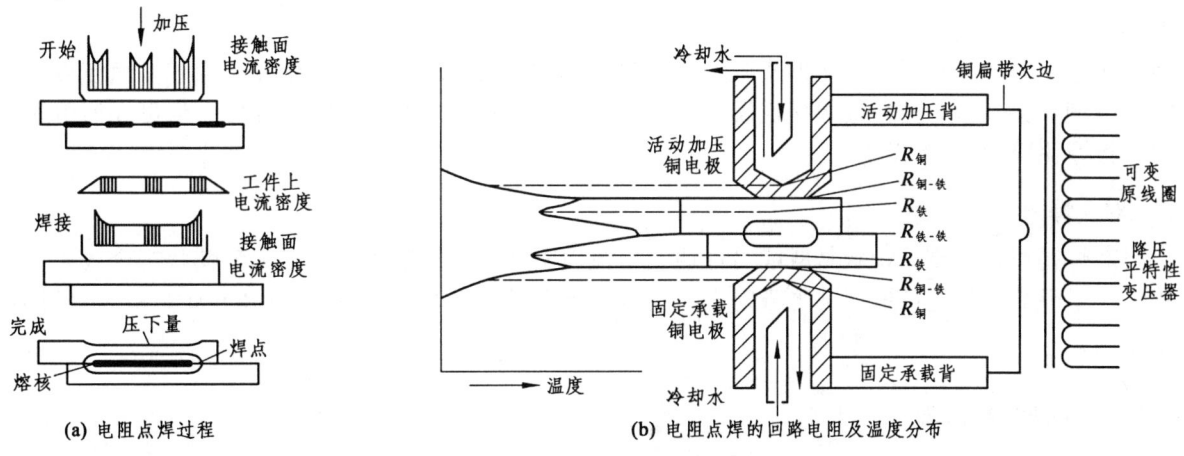

图 4-5　电阻点焊的焊接过程和温度分布

4.3.2　电阻焊基本方法

电阻焊方法种类很多，各有各的用途，在很多行业都得到广泛应用，其最基本的焊接方法和可完成的接头如图 4-6 所示。

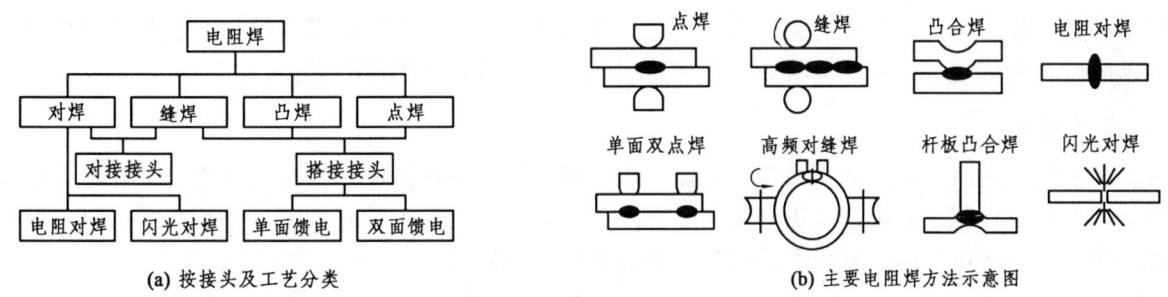

图 4-6　基本电阻焊接方法和可完成的接头示意图

1. 点焊及单面双点焊

关于点焊在前面已作较为详细的叙述。在一些厚大焊件或不宜作双面馈电的构件可用单面双点焊，在薄壁箱体及壳体结构中得到广泛应用。在十字交叉的钢筋网的焊接也可用单面双点焊，也可作一导电平台作固电极，用加压电极作单面单点焊。在汽车及机车车辆的壳体结构中广泛采用了悬挂式点焊机，即作成用水冷电缆线与电源连接的有加压电极机构的悬挂式焊钳可在车体的各部位把蒙皮点焊在骨架上。现在又发展了同体式点焊机，即将变压器与焊钳合为一体，成为同体式点焊机。同体式点焊机的功能与悬挂式点焊机相同，但节约了长粗的大电流水冷电缆，大大减少了回路阻抗，减少了供电能量，一台 75 kVA 的悬挂式点焊机完成的工作，一台 25 kVA 的同体式点焊机即可完成，可节能 2/3。

2. 缝　焊

将焊接电极做成加压滚轮就成缝焊，即是连续点焊组成的一条搭接焊缝。

3. 高频对接电阻缝焊

电阻焊也可进行对接缝焊，多用于圆管和方管的对接缝焊。将开口管放入加压滚轮中，用导电块在接口两侧导入高频电，接触处在压力下表面通电焊接，加压滚轮连续滚动拖动管子运动使接口在压力下连续形成有缝焊管；同理，如将管子旋转，将薄钢片平放或立放，在钢片上用滚轮加压，在管子和钢片的接口导电可螺旋焊成包皮管或带翅片的散热管。如将加压滚轮和导电块的设置加以改变，还可焊接 T 形杆件，此法还可焊 T 形杆件。高频接触焊由于采用高频电，加热集中在接口表面，效率高（可达 60 m/min 以上），变形小，热影响区小（3.2 mm 以下），质量好，但设备投资大，适用于薄壁管焊接和薄板 T 形杆件焊接。

4. 凸焊

凸焊实际上是一种点焊的变化形式，不同的是将其中一块板压成一个凸台在一点或多点与另一板接触以集中导电和焊接；杆与凸台板焊接也属于凸焊。凸焊可以在专门的凸焊机上焊接，也可在通用的点焊机上进行，板厚比可达 1∶6 以上。

5. 对 焊

电阻对焊是将杆、带、管状材料或另件通过电流电阻产生的热量加热接口到塑性状态全截面，同时加压焊接；如果焊前有熔化过量爆破飞溅闪光的叫闪光焊。对焊可焊截面小到 0.126 mm^2，最大可到 100 000 mm^2 或更高。

4.3.3 电阻焊电源

电阻焊电源的特点是低电压大电流平特性。最常用的是如前图 4-5(b)所示的可调初级线圈匝数的单相降压变压器，其优点是价格低，现在仍在很多场合使用，但功率因数低，大能量时引起电网负荷不平衡。在电极臂长的电阻焊中，焊接回路阻抗大，无功功率增加，使焊接电源的输入容量加大，近十几年来发展了多种电源用于各种焊接方法如图 4-7 所示。

1. 供电方式

现在很多电阻焊机都由单相交流供电改用三相交流供电。低、中、高频焊机和次级整流焊机以及脉冲电源初级都可三相供电，可解决电网负荷不平衡问题，而且有各自独特的优势。

2. 变频方式

不同频率的焊机有不同用途，如低频交流、电容储能和直流冲击波焊接都可实现一个脉冲一个焊点；中高频交流变压器体积小重量轻，使电流集中在表面适宜于管或板的对缝焊接或 T 形焊接。以上是高频接触电阻点焊，高中频电流也可只用于感应加热接口加压进行焊接。

3. 次级整流方式

次级整流焊机是在次级接大功率硅元件整流用于焊接，电流波形可调，实际上并非平直直流，直流成分最多达到 69%，次级整流焊机与交流比，焊接回路阻抗小，伸入磁性物质无影响，输入功率及线电流小，热效率高，电极消耗少，在多种焊接方法中得到应用。

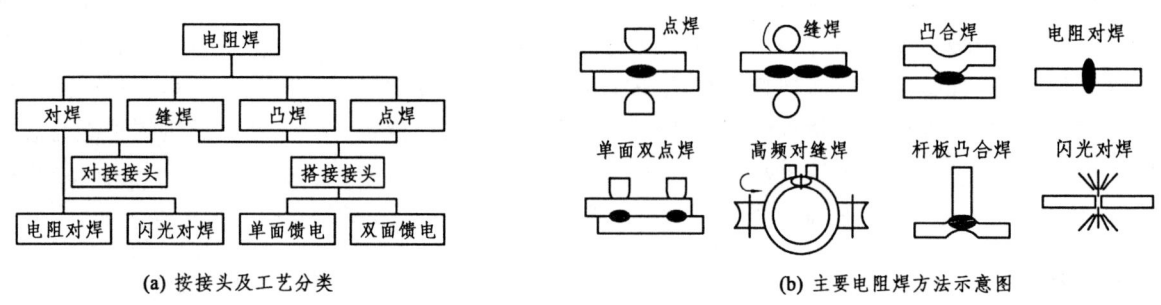

图 4-7 多种电源用于各种焊接方法

4.3.4 电阻焊设备及过程控制

电阻焊设备的功能要求完成焊接过程,其组成及控制必须满足焊接过程的要求。

1. 电阻焊设备的功率 N

电阻焊的功率是加热金属的必要条件。功率的粗调多是改变初级线圈圈数以调次级电压而得到不同的焊接电流(如回路电阻一定电流大小及功率就可确定),一般都用插头使线圈完成多组串并联来完成,如 DN2-200 点焊机只用 3 个插头完成 16 组串并联,使初级线圈圈数由 43 圈分 16 级逐级变到 86 圈,电压由 8.85 V 逐级变到 4.42 V,以适应不同能量要求。要求高的电阻焊设备还有电源电压的稳压装置和用晶闸管反向并联做开关来微调电压和通断焊接电流时间。除可通用焊接外还可实现预热—焊接—缓冷—后热处理来改善合金钢或高碳钢焊接接头的组织性能。

2. 电阻焊设备的压力 F

电阻焊的第二个必要条件是压力。一般小型焊机多用手动或脚压力通过杠杆机构使活动电极向工件加压;有的也用电动凸轮机构使活动电极向工件加压;大型焊机则多用压缩空气或油压使活动电极向工件加压。点焊、缝焊、凸焊和电阻对焊都中是预先加压一直到焊接结束,在闪光对焊中必须在加热到一定温度才加压。

3. 电阻焊设备的送进量 S

在点焊、缝焊、凸焊和电阻对焊中是预先加压一直到焊接结束,其送进量完全由焊接处高温塑性决定,无需专门作送进量的控制。但闪光对焊完全靠控制送进量来实现焊接过程。

4. 焊接过程控制

一般早期电阻对焊机过程控制很简单,只需控制焊机电压和电流通电时间以及焊接过程中施加固定压力即可。在压力可以改变的情况下,可采用二次加压法,即以小的压力作用下通电,使充分利用电阻热,到加热到一定温度后提高压力带电顶锻后停电保持,这时由于电阻减少而电流升高(如图 4-8(a)所示)。点焊、缝焊与电阻对焊类似,但无需二次加压,可作电流大小和通电时间和周期的控制以调整热量。闪光对焊的焊接过程控制则比较复杂,除控制电能 N 和压力 F 外,还需控制送进量 S。闪光对焊分连续闪光焊和预热闪光焊。连续闪光焊的过程控制如图 4-8(b)所示,与电阻对焊不同的是要严格控制送进速度 S,开始不加压,只使工件接触短路加热形成过量熔化爆破飞出,形成闪光,工件表面逐渐烧化,使送进速度极其接近烧化速度形成连续闪光,到加热到一定温度后提高送进速度使迅速挤出熔化金属并产生大的塑性变形,顶锻期有带电顶锻和停电顶锻,保压一定时间后休止结束。预热闪光焊的过程控制如图 4-8(c)所示,与连续闪光焊不同的是在闪光前增加了预热阶段,即在此阶段断续送进使工件端面时而短路大电流实现电阻加热,时而离开断电,到一定温度后转入连续闪光和加压焊接。由此看出,在闪光对焊控制中,送进速度和送进量的控制特别重要,其控制方法可用人工目测温度手工杠杆机构送进,也可用模拟烧化曲线的电动凸轮和曲柄机构送进,也可由液压送进。如小型 UN-1 到 UN-10 对焊机(功率 1~10 kVA)用弹簧顶锻送进;UN-25 到 UN-100 对焊机(功率 25~100 kVA)用杠杆弹簧顶锻送进;UN2-150 对焊机用电动凸轮送进;用作钢窗和轮圈焊机用压缩空气加压和送进,大型钢轨焊机用液压加压和送进。

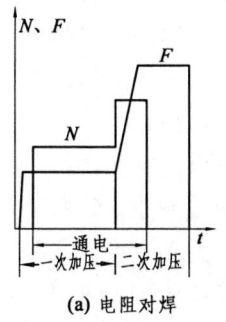
(a) 电阻对焊

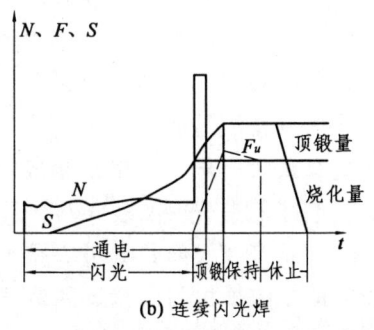
(b) 连续闪光焊

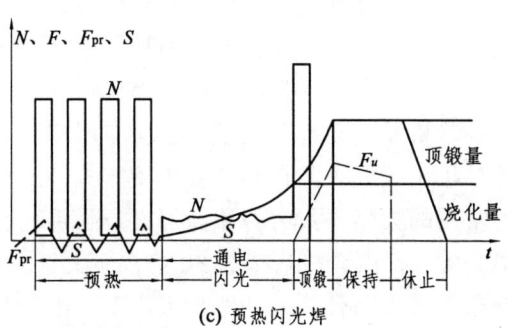
(c) 预热闪光焊

图 4-8 电阻对焊和闪光对焊的焊接过程控制

5. 烧化量与送进量的关系

烧化量 S 与烧化时间的关系是随材料性质不同而不同，同样材料则与输入能量和焊件截面有关。例如对 d30 和 36 mm 的钢筋焊接，焊机为 UN-100，电压级为 5～8（级越高电压越高），6 种匹配得出的烧化量 S 与烧化时间的关系如图 4-9(a) 所示。为此就必须使送进量与送进时间的关系与之相适应，例如凸轮曲线可使行程与此相适应，但不能改变运动轨迹；如用电动曲柄机构，调整转速即可改变运动轨迹，如图 4-9(b) 所示。用计算机模拟烧化曲线的运动轨迹以驱动动块运动可能是更好的方法。

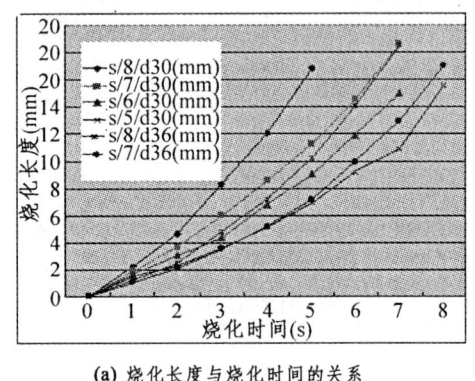
(a) 烧化长度与烧化时间的关系

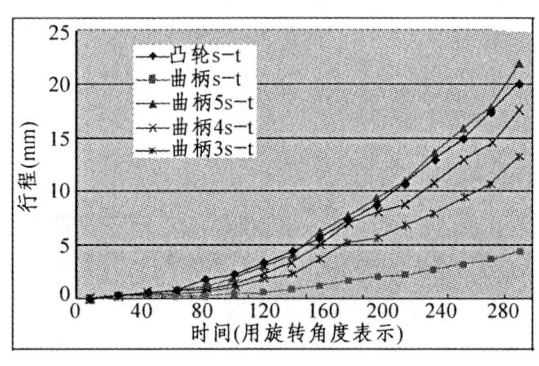
(b) 送进行程与送进时间的关系

图 4-9 烧化量与送进量的关系

4.3.5 电阻焊设备

电阻焊设备种类繁多，而且还有很多专用设备，其电源与控制，有简有繁。由图 4-7 就可充分看出这一点。

1. 电阻焊设备的牌号表示和代号意义

电阻焊设备的牌号表示和代号意义如图 4-10 所示。知道了牌号就可知其设备的主要类型和性能。例如 DN2-150 就代表功率 150 kVA 的气压工频点焊机，又如 TRC5000 就代表功率 5 000 J 电容储能凸焊机。

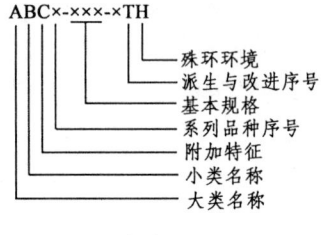
(a) 电阻焊机牌号表示法

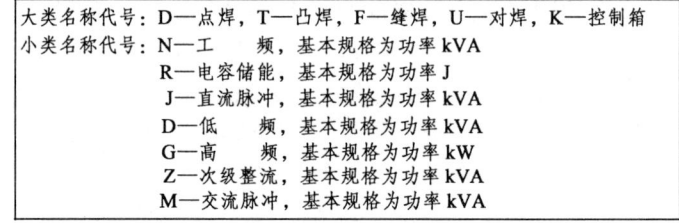
(b) 电阻焊机牌号代号意义

图 4-10 电阻焊设备的牌号表示和代号意义

2. 典型点焊缝焊和凸焊设备举例

典型点焊缝焊和凸焊设备种类很多，不下几十上百种，最小的只几个 kVA，几十公斤，最大的几百 kVA，重量可达 1 t 以上。小型的多用杠杆弹簧加压和简单的工频交流供电；一些大型或专用的点焊缝焊和凸焊设备多为压缩空气加压，供电和焊接参数的调制也是多种多样，发展十分迅速，充分利用了先进的电力电子和计算机及自动控制技术。一些专用点焊缝焊和凸焊设备更是品种繁多，实际上就是在相同电源和控制原理基础上改变夹具电极及其运动方式，虽设备外貌有很大差异，但电源和控制原理仍基本相同。现只列几种常用的典型点焊缝焊和凸焊设备为例说明其主要性能的差异（如表 4-1 所示）。由表看出，DN2-400 点焊机为 DN-5 点焊机功率的 80 倍，最大压力近 50 倍，而可焊板厚只为近 5 倍，这是由于大型点焊机回路长度和阻抗大而使无效功率加大。又如悬挂式 DN2-150-2 点焊机与同功率的座式 DN2-150 点焊机比，可焊板厚降低了近 3/4，这也是由于相当长的水冷大电流电缆使回路长度和阻抗大而使无效功率加大。还有一种表中未列出的同体式点焊机,由于将一小变压器与焊钳合为一体,把焊接回路变得很短,一个 25 kVA 的同体式点焊机焊接厚度就可达 2+2 mm。

表 4-1 典型点焊缝焊和凸焊设备主要规格举例

型号	DN-5 点焊	DN2-150	DN2-400	DN2-150-2	FN1-150-3 缝	TRC5000 凸焊
额定容量/kVA	5	150	400	150	150	10（6104 J）
初级电压/V	380/220	380	380	380	380	380 三相
次级电压/V	1.16~1.74	4.42~8.35	5.42~10.8	6.3~20.8	3.86~7.76	充电 420 V
可调级数	6	16	18	2×6	8	C 可体 11 级
负载持续率/%	20	20	20	20	50	C70000 μF
最大压力/N	700	14 000	32 000	4 000	8 000	16 000
最大行程/mm	15	20 30	20+100	20	20+130	100+500
可焊板厚/mm	1.5+1.5	5+5	8+8	1.5+1.5	2+2	2+2
生产率点/h	900	67	40			
加压方式	杠杆弹簧	气动	气动	气动	气动	气动

3. 典型对焊设备举例

典型对焊设备同样也是种类很多（如表 4-2 所示），现在也只举几种典型对焊设备的主要规格作些比较。如最小的 UN-1 对焊机只有 1 kVA。机重只有 16 kg，最小可焊直径 1 mm（面积 0.124 8 mm²），而大型的钢轨焊机有 400 kVA，可焊截面可达 10 000 mm²，比 UN-1 对焊机可高 80 000 倍。这点与点焊机不同，一是因为焊接回路很短，二是较大型的对焊机可以做到闪光焊和预热闪光焊，所以比对焊的小型点焊机（只能作电阻对焊）的单位功率的可焊截面要大得多。如进口的最早的乌克兰 K 系列钢轨交流对焊机由于从供电结构上尽量缩短焊接回路以减少阻抗，使用 150 kVA 的阻焊变压器，可焊截面就可达 10 000 mm²，但近期由乌克兰、加拿大、奥地利以及美国生产的 K 系列钢轨焊机将功率提高到 210 kVA，夹紧力和顶锻力提高一倍以上生产率提高到每小时 12 个接头；另外一种是由瑞士进口的 Gaas80 系列钢轨次级整流焊机控制系统，但功率大，540 kVA 的 Gaas80 焊机，可焊截面也只能达到 10 000 mm²，但生产率可提高到每小时 20 个接头；690 kVA 的 Gaas80 焊机，可焊截面能达到 12 000 mm²，生产率可提高到每小时 25 个接头。

表 4-2 典型对焊设备主要规格举例

型号	UN-1 对焊	UN1-100	UN2-150-2	UN4-300 闪光	UN6-500 焊轨	UN7-轮圈
额定容量/kVA	1	100	150	300	500	400
初级电压/V	380/220	380	380	380	380	380
次级电压/V	0.5~1.5	4.5~7.6	4.05~8.1	5.42~20.84	6.8~13.6	6.55~11.18
可调级数	6	6	10	16	16	8
负载持续率/%	8	20	20	20	4	50
最大夹紧力/N	100	40 000	100 000	350 000	600 000	680 000
最大顶锻力/N	40	14 000	65 000	250 000	350 000	340 000
钳口距离/mm	最大 7	80	10~100	200(120)	200(150)	55(45)
可焊直径/mm	0.4~2	1 000 mm²	2 000 mm²	最大 5 000 mm²	最大 10 000 mm²	3 000 mm²
生产率次/h	300	20~30	80	12	7	60
加压方式	弹簧顶锻	杠杆弹簧	电动凸轮	气动	气动	气动

4.4 电阻热在焊接及切割中的其他应用

电阻热在焊接及切割中的其他方面还有很多应用。

4.4.1 电阻堆焊

电阻堆焊是一种节约能源和节约材料的好方法,其原理和设备与电阻焊相同,其方法举例如图 4-11 所示。电阻堆焊的电源一般可用降压电阻焊接变压器,交流脉冲电源,也可用电容脉冲电源。图 4-11(a)为自耗电极电阻堆焊,电极就是堆焊金属,在大电流通过接触电阻加热到熔融状态在压力下堆焊到旋转的工件上。图 4-11(b)为外加材料辊压电极电阻堆焊,电极是辊轮,外加窄薄带状材料在大电流通过接触电阻加热到熔融状态在辊轮压力下堆焊到旋转的工件上。图 4-11(c)为外加材料双辊轮双点辊压电阻堆焊,电极是两个辊轮,外加窄薄带状材料在大电流通过接触电阻加热到熔融状态在辊轮压力下堆焊到旋转的工件上。其堆焊材料也可以是 1.6~2.5 mm 直径的焊丝,这时在工件上可预制螺旋沟槽,将焊丝填入沟槽加压堆焊,与基体的结合强度可达 550~600 MPa。图 4-11(d)为外加粉末材料辊压电阻堆焊,粉末材料不断加入后用电极辊轮通电加热辊压完成电阻烧结堆焊,此法也可先把粉料用喷涂粘接或其他方法涂在工件表面然后再通电热压形成堆焊层,也可在模具中将粉粒体合金通电热压成型为粉末冶金块体或粉末冶金制品。

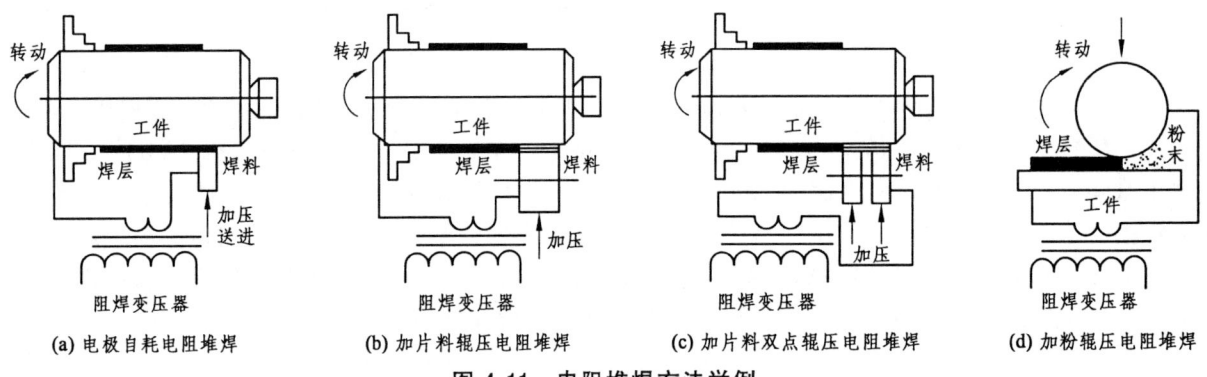

图 4-11 电阻堆焊方法举例

4.4.2 电阻钎焊

电阻钎焊在钎焊中广泛用着各种焊接热源,其中以电阻热源应用最多,大多是外热源,如最常见的电烙铁钎焊,电阻炉中钎焊,液体电阻加热盐浴钎焊,这里只讲一种与电阻点焊极其相似的是电阻钎焊。电阻钎焊中直接加热钎料如图 4-12(a)所示,与电阻点焊十分类似,只是两个工件间加低熔点钎料,电流直接通过工件—钎料—焊件在加热工件和熔化钎料的条件下焊合,可焊接硬质合金刀片于刀体,在电极略加改动的情况下在刀杆上焊接单刃和多刃硬质合金刀片,这种方法生产率高,但只能采用自钎剂钎料。电阻钎焊中间接加热钎料如图 4-12(b)所示,特点是电流只通过工件而不通过焊件只利用工件的热来熔化钎料和钎剂以完成焊接。目前已有多种电阻钎焊的设备生产,如 QQ-12 和 QQ-16 型钎焊机由焊接变压器、水冷固定和可动铜块电极、夹紧工件装置和压紧焊件装置、电气开关组成,功率分别为 12 kVA 和 16 kVA,可焊截面分别为 900 mm^2 和 1 600 mm^2。还有一种 QQ-20 型钎焊机与前不同的是电极、夹紧工件装置和压紧焊件装置不同,可进行刀杆和刀头的焊接,功率为 20 kVA,可焊截面为 1 000 mm^2。

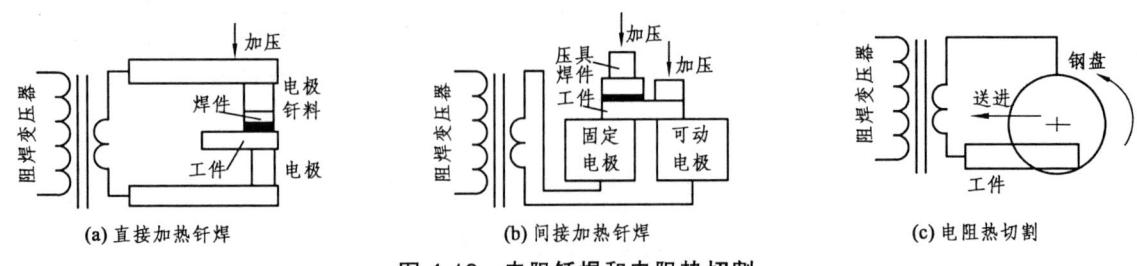

图 4-12 电阻钎焊和电阻热切割

4.4.3 电阻热切割

将薄圆钢盘高速旋转切入钢件即可靠摩擦热切割,如接通交流低压大电流则除了摩擦热外还有电阻热,所以叫电阻热切割(如图 4-12(c)所示),与摩擦热切割比可降低薄圆钢盘的旋转速度和驱动功率,还可提高切割速度和厚度;如接通直流低压大电流并将正极接工件,叫阳极机械切割,可进一步提高切割效率。

第 5 章 其他能源的焊接

其他用于焊接的能源还很多，如电子束能、光能、机械能等又形成了很多种焊接方法，而且各有其独特的功能和应用范围，本章只对常用的几种加以简要介绍。

5.1 电子束焊接

5.1.1 电子束焊接的基本原理

电子束焊接的基本原理由图 5-1(a)可看出，将阴极加热后利用阴极发射出来的电子，在阳极间产生电子流，经高压 20~150 kV（电流为 10~100 mA）的电场中加速，使电子获得很高的能量，并被静电场与磁场聚焦成电子束，这种高能的电子束在 0.013 3 Pa 真空度下轰击焊件，使电子巨大动能变为热能，熔化被焊金属实现焊接叫真空电子束焊。电子束可用聚焦线圈聚焦和偏转线圈使之偏转控制。焊接过程自动进行，由可自动控制其运动的焊接台带动工件实现在真空下自动焊接。根据这些能量密度高和真空下焊接的特点，真空电子束焊特别适宜焊接高熔点金属、活泼金属和高纯度金属。另外焊接热影响区极小，焊接变形很小。所以也特别适宜焊接性能差的材料和精度要求高的器件。

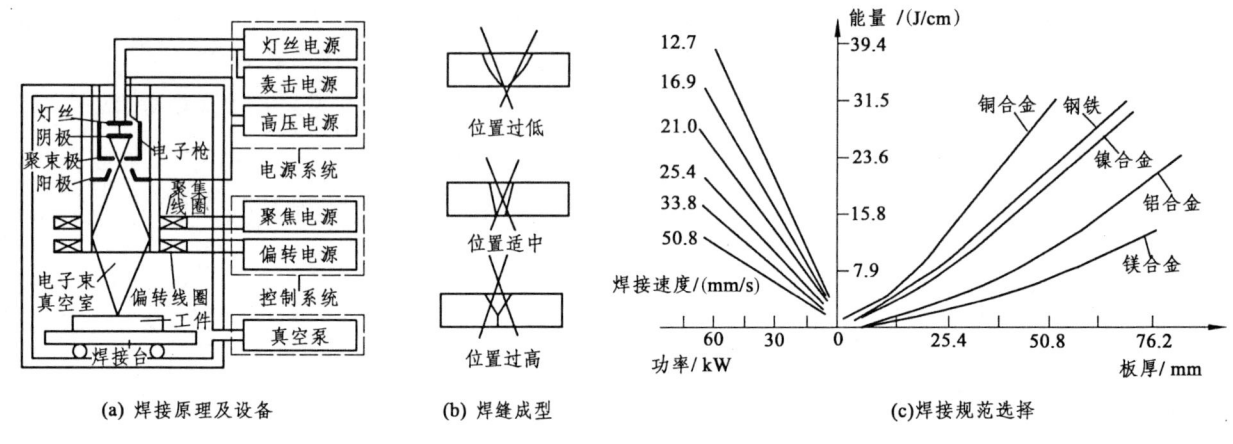

(a) 焊接原理及设备　　(b) 焊缝成型　　(c) 焊接规范选择

图 5-1　真空电子束焊接原理、设备和工艺

5.1.2 电子束焊接的设备组成

电子束焊接的设备组成如图 5-1(a)所示。电子束焊接的设备的核心部分为电子枪和相应的电源和控制系统，电子枪包括：发射电子的阴极；由聚束极（控制极）和阳极组成的电透镜；使聚集在阳极孔附近的电子束聚焦的聚焦线圈和使聚焦后的电子束对准后作规则运动的偏转线圈。另外就是有由相应的电源系统、控制系统、真空系统和带动工件作焊接运动的机械传动和控制系统。目前各国已开始应用半真空或非真空电子束焊，就是把电子束从抽成真空的发射室里引到大气中来，电子束从发射室通过一系列的缓冲室而到达暴露在大气中的工件。这些缓冲室都与真空泵系统相连接。这样就可以对体积大的工件（例如飞机的机

翼）进行电子束焊。因为实际上真空室不可能做成庞大的容积，低真空或非真空电子束焊可进一步扩大电子束焊的应用范围。低真空电子束焊有真空和低真空两个真空室组成，由一小孔相连，由一阀门控制，使在焊接时为 0.1 μm 水柱的真空度。非真空电子束焊是在电子枪的真空室连接惰性气体，以保护焊缝进行电子束焊接。国产电子束焊接设备牌号和规格见表 5-1 所示。

表 5-1　国产电子束焊接设备牌号和规格

型号	加速电压/kV	设备功率/kW	工作室真空度/Pa	工作室尺寸/mm
ED-7.5	30	7.5	5×10^{-2}	860×530×740
ES1-1	30	0.9	1×10^{-2}	3 100×3 600×2 850
ES1-2	30	0.9	1×10^{-2}	5 220×5 210×1 843
F01	10~60	1.5	2×10^{-2}	1 800×3 400×2 400
FZ-60×200	60	12	5×10^{-2}	1 000×600×600
FZ-150×75	150	11.25	5×10^{-2}	2 100×1200×2 300
HDZ-2	60	2.4	2×10^{-2}	200×200×180
HDZ-7.5	60	7.5	2×10^{-2}	700×700×700
HDZ-7.5A	60	7.5	5	700×700×700
HDZ-10	60	10	2×10^{-2}	700×700×700
HDZ-10 A	60	10	5	700×700×700
HDZ-150 A	60	15	5	1 500×1 500×1 200

5.1.3　电子束焊接的工艺选择

电子束焊接的工艺选择首先要将电子束焦点调到板厚的中部，形成窄而深的熔透焊缝（如图 5-1(b)所示），太高则焊不透，太低则成形不良。电子束焊接的工艺参数选择如图 5-1(c)所示。由图看出，不同材料不同板厚所需焊接能量不同，再根据所需能量和设备功率来选择焊接速度。选定功率后来确定加速电压和束电流。一些焊接规范的实例见表 5-2 所示。

表 5-2　电子束焊的焊接规范实例

材料	板厚/mm	加速电压/kV	束电流/mA	焊接速度/(cm/min)	材料	板厚/mm	加速电压/kV	束电流/mA	焊接速度/(cm/min)
结构钢	3	28	120	100	纯钛	0.13	5.1	18	40
	3	50	130	160		3.2	18	80	30
	12	50	80	30	6Al4V钛合金	6.4	40	180	152
	15	30	350	83		12.7	45	270	127
不锈钢	1.3	25	28	50.6		19.1	50	300	127
	2	55	17	170		25.4	50	330	114
	5.5	50	140	250	铝及合金	6.4	35	95	89
	8.7	50	125	100		12.7	40	150	102
奥氏体钢	15	30	140	33.3		19.1	40	180	102
	15	30	230	83.3		25.4	50	270	152
	15	30	330	133.3	紫铜	10	50	190	70
						18	55	240	22

5.2 激光焊接

激光是利用激光束聚焦后所获得的能量高、方向性好的光束，调焦在工件需要的焊接部位，使光能转换为热能，以熔化金属而达到焊接目的。

激光焊接能量集中，焊接过程迅速，使工件热影响区和焊接变形较小，并且金属不易氧化，可在大气中进行焊接，不需要真空和惰性气体保护，因此便于生产使用。由于激光束能利用反射面将其向任何方向弯曲或聚焦，所以特别适合于焊接极复杂的零件。激光焊接可进行同种金属和异种金属的焊接，其中包括铝、铜、银、不锈钢及某些高熔点金属钼、钨等，甚至还可以焊接玻璃钢等非金属。但目前由于激光器功率有限，故焊接厚度受到了限制。激光不只可用于焊接、熔敷和喷涂，也可用于对金属或某些非金属的切割、打孔和机械加工，还可用于多种热处理、金属沉积和新材料合成。

5.2.1 激光焊接的基本原理

1. 激光的产生

激光是物质的原子或分子进行激励从低能级到高能级，发射出光子形成激光束，其产生过程如图5-2(a)所示。物质的外层电子吸收外加的热量，被激励到高能级，使该能级的粒子显著超过热平衡数目时，产生粒子数反转，分步回到正常能级，每步都要释放能量，只要能在此过程中发射出电磁辐射波（光子），就会产生激光。激光是一种单色光，可用透镜高度聚焦用以焊接、切割和热处理等多种用途。

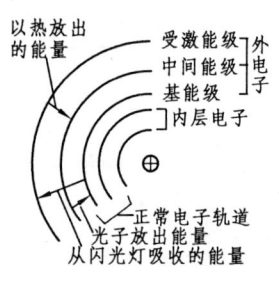
(a) 激光产生原理

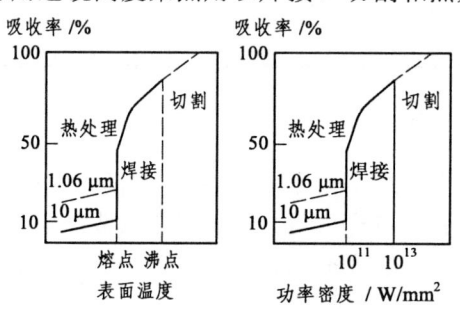
(b) 表面温度和功能密度与吸收率的关系

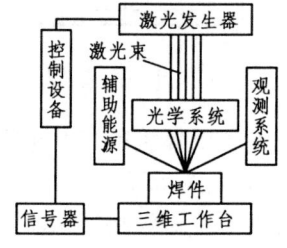
(c) 激光设备的组成

图 5-2 激光的产生和设备组成

2. 激光能源的特点

激光加工的目的在于把光能变成热能加热加工对象，因此材料对激光的吸收率很重要。由于材料对光的反射作用，一般室温下吸收率在20%以下，但在温度提高和功率密度增大时吸收率会提高，到一定门坎值后会迅速提高如图5-2(b)所示，碳钢的典型门坎值为10^8 W/m^2，铝和铜为10^9 W/m^2，钨为10^{10} W/m^2。由于热处理、焊接、切割和加工的加热温度不同，因此其功能密度和聚焦情况和波长要求也有一定差异。

3. 激光设备的组成

激光设备的组成如图5-2(c)所示，其核心是激光发生器。激光发生器由被激励物质和激励热源组成，由固体作激励物质的叫固体激光器，用气体作激励物质的叫气体激光器，由发射脉冲激光的叫脉冲激光器，由发射连续脉冲激光的叫连续激光器；其次必须有一套有聚焦、调控和观察光束的光学系统；还有一套使工件运动得以完成焊接的工作台。

4. 激光的聚焦性和离焦量

激光的聚焦性和离焦量如图5-3所示。激光束以其焦点的能量密度最高，可调整输入能量、聚焦情况、光斑大小和光斑中能量分布以适应不同要求。很关键的一个参数是光斑直径d，光斑直径由透镜发散角θ和焦距f确定（如图5-3(a)所示），其值为$d=f\theta$。光斑直径可缩短焦距而变小，但其焦点深度变浅，各种材料和厚度的各种加工方法都有一个最佳焦距。在激光焊接中激光焦点的位置离焦量很重要，以焦点在加工件表面的离焦量为 0，离表面以上为正，在表面以下为负，离焦量对焊缝成形有很大影响，其离焦量与焊缝熔深 H 和熔宽 B 的关系如图 5-3(b)所示。

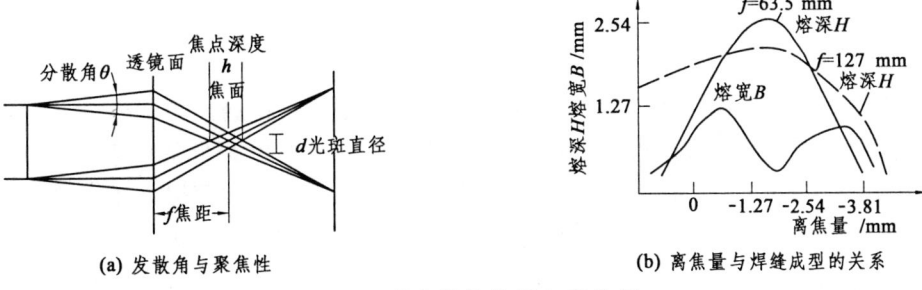

(a) 发散角与聚焦性

(b) 离焦量与焊缝成型的关系

图 5-3 激光的聚焦性和离焦量

5.2.2 激光焊接设备

1. 脉冲固体激光器

脉冲固体激光器的原理框图如图 5-4(a)所示。激光器以一个高度抛光的椭圆筒作为谐振框，在内安放工作物质，例如用含有氧化铝同时其溶体中带有低浓度铬原子的红宝石晶体作工作物质，在高亮度的闪光灯的照射下，铬原子的一些电子被激励到高能级，跃进到中间能级只产生热而不放出光子，只有由中间能级回到基能级时才放出一个 0.69 μm 的红光光子。在红宝石晶体两端面磨平并涂覆镜面材料，其上面为全反射镜，反射率为 99.8%，下面为部分反射镜，反射率为 40%～60%，这样发射的光沿晶体来回反射而加强放大并形成振荡。这时一部分方向性强的单色光经部分反射镜射出，这就是激光。激光通过聚焦系统聚焦，指向工件加热进行焊接。由充电机、电容器组和触发器组成的脉冲供电，即形成脉冲激光焊。用惰性气体放电灯或碘石英灯发出连续光即形成连续激光焊。

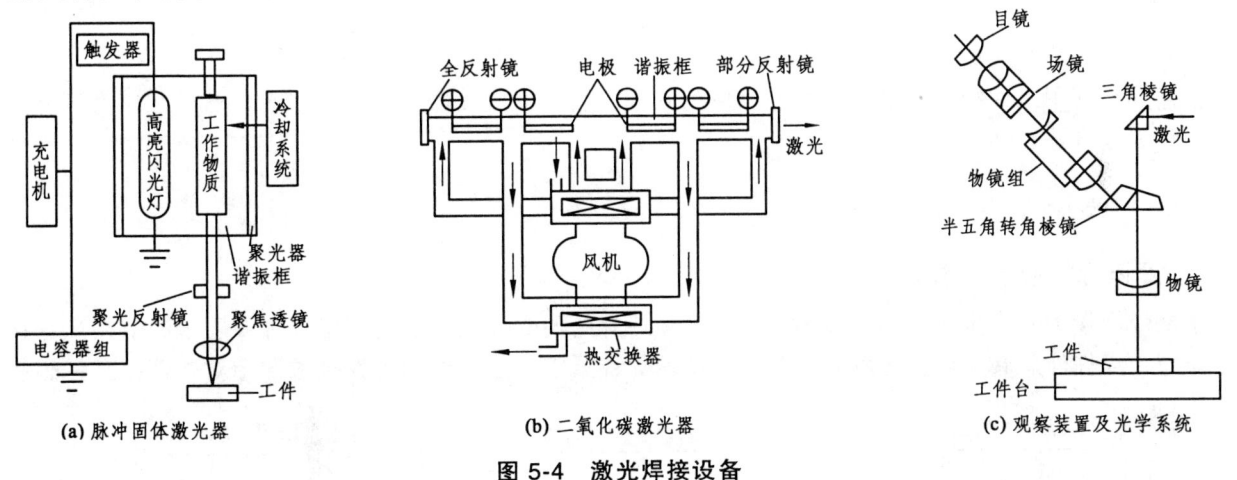

(a) 脉冲固体激光器

(b) 二氧化碳激光器

(c) 观察装置及光学系统

图 5-4 激光焊接设备

2. 二氧化碳激光器

二氧化碳激光器的构造原理如图 5-4(b)所示，其工作物质是二氧化碳气体分子，用高压辉光放电来激励气体分子，建立粒子反转条件，在谐振框内振荡放大，通过部分反射镜射出连续激光。为了提高激励振荡放大效率，可在介质中加入振荡能级与二氧化碳接近的氮气，由氮也接受放电能量产生的振荡能与二氧化碳交换激励，使振荡过程更快而效率更高，而且氮气还有利于吸收多余激励能所产生的废热。二氧化碳激光器有一套热交换器系统，为了带走工作物质能量转换中所放出的热量还必须有一套冷却系统，利用逆激光工作气体的快速流动经热交换器冷却带走废热。二氧化碳激光器一般功率较大，是连续激光，波长可达 10.6 μm。多用于焊接、切割和热处理。

3. 观察装置及光学系统

激光焊接设备的观察装置及光学系统如图 5-4(c)所示。光学系统主要是将平行光用聚焦透镜聚焦使能量集中以加热工件,另一方面光斑很小,必须有一套观察的光学系统以瞄准定位。观察装置也可以用摄像机摄像用显示器显示。目前光导纤维的发展,可借助偏转棱镜和光导纤维结合实现多工位焊接或单岗位多道焊接以提高生产率和设备利用率。

4. 激光焊接与切割工艺

激光焊接与切割工艺中各种材料所需功率有所不同,特别是经过研磨后的工件由于镜面光反射作用使焊接所需功率大大增加,各种材料的差异更加拉大,特别是有色金属更加明显,其比较如图 5-5(a)所示。这时应该根据板厚确定光斑直径和离焦量,在正常的光斑直径和离焦量的前提下确定焊接速度和熔深如图 5-5(b)所示。在激光切割中根据板厚来确定切割的激光功率和切割速度如 5-5(c)所示。

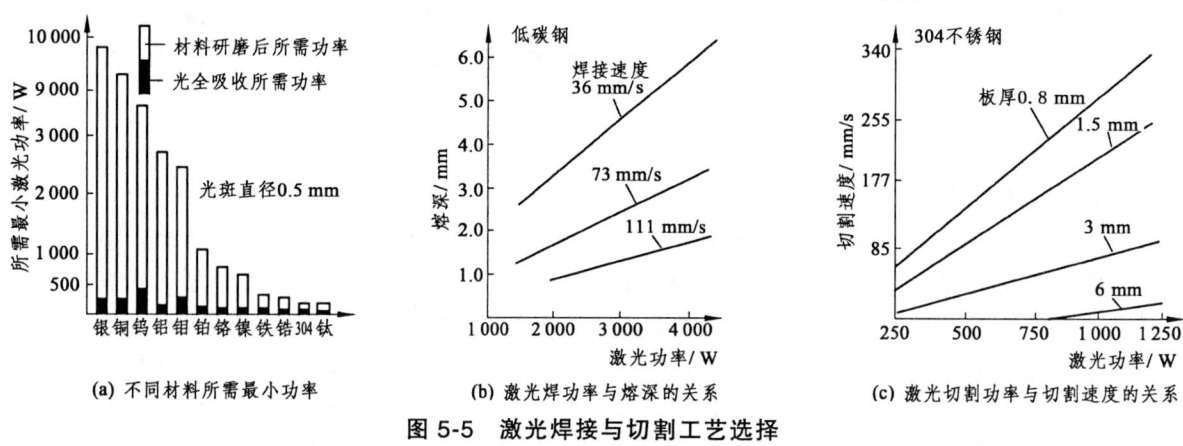

图 5-5 激光焊接与切割工艺选择

5.3 摩擦焊

摩擦焊是利用工件接触面摩擦产生的热量为热源,将工件端面加热到塑性状态,然后在压力下进行焊接的一种焊接方法。

5.3.1 摩擦焊的焊接过程

1. 摩擦焊焊接的基本步骤

摩擦焊焊接的基本步骤如图 5-6(a)所示,先将待焊的两焊件(一般为圆形工件及管子的对接)夹在焊机上,使一焊件作旋转运动,然后加一定压力使两焊件紧密接触,使两焊件接触面相对摩擦而产生热量,

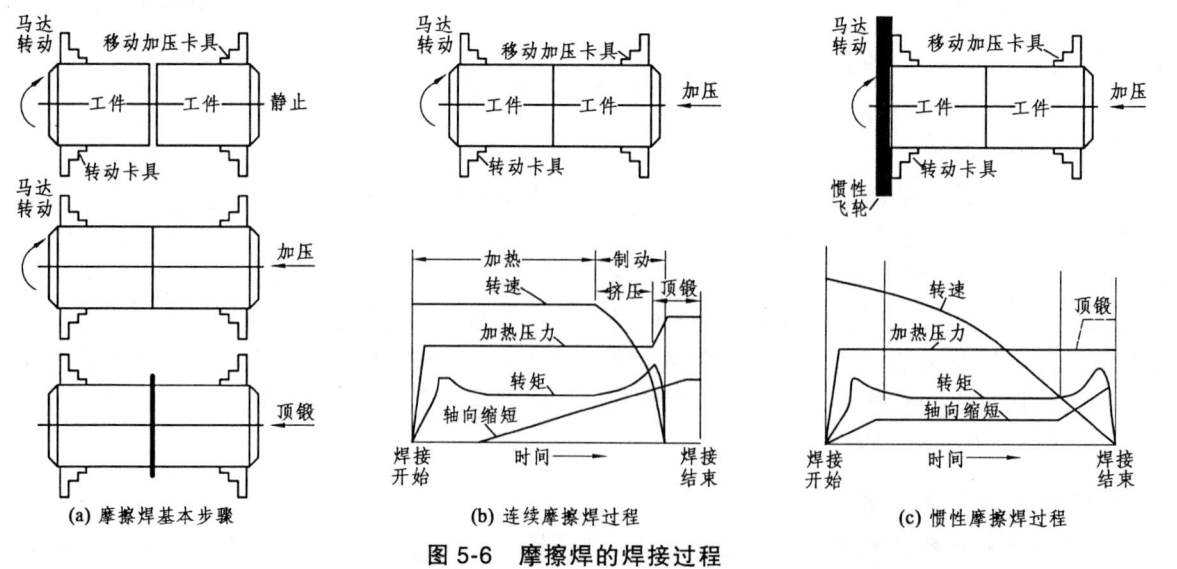

图 5-6 摩擦焊的焊接过程

待工件端面加热成塑性状态时，利用刹车装置急速使旋转的焊件停止旋转，并在另一焊件的端面加大压力顶锻，使两焊件产生塑性变形而焊接起来。其方法属于塑性压力焊。

2. 连续摩擦焊过程

连续摩擦焊过程如图 5-6(b)所示。当焊接开始时，待焊一端工件送进与另一高速旋转的工件接触并加压，这时接触点在大的局部压力下加热到塑性状态产生剪切和位移并扩大摩擦及加热面，这时转矩增加，温度及加热面积逐步增加，塑性加大，转矩减少，接口处挤出并不断产生轴向缩短，到一定时间后制动刹车，转速降低和转矩加大，这时进一步快速加压顶锻，转速和转矩迅速降到零停止摩擦，保压一定时间结束焊接。

3. 惯性摩擦焊过程

惯性摩擦焊过程如图 5-6(c)所示，其方法是在转动段加上一个惯性轮，先将惯性轮转动加速到一定速度脱离转动，在自由转动时即加压焊接开始，完全用惯性轮储存的能量完成焊接过程。其焊接过程与连续摩擦焊相似，只是加压焊接开始后高能量使工件端面快速摩擦加热而不断产生轴向缩短到稳定，同时转矩增加，而后降低到稳定，以后速度逐渐降低直到焊接结束。

5.3.2 摩擦焊的主要特点及应用

1. 摩擦焊的主要特点

摩擦焊的主要特点有：

(1) 可焊接的金属范围广，特别适合于焊接异种金属（如高速钢与 45 号钢、铜与不锈钢、铝与铜、铝与不锈钢等），甚至还能焊接金属和非金属。

(2) 焊接接头组织细密，不易产生气孔、夹渣等缺陷。这是因为在摩擦焊过程中，焊件表面的氧化膜及杂质被清除了，表面不易氧化，因此接头质量高。

(3) 焊接操作简单，容易实观自动控制，生产率高。

(4) 设备简单，与车床类似，但要求刹车及加压装置控制灵敏。

(5) 节约能源，电能消耗少（只有闪光对焊的 1/10～1/15）。

(6) 无需焊接材料，不形成铸状组织。

2. 摩擦焊的应用

目前摩擦焊已得到广泛应用，可焊实心焊件的直径为 2~100 mm，管子外径可达几百毫米。国外已成功地将 0.35 mm 的铝丝焊到陶瓷上。在圆杆或圆管的焊接中，还可实现或圆杆与圆管、圆杆或圆管与板、圆杆或圆管与法兰的焊接。可以两工件逆向转动、中间镶入工件转动（或两端转动）完成焊接。也可以对非圆形杆件进行相位焊接，即一端旋转另一端固定加压到一定位置或相同相位刹车顶锻焊接。

3. 摩擦焊的工艺

(1) 连续摩擦焊。对于钢：① 转速 750～1 500 r/min，线速度 1.3～1.8 m/s；② 加热压力 20～100 MPa，顶锻压力取 40～280 MPa；③ 加热时间取 1～100 s，定时、送进位移或功率控制。

(2) 惯性摩擦焊。惯性摩擦焊工艺主要控制工件能量、圆周线速度和轴向力。几种材料的典型工艺如表 5-3 所示。能量计算公式为：$E=0.005\,51I\omega^2$ （J），式中 I 为飞轮惯性矩，ω 为转速。

表 5-3　直径 25.4 mm 圆棒的惯性摩擦焊规范举例

材料	转速/(r/min)	轴向力/N	飞轮惯性矩/kg·m²	焊接能量/J	总缩短量/mm	焊接时间/s
4140 钢	4 600	56 000	0.37	39 000	2.5	2.0
302 不锈钢	3 500	67 000	0.90	39 000	2.5	2.5
工业纯铜	8 000	19 000	0.045	13 000	3.8	0.5

续表 5-3

材料	转速/(r/min)	轴向力/N	飞轮惯性矩/kg·m²	焊接能量/J	总缩短量/mm	焊接时间/s
70%黄铜	7 000	19 000	0.05	13 000	3.8	0.7
6061 铝合金	5 700	26 000	0.14	22 000	3.8	1.0
718 镍基合金	3 000	75 000	0.90	39 000	2.5	2.5
铜+铝合金	2 000	28 000	0.50	9 800	5.4	1.0

5.3.3 摩擦焊新技术——搅拌摩擦焊

1. 搅拌摩擦焊原理

摩擦焊是靠摩擦产生热量来进行焊接，所以显著节能，而且十分适用于异种金属焊接，过去一般只用于对焊，如合金钢汽阀或切削刀具，就可用摩擦焊将一般材料的本体与合金钢工作部分用摩擦焊成双金属汽阀或切削刀具。英国焊接研究所发明了搅拌摩擦焊，其实质是在高速旋转的摩擦头上装一特殊形状的凸柱刺入工件面内，摩擦加热被焊金属成塑性状态，同时搅拌金属形成一个旋转空洞，旋转空洞随摩擦头而前移，其后被挤出的塑性金属添入由旋转摩擦头搅拌压入空洞，冷却后形成致密焊缝（如图 5-7 所示）。这种方法突破了只能杆件对接，发展到可以对板件对接、搭接、角接和点焊，因而可以在航空、汽车、铁道车辆等工业中应用。在美国波音公司有搅拌摩擦焊专用车间生产大型焊接结构，如发射导弹、火箭、飞船用的运载工具。另外，还用于船舶、汽车、压力容器和高速列车。

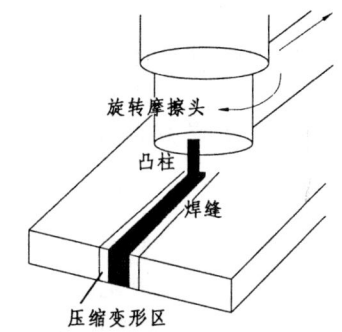

图 5-7 搅拌摩擦焊

2. 搅拌摩擦焊的特点

过去在熔化焊热处理强化的高强铝合金时，一个根本的问题难以解决，就是由于是高温电弧下对接头金属的熔化和加热，焊接接头必然出现焊缝的低强度和热影响区出现软化区，在焊丝选择和表面清理工作上要大费脑筋。搅拌摩擦焊是母材直接由摩擦头与母材待连接处产生的摩擦热并在塑性流动和不断挤压下形成连接，是一个固相焊过程，不需外加焊丝，并且焊接温度低，材料组织变化小，因而焊接质量高，焊接变形小，节约能源，无污染，减少清理及准备工作量，焊前可不进行化学清洗及焊接面的精整加工。特别适用于铝合金焊接，可妥善解决熔化焊容易出现的裂纹、气孔、塌陷问题，能很好解决接头焊缝强度低及软化区问题，可焊接熔焊困难的 2000 和 7000 系列超高强铝合金及铝锂合金；特别适用于各种有色金属或异种有色金属的焊接和异种金属焊接。有资料介绍，搅拌摩擦焊的焊接接头的强度、塑性、韧性和疲劳强度比一般熔焊要提高 30%～50%，这就可达到或接近母材的性能。搅拌摩擦焊的焊接接头的强度、塑性与焊接工艺有很大关系，有人对退火态的 LF5 铝合金焊接，摩擦头的旋转速度在 1 000～1 800 r/min 分多级焊接，在速度过高或过低时强度只有 220 MPa，延伸率只有 5%，在 1 500 r/min 时强度可达到 320 MPa，延伸率可达到 22%，其接头组织由于剧烈的变形及搅拌破碎，使焊核区晶粒细小，在热影响区由于挤压作用晶粒变长。另外摩擦头的形状、材质和正压力也会对性能产生影响。

3. 搅拌摩擦焊设备

搅拌摩擦焊设备主要是需要一个旋转摩擦头，夹持凸柱（搅拌针或搅拌头）以产生旋转，另外还需有一套夹持摩擦头并使之完成焊接开始时的送进制孔，然后按一定方向走行形成焊缝，与此同时，还必需有固定基座和夹持工件以承受旋转摩擦头的正压力和侧压力。如果只是焊接尺寸不大的对接，完全可以在一台高速立铣床上，在原来安装铣刀的夹头上安装上搅拌头，用铣床的送进运动和走行运动来完成搅拌摩擦焊接。如果是比较复杂的结构件，则要专门设计。日本、德国、美国等国家对各个行业设计了多种搅拌摩擦焊设备并投入应用。我国北京赛幅斯特有限公司已开发出多种产品，其主要型号及规格归纳如表 5-4 所示。这些设备有一定的通用性，但对一些复杂结构件则需专门设计。搅拌摩擦焊设备的关键之一是搅拌头材料的耐磨性能，因而在钢的焊接中带来了很大的难度。

表 5-4 国产搅拌摩擦焊设备的主要型号及规格

型式及型号	应用于焊接	可焊厚度/mm	可焊焊缝	焊速/(mm/min)	焊长和直径/m	控制方式
悬背 DB 系列	铝合金、镁合金	1~5，3~10，3~20	直，T，环缝	300，500	$L \leq 15$，$d \leq 2.2$	3 轴数控
C 型 CX 系列	铝合金、镁合金	10，15，25	直，T，环缝	300，500，800	0.4，0.63，0.8	伺服控制
龙门 LM 系列	铝合金、镁合金	1~5，3~10，3~20	直，T，环缝	300，500，800	0.8×0.6，1.2×1.8，1.5×1	4 轴 3 联动数控

4. 搅拌摩擦焊在载运工具铝合金焊接中的应用

由于载运工具轻量化的要求，铝合金的应用面逐年扩大，因为这是重载、提速、节能和环保的重要途径之一，最近在载运工具工业中开始应用搅拌摩擦焊，与过去采用熔化焊相比，可使铝合金强度级别有可能提高，其焊接接头的强度及效率、塑性、韧性和疲劳强度都可能有较大的提高。

（1）汽车铝合金结构的搅拌摩擦焊。铝合金车轮比钢制车轮重量减轻 50%。铝合金车轮完全可以按结构强度和刚度要求，并力求工艺的可行和方便，设计成不同形式的铝合金车轮结构用搅拌摩擦焊焊接。由于构件尺寸不大，可进行整体固溶人工时效，以提高其性能。汽车坯料的搅拌摩擦焊可以以小拼大，可以按结构受力的需要，局部加厚或局部采用超高强铝合金和其他合金，这时搅拌摩擦焊还可完成不同厚度或异种金属的焊接，还可节约大量的模具制造费用。汽车零件的搅拌摩擦焊可得到十分广泛的应用，如发动机和底盘支架、油箱、公共汽车和机场专用车辆、汽车篷盖、液压成型管接头、轮箍、摩托车和自行车架、铝成型件与铝铸件的连接、卡车车体等。搅拌摩擦焊除焊各种接头外，还可进行汽车蒙皮与骨架的点焊。泡沫铝材是一种功能与结构一体化材料，具有密度低（约为铝材的 10%）、强度高、减振性好、隔音隔热性好，德国用以制造轻便轿车的顶棚盖，其强度比原钢制提高 7 倍，质量减轻 25%。泡沫铝材如采用熔化焊则容易发生焊接处发泡剂烧失而失去泡沫铝材性能，如用搅拌摩擦焊焊接，则仍可保持原泡沫铝材性能。

（2）铁道车辆铝合金结构的搅拌摩擦焊。日本已在铝合金单层及双层客车和地铁车辆制造中采用搅拌摩擦焊，焊接长度已超过 3 km，焊接质量良好。日本新干线时速达 285 km 的铝合金高速列车车辆也采用了搅拌摩擦焊。法国和丹麦也在进行车辆部件的搅拌摩擦焊的工业化研究。

（3）船舰铝合金结构的搅拌摩擦焊。挪威造船业是最早使用搅拌摩擦焊的行业之一，主要用铝合金甲板、壳体、船舱壁和上层结构的焊接。在直升飞机起降平台、船舶码头、水下工具和运输工具等也有应用。

（4）飞机铝合金结构的搅拌摩擦焊。在飞机造中，过去广泛应用铆接，现在搅拌摩擦焊已开始应用在机身的纵向和环向焊缝、机身预成形件的组合焊缝、地板和方向舵翼板焊缝等的焊接。美国波音公司已实现了机舱门复杂结构的曲线搅拌摩擦焊。还在战斗机的裙翼上实现了薄板 T 形接头的搅拌摩擦焊。

（5）航天设备铝合金结构的搅拌摩擦焊。美国航天工业部门曾用搅拌摩擦焊焊接了难焊的 7075 铝合金低温储箱。1999 年进行了 DeltaⅡ和Ⅲ运载火箭的搅拌摩擦焊焊接，2001 年又对直径达 5 m 的DeltaⅣ运载火箭的搅拌摩擦焊焊接，成功地焊接了难焊的 2219 铝合金。还有的航天飞机外储箱工厂用现有工装设备用搅拌摩擦焊成功焊接了厚 16~20 mm、直径 2 m 以上、长 4.57 m 的 2195-T7 铝锂合金储箱圆筒壳段，解决了难焊铝锂合金的焊接质量和强度问题。

综上所述，为了节能和环保，载运工具采用高强铝合金轻量化是其重要途径之一。用熔化焊焊接高强度铝合金的主要问题是裂纹、气孔和氧化倾向大，接头效率低。采用搅拌摩擦焊可妥善解决这些问题，因此为高强铝合金轻量化提供了技术保证，同时也是今后发展的方向。

5.3.4 摩擦焊的其他应用

摩擦焊还有一些其他应用，现举几例（如图 5-8 所示）。由图看出，如用像搅拌摩擦焊类似的带夹具和夹压的旋转头就可以进行螺柱摩擦焊、镶块摩擦焊和平面堆焊（如图 5-8(a)、(b)和(c)所示），如果用一台类似车床那样的设备就可进行环状（步进走行）或螺纹状（连续缓行）柱面堆焊（如图 5-8(d)所示），如果用钢薄圆盘做刀具，还可进行摩擦热切割（如图 5-8(e)所示）。

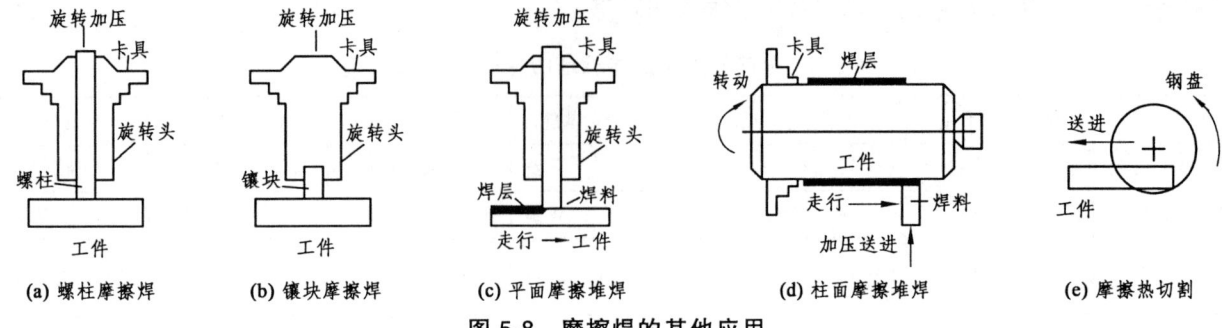

图 5-8 摩擦焊的其他应用

5.4 超声波在焊接工程中的应用

声音是由物体振动产生声源，推动周围空气引起波动，传到人的耳膜。声音的高低是由物体振动的快慢决定的，振动越快声音越高，反之则低。声源每秒钟振动的次数，称做频率。频率的高低对人耳的影响是不同的，太低和太高的频率，都不能使人耳引起感觉。人耳听到声音频率范围是 16～20 000 Hz，超过 20 000 Hz 的振动所产生的声波叫超声波，低于 16 Hz 的声波叫次声波。

5.4.1 超声波焊接

1. 原理及设备

以典型的超声波点焊为例来说明超声波焊接原理及设备（如图 5-9(a)所示）。设备由变频器将工频电流变为 0.1～300 kHz 的高频电流（一般 10～75 kHz），例如 1 200～8 000 W 的超声波焊机频率为 10～20 kHz，最小的超声波焊机只有数 W，频率为 40～75 kHz。高频电流的交变使振子声极系统通过压电陶瓷材料将电能转化为超声振动能，通过声极极头使工件产生振动，能加热工件到塑性状态以达到焊接。

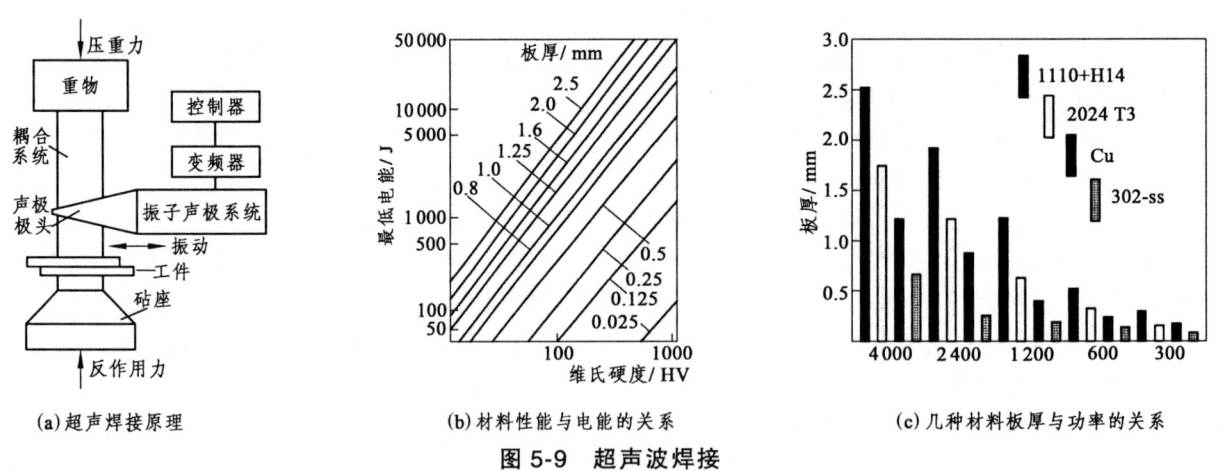

图 5-9 超声波焊接

2. 焊接的工艺选择

焊接的工艺选择主要是根据材料的性能和厚度来选择焊接能量，其材料性能和厚度与焊接能量的关系如图 5-9(b)所示，其硬度越高的材料所需焊接能量越大，同样材料厚度越大，所需焊接能量也越大。几种材料的板厚与焊机功率的关系如图 5-9(c)所示。各种功率的超声波焊机的压紧力范围如表 5-5 所示。功率传递时间为 0.006 s（细丝）到 1 s。

表 5-5　各种功率超声波焊机的压紧力范围

功率/W	20	50~200	200	600	1 200	4 000	8 000
压紧力/N	0.04~1.7	2.3~6.7	20~800	310~1 780	270~2 670	1 100~14 200	3 500~17 800

3. 超声波焊接的其他应用

如果采用盘状振动声极与反转砧轮间运动可进行缝焊，在焊硬而薄的金属焊接速度可低达 1.5 m/min，而焊 0.026 mm 铝箔时焊接速度可高达 150 m/min。在熔焊时加上超声波可细化晶粒，排除气体，排除夹渣，加强渗合金作用，帮助合金扩散，改善热影响区组织。在钎焊中可以加上超声波去除氧化物薄膜，使钎焊易于进行。在接触焊中用超声波产生机械振动来缩短加压下的工件的原子间距，帮助金属扩散以达到焊接结合。

5.4.2　超声波在焊接工程中的其他应用

超声波在焊接工程中还有一些其他应用，应用最多的是超声波无损探伤是焊接结构制造的必备工序，能方便、快速和无损的检测出结构内部的焊接缺陷。超声波振动作用于焊接接头，可使表层一定深度的残余拉应力变成压应力而提高结构的疲劳强度。声发射还可用于焊接试验或结构运行中的启裂监测。

5.5　爆炸焊接与加工

爆炸焊接是利用炸药的爆炸冲击波的压力焊接。其组成如图 5-10(a)所示。炸药为硝酸铵加填料和粘合剂加引爆线组成，覆层件与基层件间留一定间隙，以便赶出空气和在爆炸冲击波作用下依次撞击焊合。其焊接过程如图 5-10(b)所示。炸药引爆后形成冲击波和气体热流膨胀使覆层件与基层件依次撞击，使形成波纹状接触表面并产生塑性变形而焊合。当冲击速度小于某种匹配材料的临界速度时，可能形不成波纹状接触表面而成平坦界面结合；当冲击速度过大时，可能形成波纹状接触表面的熔化，这两种情况结合强度都不理想。当形成波纹状接触表面并产生塑性变形而焊合的强度最好，但很有可能在射流的作用下，在波纹状接触表面前后局部熔化和形成小凹槽，如两种材料形成固熔体，这些小凹槽有良好的塑性，如两种材料形成金属间化合物，则这些小凹槽呈脆性或形成缺欠。当凹槽非常小时，在各种情况下都不至于影响结合强度；在凹槽过大时可能会形成连续熔化层并在此形成大量气孔或其他缺欠。图 5-10(a)为平面爆炸焊，也可作外圆柱面或圆管的内壁的爆炸焊，这些作为异种材料的复合器件可在一些特殊用途中节约大量贵重金属。

爆炸能在焊接工程中还有其他应用，如将图 5-10(a)中基层件换成模具可作爆炸成型加工。另外就是爆炸消除焊接残余应力，在水电焊管工程中成功应用。

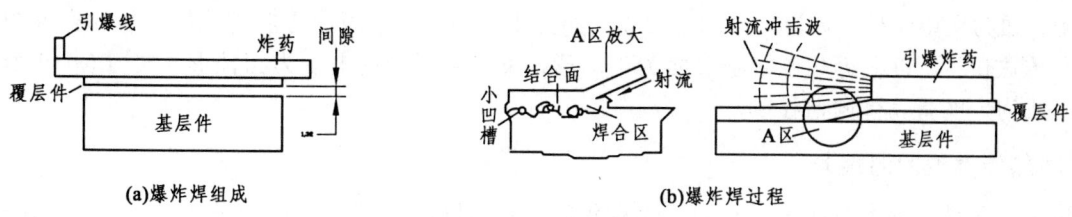

图 5-10　爆炸焊接

第 6 章 焊接时金属加热和焊接规范的选择

各种焊接方法加热热源是焊接温度场（工件上的温度分布）和热循环（工件上某点的温度变化历程）分析的基础，也是焊缝成型和焊接规范选择的依据。

6.1 焊接温度场与热循环

6.1.1 焊接热源及温度场

1. 热源的热分布及集中程度

电弧焊是以一集中的移动热源加热和熔化金属的，对某一点的热瞬时热源呈正态分布（如图 6-1(a)所示）。在加热平面离热源中心 r 距离的比热流量为：

$$q^2(r) = q_{max} e^{-\frac{r^2}{2\sigma^2}} = q_{max} e^{-kr^2}$$

式中　q_{max}——最大比热流量，电流越大，q_{max} 越大（如图 6-1(c)所示）；

　　　$k = 1/2\sigma^2$——热源集中系数，其值越大热源越集中（如图 6-1(b)所示），电流越大。

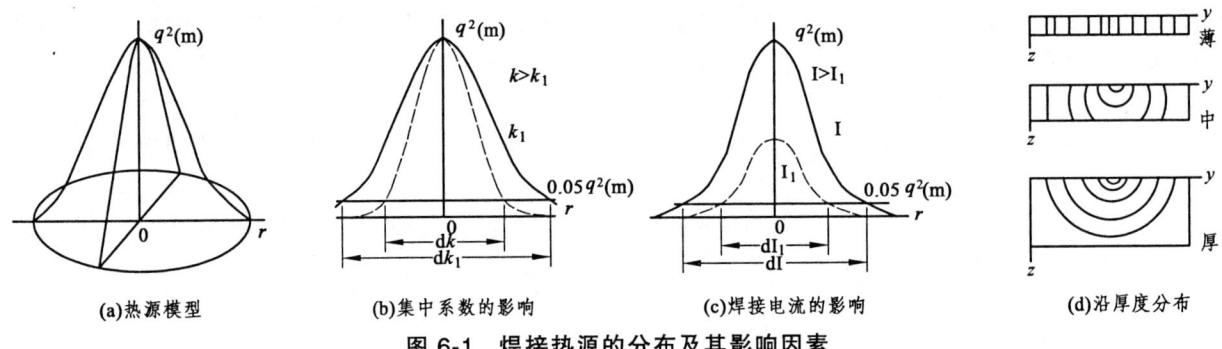

(a)热源模型　　(b)集中系数的影响　　(c)焊接电流的影响　　(d)沿厚度分布

图 6-1　焊接热源的分布及其影响因素

上述热源是作用在表面固定点，实际上它会向板厚 z 方向传递，是一个体热源。对于薄板，形成一个圆柱形热源；如为无限厚板，则为一半球形热源；如为中厚板，由于板厚方向超过厚度后的空气中传热慢，而板宽方向传热快，所以在近热源中心表面为半球形，离热源远处逐渐变为圆柱形（如图 6-1(d)所示），如热源移动就成为一鸭蛋壳体向前移动。

2. 不同热源类型的温度场

在焊接中，工件上温度分布是不均匀、不稳定的。焊接时，工件中各点的温度每一瞬时都在变化，但这种变化是有规律的。某一瞬时工件上各点温度的分布称为温度场，可以用数学关系式把它表示出来，即：

$$T = f(x, y, z, t)$$

其与时间的变化率为：

$$\frac{\partial T}{\partial t} = \frac{\lambda}{c\rho} \left[\frac{\partial}{\partial x}\left(\frac{\partial T}{\partial x}\right) + \frac{\partial}{\partial y}\left(\frac{\partial T}{\partial y}\right) + \frac{\partial}{\partial z}\left(\frac{\partial T}{\partial z}\right) \right]$$

式中 T——工件上某点在某一瞬时的温度，℃；

x，y，z——工件上某点的空间坐标；

t——时间，S；

λ——材料的导热率，J/cm·s·℃；

ρ——材料的密度，g/cm³；

c——材料的比热，J/g·℃。

以上是温度场的表达式，是焊接计算机模拟的基础。如将参数和常数作变化，也可作其他场问题，如应力场、电场、浓度场等。

3. 温度分布与热计算模型

在加热体上沿 y 方向某点的温度也是由热源所决定的，也呈正态分布。

$$T_o(y) = T_{max} e^{-\frac{y^2}{2\sigma^2}} = T_{max} e^{-ky^2}$$

式中 $k=1/2\sigma^2$——热源集中系数，其值越大，热源越集中，温度越高。

但数值上的差异是热物理常数的差异，同样的热源加热不同材料在工件上的温度场不同，如铝比钢的导热系数大，因此等温线范围宽。温度场的分布情况可以用等温线或等温面来研究，等温线或等温面就是把工件上瞬时温度相同的各点连接在一起成为一条线或一个面（如图 6-2 所示）。各个等温线或等温面不能彼此相交，而它们彼此之间存在着温度差，这个温差就是温度梯度。各个等温线彼此温度不同，如沿法线方向两相邻的温度为 T_1 和 T_2，而温度梯度为 $(T_1-T_2)/\Delta S$。按不同焊接方法形成的热源可以是线状、点状和面状（如图 6-2(a)、(b)、(c)所示）。当工件上温度场各点的温度不随时间而变动时，则称它为稳定温度场。

(1) 随时间而变动的温度场称为不稳定温度场。在绝大多数情况下，工件上的温度是随时间而变动的，因而工件上的温度场是属不稳定温度场。但当恒定热功率的热源作用在焊件上时，开始的一段时间内，温度场是变化的，但经过相当一段时间以后，输入功率与工件热传导输出热量平衡时便达到了饱和状态，形成暂时稳定的温度场。把这种情况称为准稳定温度场。当一个具有恒定功率的焊接热源，在一定尺寸大小的工件上作匀速直线移动时，这时焊件都属于这种温度场（如图 6-1(a)所示），工件上每一点的温度虽然都随时间而改变，如果各点温度场能跟随热源一起移动，则发现这个温度场是与热源以同样的速度移动的。如果移动坐标的原点与热源的中心相重合，则各点的温度只取决于这个系统的空间坐标，而与时间无关。当焊接时就可以认为是一个移动的稳定温度场，因此就相当于半个鸡蛋壳似的等温面向前移动，这样就形成一定宽度和深度的焊缝及热影响区。所以说，焊缝成型是由温度场所决定的，而温度场除受材料的热物理性质影响外，还随焊接方法和焊接规范变化的。

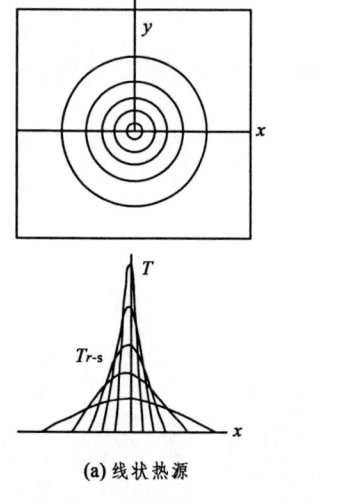
(a) 线状热源

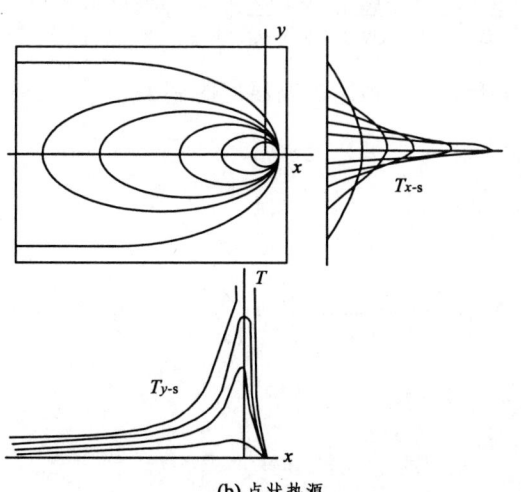
(b) 点状热源

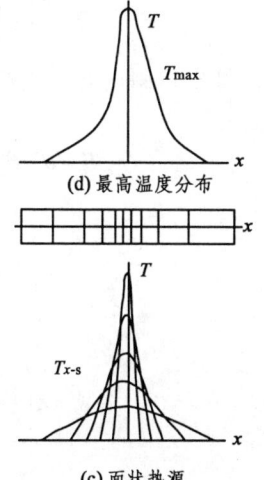
(c) 面状热源

(d) 最高温度分布

图 6-2 各种典型的焊接温度场

（2）点状热源的温度场。对于电阻点焊和螺柱焊这类在一固定点加热是由一点向周围传播，形成半径不同的等温线如图 6-2(b)所示。

（3）面状热源的温度场。对于杆的电阻对焊，热源的传播呈面状，故是面热源，等温线如图 6-2(c)所示。当达到稳定状态时形成最高温度，分布如图 6-2(c)所示。由最高温度分布即可确定热影响区宽度，在移动热源焊接也可确定热影响区宽度，对点状热源可确定热影响区范围。同理也可确定熔池大小和母材熔化尺寸。

6.1.2 焊接热循环

焊接热循环是在工件上某一点的温度变化全过程。用图表示就是 $T\text{-}t$ 的关系，其中包括加热速度、加热最高温度及高温停留时间和冷却速度，这四者决定了焊缝及焊接热影响区的尺寸及组织性能。

1. 焊接温度场及热循环

对于移动热源的温度场，其运动过的区域都会经历同样的温度变化过程，所以可以离热源中心不同距离布置测点（近密远疏）如图 6-3(a)所示，当热源前移，各测点都先后经历最高温度而后冷却，形成了各点的热循如图 6-3(b)所示，由此图可得出加热速度、加热最高温度及高温停留时间和冷却速度。如将不同测点的最高温度数据绘出相应测点的最高温度分布如图 6-3(c)所示，由此可确定焊缝及热影响区宽度。

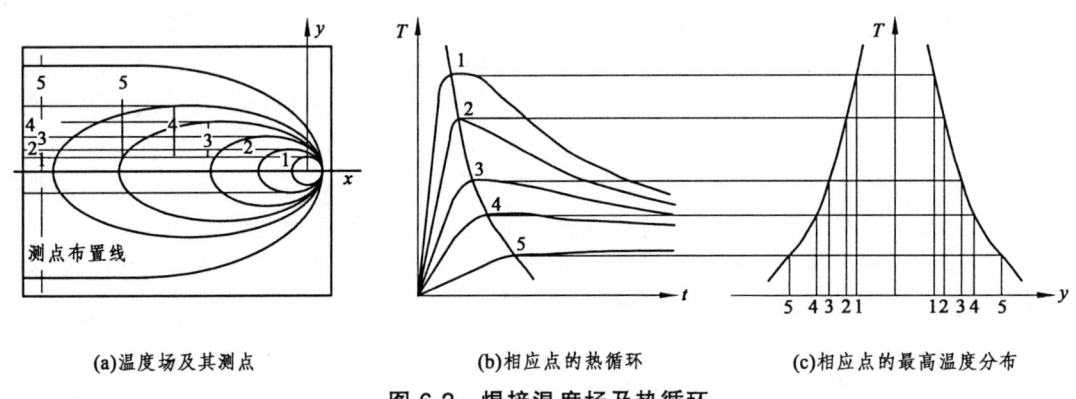

(a)温度场及其测点　　(b)相应点的热循环　　(c)相应点的最高温度分布

图 6-3 焊接温度场及热循环

2. 焊接热循环特征及计算式

如将

$$\frac{\partial T}{\partial t}=\frac{\lambda}{c\rho}\left[\frac{\partial}{\partial x}\left(\frac{\partial T}{\partial x}\right)+\frac{\partial}{\partial y}\left(\frac{\partial T}{\partial y}\right)+\frac{\partial}{\partial z}\left(\frac{\partial T}{\partial z}\right)\right]$$

求解，可求得瞬时热源的温度上升式 T、到达最高温度时间 t_m、最高到达温度 T_m 和原点冷却速度。

$$T=\theta-\theta_0=\frac{q}{c\rho}\frac{\mathrm{e}^{-\frac{r^2}{4kt}}}{\left(2\sqrt{\pi kt}\right)^n}$$

$$q_r=\int_0^r c\rho(\theta-\theta_0)\mathrm{d}V=\left\{q\phi\left(\frac{r}{2\sqrt{kt}}\right)\right\}=\frac{2q}{\sqrt{\pi}}\int_0^{\frac{r}{2\sqrt{kt}}}\mathrm{e}^{-u^2}\mathrm{d}u,\qquad n=1$$

$$=q\left(1-\mathrm{e}^{-\frac{r^2}{4kt}}\right)\qquad\qquad n=2$$

$$=q\left(\frac{4}{\pi}\right)\int_0^{\frac{r}{2\sqrt{kt}}}\mathrm{e}^{-u^2}u^2\mathrm{d}u\qquad\qquad n=3$$

$$t_m = \frac{r^2}{2\pi k}$$

$$T_m = \theta_m - \theta_0 = \frac{q}{c\rho}\left(\frac{n}{2\pi e}\right)^{n/2} \cdot \frac{1}{r^n} \qquad \left(\frac{n}{2\pi e}\right)^{n/2} = \begin{cases} 0.242 & n=1 \\ 0.117 & n=2 \\ 0.0735 & n=2 \end{cases}$$

式中 θ——任意点的温度；

θ_0——初始温度；

n——热流导热方向数，$n=1$ 为面热源，$n=2$ 为线热源，$n=3$ 为点热源；

r——离原点的距离，$n=1$ 时 $r=x$，$n=2$ 时，$r=\sqrt{x^2+y^2}$，$n=3$ 时，$r=\sqrt{x^2+y^2+z^2}$；

q——热源强度，$q=\text{lin}c\rho T i a^n$。

3. 移动热源的稳定温度场计算

对于移动热源的稳定温度场的温度上升为：

- 面热源

$$\theta - \theta_0 = \frac{q}{c\rho v} e^{\frac{vx}{k}}$$

- 线热源

$$\theta - \theta_0 = \frac{q}{2\pi c\rho k} e^{\frac{vx}{2k}} K_0\left(\frac{v}{2k}\sqrt{x^2+y^2}\right)$$

简化近似式为：

$$\theta - \theta_0 = \frac{Q}{c\rho h} \cdot \frac{e^{-\frac{y^2}{4kt}}}{2\sqrt{\pi kt}}$$

- 点热源

$$\theta - \theta_0 = \frac{q}{4\pi c\rho k} \frac{1}{\sqrt{x^2+y^2}} e^{\frac{v}{2k}\left(x-\sqrt{x^2+r^2}\right)}$$

简化近似式为：

$$\theta - \theta_0 = \frac{Q}{c\rho} \cdot \frac{e^{-\frac{y^2+z^2}{4kt^2}}}{\left(2\sqrt{\pi kt}\right)^2}$$

式中 $t=x/v$——热源以 v (cm/s) 离原点距离 x 的时间，s；

$Q=q/v=qt/L$——热输入，J/cm。

4. 移动热源的稳定温度场的最高温度

对于移动热源的稳定温度场的最高温度为：

- 线热源

$$\theta_m - \theta_0 = \frac{1}{\sqrt{2\pi e}} \cdot \frac{Q}{c\rho h} \cdot \frac{1}{y}$$

薄板 $\quad h < m\sqrt{\dfrac{Q}{c\rho(\theta_m-\theta_0)}}$；$\quad y' = \dfrac{1}{\sqrt{2\pi e}} \cdot \dfrac{Q}{c\rho h}\left(\dfrac{1}{\theta_m-\theta_0} - \dfrac{1}{\theta_f-\theta_0}\right)$

厚板 $\quad h > m\sqrt{\dfrac{Q}{c\rho(\theta_m-\theta_0)}}$；$\quad y' = \dfrac{1}{\sqrt{\pi e}} \cdot \sqrt{\dfrac{Q}{c\rho}\left(\dfrac{1}{\theta_m-\theta_0} - \dfrac{1}{\theta_f-\theta_0}\right)}$

式中 h——板厚（cm），面中加热 $m=1/\sqrt{2}$，表面加热 $m=1/2$；

θ_m——最高温度，℃；

y'——最高温度离焊缝中心的距离，cm。

- 点热源

$$\theta_m - \theta_0 = \frac{2}{\pi e} \frac{Q}{c\rho} \frac{1}{r^2}$$

5. 热循环中移动线热源的冷却速度和冷却时间的计算

热循环中移动线热源的冷却速度 CR 的计算特别重要，很多情况下用冷却时间 CT 表示。

- 移动线热源冷速

$$CR = 2\pi k \left(\frac{c\rho h}{Q}\right)^2 (\theta - \theta_0)^3;$$

冷却时间：

$$CT = \frac{1}{4\pi k} \left(\frac{Q}{c\rho h}\right)^2 \frac{1}{(\theta - \theta_0)^2}$$

表面点冷却时间：

$$CT = \frac{1}{2\pi k} \left(\frac{Q}{c\rho}\right) \frac{1}{(\theta - \theta_0)}$$

6.1.3 冷却速度的确定

根据上述 CR 和 CT 的计算式：日本木原、铃木、金谷等加入一些焊接的变化条件的试验工作得出冷却速度为：

$$CR = 0.32\, P^{0.8}, \quad (\degree C/s)$$

$$P = \left(\frac{\theta - T_0}{25 I / v}\right)^{1.7} \times \left(1 + \frac{2}{\pi} \arctan \frac{t - t_0}{\beta}\right), \quad \left(\frac{\degree C \cdot mm}{A \cdot min}\right)^{1.7}$$

式中 I——焊接电流，A；

v——焊接速度，cm/min；

T——计算冷却速度的参考温度，℃；

T_0——焊接初始温度，℃，包括室温、预热和层间温度；

t——板厚，mm；

t_0，β——常数（见表6-1）。

表 6-1 P 计算公式中的有关常数

计算冷却速度的温度 $T/\degree C$	700	540	300
t_0	10	14	20
β	2	4	10

由上式可看出，焊接的冷却速度与板厚、焊接电流、焊接速度和焊接初始温度及常数 t_0 和 β 有关，在结构因素一定的条件下，可以调整焊接电流、焊接速度和初始温度（预热）来调整冷却速度。

6.2 电弧对金属的加热及焊接规范选择

6.2.1 焊接电弧热能的利用

1. 电弧焊时热量平衡及分配

电弧焊时热量平衡及分配如图6-4所示。其中 q 为电弧提供的总热功率，q_u 为可作焊接的总热功率，q_t 为熔滴过渡成为熔敷金属所利用的热功率，q_0 为熔化母材金属所利用的热功率。

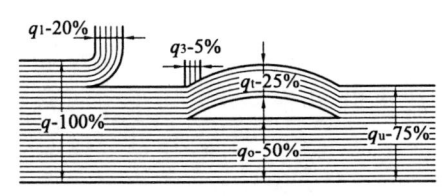
(a) 手工电弧焊 $I=150～250 A, U=35 V$

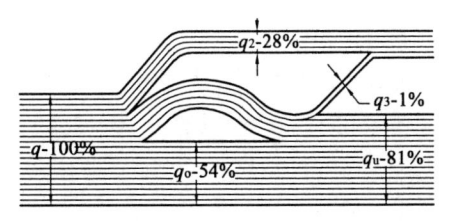
(b) 埋弧自动焊 $I=100 A, U=36 V, V_H=36 m/h$

q_1—介质散热损失
q_2—熔化焊剂损失
q_3—熔滴飞溅损失

图 6-4 电弧焊时热量平衡及分配

2. 焊接热效率

在焊接过程中由电弧所产生的热量并不是全部被利用，而有一部分热量损失于周围介质和飞溅，也就是说焊件吸收到的热量要少于电弧所提供的热量。

电弧的热能由电能转换而来，电弧功率可由下式表示：

$$q = UI$$

式中　q——电弧热功率（如图 6-4 所示），即电弧在单位时间内所析出的热能量，J/s；
　　　U——电弧电压，V；
　　　I——焊接电流，A。

由于电弧的热能量不是完全用于加热焊件和焊条，而是有一部分为加热弧柱气体辐射及金属飞溅所损失，因此实际用于焊接的热功率称为有效热功率，用 q_u 表示。

$$q_u = \eta_u UI$$

式中　η_u——电弧热效率。

在一定条件下 η_u 是常数，它主要决定于焊接方法、焊接规范和焊接材料的种类（焊条、焊剂、保护气体等），一般情况下 η_u 值大小如下：碳弧焊为 0.5～0.65，厚药皮焊条手工电弧焊为 0.77～0.87，埋弧自动焊为 0.77～0.99，钨极氩弧焊为 0.68～0.85（用交流电源）和 0.78～0.85（用直流电源），熔化极氩弧焊为 0.66～0.69（焊钢时）和 0.70～0.85（焊铝时）。此外，电流极性、焊接速度以及焊接位置等对电弧热效率 η_u 值也都有一定的影响，但并不显著，故在一般情况下可以忽略不计。

3. 焊接线能量 q_1

焊接时，焊接电流 I，电弧电压 U，焊接速度 V_H，进条速度 V_T 的数值大小，称为焊接规范。焊接线能量是焊接规范的一个综合指标，它表示单位长度焊缝上投入的有效热量，用 q_1 表示。

$$q_1 = q_u / V_H = \eta_u UI / V_H$$

式中　V_H——焊接速度 $V_H = L/t$，cm/s；
　　　L——焊缝长度，cm；
　　　t——焊接时间，s。

q_1 对焊接质量和生产率有很大影响，q_1 大，生产率高，但焊接变形大。焊合金钢时 q_1 还是影响焊缝及热影响区组织的重要因素。

6.2.2 基体金属熔化

1. 基体金属热功率与热效率

由图 6-4 可知，电弧有效热功率由基体金属所吸收的热功率与由熔化焊条一道过渡到熔池的两部分热功率所组成，而基体金属所吸收的部分只是电弧有效热功率的一部分，而基体金属所吸收的部分热功率又有一部分用到金属热传导的损失，因此实际用以熔化基体金属的只是一小部分热功率，这部分称为熔化基体金属热功率 q_Q。

$$q_Q = \eta_Q q_1 = \eta_Q \eta_u q = \eta_Q \eta_u UI$$

式中 η_Q——基体金属熔化热效率。

q_Q与工件厚度有关,厚度越大,传导损失大。η_Q还与热量集中程度和线能量q_1有关,热量越集中,η_Q越大越高,q_Q越大。一般在手工焊时只有 0.10~0.25,埋弧焊时可达 0.30~0.48。

2. 基体金属的熔化

根据熔化基体金属的热功率应等于把一定的基体金属加热到熔化单位时间内所需的热平衡的原理,则

$$q_Q = g_Q \left[C_m(T_{熔} - T_{始}) + S \right] \quad (J/s)$$

式中 g_Q——基体金属熔化生产率,即单位时间熔化量,g/s;
C_m——基体金属比热,J/g·℃;
$T_{熔}$——基体金属熔点,℃,低碳钢为 1 515 ℃;
$T_{始}$——基体金属初始温度,℃,不预热时取 20 ℃;
S——基体金属的熔化热,J/g。

如将所有数字代入,低碳钢的熔化生产率为:

$$g_0 = 2.75\eta_Q\eta_u UI = F_0 \cdot \gamma \cdot V_H \quad (g/s)$$

式中 F_0——基体金属熔化截面,cm^2;
γ——基体金属的密度,g/cm^3;
V_H——焊接速度,cm/s。

即

$$F_0 = \frac{2.75\eta_u\eta_0 U_g I}{\gamma \times V_H} = K_0 q_n$$

式中 K_0——系数。

由上式可以看出,一定焊接方法和工件厚度、接头形式的情况下,基体金属熔化截面与线能量成正比,比例系数为K_0。

6.2.3 焊丝的熔化

焊丝的熔化及进条速度是保证弧长不变以使焊接电弧稳定燃烧的关键。进条速度必须与焊条熔化速度吻合。

1. 焊丝的加热

电流通过焊条的电阻热来加热焊丝,其热量为:

$$Q = I^2 Rt = I^2 \rho \frac{l}{A} t \quad (J)$$

式中 I——焊接电流,A;
R——焊条电阻,Ω;
t——焊条通电时间,s;
l——焊条导电长度,m;
A——焊条截面积,mm^2;
ρ——焊条电阻系数,Ω·mm^2/m。

对手工焊来说,电阻热是起限制电流的作用,因为焊条温度不能过高(400℃以下),过高了焊条芯要软化,药皮要变质和剥落。因为手工焊焊条导电长度大,导电时间长,因而电流就不能过大。而自动焊没有药皮脱落的问题,由于焊丝是连续送进并在电弧附近通电到焊丝,故导电长度短,导电时间短,因此电流产生电阻热没有坏处,甚至可以补充熔化焊丝的热量以提高热效率,特别在细焊丝焊接时,电阻热更大,使得焊条熔化生产率由于电阻热的利用而大为提高。

2. 焊丝熔化

焊条熔化热除了焊丝带来的电阻热外还有电弧热，焊丝的熔化是在焊丝条中产生的电阻热预热的基础上，再用电弧热加以熔化的，其热平衡关系为：

$$q_T = \eta_T q = \eta_T u_g I \text{ (J/s)} = g_T(S - S_T) \text{ (J/s)}$$

式中　q_T——焊丝熔化热功率，J/s；

　　　η_T——焊丝电弧热效率；

　　　g_T——焊丝熔化生产率，g/s；

　　　S——焊丝熔化热，J/g；

　　　S_T——焊丝初始电阻热，J/g。

$$g_T = \frac{\eta_T u_g I}{S - S_T} \text{ (g/s)} = \alpha_T I \text{ (g/h)}$$

式中　α_T——熔化系数，g/A·h。

由上看出焊条单位时间的熔化量 g_T 是与电流成正比的，比例系数为 α_T 叫熔化系数，在手工焊时 α_T 变化不大，一般为 7~9 g/A·h，只有在用铁锰型或加铁粉焊条时才到 12 g/A·h，因为这些焊条中药皮熔化时有放热反应使焊条熔化加快。但在自动焊时特别是在细焊丝自动焊时，由于电阻热的充分利用，使 α_T 增加，电流越大 α_T 增加越多（如图 6-5(a)所示）。同焊丝直径焊丝焊接电流种类和联法对熔化系数影响较大，焊接电压在直流正联时影响较大，反联和交流时则影响较小（如图 6-5(b)所示）。焊丝导电长度伸长时电阻热贡献大使熔化系数加大。

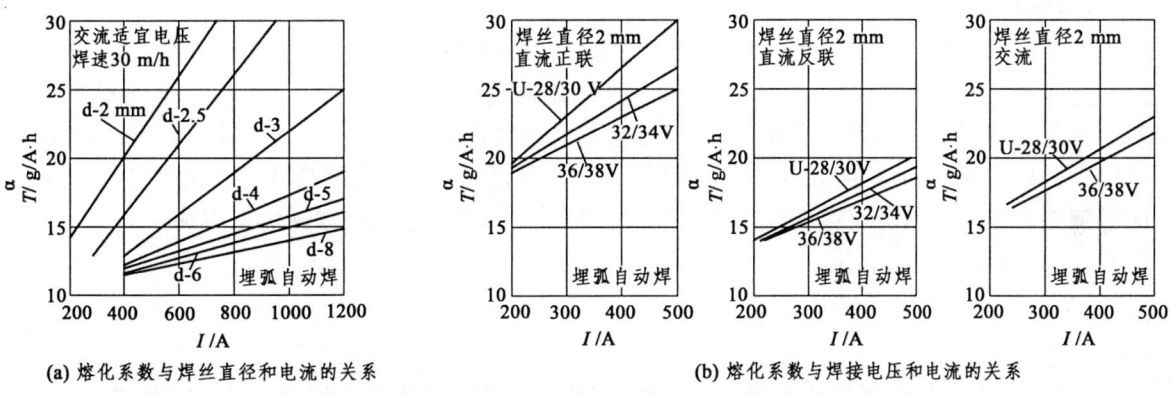

(a) 熔化系数与焊丝直径和电流的关系　　　　(b) 熔化系数与焊接电压和电流的关系

图 6-5　熔化系数与焊丝直径、焊接电流种类与联法和熔化系数的关系

3. 焊丝的熔化量 G_T、熔化率 g_T 及熔化系数 α_T 的确定

焊丝的熔化量 G_T、熔化率 g_T 及熔化系数 α_T 的关系是：

$$G_T = F_T \gamma l = g_t t = \alpha_T I t$$

即　　　　$g_T = F_T \cdot \gamma \cdot V_T = \alpha_T I$

式中　F_T——焊丝截面，cm²；

　　　γ——焊丝密度，g/cm³；

　　　l——焊丝长度，cm；

　　　α_T——熔化系数，g/A·h；

　　　I——焊接电流，A。

现在只要知道焊丝的熔化量 G_T 和焊丝通电的电流 I 和时间 t 即可求出熔敷系数 α_T。G_T 很容易由称出的重量或由焊丝截面、熔化长度（手工焊时应包含残头）和密度计算出来。

4. 熔敷金属量的确定

焊条是以熔滴的形式转移到熔池与熔化的基体金属共同组成熔池，结晶以后就是焊缝，但在转移过程中有飞溅烧失，实际上转移到焊件的比熔化的焊条量要 G_H 少，在单位时间内转移到基体上的金属是以熔敷率 g_H 表示。其损失系数为 ψ，它们的关系是：

$$G_H = F_H \gamma L = g_H t = \alpha_H I t$$

$$\psi = \frac{g_T - g_H}{g_T} = \frac{\alpha_T - \alpha_H}{\alpha_T}$$

式中　α_H——熔敷系数，g/A·h，手工焊 6~8 g/A·h，自动 $\alpha_H = \alpha_T$；

　　　F_H——熔敷截面积，cm^2；

　　　γ——金属密度，g/cm^3。

现在只要知道焊缝中的熔敷量 G_H 和焊丝通电的电流 I 和时间 t，即可求出熔敷系数 α_H，G_H 很容易由称出的焊接板焊前和焊后重量求得。在埋弧焊或低飞溅的气保护焊中由于飞溅很小，故熔敷系数十分接近熔化系数，可取熔化系数为熔敷系数。

6.3　焊接规范的选择

6.3.1　电流的选择

1. 根据熔深选择电流

根据 $F_0 = K_0 q_n$ 式分析，F_0 中的主要是熔深，因为焊一个焊接接头，关键在于要焊透，就要保证一定熔深，而为了获得理想的焊缝截面，熔宽与熔深要保持一定比例，在电弧的作用下熔宽、熔深与 F_0 都是有一定关系的，因此要获得大的熔深（用 h 表示），就必须有大的熔化断面 F_0，另一方面 q_u 是焊接规范的综合指标，其中 U，V_H，I 三者中以电流 I 变化范围最宽，V_H 次之，电压变化范围很小，而 I 与 U 二者中电流对熔深的影响要灵敏，因此在正常焊接速度范围内，常用下列经验公式来选择焊接电流。

$$h = KI \quad (mm)$$

式中　h——熔深，mm；

　　　I——电流，A；

　　　K——系数（不开坡口对接或堆焊：自动焊 1.1/100、半自动焊 1/100、手工焊 1.5/100，角焊缝及开坡口对接：自动焊 1.5/100、半自动焊 2/100、手工焊小焊条打底）。

例如要对接 12 mm 厚板，h 要保证 7~8 mm 双面焊才能焊透，故最小电流为：

埋弧自动焊：

$$I = \frac{h}{K} = \frac{7 \sim 8}{0.011} = 640 \sim 730 \text{ A}$$

半自动焊：

$$I = \frac{h}{K} = \frac{7 \sim 8}{0.01} = 700 \sim 800 \text{ A}$$

由上看出，用自动焊可以不开坡口，因自动焊一般最大电流为 1 000 A。而用半自动焊时就已超过使用最大电流 650 A，故要开坡口或不开坡口稍微加大一点间隙。而用手工焊时最大使用电流只有 350~400 A，故更要开坡口。因此一般规定，手工焊 6 mm 以上就要开坡口，半自动焊 12~14 mm 以上才开坡口，自动焊 20 mm 以上才开坡口。不然就焊不透，保证不了足够强度。

2. 按焊丝直径选择电流

焊条是由电弧热及电流通过焊条的电阻热来加热熔化，电阻热对焊条起预热作用的，根据电阻对电的限制作用，电流必须与焊条直径相适应。一般根据焊条直径可确定相应电流。

（1）手工焊时：

$$I = Kd \quad (A)$$

式中　I——焊接电流，A；

　　　d——焊条直径，mm；

　　　K——系数（30～60）。

手工焊电流选择时要考虑下列因素：

焊条直径小时 K 取低值，直径大时取高值；

焊薄板时取低值，焊厚板时取高值；

直流电焊时减少 10～20 A；

用碱性焊条焊时减少 10～20 A，

开坡口对接、角焊缝时应增加 20～40 A；

垂直焊时应减少 20 A，横焊、直焊时应减少 30～40 A。

（2）自动焊时：

$$I = 10d^2 + 110d \pm 100$$

式中　I——焊接电流，A；

　　　d——焊条直径，mm。

（3）1.6～2 mm 焊丝半自动焊及自动焊时 I 可在 150～600 A 范围内选择。

由上看出，一定焊条直径的焊接电流可在一范围内选择，这就可以使生产中，用一定焊条直径时，则可调整电流以适应熔深的要求。

3. 气保护焊焊接规范选择

气保护焊的焊接规范不只与焊丝直径有关，还与熔滴过渡形式有很大关系。CO_2 气保护焊可以是短路过渡和细熔滴过渡，其焊接规范如表 6-5 所示。

表 6-5　CO_2 气保护焊的焊接规范

过渡方式	焊丝直径/mm	焊接电流/A	焊接电压/V	气体流量/(L/min)	过渡方式	焊丝直径/mm	电流下限/A	焊接电压/V
短路过渡	0.6	80～100	17	细丝 5～15 粗丝 20～50	细熔滴过渡	1.2	300	34～35
	0.8	100～110	18			1.6	400	
	1.2	120～135	19			2.0	500	
	1.6	140～180	20			3.0	650	

混合气保护焊可以是短路过渡和喷射过渡，其焊接规范如表 6-6 所示。

表 6-6　混合气保护焊的焊接规范

过渡方式	焊丝直径/mm	焊接电流/A	焊接电压/V	气体流量/(L/min)	过渡方式	焊丝直径/mm	电流范围/A	焊接电压/V
短路过渡 Ar+ 25%CO_2	0.8～1.0	90～130	17～18	细丝 5～15 粗丝 20～50	喷射过渡	0.8	140～200	34～35
	0.8～1.2	140～220	18～21			1.2	190～220	
	1.0～1.4	150～240	20～22			1.6	250～450	
	1.2～1.4	160～300	20～25			2.0	270～530	

4. 栓钉的焊接工艺规范选择

焊接工艺参数按栓柱直径选择，初选可参考表 6-7 进行。表中列出了现工程部门常用栓钉直径的焊接规范可供参考,初选后可通过预先的工艺试验进行适当调整最后投入施工。

表 6-7　常用栓钉直径的焊接参数

栓柱直径/mm	10	12	16	19	22
焊接电流/A	500~650	600~900	1 100-1 300	1 350~11 640	1 600~1 900
通电时间/s	0.40~0.70	0.45~0.80	0.60~0.85	0.90~1.00	0.85~1.25
栓柱干伸长/mm	3	3~4	4~5	4~5	4~6

6.3.2　焊接电压的选择

焊接电压的选择:电压是提供热功率的重要组成部分,由于电压在焊接中取值范围不大,一般埋弧自动焊在 (38±4) V,埋弧半自动焊在 (34±4) V,手工焊在 (26±4) V 范围内选择;气体保护焊还要低一些,小电流时取低值,大电流时取高值。电压在焊接过程中一般调整不大,手工焊在 20~25 V,自动焊在 35~40 V,这几项参数中,主要是电流和焊速要配好才能保证良好的所需截面的焊缝,电流和进条速度要配好才能保证一定弧长和电压达到电弧稳定工作。在气体保护焊中以控制进条速度来控制焊接电压。

6.3.3　送丝速度的确定

根据焊丝熔化规律,如果我们选定了焊丝直径和焊接电流,知道了熔化系数 α_T(由图 6-5 查出),在自动焊或半自动焊时,必须使送丝速度等于焊丝熔化速度,电弧才不断稳定燃烧,

即
$$V_T = \frac{\alpha_T I}{F_T \cdot \gamma}$$

式中　V_T——进条速度,cm/h。

在手工焊时由人工手动控制使电弧稳定(即弧长和电弧电压恒定),不求进条速度。在气体保护焊中以调节电弧电压来控制送丝速度。

6.3.4　焊接速度的确定

如果选定了焊丝直径和焊接电流及其熔敷系数(在埋弧自动焊或半自动焊及低飞溅的气保护焊时可取熔敷系数等于熔化系数),又知道了坡口或间隙截面,即可求出熔敷截面 F_H,就可以按下式选择焊接速度 V_H(在手工焊和半自动焊中由手工控制,不求焊接速度)。

$$V_H = \frac{\alpha_H I}{F_H \cdot \gamma} \quad (cm/h)$$

如坡口截面过大,则用多层焊,如总截面为 $F_总$,则所焊层数可求得:

$$n = \frac{F_总}{F_H}$$

知道了焊接速度及层数就很容易由此求出焊接时间及焊条消耗,规范一定时也很易求出电能消耗。

6.4　焊接规范对焊缝形状的影响

6.4.1　焊缝形状特征

焊缝形状各部分尺寸间有一定的关系,相互配合得好,就能保证焊缝质量好,强度高,而且可以减少焊缝缺陷的产生,焊缝外形也美观,而且对焊接生产率也有重要影响,如在保证焊透的情况下,不开坡口或小开坡口,不留间隙或小留间隙,都可提高生产率。堆焊、对接焊、丁字接头焊缝主要尺寸符号如图 6-6

所示。这几个数值表示的焊缝特征有：

基体金属熔化截面：$F_0 = K_0 q_n$ （cm^2）；

焊条填加金属截面：$F_n = K_n q_n$ （cm^2）；

焊缝中基体金属所占比例：$\gamma_0 = F_0/(F_0 + F_n) \times 100\%$，焊接接头时要 γ_0 高；

焊缝中焊条填充金属所占比例：$\gamma_n = F_n/(F_0 + F_n) \times 100\%$，堆焊时要 γ_n 高；

焊缝形状系数：$\psi_0 = b/h$，以 1.3～2 为宜；

焊缝填充系数：$\psi_c = b/c$，以 6～12 为宜。

焊缝形状系数 Ψ，对焊缝内部质量的影响非常大，当 Ψ 选择不当时，会使焊缝内部生成气孔、夹渣、裂缝等缺陷。因此 $\Psi = 1.3\sim2$ 较为合适。

基体金属比 γ_0 的数值变化范围较大，一般可在 10%～85% 的范围内变化。而埋弧焊 γ_0 的变化范围，一般约在 60%～70% 之间。焊接接头时要 γ_0 高，而堆焊时要 γ_n 高、γ_0 低。

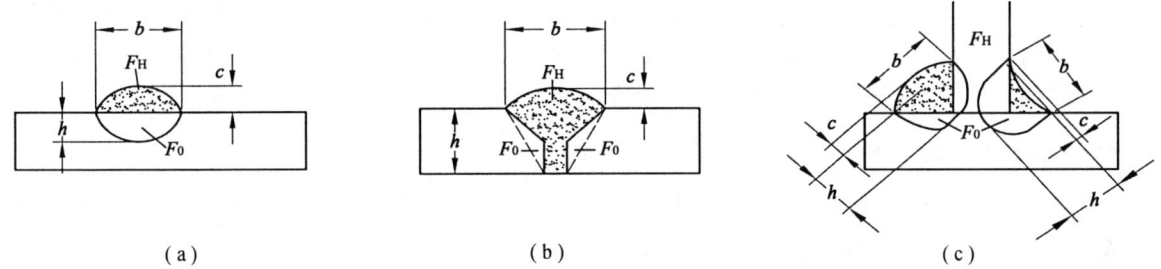

图 6-6　堆焊、对接焊、丁字接头焊缝主要尺寸

6.4.2　焊接规范对焊缝形状的影响

焊接规范对焊缝形状有相当大的影响，以 2 mm 直径焊丝埋弧焊为例，可由试验获得焊接电流对焊缝形状的影响，如图 6-7 所示。

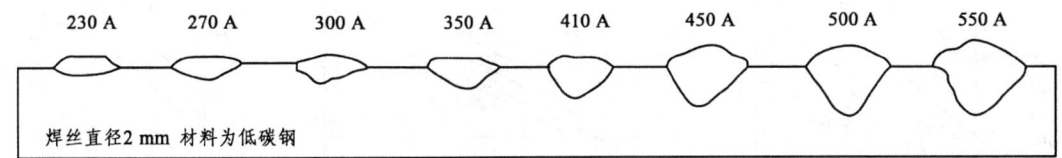

图 6-7　焊接电流对焊缝外貌形状的影响

焊接规范对焊缝形状的影响中各个参数对焊缝形状的影响有所不同，因此必须了解其规律，并利用其规律调整焊接参数以获得合理的焊缝形状。

1. 焊接电流对焊缝形状的影响

当其他参数保持不变时，焊接电流变化时，对焊缝熔宽 b、熔深 h 和增高量 c 和焊缝中基体金属所占比例 γ_0 的影响规律见图 6-8(a)。随着焊接电流的增加，熔池底部的液态金属被排出的作用加强，电弧便直

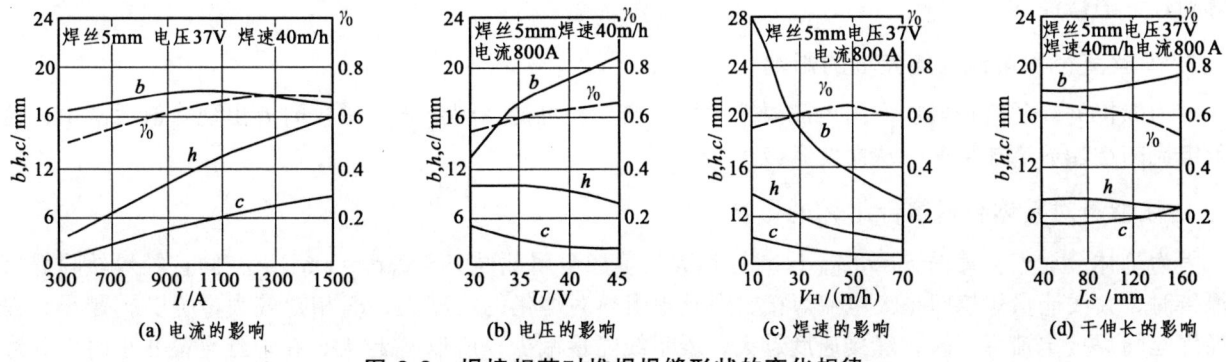

图 6-8　焊接规范对堆焊焊缝形状的变化规律

接加热熔池底部的未熔化金属，使熔深 h 成正比增加，基体金属比 γ_0 也增加，余高 c 由于熔化填充金属的增加也会增加，熔宽 b 的变化较少，所以要改变熔深，应该主要调整焊接电流。

2. 电弧电压对焊缝形状的影响

其他条件保持不变时，电弧电压的变化，对焊缝熔宽 b、熔深 h、增高量 c 和焊缝中基体金属所占比例 γ_0 的影响见图 6-8(b)。随着电弧电压的增加，焊缝的熔宽有明显地增加，而熔深和增高量则有一定下降。由于电弧电压的增加，实际上就是电弧长度的增加。这样，电弧的摆动作用加剧，焊件被电弧加热的面积也增加，则焊缝的熔宽增加。另外电弧拉长后，较多的电弧热量被用来熔化焊剂。因此焊丝的量变化不大，这时因为焊丝熔化的金属被分配在较大面积上，故焊缝的增高量也相应地减小了。同时由于电弧摆动作用的加剧，电弧对熔池底部液态金属的排出作用变弱，熔池底部受电弧热少，所以熔深反而会有所减小。

3. 焊接速度对焊缝形状的影响

焊接速度的变化，将直接影响电弧热量的分配情况，即影响焊接线能量数值的大小，这对焊缝形状的影响是非常显著的。当其他条件不变时，随着焊接速度的增加，焊缝的线能量减小，熔宽明显地变窄，而增高量则稍有增加，熔深则逐渐减小。焊接速度变化后，所得焊缝的形状影响如图 6-8(c)所示。

4. 干伸长度（焊丝导电长度）对焊缝形状的影响

干伸长度加长，电阻热的贡献大，使焊丝的熔化量加大，因而焊缝中熔深 h 基体金属所占比例 γ_0 减小，焊缝熔宽 b 和余高 c 增加。对焊缝形状的影响如图 6-8(d)所示。

6.4.3 焊丝直径和线能量对焊缝形状的影响

焊丝直径和线能量对焊缝形状也有相当大的影响，其影响的规律如图 6-9 所示。

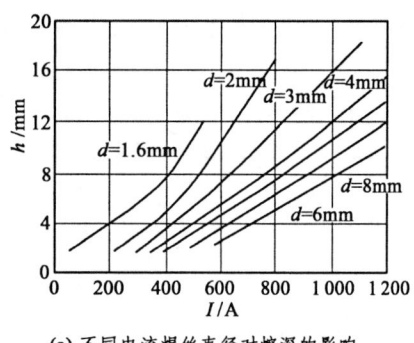

(a) 不同电流焊丝直径对熔深的影响

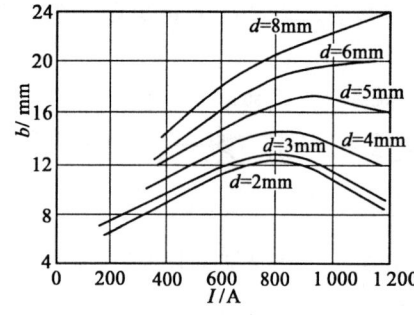

(b) 不同电流焊丝直径对熔宽的影响

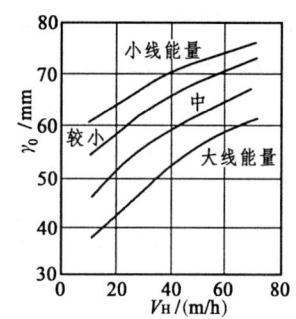
(c) 不同线能量焊速对基体熔合比的影响

图 6-9 焊丝直径和线能量对焊缝形状的影响

1. 焊丝直径和电流对熔深 h 的影响

随着焊丝直径的增加，同电流焊接时熔深减少。焊丝直径越小，影响的程度越大。当焊接电流不变时，随着焊丝直径的变细，电流密度则增加，熔深也便相应地增加。故使用同样大小的电流时，小直径焊丝可以得到较大的熔深。

2. 焊丝直径和电流对熔宽 b 的影响

因为焊接的焊丝直径增加，同电流焊接时熔宽增加，可能在焊丝直径减少时 b 出现峰值后减少，这是由于电流的增加而增加熔深，从而使 b 减少。

3. 线能量对基体金属熔合比 γ_0 的影响

因为基体金属熔化截面 $F_0=K_0 q_n$（cm^2）和焊条填加金属截面 $F_n=K_n q_n$（cm^2），在同直径焊丝同焊接速度焊接时，大线能量焊接即是大电流焊接，焊丝电阻热对熔化的贡献大，F_n 相对较大，所以 γ_0 越小；在同直径焊丝同焊接电流焊接时，焊接速度越大，表示线能量减少，所以 γ_0 越大；在焊丝直径变小时，其影响更加突出。

由上看出，焊接后若焊缝各部分尺寸不能满足焊缝形状特征 ψ、γ₀、ψ_b 推荐的数值，则可以通过调整焊接电流，电弧电压、焊接速度和干伸长度，以及焊丝直径和线能量来调整焊缝尺寸，从而获得满意的焊缝形状，保证良好的焊缝质量。

6.5 焊接接头形式及坡口尺寸

6.5.1 焊接对接接头形式及坡口尺寸

焊接对接接头形式可分为：对接接头、丁字接头、角接接头、搭接接头 4 种。

1. 对接接头

对接接头可分为不开坡口、V 形坡口、X 形坡口、单 U 形坡口及双 U 形坡口 5 种形式，其坡口符号如图 6-10 所示。

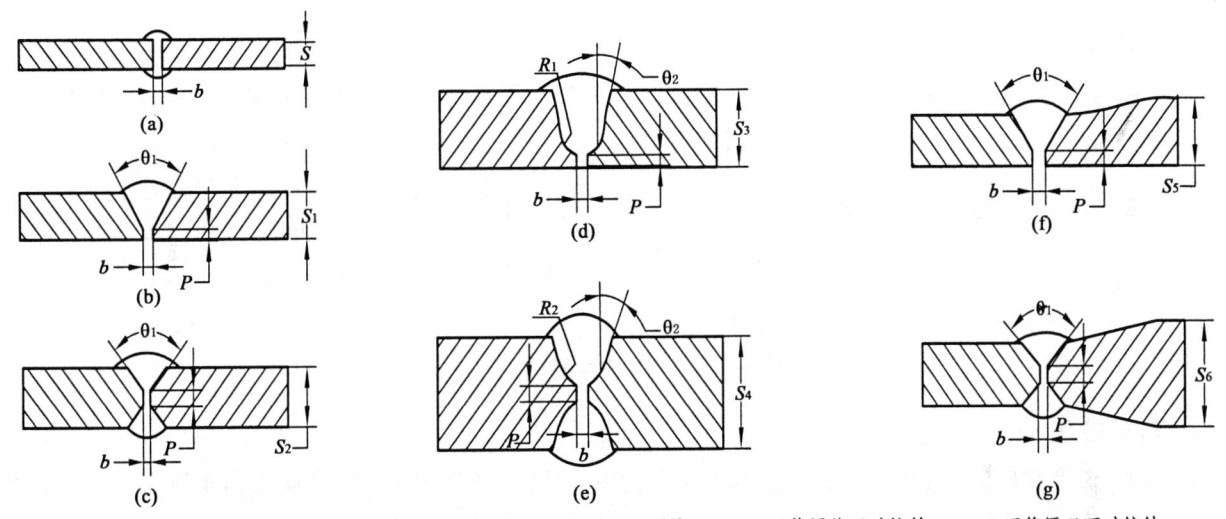

(a) 不开坡口　(b) V形坡口　(c) X形坡口　(d) 单U形坡口　(e) 双U形坡口　(f) 不等厚单面对接坡口　(g) 不等厚双面对接坡口

图 6-10　对接接头的坡口形式及尺寸

2. 坡口尺寸

不同板厚度的对接坡口尺寸如表 6-8 所示，由此看出各种焊接方法坡口尺寸的差异和适应的板厚范围，表中未包括不等厚板对接，可参考 X 形坡口选择，厚板斜度取 1∶5。

表 6-8　几种主要焊接方法各种对接坡口尺寸参考简表

序号	手工电弧焊间隙和坡口						埋弧自动焊间隙和坡口					
	S/mm	b/mm	S/mm	b/mm			S/mm	b/mm	S/mm	b/mm		
(a)	1~3 单面	0+1	3~6 双面	0+1.5			3~10 单面	0+1	6~-20 双面	0+1		
序号	S/mm	b/mm	p/mm	θ_1/°	θ_2/°	R	S	b	p	θ_1/°	θ_2/°	R
(b)	3~9	1±1	1±1	70±6			10~16	2±1	3±14	60±5		
	10~20	0~3	0~3	60±5			16~27	3±1	±1	50±5		
(c)	12~60	0~3	0~3	60±5			24~60	0+2	6±1	55±5		
(d)	20~60	0~3	1~3		10±2	5	30~60	2±1	2±1	70±6	10±2	
(f)	40~60	0~3	1~3		10±2	7	50~100	0+2	8±18		10±2	10
							100~160	0+2	±1		6±2	

续表 6-8

焊法	CO_2半自动电弧焊间隙和坡口				药芯焊丝半自动焊间隙和坡口				
序号	S/mm	b/mm	S/mm	b/mm	序号	S/mm	b/mm	S/mm	b/mm
(a)	1~2 单面	0~1	2~12 双面	0~1	(a)	3~6 单面	0+1	6~-10 双面	0+1
	焊丝 d=0.8~1 mm		焊丝 d=1.0~1.2 mm			焊丝 d=2.0~3.2 mm(以下同)			
序号	S	b	p	$\theta_1/°$	$\theta_2/°$	R	S	b	p	$\theta_1/°$	$\theta_2/°$	R
(c)	焊丝 d=1.2~1.6 mm						(b)	10~16	0~1	3	47±2	
	12~25	0~3	0~3	60±5			(c)	16~30	0~1	3	47±2	

对一些要求较高的焊件的重要焊缝（如锅炉汽包等），一般多开"U"形坡口，以保证焊缝的根部不易出现未焊透或夹渣等缺陷。在 V 形，X 形的坡口中，埋弧自动焊的坡口角度比手工焊小，药芯焊丝比 CO_2 焊丝焊小，这样在保证焊缝根部能够焊透的情况下，可减少填充金属的量以提高生产率。

6.5.2 其他焊接对接接头形式及坡口尺寸

1. 丁字接头

丁字接头可分为不开坡口、单边 V 形、K 形以及双 U 形 4 种形式，其坡口尺寸如图 6-11 所示。

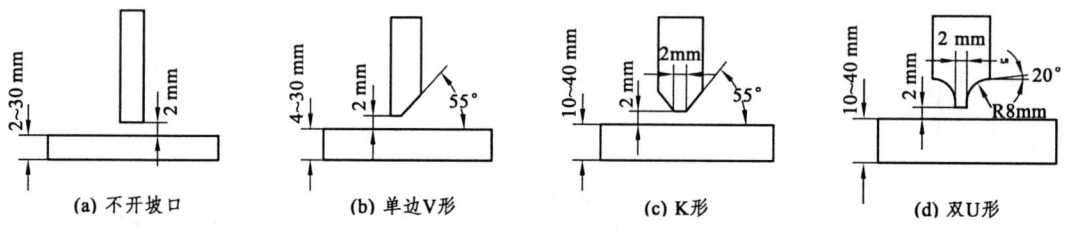

图 6-11 丁字接头的坡口尺寸

2. 角接接头

根据焊件厚度和坡口准备的不同，角接接头可分为不开坡口、单边 V 形、V 形及 K 形 4 种，如图 6-12 所示。

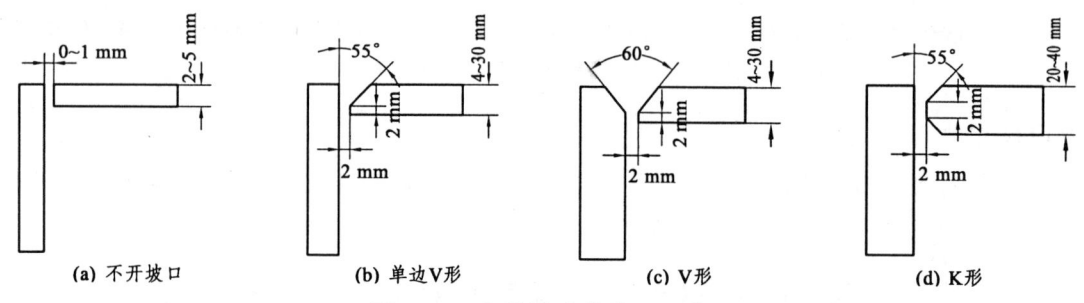

图 6-12 角接接头的坡口尺寸

3. 搭接接头

不开坡口的搭接接头，一般用于 12 mm 以下钢板，其重叠部分为 3~5 倍板厚，并采用双面焊接，这种接头强度较差，较少采用；圆孔内塞焊和长槽内塞焊或角焊只在一些特殊情况下使用，几种搭接接头如图 6-13 所示。

图 6-13 几种搭接接头

6.6 提高焊接生产率的方法

在前面已经讲到不少提高焊接生产率的方法，现在按其提高焊接生产率的主要途径加以归纳和总结，以便扩展思路，在更高的层次和更广的范围分析、选用和发展各种提高焊接生产率的方法。

6.6.1 用不开坡口减少熔敷金属以提高生产率

1. 厚板窄间隙熔化极气体保护焊

窄间隙熔化极气体保护焊是一种以很高的熔敷焊率在窄小的间隙内完成焊缝的高效率焊接法，为立焊位置施焊。它利用了气体保护无需清渣的特点，接头的坡口不论钢板厚度多大，用 0.8～1.2 mm 细丝（也可用双丝或多丝）焊接时采用 6～9 mm 的间隙，均以单道多层焊缝将被焊件两侧连接起来。如对厚度为 90 mm 的钢板进行窄间隙熔化极气体保护焊，焊缝仅以 15 道焊波完成。每道焊缝的熔深可达 10 mm 左右。每层焊道的堆积高度可达 6～8 mm。保护气体可采用氩气和二氧化碳混合气体。

2. 厚板强制成型的电渣焊和渣池焊

电渣焊是一种厚板不开坡口，视不同情况留 20～40 mm 间隙，在冷却模中强制一次成型的单层单道的高效率焊接方法。渣池焊与电渣焊类似，不同的是焊丝不插入渣池而仍以电弧熔化焊丝焊剂和加热渣池，也是在冷却模中强制一次成型的单层单道的高效率焊接方法。

3. 电子束和激光高能束焊接

电子束和激光高能束焊接由于能量集中，形成窄深焊缝，电子束焊的间隙 $\leqslant 0.1S$（S 为板厚），激光焊的间隙 $0.15S$（板厚）。由于不开坡口和间隙小，故生产率高，接头性能好，热影响区窄和变形小。

6.6.2 充分利用电弧热量以提高生产率

1. 多弧焊和多丝或多头焊

利用三相电源（三相电焊机）或单相焊机抽头或串联抽头进行三弧焊接，由于多个电弧熔化金属，热量集中并能充分利用，这样不但提高了热效率，同时也提高了生产率。用一个焊接电源接多根焊丝焊接或多头焊机同时焊接，也可提高生产率。例如用串联双丝堆焊比单丝埋弧堆焊的熔敷率 6.81 kg/h 提高到单丝埋弧堆焊 13.62 kg/h。

2. 加丝或加粉焊接

用一根辅助焊丝或合金粉放在焊接部位，然后用有电弧的焊条或自动焊来熔化辅助焊丝和基体金属，这样不但提高了焊接生产率，而且还能方便地焊所需成分的金属堆焊层。

3. 填丝和预热填丝焊

在用主弧焊接时同时加入分流预热填丝或单独预热填丝，可充分利用电弧热量以提高生产率。例如用填丝 MAG 堆焊比单丝 MAG 堆焊提高 6.43 kg/h 比单丝埋弧堆焊提高到 10.4 kg/h。

6.6.3 利用焊丝电阻热和焊接材料放热以提高生产率

1. 用特种药皮焊条或焊剂焊接

用一种放热反应的焊条或焊剂产生辅助热量，如铁锰型和加铁粉的焊条就属于这一类，这样大大提高了焊条熔化系数的值，因而提高了金属熔化量，即可提高焊接速度。

2. 用提高电阻热的贡献的焊接

如细丝焊就是提高电阻热的贡献的焊接，提高了熔化系数以提高生产率。

第7章 电弧焊冶金过程及焊接材料的选择

熔化焊时,焊接区内各种物质之间在高温下相互作用的过程,称为焊接冶金过程,这些过程对焊缝金属的成分、性能、焊缝缺陷(如气孔、裂缝)以及焊接工艺性能都有很大的影响,本章主要讨论焊接冶金反应和焊缝金属成份、性能之间的关系,从而合理地选择焊接材料,正确地控制和调整焊缝金属的成分和性能。

7.1 焊接冶金过程的特点

7.1.1 焊接冶金过程的特点

焊接冶金过程实质上是金属在焊接条件下再熔炼的过程。它与普通的电炉炼钢有共同之处,但焊接冶金过程也有本身的特点。

(1) 电弧焊时,在电弧高温加热下,熔化金属、熔渣和电弧气氛猛烈反应,相互作用,这属于多相反应。多相反应是在相界面上进行的,并伴随着物质的迁移过程。反应进行的可能性、方向、速度,不仅取决于反应物质的性质和浓度,而且取决于温度、反应时间、接触面积以及对流、搅拌运动等因素。这些因素与金属和熔渣的成分,焊接方法和焊接规范存在着复杂的关系。气焊和气体保护焊时,主要是气相和金属之间的相互作用;而电弧焊和电渣焊时,主要是金属与熔渣之间的作用。

(2) 电弧焊焊接熔池体积小,并在周围冷金属壁中冷却;故熔池冷却速度快。焊接过程中在电弧高温热源的作用下,母材发生了局部熔化,并与熔融的填充金属混合形成熔池。熔池的体积最大也只有 30 cm^3,重量不超过 100 g。由于熔池体积小,而周围又被冷金属所包围,所以熔池的冷却速度大,平均每秒冷却 4~100℃。这对于焊接含碳量高、合金元素较多的钢种是不利的,易产生硬化组织。

(3) 电弧焊熔池金属的过热程度大,合金元素的烧损比较严重。熔池中液态金属的温度比一般铸锭的温度要高,对低碳、低合金钢而言,熔池的平均温度约为 (1 770±100)℃,而熔滴的温度可高达 2 300℃。一般铸锭的浇铸温度很少超过 1 550℃。

7.1.2 焊接金属的氧化和氮化

如果用低碳钢光焊丝在空气中无保护焊接时,焊缝金属的成分和性能与母材和焊丝比较,则发生了很大的变化。这是由于熔化金属和它周围的空气激烈地相互作用,使焊缝金属中氧和氮的含量显著增加。根据不同的资料,含氧量为 0.14%~0.72%,比焊丝中的含氧量高 7~35 倍;含氮量为 0.105%~0.218%,比焊丝中含氮量高 20~45 倍。这样就降低了焊缝的机械性能。因此光焊丝无保护焊接没有实用价值。下面分析焊接金属被氧化和氮化的过程及不良后果。

1. 金属中的氧化

(1) 铁的氧化。光焊丝焊接时,空气中的氧很容易溶解在钢里,并和铁形成三种氧化物:

$$2Fe + O_2 \rightleftharpoons 2FeO$$

$$4Fe + 3O_2 \rightleftharpoons 2Fe_2O_3$$

$$6Fe + 4O_2 \rightleftharpoons 2Fe_3O_4$$

铁氧化时先形成低级氧化物 FeO，能溶于铁水。如有足够时间和超过铁对 FeO 的溶解度时，再形成 Fe_2O_3 和 Fe_3O_4，这些是不溶于铁水的氧化铁化合物，以杂质形式出现。如焊接熔池冷却慢，则 Fe_2O_3 和 Fe_3O_4 浮在焊接熔池上面的熔渣中。但是在焊接时往往焊缝冷却速度快，FeO 以过饱和固溶体存在于焊缝中。同时 Fe_2O_3 和 Fe_3O_4 来不及排到熔渣中而在焊缝中形成夹渣，这就使焊缝的强度 σ_b、硬度 HB、冲击韧性 a_k、塑性都大大降低，如图 7-1 所示。同时还降低焊缝耐腐蚀性能、抗裂性，增加焊缝时效倾向和过热倾向。

焊缝金属中其他元素也会氧化，见下列反应方程式。

（2）氧对其他元素的氧化：

$$C + O \longrightarrow CO$$

$$Mn + O \longrightarrow MnO$$

$$Si + 2O \longrightarrow SiO_2$$

（3）氧化铁对其他元素的氧化：

$$C + FeO \longrightarrow CO + Fe$$

$$Mn + FeO \longrightarrow MnO + Fe$$

$$Si + 2FeO \longrightarrow SiO_2 + 2Fe$$

这样就使焊缝中的有益元素大量烧损，而且这些元素的氧化物几乎不溶于铁，若焊缝冷却速度慢时则以气体或熔渣形式逸出，若焊缝冷却速度快时则生成气孔或夹渣等缺陷。

2. 金属的氮化

金属中的氮是由空气中的氮在高温下分解而来的，氮原子可直接溶于铁，或者与氧化合成氧化氮溶于铁，而且这种可能性最大，因为在纯氮中进行焊接时，焊缝中并不出现大量的氮。当温度降低时，氮在铁中溶解度降低而析出氮，这些游离氮能生成 Fe_4N、Fe_2N，并能溶于铁。氮也能与锰、硅等元素化合存在焊缝中，这些化合物大多数能溶于铁，当焊缝冷却速度快时则以过饱和固溶体形式出现或以夹杂物形式存在，结果使焊缝的冲击韧性和塑性大大降低，而强度、硬度有所增加如图 7-2 所示。同时焊缝时效和冷脆性倾向增加。

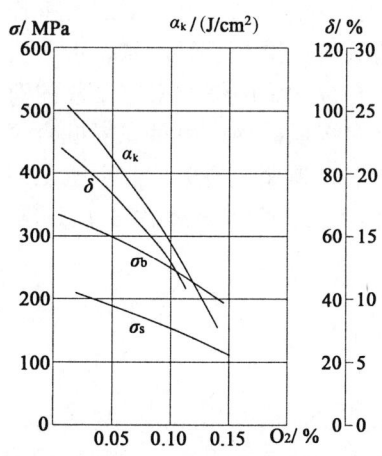

图 7-1 金属中氧对其性能的影响

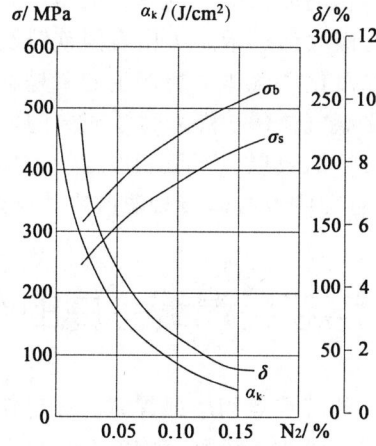

图 7-2 金属中氮对其性能的影响

7.1.3 气体保护焊中气体的作用

用气体作为保护介质的电弧焊，叫气体保护焊。保护气体隔绝了空气中的氧、氮对焊接熔池的有害作用，从而保证焊缝质量。

1. 保护气体的来源

（1）外加惰性气体。如外加氩气的氩弧焊，氩气围绕在电弧周围（电极用光焊丝）并覆盖在熔池上面保护焊接熔池，防止空气进入熔池。氩气又是惰性气体，它不跟其他元素起化学反应。因此可以用与基体金属成分相同的焊丝进行焊接，焊缝成分容易控制，常用于焊接有色金属及高合金钢，但是氩气成本高。

（2）外加活性气体。在电弧柱外加氢气、水蒸气、二氧化碳气体等，这些气体要与金属起作用，但气体成本低，可用于一般结构的焊接。

（3）焊条药皮中分解出的活性气体。焊条加热熔化后，常常从焊条药皮中分解出氢、水-蒸汽、二氧化碳等气体。它们围绕在电弧周围和覆盖在熔池金属上面起保护作用。

2. 二氧化碳气体保护焊接过程

CO_2 气体是外加的保护气体，但是一种氧化性气体，它在高温下会发生分解：

$$CO_2 \rightleftharpoons CO+O$$

分解出来的氧和一氧化碳气体，一氧化碳对金属起保护作用，但氧将对熔池金属中的锰、铁、硅等元素起氧化作用。如下列反应式：

$$Fe+O \rightleftharpoons FeO$$
$$Fe+CO_2 \rightleftharpoons FeO+CO$$
$$Si+2CO_2 \rightleftharpoons SiO_2+2CO$$
$$Mn+CO_2 \rightleftharpoons MnO+CO$$

熔化的金属被氧化后生成 FeO，在熔池开始凝固结晶时，又被焊接熔池中的脱氧元素硅、锰还原。

$$2FeO+Si \rightleftharpoons 2Fe+SiO_2$$
$$FeO+Mn \rightleftharpoons MnO+Fe$$
$$FeO+C \rightleftharpoons CO+Fe$$

可见，在二氧化碳气体保护焊中会发生大量的碳、硅、锰的烧损，从而使焊接接头机械性能降低。而且产生的一氧化碳气体在焊接熔池快冷时来不及排出，就可能在焊缝中形成气孔。因此二氧化碳气体保护焊时必须用有足够脱氧元素的焊丝；即有足够硅、锰量的焊丝，如 $H10MnSi$ 和 $H08Mn_2Si$ 焊丝，使熔滴过渡时的先期氧化，同时这样可以弥补合金元素的烧失，从而提高焊缝的机械性能。同时，由于采用足够硅、锰焊丝，抗锈能力强，减少了气孔的生成。二氧化碳气体从喷嘴喷出时可排开空气，同时二氧化碳气体在分解时气体体积增加很多，也有力地排出空气，保护焊接熔池，减少了空气中氧、氮的有害作用；从喷嘴喷出的二氧化碳气体还带走了由表面铁锈及其污物蒸发时产生的气体，减少了氢、氧、水蒸气等侵入焊接熔池。但是二氧化碳气体本身产生的氧是难以克服的，只能用加合金元素的焊丝来控制氧的有害作用。这样就使二氧化碳气体保护焊获得了充分的发展和应用，不仅用于焊接低碳钢，而且在焊低合金钢和高合金钢时也得到良好的效果；不但能很方便地焊接薄板（如车辆的侧墙、顶棚、地板，起重机上的司机篷、走台板等），而且在中厚板焊接和耐磨零件堆焊中也广泛应用。目前国内外都在逐步代替手工焊。

7.2 熔渣与焊缝金属的作用

用焊条、药芯焊丝和埋弧焊时，在电弧的高温加热下，焊条药皮、药芯和焊剂熔化后与熔池金属、气体等猛烈作用，焊接完毕反应物的杂质浮在液体金属上表面，凝固后覆盖在焊缝上的硬壳称熔渣。焊条药皮、药芯和焊剂的组成为各种氧化物和铁合金，在焊接过程中起着化学冶金作用。

7.3 熔渣的作用

焊接时所形成的熔渣覆盖在熔滴及熔池的表面上，把液态金属与空气隔开，保护液态金属不被氧化和氮化。液态熔渣凝固后所形成的渣壳覆盖在焊缝上，也可以防止处于高温的焊缝金属受空气的有害作用。在熔渣中加入适当的物质可使电弧容易引燃，并稳定连续燃烧，减少飞溅，改善焊接工艺性能的作用，保证焊缝具有良好的成型。更重要的是参与焊接过程的化学冶金作用。熔渣和液态金属能够发生一系列的物理化学反应，熔渣可以去除焊缝中的有害杂质，如脱氧、去硫、去磷、去氢等；还可以向焊缝过渡所需要的合金元素，使焊缝合金化。总之，通过控制熔渣的成分和性能，可以在很大程度上调整和控制焊缝的成分和性能。

1. 脱氧作用

脱氧有两种方式，一是用脱氧剂，即在焊条药皮中加脱氧元素，如

$$FeO + Mn \longrightarrow Fe + MnO$$

对脱氧剂的要求是：对氧的亲合力要大于铁对氧的亲合力；生成物比重要轻，熔点要低且不溶于铁。常用的脱氧剂有：锰、硅、钛、铝等，一般均以铁合金加入。在碱性焊条中主要用这种方法脱氧。另一种是扩散脱氧法，它是依靠钢液中的 FeO 与熔渣相互作用来完成的，如下列反应式：

$$FeO（金属）+ SiO_2（渣）\longrightarrow FeO \cdot SiO_2（渣）$$

这个作用首先在金属与熔渣的交界面进行，这样降低了钢中 FeO 的浓度，然后其他部分的 FeO 逐渐扩散到交界面，与渣中 SO_2 反应而除去 FeO。FeO 可以同时在渣和金属中存在，它们的比例是一个常数（这关系叫分配定律），只有渣中游离的 FeO 少，才有可能使钢液中的 FeO 减少。因此必须增加渣中 SiO_2 或 TiO_2 的数量，同时减少碱性氧化物（如 CaO）的数量，因为

$$CaO + SiO_2 \longrightarrow CaO \cdot SiO_2$$

这样就减少了 SiO_2 的数量，降低了脱氧能力。因此这种脱氧方式主要用于酸性焊条，而碱性焊条的扩散脱氧能力很差，必须用加脱氧剂的办法脱氧。

2. 去硫作用

硫在金属中以 FeS、MnS、SiS_2、Al_2S_3 等化合物存在，会增加焊缝的热脆性，是形成热裂缝的主要原因，必须去除。其脱硫过程如下：

$$FeS + CaO \longrightarrow FeO + CaS$$
$$FeS + MnO \longrightarrow FeO + MnS$$
$$FeS + Mn \longrightarrow Fe + MnS$$

因此锰及氧化钙成分越多，脱硫越好，其他如铝、硅、氟、镁、钛、钒等也能去硫。

3. 去磷作用

磷在金属中以 Fe_3P，Fe_2P、FeP 形式存在，增加冷脆性，可用 CaO 去除，即：

$$2Fe_2P + 5FeO \longrightarrow P_2O_5 + 9Fe$$
$$3CaO + P_2O_5 \longrightarrow Ca_3P_2O_8$$

可见，去硫、磷都必须用碱性渣。故碱性焊条去硫、磷作用强而脱氧能力弱。

4. 去氢作用

氢在焊缝中会形成氢气孔，还会造成焊缝氢脆产生延迟裂缝。因此应用萤石（CaF_2）去除：

$$CaF_2 + H \longrightarrow CaF + HF$$

因氟化氢不溶于金属而排出，从而减少了焊缝中的含氢量。在碱性焊条中为了使熔渣变稀，常加入萤石，同时萤石又起去氢作用，因此碱性焊条又称低氢焊条。这种焊条由于去硫、磷、氢作用强，所以焊缝的机械性能好，冷脆及热裂倾向小，冲击韧性高；同理，碱性焊剂和碱性药芯焊丝也会起到同样作用。

5. 渗合金作用

所谓渗合金过程就是把所需要的合金元素通过焊接材料过渡到焊缝金属中去的过程。通过焊条药皮、焊剂和焊芯合金化时，合金元素的过渡主要在熔化金属与液态熔渣的界面上进行。过渡的方向和多少取决于它本身的数量，金属和熔渣的成分、性质以及动力学特性（如两相的接触面积、接触时间、对流运动等）。渗合金的目的，首先是补偿焊接过程中由于蒸发，氧化等原因造成的合金元素的损失。其次是消除工艺缺陷，改善焊缝金属的组织和性能。例如，为了消除因硫引起的热裂缝，就需要向焊缝中加入锰，加入某些微量元素以细化晶粒。第三是获得具有特殊性能（耐磨性，红硬性，耐热性和耐腐性等）的表面堆焊金属。在生产上常用堆焊的方法过渡铬、钼、钨、锰等合金元素，在零件表面上得到具有上述性能的堆焊层。

7.4 手工焊焊条

手工焊焊条是在光焊丝切成一定长度，在其外面压涂上焊药，磨去焊条的引弧端和夹持端的药皮，即成焊条。手工焊焊条的熔敷金属成分，主要靠焊药中加入，所以焊丝成分比较单一，一般选用"焊08"代号为"H08"、"焊08高"代号为"H08A"两种。H08A为优质焊丝，含硫磷量比H08低，要求低C、低SP，一般用H08A，H代表焊丝，08代表含C为平均0.08%但不超过0.10%，A代表优质钢含S、P都不超过0.03%。另外Si不超过0.03%，Mn要求达到0.30%～0.55%。如某焊条厂的典型焊丝成分实测结果为：C：0.07%；Mn：0.36%；Si：0.01%；S：0.005%；P：0.010%。

7.4.1 焊条药皮的组成物质、作用及类型

为了弄清楚熔渣与焊缝金属的作用，应该对焊条的组成、作用、类型等有全面的了解。

1. 药皮的组成物质

（1）矿物类。主要是各种矿石、矿砂等。常用的有硅酸盐矿、碳酸盐矿、金属矿及萤石矿等。

（2）铁合金和金属粉类。铁合金是铁和各种元素的合金。常用的有：锰铁、硅铁（矽铁）、钛铁、钼铁、铬铁、钒铁、钨铁、铝铁、硼铁以及金属镍粉、金属锰粉、金属铬粉、铝粉和铁粉等。

（3）有机物类。焊条药皮常用的有机物质有淀粉、糊精及纤维素等。

（4）化工产品类。常用的有水玻璃、钛白粉、碳酸钾及纯碱等。

药皮主要原料及其组成物如表7-1所示。矿物质主要由一些金属氧化物和非金属氧化物组成，非金属氧化物属于酸性，金属氧化物属于碱性（铝和铁的氧化物属于中性）。不同产地的原料的组成物的量有所不同，因此各焊条厂的配方可能有所不同。

表7-1 药皮主要原料的组成

原料	主要组成	原料	主要组成
大理石	$CaCO_3 \geq 95\%$	金红石、钛白粉	$TiO_2 = 92\% \sim 97\%$
白云石	$CaCO_3 \geq 0\%$，$MgCO_3 \geq 40\%$	人造金红石	$TiO_2 = 92\% \sim 97\%$
萤石	$Ca_2F_2 \geq 90\%$	还原钛铁矿	$TiO_2 \geq 52\%$，$FeO \leq 9\%$
石英砂	$SiO_2 \geq 97\%$	钛铁矿	$TiO_2 \geq 52\%$，$FeO \leq 9\%$，余为铁粉
白泥	$SiO_2 \approx 70\%$，$Al_2O_3 \approx 20\%$	锰矿	$MnO_2 \geq 75\%$
高岭土	$SiO_2 \approx 48\%$，$Al_2O_3 \approx 40\%$	锰铁	$Mn \geq 75\%$
滑石	$SiO_2 \approx 50\%$，$MgCO_3 \geq 29\%$	硅铁	$Si \geq 45\%$或75%
云母	$SiO_2 \approx 48\%$，$Al_2O_3 \approx 36\%$，$K_2O+Na_2O \geq 9\%$	钛铁	$Ti \approx 28\%$，$Al \approx 7\%$
长石	$SiO_2 \approx 70\%$，$Al_2O_3 \approx 20\%$，$K_2O+Na_2O \geq 12\%$	木粉淀粉纤维素	$C_6H_{10}O_5$
水玻璃	$SiO_2 \approx 35\%$，$15\%K_2O+Na_2O$	水玻璃作为粘接剂加入药粉	

2. 药皮的作用

(1) 造气作用。焊接熔滴和熔池直接与空气接触，会吸收其氧和氮使焊缝的塑性和韧性降低，需造气保护。木粉淀粉纤维素等有机物都起造气作用，在电弧的高温下分解为 H_2、CO 和 CO_2 等气体，对熔滴和熔池起保护作用，可以阻止空气中的氧和氮的侵入，在水下焊接时排出水压，以完成水下焊接。在野外焊接时能阻止风力作用。在立向下焊时起托住熔池改善成型作用。大理石和白云石等碳酸盐分解出的气体，也起造气作用。

(2) 稳弧作用。加入容易使电弧柱气体电离的物质就能够改善引弧和稳弧性能。如大理石和白云石等分解出的钙离子，碳酸钾和碳酸钠分解出的钾钠离子，都是很好的稳弧剂。金红石和钛铁矿也有一定的稳弧作用。

(3) 造渣作用。药皮熔化就生成溶渣，其目的在于保护熔滴和熔池金属，因此要求与金属匹配的熔点、黏度、表面张力和膨胀系数，以达到保护性和脱渣性好。溶渣的黏度随温度下降而缓慢增加的叫"长渣"，溶渣的黏度随温度下降而快速增加的叫"短渣"，前者只适用于平焊，后者适用于全位置焊接。溶渣还必须有良好的化学性质以利于改善冶金过程。

(4) 脱氧、去硫、磷、氢的作用。常用的脱氧剂有锰铁、钛铁、硅铁和铝粉等。常用的去硫、磷、氢的成分有锰铁、大理石等。

(5) 合金化作用。一般铁合金或金属粉可以作为合金剂加入药皮中，在焊接时使焊缝合金化。

(6) 粘接药粉作用。为了把药皮涂敷到焊芯上，并使药皮具有一定的强度，必须在药皮中加入粘接力强的物质，称之为粘接剂，如常用的水玻璃。

(7) 粘接成型。在药皮中必须加入某些物质，使之具有一定的塑性、弹性和流动性，以便于挤压并使药皮表面光滑而不开裂。常用的成型剂有白泥、云母、糊精、钛白粉、固体水玻璃及木粉等。

每种材料在药皮中可能同时有几种作用。同一焊条牌号其配方组成物也有不同，常用的几种焊条配方如表 7-2 所示。由于原料产地不同，其配方组成物也有不同，因此各厂家必须经过多次调整，才能得到满意的焊条，焊条的配方和焊丝的质量对焊接的工艺性能和焊接接头的机械性能有重要影响，除了质量必须达到国家标准外，各焊条厂都致力于形成自己的专利和品牌。

表 7-2 常用的几种焊条配方举例

焊条牌号	金红石	人造金红石	钛白粉	还原钛铁矿	钛铁矿	高岭土	白泥	长石	滑石	云母	石英砂	锰矿	白云石	大理石	萤石	锰铁	硅铁	钛铁	其他
J421			10	50			14	6		8			4			9			木粉1 淀粉2
J421	10		6				19			7			7			12			淀粉4 纤维3
J422			6	44			12			8			12	6		12			
J422		35	12				11	10		9			10			10			木粉3
J423					35				16	8						15			淀粉5
J427			4			8								47	25	8	7		铝粉1
J507							1							53	22	5	5	10	纯碱1.6

3. 药皮类型

根据药皮组成的渣系不同可以分为酸性焊条和碱性焊条。在熔渣中存在的氧化物有三类。即酸性氧化物：SiO_2、TiO_2、P_2O_5、V_2O_3 等；碱性氧化物：K_2O、Na_2O、CaO、MgO、BaO、MnO 等；中性氧化物：Al_2O_3、Fe_2O_3、Cr_2O_3 等。它们在不同性质的熔渣中，可以呈酸性，也可以呈碱性。例如，在强酸性渣中常呈弱碱性，而在强碱性渣中常呈弱酸性。以酸性氧化物为主的渣系是酸性焊条，以碱性氧化物为主的渣系是碱性焊条，两焊条的比较如表 7-3 所示。

表 7-3 酸性焊条与碱性焊条工艺性能和焊缝性能比较

类别	酸 性 焊 条	碱 性 焊 条
工艺性能	(1) 易引弧，电弧稳，可用交直流电源焊。 (2) 对锈、水、油敏感不大，抗气孔能力强，用前 110 ℃ 左右烘烤 1 h。 (3) 成型好，飞溅小，脱渣易，烟尘少	(1) 有氟化物降低了引弧及稳弧性，一般用直流电源焊。 (2) 对锈、水、油敏感大，抗气孔能力弱，用前 320 ℃ 左右烘烤 1 h。工件待焊处必须认真清理 (3) 成型稍差，飞溅较大，脱渣较难，烟尘较多
焊缝性能	(1) 焊缝低温韧性和综合机械性能较低。 (2) 合金烧损较大，掺合金难度较大。 (3) 去硫、磷、氢作用差。 (4) 抗裂能力弱	(1) 焊缝低温韧性和综合机械性能较好。 (2) 掺合金较易，可用以做成高性能和特殊用途焊条。 (3) 去硫、磷、氢作用强，提高了焊缝性能。 (4) 抗裂能力强

7.4.2 手工焊条的分类和牌号

1. 手工焊条的分类

手工焊条按各种情况分类如图 7-3 所示。

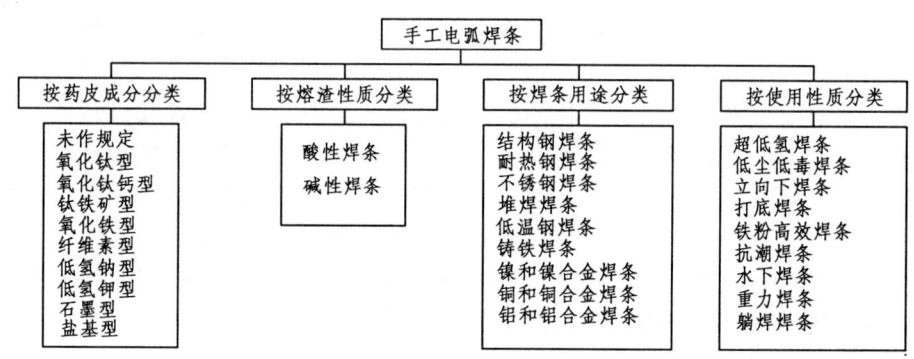

图 7-3 手工焊条按各种情况分类

2. 焊条牌号表示方法

牌号都由国家标准规定。几种焊条的型号表示方法如图 7-4 所示。

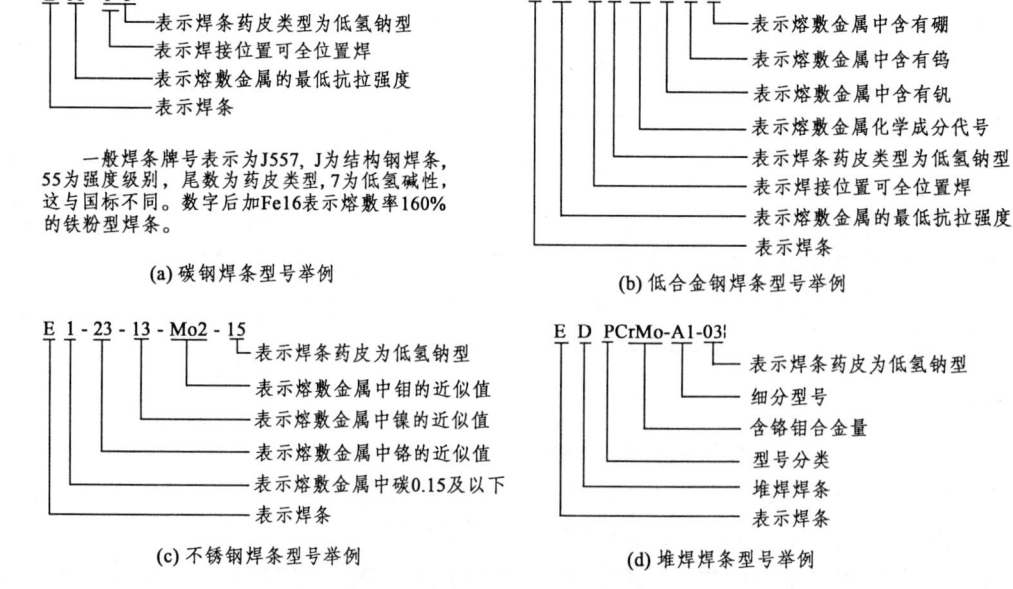

图 7-4 焊条型号表示方法举例

3. 焊条分类及牌号说明

按所焊接金属的类分成九大类用相应的符号代表，几种常用的焊条牌号国标表示方法（代号1）和相应的过去常用焊条牌号（代号2）列入表7-4。常用焊条牌号的优点是由焊条第一个汉语拼音字母即可知道焊条用途，如 J 为结构钢焊条，R 为耐热钢焊条，G 为铬不锈钢焊条，A 为奥氏体不锈钢焊条，D 为堆焊条。另外在结构钢焊条中有的标出附加成分及用途。国标表示方法中的好处是在不锈钢焊条和堆焊焊条中标出成分，在有些焊条中标出成分组。

表 7-4 焊条类别和代号及其说明

焊条类别	代号1	按用途分类	代号2	说明
碳素钢焊条	E××××	结构钢焊条	J×××	E 后两位数字表示强度级别，后面数字表示药皮类型和焊接位置
低合金钢焊条	E××××-元素	耐热钢焊条 低温钢焊条	R××× W×××	在以上表示后加注成分合金系列，再后另加合金，以-分开
不锈钢焊条	E×××-××	铬不锈钢焊条 铬镍不锈钢焊条	G××× A×××	E 后三位数字表示合金成分系列，最后数字表示药皮类型和焊接位置和使用电流种类，15和25为碱性直流
堆焊焊条	ED×××-××	堆焊焊条	D×××	ED 后用元素符号表示熔敷金属组成或用数字表示焊条类型特点，最后数字表达同上。堆焊焊条形成的熔敷金属有12类
铸铁焊条	EZ××	铸铁焊条	Z×××	EZ 后加金属元素或合金类型
镍及镍合金焊条	ENi	镍及镍合金焊条	Ni×××	ENi 后加金属元素，再细分时用数字
铜及铜合金焊条	TCu	铜及铜合金焊条	T×××	TCu 后数字表示合金组成，最后数字表示药皮类型和焊接位置
铝及铝合金焊条	TAl	铝及铝合金焊条	L×××	TAl 后数字表示合金组成，最后数字表示药皮类型和焊接位置
特殊用途焊条	TS	特殊用途焊条	TS×××	如水下焊条，切割焊条等

4. 药皮类型和代号

药皮类型和代号汇总于表 7-5。表中主要介绍国标碳素钢和低合金钢焊条药皮类型和代号，不锈钢焊条药皮类型和代号，堆焊焊条药皮类型和代号，也与习惯用的牌号、焊条药皮类型和代号作了对比，各厂家标出的焊条牌号大多按习惯用的牌号、焊条药皮类型和代号，但会标出符合国标的焊条类型和代号，由此就可知道焊条的用途和熔敷金属性能或合金组成。在焊条包装上一般还要注明使用范围和规范，焊前烘烤温度及时间。

表 7-5 药皮类型和代号

国标碳素钢和低合金钢焊条药皮类型和代号				不锈钢焊条药皮类型		焊条习惯用的牌号		
代号	药皮类型	代号	药皮类型	代号	药皮类型	0	未作规定	电流
00	特殊型	18	铁粉低氢型	15	低氢钠型	1	氧化钛型	不定
01	钛铁矿型	20	高氧化铁型	16	低氢钾型	2	氧化钛钙型	直交
03	钛钙型	22	氧化铁型	堆焊焊条药皮类型		3	钛铁矿型	直交
10	高纤维素钠型	23	铁粉钛钙型	00	特殊型	4	氧化铁型	直交
11	高纤维素钾型	24	铁粉钛型	03	钛钙型	5	纤维素型	直交
12	高钛钠型	27	铁粉氧化铁型	15	低氢钠型	6	低氢钾型	直交
13	高钛钾型	28	铁粉低氢型	16	低氢钾型	7	低氢钠型	直流
15	低氢钠型	48	铁粉低氢型	08	石墨型	8	石墨型	直交
16	低氢钾型	00~18和48全位置余平焊		有色金属用盐基型药皮		9	盐基型	直流

7.4.3 焊条的选用

焊条根据焊接钢材对象选择焊条牌号,见表7-6所示。

1. 结构钢焊条的选用

焊接结构钢主要按强度级别(牌号的前两位数)选择焊条,一般还要选择药皮型号,低氢碱性焊条(牌号的尾数为6或7)低温韧性好,适用于重要结构焊接,特殊用途的结构钢焊条在牌号最后加符号,如国标牌号加G、D、M等。在常用焊条牌号后加RH(韧氢)、LH(超低氢)、T(焊管)、D(立向下焊)等,也有在常用焊条牌号后加化学元素符号如Ni代表低温韧性好的焊条、加Cr代表高强钢焊条、加CuP、WCu或CuCrNi为耐大气腐蚀钢焊条、加Fe为铁粉型焊条,加Fe160为效率160%的铁粉型焊条。

2. 耐热钢焊条的选用

在国标中与结构钢一样,但在其尾加-B1、-B2或-B2V代表不同的合金组成和适用对象,在常用焊条牌号中在最前用R代表耐热钢焊条,后第一位数从1~7分别代表合金含量等级,后第二位数表示同等级中的不同型号,第三位数为药皮型号。

3. 不锈钢焊条的选用

在国标中最前仍冠以E,其后第一位数从0~2分别代表碳含量等级,后第二组和第三组数分别表示含Cr和Ni的百分数,紧接着加注的为添加合金元素,最后两位数为适用焊接位置和堆焊药皮型号;不锈钢焊条在常用焊条牌号中在最前用G和A分别代表铬不锈钢焊条和铬镍不锈钢焊条,后第一位数从1~9分别代表合金含量等级,后第二位数表示同等级中的不同型号,第三位数为药皮型号。

4. 堆焊焊条的选用

在国标中最前仍冠以E,紧接着为D代表堆焊,以后标出用途(如P为普通堆焊、D为刀具堆焊、R为热模具堆焊)或直接标出合金组成。堆焊焊条在常用焊条牌号中,在最前冠以D代表堆焊焊条,后第一位数从1~9分别代表合金组成及用途,后第二位数表示同等级中的不同型号,第三位数为药皮型号。

5. 铸铁和有色金属焊条的选用

在常用焊条牌号中,在最前分别冠以Z、Ni、T、L代表铸铁、镍和镍合金、铜和铜合金、铝和铝合金焊条,其后第一位数从1~9分别代表合金组成及用途,后第二位数表示同等级中的不同型号,第三位数为药皮型号。

6. 低温钢焊条的选用

在常用焊条牌号中,在最前冠以W,其后两位数字代表使用温度等级,如70代表-70℃级,但-100℃以下则取前两位,如25是代表-253℃级而不是-25℃级,第三位数仍为药皮型号。

表7-6 焊条的选用举例

焊接结构钢强度级别或合金钢类型	常用焊条牌号	国标代号	说　明
$\sigma_b \geq 420$ MPa 的低碳钢 如Q235A,20g,20R	J422	E4303	J表示结构钢焊条,E表示焊条。J中数字第三位和表示E后是数字第三、四位联合表示全位置焊接和药皮型号,尾数5和J后尾数7为低氢碱性焊条,限用直流,其余都可用交直流,尾数8为铁粉型
	J422, J426	E4315, 4316	
$\sigma_b \geq 510$ MPa 的低合金钢如Q345, 16Mn,14MnNb,20MnMo	J507	E5015	
	J507D	E5015	
$\sigma_b \geq 510$ MPa 的耐候钢	J506WCu, J506NiCu	E5016G	
$\sigma_b \geq 510$ MPa 的高韧性钢	J506RH, J506G	E5016G	
$\sigma_b \geq 590$ MPa 的高强钢 15MnVN	J606	E6016-D1	
$\sigma_b \geq 590$ MPa 的62CF钢中厚板	J62CFLH		CF为高抗裂钢 LH,为超低氢
$\sigma_b \geq 690$ MPa 高强钢如15MnMoV	J707MnMo, J707Ni	E7015-G	焊前焊条400℃烘烤1 h

续表 7-6

焊接结构钢强度级别或合金钢类型		常用焊条牌号	国标代号	简要说明
$\sigma_b \geq 780$ MPa 高强钢 14 MnMoNbB		J807,		焊接前 350～400℃ 烘烤 1 h
$\sigma_b \geq 830$ MPa 高强钢 14Cr MnMoVB,		J857Cr	E7015-G	焊接前 350～400℃ 烘烤 1 h
30Cr Mo 钢 J858 为铁粉低氢型药皮		J858	E8518M-	焊接前 350～400℃ 烘烤 1 h
耐热钢	12CrMo，510℃ 以下使用	R207	E5515-B1	焊前 250℃ 预热，后 700℃ 回火
	15 CrMo，520℃ 以下使用	R307	E5515-B2	焊前 280℃ 预热，后 700℃ 回火
	12CrMoV，520℃ 以下用	R317	E5515-B2V	焊前 310℃ 预热，后 700℃ 回火
不锈钢	0Cr13，1 Cr13 耐蚀耐磨	G202	E1-13-16	焊前 300℃ 预热，后 700℃ 回火
	焊铬镍不锈钢，高锰钢	A307	E1-23-13-15	焊前不预热，焊后快冷
堆焊	锰型堆焊焊条	D107	EDPMn2-15	普通耐磨 HRC≥22，焊前 250℃ 预热
	铬钼型堆焊焊条	D172	EDPCrMo-A3-03	中硬耐磨 HRC≥40，焊前 300℃ 预热
	铬锰硅型堆焊焊条	D207	EDPCrMnSi-15	高硬耐磨 HRC≥50，焊前 200℃ 预热
	高锰钢型堆焊焊条	D266	EDMn-B-16	焊高锰钢 HB≥170，焊前不预热，后快冷
	耐气蚀堆焊焊条	D276	EDMnCr-B-16	焊抗气蚀 HRC≥20，烟尘大，注意通风
	高速钢堆焊焊条	D307	EDD-D-15	3 次回火后 HRC≥55，300～600℃ 预热
	冷冲模堆焊焊条	D327	EDRCrMoWVA1-15	焊后空冷后 HRC≥55，焊前 300℃ 预热
	铬镍硅型阀门堆焊焊条	D557	EDRCrNi-C-15	得奥氏体+铁素体组织，HRC≥37
	铬钼型铸铁堆焊焊条	D608	EDZ-A1-08	得铬钼碳化物组织抗砂石磨损，HRC≥55
	碳化钨型堆焊焊条	D707	EDW-A-15	硬质合金用于强烈岩石磨损，HRC≥60

焊后熔渣里面酸性氧化物总重量与碱性氧化物总重量之比叫熔渣的酸度 a，反之叫碱度 k。如果 $a>1$ 的熔渣，属酸性渣，这种焊条叫酸性焊条。$a<1$ 的熔渣，属于碱性渣，但是有的焊条如铁锰型焊条，其 $a<1$，但也属于酸性焊条，这是因为其中的 MnO、FeO 是弱碱性的，而熔渣中有大量硅酸盐，也有酸碱性的问题。因此目前有的主张要 $k>1.5$ 才是真正的碱性渣，才叫碱性焊条。

酸性焊条与碱性焊条因各自的药皮组成成分不同。因而使焊缝的机械性能有差异。焊条的工艺性能也有差异，从而各自的使用场合也不同。酸性焊条，电弧稳定性好、焊缝脱渣性好，可以用交流或直流电焊机焊接，脱氧好，因而焊缝抗气孔能力强；但是去硫、磷、氢的能力低，因而焊缝的机械性能不如碱性焊条，它适用于一般的焊接结构的焊接。碱性焊条，去硫、磷、氢的能力强，因而焊缝的机械性能比酸性焊条高；但因药皮成分中的萤石存在，使电弧稳定性变差，过去都要用直流电焊机焊接，现在用加 TiO_2 或其他稳弧剂办法，也可用交流电源焊接。又因脱氧能力差，抗气孔能力比酸性焊条差。使用碱性焊条时，焊前一定要烘烤焊条，并仔细清理工件上的铁锈。它适用于低碳钢的重要结构和低合金钢的焊接。

7.5 埋弧焊焊丝及焊剂

7.5.1 焊　丝

埋弧焊焊丝为连续层绕的盘装焊丝，为了防锈，焊丝表面镀铜。焊丝的作用相当于焊芯，对焊丝的要求与对焊芯的要求一样，即含碳量低，含硫、磷量少（分≤0.04% 和 ≤0.03% 两级），并含一定量的合金。用熔炼焊剂焊时掺合金很难，故焊高强钢和合金钢时必须用合金钢焊丝，因而焊丝品种繁多。焊丝分低碳钢、低合金钢和高合金钢焊丝。例如，H08，H 表示焊丝，08 表示含碳 0.08%。又如 H08Mn，表示含碳 0.08%，含 Mn0.6%～1.0% 的低合金钢焊丝；又如 H10Mn2，表示含碳 0.10%，含 Mn1.5%～1.9% 的低合金钢焊丝。其牌号中前面的数字表示含 C 的平均成分，后面字母及数字表示合金及其含量。常用埋弧焊丝如表 7-7 所示。

表 7-7 常用埋弧焊丝成分和性能 A_{kov} ℃

钢类	国标GB牌号 H为焊丝代号 A-优质，E-特优	化学成分/%					机械性能
		C	Mn	Si	S	P	σ_b 和 σ_s (MPa) ∂_5 (%) A_{kv}(J)
					不大于		
低C结构钢	H08	≤0.10	0.30~0.55	≤0.03	0.040	0.040	H08A，H08MnA：σ_b410~550，σ_s≥330，∂_5≥22，A_{kv}0℃≥27J H10Mn2，H10MnSi：σ_b410~550，σ_s≥330，∂_5≥22，A_{kv}-20℃≥27J H08MnMoA：σ_b550~650，σ_s≥430，∂_5≥20，A_{kv}20℃≥90J H08CrMoA：σ_b450~580，∂_5≥22
	H08A	≤0.10	0.30~0.55	≤0.03	0.030	0.030	
	H08E	≤0.10	0.30~0.55	≤0.03	0.025	0.025	
	H08Mn	≤0.10	0.80~1.10	≤0.07	0.040	0.040	
	H08MnA	≤0.10	0.80~1.10	≤0.07	0.030	0.030	
合金结构钢	H10Mn2	≤0.12	1.50~1.90	≤0.07	0.040	0.040	
	H10MnSi	≤0.14	0.80~1.10	0.60~0.90	0.030	0.040	
	H08Mn2SiA	≤0.11	1.70~2.10	0.65~0.95	0.030	0.030	以下为其他合金含量或加入量
	H08MnMoA	≤0.10	1.20~1.60	≤0.25	0.030	0.030	Mo0.3~0.5，Ti 0.15为加入
	H08Mn2MoA	≤0.11	1.60~1.90	≤0.25	0.030	0.030	Mo05~0.7，Ti 0.15为加入
	H10MnSiMo	≤0.14	0.90~1.20	0.70~1.10	0.030	0.040	Mo0.15~0.25，
	H08NnSiMoTiA	≤0.12	1.10~130	0.40~0.70	0.025	0.030	Mo0.2~0.4，Ti 0.05~0.15
	H08CrMoA	≤0.10	0.40~0.70	0.15~0.35	0.030	0.030	Cr0.8~1.1，Mo0.40~0.60
	H13CrMoA	≤0.16	0.40~0.70	0.15~0.35	0.030	0.030	Cr0.8~1.1，Mo0.15~0.25
	H08CrMoVA	≤0.10	0.40~0.70	0.15~0.35	0.030	0.030	Cr1~1.3，Mo0.5~0.7，V0.15~0.35
	H08CrNi2MoA	≤0.10	0.50~0.85	0.10~0.30	0.025	0.030	Cr0.7~1，Ni1.4~2.3，Mo0.2~0.4
铬不锈钢	H1Cr5Mo	≤0.12	0.40~0.70	0.15~0.35	0.030	0.030	Cr4.0~6.0，Mo0.40~0.60，Ni≤0.3
	H0Cr14	≤0.06	0.30~0.70	0.30~0.70	0.030	0.030	Cr13.0~15.0，Ni≤0.60
	H1Cr13	≤0.15	0.30~0.60	0.30~0.60	0.030	0.030	Cr12.0~14.0，Ni≤0.60
	H2Cr13	≤0.24	0.30~0.60	0.30~0.60	0.030	0.030	Cr12.0~14.0，Ni≤0.60
铬镍不锈钢	H00Cr19Ni9	≤0.03	1.00~2.00	≤1.0	0.020	0.020	Cr18.0~20.0，Ni8.0~10.0
	H0Cr19Ni9	≤0.06	1.00~2.00	0.50~1.00	0.020	0.020	Cr18.0~20.0，Ni8.0~10.0
	H1Cr19Ni9	≤0.14	1.00~2.00	0.50~1.00	0.020	0.020	Cr18.0~20.0，Ni8.0~10.0
	H1Cr19Ni9Ti	≤0.10	1.00~2.00	0.30~0.60	0.020	0.030	Cr18.0~20.0，Ni8~10，Ti0.5~0.8
	H1Cr19Ni9Nb	≤0.09	1.00~2.00	0.30~0.80	0.020	0.030	Cr18.0~20.0，Ni8~10，Nb1.2~1.5
	H0Cr19Ni11Mo3	≤0.06	1.00~2.00	0.30~0.70	0.020	0.030	Cr18.0~20.0，Ni10~12，Mo2~3
	H1Cr20Ni10Mn6	≤0.12	5.00~7.00	0.30~0.70	0.020	0.030	Cr20.0~22.0，Ni9~11

7.5.2 合金元素作用

合金元素在钢中对焊接性能有重要影响，在焊丝和焊缝中起着控制其质量的作用。

锰（Mn）：锰在钢中，可以提高强度和韧性，但过多的增加，则可能降低钢的塑性和韧性，锰有去硫和脱氧作用，因而可改善钢材质量和焊接性。但增加过多时，钢的过热敏感性使晶粒长大和淬火敏感性增加。在一般结构钢和焊条钢中都含Mn0.5%左右；含Mn1.0%左右的叫Mn钢，如16Mn钢和08Mn焊条钢（前面的16和08代表该钢的平均含C量0.16和0.08%）；含Mn1.5%左右的叫Mn2钢，如09Mn2V和10Mn2焊条钢。

硅（Si）：硅也可提高钢的强度和硬度，特别是提高钢的屈强比（σ_s/σ_b）和增强钢的弹性。但钢中含硅过多时（约2%），则降低钢的塑性和韧性。硅作为合金元素可提高钢轨的抗压溃性和耐磨性。由于硅与氧的亲合力比铁强，容易形成硅酸盐，使焊缝出现气孔和夹杂，降低焊接性能，因此一般焊丝含硅很少，只有在气保护焊丝中才需要加0.8%左右的硅。

钒（V）：钒是一种强碳化物形成元素，在钢中以稳定的碳化物（V_4C_3）形式存在，它起着细化晶粒和降低过热敏感性的作用，因而可提高钢的强度和韧性，焊丝中加微量V可改善焊缝强韧性。

钼（Mo）：在钢中以固溶体和碳化物形式存在，提高钢的热强性和淬硬性，钼在单独存在时，增加回火脆性，但与其他导致回火脆性的元素如铬锰等元素并存时，降低和抑制回火脆性，提高在某些介质中的抗蚀性，在焊丝中加入微量Mo可改善焊缝强韧性，在用于焊接Cr-Mo耐热钢时必须用含Cr-Mo的合金结构钢焊丝。

铬（Cr）：铬是一种较强的碳化物形成元素，它可提高钢的淬透性和强度，不降低韧性，还略有细化晶粒的作用，在高强钢焊丝中，常加入一定量的Cr。

镍（Ni）：镍和碳不形成化合物，而以互溶形式存在于钢中的铁素体和奥氏体中，细化晶粒，提高强度时可同时提高韧性，特别是低温韧性，因此在一般低温韧性要求高的焊丝，就需加入1%左右的Ni。当焊丝中加入Ni9%和Cr19%时为奥氏体不锈钢焊丝，可焊Ni8%和Cr18%的奥氏体不锈钢。

铌（Nb）：铌固溶到奥氏体中可以使奥氏体晶粒细化，含有微量铌元素的稀土钢轨加热到1 100℃时奥氏体晶粒仍未粗化，细化的晶粒可以提高钢的韧性和焊接性，目前高韧性的微量Nb合金化的焊接结构钢已广泛采用，微Nb合金化的焊丝也有研制。

钛（Ti）：钛和碳、氮、氧都有很强的亲和力，是一种脱氧去气和固定碳氮的有效元素。钛是强碳化物形成元素，只形成极稳定的TiC，只有在1 000℃以上才缓慢溶入固溶体，TiC微粒可起到细化晶粒作用，而且只有在1 000℃以上才开始缓慢长大，因此在焊丝中加入微量Ti可改善焊缝及焊接接头强韧性。

稀土元素（Re）：钢中加入微量的稀土元素起着改变夹杂物形态和对夹杂物起变质处理的作用，有利于提高钢的韧性。在焊丝中加入微量Re和Ti已有应用。

硫和磷（S，P）：硫和磷都是钢中有害的杂质元素。硫在钢中与金属元素生成硫化物，使钢材具有热脆性，硫不利于焊接，它会增加焊缝内化学成分的偏析和热裂倾向，降低钢的抗腐蚀性。磷能固熔于铁素体，大大降低钢的塑性和韧性，特别显著降低低温时的韧性，增大钢的冷脆性，增加钢中化学成分的偏析。优点是，磷有提高抗大气腐蚀的作用，尤其是钢中含有铜时，耐大气腐蚀效果更好，因此常在钢中加入适量的其他合金元素细化晶粒，以此抑制磷的冷脆作用，使钢能提高强度而同时保持一定的韧性。含铜、磷的钢是一种耐大气腐蚀钢，广泛用于机车车辆结构和钢轨，因此焊接耐大气腐蚀钢的焊丝中也要加入铜、磷和增韧元素。

碳（C）：钢就是Fe和C组成的合金，含C越高，强度越高，塑性韧性越差，可焊性越差，对焊丝来说也是力求低C，而靠加入合金元素和降低S、P来提高强韧性和焊接接头质量，即使焊接难焊的高C钢也是这样。

7.5.3 埋弧焊焊剂

焊剂的作用相当于焊条药皮。在焊接过程中，焊剂除隔离空气，保护焊接金属免受空气侵害之外，对焊接金属还有一系列冶金作用。按焊剂成分性质分酸性焊剂和碱性焊剂，后者能提高焊缝韧性但要求直流焊。因此，焊剂和焊丝一起是决定焊缝金属化学成分和性能的一个主要因素。焊剂和焊丝必须要有一个合理的配合。埋弧自动焊的焊剂有两类。

1. 熔炼焊剂

其代号为HJ×××，焊剂的种类很多，常用型号及组成成分如表7-8所示。由表看出，其组成与焊条药皮相似，其作用也基本相同。过去我国熔炼焊剂的生产已有很长的历史，由于成型好和脱渣易，长期使用HJ431酸性焊剂，焊接强度级别高的钢结构用HJ350碱性焊剂以提高焊缝韧性。熔炼焊剂的生产是用电炉高温（1 800℃以上）熔化原料激冷后粒化而成，故耗能大，焊接时还要高温熔化焊剂使焊接热效率降低。另外熔炼焊剂掺合金极难，主要靠焊丝掺合金。

表 7-8 常用熔炼焊剂的常用型号及组成成分

型号	性质	MnO	SiO_2		CaO	CaF_2	Al_2O_3	FeO	S	P
HJ350	碱性	34~38	40~44	5~8	≤6	3~7	≤4	≤1.8	≤0.06	≤0.08
HJ431	酸性	14~19	30~35		10~18	14~20	≤13~18	≤1.0	≤0.06	≤0.08

2. 烧结焊剂

其代号为SJ×××，×××表焊剂成分，如表7-9所示。烧结焊剂是先粒化再经中温（650~850 ℃）烧结而成（不中温烧结只低温烘干的叫陶质焊剂），因此使用烧结焊剂能降低生产过程的能耗和提高焊接热效率，同时有利于焊剂掺合金和净化焊缝金属。目前生产的烧结焊剂，在成型和脱渣方面也不亚于熔炼焊剂，因此应大力推广应用烧结焊剂。烧结焊剂除了改善焊缝强韧匹配和节约能源外，还可作成各种高渗入合金的高合金焊剂，以减少对高合金焊丝的依赖。目前生产的烧结焊剂已有很多厂家生产，并在很多厂家推广使用。

表 7-9 烧结焊剂的常用型号及组成成分

型号	性质	SiO_2+TiO_2	$CaO+MgO$	Al_2O_3+MgO	CaF_2	S	P
SJ101	碱性（中氟）	15~25	25~35	20~30	15~25	≤0.06	≤0.08
SJ102	碱性（高氟）	10~15	35~45	15~25	20~30	≤0.06	≤0.08
SJ501	弱碱性（低氟）	25~40		45~60	≤10	≤0.06	≤0.08

3. 电渣焊材料

电渣焊丝可用埋弧焊丝，板极选与母材成分相近的材料或用一般钢带钢管用掺合金来调整成分。焊剂可用埋弧焊剂。引弧时可用能固体导电的专用引弧焊剂，也可用铁屑或削尖板极引弧。

7.5.4 埋弧焊焊接材料匹配

焊剂与焊丝种类和匹配组合方案很多，现以常用国产焊剂用途及配用焊丝列于表7-10。

表 7-10 国产焊剂用途及配用焊丝

类型	焊剂型号	合发	焊接钢材	配用焊丝	焊剂粒度	使用电流性质	预烘烤 (h×℃)
熔炼型	HJ431	高Mn 高Si 低F	低C和普低钢	H08A，H08MnA	8~40目	交直流	2×250
	HJ350	中Mn 中Si 中F	低合金高强钢	MnMo，MnSi，Ni	14~80	直流	2×400
	HJ251	低Mn 中Si 中F	珠光体耐热钢	CrMo钢焊丝	10~60	直流	2×350
	HJ150	无Mn 中Si 中F	轧辊堆焊	2Cr13，3Cr2W8V	8~40	直流	2×350
烧结型	SJ101	碱性（中氟）	重要普低合金钢	H08A，H08MnA，H10Mn2，H08MnMoA，H08MnMoA	10~60	直流	2×350
	SJ301	碱性（高氟）	低C和锅炉钢		10~60	直流	2×350
	SJ501	弱碱性（低氟）	低C和普低钢	H08A，H08MnA	10~60	交直流	2×250

7.5.5 埋弧焊材料的发展

埋弧焊丝可以适用于不同材料的焊接。用焊剂来保证高的合金过渡系数以改变焊缝性能。大批量应用的埋弧焊丝和气体保护焊丝是由冶金企业炼出焊条钢轧成盘条再由焊接材料厂拉丝镀铜绕盘而成。对于应用量少的焊丝冶金企业难以供应。这里有三种解决的办法：一是在烧结焊剂中加入所需的铁合金粉末，二是自制陶质焊剂以解决一些用量少的特殊需要。三是选用合适的药芯焊丝来加入所需的一些合金元素。

7.6 气体保护焊材料

7.6.1 气体保护焊焊丝

1. 气体保护焊焊丝的牌号和成分

气体保护焊焊丝过去牌号和成分与埋弧焊相同,现在气体保护焊发展很快,在很大成分上代替了手工电弧焊,因此现在气体保护焊焊丝牌号向手工电弧焊靠拢。现举新大洋提供的气体保护焊焊丝的牌号合金特性及性能如表 7-11 所示。

表 7-11 气保护焊焊丝的牌号合金特性及性能举例

气保护焊丝合金特性及应用			σ_b	σ_s	∂_5	A_{kv}
牌号(相当于 GB)	基本合金	加入合金特点及应用举例	MPa	MPa	%	℃/J
DHQ44-8(ER44-8)	H08MnSiE	加 CuCrNi 各 0.35,耐候钢用	≥440	≥340	≥22	−40/≥27
DHQ49-1(ER49-1)	H09Mn2SiA	H08Mn2SiA,CO_2 焊通用	≥490	≥372	≥20	室温/≥47
DHQ50-2(ER50-2)	H06Mn2Si	加微量 AlTiZr 提高韧性	≥500	≥420	≥22	−29/≥27
DHQ50-3(ER50-3)	H10Mn2Si	Cu≤0.5CO_2+Ar 或 CO_2 可全位焊	≥500	≥420	≥22	−18/≥27
DHQ50-4(ER50-4)	H10Mn2Si	Cu≤0.5CO_2+Ar 或 CO_2 可立下焊	≥500	≥420	≥22	
DHQ50-5(ER50-G)	H10Mn2SiA	加 Ti 微量高韧性 CO_2+Ar 或 CO	≥490	≥345	≥22	−29/≥27
DHQ50-6(ER50-6)	H10Mn2SiA	MnSi 稍高 CO_2+Ar 或 CO_2 全位焊	≥500	≥420	≥22	−29/≥27
DHQ55-1(ER55-B2)	H08MnSiE	加 Cr1.3Mo0.5 焊容器耐热钢	≥550	≥470	≥19	
DHQ60-1(ER60-G)	H09Mn2SE	加 Mo0.38Ni0.15Ti 微,焊高强钢	≥650	≥540	≥25	−29/≥90
DHQ60-2(ER62-B3)	H10Mn2SiE	加 Cr2.5Mo1.1 焊容器耐热钢	≥620	≥540	≥17	
DHQ70-1(ER69-1)	H06Mn2SiE	加 Ni 在 1.75 左右 Mo0.4 左右和微量 V 高强韧性防脆结构用	≥690	≥610	≥16	−51/≥68
DHQ70-2(ER69-2)	H10Mn2SiE	Ni 稍低 Si 稍高强韧防脆结构用	≥690	≥610	≥16	−51/≥68
DHQ70-3(ER69-3)	H10Mn2SiE	Ni 更低加 Ti 强韧结构用	≥690	≥610	≥16	−20/≥36
DHQ70-4(ER70S-G)	H08MnSiE	MoCr0.4Ni2.2Ti 微,防脆结构用	≥750	≥700	≥20	−40/≥100
DHQ80-1(ER83-1)	H08Mn2SiE	加 Ni2~2.8 Mo0.35~0.65 高强韧	≥830	≥730	≥14	−51/≥68
DH-厂号 Q-气保护焊,数字-抗拉强度,尾数-类,ER-国标号数字及尾数意义相同,焊丝直径 0.8~1.6 mm						

2. 气体保护焊丝的成分和性能调整

气体保护焊中用得最多的是二氧化碳气体保护焊。由于要克服二氧化碳气体氧化性强的弱点,都要选用锰、硅量足够的低合金钢焊丝。由表 7-11 看出是靠在基本合金焊丝的基础上加入 Cr 和 Mo 等来提高强度和热强度,靠微量 Al、Ti、Zr 来细化晶粒提高韧性,靠加 Ni 来大幅度的提高低温韧性,构成了不同强度级别和用途的气体保护焊焊丝,以适应不同结构的要求。

7.6.2 药芯焊丝

应用最广的 CO_2 气体保护焊的主要问题是飞溅大和成型不良,近些年来焊接工作者作了很多努力,如用在焊接电源上作波形控制,在保护气体中采用 Ar+CO_2 混合气体保护都可减少飞溅和改善成型。但在掺合金和提高强韧性上仍需依靠冶金企业提供各种合金成分的焊丝原料。有了药芯焊丝后,就只需冶金企业提供标准的 H08A 薄钢带就可添加各种焊药粉和铁合金(与焊条药皮作用同)填入卷制中的 H08A 薄钢带,就可做成不同的药芯焊丝以焊接不同金属。

1. 药芯焊丝的发展

在手工焊条中采用在药皮中加入铁合金粉可以做成不同强韧性的结构钢焊条，也可做成药芯焊丝作自动或半自动保护焊。国外广泛应用药芯焊丝气体保护焊来提高焊缝性能，如通过调整药芯焊丝中Mo、B、Ti、Re的含量可以在大线能量（86 KJ/cm）能将针状铁素体含量由20%增加到90%，因而可使vTs脆性转变温度由0℃降低到-60℃。药芯焊丝近年来发展甚快，如日本由1979—1991年统计手工焊条由占60%降到22%，药芯焊丝接近0上升到18%，是钢结构焊接发展的重要方向。我国在这方面应用还不是很普遍，应大力加强优质药芯焊丝的研究和生产及其推广应用。如加大并调整铁合金含量也可做各种特殊钢焊条、堆焊焊条、不锈钢焊条和铸铁焊条，也可作成相应的药芯焊丝。

2. 药芯焊丝的型号

我国药芯焊丝的标准化体系（如图7-5所示）是等效采用AWS标准。如碳钢药芯焊丝的型号国标GB/T10045—2001（如图7-5(a)所示）是等效采用美国焊接学会AWS A5.20—1995标准；如低合金钢药芯焊丝的型号国标GB/T17498—1998（如图7-5(b)所示）是等效采用美国焊接学会AWS A5.29—1980标准；如不锈钢药芯焊丝的型号国标GB/T17852—1999（如图7-5(c)所示）是等效采用美国焊接学会AWS A5.22—1995标准。国内产品以往的牌号编制方法如7-5(d)，实际上是参考手工焊条牌号的编制方法来编制，很容易在代替手工焊接时选用相应的药芯焊丝。国内产品一般在前冠以厂的牌号，如AT-YJ507-1（安泰）、PK-507-1（北京）、GL-YJ-502（Q）（钢廉气保焊丝）、SF-50（上海）、SQJ-507-1等。这与手工焊条牌号相似，便于记忆。在国标GB和AWS标准的强度单位不同，GB为kg/mm^2（×9.8=MPa），而AWS为ksi（1 000 lb/ft^2）。与他们标准的强度系列的对照为：E43/E60, E50/E70, E55/E80, E60/E90, E70/E100, E75/E110, E85/E120。

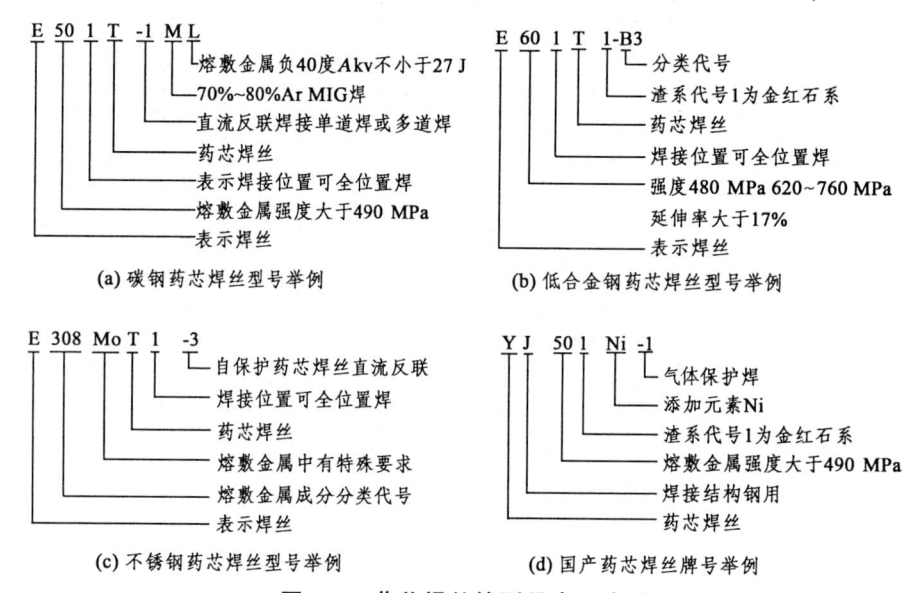

图7-5 药芯焊丝的型号表示方法

3. 碳钢药芯焊丝的分类

碳钢药芯焊丝的分类及用途如表7-12所示。

表7-12 碳钢药芯焊丝的的分类及用途

类型	特性	用途
T1和T1M	喷射过渡，飞溅小，成型好，多为金红石渣系。全位置焊	T1用于CO_2焊，T1M用于MIG焊
T2和T2M	Mn、Si比T1和T1M高，多为金红石渣系。平横立焊	可在表面氧化和有锈和沸腾钢件焊
T3	金红石渣系为基础，焊速高，喷射过渡。平横立焊	塑韧性稍低的结构焊接
T4	CaF_2渣系，自保护型，颗粒过渡，熔速高，性能好	可用于高抗裂性和高塑韧性接头
T5和T5M	CaF_2渣系，粗滴过渡，工艺性能不如钛型，全位置焊	可用于高抗裂性和高塑韧性接头

续表 7-12

类　型	特　性	用　途
T6	烧结合成渣系，喷射过渡，自保护型，脱渣好，平横焊	可用于高抗裂性和高塑韧性接头
T7	自保护型，熔滴至喷射过渡，粗丝平横焊，细丝全位置焊	可用于高抗裂性和高塑韧性接头
T8	自保护型，细粒至喷射过渡，低温韧性好，全位置焊	输气管道单多层焊用
T9 和 T9 M	与 T1 和 T1M 相似，韧性有改善，平横焊，细丝全位置	T9 用于 CO_2 焊 T9M 用于 MIG 焊
T10	自保护型，细粒过渡，焊速高，平横焊，塑性比 T3 好	可代替 T3 作厚板或野外结构焊接
T11	自保护型，特点与 T7 相似，平稳喷射过渡，全位置焊	19 mm 以上板要预热和控层间温度
T12 和 12 M	特性 T1 和 T1M 相似，韧性有改善，硬度和强度略降低	满足锅炉压力容器规程的要求
T13	自保护型，短路过渡，适合于管道全位置焊	不推荐多道焊
T14	自保护型，平稳喷射过渡，焊速高，4.8 mm 以下板焊接	可焊镀锌板和涂层板

4. 国内生产药芯焊丝举例

这里举出提供资料较全的两家生产的一部分药芯焊丝的成分和性能，从北京钢廉公司生产的一部分药芯焊丝的成分和性能（如表 7-13 所示）可看出几种常用的药芯焊丝的熔敷金属成分和实际可以达到的性能水平。由表看出钢廉公司生产的除有一般的 CO_2 焊和 MIG 焊药芯焊丝 YJ(Q) 型外，还有双层自保护药芯焊丝 YJ(Z)Q 和 YJ(Z)S 型。可以看出不同药芯焊丝有不同性能要求，YA 不锈钢型一般要求抗拉强度和延伸率，YD 堆焊型一般要求硬度，而 YJ 结构钢型一般要求抗拉强度、屈服强度、延伸率和低温冲击韧性；一般出厂供货一般力学性能平均值都较多超过标准要求保证值（表 7-3 中为标准要求），特别是结构钢型药芯焊丝有很好的低温冲击韧性。天津三英公司的药芯焊丝产业已经形成生产了结构钢、耐热钢、不锈钢及各种堆焊掺合金药芯焊丝等几十种产品面世，生产的一部分药芯焊丝的成分和性能如表 7-14 所示（表中力学性能为供货实际水平）。一些堆焊掺合金药芯焊丝，由于品种多批量小，要求特殊，技术含量高，还待加以发展。表中只列了一些常用而典型的一些药芯焊丝，以说明合金加入对熔敷金属性能的影响，进而确定了不同用途。药芯焊丝可很方便地根据需要设计焊丝组成并做出产品。

表 7-13　北京钢廉公司生产的一部分药芯焊丝的成分和性能

牌号	化学成分/% （上栏为标准要求保证值，下栏为供货一般平均值）								力学性能	
	C	Mn	Si	S	P	Cr	Ni	Mo	σ_b/MPa	δ/%
GL-YA 102L(Q)	≤0.04	1.2~2.5	≤0.1	≤0.03	0.035	13~21	8~11		≥550	≥35
	0.06	1.98	0.66	0.011	0.033	19.3	9.8		570	40
GL-YJ502(Q)、507(Z)S、507(Z)Q 结构钢药芯焊丝力学性能						σ_b	σ_s	δ_5	A_{kv} −20℃	−40℃
GL-YJ 502(Q)	≤0.1	≤1.6	≤0.6	≤0.03		≥500	≥410	≥22	≥47 J	≥27 J
	0.06	1.18	0.36	0.011	0.017	590	510	25	120 J	90 J
GL-YJ 507(Z)S	≤0.1	≤1.6	≤0.6	≤0.03		≥500	≥410	≥22	≥47 J	≥27 J
	0.06	1.27	0.23	0.011	0.020	541	441	23	121 J	66 J
GL-YJ 507(Z)Q	≤0.1	≤1.6	0.6	≤0.03		≥500	≥410	≥22	≥47 J	≥27 J
	YJ507(Z)Q 和 YJ507(Z)S 为双层自保护药芯丝					510	420	25	130 J	90 J
GL-YD 350(Q)	0.12	1.52	0.52	0.016	0.009	1.71		0.47	硬度：362HV, 37HRC	
	堆焊组织为珠光体，可加工和淬火，1.2 丝 150~300 A，1.6 丝 250~400 A 焊									
GL-YD 450(Q	0.17	2.00	0.41	0.011	0.004	3.04		0.72	硬度：463HV, 46HRC	
	堆焊组织为马氏体，难加工，韧性可用于重磨损和轻冲击磨损，规范同									

表 7-14 三英公司生产的一部分药芯焊丝的成分和性能

类别	牌号(SQ)	相当于 GB	基本成分%	其他合金成分%	σ_b/MPa, A_{kv}	选用
结构钢用药芯焊丝	J501	EF11-5032	C:0.04~0.09 Mn:1.01~1.60 Si:0.35~0.50 S:0.009~0.025 P:0.01~0.03 牌号中: S-丝,Q-气体保护,Z-自保护, L-立焊,其余同手工焊		560/−20℃ 100	按结构母材和结构重要性及工作条件选A_{kv}。一般都可用CO_2气体保护,重要结构和强度级别高的用$Ar+CO_2$
	J501-Ni2			Ni1.43	600/−60℃ 86	
	J501-CrNiCu			Cr0.54 Ni0.38 Cu0.23	590/0℃ 100	
	J507-Ni	E501T5 Ni		Ni1.0 Mo0.2	570/−20℃ 160	
	J607-NiMo	E600T5-K2		Ni1.1	670/−20℃ 100	
	J707-CrNiMo	E700T5-K4		Cr0.6 Ni2.40 Mo0.5	780/−20℃ 80	
	J807-CrNiMo	E800T5-K4		Cr0.6 Ni2.6 Mo0.4	850/−20℃ 70	
	L-607			Ni0.5~2.6 Mo0.28	650/−20℃ 54	
	SZJ-431			Ni1.0	520/−20℃ 60	
	SZJ-502			Ni1.4	580/0℃ 100	
耐热钢用	R107	E550T5-B3L	C:0.06~0.12 Mn:1.20~1.50 Si:0.35~0.80 S、P:≤0.035	Mo0.2 Ni0.05 Ti0.08	530/20℃ 80	用于工作温度 510~600℃ 钢
	R307	E550T5-B2		Cr1.2 Mo0.47	610/20℃ 100	
	R337			Cr1.3 Ni0.4 Mo0.4 V0.25	680/20℃ 80	
	R407	E550T5-B3		Cr2.5 Mo1.0	620/20℃ 120	
不锈钢用	A308	E308T0-1	C:0.016~0.05 Mn:1.22~1.58 Si:0.43~0.82 S、P:≤0.022	Cr19.56 Ni9.72	580	18-8 钢
	A308L	E308 LT0-1		Cr19.49 Ni9.91	565	超低 C 钢
	A308L-T	E308LT1-5		Cr1 8.91 Ni 12.51 Mo2.35	595	异种钢
	A316	E316 LT0-1		Cr 19.50 Ni 12.05 Mo2.32		Cr Ni Mo
合金堆焊用	D112	EDP Cr Mo	C0.18 Mn≤2.0 Cr≤2.0 Mo≤0.5		HRC≥22	一般耐磨
	D337	EDR CrW-15	C0.25~0.35 Cr2.0~3.5 W7.0~10.0		HRC≥48	热模具焊
	D517	EDP Cr-B-15	C≤0.25 Cr12.0~16.0 其他≤5.0		HRC≥45	阀门堆焊
	D608	EDZ-B2-08	C≤3.0 Cr4.0~5.0 Mo8.5~14		HRC≥60	合金铸铁
	SZD25	自保护焊丝	C≤1.1 Mn 11.0~16.0 Si≤1.3 其他≤5.0		HRC≥20	高锰钢焊
	SMD45	埋弧药芯丝	C≤0.5 Mn1.2 Mo1.0 Cr≤5.0 Si≤1.0		HRC≥45	热轧辊焊

5. 几种药芯焊丝的焊接特点

药芯焊丝气体保护焊比实心焊丝焊的焊接工艺特性好,成型好,脱渣易。所用电源的选择余地大,交流、直流的平特性(配等速送丝机)和陡特性(配弧压反馈送丝机)均可用,用直流时用反联。药芯焊丝气保护焊除用 CO_2 气体保护外,重要结构和强度级别高的用(75%~80%)Ar+(20%~25%)CO_2 保护,此时容易形成喷射过渡,可提高焊接工艺性和焊接性能。药芯焊丝的焊接参数主要取决于焊丝种类和焊丝直径,对不同接头和焊接位置有一定调整,其典型的焊丝直径与焊接电流和焊接电压的影响在以前章节已有叙述。

7.6.3 焊接气体

在气焊及火焰加工中主要是氧、乙炔和其他可燃气体。在气体保护焊中应用最多的是液体二氧化碳,要求二氧化碳≥99.5,水分≤0.005%,水分过多时容易出现气孔。其次用得最多的是氩,其他还可能用到氦、氢、氧和氮,气体的纯度都有较高的要求,这些要求都有相应的标准规定。

7.7 自保护药芯焊丝

一般焊药中常分解出气体,手工焊中有一种叫造气焊条,就是焊药主要成分是淀粉、纤维等氢氧化合物,加热分解后也是 H_2、H_2O、CO 和 CO_2 等物质。气焊燃烧的产物也是这些物质,同样可起气体保护作用。在药芯焊丝中也加入这些物质,焊接时形成气体保护而不用外加气体,这就是自保护药芯焊丝焊,这就可以大范围的取代手工焊。自保护药芯焊丝焊接是不用外加气体而用本身焊药分解的气体作保护,除有药芯焊丝焊接的优点外,不用气体供应和相应设备,同时抗风能力强,因此特别适用于工程建设中的野外焊接和全位置焊接,如用双层自保护药芯焊丝焊接能达到更好的效果。

7.7.1 自保护药芯焊丝焊在工程结构上的应用

我国在宝钢建设中使用了日本 YM-505N 焊机和 SAN-53 自保护药芯焊丝,焊接钢板桩和转炉车间框架结构,还采用了国产结 552 和 ZS-4 自保护药芯焊丝焊接储矿槽漏斗,其工效都比手工焊提高 3 倍;在 20 世纪 90 年代宝钢 3 号高炉建设及武钢新 3 号高炉建设采用了美国林肯公司 NR 系列的自保护药芯焊丝焊接(电流 200～450 A、电压 21～30 V)。在西气东输管道焊接中使用了中国熊谷 D7-400IGBT 逆变焊机在西气东输中,取代进口设备美国林肯 DC-400V/CC 和日本松下 YD(M)-500CL4 晶闸管焊机,进行自保护药芯焊丝管道半自动焊接,节约近 1/3 的设备费用。但焊丝大多采用进口焊丝,同时应用还不广。

7.7.2 自保护药芯焊丝焊接在轧辊自动堆焊中的应用

国外轧辊焊接中广泛采用自保护药芯焊丝自动焊接。几种焊接方法的比较如表 7-15 所示。

表 7-15 几种堆焊焊接方法和材料的比较

电流/A	线能量/(kJ/cm)		熔敷率/(kg/h)			辊子温度/℃	
	自保护药芯焊	埋弧焊	自保护药芯焊	埋弧焊		自保护药芯焊	埋弧焊
250	18		4	药芯 2.5	实芯		
400	20	30	8	药芯 3.9	实芯 4.0	250	665
550	25	33	12	药芯 7.0	实芯 5.5		
1 100	45	45	24	药芯 14.0	双实芯 11.0	225	625

英国合金公司(用 414N-O 或 430N-O 自保护药芯焊丝堆焊 2～2.5 mm 厚的圆周连续堆焊,比制造铸辊节约费用 90%,比埋弧焊节约焊丝 75%～66%,不用焊剂,不需焊前预热和焊后热处理,使用寿命提高一倍。414N-O 为英国焊接合金公司研制的含 N 自保护药芯焊丝,其成分如表 7-16 所示。含 N 自保护药芯焊丝的 N 在高温下与 Cr 形成氮化物与碳化物不同,氮化物成细小的微粒均匀分布在晶界不形成敏化区,有防止晶粒长大和阻止位错移动,因而改善了高温和低温强度。从而抑制甚至消除碳化物,避免碳化物形成的晶界弱化和脆化,改善了韧性,提高了抗蠕变能力和热疲劳强度。

自保护药芯焊丝的耐磨堆焊有突出的优点,用于其他堆焊也会取得同样的效果。

表 7-16 英国焊接合金公司研制的含 N 自保护药芯焊丝

焊丝品种	化学成分(%)										马氏体转变/℃		堆焊层硬度/HRC
	C	N	Mn	Si	Ni	Cr	Mo	Co	V	W	M_s	M_f	
Chromecore410N-O	0.04	0.13	4.0	1.0	0.5	12.7	0.5						42～44
Chromecore414N-O	0.04	0.12	1.2	0.7	4.0	12.5	0.4				195	110	43～46
DualhardTN-O	0.03	0.13	1.2	0.6	5.0	12.8	0.6	2.0	0.5	0.8	180	95	44～49

7.7.3 英国合金公司生产的自保护药芯焊丝的成分和性能

国外钢轨电弧焊已逐步走向焊接自动化,英国合金公司(WA 公司)开发了铁路多功能自动焊机和配套的成套技术,而且已在美国、英国、德国、法国、澳大利亚、俄罗斯和韩国等国家的钢轨及道岔的补焊和焊接中应用。现以此为例,进行初步分析。英国合金公司生产的自保护药芯焊丝成分和性能如表 7-17 所示。由表看出,用于自动焊接及堆焊钢轨用两种焊丝,一为 308L-O 和 312L-O 不锈钢焊丝,一为 TN-O 低 C-Mn-Ni-Cr-Mo 合金焊丝;半自动焊对接钢轨用 X70T-4 含 C 稍高的 Ni-Mo 合金焊丝;道岔焊接则用 AP-O 高 Mn 钢焊丝和 312L-O 不锈钢焊丝。其中几种焊丝的熔敷金属性能也如表 7-17 所示。由表看出,这两类自保护药芯焊丝国内也能找到相近的牌号。

表 7-17 英国合金公司生产的钢轨自保护药芯焊丝成分和性能

类别/成分	C	Mn	Si	Cr	Ni	Mo	S	P	使用于
308L-O	0.03	1.90	0.90	20.5	9.50		0.015	0.008	自动堆焊钢轨,对接
TN-O	0.14	1.10	0.40	1.10	2.20	0.40	0.040	0.040	自动堆焊钢轨,对接
AP-O	0.40	14.5	0.75	14.5					堆焊道岔
X70T-4	0.20	0.55	0.20		1.80	0.35			半自动对接钢轨
X71-TG	0.05	1.55	0.65				0.015	0/015	自动堆焊车轮
312L-O	0.03	1.60	0.90	29.1	9.80		0.015	0.008	高 Mn 岔与钢轨焊

类别/性能	σ_b/MPa	σ_s/MPa	δ/%	Ferrite WRC No.	A_{kv}/J	使用于
308L-O	675	550	39	10		自动堆焊钢轨,对接
X70T-4	610	600	20		40(-20℃)	半自动对接钢轨
X71-TG	575	500	26		75(-40℃)	自动堆焊车轮
312L-O	620	440	36			高 Mn 岔与钢轨焊

7.7.4 国产自保护药芯焊丝成分和性能

现列几种国产自保护药芯焊丝成分和性能,如表 7-18 所示。表中成分和性能大多为生产单位出厂的一般值,均较多超过国家标准要求。

表 7-18 国产自保护药芯焊丝成分和性能举例

牌号 QL-YJ	化学成分/%					抗拉强度/MPa		塑性/%	韧性 A_{kv}/J	
	C	Mn	Si	S	P	σ_b	σ_s	δ_5	-20	-40℃
507(Z)S	0.06	1.27	0.23	0.011	0.020	541	440	29	121	66
507(Z)Q	≤0.1	≤1.8	≤0.6	≤0.03		610	480	25	90	
以上两种为钢廉双层自保护药芯丝,其性能保证值为 σ_b500/600,σ_s410/410,$\delta_5$22/22,A_{kv}27~40/-20℃										

牌号 SZJ	化学成分/%					σ/MPa		δ_5	A_{kv}/J	
	C	Mn	Si	其他		σ_b	σ_s	(%)	-20℃	0℃
SZD25	≤1.1	11~16	≤1.3	高 Mn	≤5.0	20HRC			堆焊道岔、铲齿等高锰钢件	
SZD35	≤0.18	2.2~2.4	≤0.6	加 Mo0.4~0.5	≤5.0	35 HRC			堆焊低碳低合金马氏体	
SZD45	0.2	1.2	0.5	加 Cr12	≤5.0	48 HRC			堆焊轧辊抗冲击性能好	
SZD55	0.86	1.23	0.6	加 Cr6 高 C	≤5.0	55 HRC			堆焊挖掘机齿轮、粉碎机辊等	
以上四种为三英自保护药芯堆焊焊丝的成分性能和用途										

第 8 章 焊接接头组织性能及主要金属的焊接

8.1 焊缝结晶及其组织

8.1.1 晶体结构与晶粒

1. 晶体结构

材料的晶体结构表示原子排列形态，主要有面心立方、体心立方和六方密集型(如图 8-1 所示)。在常用纯金属中，属于体心立方型的有 Cr，V，Nb，Mo，W，α-Fe，δ-Fe，δ-Mn 等；属于面心立方型的有 Al，Ni，Cu，γ-Fe，γ-Mn 等；属于六方密集型的有 Mg，Zn，Re，α-Ti，α-Zr 等。

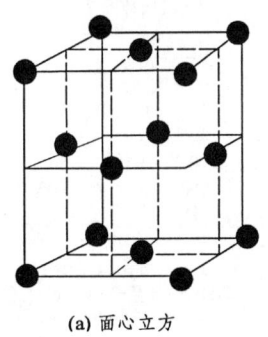
(a) 面心立方
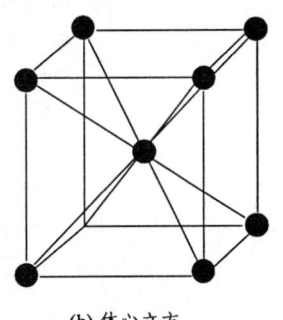
(b) 体心立方
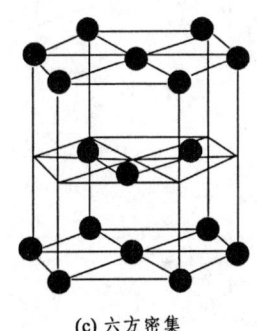
(c) 六方密集

图 8-1 材料的晶体结构

2. 液体金属的结晶与组织

液体金属的结晶与组织形成过程如图 8-2 所示。在液体中，原子成无序流动排列，到凝固温度时由于温度或成分的起伏开始在一处或多处形成结晶核心，如图 8-2(a)所示，析出原子呈一定晶体结构并一个接一个的向周边延伸，有序增长成树枝状结构。随着晶体越长越大，液体越来越少，到与临近的晶体团相遇而完全凝固形成晶粒，由于各晶体团的排列方向不同，故形成一明显的边界，称为晶界。这就构成了金属的组织。金属的组织在金相显微镜下可以看到。在铁碳合金中属钢的成分内一次结晶的是高温奥氏体晶粒(γ-Fe)，其晶粒大小对二次结晶后的晶粒大小和性能有重要影响。如加入高熔点的微粒作变质剂就可在多处形成结晶核心而最后得到细晶粒钢。

(a) 形成结晶核心
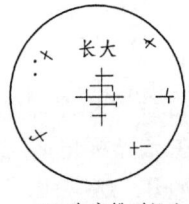
(b) 有序排列长大
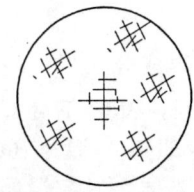
(c) 多核心形成长大
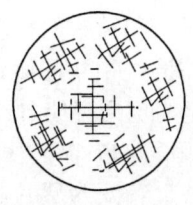
(d) 共同长大靠近

(e) 形成晶粒晶界

图 8-2 液体金属的结晶与组织形成过程

3. 钢的固态相变与组织的类型

γ-Fe 在冷却过程中会发生固态相变可得到不同的组织。组织的类型有：① 固溶体，即一种元素在固态溶入另一种元素，如碳溶于铁就成为固溶体 δ-Fe、γ-Fe 和 α-Fe，这三种固溶体组成相同，但在不同温度的晶体结构不同，这叫同素异晶转变。固溶体的实质是一种晶体结构的少量原子嵌入或置换另一种晶体结构的原子，也可以是互相嵌入或置换而形成互溶。固溶体产物性能强度和硬度低，但塑性和韧性很好。② 化合物，即两种元素发生化学变化为一新的化合物如 Fe 与 C 化合成 Fe_3C（93.3%的铁和 6.67%的碳），又叫渗碳体。其性能与铁素体相反，硬而脆，HB>800，脆性很大，塑性几乎等于零。③ 混合物，即两种组元在固态互相不溶也不起化学变化，只是机械混合而成为机械混合体，如 α-Fe 与 Fe_3C 在一定温度共同析出，组成两组元相间的机械混合物，定名为珠光体 P。随着钢中含碳量的增加，渗碳体的量也增多，钢的硬度、强度也增加，而塑性、韧性下降。

8.1.2 铁-碳平衡图及其组织形成

由不同含碳量的铁-碳合金的冷却曲线测出的组织转变温度获得的成分-温度-组织图叫铁-碳平衡图，如图 8-3 所示，图中显示了各种组织的典型成分和温度的变化历程。图中列出了一些典型成分和典型组织变化的典型温度以及不同成分在不同温度所存在的各种组织。当由高温冷却到室温即得不同组织性能的钢铁材料。

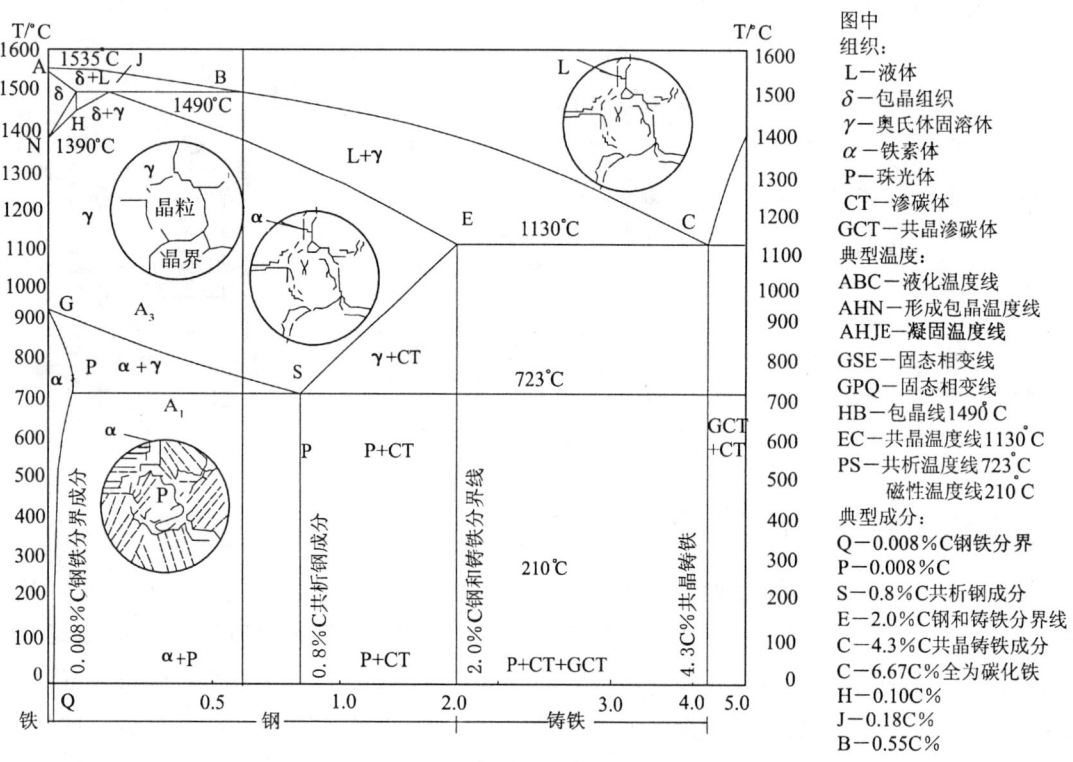

图 8-3 铁-碳平衡图

含 C 0.008%以下：L-δ+L-δ-δ+γ-γ-γ+α-α 得到工业纯铁 α 铁。

含 C 0.8%：L-L+γ-γ-P（在 723℃共同析出 α-Fe 与 Fe_3C），得到珠光体共析钢 P。

含 C 2.0%：为过共析钢和铸铁的分界成分。

含 C 4.3%：为亚共晶铸铁和共晶铸铁的分界成分。

现以 C 0.6%的高 C 钢为例来说明其组织形成，C 0.6%的高 C 铁碳合金液体冷却到 BC 温度线结晶出 γ-Fe，直到 JE 温度线完全成为固相 γ-Fe 奥氏体；再冷却到 A_3 温度（GS）在晶界析出 α，到 A_1 温度线（PS）时，余下的奥氏体全部发生共析转变为层片状的珠光体，其室温组织是 α+P，这种组织的钢叫亚共析钢，是最常用的钢，随着含碳量的升高，亚共析钢中的珠光体比例越大，强度硬度越高，塑性韧性越低。反之强度硬度越低，塑性韧性越高。

铁碳合金状态图是极缓慢冷却下得到的平衡图，如改变冷却速度或加入其他元素都会改变各特征值和相区大小，例如高锰钢和铬镍不锈钢可扩大γ区，在室温得到奥氏体。

8.1.3 焊缝结晶及其结晶缺陷

1. 焊缝结晶

焊缝结晶有其特殊性，焊缝的成分是由熔化的焊丝合金、焊药掺入合金和母材成分组成，与焊缝熔合比和焊药中合金过渡系数有关。熔池是在固体母材冷壁开始结晶，由多处结晶核心向焊缝中心成树枝状生长而成柱状晶结构（如图 8-4(a)所示）。如加有 Al、Ti、Nb 和 Re 等微量元素，有可能在熔池各处都有结晶核心形成而打乱柱状晶结构而使晶粒细化。

2. 焊缝结晶偏析

所谓偏析就是成分不均一，焊缝结晶时先结晶的金属纯度高，后结晶的部位杂质多，这叫做区域偏析，如图 8-4(b)中所示，由于焊缝熔深大，后结晶的部位在焊缝中部，即区域偏析部位，该处形成脆弱地带，易形成焊接裂缝或焊缝机械性能不好。在图 8-4(c)中，由于焊缝熔深浅，焊缝脆弱地带在余高处，因此不易形成裂缝，不会影响焊缝性能。在图 8-4(d)电子束焊中，由于能量集中，熔池窄而深，快速加热冷却，形成细晶结构，性能好。焊缝结晶时，在一个晶粒的外部和中心部位成分也不同，中心最纯，而晶界杂质多，这叫晶内偏析，在焊缝冷却速度快时晶内成分来不及均匀化，就会造成晶内偏析。偏析程度与结晶温度区间大小及焊缝冷却速度有关，低碳钢的结晶温度区间只在 20~30℃ 之间，故偏析不大。含碳量愈高，结晶温度区间愈大，易造成偏析，因此焊接高碳钢时，更应降低焊缝冷却速度，以免产生裂缝。焊缝结晶时产生的裂缝叫热裂缝。

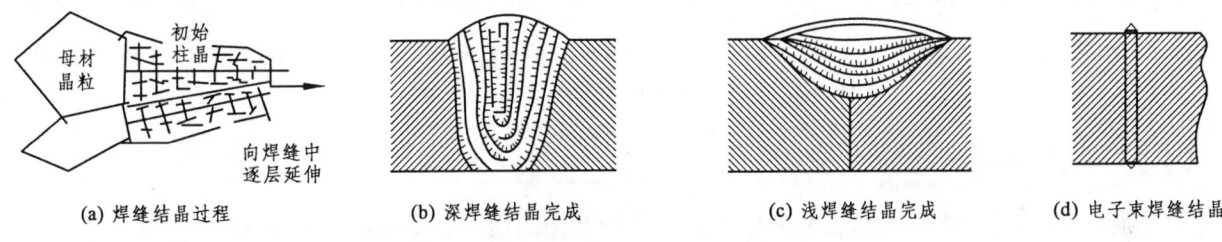

(a) 焊缝结晶过程　　(b) 深焊缝结晶完成　　(c) 浅焊缝结晶完成　　(d) 电子束焊缝结晶

图 8-4　焊缝结晶过程及熔池形状的影响

3. 焊缝夹渣

焊缝夹渣就是一些氧化物夹杂在焊缝金属中，这会影响焊缝的机械性能，增加焊缝脆性和热裂倾向，降低其耐腐蚀性。夹渣形成的原因是熔渣在熔池金属凝固时不能及时上浮而产生的。熔渣熔点比重大、焊缝形状系数小、熔深大以及焊缝冷却速度快等因素都会增加夹渣的形成。另外由于熔池脱氧时的产物(如 MnO、SiO_2、Al_2O_3 等)尺寸很小，不易上浮而形成夹渣。

4. 焊缝中的气孔

气孔就是气体在焊缝中形成小孔。在焊缝内部的叫内气孔，在焊缝表层的叫外气孔。气孔形成的原因是焊缝高温时吸收了气体，当焊缝冷却速度快时，气体来不及排出而形成气孔。焊接时冶金反应中的一氧化碳和氢气，由于氢气很轻，易浮起，只有在熔渣透气性不好时形成外气孔，在使用受潮的碱性焊条或在有油漆的钢板上焊接时产生氢气孔。在结晶过程中一氧化碳气体来不及排出多形成内气孔，在焊接高碳钢、铸铁时产生的气孔主要是一氧化碳气孔。

8.2　焊接热影响区及其组织

如前所述，焊缝的结晶相当于一个特殊的冶金或铸造过程。对焊缝以外的加热区，受焊缝热传导的影响，加热到一定温度并以一定冷却速度冷却，形成了焊接热影响区。

8.2.1 热处理和焊接两种工艺的热循环

现在比较热处理和焊接两种工艺的热循环（加热—保温—冷却）如图 8-5 所示。大部分常规热处理是在炉内缓慢加热到 T_m（A_3 以上 100℃ 以内）以便奥氏体化而不过热，保温一段时间 t_m 以保证奥氏体化完全而均匀，然后在不同介质中以不同速度冷却（退火、正火和淬火），淬火钢冷却后再加热到 600℃，400℃ 和 200℃ 冷却叫高温、中温和低温回火，前者叫调质处理，可得好的综合机械性能，后者可得到韧硬和高硬度以适应不同要求。这里还有一种消除应力退火，尽管加热温度与回火相同，但不是回火（如图 8-5(a)所示）。

焊接的热循环与常规热处理有明显的差异，不能由人为简单设置，而与很多复杂的多种因素有关。总的说来加热速度、最高温度比热处理高得多，高温停留时间短得多如图 8-5(b)所示，冷却速度不由冷却介质决定，而与接头材料、材料厚度和接头形式、焊接方法规范和材料初始温度有关。更重要的是焊接接头的各部位有不同的热循环如图 8-5(c)所示，因此不同接头位置就经历了不同的热循环，就会得到不同组织。

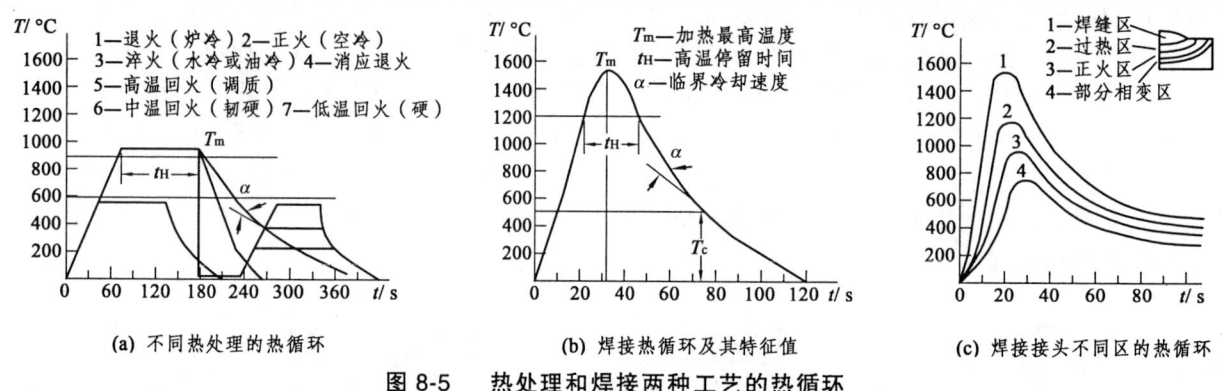

(a) 不同热处理的热循环　　(b) 焊接热循环及其特征值　　(c) 焊接接头不同区的热循环

图 8-5　热处理和焊接两种工艺的热循环

8.2.2 热影响区的组织及性能

焊接热影响区各部分所经历的热循环可对照铁碳状态图的组织转变归纳为图 8-6。

1. 熔合区

熔合区即焊缝金属与母材相邻的熔合线附近，又称半熔化区，温度处于固液相线之间。此区在化学成分和组织性能上都有较大的不均匀性，特别是异种金属焊接时，这种情况就更为复杂。在靠近母材一侧的金属组织是处于过热组织，塑性很差。在各种熔化焊的条件下，这个区的范围虽然很窄，但对焊接接头的强度、塑性都有很大的影响。在许多情况下熔合区是产生裂纹，局部脆性破坏的发源地，因此引起了普遍的重视。

2. 过热区

过热区的金属是处于过热状态，过热区的温度范围是处在固相线以下区域到 1 100℃ 左右，在这样高的温度下，奥氏体晶粒发生严重的长大现象，冷却之后获得晶粒粗大的所谓过热组织（一般焊后晶粒度都在 1~2 级），产生魏氏组织。此区的塑性很低，尤其是冲击韧性通常要降低 20%~30%。因此，焊接刚度较大的结构时，常在过热区产生裂纹。过热区的大小与焊接方法、焊接规范和母材的板厚等有关，气焊和电渣焊时比较宽，手工电弧焊和埋弧自动焊时较窄，电子束焊和激光焊的过热区极小。在高碳钢中会产生粗晶马氏体，塑性冲击韧性很低，在焊接应力作用下产生冷裂纹。

3. 相变重结晶区(正火区)

金属被加热到 A_{c3} 以上稍高的温度，金属将发生重结晶（即铁素体和珠光体全部转变为奥氏体，冷却时重新结晶为铁素体和珠光体），在空气中冷却就会使金属晶粒得到均匀而细小的铁素体和珠光体。相当于热处理时的正火组织，故又称正火区或细晶区，此区的温度范围约在 A_{c3} 到 1 100℃ 之间。此区韧性上升。

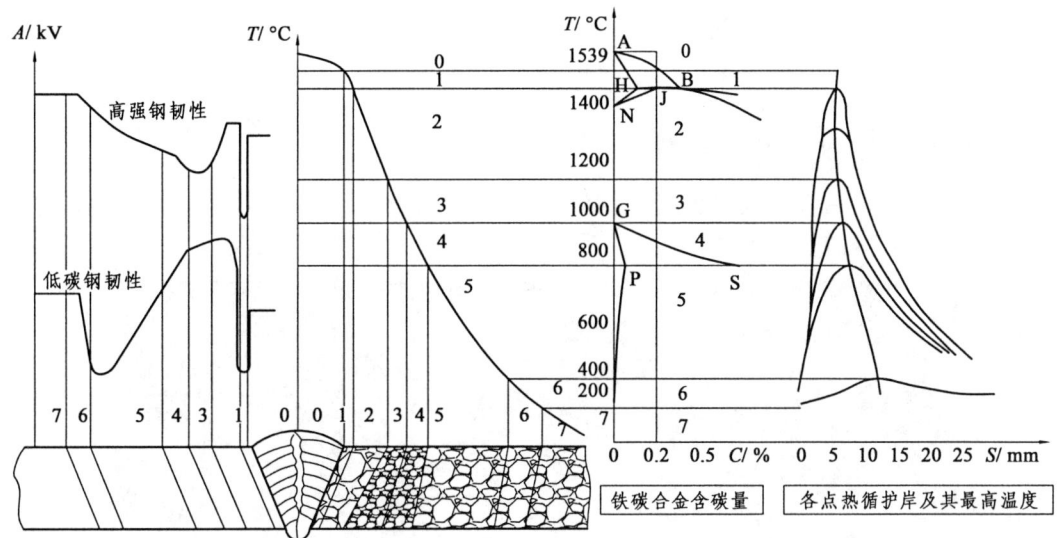

(a) 焊接热影响区及组织性能变化　　(b) 相对应的组织变化和热循环和最高温度

图中：0—焊缝区；1—熔合区；2—过热区；3—正火区；4—不完全重结晶区；5—亚临界热影响区；6—兰脆区；7—母材

图 8-6　焊接热影响区

4. 不完全重结晶区

焊接时处于 $A_{c1} \sim A_{c3}$ 范围内的热影响区就是属于不完全重结晶区。对于低碳钢和某些低合金钢焊接时，当金属加热温度稍高于 A_{c1}，首先珠光体转变为奥氏体。温度升高时，部分铁素体逐步向奥氏体中溶解，温度越高，溶解的越多，直至 A_{c3} 时铁素体全部溶解在奥氏体中。当冷却时又从奥氏体中析出微细的铁素体，一直冷却至 A_{c1} 时残余的奥氏体就转变为共析组织珠光体。因此看出，处于 $A_{c1} \sim A_{c3}$ 范围内只有一部分组织发生了相变重结晶的过程，而始终未溶入奥氏体中的铁素体便发生长大，变成了粗大的铁素体组织，所以这个区的金属组织是不均匀的，晶粒大小不一。一部分是经过重结晶的晶粒细小的铁素体和珠光体，另一部分是较粗晶粒的组织。由于晶粒大小不同，因此机械性能也不均匀。

5. 亚临界热影响区

在一般情况下亚临界热影响区组织性能变化不大，但当被焊接母材事先受过冷加工变形，或者由于焊接应力而造成的应变，在 A_{c1} 以下至 450℃ 就将发生再结晶过程，在金相组织或性能上也有明显的变化，因而也叫再结晶区。而对于那些具有时效敏感性的钢种，处于 A_{c1} 到 300℃ 左右的热影响区将发生脆化现象，表现出对缺口的敏感性大大增加。但是在金相组织上并无显著变化。对于一些调质供应的高强钢在此区还有软化而形成软化区。

6. 兰脆区

在 200～400℃ 的热影响区将发生脆化现象，形成兰脆区，提高了强度而降低塑韧性。其原因可能是可能从固熔体中析出微粒质点于晶界，表现出对缺口的敏感性大大增加。但是在金相组织上并无显著变化。

7. 母　材

在 200℃ 以下区为母材，实际上常把在 A_{c1} 以下组织上并无显著变化的区域都叫母材区。

对于低碳钢和一些淬硬倾向不大的钢种（16Mn、15MnTi 和 15MnV 等）除了过热组织外，其他各区的组织基本相同。低碳钢的过热区主要是魏氏组织，而 16Mn 钢由于有锰加入，使过热区还有少量粒状贝氏体。而 15MnTi、15MnV 钢在过热区，除锰之外，还有部分钛和钒的碳化物、氮化物溶入奥氏体，提高了奥氏体的稳定性，因此过热区在一定冷却速度下可能得到性能较低的上贝氏体和粒状贝氏体组织。如果冷却快也能得到性能较好的下贝氏体或低碳马氏体组织。总的看来，金属在焊接热循环的作用下，热影响区的组织分布是不均匀的。熔合区和过热区出现了严重的晶粒长大现象，是整个焊接接头的薄弱地带。对于含碳高、合金元素较多、淬硬倾向较大的钢种，还出现淬火组织马氏体，如果出现含碳较高的马氏体组织

· 115 ·

会使塑性降低，而且容易产生裂纹。这时加热到 A_{c3} 以上的热影响区叫淬火区，加热到 $A_{c1} \sim A_{c3}$ 区域的热影响区叫不完全淬火区，在 600℃ 到 A_{c1} 区还可能出现软化区。

8.2.3 焊缝及热影响区组织实例

焊缝及热影响区组织可由显微镜观察以一定放大倍数观察和照相，现举最常用的 20 钢母材和气焊焊缝及手工电弧焊焊接接头各区的金相照片如图 8-7 所示。

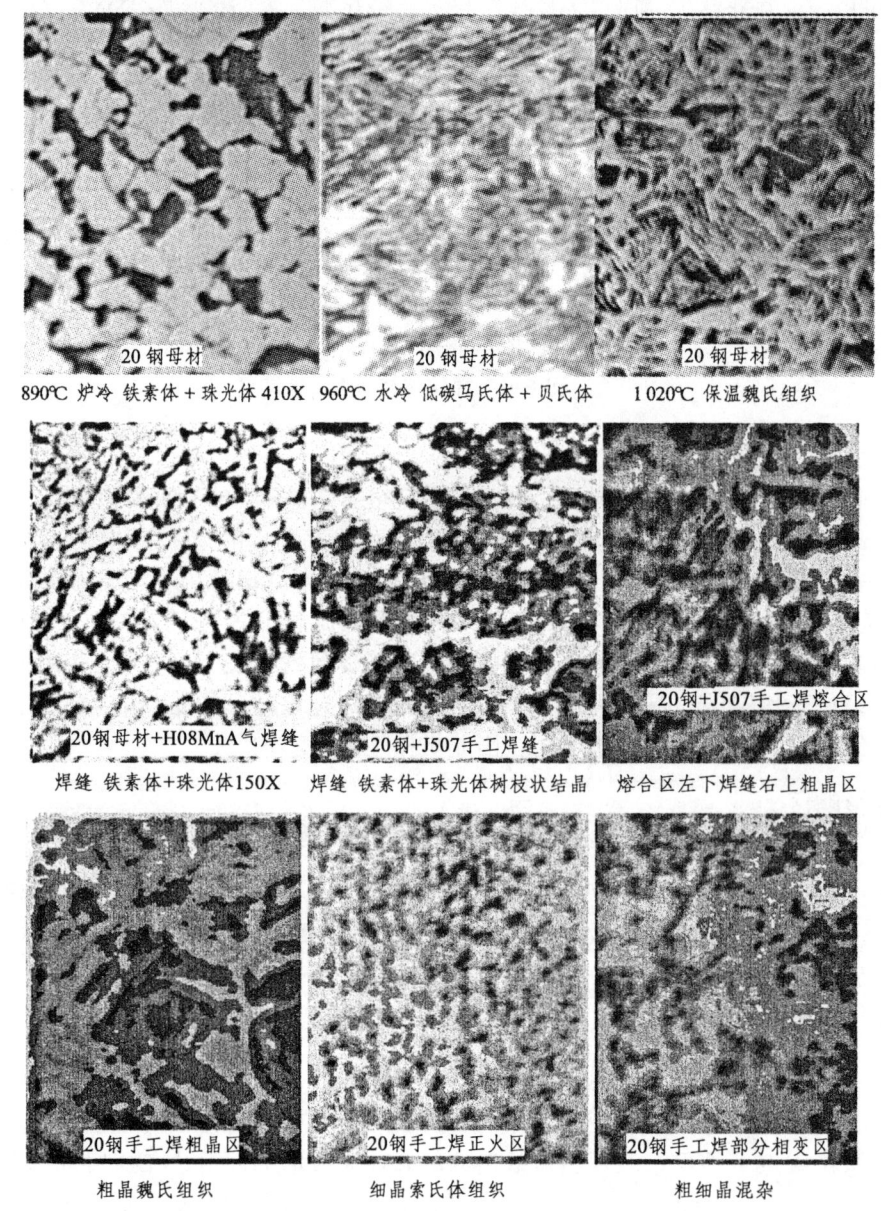

图 8-7 常用 20 钢的气焊和手工电弧焊的金相照片

8.2.4 钢的加热与冷却转变

铁碳合金状态图只是描述在缓慢的加热和冷却条件下，钢铁组织变化的规律，实际工程中的加热和冷却常常不是这么缓慢的，而有时还是相当快的。快速加热和冷却的结果，往往使钢材具有完全不同于状态图上缓冷下来的组织，性能也有很大的不同。

1. 钢在加热时其组织的转变

钢在加热时其组织会发生同素异晶转变，由铁碳状态图可知，例如把共析钢为加热到 A_1 线以上，组织就会由珠光体全部转变为奥氏体。对亚共析钢和过共析钢和加热温度超 A_1 温度，珠光体也会转变为奥氏体，但亚共析钢中的铁素体和过共析钢中的渗碳体 GSE 相变温度线以上才会转变为奥氏体。钢的热处理中退火、正火和淬火都要加热到 GSE 相变温度线以上并保温一定时间以使相变充分和均匀化，但保温时间也不要过长，然后以不同速度冷却。加热温度不能过高以防止晶粒组大，影响性能。

2. 钢在冷却时的组织的转变

将奥氏体快速过冷到某一温度并保持恒温，记录奥氏体的转变过程这叫奥氏体的等温转变。把各个不同过冷温度下的奥氏体转变过程绘制在一张图上，就是在等温冷却过程中过冷奥氏体的几种转变规律。由于等温转变图的线形状大多类似字母"C"，故通常又简称为 C 曲线，0.8C%共析钢的 C 曲线如图 8-8(a)所示。不同温度下的转变，将得到不同的组织产物珠光体（含粗珠光体，索氏体和屈氏体），贝氏体（含上下贝氏体）和马氏体，从而得到不同的性能。工程上钢绝大多数热处理和焊接大都是连续冷却的。目前，通过连续冷却也可测绘出钢的奥氏体连续冷却转变曲线。0.7C% 亚共析钢的连续转变曲线图 8-8(b)中的粗实线，图上同时表示出这个钢的等温转变曲线（虚线）供比较。与共析钢比较，变化过程和所得组织基本相同，但组织转变的温度和时间有不同规律；由于含碳量的减少，后者 C 曲线比前者左移，在高温区出现铁素体转变，而且相变的开始与结束时间推迟，马氏体相变开始和结束温度提高。随着含碳量和大部分合金元素的增加，C 曲线右移，越易得到马氏体组织。以上组织变化规律也适用于焊接。但焊接的连续冷却曲线与一般用于轧钢或热处理的 CCT 曲线不一样，它是在模拟焊接的最高加热温度（1 300℃）和不同冷却速度测出的，所以称为 SHCCT 曲线。

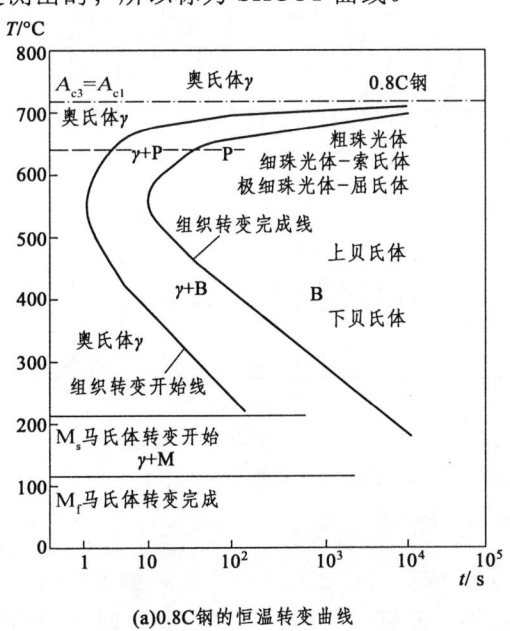
(a)0.8C钢的恒温转变曲线

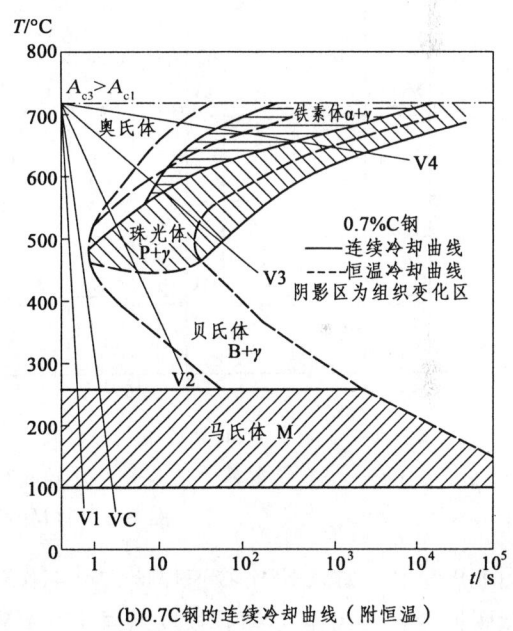
(b)0.7C钢的连续冷却曲线（附恒温）

图 8-8　钢的组织等温转变和连续冷却转变曲线（CCT）

8.2.5　热影响区组织性能变化规律

热影响区组织性能与该区经历的热循环（加热—保温—冷却）而定，类似于热处理但又有很大不同。其不同的是快速加热到高温随之以不同速度冷却，而且重点是在过热区，因此不能套用一般热处理所用的连续冷却曲线（CCT 曲线），而要用加热温度高到 1 300～1 350℃，模拟各种焊接时的冷却速度作出的连续冷却曲线（SHCCT 曲线）及其冷却到室温后的组织和硬度，不同成分的母材作出的 SHCCT 曲线有所不同。以常用的 14MnNbq 钢为例来分析。

1. 14MnNbq 钢的 SHCCT 曲线

常用的 14MnNbq 钢的 SHCCT 曲线如图 8-9 所示。SHCCT 曲线是研究焊接接头热影响区组织性能的重要依据。焊接的冷却速度也与热处理大不相同，不是由冷却介质所决定，而是由焊接方法及焊接参数和结构条件（如板厚、接头形式和初始温度）所决定，可以由此转化成相应的冷却速度，其变化是无级的。影响组织最关键的冷却速度是在 500 ℃时的冷却速度，为了方便常将此转化为由 800 ℃冷却到 500 ℃时的冷却时间 $t_{8/5}$。本曲线由 10 种冷却曲线得出，同时标出了所得组织组成的百分数和所得的硬度。

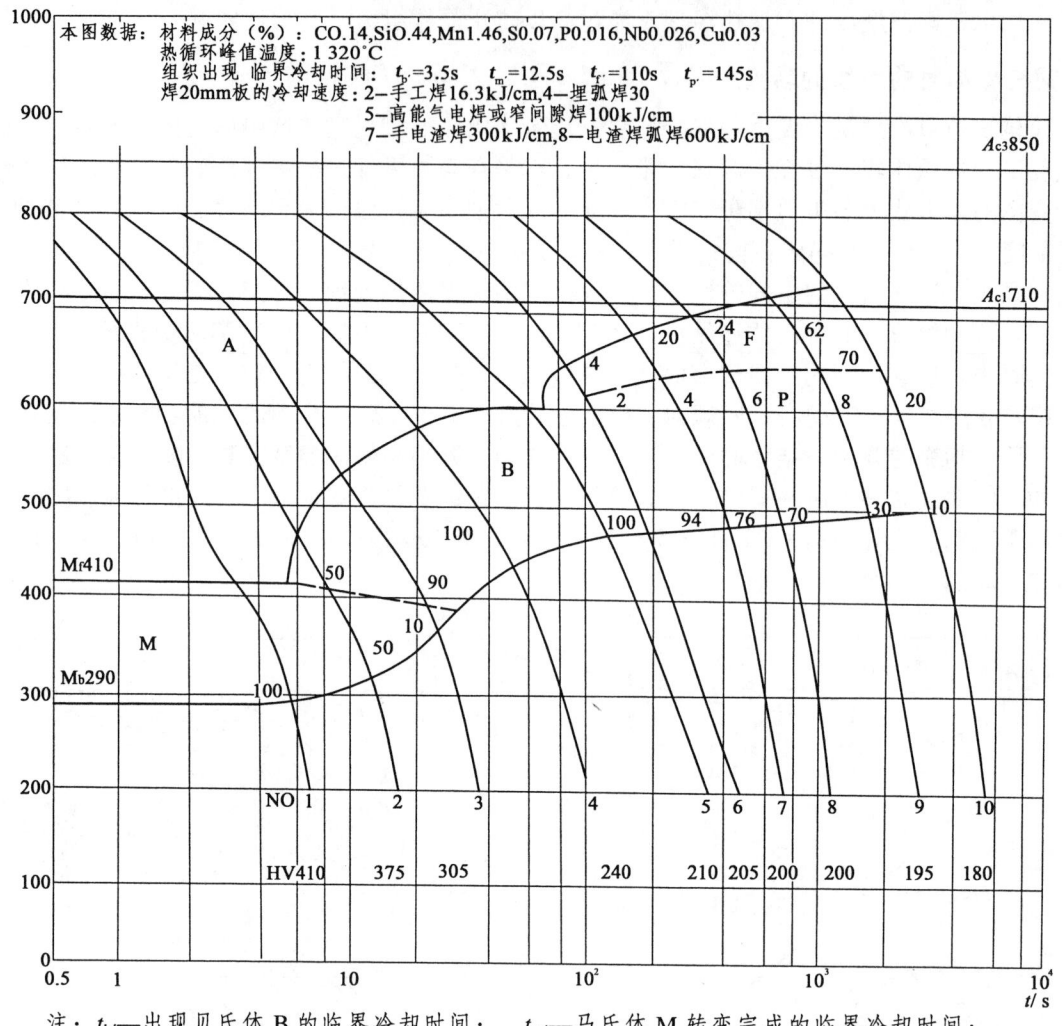

注：$t_{b'}$—出现贝氏体 B 的临界冷却时间； $t_{m'}$—马氏体 M 转变完成的临界冷却时间；
$t_{f'}$—出现铁素体 F 的临界冷却时间； $t_{p'}$—出现珠光体 P 的临界冷却时间

图 8-9 14MnNbq 钢的 SHCCT 曲线

由图 8-9 看出，如以 NO1 冷速焊接，到 410 ℃就开始马氏体转变，到 290 ℃就 100% 的变成马氏体，但这是低碳低合金马氏体（M），硬度只有 410 HV，有一定的塑性和韧性，不像高碳钢焊接时得到的高碳马氏体那样硬脆，硬度可高达 600～800 HV。由图看出，不产生 100% 马氏体而开始产生下贝氏体（B）的临界冷却时间 $t_{b'}$ 为 3.5 s（$t_{8/5}$ 约为 4 s），如再减慢冷却速度，则马氏体减少，贝氏体增加，到 NO2 冷速焊接时马氏体和贝氏体各占 50%，这时硬度为 375 HV，如再减慢冷却速度，则马氏体更少而贝氏体更多，在冷速 NO3～NO4 之间不再产生马氏体而生成 100% 贝氏体，其临界冷却时间为 $t_{m'}$ 为 12.5 s（$t_{8/5}$ 约为 17 s），硬度约为 280 HV 左右，这时生成的贝氏体仍为下贝氏体，有良好的韧性及塑性，到比 NO4 更慢的冷速时生成较多的是上贝氏体，硬度降低，韧性反而有所下降，但这也是低碳低合金贝氏体，比高碳贝氏体塑性和韧性好得多。在冷速大于 NO5 后开始出现铁素体 F，其临界冷却时间为 $t_{f'}$ 为 110 s（$t_{8/5}$ 约为 100 s），到大于 NO6 后开始出现珠光体 P，其临界冷却时间为 $t_{p'}$ 为 145 s（$t_{8/5}$ 约为 100 s），硬度在 200 HV 左右。到 NO10 冷速时 $t_{8/5}$ 约在 200 s 以上，这时 F 可达 70%，P 可达 20%，上贝氏体只占 10%。这时硬度只有 180 HV。韧性还与组织的形态有关，如得到针状铁素体和细珠光体就可提高韧性。由板厚 20 mm 的板实际焊接的冷却速度比，16.3 kJ/cm 线能量手工电弧焊相当于 NO2，30 kJ/cm 线能量的埋弧焊相当于 NO4，100 kJ/cm 线能量的高能气电焊相当于 NO5，300 kJ/cm 和 600 kJ/cm 线能量的电渣焊相当于 NO7 和 NO8。其焊接的线能量减少时冷速加快,反之冷速减慢。如改变板厚和接头形式也会影响到冷速。

2. 过热区组织性能与冷却时间 $t_{8/5}$ 的关系

如果根据焊接方法及焊接参数和结构条件得出了冷却速度,以 800～500℃ 的冷速是形成马氏体的临界冷速,为了实用方便常用过热区在 800～500℃ 的冷却时间 $t_{8/5}$ 来选择其组织性能;如果要求得到一定的组织性能就可据此来选择在一定结构条件下的焊接工艺参数。由 14MnNbq 钢的 SHCCT 曲线得出的 $t_{8/5}$ 与组织性能的关系如图 8-10 所示。图中还列出了常用的几种焊接方法的常用 $t_{8/5}$ 冷却时间范围,由此可大致估计出所得的组织性能。如手工焊得到 30% 的马氏体,70% 的下贝氏体,硬度 370 HV 左右;埋弧焊得到 100% 的下贝氏体,硬度 260 HV 左右;如电渣焊 70% 左右的上贝氏体和 25% 的珠光体和 5% 的铁素体,晶粒粗大,硬度为 180～190 HV 左右。由图看出,不同的焊接方法,所得组织性能由很大的差异,同样的焊接方法不同线能量组织性能也有差异。

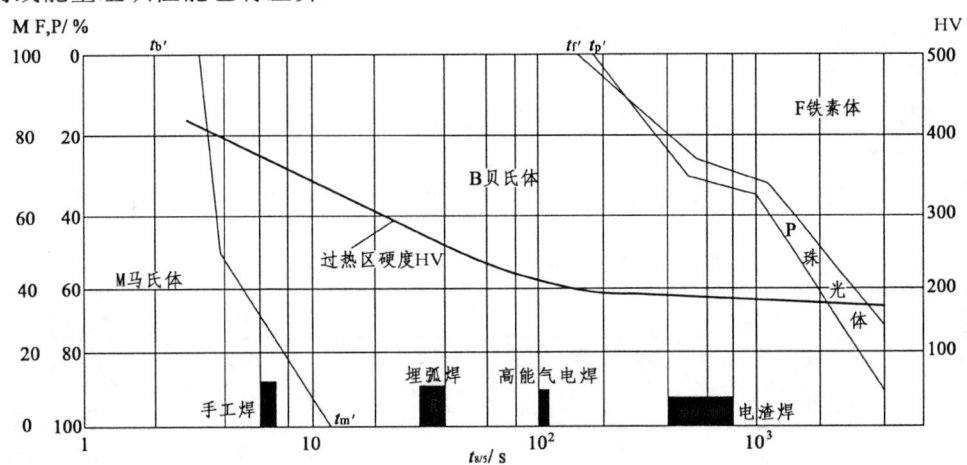

图 8-10 $t_{8/5}$ 与组织性能的关系

3. 影响焊接接头性能的主要因素

影响焊接接头性能的主要因素有:① 母材成分和性能是重要的因素,因为不同成分母材就有不同的 SHCCT 曲线,不同冷速所得的组织性能就不同。② 焊接材料的匹配实是保证焊缝和熔合区的优异性能的根本。合理成分和获得优异焊接接头组织性能的重要的因素。③ 结构因素对 $t_{8/5}$ 有重要影响,其中板厚的影响如图 8-11(a)所示,由图看出,在 20 mm 以下的板对 $t_{8/5}$ 影响很大,到 20 mm 以上的板对 $t_{8/5}$ 影响就很小,因为传热已接近半无限体,这时的 $t_{8/5}$ 只由焊接线能量 E 决定,另外焊接方法也有重要影响,如同样焊接线能量 E,手工焊比埋弧焊的 $t_{8/5}$ 要低。焊接接头形式由于导热方向数不同也会影响到 $t_{8/5}$。T 形焊接接头比对接要低。④ 坡口形式对焊缝熔合比有重要影响,因而对焊缝和熔合区性能有较大影响,如图 8-11(b) 所示。由图看出,性能有一最优范围,在该板厚的埋弧焊,规范在 34 kJ/cm 左右时,熔合比以 40%～45% 为最佳。⑤ 焊接线能量对焊缝和熔合区性能也有较大影响,如图 8-11(c)所示,由图看出,性能有一最优范围,在该板厚的埋弧焊,规范以 34 kJ/cm 左右为最佳。

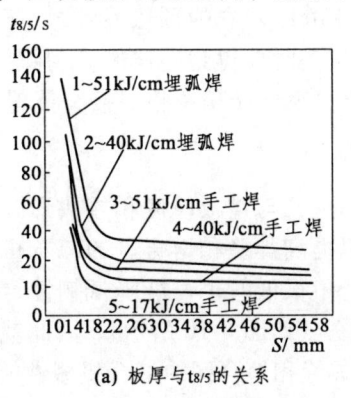 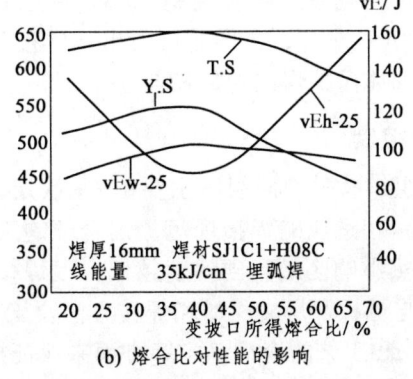 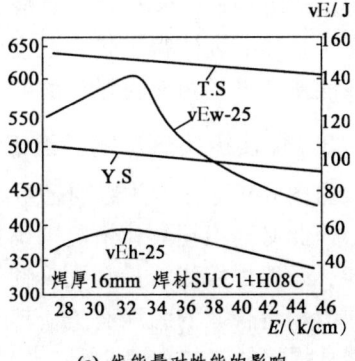

(a) 板厚与 $t_{8/5}$ 的关系　　(b) 熔合比对性能的影响　　(c) 线能量对性能的影响

图 8-11 影响焊接接头性能的主要因素

8.2.6 热影响区组织性能控制

1. $t_{8/5}$ 和 $t_{8/3}$ 的确定

根据上述焊接热过程计算中 CR 和 CT 的计算式：日本稻垣加入一些焊接的变化条件的试验工作得出两个最关键的冷却时间 $t_{8/5}$ 和 $t_{8/3}$ 的计算式，焊接的冷却速度在一定板厚和接头形式的条件就可把冷却速度转化为 $t_{8/5}$ 或 $t_{8/3}$，即由 800℃冷却到 500℃或 300℃的时间。

$$t_{8/5}, t_{8/3} = \frac{K(60EI/v)^n}{\beta(\theta-T_0)^2 \left(1+\frac{2}{\pi}\right)\tan^{-1}\left(\frac{h-h_0}{\alpha}\right)}$$

式中 $60EI/v$——线能量，J/cm；

E——焊接电压，V；

I——焊接电流，A；

v——焊接速度，cm/min；

T_0——焊接初始温度，℃，包括室温、预热温度和层间温度；

h——板厚，mm；

β——接头修正常数，堆焊和无坡口对接为 1，T 形接头为 2；其他各常数列于表 8-1。

表 8-1 $t_{8/5}$ 或 $t_{8/3}$ 计算公式中的有关常数

焊接方法		热输入（线能量）指数 n	常数							
			800～500 ℃的冷却时间 $t_{8/5}$				800～300 ℃的冷却时间 $t_{8/3}$			
			K	h_0	α	β	K	h_0	α	β
手工焊		1.5	1.35	14.6	6	600 ℃	2	14.6	4.5	400℃
CO_2 焊		1.7	0.345	13	35		0.4	14	5	
埋弧焊	$h<32$ mm	2.5～0.5h	9.5/10$^{5-0.02h}$	12	3		7.3/10$^{5-0.02h}$	20	7	
	$h>32$ mm	0.96	950				730			

由上式可看出，表征冷却速度的冷却时间 $t_{8/5}$ 或 $t_{8/3}$ 与板厚、接头形式焊接方法有关，当这些因素一定时可以调整焊接线能量来调整冷却速度的冷却时间，

2. 按组织性能来选择 $t_{8/5}$

与冷速一样，可根据上述计算式可做成的速算图（如图 8-12 所示），以最简单的埋弧焊的速算图（如图 8-12(a)所示）为例，此图仅为不预热不开坡口对接焊，如焊 12 mm 厚板，用 24 kJ/cm 线能量焊接，$t_{8/5}$ 为 23 s，由图 8-10 可看出组织为下贝氏体，粗晶区硬度为 300 HV 左右，如要控制到以下贝氏体为主，若要使硬度在降到 260 HV 左右，就可把 $t_{8/5}$ 提高到 35 s，可选取 34 kJ/cm 左右的线能量焊接。对手工焊则需按图 8-12(b)，该图由多条数值线组成，如以知一定板厚 10 mm，18 kJ/cm 焊接，即可连接两数值线与室温焊接的 $t_{8/5}$ 在 17 s 左右，如嫌 $t_{8/5}$ 过小，要把 $t_{8/5}$ 提高到 35 s，可选取 34 kJ/cm 左右的预热 $t_{8/5}$ 线，延伸相交于预热温度线得出预热温度位 200 ℃左右；由图还可看出，焊接 T 形接头时要得到同样的 $t_{8/5}$ 用较大的线能量 28 kJ/cm。同理，也可作出气体保护焊的速算图与手工焊相似的步骤来选择和调整焊接线能量。

3. 焊接接头热影响区组织性能控制

由图 8-9 可看出热影响区组织与组织有关，而组织主要由 $t_{8/5}$ 决定，而 $t_{8/5}$ 又与钢板厚度和接头形式有关，因此必需根据具体情况来确定 $t_{8/5}$ 相适应的焊接规范，用合理的工艺以提高焊缝和熔合区的综合机械性能，一般焊接线能量越大，韧性和热影响区最高硬就度越低，但焊接线能量很低时也可能降低韧性，这与焊缝和熔合区的组织有关，其组织与母材及焊接材料和焊接方法及工艺有关（如图 8-10 所示）；因此就有可能从焊接材料的合理匹配、焊接方法和工艺的合理确定等方面来保证提高焊缝和熔合区的综合机械性能。以 14MnNb 钢焊接不出现马氏体组织、上贝氏体和合理的过热区硬度为条件 $t_{8/5}$ 就应大致在 25～60 s 之间。

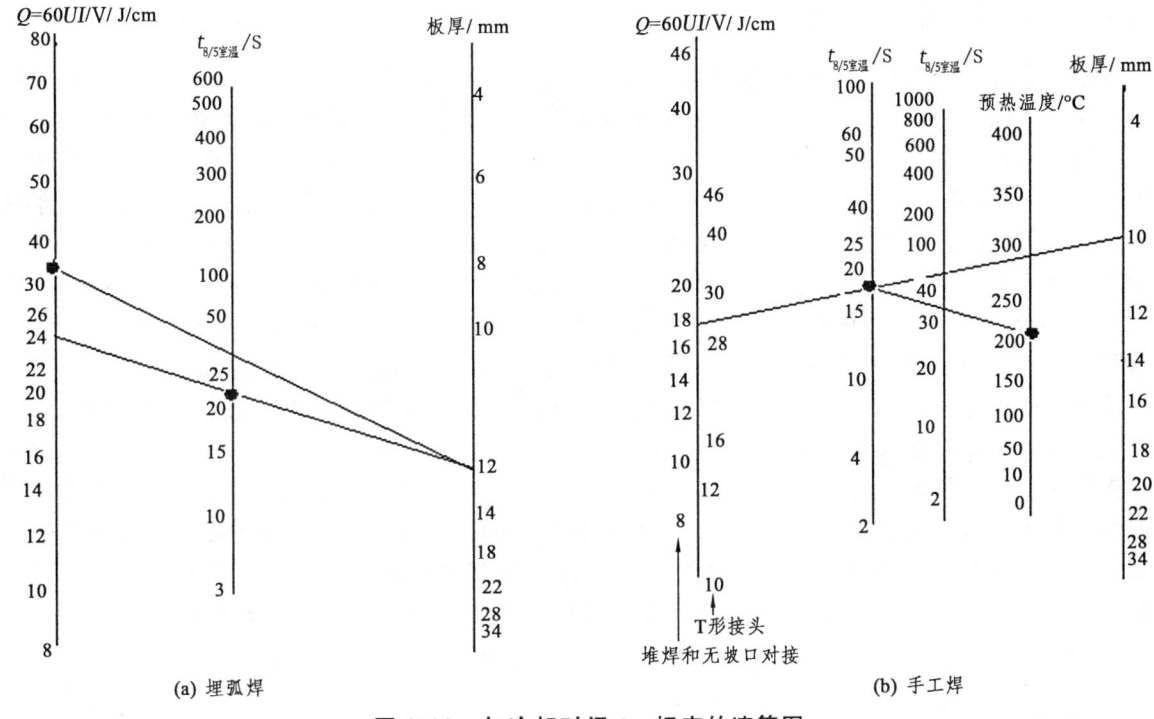

图 8-12 与冷却时间 $t_{8/5}$ 相应的速算图

8.3 材料的焊接性

8.3.1 材料焊接性的意义及分级

焊接性是用来相对衡量金属材料,在一定的焊接工艺条件下,实现优质接头的难易程度的尺度。钢材的焊接性是钢材的一项极重要的工艺性能,一般可以从不同角度或按不同标准来衡量钢材的焊接性。在生产实际中,可以把焊接性理解为钢材在某一种焊接方法下得到优质焊接接头的能力。一般常把钢材在焊接时形成裂纹的倾向及焊接接头区产生脆性的倾向作为评价钢材焊接性的主要指标。所以通常所说焊接性好的钢材,是指焊接时不需要采取其他附加工艺措施,就能获得无裂纹等焊接缺陷,并具有良好机械物理性能的焊接接头的能力。

一般把常用钢材的焊接性分成四个等级,即良好、合格、有限和低劣,见表 8-2。由表看出,含碳和合金越多,焊接越难,解决的基本的方法是预热。

表 8-2 钢材的焊接性分级

焊接性等级	钢的牌号举例	解决的方法
良好	低碳钢:含碳量小于 0.28% 低合金钢:15Cr,20Cr,12CrNi,16Mn 等	一般不预热。含碳量大于 0.15%,金属厚度大于 20 mm,焊接金属温度低于 5℃的刚性部件,需预热
合格	中碳钢:含碳量 0.28%~0.40% 低合金钢:13CrNiMoA,20CrMnSi 等	调整适当焊接规范可不预热。在复杂条件下必需预热。焊后是否需要热处理视工件用途而定
有限	中碳钢:含碳量 0.40%~0.55% 低合金钢:40Cr,30CrMnSi,30CrMo 等	必须预热到 150~200 ℃。对刚性大的工件必须退火,对厚度小的工件最好退火或高温回火
低劣	高碳钢:含碳量大于 0.55% 珠光体低合金钢:40CrSi,60Si2 等	裂纹倾向严重,除用奥氏体钢焊条焊接外,不管气温板厚和刚度都必须预热到 200 ℃以上和热处理

8.3.2 材料焊接性的冷裂倾向评定

冷裂裂纹是在较低的温度（大约在钢的马氏体转变温度 M_s 点附近或室温）产生，甚至可能在焊接后一定时间内产生，所以叫冷裂纹。冷裂纹主要发生在中碳钢、高碳钢、合金结构钢以及钛合金等的热影响区，强度极高的高强钢冷裂纹会出现在焊缝上。冷裂纹是目前焊接生产中影响较大的一种缺陷。据日本钢结构协会 1968 年对桥梁和建筑业中的焊接裂纹事故进行统计，在 65 例事故中 90%是焊接冷裂纹。由于被焊材料和结构形式不同，冷裂纹也有不同的类型，大体上可分为以下三类：① 延迟裂纹。这是冷裂纹中一种较普遍的形态，特点是焊后经过一段时间才出现，产生延迟现象，故称延迟裂纹。通常习惯上并不严格区分冷裂纹和延迟裂纹。② 淬硬脆化裂纹（淬火裂纹）。有些钢种由于淬硬倾向较大，在焊接应力作用下开裂。例如含碳量较高的 Ni-Cr-Mo 钢焊接时，当急冷到 50℃ 以下的温度就会出现焊趾裂纹，这完全是由于冷却过程中马氏体相变而产生的。焊接马氏体类不锈钢、工具钢，以及异种钢等均可能出现淬硬脆化裂纹。因为是由淬硬组织引起的，故又称淬火裂纹。它基本上没有延迟时间，焊后可立即发现。这种裂纹主要出现在焊接热影响区上，少量也出现在焊缝上。③ 低塑性脆化裂纹。某些脆性材料焊接时，在 400℃ 以下由于收缩应变超过材料本身的塑性储备而产生的裂纹称做低塑性脆化裂纹。例如铸铁焊接时常常出现边焊边裂的裂纹即属此类。堆焊硬质合金，某些淬硬性较大的高强钢气割时都可能出现这种低塑性脆化裂纹。裂纹可出现焊缝中。也可能出现在热影响区。其前端圆钝，走向直通，本身有一定宽度，似乎有些脆断的特征。

1. 延迟裂纹的特点

(1) 延迟裂纹在焊接接头中发生和分布的形态。按照延迟裂纹在焊接接头中发生和分布的形态来说，主要有下列三种典型情况：① 焊道下裂纹是一种形成于距熔合线 0.1～0.2 mm 的近缝区中的微小裂纹，走向大致与熔合线平行，一般不露出焊缝表面。② 缺口裂纹起源于应力集中严重的缺口部位的裂纹，一是焊根裂纹，二是焊趾裂纹。前者是高强钢焊接时最常见的冷裂纹。③ 横向裂纹。对于淬硬倾向大的合金钢，这类裂纹一般起源于熔合线并垂直熔合线向，很可能由焊缝及热影响区延伸。厚板多层焊经常出现横向裂纹，它们多起源于表层焊缝的表面下一小段距离的地方，有时并不显露出表面。

(2) 延迟裂纹形成的时间特点。延迟裂纹另一特点是开裂前有一潜伏期，可长可短，长可达数昼夜，短的几乎看不出，这决定于焊缝中氢的含量和拘束应力的大小。拘束应力越大，含氢量越多则潜伏期越短，产生延迟裂纹的倾向就越大。

(3) 延迟裂纹的断裂特点。延迟裂纹以及其他类型的冷裂纹不像热裂纹那样全是晶间断裂，它可以是晶间（沿晶）断裂，也可以是晶内（穿晶）断裂，经常是两者皆有的混合型。从现有的研究看，认为冷裂纹常起源于晶间，而扩展时既可能沿着晶界，也可能穿越晶粒。

2. 延迟裂纹产生的条件

延迟裂纹产生的条件和其他形式裂纹一样，都是接头局部区域的塑性不足以承受当时所发生的塑性应变所致。但对它说来有三个具体的因素，即氢、马氏体组织和拘束应力直接影响到塑性大小和塑性应变发展的情况。

(1) 氢的影响。氢的影响包括：① 氢的来源：氢来源于焊接材料及母材上的碳氢化合物、结晶水或吸附的水分。高温下溶入熔池的氢在焊缝凝固后仍有部分残留在焊缝金属内，其中一部分固溶于金属晶格中，一部分能在金属中扩散移动，称之为扩散氢，用[H]表示。只有扩散氢才对钢的延迟裂纹发生直接影响。② 氢的扩散：焊接结束时氢在接头中存在极大的浓度差，焊缝金属中含氢量多，母材中含氢量低，这势必会使焊缝金属内的扩散氢一面向金属表面扩散逸出，一面向热影响区方向扩散。焊接高强钢时由于采用低碳钢焊芯，焊缝金属含碳量比母材低，故而焊缝在较高的温度下就发生了奥氏体分解为铁素体、珠光体，而热影响区此时仍为奥氏体组织，它的转变要稍微滞后一段时间。当焊缝金属发生奥氏体向铁素体、珠光体转变时，氢的溶解度大幅度下降，而氢在铁素体、珠光体中扩散速度又较大，所以氢就很快穿越熔合区向尚未发生分解的奥氏体的热影响区扩散。③ 氢的聚集和延时断裂：氢在奥氏体中的扩散速度低，来不及扩散到较远的母材方面去，故此在熔合区附近形成一富氢带。滞后相变的热影响区因含碳较高发生奥氏体向马氏体转变时，氢气以过饱和状态残存于马氏体中，并聚集在一些晶格缺陷里，或者应力集中处。当氢的浓度不断增高和温度下降时，一方面有些氢原子结合成氢分子，在这些有缺陷的地方或应力集中处造成很大的局部应力，另一方面还有焊接热应力和相变的组织应力的共同作用，就造成了这个区域产生裂纹的条件。延迟裂纹之所以有一潜伏期，正是和氢的扩散聚集需要一定时间有关，扩散氢含量低，扩散聚集到一定浓度所需时间就长，潜伏期也相应变长。延迟裂纹与氢的关系如此密切，所以亦称之为氢致裂纹。④ 冷裂纹的产生和形态：如果此时氢的浓度足够高时，就能使马氏体进一步脆化，可以看到焊道下的裂纹。如果氢的浓度稍低，仅在有应力集中的地方才出现裂纹，可以看到根部裂纹或焊趾裂纹。

（2）钢的淬硬倾向。影响钢的淬硬倾向有以下因素：① 马氏体组织数量。钢的淬硬倾向大小决定了能得到什么类型的组织，也就决定了它的塑性大小。近缝区往往得到的是混合组织，淬硬倾向越大，得到的马氏体组织越多，冷裂倾向也越大，所以对于某钢种可以试验找出一个临界马氏体量来，超过此量就可能产生裂纹。但是对于不同钢种，临界马氏体量并不相同，例如对于强度级别不同的几种低碳低合金高强钢HT60、HT70及HT80，其临界马氏体量分别为60%、75%及90%。即强度级别越高的钢，临界马氏体量越高。② 热影响区硬度。由于焊接热影响区的最高硬度随马氏体含量增多而增高，因此常用可以实测出来的最高硬度来衡量冷裂敏感性的大小。于某钢种在某个条件下也可找出一个临界硬度值，低于此值将不会产生裂纹。不同的钢种，此值不同。热影响区的最高硬度决定于钢种的成分和冷却速度，为此可用"碳当量"来表示钢的化学成分对淬硬倾向的影响。以碳的影响大小为标准，将钢中各种合金元素按其对淬硬倾向影响的大小，全部折合成碳的相当含量，其和就是该钢种的碳当量。③ 氢对和组织和硬度。还需要指出两点：一是氢对组织或硬度有密切关系。碳当量（特别是含碳量）低的高强钢，氢对冷裂纹的影响十分突出；而碳当量（特别是含碳量）高的高强钢，氢的影响很小，含碳量高的调质高强钢或超高强钢，近缝区的组织状态是决定冷裂倾向的主要因素。二是马氏体的形态对冷裂倾向影响大，低碳的板条马氏体具有较高的塑性；在扩散氢含量低时不易产生冷裂纹；而高碳的针状马氏体冷裂倾向很大。可见单凭某一个指标，如临界最高硬度来判断是否产生冷裂纹并不合适。

3. 焊接接头的拘束应力

高强钢焊接时，产生延迟裂纹不取决于组织转变时的淬硬倾向和氢的有害作用，同时还决定于焊接接头所处的应力状态。焊接时主要产生以下三种应力：① 焊缝和热影响区在不均匀加热和冷却过程中所产生的热应力；② 金属相变时由于体积变化而引起的组织应力；③ 结构自身拘束条件所造成的应力。这三种应力皆和拘束状况有关，统称为拘束应力，这是产生冷裂纹的力学条件。拘束应力与很多因素有关，十分复杂，到目前为止尚难以掌握其真实情况，所以当前只能采用表征不同的外拘束条件的宏观拘束应力来作为影响冷裂纹的力学条件。日本学者渡边正纪、明石重雄等人先后提出拉伸拘束度和弯曲拘束度的概念。这些都是一种表示接头刚度的量，用来表示焊接接头拘束程度的大小。

（1）拉伸拘束度 R_F。如在自由状态下焊接，就使焊接后有热收缩 S。如两端刚性固定焊接，则冷却时不可能有任何收缩，这样，在焊接接头中引起了反作用力 P，它相应的接头伸长量等于 S，S 包括了母材的伸长 λ_b 和焊缝的伸长 λ_w 两部分，即：

$$S = \lambda_b + \lambda_w$$

当板厚 δ 相对焊缝厚度 δ_w 相当大时，即便是焊缝中的平均反作用应力 σ_w 超过它的屈服极限 σ_s，母材仍会处在弹性范围内，其单位长度焊缝上的反作用应力 P 主要通过焊缝传递，并可求出母材对反作用力的刚度 R_F。

$$\frac{P}{\delta \cdot 1} = E\frac{\lambda_b}{l}, \quad \frac{P}{\lambda_b} = \frac{E\delta}{l} = R_F$$

式中 R_F——母材对反作用力的刚度，即拉伸拘束度；

E——母材金属的弹性模量。

拉伸拘束度 R_F 一般简称拘束度，其定义为：单位长度焊缝的根部间隙产生单位长度的弹性位移所需的力。通过整理试验数据得到的板厚对接接头的拘束应力 σ_w 的表达式为：

$$\sigma_w = mR_F$$

式中 m——拘束系数,与钢种的热胀系数、熔点、比热,以及对接接头的坡口角度等有关。

由式可知,焊缝所受拘束应力与拘束长度 l 成反比,与板厚 δ 成正比。根据实际结构(船体、桥梁、钢架、球罐)的焊接接头实测结果,除焊缝端部及点定焊缝的情况外,母材板厚 $\delta<50$ mm 时,拘束度一般为:

$$R \leqslant 40\delta$$

可以通过试验找出每种钢在同一条件下不产生裂纹的临界拘束应力或临界拘束度,以其大小来比较它们的冷裂倾向。临界拘束应力或临界拘束度越大,冷裂倾向越小。

(2)弯曲拘束度 R_B。当对接接头是 V 形坡口时,因为焊缝收缩不均会使焊件发生角变形,如拘束不容许其产生角变形,则相当于在试件端部加一拘束弯矩 M,定义弯曲拘束度 R_B 为:

$$R_B = \frac{M}{\theta}$$

式中 M——单位长度焊缝所受的弯矩;
θ——角变形。

R_B 即"相当于为使焊接接头产生单位角变形时,单位长度焊缝所应受的弯矩大小。" 在弹性范围内,可求得

$$R_B = \frac{E\delta^3}{6l}$$

式中 E——弹性模量;
δ——板厚;
l——拘束长度。

(3)拘束对裂纹性质的影响。如果说拉伸拘束度大小反映了产生根部裂纹的难易程度,那么弯曲拘束度的大小就反映了焊趾裂纹倾向的大小,因为拉伸拘束度大时,将从应力集中最大的根部首先产生裂纹,而弯曲拘束度大时表明焊缝根部受压应力大,焊缝表层受的拉应力大。由此还可看出,弯曲拘束度的增大能在一定程度上减轻拉伸拘束的不利影响。

4. 焊接冷裂倾向评定

总括以上分析,高强钢焊接时,产生延迟裂纹的三大因素是焊接接头的含氢量、钢的淬硬倾向和拘束应力的大小。这三个因素都有各自的内在规律,但又是互相联系和互相依赖的关系。许多试验证明,焊接热影响区和焊缝的淬硬倾向是导致延迟裂纹的内在因素,只有当钢的化学成分和焊接热循环所决定的淬硬组织形成时,氢才能发挥其诱发裂纹的作用。

(1)用碳当量 C_e 来评定焊接性。焊接热影响区的淬硬和冷裂倾向与钢材的化学成分有关,因此钢材的化学成分可以用来评价它的热影响区淬硬和冷裂倾向。又因为碳是各种合金元素中对钢材淬硬、冷裂影响最明显的元素,所以人们把各种合金元素对淬硬、冷裂的影响都折合成碳的影响。碳当量法就是把各种元素都按相当于若干含碳量的办法总和起来。例如,钢材中每增加含锰量 0.6%,即相当于增加含碳量为 0.1% 的效果,则锰的含量以 1/6 计入碳当量。碳当量公式很多,较常用的有:

对于淬硬倾向较小的钢种(如低碳钢、16Mn、15MnTi、15MnV 等),

$$C_e = C + \frac{Mn}{6} + \frac{Si}{21} + \frac{Ni}{15} + \frac{Cr}{5} + \frac{Mo}{4} \ (\%)$$

对于淬硬倾向较大的钢种($\sigma_b \geqslant 734$ MPa 或 80 kgf/mm²),

$$C_e = C + \frac{Mn}{9} + \frac{Mo}{8} + \frac{V}{10} + \frac{Cr}{20} + \frac{Ni}{20} + \left(\frac{Cu}{30}\right) \ (\%) \quad (当 Cu \leqslant 0.5\% 时,可不计入)$$

式中各元素的符号,表示他们在钢中含量的百分数,C_e 不超过 0.45% 的钢,属焊接性良好的钢。这只是作为粗略估计。

(2) 用熔合区附近的最高硬度值来评定。通常为了方便起见常常用硬度的变化来判断热影响区性能的变化。一般而言凡是硬度高的区域，强度也高，但塑性、韧性下降。因此测定焊接热影响区的硬度分布可以间接估计热影响区的强度、塑性和裂缝倾向等。不同硬度的变化实质上是反映了不同金相组织的固有特性。熔合区附近的最高硬度值 H_{max} 与碳当量 C_e 有直线关系，可以用公式来表达。

对于淬硬倾向较小的钢种（如低碳钢、16Mn、15MnTi、15MnV 等）

$$H_{max} = (666C_e + 40) \approx 40 \text{ (HV)}$$

对于淬硬倾向较大的钢种（$\sigma_b \geqslant 784$ MPa 或 80 kgf／mm^2）

$$H_{max} = (1\,660C_e - 166) \pm 40 \text{ (HV)}$$

对于 Mn-Si 低合金钢，国际焊接学会（IIW）曾规定 $H_{max} \geqslant 350$ HV 时，认为钢材的焊接性恶化（该硬度值相当于不出现马氏体的硬度）。但仅从硬度值来判断焊接性是不可靠的，因为焊接性还受钢种的应力条件、氢含量等其他各种因素的影响。近年来的研究表明，若减少焊接过程中的含氢量，允许 H_{max} 可达 400 HV 以上，即允许存在一定量的马氏体。（主要因为低碳马氏体具有较高硬度的同时，也具有较好的塑性）。

(3) 用冷裂缝敏感系数来评定。碳当量法只考虑了钢材化学成分，而忽略了板厚、焊缝含氢量等重要因素，不可能直接用于判断是否可能发生冷裂缝。为此，日本又有人用 200 多种钢进行大量实际试验，求出钢材焊接冷裂缝敏感性系数 P_c 如下：

$$P_c = C + \frac{Si}{30} + \frac{Mn}{20} + \frac{Cu}{20} + \frac{Ni}{60} + \frac{Cr}{20} + \frac{Mo}{15} + \frac{V}{10} + 5B + \frac{h}{600} + \frac{H}{60} \text{ (\%)}$$

式中　h——板厚，mm（一般为 19～50 mm）；

　　　H——焊缝金属中扩散氢含量，mL/100g。

P_c 式的适用范围如下：

C 0.07%～0.22%；Si 0～0.60%；Mn 0.40%～1.40%；Cu 0～0.50%；Ni 0～1.20%；Cr 0～1.2%；Mo 0～0.70%；N 0～0.12%；Nb 0～0.04%；Ti 0～0.05%；B 0～0.005%；H 1.0%～5.0 mL/100 g (急冷法测定)。

用 P_c 值来判断和对比钢材在焊接时的冷裂缝敏感性比 C_e 值更好。

评定焊接性的试验方法很多，有的是评定工艺焊接性的，有的是评定其焊接接头使用性能的，有的是用模拟实际接头评定裂缝倾向的，有的是用专门设备评定一定临界应力为指标的形成裂缝的力学条件的，其详细方法可参阅《焊接性试验方法》一书。

(4) 预热温度的确定。由上看出，碳对冷裂敏感性影响最大，其他元素依次减小，因此低碳钢采用合金强化是改善焊接性的重要途径，对于高碳钢，冷裂倾向很大。焊前必须预热，手工焊时预热温度按下式估算（采用埋弧焊或细丝焊或特种焊接材料可降低预热温度）：

$$T_0 = 350\sqrt{[C] - 0.25}$$

$$[C] = [C]_x + [C]_p$$

式中　$[C]_p$——尺寸碳当量，$[C]_p = 0.005S[C]_x$

$[C]_x$——成分碳当量，$[C]_x = C + \dfrac{Mo}{4} + \dfrac{Cr}{5} + \dfrac{Mn}{6} + \dfrac{V}{14} + \dfrac{Si}{24} + \dfrac{Ni}{40}$

T_0——预热温度，℃；

S——板厚，mm。

5. 冷裂纹产生的原因及其控制

根据上述三因素对焊接冷裂纹的影响可知，必须尽力降低焊接应力，消除一切氢的来源，改善组织。在被焊钢材确定之后，主要是控制焊接工艺及合理选用焊接材料必要时采用焊后热处理。

(1) 焊接工艺控制。① 预热。预热是高强钢焊接时为防止冷裂纹经常采用的有效方法。预热使焊接接头的冷却速度减慢，可减少或避免淬硬组织，降低内应力，而且有利于氢的逸出。预热温度在满足焊缝与母材大致等强的条件下，大体上是强度级别越高的钢，所需的预热温度也要相应的提高。板厚越大，提高的幅度也越大。多年来通过一系列试验建立起不少确定预热温度的计算公式和线算图或图表供快速查阅，但是需注意这些公式、图表的应用条件，否则将导致错误的结果。对于一些大型结构，整体预热是困难的，甚至是不可能的，因此常采用局部预热的办法来防止裂纹的产生。局部预热的温度应当高些，但是使预热面积扩大，同样得到提高预热温度的效果。例如预热面积扩大 4 倍与提高温度 50℃效果相同。② 焊接线能量的控制。调整焊接线能量主要是可以调整接头的冷却速度（即 800～500℃的冷却时间）。一般来说，线能量越大，冷却时间越长，可减轻或避免淬硬，同时也有利于氢的逸出，这就降低了冷裂倾向。但是线能量的增大是有限的，尚需考虑焊缝成型等其他问题。有的钢种对过热敏感，增大线能量往往易于导致奥氏体晶粒粗大，一旦形成粗大的马氏体，反而不利于防止上冷裂纹。③ 多层焊。多层焊时，由于前层对后层有预热作用，后层又对前层有回火作用，因而可改善组织，促使氢扩散逸出，对于降低冷裂倾向无疑是有益的，因而多层焊时，预热温度可比单层焊低。曾有过用短道阶梯多层焊，不预热焊补 16Mn 钢的刚性很大的厚板结构中的裂纹的实践，效果良好。需要注意的是必须严格控制多层焊层间温度，以免氢量的逐层积累和产生变形而带来焊缝根部的应力应变集中，否则裂纹的倾向反而加大。④ 用细丝焊、多丝多弧细丝焊可在很大程度上提高抗裂倾向。⑤ 焊后的后热处理。在焊后冷裂纹尚未出现之前就采用后热，对防止冷裂很有好处。按照其加热温度高低可产生三种有利作用：即减少残余应力、改善组织和消除扩散氢。对于一些低合金高强钢厚壁容器的焊接，采用后热 300～350℃保温 1 h，即可完全避免延迟裂纹，并能使预热温度降低 50℃。

（2）焊接材料的选用。选用低氢型焊条以减少焊缝金属的含氢量，目前大量生产的低氢型焊条[H]<8mL/100 g（100 g 焊缝金属含扩散氢毫升数），而酸性焊条的为 20 mL/100 g 左右。现已研制出超低氢焊条，[H]可低到 0.1 mL/100 g 以下，可用来焊接非常重要的结构。埋弧焊时选择含氢低的焊剂，例如中硅氧化性焊剂，最好是采用碱性烧结焊剂。值得注意的是，采用二氧化碳气体保护焊可以获得含氢量很低的焊缝金属（[H] = 0.04～1.08 mL/100 g），大大降低冷裂倾向。① 去除氢源：烘干焊条、焊剂。将焊件、焊丝上的铁锈油污清理干净。例如低氢型焊条用前进行 300～450℃ 2 h 烘干；熔炼焊剂 250℃ 2 h 烘干即可。② 采用奥氏体焊条焊接某些淬硬倾向较大的低合金钢，也能较好地避免冷裂纹。因为奥氏体组织塑性好，可减缓接头残余应力，奥氏体焊缝又可溶解较多的氢。但奥氏体焊缝强度较低，且会因碳的扩散而造成熔合区外侧产生脱碳带，给强度带来不良影响，需引起注意。采用强度稍低但韧性较好的焊条焊接也可达到与母材等强。③ 用抗裂性好的焊条焊过渡层再用同强度级别的焊条焊接。

（3）降低焊接接头的拘束应力。① 从结构设计和工艺几方面去设法解决。如尽可能从结构设计和选材上避免采用厚板和减少焊接拘束度大的焊接接头。② 从工艺上选择合理的焊接方法、焊接分区、焊接方向和顺序，同时采用加热减应法和控制层间温度和后热处理也很重要。

（4）冷裂纹产生的原因和控制的综合分析。冷裂纹产生的原因主要是由于焊后冷却时和冷却后热影响区的脆性组织（如马氏体组织、氢脆组织和应变强化组织）在收缩受阻所产生的拉应力作用下产生，因此与碳含量和拘束度有关。冷裂形成的原因和预防方法可归结为图 8-13。由图看出，影响冷裂的因素可归纳为材料成分。板厚（内拘束）及外拘束度和扩散氢。因此，必须从设计上选择抗裂性好的结构材料和小的焊接拘束应力，从工艺上选择抗裂性好的焊接材料和合理的焊接方法、工艺参数和焊接顺序，控制合理的焊接预热温度和层间温度。总括以上，高强钢焊接时，产生延迟裂纹的三大因素是焊接接头的含氢量、钢的淬硬倾向和拘束应力的大小。这三个因素都有各自的内在规律，但又是互相联系和互相依赖的关系。许多试验证明，焊接热影响区和焊缝的淬硬倾向是导致延迟裂纹的内在因素，只有当钢的化学成分和焊接热循环所决定的淬硬组织形成时，氢才能发挥其诱发裂纹的作用。所以要预防冷裂纹的产生，必须进行综合分析及控制。

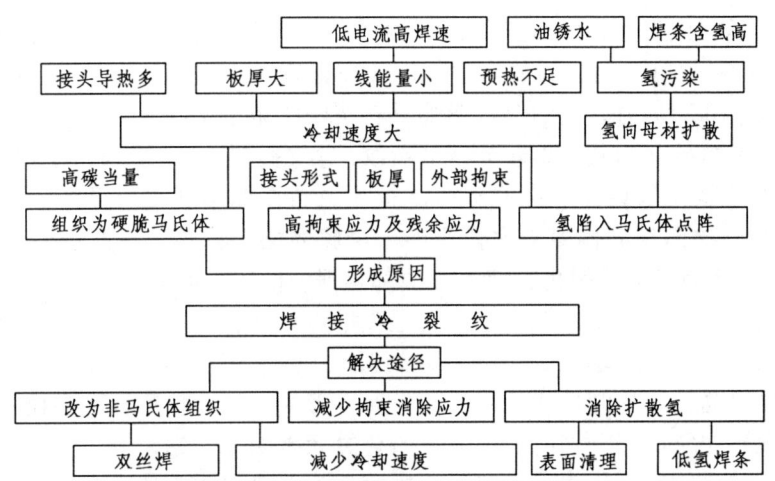

图 8-13 冷裂形成的原因和预防方法

8.3.3 热裂纹

热裂纹是在焊缝冷凝过程中，在高温阶段产生的裂纹。主要发生在焊缝金属内，少量在近缝区中。方向主要是纵向的，但有时也会看到横向分布。纵向的热裂纹常沿着焊缝中线，在柱状晶成长相遇的地方分布，或者是在柱状晶之间分布。电弧焊时热裂纹有时穿露出焊缝表面，有时不露出，而电渣焊热裂纹通常是分布在焊缝中柱状晶间不露出表面，呈"八"字形。穿露出焊缝表面的热裂纹断口表面常有氧化的色彩，也就是断口表面有一层氧化薄膜；未露出表面的热裂纹由于未与氧化性气体接触，没有氧化色彩，呈金属光泽的灰白色。

按现有的了解，热裂纹可以分为结晶裂纹（或称凝固裂纹）、液化裂纹和多边化裂纹（或称高温低塑性裂纹）。

1. 结晶裂纹

结晶裂纹是热裂纹中最常见的一种，不少文献资料常常是不严格区分这两种名称，似乎一说到热裂纹，自然指的是结晶裂纹，这大概是因为最初发现的热裂纹仅仅只有结晶裂纹。结晶裂纹主要出现在含杂质较多的碳钢焊缝之中（特别是含硫、磷、硅、碳较多的钢种焊缝），单相奥氏体钢、镍基合金以及铝和某些铝合金的焊缝中。

（1）结晶裂纹产生的机理。焊缝金属在凝固结晶过程中，通过一个被称为"有效结晶区间"或"脆性温度区间"的温度范围，它的上限温度是结晶时树枝晶交叉长大咬合成刚性骨架的温度；下限是实际固相线温度。在此温度范围内熔池中固相越来越多，液态金属越来越少，最后残留在固体晶体间的缝隙中成为液膜，由于液相的抗变形阻力很小，致使此时的变形集中在液膜上极易拉断。从宏观上表现为在此温度范围材料塑性急剧下降，延伸率最低可到 0.1%～0.5%。过了此脆性温度区间下限，金属塑性马上得到改善。在不均匀加热冷却中焊件还受到因外界或结构内其他部分的刚性拘束，阻碍收缩而引起的拘束应力。当焊缝金属内部拉伸变形量超过金属的塑性后，就会引起开裂，并且一旦在固相线温度以上裂纹产生后还可能在固态下扩展。因是晶粒间残存液膜的破裂，结晶裂纹都是晶间断裂。如果拉伸变形量未超过焊缝金属在脆性温度区间时的塑性，则不会出现裂纹。

（2）影响结晶裂纹倾向的因素。在拟订焊接工艺时应当注意结晶裂纹倾向的大小取决于：① 结晶期间作用在焊缝金属上的拉应力增长的速度和大小，减少焊接时的拘束应力和预热是重要方法。② 焊缝的化学成分，它决定了焊缝金属在结晶期的性质和在脆性状态下停留的时间长短；碳和硫磷是影响结晶裂纹的最有害的元素，碳增大结晶温度区间，硫磷会形成低熔点共晶（如 Fe-FeS），在焊缝金属几乎都已结晶后依然以液膜形式分布于柱状晶间，这都促使结晶裂纹倾向增加；而锰是最有利的元素，能置换 FeS 形成熔点为 1 620℃ 的球状 MnS，从而提高了焊缝金属的抗裂性能。钢中 Mn/C>6.7；对于低镍合金高强钢 Mn/C 比大于 370 时不会出现结晶裂纹。但是锰含量不能一味增加，对于 0.10%～0.12%C 的焊缝，锰含量在 2.5%

以前提高能改善焊缝金属的抗裂性，提高到 2.5%～4%，看不出有什么影响，超过 4% 抗裂性反而变差。焊缝金属含碳量为 0.13%～0.20% 时，锰的有益作用仅在含量为 1.8% 以下时才表现出来，超过 2.5% 反而不利。含碳量为 0.21%～0.23% 时，锰的有益影响只在更窄的浓度范围内才有。这是由于存在碳时，焊缝中含锰过高可能发生由易熔碳化物共晶引起的结晶裂纹。③ 焊接熔池的形状，它影响到焊缝柱状晶成长的方向。深窄的焊缝，其形状系数 $\psi = b/h$ 在 0.8～1.2 范围，自两侧熔合线向焊缝中心成长的柱状晶最后在焊缝中部相遇，一些易熔共晶杂质偏聚于此，形成一个脆弱层，就易于在此产生结晶裂纹。熔池成杯状（$\psi = 1.3~7$）时，两侧柱状晶长大成锐角在熔池上中部相遇，低熔共晶偏聚在上中部，不易产生结晶裂纹。但是当熔池形状系数超过 7，焊缝宽而浅（用带状电极堆焊时会遇到这种形状的焊缝）时，柱状晶平行成长，杂质偏聚于各柱状晶之间，又重新形成了许多脆弱面，也会降低焊缝金属的抗裂性。④ 一次结晶的形态可以通过细化一次结晶晶粒，抑制柱状晶组织的发展，形成等轴晶粒和打乱晶粒长大的方向来使焊缝金属抗热裂性得到明显改善。常加入一些能细化晶粒的合金元素如钛、钼、钒、铌、铝和稀土元素等，它们会生成难熔的氧化物、碳化物和氮化物，在熔池中成为许多非自发结晶核心来达到上述目的。采用机械振动、电磁振动以及超声振动也可破坏正在成长着的柱状晶，增加结晶中心，使晶粒细化，打乱其方向性。这些方法都可使焊缝金属抗裂性能提高，且改善焊缝金属的机械性能。

(3) 焊接凝固裂纹倾向的评定。焊接热裂倾向可用发生热裂的临界应变率 CST 表示。下式为强度 980 MPa 的 HT100 钢的试验确定的 CST 表达式，希望 $CTS \geqslant 6.5 \times 10^{-4}$。

$$CST = (-19.2C - 97.2S - 1.0Ni - 0.8Cu - 618.5B + 3.9Mn + 65.7Nb + 7.0) \times 10^{-4}$$

另外，还有一些概括热裂敏感性的表达式，如：

$$HCS = \frac{C\left[S + P + \frac{1}{25}Si + \frac{1}{100}Ni\right]}{3Mn + Cr + V} \times 10^{-3}，希望 HCS \leqslant 4$$

$UCS = 230C + 190S + 75P + 45Nb - 12.3Si - 5.4Mn - 1$，希望 $UCS \leqslant 25$（对接）或 $\leqslant 19$（T 接）

式中：C、S、Ni、Cu、B、P 为增加热裂倾向的元素含量百分比；Mn、Cr、V 为减少热裂倾向的元素含量百分比，系数为影响程度；Nb、Si 难作定论。但还是可以看出材料大多数成分对热裂倾向的影响，由于所试验条件和成分组合的不同，其影响程度表现也有不同，甚至有的成分在不同表达式中得出不同结论，但 C、S、P 的有害作用和 Mn 的有利作用则十分肯定。总之，碳，硫，氢，铜，磷，镍均助长热裂产生，其中以碳、硫最为严重，含锰可以去硫。用碱性焊条可以去硫，磷，可以减少热裂倾向，同时也必须减少焊接应力和拘束应力。

2. 液化裂纹

在镍铬高强钢、奥氏体钢和镍基合金的近缝区或多层焊层间金属中，有时沿着过热的奥氏体晶界有长度、深度很小的微裂纹，小的可在一个到几个晶粒范围，通常小于 0.5 mm，大的也很少超过 1.0 mm，它们只有在金相磨片的显微观察时才能发现。这种裂纹主要位于热影响区的粗晶区，有时也少许跨入熔合线内，沿焊缝中的柱状晶界分布。这种裂纹是由于粗晶区的奥氏体晶界在焊接热循环的高温作用下发生局部熔化，在拉应力作用下，液化层开裂而成，所以称之为液化裂纹或热撕裂。其原因和结晶裂纹产生的原因有着相似之处，即存在液态薄膜，但是产生的温度在固相线温度下面一点。晶间液化层在固相线温度以下出现，是由于晶界含有低熔共晶的组成物（如硫、磷、硅、镍等）过多造成，越靠近熔合线的区域，温度越高，晶间易熔成分熔化得越充分（甚至可能会和焊缝内晶相连），开裂的可能性越大。有时液化裂纹也可能是由焊缝结晶裂纹沿着近缝区晶间液化层扩展而成。在一般的低合金高强钢中主要与有害杂质硫磷有关，使锰硫保持一定比例是控制液化裂纹发生率的重要方法。例如含碳量不超过 0.2% 时，Mn/S>30，液化裂纹敏感性较小。从工艺上讲，减少线能量，降低近缝区过热程度可减少液化裂纹发生率。从过热的角度讲，高线能量的焊接方法如埋弧自动焊容易发现这类裂纹，而手工电弧焊时，只有在对液化裂纹很敏感的钢中才可能遇到这类裂纹。

3. 高温失塑裂纹和多边性裂纹

在固相线以下也可能产生另外两种与液膜无关的热裂纹，一为高温失塑裂纹，一为多边性裂纹，前者由于晶界的偏析和扩散变形有关，发生在过热区和焊缝的二次结晶中，既可能在过热区也可能在焊缝；而后者是发生在正在成长的柱晶多边化边界上，故发生在焊缝上。

4. 焊接热裂的控制

产生热裂的原因及解决途径归结为图 8-14。减少热裂倾向除了在母材和焊材中作成分控制外，从工艺上合理控制焊缝形状系数使熔宽与熔深之比（b/h）在 6 以上最好，降低焊接速度、减少冷却速度、增加预热温度都有利于减少热裂倾向。减少焊接部位的拘束度是减少热裂倾向的重要方法。因此与冷裂的控制一样，必须从设计上选择抗裂性好的结构材料和小的焊接拘束应力，从工艺上选择抗裂性好的焊接材料和合理的焊接方法、工艺参数和焊接顺序，控制合理的焊接预热温度和层间温度。

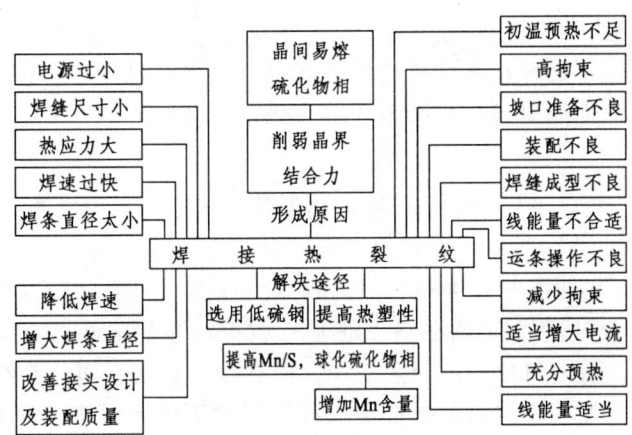

图 8-14 热裂产生的原因及解决途径

8.3.4 再热裂纹

焊接接头再次加热时产生的裂纹叫再热裂纹。

1. 再热裂纹形成的特点和形成条件

（1）再热裂纹的形成。在消除应力的消除应力退火时（600℃左右）沉淀相的析出造成沉淀硬化可能产生再热裂纹，在 500~700℃ 之间产生，这叫消除应力处理裂纹，即 SR 裂纹；在高温合金的时效处理或高温运行中伴随沉淀硬化产生的再热裂纹，在 700~900℃ 之间产生，叫应变时效裂纹，即 SA 裂纹。再热裂纹属于沿晶性质，大都沿熔合线方向在奥氏体粗晶区晶粒边界扩展，其原因一般认为是晶内硬化、晶界杂质脆化，在温度和应力变化下的一种蠕变损伤。

（2）再热裂纹的特点。再热裂纹有以下特点：① 一般只有在那些沉淀强化的低合金高强钢、珠光体钢、奥氏体钢和镍基合金等材料中才会发现这类裂纹；② 通常发生在焊接热影响区粗晶部分上，并具有典型的晶间断裂性质，方向大致平行于熔合线，裂纹不一定是连续的，常常是分支多道并行发展；③ 几乎所有再热裂纹都起源于某种类型的应力集中点，如焊趾、焊根及其他焊接缺陷；④ 再热裂纹的产生必须有大的残余应力作为先决条件；⑤ 再热裂纹产生在再热的升温过程。存在一个最易于产生再热裂纹的敏感温度，例如低合金高强钢一般在 500~700℃ 之间。

（3）再热裂纹的形成条件。承受应力的金属在温度高于再结晶温度时会发生蠕变，原来所受的弹性应变逐渐转变成塑性应变，而应力随之减小，这就是应力松弛过程。消除应力回火实际上就是一个应力松弛过程，焊接接头的残余应力在高温下逐渐松弛消失，同时会有一个逐渐增大的塑性应变量产生。那些残余应力较大或者是应力集中严重的部位，在应力松弛过程中产生的附加塑性应变量自然较大，当它超过金属塑性形变能力，就会在该处发生开裂。按照较为流行的晶内二次硬化观点来解释再热裂纹形成的机理是：金属内部晶粒和晶界的塑性形变能力大小受众多因素的影响。对于那些沉淀强化的低合金高强钢，其沉硬化相（钼、钒、铬、铌、钛等碳化物）焊接时溶入到 1 100 ℃以上的固溶体，由于冷却快来不及析出，处于过饱和状态。以后在 650 ℃消除应力退火时，或者在 550～900 ℃的高温下工作时，这些碳化物也会析出，散布在晶粒内部，塑性形变时位错的滑移碰到这些弥散硬化相而受阻，提高了蠕变抗力，使晶粒内部强化。晶界此时相对来说较弱，形变抗力小，应力松弛过程中的附加塑性应变量会更多地集中于晶界，而晶界总的塑性形变能力却是低的，特别是粗晶区，总的晶界面少，塑性更差，这样就容易在晶界发生开裂形成再热裂纹。所以焊接接头焊后再次加热过程中产生再热裂纹的一般条件可表达为下列形式，即

$$\varepsilon \geqslant \varepsilon_c$$

式中　ε——产生裂纹的晶界微观局部的实际塑性应变量；

　　　ε_c——产生裂纹的晶界微观局部的塑性形变能力。

根据高温显微镜的直接观察，再热裂纹确实是由于晶界优先滑动而导致在晶界形成微裂纹，并沿晶界扩展而成。

（4）再热裂纹倾向的成分评定。再热裂纹的成分评定可用下式：

$$\Delta G = Cr + 3.4Mo + 8.1V - 2 \leqslant 0$$

2. 再热裂纹的控制

在钢种及结构形式一定的条件下，为防止产生再热裂纹，一般主要考虑两方面：① 改善过热粗晶区的塑性；② 减少焊接残余应力，特别是要减少应力集中。主要有以下措施：

（1）预热及后热处理。预热能降低焊接残余应力和减少过热区的硬化，也是防止再热裂纹的有效措施之一。预热温度因钢种不同而有所不同，如在斜 Y 形坡口拘束试验的条件下，18MnMoNb 钢的预热温度区为 230 ℃，而 14MnMoNbB 钢则为 300 ℃，一般来说，提高预热温度，再热裂纹倾向将明显减小，大约在 200～450 ℃范围内效果为好。如能在焊后及时在不太高的温度下进行后热：也可产生类似预热的效果，并可降低一些预热的温度。例如 18MnMoNb 焊后 130 ℃后热处理 2 h，预热温度可降到 180 ℃；14MnMoNbB 在 250 ℃后热处理 2 h，预热温度可降到 180 ℃。

（2）焊接线能量的控制。焊接线能量的影响比较复杂，与钢种成分、热影响区组织状态、残余应力等都有关系，尚未能认清其规律。例如对于 SCM4（一种中碳低合金钢），在小线能量时具有高碳马氏体组织，比大线能量时形成贝氏体组织还要有利于减少再热裂纹敏感性。对于 HT80（一种低碳微量多合金元素低合金钢）恰恰相反，增大线能量以获得贝氏体组织反而减少再热裂纹的敏感性。残余应力水平不同时线能量变化带来的影响也不同，如对于 HT80 钢，残余应力不太大时线能量增大，可减少再热裂纹倾向，而残余应力水平较高时，线能量从 10.7 kJ/cm 增大到 19.1 kJ/cm，再热裂纹敏感性并未显出差别，但线能量增至 25.9 kJ/cm 时，敏感性明显增大。因此，在不同的试验条件下，焊接线能量的影响可以有相当大的差异，尚不能得到一个简单的结论。

（3）应用低强焊缝。降低焊缝金属强度可提高其塑性形变能力，从而减缓近缝区的应力集中，一可降低再热裂纹的敏感性。即便仅仅在焊缝表层用低强焊条来盖面，也有一定的降低再热裂纹倾向效果。

（4）减少缓残余应力。用钨极氩弧焊重熔一遍焊缝表层，可减少焊接残余应力。铲削去焊缝增高；根除咬边、末焊透，可显著减少近缝区的应力集中。这些措施都可降低再热裂纹的倾向。

8.3.5　层状撕裂

1. 层状撕裂的特征和形成的原因

在大型焊接结构中，往往采用 30～100 mm 甚至更厚的高强钢，如果焊接时在钢材厚度方向承受较大的拉伸拘束应力，就有可能发生层状撕裂。由于检测手段的限制，无损探伤不易发现而造成潜在的危险，即使查出亦难修复。

（1）层状撕裂的特征。层状撕裂是由若干沿着钢板轧向，且平行于表面发展的裂纹"平台"。通过大体上垂直板面的剪切"壁"而连接起来的阶梯形裂纹。在裂纹的平台部分常可找到各种形式的非金属夹杂物。层状撕裂的位置在热影响区或离焊缝更远一些的母材中，而不可能出现在焊缝中。就接头形式而言，层状

撕裂一般都发生在丁字接头或角接接头，极少发生在对接接头中。

（2）层状撕裂形成的原因。除了 Z 向（厚度方向）上必须造成足以引起撕裂的拘束应力外，主要是与轧制过程中在板厚方向上形成的非金属夹杂物的层状构造有关。非金属夹杂物与金属结合力极低并成为应力集中源，如果金属本身塑性、韧性差，就会因拘束应力而使处于同一平面的许多非金属夹杂物开裂、扩展，并连成一平台。而"壁"则是由相邻平面内的裂纹通过剪切形成的。非金属夹杂物的数量、大小、形状和分布比它的成分对层状撕裂的影响更大。从夹杂物的大小看，主要取决于它的平均长度而非单个夹杂的最大长度。从分布看，在同一平面内密集的夹杂物影响严重。端部尖锐程度大的薄片状夹杂物显然比钝厚的层状夹杂物影响大，因此夹杂物中以片状硫化物的影响最为严重。

（3）影响层状撕裂的因素。凡是影响钢材塑性的因素如组织、应变时效、氢脆都会给层状撕裂的产生带来影响，至于氢的作用有多大尚有争论，但层状撕裂不仅出现在热影响区，还可能出现在远离焊缝的母材里这一事实至少说明氢不是决定性因素。

（4）层状撕裂形成的条件。Z 向拘束应力自然是层状撕裂产生的必要条件，只有在角接接头、丁字接头这类形成较大 Z 向应力的情况才有可能引起层状撕裂，像对接接头即使钢材中夹杂物较多，也不至于发生层状撕裂。

2. 层状撕裂的防止

层状撕裂是以预防为主。既然层状撕裂的基本原因是夹杂物多、Z 向塑性低和拘束应力大，那么预防措施亦应从以下几方面入手：

（1）应当选用对层状撕裂敏感性小的材料，为此使用前材料需做一些试验，如 Z 向拉伸试验，用厚度方向上的断面收缩率 φ_z 来衡量层状撕裂的敏感性。注意到成分相同的材料，夹杂物含量不一定相同；同一块板上不同部位夹杂物量也不同，因而需多个部位取样。$\varphi_z \leqslant (5\% \sim 8\%)$ 层状撕裂的倾向就很严重，$\varphi_z > (15\% \sim 25\%)$ 就能较好地抵抗层状撕裂，因此 $\varphi_z \geqslant 15\%$、25%、35%、45% 分别代表不同程度的抗层状撕裂钢，同时要求逐级降低含硫量。此外还可做 Z 向窗口试验，它是测定层状撕裂倾向较常用的方法，经常与上法配合使用。对钢材还进行含硫量的分析以便了解硫化物夹杂的数量。

（2）为减少 Z 向拘束应力，可从结构设计和工艺方面采取一些措施：改变以减少对钢板产生 Z 向拉伸的接头形式；采用低强度焊缝；预堆敷软焊道过渡层；采用低氢焊条，小线能量和预热等。

（3）有不少层状撕裂是其他焊接裂纹诱发而生的，所以防止这些裂纹也是十分重要的。

8.4 碳素钢的焊接

8.4.1 碳素钢焊接的一般原则

1. 碳素钢的焊接

由表 8-2 看出，含碳量低于 0.25% 的低碳钢的焊接在一般焊接结构中应用很多，是一种焊接性优良的焊接结构材料，焊接性优良，对焊接方法和焊接工艺的适应性很大。0.28%～0.58% 的中碳钢多用于机器零件，耐磨零件等，含碳较低的中碳钢可调整焊接规范即可，但在板厚增加或拘束度增大，就需预热，含碳量越高，预热温度就越高，一般预热到 100～200℃。对含碳为 0.8% 及以上的高碳钢则需预热可高到 350 ℃。这是指手工焊的估计。高碳钢焊接时，在焊缝及热影响区易产生冷裂缝。焊前预热和焊后缓冷，可减小焊接前后的温差，一方面冷却速度减慢，淬硬倾向减小；另一方面焊接应力也减小了，所以这是防止裂缝的根本措施。这是因为随着含碳量的增加，钢的淬硬倾向增大，形成硬脆的马氏体组织倾向增大，在粗晶区的加热温度高出 A_3 以上很多，使奥氏体晶粒发生严重的长大，在快速冷却时，粗大的奥氏体将转变为粗大的马氏体。在一定的应力（由于加热冷却时膨胀收缩所产生的应力和组织变化使体积变化时而产生的组织应力）条件下，产生裂缝。防止办法有：

(1) 选用合适的焊接方法。如气焊和埋弧焊冷却速度较慢,电渣焊更慢,可减少淬硬倾向。

(2) 选用合适的焊接规范。如选用较大的焊接线能量,冷却速度减慢,淬硬倾向减小。

(3) 采用多层分段焊焊接工艺。焊第一层对第二层有预热作用,焊第二层对第一层有热处理作用。在自动焊时采用双弧焊,前弧打底预热后弧填充和热处理。

(4) 采用低碳微合金化高强焊接材料焊接、不锈钢打底焊接。

以上办法有可能做到不预热焊接和低预热焊接。

2. 高碳钢焊接

含碳量增加,熔化的基体金属中碳向熔池过渡增加,在冶金反应中遇到氧而产生了大量的CO气体。CO是不溶于金属的,当熔池冷却,凝固结晶时,熔池金属的粘度不断增大,另外焊缝冷却速度较快时,CO来不及逸出被"围困"在焊缝里形成CO内气孔。其防止办法有:

(1) 减少基体金属(母材)的熔化量,以减少碳的来源。具体办法为焊件开坡口,用细焊丝、小电流焊接。若用直流电源,应直流反联,多层焊等。

(2) 加强熔化金属脱氧,以减少氧的来源。在手工焊时通过焊条药皮中加入Al、Ti等脱氧剂,加强熔化金属脱氧。CO_2气体保护焊时,应采用Mn、Si量足够的低合金钢焊丝焊接。

8.4.2 高碳钢焊接实例

钢轨焊接是高碳钢焊接的典型实例接。我国最常用的是预热闪光焊和气压焊,也有用铝热焊。日本在新干线建设时就使用多种焊接方法,几种焊接方法焊成的实际钢轨接头的性能比较如表8-3所示,日本同时也用了窄间隙手工焊,其焊接过程如图8-15所示。由于不开坡口,只留12～17 mm间隙,所以又叫窄间隙手工焊,由于不打渣连续焊,所以又叫渣池焊,日本在当时建设新干线时用LB116焊条(相当于我国J807焊条性能)焊接达到的水平如表8-3左栏所示,由此看出,轨腰性能较低,特别是塑性更加明显;从焊接接头各部位性能看,以熔合线最低,60%断在熔合线,30%断在母材,10%断在焊缝,而焊缝的断裂强度和塑性都属最高,可见焊缝质量是好的。但由于没有闪光焊和气压焊那样一个加压塑性变形过程,因而性能略低,但落锤试验结果很不错。几种焊接接头铝热焊最低。几种焊接方法焊成的实际钢轨接头的性能试验比较如表8-3右栏所示。由表看出,气压焊的性能已基本达到闪光焊水平,但设备比闪光焊简单,投资比闪光焊机少。由于在锁定焊和钢轨接长换轨时不利于用加压焊接,还需要用铝热焊,由日本高速新干线使用表明窄间隙手工电弧焊有很好的力学性能,远远超过铝热焊,已达到或接近闪光焊和气压焊的水平,窄间隙手工电弧焊只要一台手工电弧焊机,可以多次使用的水冷成型模具,成本和投资也较少,值得推广应用。根据目前焊接技术发展情况,只要有了水冷成型模具,用药芯焊丝或自保护药芯焊丝进行半自动焊或自动焊可以进一步提高焊接质量和焊接生产率,还可大大减轻工人的劳动强度。同时,由于焊接线能量大,冷速慢,有利于减少裂纹倾向和形成马氏体组织的可能性,可大大降低预热温度甚至冷焊。

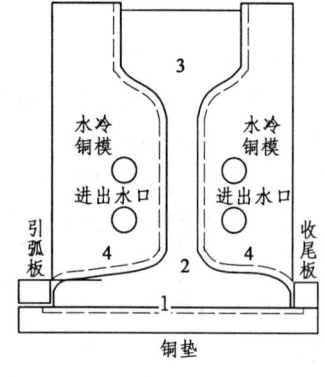

焊接顺序:
1. 安装铜垫。焊接打底焊1用4 mmLB116焊条
   焊接参数为120～160 A/21～24V 单层单道焊接
2. 继续焊轨底。用4 mmLB116焊条
   焊接参数为160～180 A/23～26 V 多层单道焊接
3. 安装水冷铜模。用5 mmLB116M焊条焊轨腰轨头3
   焊接参数为230～250 A/23～28 V 连续不打渣焊
4. 拆去水冷铜模。用4 mmLB116焊条 盖面焊4
   焊接参数为150～170 A/23～25 A 单层单道焊接

注意:轨底焊接两端需加引弧收尾板最后切除;
焊前必须预热焊后缓冷,打磨后正火处理。

图8-15 钢轨手工窄间隙焊

表 8-3 国外钢轨窄间隙手工对接试件及几种焊接方法焊成的实际钢轨接头的性能

试件种类	钢轨各部位取样的力学性能试验				实际钢轨接头的性能试验比较							
取样位置	σ_k /MPa	σ_z /MPa	δ /%	断裂位置	几种焊法	疲劳程度	静弯试验				落锤试验	
							载度 P/kN		挠度 f/mm		H/m	f/mm
						MPa	轨头向上	轨头向下	轨头向上	轨头向下	逐级升高	挠度
轨头上左	814	450	17.4	熔合线母材	试验结果							
轨头下左	816	451	14.5									
轨头上右	808	439	15.6	母材熔合线	气压焊	330~333	1 186~1 343	1 156~1284	25~84	23~90		
轨头下右	803	464	11.0									
轨腰上部	783	461	4.2	熔合线熔合线	闪光焊	289~323	1 137~1 362	970~1 156	30~97	13~64	3.0~8.0	7~57
轨腰下部	817	553	5.9									
轨底左1	854	466	11.0	熔合线母材焊缝熔合线	铝热焊	176~216	970~1 078	826~970	17~23	11~18	2.5~4.0	4~9.4
轨底左2	839	436	12.6									
轨底左3	853	469	18.5		电弧焊	276~279	1176~1 333	921~1 093	28~40	15~22	3.3~8.0	4.5~50
轨底左4	854	479	15.7									

国内钢轨窄间隙焊接试验的材料和焊接材料成分和性能如表 8-4 所示。该焊条钢轨窄间隙手工对接的专用焊条（低碳含 Cr、Ni、Mo，相当于 J757 性能），与钢轨母材比较属低匹配。焊接在焊前 100~150 mm 范围预热 500℃上，焊后将接头加热到 650℃保温 16 min 缓冷到室温。冷却后从焊接钢轨各个部位取样做力学性能试验，结果如表 8-5 所示。轨头和轨底强度超过钢轨，但轨腰较低，低于钢轨。焊接钢轨实物试验结果如表 8-5 右列。由表看出，钢轨的实际焊接接头有较好的性能。

表 8-4 国内钢轨材料和焊接材料成分和性能

试验项目	化学成分/%								力学性能		
试验材料	C	Si	Mn	P	S	Cr	Ni	Mo	σ_b/MPa	δ/%	HB 母材(淬火)
U71 轨	0.76	0.30	1.24	0.03	0.015				≥800	≥9	260(280~350)
360 焊条	0.07	0.24	1.78	0.03	0.013	0.58	0.40	0.34	720	14	307~327

表 8-5 国内焊接钢轨实物试验结果

	焊接钢轨各个部位取样作力学性能试验结果				焊接钢轨实物试验结果	
部位	σ_k/MPa	σ_z/MPa	δ/%	A_{kv}/J 静弯试验（kN）		疲劳试验/KN/f5Hz=1/5
轨头	875,825/850	570,560/565	4.0,1.5/28	54,44/49	1620,1552,1580	支距 1 m，68~343kN 脉动加载，2 000 000 次未断 试件数 3 根焊接钢轨
轨腰	660,765/713	485,485/485	0.5,2.0/13	60,8.9/34	160,1550,1559	
轨底	820,815/818	485,485/485	7.0,7.5/73	65,75/70	1708,1708 支距 1m	

8.4.3 高碳钢堆焊实例

钢轨堆焊仍然高碳钢堆焊重要实例，目前钢轨堆焊基上是采用手工焊。但其他焊接方法也在试验研究中，各种焊接方法的焊接规范和性能如表 8-6 所示。

表 8-6 两种焊条手工焊接规范及焊接结果

焊接方法	焊条或焊丝	焊条 d/mm	焊接电流/A	电压/V	焊速/(m/h)	预热	冷却	焊接硬度
手工焊	TY-320	3.2	110~120	23~25	15~20	350℃	保湿	328~344HB
	KD286	3.2	80~90	25~27		不	自然	223~277HB
半自动埋弧焊	H20DrMnSiA	2.0	220	34~36	15~20	不	自然	235~252HB
自动药芯单丝埋弧焊	SMD45Rc	2.0	300	34~36	10	不	自然	500~640HV

续表 8-6

焊接方法	焊条或焊丝	焊条 d/mm	焊接电流/A	电压/V	焊速/(m/h)	预热	冷却	焊接硬度
自动药芯双丝埋弧焊	SMD45Rc	2.0	350	34~36	10	不	自然	430~460HV
自动自保护药芯焊丝焊	JCNi29	2.0	180~190	26	30~50	不	自然	154~212HV
	JCTD32	2.0	130~137	28.5	30~50	不	自然	543~624HV
	JCTD32	2.0	250~260	28	30~50	不	自然	293~328HV

1. 钢轨手工堆焊

目前钢轨堆焊基本上是采用手工焊。早期曾额采用 KD286 高 Mn 钢焊条冷焊，KD286 高锰钢焊条与钢轨焊接的冷速在控制上有很大的矛盾，冷焊钢轨冷裂和淬硬倾向很大，使用中剥离较多。用 TY320 (Mn2-Cr-NiD) 低合金钢焊条热焊，焊补层性能优良，使用良好，电流也可提高 1/3，因而焊接生产率也可提高 1/3，但要进行预热缓冷，可用 QK-20 汽油烤炬加热用红外测温。

2. 钢轨半自动埋弧堆焊

目前钢轨堆焊和对接还未见半自动焊和自动焊的使用。苏联在 20 世纪 50 年代初就用焊剂 431+H20CrMnSiA 进行埋弧半自动轨头堆焊，焊丝直径 2 mm，焊接参数为 $I=220$ A，$U=34\sim36$ V，$V_c=15\sim20$ m/h。母材/焊层硬度为 209~219(B)/247~265 HV(W)。由于采用了细焊丝可提高熔化系数 2 倍以上，焊接电流又提高 1 倍以上，可大大提高生产率，还可减少裂纹倾向，可以达到低预热或不预热的目的。

3. 钢轨自动药芯焊丝埋弧单丝及双丝自动堆焊

自动焊可以使用埋弧、药芯焊丝和自保护药芯焊丝进行焊接。曾用 SMD45Rc 单丝埋弧焊和双丝埋弧焊药芯焊丝冷焊钢轨不裂，双丝焊从生产率和性能均高于单丝焊。如改用 SMD35Rc 药芯焊丝不只硬度可与钢轨母材匹配，还可降低裂纹倾向。

4. 自保护药芯焊丝焊钢轨自动堆焊

试验证明，用 JCNi29 焊丝焊接也能做到冷焊不裂和不生成马氏体，但硬度偏低；用 JCTD32 焊丝用两种焊接参数焊接时大线能量焊接的焊层磁粉探伤未发现裂纹（有显微裂纹），而小线能量焊接的焊层磁粉探伤就有裂纹，硬度高达 543~624 HV，说明焊接材料和焊接规范对裂纹倾向有重要的影响。同焊接参数时自保护药芯焊丝焊比埋弧焊冷速要快，所用的焊接线能量又比药芯焊丝埋弧焊小得多，因而裂纹和淬硬倾向要大得多，如能提高线能量，就可大大减少冷却速度，减少裂纹和淬硬倾向。用大电流平行堆焊焊时硬度可降到 293~328 HV，达到钢轨的水平，说明硬度级别合适，说明焊接参数对焊层硬度有很大的影响。对焊钢轨来说以较大线能量为宜。

5. 焊接接头的硬度分布

JCTD32 和 JCNi29 自保护药芯焊丝自动焊接头的硬度分布如图 8-16 所示。图中 0 为熔合区，正和负值分别为粗晶区到母材离熔合区的距离和离堆焊层的距离。

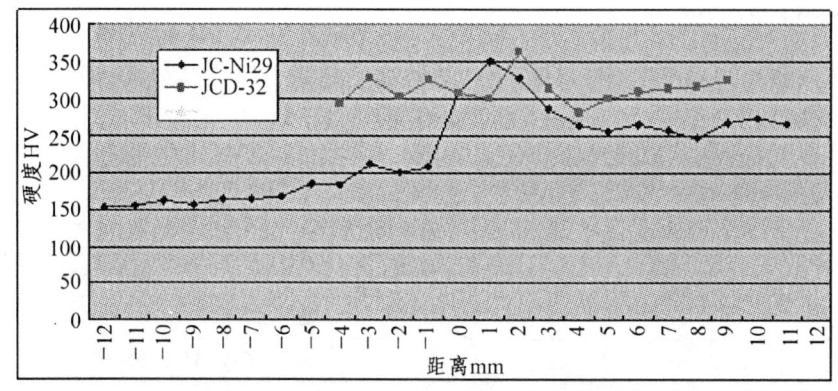

图 8-16 JCTD32 和 JCNi29 自保护药芯焊丝自动焊接头的硬度分布

8.4.4 高碳钢堆焊的组织分析

焊补层的组织决定了焊补层的性能，而焊补层的组织又与焊补层的成分与冷却速度有关，而其又与焊接方法、焊接规范、工件厚度和初始温度有关。

1. 锰钢堆焊焊条 KD286 焊补层的组织

锰钢堆焊焊条 KD286 焊补层为柱状奥氏体组织，上道运行受列车轮对碾压后由于巨大的塑性变形转变成脆硬的马氏体，如图 8-17(a)所示。焊补层中有马氏体的产生，这一方面有利于提高钢轨的表面硬度、耐磨性，但是将降低焊补层的冲击韧性；在熔合区有明显的裂纹如图 8-17(b)所示，并最终在列车轮对的冲击作用下，使焊补层开裂、剥离，如图 8-17(c)所示。

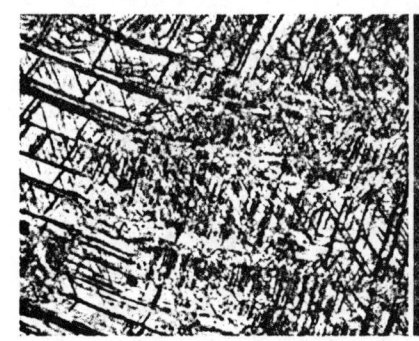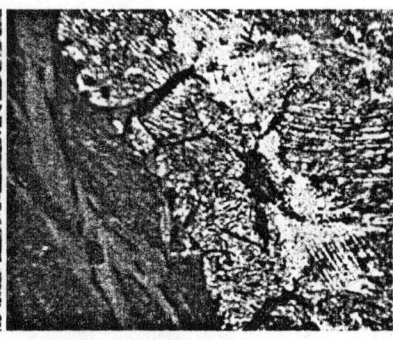

(a)上道运行后的KD286焊补层焊缝组织（630×）　(b)典型的KD286焊接熔合区裂纹（250×）　(c)典型的KD286焊补层的剥离失效

图 8-17　KD286 焊条冷焊焊补层的组织与裂纹

2. 珠光体类堆焊焊条 TY320 焊补层的组织

其组织与钢轨母材的组织非常相近，均为珠光体＋铁素体组织，不存在明显的组织差别。可以看出，正常条件下的焊补层无马氏体组织，无宏观裂纹和显微裂纹（如图 8-18 所示），有较好的组织性能，现已在钢轨磨损焊补中推广应用，取得了良好效果。

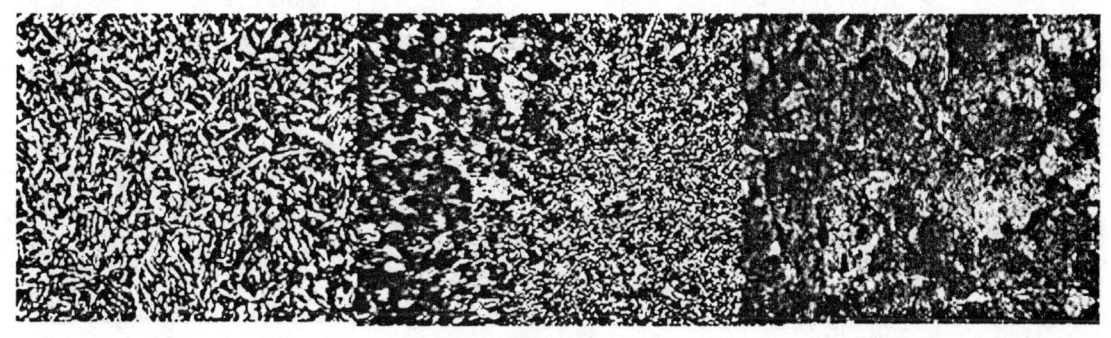

(a)TY320焊缝组织(630×)　　(b)TY320熔合区组织(250×)　　(c)TY320过热区组织(250×)

图 8-18　TY320 焊补层各区的组织

3. JCTD32 焊丝单道不预热小电流堆焊

JCTD32 焊丝单道不预热小电流堆焊钢轨时会出现微观或宏观冷裂纹如图 8-19 所示。钢轨属于高碳钢，其热裂倾向和冷裂倾向都很大。由裂纹的特征可以看出它们属于冷裂纹，而这里的裂纹是由于钢轨的碳当量较高在焊补的未预热和自然冷却下，其冷却速度较快，在焊缝组织区产生的高碳马氏体脆断所造成，裂纹横跨焊缝和热影响区。图 8-20 所示为其金相组织，由图看出，在焊缝中存在马氏体组织，如图 8-20(a)所示，同时在热影响区存在马氏体＋珠光体组织。这是因为本来钢轨的含碳量就比较高，在没有预热和母材急冷的情况下，快速的冷却，得到马氏体。在熔合区有显微裂纹的存在，如图 8-20(b)所示。而热影响区冷却要慢一点，因此得到的是马氏体和珠光体，如图 8-20(c)所示。这与硬度测试结果相吻合。

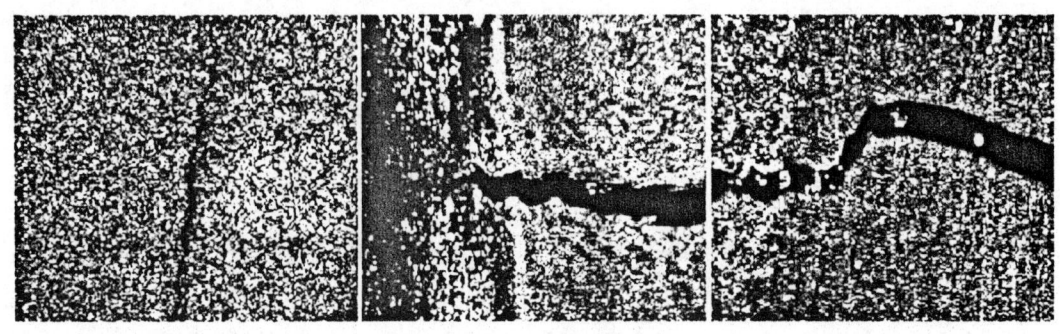

(a)堆焊一道时的裂纹40×　　　(b)堆焊三道时的裂纹40×　　　(c)堆焊单层时的裂纹40×

图 8-19　JCTD32 焊丝单道焊接的焊缝裂纹

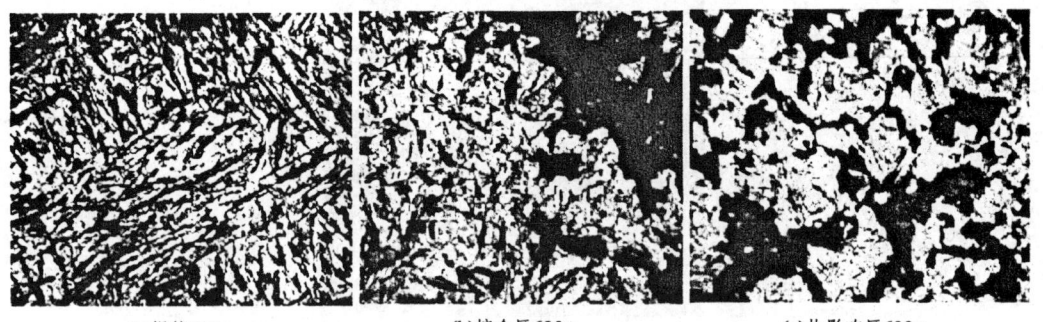

(a)焊缝630×　　　　　(b)熔合区630×　　　　　(c)热影响区630×

图 8-20　JCTD32 焊丝单道焊接的焊缝及过热区组织

4. JCTD32 平行堆焊多道的单层焊缝及热影响区单道焊组织

JCTD32 平行堆焊多道的单层焊缝及热影响区单道焊组织如图 8-21 所示。焊缝上层组织主要是贝氏体和少量的马氏体组织（如图 8-21(a)所示），下层组织和熔合区主要为珠光体和铁素体，如图 8-21(b)和图 8-21(c)所示。这是因为其在连续的焊接过程中的热循环作用，还有就是前面焊接的能量相当于在给后面的焊缝进行预热，而使得其冷却速度比单道焊缝和焊三道焊缝时冷却速度要慢很多，这点与前面硬度试验结果也很吻合。

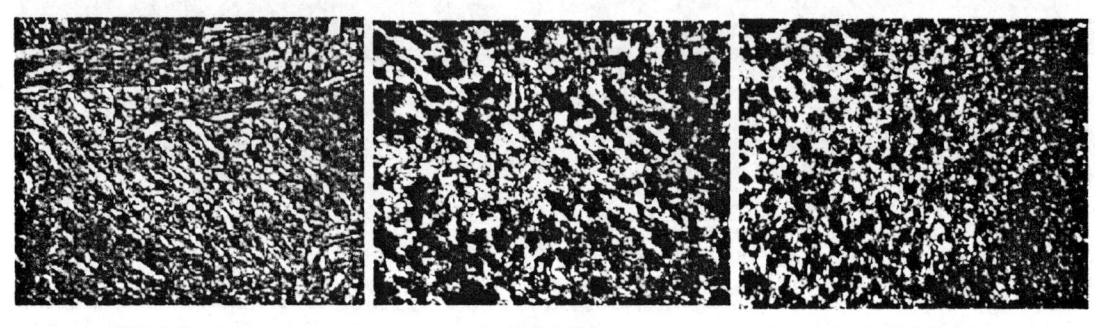

(a)焊缝上层630×　　　　(b)焊缝下层630×　　　　(c)熔合区630×

图 8-21　CTD32 平行堆焊多道的单层焊缝及热影响区单道焊组织

5. JCNi29 焊丝堆焊层的金相组织

用 JCNi29 焊丝在钢轨上单层堆，在堆焊层和热影响区发现裂纹。焊缝的金相组织无马氏体组织。这主要是因为 JCNi29 所堆焊的焊补层中含有其焊丝中的 Ni 合金元素能够使得珠光体的析出温度降低，虽然没有在焊前进行预热，但是由于其连续堆焊了数道，前面的堆焊焊缝相当于在给后面的焊缝进行预热，同时冷却速度有所减缓。综上两个原因使得焊补层的下层焊缝组织如图 8-22(c)所示，主要是大量的珠光体和铁素体。而其上层焊补层由于熔入母材成分很少，使得其含碳量比下层要少，而且又有前面焊缝的预热作用，使其冷却速度较慢。所以得到的组织为大量铁素体和少量颗粒珠光体，如图 8-22(b)所示。这与硬度试验的结果十分吻合。通过焊丝硬度试验，结果表明其硬度值比母材要低很多（才 150～200 HV）。这样就不能满足钢轨在正常运行过程中的大量磨损。

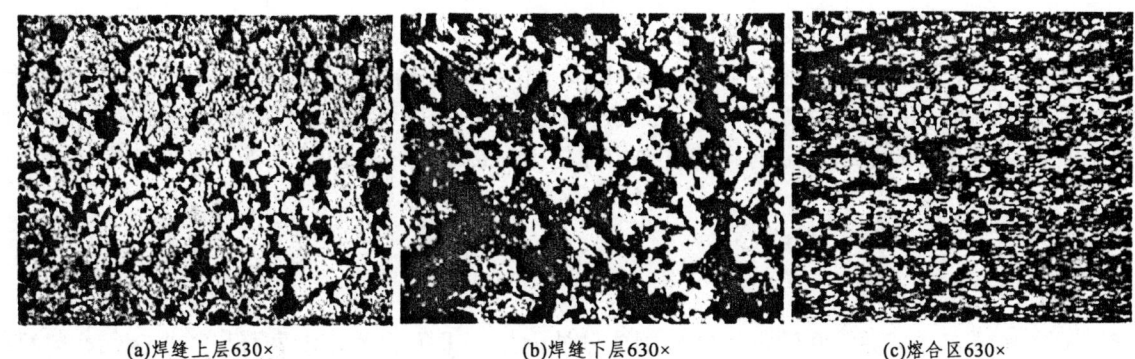

(a) 焊缝上层 630×　　　　(b) 焊缝下层 630×　　　　(c) 熔合区 630×

图 8-22　JCNi29 焊丝平行堆焊单层焊缝及热影响区的组织

8.4.5　改善高碳钢堆焊焊层组织性能的途径

1. 加过渡堆焊层

由 JCTD32 焊丝和 JCNi29 焊丝组织性能的试验结果分析看出，单用 JCTD32 焊丝焊硬度合适但冷裂倾向大，用 JCNi29 焊丝堆焊抗裂性好但硬度低，因此可采用抗裂性好的 JCNi29 焊丝堆焊第一层为过渡层，用 JCTD32 焊丝焊盖面层，这样既保证冷裂倾向小又能使表层硬度达到要求。

2. 采用 JCTD32 焊丝大线能量或自预热焊接

根据以前试验结果，用比现在焊接线能量大的焊接参数（提高电流和减少焊速）以降低冷却速度。在钢轨堆焊修复实验的基础上，还有多种途径可提高自保护药芯焊补层的组织性能，还有很多基础工作可做。

3. 采用双丝焊接

根据以前试验结果，如 JCNi29 焊丝和 JCTD32 焊丝前后焊接，或 JCTD32 焊丝双丝较大焊接规范并列，或斜列焊接，可以改善焊缝组织性能。

4. 开发新技术

研制新的抗裂性和性能好的自保护药芯焊丝。

8.5　合金结构钢的焊接

合金结构钢按使用不同可分为强度钢、耐热钢和低温钢。强度钢要求一定强度和韧性，对一定结构使用有一定厚度范围要求，如图 8-23(a)所示，大多为低碳或低合金钢。耐热钢在较低温度使用时也用低碳或

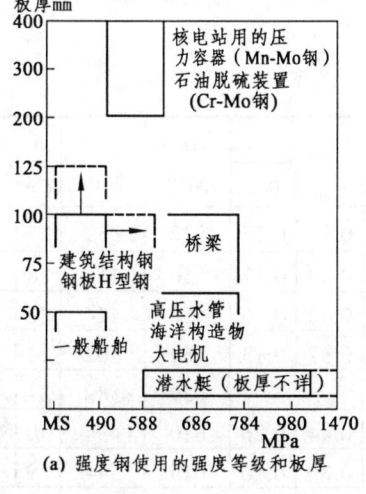

(a) 强度钢使用的强度等级和板厚

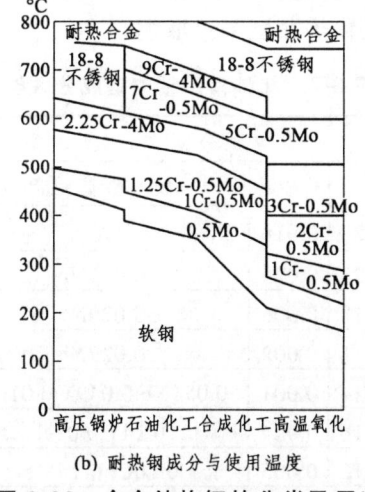

(b) 耐热钢成分与使用温度

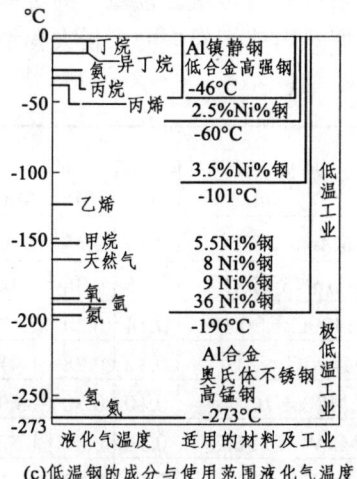

(c) 低温钢的成分与使用范围液化气温度

图 8-23　合金结构钢的分类及用途

低合金钢,但在较高温度使用时则要用中合金钢甚至高合金钢,如图 8-23(b)所示,主要要求一定的高温强度和抗蠕变性能。低温钢使用于低温结构,在 -40℃ 以上使用的结构也使用优质高韧性的低碳或低合金钢。在更低温使用时则用低 Ni 钢或中高 Ni 钢,在极低温使用时则用铝合金、不锈钢和高锰钢,如图 8-23(c)所示。由此看出用得最多的是低合金钢。这些结构都是由焊接制成,因而都要求有良好的焊接性。

8.5.1 低合金强度钢焊接

1. 焊接结构材料的选择

强度钢的主要要求强韧性。几种常用结构钢成分性能如表 8-7 所示。由表看出,焊接结构材料的发展方向是低 C、低 S、低 P 和微合金化,这样既保证在优良的焊接性的基础上提高强度、塑性和大幅度提高韧性和低温韧性。各种钢在加入微量合金后,性能差异很大,由于降低了 C、S 和 P,使代表焊接性能的指标 C_{eq} 和 P_{cm} 值降低。由表看出,16Mnq、14MnNb、SM490C 为同一强度级别的低合金钢,成分也相近,只是 14MnNb 和 SM490C 中加入了微量的 Nb,使强度有所提高,主要是低温韧性大幅度提高,但焊接性能很好。由武钢生产的 14MnNb 钢已成功用于芜湖长江大桥。建设重要结构用钢,14MnNbq 钢成为首选钢种。对于需用更高强度级别的钢时,建议采用表中 60CF 钢。在设计中通过选用合理结构形式来降低板厚也十分重要,因为板厚增加会降低钢材韧性而增加脆断倾向,增加焊接时的冷裂、热裂、再热裂和层状撕裂倾向,增加焊接、预热、变形控制及调整工作量,在某些情况下宁可提高强度级别而降低板厚,国外钢桥已用到抗拉强度 590MPa、690MPa 和 790MPa 级别的钢材。

2. 焊接预热温度确定

由表 8-7 看出,所列举的钢 C_{eq} 及 P_{cm} 低,焊接性能好。一般都无需预热,但在板厚和手工点固焊或焊接时还需预热。其预热温度按下式确定:

$$P_w = P_{cm} + [H]/60 + R_f/400\,000, (R_f = 500 \sim 33\,000, 斜 Y 形坡口试件可取 R_f/400\,000 = t/600)$$

式中 P_w——裂纹敏感组合指数;

$[H]$——扩散氢量,mL/100 g;

R_f——拘束度;

t——板厚,mm,代表自身的拘束度;

斜 Y 形坡口试件:$T_0 = 1\,440 P_w - 392$,$P_w = P_{CM} + [H]/60 + t/600$;

X、Y、V 形坡口拘束:$T_0 = 1\,330 P_w - 360$;

K 形坡口和 T 形接头拘束:$T_0 = 2\,030 P_w - 550$。

例如 P_{cm} 为 0.24,板厚为 50 mm,[H]5 mL/100g,可得出 P_w 为 0.40,斜 Y 形坡口的预热温度 T_0 为 186℃;X、Y、V 形坡口 T_0 为 172℃;K 形坡口和 T 形接头为 262℃。如用超低氢高韧性焊条、减少板厚及拘束度减少母材含碳量,则可减少预热温度。实际预热温度可由实际材料和板厚的抗裂试验来确定。在采用埋弧焊或细丝焊时可较大幅地降低预热温度甚至取消。

表 8-7 几种常用结构钢成分性能

型号、板厚、产地	化学成分 wt /%						C_{eq}	P_{cm}	σ /MPa	σ /MPa	δ /%	Ve40 J
	C	Si	Mn	P	S	加入微量元素						
16Mn 24.C	0.15	0.35	1.34	0.023	0.018	无	0.39	0.17	522	352	25	65
14MnNb 32.C	0.15	0.38	1.34	0.023	0.025	0.025Nb	0.39	0.17	550	416	28	146
SM490C 20.H	0.14	0.29	1.47	0.018	0.006	0.029Nb	0.40	0.16	550	444	26	158
SM490C 24.J	0.12	0.28	1.41	0.011	0.002	0.029Nb	0.37	0.13	569	502	23	200
M70 7C	0.10	0.30	1.60	0.014	0.001	0.054Nb,0.049V,0.010Ti			659	589	31	
15MnV C 56.C	0.16	0.42	1.52	0.016	0.014	0.14V,0.01N	0.44	0.26	610	434	30	87
60CF 50.J	0.06	0.22	1.31	0.012	0.005	0.16Cr,0.16Mo	0.36	0.16	615	544	29	62

续表 8-7

型号、板厚、产地	化学成分 wt /%								σ /MPa	σ /MPa	δ /%	Ve40 J
	C	Si	Mn	P	S	加入微量元素	C_{eq}	P_{cm}				
62CF　50.C	0.08	0.38	1.32	0.20	0.005	0.24Cr,0.23Mo	0.44	0.21	690	600	19	151
DOME 600　10.R	0.12	0.30	1.90	0.025	0.010	Ni,V,Ti	0.32		≥650	≥600	15	
DOME 650　10.R	0.12	0.40	2.00	0.025	0.010	Ni,V,Ti	0.32		≥700	≥650	15	
DOME 700　10.R	0.12	0.30	2.10	0.025	0.010	Ni,V,Ti,Mo	0.37		≥750	≥700	15	

表中第一项尾字母表示产地:C—中国,H—韩国,J—日本,R—瑞士。表中数据为试板中随机抽样 DOME 为≤。

C_{eq} (IIW)=C+Mn/6+(Cr+Mo+V)/15+(Cu+Ni)/5≤0.45;

P_{cm}= C+ Si/30+Mn/20+Cu/20+Ni/60+Cr/20+Mo/15+V/10+5B≤0.36

8.5.2　焊接接头的韧性标准和实际工程举例

焊接接头的韧性在防止焊接结构在使用时的启裂、扩展和断裂中起关键作用,而在焊接接头中韧性受焊接工艺影响最大(如图 8-5 和图 8-10 所示),因而焊接接头的韧性控制特别重要。

1. 焊接接头的韧性标准

很多国家都有焊接结构用钢的韧性标准,国际焊接学会按使用要求分级为:

低应力结构用钢:不作韧性要求;

不考虑脆断的一般结构用钢:不作韧性要求;

考虑脆断的结构用钢:0℃时,vE≥27 J;

首先考虑脆断的结构用钢:-20℃时,vE≥27 J。

英国 BS 标准分级为:

板厚≤20 mm 在设计最低温度时,低碳钢的平均 vE≥27 J,个别最低 vE≥20 J;

板厚≤20 mm 在设计最低温度时,490 级钢的平均 vE≥40 J,焊接 vE≥27 J;

板厚 20~29 mm 在设计最低温度时,低碳钢的平均 vE≥37 J;

板厚 20~29 mm 在设计最低温度时,490 级钢的平均 vE≥50 J,焊接 vE≥37 J;

板厚 30~40 mm 在设计最低温度时,低碳钢的平均 vE≥47 J;

板厚 30~40 mm 在设计最低温度时,490 级钢的平均 vE≥60 J,焊接 vE≥47 J。

英国 BS5400-82 曾建议与屈服极限 YS、板厚 t 和应力集中系数 k 有关的计算:

等级 1:vE=YS×t/710 (J);

等级 2:vE=YS×t/1 420 (J);

有应力集中:vE=YS[0.3t/(1+0.7k)]/355 (J)。

由此看出,韧性要求除了必须考虑设计最低温度外,还必须考虑材料屈服极限 YS、板厚 t 和应力集中系数 k。另外焊接接头的韧性要求应比母材低一些。

2. 典型工程的韧性要求及实际水平

日本在 20 世纪 80 年代修建新干线高速铁路时的港大桥及中国孙口黄河大桥工程的钢材韧性情况如表 8-8 所示。由表看出,母材标准除要求一定温度的 vE 外,还要求韧脆中值转变温度 vTE,由各种焊接方法焊缝韧性实际水平看,以埋弧焊焊缝韧性水平最低,但也接近母材水平,另外看出韧脆中值转变温度 vTE 与韧脆断口转变温度 vTS 接近。我国在 20 世纪 90 年中期建成的孙口黄河大桥也采用了韩国和日本近口的 SM490C 钢,提出了远高于日本港大桥的韧性要求,但实际供货水平远高于标准要求,为提高焊接接头韧性提供料基础。由孙口桥的实际焊接结果证明,以对接接头的韧性水平最高,在对接接头中以熔合区韧性为低。

表 8-8 港大桥及中国孙口黄河大桥工程的钢材及焊接接头的韧性情况

工程国别及名称	用钢牌号	母材强度级别/MPa		vE≥ ℃/J	vTE ℃	焊接方法	焊缝韧性实际水平/℃		
		σ_b	σ_s				vE(47J)	vTE	vTS
日本港大桥	SM490C	490~608	≥294	0/47	-10	手工	-50~-90	-37~67	-53~81
	SM570	572~715	≥431	-5/47	-20	埋弧	3~-47	-6~-94	-6~-84
	SM690	686~833	≥617	-10/47	-35	富氩	-40~-100	-17~-91	-33~85
	SM780	784~921	≥686	-15/47	-35	接头	孙口黄河桥埋弧焊接头韧性 vE/J		
中国孙口桥	SM490C	516~562 实际 502~573	476~502 实际 382-502	-40/47 实际 144~279		对接 -45℃	W37~117	F28~86	H154~261
						T 接 -35℃	W50~81		125~254
						角接 -35℃	W36	F111	H164

在 20 世纪 90 年代末，我国兴建了芜湖长江大桥，应用了我国生产的 14MnNbq 钢，成分极其相近。母材的成分和性能的标准要求和实际供料复验的统计平均值列于表 8-9，由表看出，母材韧性标准要求比港大桥有所提高，但韧性仍有很大的富余量。几种接头各区韧性也挺好，从中还可找出一些规律：在几种接头中以对接最好；在各区比较中以熔合区较低，但在厚板对接、T 接和角接时与焊缝接近。由两个工厂对两组对接的焊接接头各区的系列温度试验结果综合估计表明，两种对接焊接接头各区的中值转变温度均 ≤ -30℃。

表 8-9 芜湖桥 14MnNbq 钢的性能和焊接接头韧性

成分标准/实物平均	性能标准/实物平均				几种接头各区韧性		
	板厚/mm	σ_b/MPa	σ_s/MPa	vE≥℃/J	-30℃的 vE/J		
					对接	T 接	角接
C0.11~0.17/0.145	6~18	530~685/551	≥370/415.	≥40/192			
Si≤0.50/0.259	17~25	510~665/528	≥355/386	≥40/214	W107±29	W92±31	W85±24
Mn1.2~1.6/1.450	26~36	500~545/539	≥350/404	≥40/219	F105±30	F68±24	F97±25
S≤0.010/0.0068	37~60	490~625/535	≥340/382	≥40/192	H126±44	H66±20	H105±40
P≤0.020/0.0154	24+24 mm 对接 vE (J)：-60℃时 W51, F27, H44, -40℃ W58, F48, H84；vTE≤-30℃						
Nb0.015~0.035/0.0261	44+50 mm 对接 vE (J)：-60℃时 W41, F41, H64, -40℃ W57, F86, H98；vTE≤-30℃						

3. 材料的韧脆转变曲线及转变温度

材料的韧性由冲击试验确定。一系列温度冲击试验可确定韧脆转变曲线，冲击功或韧性断口量与试验温度的关系如图 8-24(a)所示。典型的韧脆转变曲线有韧性区上平台、脆性区下平台和韧脆转变区，有的材料韧脆转变区很窄，有的很宽，一般取试件韧性断口（纤维状断口）和脆性断口（结晶状断口）各50%时的温度为脆性转变温度 vTrS 或 vTS，也可取上平台最高韧性值的一半 $vE_{max}/2$ 时的温度为脆性转变温度 vTrE 或 vTE，为了将其线性化和公式化，可以作坐标变换，如图 8-24(b)所示，即：

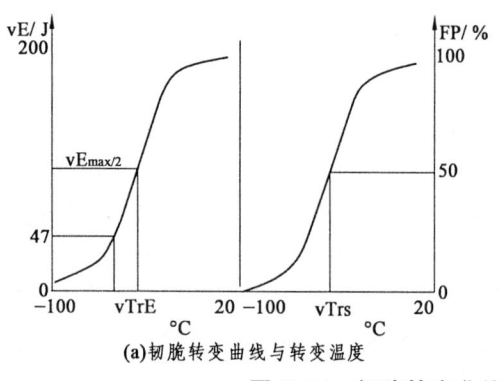 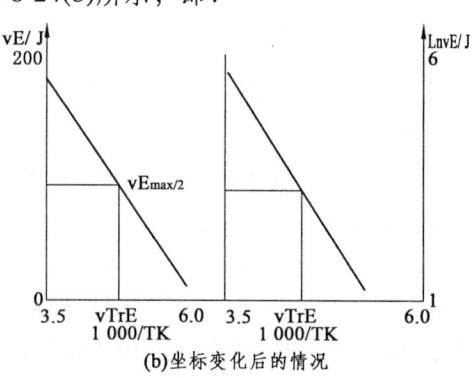

(a) 韧脆转变曲线与转变温度   (b) 坐标变化后的情况

图 8-24 韧脆转变曲线及转变温度和坐标变化后的情况

$$vE = A \times (1\,000/T_k) + B$$
或
$$\text{Ln } vE = C \times (1\,000/T_k) + D$$

式中 A、C、B、D——代表两式的斜率和截距；

T_k——绝对温度，即（273+试验温度）℃，K。

应该说用 vTrS 韧脆转变温度比较科学，而且与断裂力学指标有密切联系，但由于断口性质和数量的判断较难准确，所以也常用判断简便的 vTrE 韧脆转变温度，不少试验证明 vTrS 与 vTrE 数值接近。有的只要求 27 J 或 47 J 的韧性值的温度或某指定温度的韧性值≥27 J 或 47 J。

8.5.3 焊接结构材料的韧性控制

1. 影响材料的韧性的因素

影响材料的韧性的因素及趋势如图 8-25 所示。其影响方面主要是上下平台的韧性值和转变温度的高低。其因素主要是成分、组织、强度性能、晶粒大小、应力集中和加载速度等。

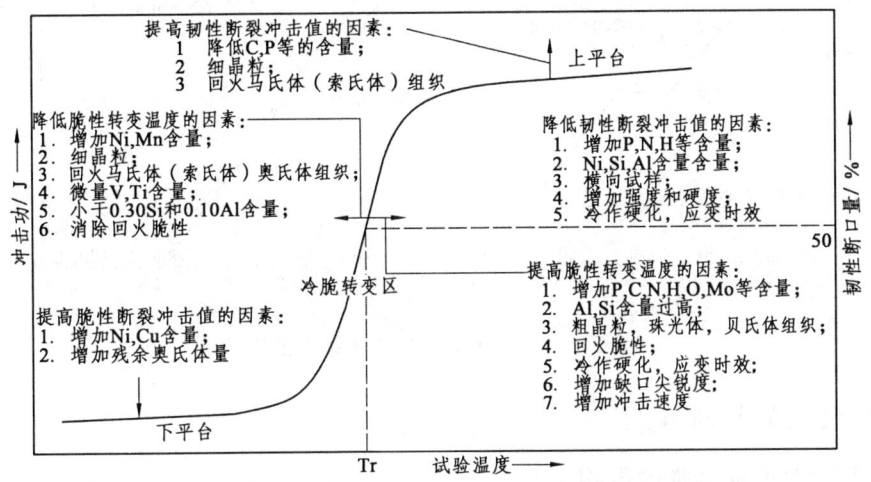

图 8-25 影响材料韧性的因素及趋势

2. 微合金化对焊接结构韧性的影响

由表 8-7 看出，16Mnq 与日本 SM490C，韩国 SM490C 和中国 14MnNbq 比较，后三种 16Mnq 不同的是含 C、S、P 略低，主要是加入了微量 Nb，而强度提高，特别是低温韧性有很大提高。日 SM490C、韩 SM490C 和中 14MnNbq 比较，成分基本相同，性能也有不同，这与生产工艺有关。在发展 SM490C（HT50）、SM570C（HT60）、SM690C（HT70）、SM780C（HT80）中，提高了合金量，使 C_{eq} 0.44 逐次提高到 0.76，因而焊接性能差。后发展了 CF 钢，号称无裂纹钢，实际上应该是低裂纹钢，靠进一步降 C，S，P 含量和加多种微量元素，强度度级别比 16Mnq 和 14MnNbq 高而 C_{eq} 与之相近，因而焊接性能好。例如将 CF80 钢与 14MnNbq 比较其 SHCCT 曲线基本相似，只是临界冷却时间有一定差异（如表 8-10 所示）。由于 WCF-80 的 t_m 长，较易产生马氏体，但马氏体含 C 很低，故硬度低韧性好，冷裂倾向小。

表 8-10 CF80 钢与 14MnNbq 成分和组织特征比较

成分	C	Si	Mn	P	S	Cr	Ni	Mo	Cu	V	N	B
WCF-80	0.08	0.24	0.93	0.029	0.006	0.41	0.98	0.38	0.34	0.04	0.011	0.0007
14MnNbq	0.14	0.44	1.46	0.016	0.00				0.03		Nb0.026	

奥氏体转变温度/℃	临界冷却时间 $t_{8/5}$/s		t_b	t_m	t_f	t_p	马氏体转变温度 T/℃	M_s	M_f
930	WCF-80		25	35	140	180	WCF-80/362 HV	465	290
1 320	14MnNbq		3.5	12.5	110	145	14MnNbq/410 HV	410	290

3. 生产工艺对韧性的影响

为了提高母材性能可能是正火或调质状态供应,这时焊后可能在热影响区出现软化区。后来出现了 TMCP 技术,即低温精轧后喷水淬火,余热自回火,因而晶粒细化,强韧性提高,成分相近的日本的 SM490C、韩国的 SM490C 和中国的 14MnNbq 比较,强韧性有所不同,这与是否采用 TMCP 技术有关。

4. 母材板厚对韧性的影响

图 8-26 列出了日本 62CF 钢的韧脆转变图,由图看出板厚对韧性和转变温度有较大影响,从 25～50 mm 板的 −40℃ 冲击值 vE 要降低 100 J 左右,转变温度要提高 25℃ 左右。另外由左图看出国产的 62CF 钢比日本 62CF 钢韧性水平高,但曾用于九江桥的国产 15MnVNq 钢比 62CF 钢韧性水平低得多,虽这只是一个特例,但也能说明生产工艺和成分对韧性的影响。

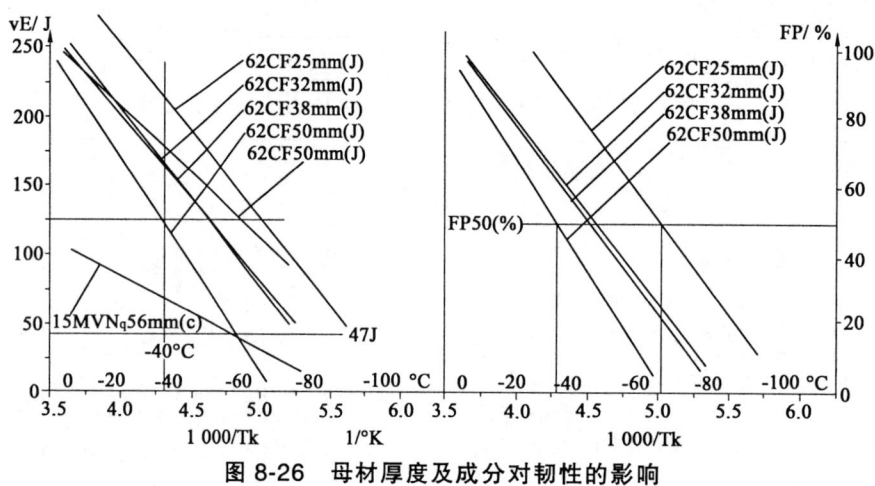

图 8-26 母材厚度及成分对韧性的影响

8.5.4 焊接接头的韧性控制

1. 焊接材料匹配对焊缝韧性的影响

焊缝韧性取决于焊接材料与母材的匹配(如图 8-27 所示)。HSM490C,JSM490C 和 14MnNbq 都是含微量 Nb 的钢。其中以微合金化焊丝 H08C+SJ101 最好。即使用 H08Mn 焊丝+SJ101 焊 JSM490C 也能得到较高的韧性,其中以 16MnCu+H08Mn+HJ431 最低,原因是母材韧性低,而且用的是熔炼型酸性焊剂。

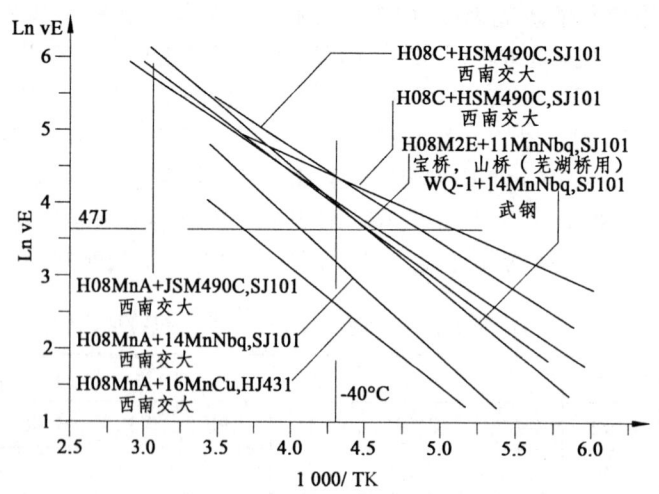

图 8-27 焊接材料匹配对焊缝韧性的影响

2. 焊接接头各区的韧性比较

图 8-28(a) 所示为同一材料和焊接条件的焊接接头的韧性比较。

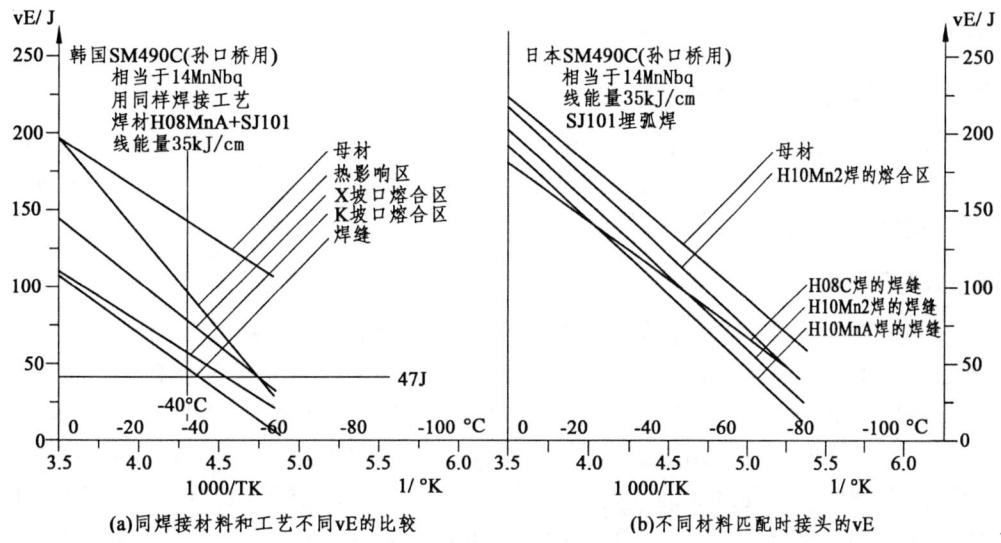

(a) 同焊接材料和工艺不同vE的比较 (b) 不同材料匹配时接头的vE

图 8-28 焊接接头的韧性比较

由图看出,焊缝和熔合区的 vE 都低于母材,一般焊缝和母材的韧性波动较小,而熔合区的韧性波动就比较大,其中以 K 形坡口熔合区的 vE 最低,因为试件切口横跨整个韧性最低的熔合区,测出的真正代表熔合区的 vE,而 X 形坡口实际上切口跨三区,所以测出的韧性高,热影响区除了碰到一些特殊情况外,都比熔合区的 vE 高。图 8-28(b)所示为母材韧性较好板厚的日本 SM490 钢用不同焊丝匹配的焊接接头韧性比较,由图看出,焊缝和熔合区的 vE 都低于母材,但差异不是很大,均有相当高的韧性水平。

3. 材料的匹配与焊接方法对焊接接头韧性的影响

材料的匹配与焊接方法对焊接接头韧性的影响如图 8-29 所示。由图 8-29(a)看出,日本 62CF 钢手工焊焊缝及熔合区的 vE 比埋弧焊高得多,其原因是埋弧焊冷速本来就较慢,再加上线能量高出近 3 倍。与 15MnVNq 钢比两者相近,根据同一试验证明,将线能量提高 5 kJ/cm,vE 下降近一半,对规范很敏感;而 62CF 钢在线能量高到 71 kJ/cm 仍有足够的韧性,如降低线能量,定能提高韧性水平。图 8-29(b)为材料的匹配与焊接方法对焊接接头断裂韧性裂纹张开位移 COD 的影响,试验为带疲劳裂纹切口的静力三点弯曲,记录其裂纹张开位移 COD 和裂纹扩展量 Δa 的关系曲线叫裂纹扩展阻力曲线,Δa 为 0 时的最大 COD 叫启裂 COD,其直线斜率代表裂纹扩展速度,斜率越大,裂纹扩展阻力越大。由图 8-29(b)看出,以日本 62CF 钢启裂 COD 和裂纹扩展阻力最好,中国 62CF 钢次之,15MnVNq 钢最低,如横向取样就更低。焊接接头除 15MnVNq 熔合区启裂 COD 最低但裂纹扩展阻力并不大,而日本 62CF 钢的焊缝启裂 COD 最高,但裂纹扩展阻力小;其余各种接头启裂 COD 有一定差异,但裂纹扩展阻力十分接近。

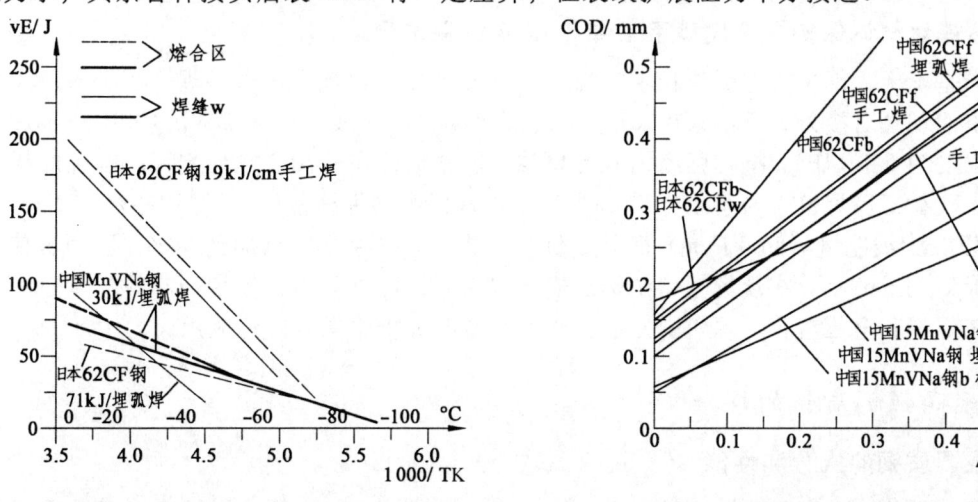

(a) 焊接方法和规范对接头韧性vE的影响 (b) 焊接方法和规范对断裂韧性裂纹张开位移COD的影响

图 8-29 材料的匹配与焊接方法对焊接接头韧性的影响

8.5.5 提高焊接接头韧性的途径

1. 立足于现有焊接方法的韧性控制

由上分析可看出：① 微合金化是提高接头韧性的基础；② 选用与母材相匹配的焊接材料（焊条、焊丝和焊剂）是提高焊缝韧性的保障，微合金化焊缝金属是提高焊缝韧性的方向；③ 选用合理的焊接方法和线能量是控制焊缝和熔合及过热区韧性的保证。

2. 选用新的焊接方法

自动焊的电阻热在焊丝熔化中产生，细丝比粗丝同在同电流时熔化系数高，因而生产率也高，而且随电流增加而迅速增加（粗丝增加很慢），因此细丝焊在低线能量和小坡口时也有高的生产率同时能降低 $t_{8/5}$ 以获得焊缝和热影响区的高韧性，近期松花江桥采用 Q420E（屈服强度级），用 5 mm 单丝埋弧焊热影响区韧性 vE_H 达不到 $-40℃\ 47\ J$ 的要求，用细丝埋弧焊得以解决。细丝埋弧焊和细双丝双弧埋弧焊与粗丝埋弧焊比，可提高焊接接头韧性，不同接头的试验结果如表 8-11 中 1、2、3、4 比较，5、6 比较和 7、8 比较，有高的焊缝韧性 vE_W 和热影响区韧性 vE_H，而且有较低的屈服强度 YS 和抗拉强度 TS，表 2 中 2 mm 双丝双弧的总线能量大于 5 mm 单丝单弧，因而生产率高，性能还好，但在序号 7，由于采用了过大的线能量使热影响区韧性有所降低。由此看出双丝双弧焊（现已有此设备生产）实为今后提高焊接接头韧性改善强韧匹配和提高生产率的重要新途径。CO_2 气体保护焊也是细丝焊，也有高的生产率，但飞溅大和成型不好，可用加 Ar 的混合气保护焊来解决。

表 8-11 双细丝双弧焊与单丝焊试验结果比较

工　艺	接　头	YS_W/MPa	TS_W/MPa	vE_W/J	vE_H/J	试验单位
2 mm 双丝双弧 (28+25kJ/cm)H 08MnE	X 形坡口对接	499	588	122($-40℃$)	130($-40℃$)	西南交大
2 mm 单丝单弧 (20.1kJ/cm)H08Mn2E	X 形坡口对接	470	530	101($-30℃$)	102($-30℃$)	山桥厂芜
5 mm 单丝单弧 (36.37kJ/cm)H08Mn2E	X 形坡口对接	550	615	50($-40℃$)	28($-40℃$)	山桥厂松
1.6 mm 单丝单弧 (18.7kJ/cm)08Mn2E	X 形坡口对接	530	450	149($-40℃$)	182($-40℃$)	山桥厂松
2 mm 双丝双弧 (30+27.9kJ/cm) 08MnE	无坡口 T 接	489	637	54($-40℃$)	96($-40℃$)	西南交大
5 mm 单丝单弧 (47.4kJ/cm)H08 MnE	无坡口 T 接	517	605	39($-30℃$)	39($-30℃$)	山桥厂芜
2 mm 双丝、弧 (79.9+47.1kJ/cm) 08 MnE	坡口棱角接	436	528	80($-40℃$)	29($-40℃$)	西南交大
5 mm 单丝单弧 (33.77kJ/cm)08 Mn2E	坡口棱角接	480	538	74($-30℃$)	83($-30℃$)	山桥厂芜

3. 采用药芯焊丝气体保护焊来代替手工焊和 CO_2 气保护焊

我国结构生产基本上大都采用埋弧焊和手工焊，有些采用 CO_2 或混合气体护焊。在上海芦浦大桥初承重拱熔透焊缝和桥面现场对接外，全部采用 CO_2 药芯焊丝焊，焊丝采用日本 DWE-100E 药芯焊丝，其熔敷金属性能屈服强度为 540 MPa，抗拉强度为 605 MPa，冲击韧性在 $-20℃$ 时为 88 J。国外广泛应用药芯焊丝气体保护焊来代替工厂焊接中的手工焊和 CO_2 气保护焊以提高焊缝性能，通过调整药芯焊丝中 Mo、B、Ti、Re 的含量可以在大线能量（86 kJ/cm）时能将针状铁素体含量由 20% 增加到 90%，因而可使 vTs 脆性转变温度由 0℃ 降低到 $-60℃$。在现场箱型结构的安装焊接时，国外采用自保护药芯焊丝半自动焊和自动焊。随着我国药芯焊丝和全位置自动焊机的发展，必将在重要焊接中得到广泛应用。

8.5.6 低碳高强调质钢的焊接

1. 低碳高强调质钢的成分和性能

随着结构强度的提高，要求采用抗拉强度 600 MPa 以上的高强调，一般采用低 C 多元合金强化和调质处理来提高强度，其成分组合如表 8-12 所示。

表 8-12 常用低碳高强调质钢的成分组合举例

钢别	钢材牌号	C	Si	Mn	Mo	Cr	Ni	B	V	S≤	P≤
高强钢	HQ60	0.09~0.06	0.20~0.60	0.90~1.05	0.08~0.20	≤0.30	0.30~0.60		0.03~0.08	0.025	0.030
高强钢	HQ70	0.09~0.06	0.15~0.40	0.60~1.20	0.20~0.40	0.32~0.60	0.30~1.00	微量	V+Nb≤0.10	0.030	0.030
高强钢	HQ80	0.09~0.06	0.15~0.35	0.60~1.20	0.20~0.40	0.60~1.20	0.15~0.15Cu		0.03~0.08	0.015	0.025
强磨钢	HQ100	0.10~0.18	0.15~0.35	0.80~1.40	0.30~0.60	0.40~0.80	0.70~1.50		0.03~0.08	0.030	0.030
强磨钢	HQ130	0.18	0.29	1.21	0.28	0.61	0.03	0.0012		0.006	0.025
强韧	12Ni3CrMoV	0.105	0.27	0.45	0.21	1.04	2.78		0.08	0.005	0.010
强韧	10Ni5CrMoV	0.100	0.20	0.50	0.50	0.50	4.50		0.07	0.005	0.010

由成分特点看出，高强钢为低 C 并适当提高或改变合金元素组合来提高强度和保证韧性。而高强耐磨钢则略为提高一点含 C 量来进一步提高强度和耐磨性。而高强高韧钢则靠加入较多的 Ni 来大幅度的提高韧性。上述低碳高强调质钢的母材性能要求和实测值如表 8-13 所示。由表看出，随强度级别的提高，塑性有所降低，韧性也有变化。高强高韧钢则在保持相当高的强度的同时有很高的韧性。

表 8-13 低碳高强调质钢的母材性能要求和实测值

钢别	钢材牌号	钢材强度及塑性				钢材韧性	组织：M 马氏体，B 贝氏体，S 索氏体
		σ_b/MPa	σ_s/MPa	δ/%	ψ/%	$vE℃$ /J	
高强钢	HQ60	≥590	≥490	≥16	冷弯 $d=3a$ 180°	-10℃≥47，-40℃≥29	低 C 马氏体、下贝氏体、回火索氏体，晶粒可达 2~3μm，约为 C-Mn 钢的 1/10
高强钢	HQ70	≥680	≥590	≥17		-10℃≥39，-40℃≥29	
高强钢	HQ80	≥785	≥685	≥16ψ		-10℃≥47，-40℃≥29	
强磨	HQ100	≥950	≥880	≥10	40	-25℃≥47	回火 S
强磨	HQ130	1 370	1 313	10	43		回火 S
强韧	12Ni3CrMoV	798.7	733.0	19.3	73	-25℃=200，-84℃=176	回火 S
强韧	10Ni5CrMov	925	825	21	74	-20℃=216，20 mm 厚板	回火 S
热处理供货	910~920℃ 淬火，660~680℃ 回火，其性能随 C 含量和回火温度变化而有所变化						

2. 几种钢的 SHCCT 曲线特征值比较

在本章图 8-9 和图 8-10 已对 14MnNbq 钢 SHCCT 图和组织性能关系图作了介绍，各种钢都有相应的 SHCCT 图和组织性能关系图，这是优化焊接工艺的基础，几种低 C 高强钢的 SHCCT 图和组织性能关系图与 14MnNbq 钢相似，但特征值有所不同。几种钢的 SHCCT 曲线特征值比较如表 8-14 所示。由表看出，随着强度级别的提高，等效 C 量 C_e 值增加。马氏体硬度值增加，产生贝氏体的开始 $t_{8/5}(t_b)$ 延迟，产生马氏体的结束 $t_{8/5}(t_m)$ 延迟和产生马氏体的结束 $t_{8/5}$ 范围加大，即容易形成马氏体，但此种马氏体属低 C 马氏体。只要不产生焊接裂纹和工艺控制，仍有较好的接头强度和韧性，其原则是 $t_{8/5}$ 下限要不产生冷裂，上限使焊缝不产生上贝氏体尽可能产生针状铁素体，限制先共析铁素体，在热影响区形成低 C 马氏体和下贝氏体。

表 8-14 几种钢的 SHCCT 曲线特征值比较

钢牌号	几种钢的试验材料的主要成分						SHCCT 的线特征值比较					
	C	Si	Mn	S	P	加入主要与元素	M_s	M_f	t_b	t_f	t_m	t_p
HQ60	0.15	0.25	1.41	0.015	0.029	Ni0.29,Mo0.18,V0.05	425	200	4	70	14	70
HQ70	0.12	0.25	0.91	0.005	0.029	Cr0.49,Cu0.30,Ni0.69	440	300	11	300	65	400
HQ80	0.15	0.26	1.52	0.007	0.015	Mo0.54,Nb0.011	420	250	55		200	
14MnNbq	0.14	0.44	1.46	0.007	0.016	Nb0.026	410	290	3.5	110	12.5	145
马氏体（HV）	HQ60:419,HQ70:440,HQ80:475,14MnNbq:410						C_e HQ60:0.45,HQ70:0.50,HQ80:0.44,14MnNbq:0.37					

3. HQ60 钢焊接接头性能

由表 8-14 看出，HQ60 钢与 14MnNbq 的 C_e、马氏体硬度和 t_m 相比要大，但较为接近，出现下贝氏体的 $t_{8/5}$ 和马氏体开始转变温度十分接近，所以可用与之相近的焊接工艺即可，试验证明热裂倾向及冷裂倾向均较小。母材等效含 C 量 C_e 约为 0.45%，冷裂敏感指数 P_{cm} 约为 0.24%，说明焊接性较好。HQ60 钢的调质工艺为 920℃水淬，730℃回火时为铁素体＋粒状贝氏体，在 920℃水淬，680℃回火时为回火索氏体。手工焊和富氩混合气体（Ar80%＋$CO_2$20%）保护焊的焊接接头的硬度分布和焊缝韧脆转变曲线如图 8-30。由图 8-30(a)看出，气保护焊和手工焊的线能量一样，但焊缝和热影响区的硬度高和热影响区要宽 1 mm 左右，说明其冷却速度快，即 $t_{8/5}$ 要小；另外还看出在离熔合线 4 mm 和 5 mm 处有软化现象，形成软化区，这是焊接调质钢的重要特征。由图 8-30(b)看出，气保护焊和手工焊的线能量一样，但焊缝韧性高于手工焊甚至接近于母材。

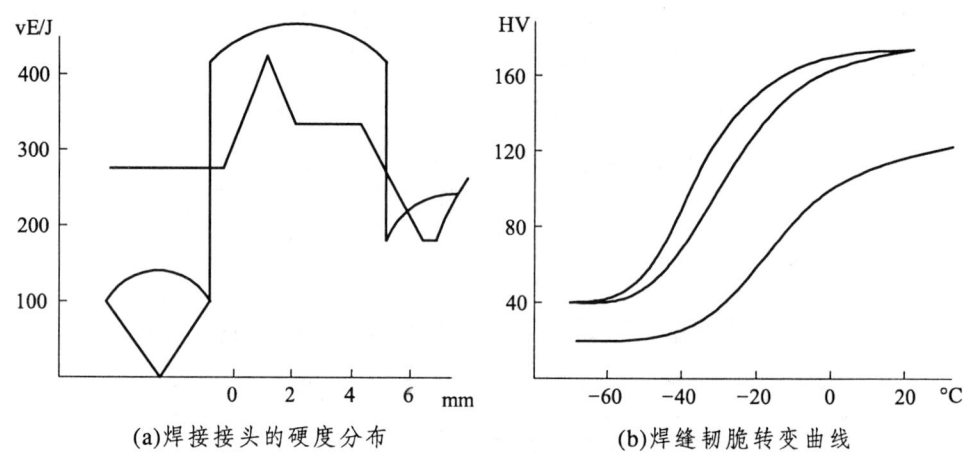

(a) 焊接接头的硬度分布   (b) 焊缝韧脆转变曲线

图 8-30 混合气保护焊和手工焊的焊接接头的硬度分布和焊缝韧脆转变曲线

4. 低 C 高强钢焊接工艺及性能比较

几种低 C 高强钢推荐的焊接材料和工艺如表 8-15。

表 8-15 几种低 C 高强钢推荐的焊接材料和工艺

钢号	板厚/mm	预热温度/℃			层温/℃	能量/(kJ/cm)	推荐焊接材料
		手弧焊	气保焊	埋弧焊			
HQ60	板厚 20 mm，20 kJ/cm，室温焊接手弧焊或气保焊						用 E6015H 焊条，GHS-60N 焊丝
HQ70	6～13	50	25	50	≤150	≤25	用 E7015G 焊条，GHS-70 焊丝
	13～26	75～100	50	50～75	≤200	≤45	
	26～50	125	75	100	≤220	≤48	
HQ80	6～13	50	25	50	≤150	≤25	用 E7515 或 E8015 焊条，H08Mn2Ni3CrMo(ER100S) 焊丝
	13～26	75～100	50	75～100	≤200	≤45	
	26～50	125	75	125≤	≤220	≤48	
HQ100	6～26	100～130	100～130		100	≤20	E9015 焊条，H08Mn2Ni3SiCrMo 焊丝
含 Ni 钢	15～20 kJ/cm，100～130℃预热 J840 焊条手弧焊						选超低氢焊条提高韧性

几种材料的混合气体保护焊的焊接接头硬度分布如图 8-31(a)所示。几种材料的混合气体保护焊和手弧焊的韧脆转变曲线比较如图 8-31(b)所示。由图 8-31(a)看出，钢材强度级别越高，焊缝及热影响区硬度越高；由图 8-31(b)看出，钢材强度级别越高，焊缝韧性越低，但含 Ni 的钢及相应的焊接材料匹配可提高焊缝的低温韧性。

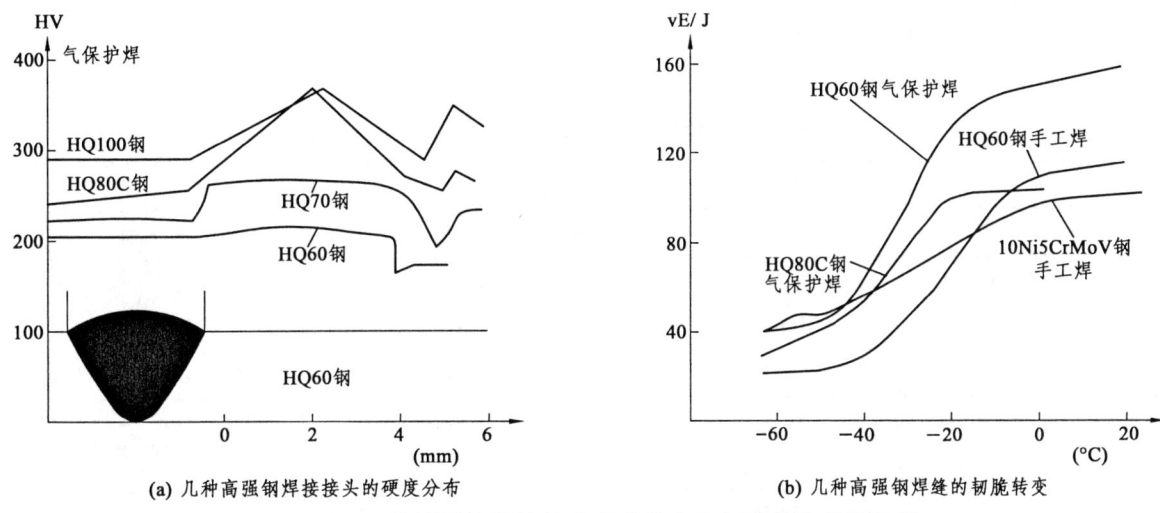

(a) 几种高强钢焊接接头的硬度分布
(b) 几种高强钢焊缝的韧脆转变

图 8-31 几种材料的焊接接头硬度分布和韧脆转变曲线比较

8.5.7 中碳高强调质钢的焊接

为了进一步提高材料的淬硬性和调质处理后的强度，不少机械结构采用了中碳调质钢。

1. 常用的中碳调质钢的成分和性能

常用的中碳调质钢的成分如表 8-16 所示，其中含碳在 0.25%～0.5% 范围内，加入多种合金元素以提高淬硬性。大大提高了调质后的强度，但降低了塑性和韧性。常用中碳高强调质钢的母材性能要求和实测值如表 8-17 所示。由表看出，不同热处理后可得到高的调质后的强度，但降低了塑性和韧性，由于含 C 量的增加，就大大降低了焊接性能，使各种裂纹倾向均有所增加，除增加钢材的纯净度外，必须从焊接材料和工艺选择上防止产生裂纹。一般都要求焊前预热和焊后热处理。

表 8-16 常用中碳高强调质钢的成分组合举例

钢号	C /%	Si /%	Mn /%	其他合金元素 /%	S(%)≤	P(%)≤
30CrMnSiA	0.28～0.35	0.9～1.2	0.8～1.1	Cr 0.8～1.1 Ni≤0.30	0.030	0.035
30CrMnSiNi2A	0.27～0.34	0.9～1.2	1.0～1.3	Cr 0.9～1.2 Ni1.4～1.8	0.025	0.025
35CrMoA	0.30～0.40	0.17～0.35	0.4～0.7	Cr 0.9～1.3 Mo 0.2～0.3	0.030	0.035
35CrMoVA	0.30～0.38	0.2～0.4	0.4～0.7	Cr1.0～1.3 Mo1.0～1.3 V0.1～1.2	0.030	0.035
34CrNi3MoA	0.30～0.40	0.27～0.37	0.5～0.8	Cr0.7～1.1Ni2.75～3.25 Mo0.25～0.4	0.030	0.035
40 CrNiMoA	0.36～0.44	0.17～0.37	0.5～0.8	Cr0.6～0.9 Ni1.25～1.75 Mo0.15～0.25	0.030	0.030

表 8-17 常用中碳高强调质钢的母材性能要求和实测值

钢材牌号	钢材强度及塑性				韧性	硬度	热 处 理
	σ_b/MPa	σ_s/MPa	δ/%	ψ/%	J/cm²	HB	
30CrMnSiA	≥1 078	≥833	≥10	≥40	≥49	346～363	870～890℃油淬，510～550℃回火
	≥1 568		≥5		≥25	≥444	870～890℃油淬，200～260℃回火
30CrMnSiNi2A	≥1 568	≥1 372	≥9	≥45	≥59	≥444	890～910℃油淬，250～270℃回火
35CrMoA	≥657	≥490	≥15	≥35	≥40	197～241	860～880℃油淬，560～580℃回火
35CrMoVA	≥814	≥686	≥13	≥35	≥39	255～302	880～900℃油淬，640～660℃回火
34CrNi3MoA	≥931	≥833	≥12	≥35	≥39	285～341	850～870℃油淬，550～650℃回火
40 CrNiMoA	≥980	≥833	≥12	≥50	≥79	285～341	850～870℃油淬，550～650℃回火

2. 常用的中 C 调质钢的焊接工艺

常用的中 C 调质钢的焊接工艺可参考表 8-18 选用。

表 8-18 常用的中 C 调质钢的焊接工艺

钢材牌号	手 弧 焊		气体保护焊		埋 弧 焊	
	焊条型号	焊条牌号	气保焊	焊丝牌号	焊丝牌号	焊剂牌号
30CrMnSiA	E8515G E10015G	J857Cr，J1007Cr HT-3(H08CrMoA 芯)	CO_2 Ar	H08Mn2SiMoA H18CrMoA	H18CrMoA H20CrMoA	SJ101 HJ260
30CrMnSiNi2A		HT-3(H08CrMoA 芯)	Ar	H18CrMoA	H18CrMoA	SJ101
35CrMoA	E10015G	J1007Cr	Ar	H20CrMoA	H20CrMoA	HJ260
35CrMoVA	E10015G	J1007Cr	Ar	H20CrMoA		
34CrNi3MoA	E8515G	J857Cr	Ar	H20Cr3MoNiA		
40 Cr	E10015G	J1007Cr				
预热和缓冷	预热 250～300℃，500～700℃保温缓冷后使用，或淬火后低于母材回火温度 50℃ 回火					

3. D6AC 超高强钢焊接实例分析

由前表 8-18 看出，一般中 C 调质钢的焊接工艺在含 C 及合金量高时都推荐用氩弧焊，而且采用预热和焊后热处理。现有 DA60 钢（成分与 45CrNiMoV 接近），20 mm 厚板的小容器焊接，退火状态焊接，焊后调质处理。该钢成分和调质后性能如表 8-19。由其成分看，除 Ni 外，C 及 Cr，Mo，V 都比表 8-16 所示的中碳高强调质钢高，焊接性更差。按成分预测各种裂纹敏感性为：

表 8-19 D6AC 超高强调质钢的成分（%）组合和性能举例

钢号	C /%	Si /%	Mn /%	其他合金元素 /%	S /%≤	P /%≤	σ/MPa	塑 /%	vE /J
D A60	0.42～0.48	0.17～0.3	0.5～0.9	Cr0.8～1.05 Ni0.4～0.7 Mo0.9～1.1 V0.05～0.1	0.015	0.025	σ_b 1 350 σ_s 1 284	δ 9.6 ψ 47	室温 44

热裂敏感性：$UCS=230C+190S+75P+45Nb-123Si-5.4Mn \leqslant 30$，计算得出 D6AC 为 65；

冷裂敏感性：$C_e=C+Si/24+Mn/5+Ni/40+Cr/5+Mo/4+V/14 \leqslant 0.76$，计算得出 D6AC 为 1.02；

$P_c=C+Si/30+Mn/20+Ni/60+Cr/20+Mo/15+V/10+B \leqslant 0.36$，计算得出 D6AC 为 0.70；

再热裂敏感性：$\Delta G=Cr+3.4Mo+8.1V-2 \leqslant 0$，计算得出 D6AC 为 2.39。

由此看出，DA60 的各种裂纹敏感性都很高。需要预热比 300 ℃高得多的温度。本试验采用了一种新的焊接方法和新的材料匹配不预热焊获得了满意的结果。所用焊接方法为双异质焊丝分离双弧埋弧自动焊，优选后的最后焊接规范为：

焊丝直径：2 mm，焊丝间距 30 mm，SJ101 烧结焊剂，埋弧自动焊；

焊接规范：前弧，$I_1=160～180$ A，$U_1=36～38$ V，$V_C=10～12$ m/h，起预热及打底作用；

后弧，$I_2=340～360$ A，$U_2=38～40$ V，起盖面和热处理作用。

焊丝成分如表 8-20 所示。分两种组合焊接，室温焊接，焊后入炉 600 ℃炉冷，焊后未出现裂纹，焊接的结果在两种状态（焊态：A 焊 B 焊和调质态：A 调和 B 调）测得的硬度分布及各区的平均值如图 8-32 所示。由图中看出，A 组合的焊态的焊缝和热影响区的硬度普遍偏低，而且有个别软点，但在调质后焊缝和热影响区的硬度降低而母材升高，A 组合略高于 B 组合，但 B 组合三区性能十分接近而焊缝和热影响区略高于母材，最后选用了 B 组合。

为了研究焊接接头的性能分布，最常用的是测出焊接接头的微区硬度性能分布，如图 8-32 所示。由材料手册可查出钢材强度与硬度的换算值即可获得焊接接头的微区强度分布，其回归方程可取：

$$TS=0.350\times HV-0.426, R=0.999, S=1.220, N=28$$

式中 TS——抗拉强度(9.8×MPa)；

HV——韦氏硬度；

R——相关系数；

S——标准差；

N——样本数。

表 8-20 焊丝成分组合

焊丝牌号	C /%	Si /%	Mn /%	Cr /%	Ni /%	Mo /%	Ti /%	S /%	P /%
1Cr18Ni9Ti	≤0.12	≤1.0	≤2.0	170~19	8.-11		0.5~0.8	≤0.030	≤0.035
H08Mn2SiA	≤0.11	0.65~0.95	1.8~2.0	≤0.20	≤0.20			≤0.030	≤0.030
H18CrMoA	0.15~0.22	0.15~0.352	0.4~0.7	0.8~1.0		≤0.30	0.15~0.25	≤0.025	≤0.030
焊丝组合前丝+后丝			A：1Cr18Ni9Ti + H18CrMoA；B：H08Mn2SiA + H18CrMoA						

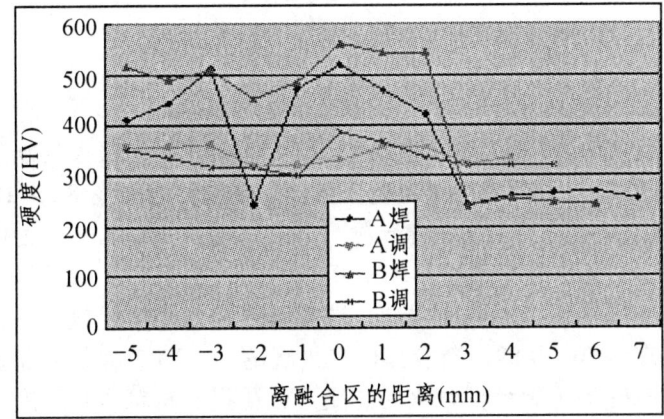
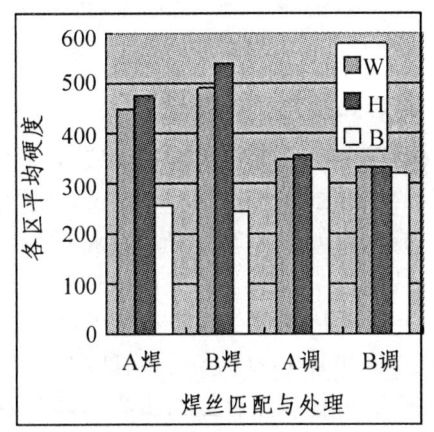

图 8-32 A、B 两种焊丝组合焊接焊态和调质后的性能

4. D6AC 超高强钢接头性能的全面分析

焊接接头的硬度试验只能得到其拉伸强度关系，如用微型剪切试验则可得出剪切强度 JS 和剪切屈服强度 JYS 如图 8-33(a)所示，还可求出相应的剪切塑性指标 JP 和剪切韧性指标 JR 分布如图 8-33(b)所示。图中 0……熔合区，左侧为焊缝离熔合区测点的距离，右侧为热影响区及母材离熔合区测点的距离，纵坐标为各种剪切性能分布。由图看出，焊态的焊缝剪切强度 JS 和剪切屈服强度 JYS 低于热影响区但高于退火母材，而塑性 JP 和韧性 JR 以热影响区最低。在调质后，母材和焊缝剪切强度 JS 和剪切屈服强度 JYS 上升，热影响区下降，各区的剪切塑性 JP 和剪切韧性 JR 全面上升。微型剪切试验的方法是取 1.5 mm×1.5 mm 跨焊缝、热影响区和母材的长条试件在微型剪切试验装置上，以 1 mm 间距逐点剪切记录下压力 P-Δ 曲线和用声发射监测到的断裂力 P_c 和压下位移 Δc，然后可求出：

剪切强度 $JS=P_c/F$ （MPa）

剪切屈服强度 $JYS=P_c0.2/F$ （MPa）

剪切塑性 $JP=\Delta c/h$ （%）

剪切韧性 $JR=W/F$ （J/mm²）

式中 F——试件截面，mm²；

h——试件高，mm；

W——断裂功，J，即 P-Δ 曲线包含的面积。

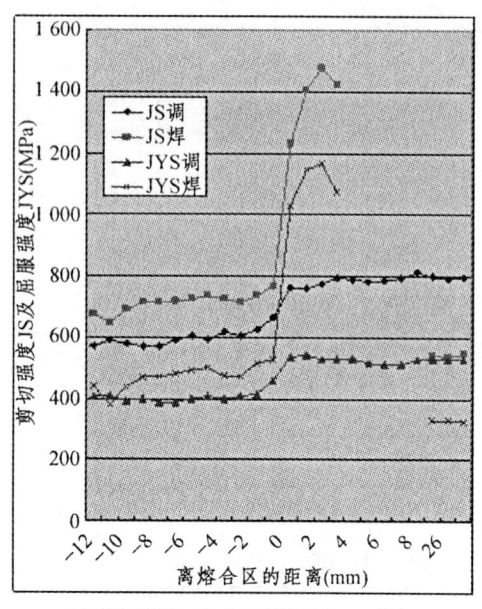
(a) 剪切强度JS和剪切屈服强度JYS分布

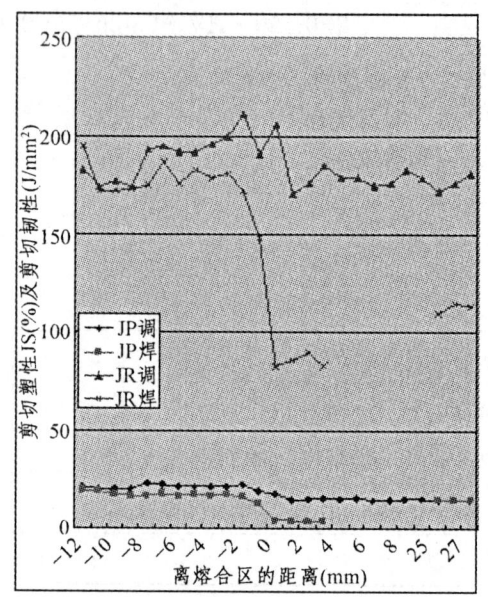
(b) 剪切塑性指标JS和剪切韧性指标

图 8-33　D60 超高强钢接头性能分布

6. 实际焊接接头的性能

D60 超高强钢实际接头选用止口 V 形坡口对接，按前述焊接规范后 860℃油淬 620℃回火的硬度、由硬度折合的拉伸强度（拉强）、微型剪切强度（微剪）和微型拉伸强度（微拉）性能分布如图 8-34(a)所示，各区的性能比较如图 8-34(b)所示。由图看出，各种性能变化的规律一致，其平均值以焊缝最低，为明显的低匹配，其硬度、拉强、微剪和微拉的焊缝与母材值之比分别为 0.89、0.89、0.76 和 0.79。板式焊接接头的实际性能低于加工试件微型拉伸的试验值和由硬度折合的拉伸强度，这显示出试件的尺寸效应。各种性能比较和分析如表 8-21 所示。由匹配看 W/B 在 0.76～0.89，断裂部位在焊缝的占 43%。大部分断裂在强度高于焊缝的母材、熔合区和热影响区在硬夹软的接头中受拉时软区先变形强化提高材料本身强度，当其强度高于硬区时就可能从焊接接头的硬区断裂，因此只要软区的塑性和韧性足够即使强度低于母材 20%以内，也可保持足够的接头强度。所以在焊接超高强钢时，经常选用塑性和韧性好而强度较低的焊接材料，以减少裂纹倾向，同时也能保证焊接接头强度。

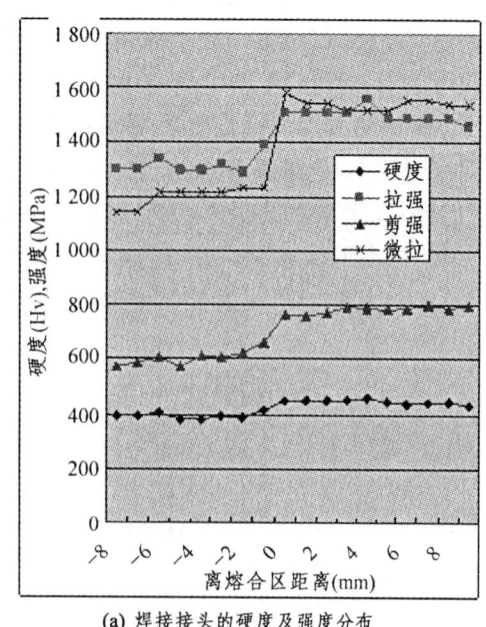
(a) 焊接接头的硬度及强度分布　　　　(b) 焊接接头个区的硬度及强度平均值比较

8-34　焊接接头的性能分布和各区性能平均值比较

表 8-21 DA60 钢焊接接头的性能比较及分析

项目	强度/MPa—断裂区的强度				硬度/HV	微剪/微拉	板拉/微拉	折拉/微拉
	板式拉伸	微型拉伸	微型剪切	折合拉伸				
母材 B	980	1 524	796（3）	1 480（3）	438（3）	0.48	0.65	0.97
焊缝 W	673（2）	1 201（3）	606（8）	1 316（8）	392（8）	0.50	0.73	1.10
熔合区 F	1 197	1 586	785（1）	1 510（1）	785（1）	0.49	0.72	0.96
热影响区 H		1 533（2）	981（6）	1 511（6）	447（6）	0.64		0.99
匹配 W/B	0.89	0.79	0.76	0.89	0.89	焊缝韧性(J)：U55，V50		

8.5.8 低合金特殊用钢的焊接

1. 常用低合金特殊用钢的成分和主要性能

低合金特殊用钢的品种繁多，现举一部分常用低合金特殊用钢的成分和主要性能如表 8-22 所示。由表看出，除常规钢的五大元素和机械性能外，都加有各种合金以满足特殊性能要求。珠光体耐热钢加入不同量的 Cr、Mo 或 Cr、Mo、V，要求有高的持久强度（高温运行 100 000 h 的断裂强度）和蠕变强度（高温运行 100 000 h 的总变形量为 1% 时的断裂强度）。低温钢分无 Ni 低温钢，一般含有 Mn、Ti、Nb、RE，温度级别为-40℃到-105℃；另一类是含 Ni 低温钢，有-60℃级的含 Ni0.5，1.5 和 2.5 的低 Ni 钢，有-100℃、170℃和 196℃级的含 3.5Ni、5Ni 和 9Ni 的中 Ni 钢。还有未列出的-196℃到-253℃和 269℃级的高 Mn 和 Cr、Ni 合金钢。应用最多的耐蚀钢有耐大气海水腐蚀用钢和耐石油腐蚀钢，前者以加含 Cu 为主，后者以加 Al 为主，其机械性能要求与一般低合金结构钢相同，只是要求在使用中有较好的抗蚀性；一些化工结构还需用高 Cr，Ni 不锈钢或不锈钢复合板或堆焊层做耐蚀钢。

表 8-22 常用低合金特殊用钢的成分组合举例

基本成分	钢号	其他合金成分(%)	特殊性能要求
珠光体耐热钢 C0.09~0.18 Si0.09~0.18 Mn0.40~0.80 S≤0.04 P≤0.04 860~960℃ 1 000~1 250℃ 正火高温回火	12CrMo	Cr0.4~0.7，Mo0.40~0.55	540℃持强 70 MPa 蠕强 35 MPa
	15CrMo	Cr0.8~1.1，Mo0.40~0.55	550℃持强 50~70 MPa 蠕强 45 MPa
	20CrMo	Cr0.8~1.1，Mo0.15~0.25	520℃持强 130 MPa 蠕强 62 MPa
	12CrMoV	Cr0.0~1.2，Mo0.25~0.35，V0.15~0.35	580℃持强 80 MPa 蠕强 60 MPa
	12Cr3MoVSiTiB	Cr2.5~3.0，Mo1.0~1.2，V0.25~0.35，Si0.6~0.9，Ti0.22~0.38，B0.005~0.01	620℃持强 65~85 MPa 蠕强 41~44 MPa
	12Cr2MoWVB	Cr1.6~2.1 Mo0.50~0.65，V0.28~0.42，W0.30~0.42，Ti0.30~0.55，B≤0.008	620℃持强 58~95 MPa 蠕强 36~50 MPa
低温钢 C≤0.08~0.2 Si0.29~0.6 Mn1.20~1.80 Ni 钢中 Ni0.5~9 V0.02~0.05 Nb0.15~0.50 Al0.15~0.50	09MnTiCuRE	Mn1.4~1.7，Ti0.3~0.8，RE0.15 加入 568	-70℃σ_b568 MPa，δ31%，vE11J
	06MnNb	Nb0.02~0.04	-90℃σ_b549 MPa，δ24%，vE22J
	06AlCuNbN	Nb0.04~0.08，Cu0.3~0.4，10.04~0.15，N0.010-0.015	-100℃σ_b5 499 MPa，δ24%，vE22J
	3.5	Ni3.25~3.75，Cu≤0.35，Cr≤0.25，Mo≤0.1	-100 ℃vE≥39J
	5Ni	Ni4.75~5.25，Cu≤0.35，Cr≤0.25，Mo≤0.1	-170℃σ_b804 MPa，δ16%，vE39J
	9Ni	Ni8.0~10.0，Cu≤0.35，Cr≤0.25，Mo≤0.1	-196℃σ_b999 MPa，δ14%，vE39J

续表 8-22

基本成分	钢号	其他合金成分(%)	特殊性能要求		
			σ_b(MPa)	δ(%)	vE(J)
耐大气海水腐蚀用钢 C≤0.09~0.2 Si0.15~0.8 Mn0.20~2.0 加 CuPCrNi 等	09MnCuPTi	Cu0.2-0.4, P0.05~0.12, Mn1.0~1.5 Ti≤0.03 加入	333~343	19~21	
	16CuCr	Cu0.2~0.4, Cr0.2~0.6,	382~402	21~22	-20℃≥27
	15MnCuCr	Mn0.9~1.3, Cu0.2~0.4, Cr0.3~0.65	470~479	20~22	-20℃≥27
	09CuPCrNi-B	Cu0.25~0.45, P0.07~0.15, Cr0.30~0.65, Ni0.25~0.50	402~431	24~27	-20℃≥27
	08PVRE	P0.080~0.105, V0.007~0.008, RE≤0.20	500~544	24~27	室温 110
耐石油腐蚀钢 C≤0.06~0.18 Si0.20~0.8 Mn0.30~2.0 加 AlMoVCr 等	08AlMoV	Al0.2~0.4, Mo≤0.1, V≤0.1,	468.44	28.5	室温 171
	15MoVAl TiRE	Al0.2~0.3, Mo0.5~0.7, V 0.2~0.4, Ti0.4~0.6, RE0.15	516-526	30	室温 196J
	09AlMoCu	Al0.8~1.0, Mo0.2~0.4, Cu0.2~0.4	≥490	≥21	室温 ≥47

2. 常用低合金特殊用钢的焊接

低合金特殊用钢的焊接与低合金结构钢的焊接区别不大，这些钢绝大多数含 C 都在 0.2%甚至 0.1%以下，其焊接性主要取决于合金的组成和数量，一般合金含量越多，其裂纹倾向就越大，可用过去介绍的公式来作估计和确定预热温度。几种钢中值得注意的含 Cr、Mo、V 较多的珠光体耐热钢有回火脆性（300～500℃温度运行的脆化现象）和再热裂倾向（500～700℃），因此要特别注意层间温度和焊后热处理。低温 Ni 钢的焊接性好，但 9Ni 钢有一定淬硬性，应选择膨胀系数相近和 S、P 低的焊接材料以减少裂纹倾向，避免磁偏吹，严格控制线能量和层间温度避免焊前预热，以防止过热。Cu 耐候钢中 Cu 耐腐蚀的一面，也分别具有增大热裂和冷裂的一面，因此必需降低含 C 量和控制 Cu 量的高限，焊接时减少线能量和拘束应力。

8.6 高合金钢焊接

8.6.1 不锈钢的焊接

1. 不锈钢的分类

不锈钢和耐磨钢属于高合金钢，即钢中合金元素总量大于 10%，他们具有不同的组织和性能以满足不同的特殊要求。不锈钢的分类如图 8-35 所示。

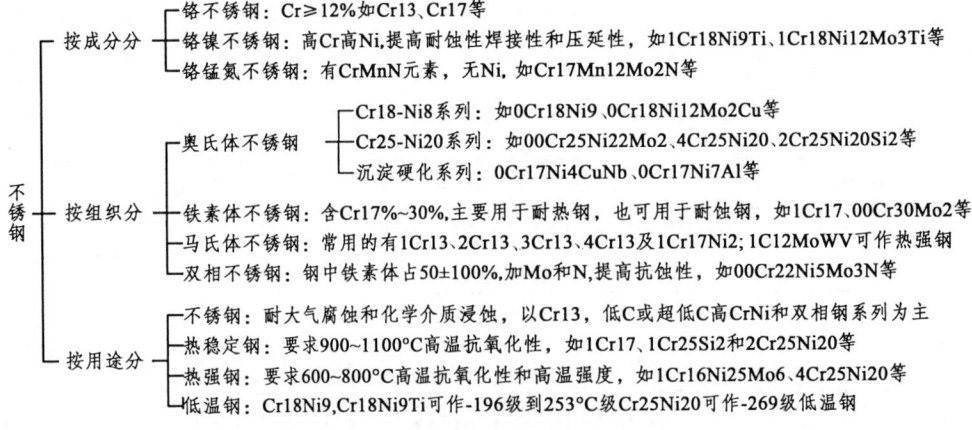

图 8-35 不锈钢的分类

2. 不锈钢在退火状态下的物理性能

不锈钢在退火状态下的物理性能有一定差异，对使用性能和焊接性能都有重要影响。几种不锈钢在退火状态下的物理性能比较如表 8-23 所示。由表看出，铬铁素体型不锈钢和铬马氏体型不锈钢在退火状态下的物理性能比较接近；沉淀硬化型不锈钢与铬镍奥氏体型不锈钢比，除膨胀系数约低 40%外，其余都相近；铬铁素体型不锈钢和铬马氏体型不锈钢的膨胀系数比铬镍奥氏体型不锈钢也约低 40%，电阻率也较低。

表 8-23 几种不锈钢在退火状态下的物理性能比较

不锈钢类型	膨胀系数 α(0~538℃)/$10^{-8}\cdot K^{-1}$	导热系数 λ(100℃)/$W\cdot m^{-1}\cdot K^{-1}$	比热容 c /$J\cdot kg^{-1}\cdot K^{-1}$	电阻率 ρ/$10^{-1}\cdot\Omega^{-1}\cdot m^{-1}$	熔点 T_M /℃
铬镍奥氏体型	17.0~19.2	18.7~22.8	460~500	69~192	1 400~1 450
铬铁素体型	11.2~12.1	24.2~26.3	460~500	59~67	1 480~1 530
铬马氏体型	11.6~12.1	28.7	420~460	55~72	1 480~1 530
沉淀硬化型	11.9	21.5~23,0	420~460	77~102	1 400~1 440

3. 常用不锈钢的成分和机械性能

常用不锈钢的成分和机械性能如表 8-24 所示。由表看出，不锈钢的成分，除 C，Si，Mn，S，P 外，主要加入 Cr 或 Cr 和 Ni，另外加入少量 Mo、Ti、Al 等以得到不同的组织和性能。表中钢号前 1-11 为含 C 百分量，0 为低 C，00 为超低 C。

表 8-24 不锈钢的成分和主要机械性能举例

类型	钢号	化学成分 /% 其中 S≤0.03，P≤0.035						σ_b /MPa	δ /%	vE /J
		C	Si	Mn	Cr	Ni	其他			
铁素体型	00Cr12	≤0.03	≤1.00	≤1.00	11~13			363	≥22	
	00Cr30Mo2	≤0.01	≤0.10	≤1.00	28~32		Mo2.0	≥451	≥20	
	0Cr13Al	≤0.08	≤0.80	≤0.80	11~14			≥412	≥20	≥78
	1Cr17Mo	≤0.12	≤1.00	≤1.00	16~18		Mo1.0	≥451	≥22	
马氏体型	1Cr13	≤0.15	≤0.50	≤1.00	11~13			≥539	≥25	≥78
	2Cr13	0.18~0.25	≤1.00	≤0.80	12~14			≥637	≥20	≥62
	3Cr13	0.28~0.35	≤0.80	≤1.00	12~14			≥735	≥12	≥23
	11Cr17	0.96~1.20	≤1.00	≤1.00	16~18		Mo1≤0.8			Hv≤200
奥氏体型	00Cr17Ni14Mo2	≤0.03	≤1.00	≤2.00	16~18	12~15	Mo2~3	≥481	≥40	200
	00Cr19Ni13Mo3	≤0.03	≤1.00	≤2.00	18~20	11~15	Mo3~4	≥481	≥35	200
	0Cr25N20	≤0.80	≤1.50	≤2.00	24~26	19~22		≥520	≥40	200
	1Cr18Ni9Ti	≤0.12	≤1.00	≤2.00	17~19	8~11	Ti0.5~0.8	≥520	≥40	200
	1Cr18Ni12M03Ti	≤0.12	≤1.00	≤2.00	16~19	11~14	Ti0.5~0.8	≥529	≥35	200
双相钢	0Cr21Ni5 Ti	≤0.08	≤0.80	≤0.80	20~22	4.8~5.8	Ti0.3~0.6			
	0Cr21Ni6Mo2 Ti	≤0.03	≤1.00	≤1.00	20~22	5.5~6.5	Mo1.8~2.5, Ti0.2~0.4			
	00Cr25Ni5 Ti	≤0.03	≤1.00	≤1.00	25~27	5.5~7.0	Ti0.2~0.4			
沉淀硬化型	0Cr17Ni7	≤0.09	≤1.00	≤1.00	16~18	6.5~7.8	Al0.75~1.5			

注：铁素体钢为退火处理后性能，马氏体钢为调质处理后性能，奥氏体钢为固溶处理后性能。

4. 不锈钢的组织和焊接特点

不锈钢的成分决定其组织，因此焊缝的成分必须与之匹配，焊接时快速冷却形成的组织与铬当量 $Cr_{当量}$ 和 $Ni_{当量}$ 的关系如图 8-36 所示。图中粗线表示不同 $Cr_{当量}$ 和 $Ni_{当量}$ 所得的组织 F、M、A 和 A+F，同时形

成 1、2、3 和 4 区:

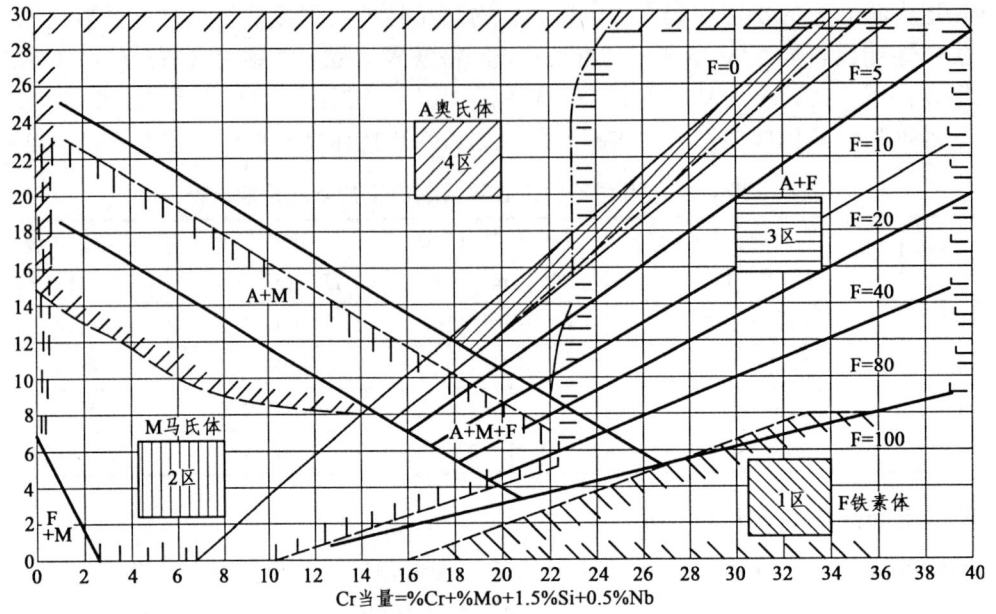

图 8-36 不锈钢焊缝的组织和冶金特性图

1 区: 在高于 1 150℃ 时要防止晶粒长大;
2 区: 低于 400℃ 出现淬硬裂纹倾向;
3 区: 当温度在 500～900℃ 时出现 σ 相脆化倾向;
4 区: 高于 1 250℃ 出现热裂纹倾向。

上述各区成分焊缝必须根据上面特点合理选择焊接材料和工艺,以解决其存在的问题。由图看出,成分在 F=5%～10%,$Cr_{当量}$ 在 21% 左右,$Ni_{当量}$ 在 13% 左右焊缝成分的热裂纹倾向最小,韧性最好。

5. 不锈钢的焊接

(1) 奥氏体不锈钢的焊接。奥氏体不锈钢是应用最多的一种不锈钢,为单一的有良好塑性的奥氏体组织。它的焊接特点是:① 由于奥氏体不锈钢导热系数小,膨胀系数大,结晶温度区间也大,焊接应力大,结晶温度区间大,区域偏析较大,又是晶粒粗大的铸造组织,因而热裂倾向大,必须合理选择焊接材料和焊接规范和减少焊接拘束应力。② 焊接后快冷以保证获得单一的有良好塑性和防腐性的奥氏体组织,如果慢冷则某些合金元素与析出的碳结合成碳化物,碳化物析出使金属变脆。则可能产生裂缝或失去钢原有的防腐性能。如焊接铬镍 18-8 不锈钢时,若 500～900 ℃ 停留时间过长则析出碳与铬结合成 $Cr_{23}C_6$,则使晶界上铬含量降低至 10%～12%,使金属失去抗蚀性而产生晶间腐蚀,解决的办法是选用超低 C 和 Nb、Ti 微合金化的奥氏体不锈钢焊接材料以细化晶粒,用小线能量小层间温度(低于 60℃)多层焊以提高冷速和减少高温停留时间,有时还必须辅之以风冷或水冷。为了提高抗晶间腐蚀性能,焊后进行固溶处理。

(2) 铁素体不锈钢的焊接。铁素体不锈钢与奥氏体不锈钢相比,成本低,抗氧化性和抗应力腐蚀能力强,在焊接过程是铁素体,无淬硬冷裂倾向,但过热敏感性大,易使热影响区晶粒长大而脆化。由于精炼冶金技术的发展,生产出焊接性好的超低 C 高纯度的高 Cr 不锈钢的应用,有利于解决热影响区晶粒长大而脆化的现象。焊接时要选用含 C、N、O 极低的焊接材料和低的线能量和层间温度(低于 100℃)。焊后加热到 750～800℃ 快冷可提高韧性和抗蚀性能。

(3) 奥氏体-铁素体双相不锈钢的焊接。不锈钢在凝固结束时为单相 δ 铁素体,冷却到 1 300℃ 后在 δ 相晶界上形核长大成 γ 奥氏体,其形态和数量与成分组合和冷速有关,冷速越快,形成的 γ 比例就小。当焊缝成分与母材相同时,γ 比例小,δ 可能超过 80%,δ 过高会降低焊缝韧性,因此必须把焊缝的 δ 铁素体控制在 5%～10% 以内。在热影响区加热后冷速过快,δ 相加多,还会增加由 δ 相析出的 Cr_2N,也降低了热影响区的韧性和抗蚀性。在 δ/γ 值过大含氢高和拘束应力大时也可能产生氢致裂纹。研究表明,含

N 较高的双相不锈钢和用低线能量低层间温度焊接，不会对热影响区组织产生不利影响。

（4）马氏体不锈钢的焊接。马氏体不锈钢焊接与上述几种不锈钢不同，有较大的淬硬和冷裂倾向，含 C 越高，淬硬和冷裂倾向越大。对焊接冷裂的防止方法与高 C 钢或中 C 合金钢相同，正确选择焊接材料、预热温度、提高线能量和正确的焊后热处理。但对超低 C 马氏体钢无硬脆倾向，Cr≥17%的高 Cr 马氏体不锈钢由于奥氏体区缩小，淬硬和冷裂倾向较小，大大改善焊接性能，一般不需预热，但在高拘束和难以控制氢含量的情况下可预热到 100～150℃，焊后 600℃ 左右回火。

8.6.2 高锰钢的焊接

1. 高锰钢的特征

高锰钢是一种塑性韧性极好的无磁性合金，有高的耐磨性和加工硬化性能。高锰钢中 Mn 含量通常为 11%～14%，C 为 0.7%～1.4%，有时还加入 Cr、Ni、Mo、V、Cu 等一种或多种合金。高锰钢的组织和性能如图 8-37 所示。由图 8-37(a) 看出，为了确保在室温得到单一的奥氏体组织，必须加热到 A_{cm} 温度以上进行水淬快冷（即固溶处理）。溶解全部碳化物的温度随含 C 量的增加而提高。如果加热温度不够或冷却过慢就会产生碳化物沉淀而使性能脆化，含 C 量越多，脆化越严重。经过固溶处理的单相奥氏体高锰钢，塑性韧性相当好，在经历冷变形后，硬度和强度迅速增加如图 8-37(b) 所示。因此常用于作耐磨材料。如铁路道岔、卸煤机刀口齿板、挖掘机斗齿和推土机的刀口等常用 Mn13 等高锰钢制造。

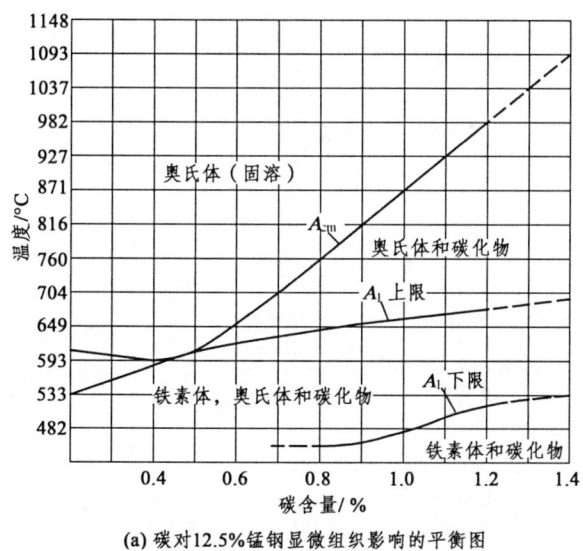
(a) 碳对 12.5%锰钢显微组织影响的平衡图

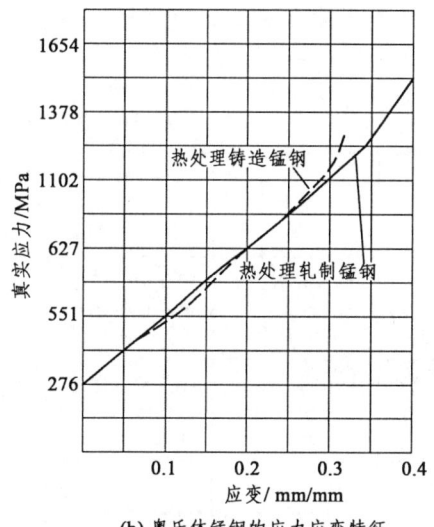
(b) 奥氏体锰钢的应力应变特征

图 8-37 高锰钢的组织和性能特征

2. 高锰钢的成分和性能

部分高锰钢的成分和性能列于表 8-25。由表中看出各组成分相近的高锰钢由于加工状态不同，性能有所差异，如 C-Mn 型高锰钢铸造状态（C），强度塑性都很低，而经后激冷固溶韧化处理（QA）后强度塑性都有很大提高。对各型高锰钢强度差异不太大，但塑性有较大差异。但锻制固溶韧化处理后强度塑性都比铸造固溶韧化处理后好。

表 8-25 部分高锰钢的成分和性能

钢的类型	主要化学成分(%)范围或平均值				d、s /mm	状态	σ_b /MPa	σ_s /MPa	δ /%	HB
	C	Mn	Si	其他						
C-Mn	1.0～1.4	11～14	0.6		d25.4	C，QA	844.1	368.6	47.5	198
	1.11	12.7	0.54		d25.4	C	447.9	358.3	4	
	1.0～1.4	11～14	0.4		d25.4	R，QA	955.6	378.5	51.5	185
C-Mn-Cr	1～1.25	12.5～13.5	0.5	Cr 1.8～2.1	d25.4	C，QA	825.4	434.1	42	210

续表 8-25

C-Mn-Ni	0.6~0.9	12.4~14.3	0.70	Ni 3.4~3.6	d25.4	C, QA	764.9	313.5	64	165
	0.8~0.9	13.9~15.1	1.10	Ni 2.8~4.0		R, QA	964.6	361.4	80.5	180
C-Mn-Mo	0.75~1.0	12.1~14.1	0.5	Mo1.0	d25.4	C, QA	837.1	375.5	54	193
	1.15	12.8~14.3		Mo1.0	s203.2	C, QA	527.1	365.2	24.5	204
	0.72	13	0.5	Mo1.0	d25.4	R, QA	1 006	368.7	66	187

3. 高锰钢的焊接

高锰钢是属于奥氏体类高合金钢，当焊接后快速冷却，就生成单一的奥氏体组织，其塑性韧性均好，承受冲击后硬化，有高的耐磨性能；但如焊后缓冷，则析出碳并生成碳化物，大大降低塑性和韧性，同时过热敏感性大，易生成裂缝。因此必须像焊不锈钢那样焊后快冷，即用小的焊接线能量，短焊缝，或水冷，并且不预热。为了保证获得良好质量，在焊接时应注意：① 有条件时可放在水中只将堆焊表面露在水面焊接，加快焊接区冷却。② 尽量用小直径小电流焊接，要直流反接，焊接直行不横摆，焊速要快，焊一层后要冷到不烫手再焊。③ 大面积堆焊时可分区堆焊，并最好用奥氏体焊条打底。④ 如果可能，焊后可对零件作水韧处理，即加热到 1 060~1 100 ℃水冷，以获得全部奥氏体组织。

4. 高锰钢焊缝性能

高锰钢可用多种焊接方法进行焊接，几种主要焊接方法用常用材料的熔敷金属主要成分和性能如表 8-26 所示。

表 8-26 几种常用材料的熔敷金属主要成分和性能

焊接方法	焊条类型	熔敷金属主要成分(%)平均值					σ_b /MPa	σ_s /MPa	δ /%	HB	vE /J
		C	Mn	Si	Cr	Ni					
手弧焊	Mn-Ni	0.7	13.5	≤1.3	≤0.5	4.5	835.8	441.6	47	207	Mn-Ni 焊缝 24℃，180.5 -18℃，130.6 -60℃，108.8 -100℃，74.8
手弧焊	Mn-Ni-Cr	0.73	15.5	2.3	2.8	3.0	825.4	520.9	42	223	
手弧焊	Mn-Mo	0.7	13.5	0.8	≤0.5		825.4	467.8	32	214	
手弧焊	Mn-Cr	0.45	14.5	0.35	14.5	1.0	1 005.9	626.8	30	194	
氩弧焊							842.6	542.2	37	235	
埋弧焊							839.9	547.1	38	207	

5. 焊接实例

如卸煤机刀口齿板，挖掘机斗齿，推土机的刀口常用 Mn13 高锰钢制造。焊接 Mn13 高锰钢时，手工焊可用奥氏体不锈钢焊条，也可采用低碳镍锰钢芯焊条（焊芯成分：C=0.25%~0.30%，Ni=3%~4%，Mn=14%~16%，药皮成分为：大理石 55%、萤石 20%、锰铁 15%、淀粉 10%），在堆焊时用专门的锰钢堆焊焊条，也可用硬质合金堆焊焊条。在堆焊修复旧的厚大工件时要用砂轮打磨 2~3 mm，去掉加工硬化层以免产生焊接缺陷。高锰钢辙叉的堆焊工艺与前相似。① 选用合适的焊接材料，采用 Mn-Cr-Ni 系合金焊条以获得奥氏体焊缝，可调整 Cr-Ni 比例以降低合金熔点，对能产生热裂纹的液膜处起填充愈合作用。② 减少焊接热输入或将辙叉浸泡在水中，加快辙叉的冷却速度，在焊后对焊道泼水简单易行，效果较好，这就要求焊条应具有良好的抗气蚀能力。③ 不能焊前预热和焊后缓冷。④ 高锰钢辙叉的焊接工艺参数为：焊条直径 3 mm 时电流为 90~120 A（焊道宽 8~14 mm），焊条直径 4 mm 时电流为 100~130 A（焊道宽 10~16 mm），直流反接焊接，焊道重叠量 1/3~1/2 焊道宽。焊接材料用高锰钢焊条，我国铁路高锰钢辙叉的焊接材料如表 8-27 所示。

高锰钢辙叉用高锰钢焊接材料，其化学成分和力学性能如表 5-10 所示，用小规范焊接。

表 8-27 常用焊接材料的化学成分和力学性能

焊条代号	C	Si	Mn	Cr	S、P	Mo	Ni	σ_b /MPa	δ /%	HB 焊后	RC 硬化	A_{kv}
D276	≤0.5	≤0.8	11~16	14~17	≤0.035	≤4.0		≥560	≥22	≥180	≥40	室温 ≥47 J
D286	≤0.3	≤0.6	22~26	1~3	≤0.035	≤2.0		≥560	≥22			
D296	≤0.3	≤0.6	20~24	≤2.0	≤0.035	≤3.0	≤0.3	≥600	≥18	200	45	

难度最大的是高锰钢辙叉与高碳钢轨焊接，前者要求快冷以防止沿奥氏体晶界析出碳化物降低韧性和热裂，后者要求慢冷以防止热影响区马氏体脆化而冷裂。国外用 WAMS D-Rail 焊机，AP-O 高锰型药芯焊丝自动堆焊道岔。用 312L-O 不锈钢药芯焊丝自动焊接高锰钢辙叉与高碳钢轨对接，其焊接材料如表 8-28 所示。目前也用专用闪光焊机和中间材料对接。

表 8-28 高锰型药芯焊丝自动堆焊的焊丝成分和性能

类别/成分	C	Mn	Si	Cr	Ni	Mo	S	P	使用于
AP-O	0.40	14.5	0.75	14.5					堆焊道岔
312L-O	0.03	1.60	0.90	29.1	9.80		0.015	0.008	高 Mn 岔与钢轨焊

类别/性能	σ_b/MPa	σ_s/MPa	δ /%	Ferrite WRC No.	A_k/J	使用于
308L-O	675	550	39	10		自动堆焊钢轨，对接
312L-O	620	440	36	—		高 Mn 岔与钢轨焊

8.7 铸铁的焊接

铸铁在机械制造中应用很广，其中大多是灰口铸铁，如一般的减速箱体，卷筒、滑轮、气缸等。有些机器零件常选用球墨铸铁、可锻铸铁、变质铸铁、合金铸铁来制造。这些铸铁件在铸造时可能会产生裂缝、砂眼、气孔、夹渣等缺陷；也有的在使用过程中产生裂缝或磨损，这些都可以用焊接方法来修复。

8.7.1 铸铁的分类成分和性能

1. 铸铁的分类牌号和性能

铸铁常以石墨存在的形式分为灰口铸铁（片状石墨）、球墨铸铁（球状石墨）和可煅铸铁（絮状石墨），其牌号分别以 HT、QT 和 KT 表示，及后冠以拉伸强度要求，在球墨和可煅铸铁中还标出延伸率要求；在可煅铸铁中还标出基础组织铁素体 H 和珠光体 Z。另外还有石墨 C 以 Fe_3C 存在的白口铁。各种铸铁的组织成分和性能如表 8-29 所示。

2. 铸铁组织性能特点

铸铁性能决定于铸铁组织，铸铁组织决定于其基体组织和石墨形态，灰口铸铁石墨成片状，由于片尖的应力集中使其强度提高受限，塑性趋近于零无屈服极限，一般加作抗弯强度。球墨和可锻铸铁由于石墨成球状或絮状减少了应力集中程度，有了一定的塑性，强度也有了较大的提高，基体组织的珠光体含量越高，强度越高。基体组织由成分和冷速决定，石墨形态由工艺决定，如快冷易使 Fe_3C 生成白口铁，慢冷则 C 成自由态为灰口铁，白口铁高温退火后石墨成絮状为可煅铸铁，在浇铸前加球化剂石墨成球状为球墨铸铁。

表 8-29 各种铸铁的组织成分和性能

分类	牌号	σ_b /MPa	σ_s /MPa	δ /%	硬度 HBS	组织特征	主要成分平均 /% C	Si	Mn	P<	<S
灰口铸铁	HT100	≥100			≤175	P30%~70%, F70%~30%	3.65	2.35	0.55	0.3	0.15
	HT150	≥150			150~200	P40%~90%, F60%~10%	3.35	2.10	0.70	0.3	0.15
	HT200	≥200			170~220	P>90%, F<5%	3.25	1.75	0.85	0.3	0.12
	HT250	≥250			190~240	P>98%,	3.05	1.60	1.00	0.2	0.12
	HT300	≥300			210~260	P>93%, 孕育铸铁	3.05	1.45	1.00	0.15	0.12
	HT350	≥350			230~280	P>95%, 孕育铸铁	2.9	1.35	1.20	0.15	0.10
	HT400	≥400			207~269	P>孕育铸铁					
球墨铸铁	QT400-18	≥400	≥250	≥18	130~180	F+球状石墨	3.5	2.5	0.7	0.1	0.04
	QT450-10	≥450	≥310	≥10	160~210	F+球状石墨					
	QT500-7	≥500	≥320	≥7	170~230	F+P+球状石墨					
	QT600-3	≥600	≥370	≥3	190~270	P+F+球状石墨					
	QT700-2	≥700	≥420	≥2	225~305	P+球状石墨					
	QT800-2	≥800	≥480	≥2	245~335	P 或回火组织					
	QT900-2	≥900	≥600	≥2	280~360	B 或回火组织					
可锻铸铁	KTH300-06	≥300		≥6	120~163	白口铸铁在高温900~1000℃几十小时退火 Fe₃C 分解为絮状石墨: F+絮状石墨 P+F+絮状石墨 P+絮状石墨	铁素体可煅铸铁成分 2.4	1.15	0.35	0.12	0.18
	KTH330-08	≥330		≥8	120~163						
	KTH350-10	≥350	≥200	≥10	120~163						
	KTH370-12	≥370		≥12	120~163						
	KTZ450-05	≥450	≥270	≥5	150~200		珠光体可煅铸铁成分				
	KTZ550-04	≥550	≥340	≥4	180~230						
	KTZ650-02	≥650	≥430	≥2	210~260		3.0	0.85	0.45	0.10	0.15
	KTZ700-02	≥700	≥530	≥2	240~290						

3. 铸铁的成分特点

铸铁的成分中 C 和 Si 是强石墨化元素，Mn 是强化基体元素，在灰口铸铁中随强度的提高，C 和 Si 逐次减少，Mn 逐次增加，P 共晶量逐次减少。球墨铸铁中要求有高的强石墨化元素 C 和 Si，中等含 Mn 量；而可煅铸铁则要求较低的 C、Si 和 Mn。

8.7.2 灰口铸铁的焊接

1. 灰口铸铁的焊接特点

（1）焊接时成白口组织。由于焊接时 C、Si 元素（它们是促进石墨化的）大量烧损，使焊缝中碳、硅量减少；另外焊缝冷却速度远远大于铸件在砂型中的冷却速度，因此金属中的碳不是以游离态的石墨形态存在，而是以硬而脆的碳化物（Fe_3C）的形态存在，使焊缝形成白口组织。

（2）铸铁焊接裂缝。铸铁焊接时，裂缝是经常出现的一种缺陷。当焊缝用铸铁焊条焊接时，常见裂缝为焊缝横向裂缝，一般在 400℃ 以下，焊缝较长或焊补刚度较大的铸铁缺陷时，常发生这种裂缝。这属于冷裂缝。裂缝的裂源一般为片状石墨的尖端。焊接过程中由于工件局部不均匀受热，焊缝在冷却过程中会产生很大的拉应力，拉应力随焊缝温度的下降而增大。焊缝中片状石墨的存在，不但减少了焊缝的有效工作截面，而且在石墨两端有严重的应力集中。当应力超过铸铁的强度极限时，即发生焊缝裂缝。由于焊缝完全无塑性，裂缝很快扩展到整个焊缝横截面。用低碳钢焊条焊铸铁时，焊缝及热影响区易产生裂缝。灰口铸铁含碳量一般为3%左右，比低碳钢含碳量（<0.25%）高十几倍，而且含硫量也高（<0.15%），比低碳钢含硫量（≤0.04%）高出几倍。当用低碳钢焊条焊铸铁时，即使采用小电流，焊缝平均含碳量可达0.7%~1.0%，焊缝平均含硫量也较高。碳与硫是促使碳钢产生热裂缝的有害元素，另外焊缝含碳量高，属于高碳钢，易形成马氏体组织，脆硬而塑性很低的马氏体组织在焊接应力作用下，也易产生冷裂缝。用低碳钢焊条焊接铸铁时，还会在热影响区产生裂缝，原因可能主要是因为焊缝中的碳钢的收缩率大而引起的。因母材上的热影响区有脆性白口层及马氏体。

2. 防止白口及裂缝的焊接方法

（1）采用焊前预热和焊后缓冷的电弧焊。焊前预热和焊后缓冷是消除白口和裂缝的根本措施。由于预热使工件焊接时加热及冷却均匀，而且减缓冷却速度，有利于石墨化进行，可消除白口。又因为预热缓冷，不仅有效地减少了焊接接头上的温差，而且铸铁由常温完全无塑性改变为有一定塑性，600~700 ℃时，δ（延伸率）=2%~3%左右，使焊缝冷却速度减小，减少淬硬组织，刚度小，拘束度小，从而减小裂缝倾向，提高了焊缝机械性能，加工性好。预热可以是局部预热或者整体预热，可以用气焊火焰预热，也可以有专门的加热炉预热，预热温度看工件大小、结构复杂情况及重要程度而定。预热温度可达600~700℃，因此劳动条件差，生产率低，工件容易变形。为了改善工人劳动条件，提高生产率，可采用预热温度为300~400℃的半热焊或选用合适的焊条和工艺冷焊。

（2）用加热减应区方法焊补。采用工件整体预热的热焊法焊补铸件，对消除白口、裂缝都可以得到满意结果，但存在劳动条件差，生产率低等缺点。所以采用较简便的加热减应法进行焊补，也可以得到满意结果。先从例子分析如图8-38所示，如果焊前在焊补处及框架上下两个杆件与裂缝对称部位都用气焊火焰轮流进行加热到接近暗红色，接着对中间杆件裂缝进行焊接，焊接过程中还要同时在上下两杆件与裂缝对称部位上加热，使其保持红热状态。在焊接时使三个杆件几乎同时作同样的自由伸长，冷却过程中几乎同时作同样的收缩，故焊缝内应力大为减低，从而避免了裂缝的产生。这种焊接工艺叫做加热减应区焊接法。加热减应区的实质是加热某一个或一个以上的局部区域，人为地减低焊补处的拘束度以降低该处收缩应力，防止产生裂纹。加热减应区选择原则是在阻碍焊接部位膨胀收缩处加热，这样才能达到应有效果。

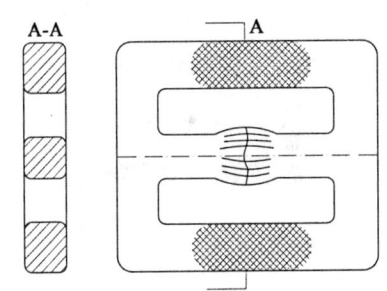

图 8-38 加热减应区方法

3. 电弧冷焊

上面讨论了电弧热焊和半热焊及气焊热焊，焊缝可得满意结果，但预热较麻烦，劳动条件不好，整个焊补过程长，生产率低，成本高。因此采用电弧冷焊，劳动条件好，焊补成本低，焊补过程短，焊补效率高。

（1）焊缝为铸铁型的电弧冷焊。冷焊条件下解决白口的途径；一是提高焊缝石墨化能力；一是提高焊接热输入量。提高焊缝含碳量，并通过焊条药皮或焊芯加入少量钛铁、硅钙或微量稀土合金，使焊缝中的石墨细化，而这些元素在含量较少时还有一定的促使石墨化能力。另外有的焊条药皮中还加入铝粉，以促进焊缝石墨化。为防止焊接接头上出现白口，还应从减慢焊接接头的冷速着手；应采用大直径焊条，大电流连续焊工艺。由于焊缝仍为灰口铸铁组织，强度低，无塑性，采用大电流连续焊接工艺，工件局部受热严重，故焊补大刚度缺陷时，焊缝应力状态较严重，仍易出现焊缝裂缝。但在焊补厚大工件上刚度不大的中、大型缺陷时，可获得满意的结果。

(2) 异质焊缝的电弧冷焊。用镍基焊条、铜基焊条及高钒焊条来焊接铸铁,叫异质焊缝的电弧冷焊。镍是扩大奥氏体区的元素,又是促进石墨化元素;铜与碳不生成碳化物,也不溶解碳(碳以石墨形态析出)。铜有很好的塑性,且其强度不低于灰铸铁,所以铜基焊缝有较好的抗裂缝能力;钒是扩大铁素体区的元素,钒又是强烈的碳化物形成元素(碳与钒形成了碳化钒,而不形成 Fe_3C);故应用这些焊条可以进行电弧焊冷焊铸铁。异质焊缝电弧冷焊工艺要点:在保证电弧稳定及焊透情况下,采用最小电流焊接。因减小电流,减小焊接线能量,减少了焊接应力,使焊接接头出现裂缝的倾向减小。采用短焊缝(短焊缝长度为 10~40 mm),焊后轻敲焊缝,以松弛焊补区应力,降低焊接应力,防止裂缝产生。

4. CO_2 保护焊

CO_2 保护焊焊丝含 C 低,熔敷率高,铸铁熔化少,又可对其中含有的 C 强烈氧化而大大降低焊缝含 C 量可避免产生白口。焊丝可用实心焊丝或药芯焊丝。

5. 电渣焊

热源温度低,加热及冷却速度缓慢,可降低白口倾向和淬硬倾向。

8.7.3 其他类型铸铁的焊接

其他类型铸铁的焊接与灰口铸铁相似,只不过要选相应的焊条。

1. 球墨铸铁的焊接

与灰口铸铁相比,由于有 Mg 和 Ca 等球化剂的加入,增大了白口倾向和淬硬倾向,焊缝强度和塑性要求高,焊接难度更大。还需选用强度和塑性匹配有球化剂的球墨铸铁焊条或药芯焊丝。

2. 可锻铸铁的焊接

与灰口铸铁相比,C 和 Si 含量低,白口倾向更加严重。

3. 白口铸铁焊接

只在灰口或球墨铸铁金属的表面急冷成白口以提高耐磨性,白口倾向极大。

4. 铸铁与钢焊接

铸铁与钢焊接主要从铸铁一方考虑。

8.8 有色金属的焊接

8.8.1 铝及其合金的分类及应用

1. 铝合金结构材料的分类主要成分

铝合金结构材料的分类主要成分如表 8-30 所示。由表看出,工业纯铝及高纯铝按纯度高低分为 11 种,牌号顺序由高到低,序号越高,纯度越高,加工性焊接性很好,塑性很好但强度很低,极少作结构材料使用,但导电性好多用作导电材料,抗蚀性好可作结构蒙皮。加入 Mg 或 Mg 及 Mn 成 Al-Mg 或 Al-Mg-Mn 合金,既保证较好的加工性焊接性,又有一定的强度,还保持了较好的抗蚀性,因此属于防锈铝,按加入合金量不同有 14 种(序号不完全连续)。在此基础上加 Cu 或 Cu 及 Zn 成为 Al-Mg-Cu 或 Al-Mg-Cu-Zn 系列铝合金,硬度强度提高称为硬铝超硬铝或锻铝,可热处理强化提高强度,但焊接难度加大,而且很难达到焊接接头与母材等强。特殊铝加入较多的 Si,使抗热裂性能好,多用作焊接材料;流动性好多用作铸铝材料。铸铝一般为二元合金,Al-Si 合金可加入 Cu、Mg、Ni 等一种或多种以适应各种性能要求。铸铝在加工或使用后出现缺欠也需要焊补。

表 8-30　铝合金结构材料的分类主要成分和

类　型		牌　号	主要成分 /%	其他成分 /%	加工性能
工业高纯铝		LG5-1，5 种	Al 99.99～99.85		加工性焊接性很好
工业纯铝		L6-1，6 种	Al 99.70～98.80	个别含微 Ti	加工性焊接性很好
防锈铝		LF2-43，14 种	Mg 2～10.5，Mn0.15～1.6，Cu0.05～2.0	含 Ti0.02～0.2	加工，焊接，耐蚀性好
可热处理	硬铝	LY1-17，17 种	Mg0.2～2.3，Mn0.2～1.0，Cu2.2～7.0	含 Ti0.02～0.2	强度高，焊接难度大
	锻铝	LD2-31，12 种	Mg0.4～1.8，Mn0.1～1.0，Cu0.1～4.8	含 Ti0.02～0.2	锻造性和耐热性好
	超硬铝	LC3-12，5 种	Mg0.5～4.0，Mn0.1～0.6，Cu0.2～2.4 Zn3.2～7(硬铝≤0.6 或其他≤0.2)	含 Ti0.02～0.2	强度很高，焊接难度更大
	特殊铝	LT1-75，7 种	Mg0.05～7.0，Mn0.3～0.6，Si0.02～12.5	含 Ti0.02～0.2	抗裂性和流动性好
铸铝（ZL）			以二元合金为主，如 Al-Si，Al-Mg，Al-Cu，Al-Zn，Al-Re，特殊 Al-Si 合金加 Mg、Cu 一种或多种		

2. 铝合金结构的应用

运载工具（含汽车、火车、轮船、飞机和运载火箭等）的轻量化是节能减排重载高速的重要途径。如轿车用铝材 50 kg，就可将车重降到 1 200 kg。如每车重减少 100 kg，每 100 km 可省汽油 0.5～0.8 L，CO_2 排放量将相应减少，有资料表明，用铝合金结构代替传统钢结构，可使整车重量减少 30%～40%，制造发动机可减轻 30%，制造车轮可减轻 50%；汽车采用铝合金量不断上升，其单台平均用铝量已由 1973 年的 37 kg 上升到 2002 年的 125 kg，某些新型轿车用量已达 227 kg。除轿车外，罐车、食品车及某些货车甚至可采用全铝合金结构。铝合金铁路车辆用铝合金一般可减轻重量 30%，节能 10%，增效 10%，飞机和运载火箭的轻量化更是"斤斤计较两两计较"。铝合金密度只有钢的 1/3，强度可达到钢的强度，重量可减轻到 1/3，但弹性模量 E 也低 1/3，所以必需增加一定厚度和改变结构形式以增加刚度，所以重量减轻不到 1/3，其具体轻量程度与结构的选材、设计和焊接有关。

8.8.2　铝合金的焊接性能

铝及其合金焊接性主要在以下方面比较突出。

1. 焊缝的气孔

氢是铝及其合金焊接时产生气孔的主要原因。电弧弧柱气氛中的水分，焊接材料以及母材所吸附的水分，都是焊缝气孔中氢的重要来源。其中焊丝及母材表面氧化膜的吸附水分，对焊缝气孔的产生，常常占有突出的地位。防止气孔的途径：减少氢的来源，所使用的焊接材料（包括保护气体、焊丝、焊条、焊剂等），要严格限制含水量，使用前均需干燥处理。

2. 焊接热裂缝

铝及其合金焊接时，焊缝金属和近缝区均可发现裂缝，最常见的是热裂缝。在焊缝金属中称结晶裂缝，在近缝区则为液化裂缝。焊缝结晶时易熔共晶体的存在，是焊缝产生结晶裂缝的重要原因之一。另外，铝合金的线膨胀系数约比钢大 1 倍，在拘束条件下焊接时，易产生较大的焊接应力，是促使铝合金有较大裂缝倾向的原因之一。防止焊接热裂缝的途径有：① 控制适量的易熔共晶并缩小结晶温度区间。② 焊丝中加入变质剂，铝合金焊丝中几乎都有镍、锆、钒、硼等微量元素，一般都是作为变质剂加入的，不仅可以细化晶粒而改善塑性、韧性，并可显著提高抗裂性能。③ 采用能量集中的焊接方法，有利于快速进行焊接过程，可防止形成方向性强的粗大柱状晶，因而可以改善抗裂性。

3. 焊接接头的等强性

① 不热处理强化的铝合金（如 Al-Mg 合金），在退火状态下焊接时，可以认为接头同母材是等强的；在冷作硬化状态下焊接时，接头强度低于母材。② 热处理强化铝合金，除了 Al-Zn-Mg 合金，无论是退火状态下还是时效状态下焊接，焊后不经热处理，其接头强度和塑性均低于母材。铝合金焊接时的这种不等强性的表现，说明焊接接头发生了某种程度的软化或存在某一性能上的薄弱环节。薄弱环节可发生在焊缝、

熔合区及热影响区。

4. 焊接接头的耐蚀性

焊接接头的耐蚀性一般都低于母材。接头耐蚀性的下降，主要与接头的组织不均匀性有关，焊接应力尤其是影响耐蚀性的重要因素。改善接头耐蚀性的方法有：① 改善接头组织和成分的不均匀性，主要通过焊接材料使焊缝合金化，细化晶粒并防止缺陷，同时调整焊接工艺以减小热影响区，并防止过热。焊后热处理有很好的效果。② 消除焊接应力，局部表面拉应力也可采用局部锤击办法来消除。③ 采取保护措施，例如阳极氧化处理或涂层等。

8.8.3 几种常用的焊接结构用国产铝合金的焊接实例

1. 常用的焊接结构

几种常用的焊接结构用国产铝合金的成分性能如表 8-31 所示。由表看出，同一系列合金，其成分不同，其性能有较大差异，即使合金系列成分相同，后处理不同（M—退火、CS—固溶人工时效、RS—热加工人工时效、RZ—热加工自然时效、Y—应变强化），其性能也有较大差异，有的铝合金热处理强化铝合金屈服极限可达到低碳和低合金钢水平，而弹性模量只有钢的 1/3，如按强度设计，重量将减少 2/3，但刚度也要减少 2/3，因此必需从结构型式提高惯性矩来弥补，因此铝加工厂会按不同需要制造成各钟空心型材和有各种加筋的挤压型材以热处理强化或冷加工强化状态供货。表中母材强度并不算高，主要是为了保证良好的焊接性能，有些 2 或 7 字头系列的铝合金强度相当高，但一般焊接方法很难焊接。

表 8-31 常用焊接结构用铝合金的成分和性能

合金	化学成分 /%						σ_b /MPa	σ_s /MPa	δ /%
	Mg	Si	Zn	Cu	Cr	Mn			
6063M	0.45~0.9	0.20~0.6	<0.10	<0.10	<0.10	<0.35	>160	>110	>8
6005M	0.40~0.6	0.60~0.9	<0.10	<0.10	<0.10	<0.10	193		
6061CS	0.80~1.2	0.40~0.8	<0.20	0.2~0.4	0.04~0.35	<0.15	>300	>250	>10
7005RS 7005RZ	1.00~1.8	<0.35	4.0~5.0	<0.10	0.06~0.2	0.1~0.5	>330 >280	>250 >240	>6 >6
5356M 5356Y	4.4~5.5	<0.25	<0.10	<0.10	0.05~0.2	0.1~0.2	>110 >180	>135 >135	>21 >3
2019M 2019CS	0.20~0.4	<0.29	<0.10	5.8~6.8	以上均含 0.1~0.2Ti		>220 >372	>109 >248	>12 >6

2. 常用的焊接方法

各种熔焊方法中以氩弧焊的应用最为广泛。气焊在薄件生产中仍在采用。大厚度铝件采用电渣焊很有成效。利用铝焊条的手工电弧焊，由于焊条本身的质量难以掌握，焊接质量不好控制，应用很有限。在薄板结构中，接触焊应用很广泛，搅拌摩擦焊推广以来，在铝合金焊接中有突出的作用。

（1）铝合金的接触焊。铝合金常用的接触焊也有点焊、缝焊、对焊和凸焊，但焊接特点有所不同，铝合金的电阻小、传热快、故必须采用大功率强规范快速焊接，还有表面易过热、氧化、粘连、压陷等缺欠。因此在设备的功率和控制精度要求较高，对表面焊前的清理要求很高，但无焊接材料的要求（除胶焊和加料缝焊外）。西南交通大学研制成的可编程控制器（PLC）为核心的全自动铝合金轮辋控制设备，进行了 LD2 铝合金轮辋接触对焊取得成功并投入生产使用。

（2）铝合金的钨极氩弧焊（TIG）。铝合金常用的有 TIG 焊，我们对国产焊丝及母材进行了 TIG 焊试验研究，其结果如表 8-32 所示。由表看出，焊丝是冷拉产品，所以强度很高。用此焊丝 TIG 堆焊作熔敷金属性能，相当于变为铸造金属，强度大大降低，延性有一定提高。用此焊丝 TIG 焊 6005 铝合金对接拉伸试验断于软化区，强度高于熔敷金属，延伸率低于熔敷金属，将焊缝加工削弱可断于焊缝可得焊缝强度，明显高于软化区强度。

表 8-32　几种焊接材料 TIG 焊的性能

焊丝	主要合金		焊丝性能		熔敷金属性能			焊接 6005 铝合金			焊接 7005 铝合金		
	Mg	Mn	σ_b	δ	σ_b	δ	vE	$\sigma_b w$	$\sigma_b h$	δ	$\sigma_b w$	$\sigma_b h$	δ
5356	4.89	0.12	410	4.7	138	5.3	14.0	183	136	1.2	243	212	2.9
5183	4.53	0.77	419	6.0	200	10.3	19.2	166	122	3.1	156	136	2.1

注：σ_b—拉伸强度（MPa）；δ—延伸率（%）；vE—却贝冲击值（J）；$\sigma_b w$、$\sigma_b h$—焊缝和软化区拉伸强度。

（3）铝合金的熔化极氩弧焊（MIG）：铝合金的熔化极氩弧焊（MIG）为半自动焊或自动焊，应用更方便，效率更高。我们对国产 3 种铝合金母材用国产 5183 焊丝及进行了 MIG 自动焊试验研究，其结果如表 8-33 所示。由表看出，因为母材是固溶人工时效供货，所以各种组合的焊接接头中焊缝、软化区强度都较低，但在自然时效 90 天后有较大提高，看来对于难以焊后进行固溶人工时效的结构，选自然时效能力强的母材和焊丝为好。采用双丝双弧 MIG 焊对改善熔池及热影响区性能和提高生产率很有好处。由表 8-32 和表 8-33 看出，母材及焊接接头的延性及韧性远不如钢，由此预测疲劳强度也不会高。由此看出高强铝的焊接问题主要是等强性。

表 8-33　几种焊接材料匹配 MIG 自动焊时的各区性能

性能	5183 焊丝焊 6063 母材				5183 焊丝焊 6061 母材					5183 焊丝焊 919（相当于 7005）母材					
	Bcs	W	R	R_{33d}	Bcs	W	R	W_{90d}	R_{90d}	Bcs	W	R	H	W_{90d}	R_{90d}	H_{90d}
σ_b	226	147	137	140	290	183	185	229	217	352	165	269	228	229	278	283
δ	5.7	4.9	5.4	7.2	9.0	4.4	4.4	4.4	4.4	2.4	3.4	4，8	4.8	11.2	4.8

注：抗拉强度 σ_b 单位 MPa；延伸率 δ 单位 %；Bcs—人工时效母材；W—焊缝；R—软化区；H—熔合区；下标—焊后天数。

8.8.4　解决高强铝合金焊接难新途径——搅拌摩擦焊

1. 摩擦焊新技术-搅拌摩擦焊

搅拌摩擦焊是靠摩擦产生热量来进行焊接，所以显著节能，而且十分适用于铝合金及异种金属焊接。这种方法突破了过去摩擦焊只能用于杆类对焊，可进行各种接头的焊接，因而可以在航空、汽车和铁道车辆等工业中各种接头中应用。在美国波音公司有搅拌摩擦焊专用车间生产大型焊接结构，如导弹，火箭和飞船用的运载工具。另外，还用于船舶、汽车、压力容器和高速列车。

2. 搅拌摩擦焊与熔化焊的比较

国内外过去在熔化焊做了很多工作以提高焊接接头的质量，但一个根本的问题难以解决，就是由于高温电弧下对接头金属的熔化和加热，在热处理强化的铝合金的焊接接头必然出现焊缝的低强度和热影响区出现软化区（见表 8-32 和表 8-33），在焊丝选择和表面清理工作上要大费脑筋。搅拌摩擦焊是母材直接由摩擦头与母材待连接处产生的摩擦热并在塑性流动和不断挤压下形成连接，是一个固相焊过程，不需外加焊丝，并且焊接温度低、材料组织变化小，因而焊接质量高、焊接变形小、节约能源、无污染、减少清理及准备工作量，焊前可不进行化学清洗及焊接面的精整加工。特别适用于铝合金焊接，可妥善解决熔化焊容易出现的裂纹、气孔、塌陷问题，能很好解决接头焊缝强度低及软化区问题，可焊接熔焊困难的 2000 和 7000 系列超高强铝合金、铝锂合金和镁合金；特别适用于各种有色金属或异种金属焊接。有资料介绍，搅拌摩擦焊的焊接接头的强度、塑性、韧性和疲劳强度比一般熔焊要提高 30%～50% 这就可达到或接近母材的性能。搅拌摩擦焊的焊接接头的强度、塑性与焊接工艺有很大关系，有人对退火态的 LF5 铝合金焊接，摩擦头的旋转速度在 1 000～1 800 r/min 分多级焊接，在速度过高或过低时强度只有 220 MPa，延伸率只有 5%，在 1 500 r/min 时强度可达到 320 MPa，延伸率可达到 22%，其接头组织由于剧烈的变形及搅拌破碎使焊核区晶粒细小，在热影响区由于挤压作用晶粒变长。另外摩擦头的形状和材质和正压力也会对性能产生影响。

8.8.5 铝合金零部件的搅拌摩擦焊举例

由于汽车轻量化的要求，汽车用铝合金量在逐年提高，因为这是节能和环保的重要途径之一，最近在汽车工业中也应用了搅拌摩擦焊，与过去采用熔化焊相比，可使铝合金强度级别有可能提高，其焊接接头的强度及效率、塑性、韧性和疲劳强度都有可能有较大提高，现举若干应用实例。

1. 汽车车圈的搅拌摩擦焊

铝合金车轮比钢制车轮重量减轻 50%。挪威发明了一种汽车车圈的搅拌摩擦焊新技术，将铸造或锻造的中心部分与锻压的幅条结构以对接或搭接的形式用搅拌摩擦焊焊接，澳大利亚是利用搅拌摩擦焊焊成幅条结构。由此可见，铝合金车轮完全可以按结构强度和刚度要求，并力求工艺的可行和方便，设计成不同形式的铝合金车轮结构用搅拌摩擦焊焊接。由于构件尺寸不大，可进行整体固溶人工时效，以提高其性能。

2. 汽车坯料的搅拌摩擦焊

汽车坯料的搅拌摩擦焊可以以小拼大，可以按结构受力的需要，局部加厚或局部采用超高强铝合金和其他合金，这时搅拌摩擦焊还可完成不同厚度或异种金属的焊接，还可节约大量的模具制造费用。同理，各种尺寸的汽车挤压件采用搅拌摩擦焊也可以以小拼大，不只可提高焊接接头的性能，同时有利于环保和节能，还可减少大型锻压设备和模具的投资。

3. 汽车零件的搅拌摩擦焊

汽车零件的搅拌摩擦焊可得到十分广泛的应用。如发动机和底盘支架、油箱、公共汽车和机场专用车辆、汽车棚盖、液压成型管接头、轮辋、摩托车车架、铝成型件与铝铸件的连接、卡车车体等。搅拌摩擦焊除焊各种接头外，可进行汽车蒙皮与骨架的点焊。

4. 汽车泡沫铝材的搅拌摩擦焊

泡沫铝材是一种功能与结构一体化材料，具有密度低（约为铝材的 10%）、强度高、减振性好、隔音隔热性好。德国卡曼汽车公司采用三明治夹层结构泡沫铝材制造轻便轿车的顶棚盖，其强度比原钢制构件强度提高了 7 倍，质量减轻 25%。泡沫铝材如采用熔化焊则容易发生焊接处发泡剂烧失而失去泡沫铝材性能，如用搅拌摩擦焊焊接，则仍可保持原泡沫铝材性能，为泡沫铝材用于汽车的推广，提供了技术保证。

8.8.6 铜及铜合金的焊接

铜及其合金通常具有优良的抗腐蚀性能、导电性能、导热性能和良好的成型性能，某些铜合金还兼有较高的强度和抗腐蚀性能，因而在电气、化工及交通工业部门得到了广泛的应用。某些铜合金还是重要的堆焊材料。

1. 铜及其合金焊接性分析

（1）难熔合及易变形性。① 铜的导热系数大，1 000℃时铜的导热系数比铁大 11 倍多。焊接时热量迅速从加热区传导出去，使母材与填充金属难以熔合。因此焊接时使用大功率的热源，通常在焊前或焊接过程中还要采取预热措施。② 铜及多数铜合金线胀系数和收缩率也比较大，并且导热能力强，使焊接热影响区宽，焊接时如工件刚度不大，又无防止变形的措施，则会产生较大的变形。当工件刚度很大时，由于变形受阻会产生很大的焊接应力。

（2）裂缝倾向。① 铜及其合金焊接时，在焊缝及近缝区可能产生裂缝，其中最常见的是焊缝热裂缝。焊缝热裂倾向与焊缝中杂质和合金元素有关，与焊接过程中所产生的应力有关。氧是铜中经常存在的杂质，高温下铜中的氧主要以 Cu_2O 存在，Cu_2O 在固体铜中实际是不溶解的。Cu_2O 能与铜形成 $Cu+Cu_2O$ 共晶体并分布于晶界，（其熔点为 1 065℃，低于铜的熔点）使焊缝发生热裂缝倾向增大。用适量的合金元素（如铬、锰等）对熔池进行脱氧，可提高焊缝抗裂能力。铅和铋是铜及其合金的主要有害杂质，它们几乎不溶于铜，而且本身熔点也较低，在熔池结晶过程中析出晶界，并与铜形成低熔点共晶体，促使焊缝形成裂缝。② 由于铜及其合金线胀系数及收缩率都较大，导热性强、焊接时又多采用较大的焊接热功率，加热区域较宽，故焊接接头承受较大的拉应力，这是促使铜及其合金焊接接头发生裂缝的另一个影响因素。

（3）气孔倾向。① 氢及水汽容易使铜及其合金焊缝发生气孔。原因有两点：一是铜的导热系数高，所以铜焊缝结晶凝固过程进行得特别快，氢不易析出，熔池容易为氢所饱和而形成气泡；二是焊接时高温溶池吸氢量为熔点溶解度的 3.7 倍，而对铁来说，则只为 1.4 倍。焊接过程是冷却很快的，过饱和的氢来不及析出。② 在高温时 Cu 与 O 生成 Cu_2O，它在 1 200℃ 以上能溶于液态铜，在 1 200℃ 就从液态铜中开始析出，随温度下降，其析出量也随之增大，与溶解在液态铜中的氢发生反应（$Cu_2O+2H = 2Cu+H_2O$）所形成的水汽不溶于铜。熔池凝固快，水汽来不及逸出而形成气孔。③ 防止气孔措施为：减少氧、氢来源，对熔池进行适当脱氧，使熔池缓冷。

（4）焊接接头性能。① 一般情况下，铜及其合金焊接接头的机械性能有所下降。其原因是焊接接头的粗晶组织。焊接时如果往熔池中加入某些变质剂、如镍、锰、硅和铬等，能使晶粒细化而改善焊缝的机械性能。② 焊接时合金元素的氧化或蒸发，以及所产生的各种缺陷，都降低接头的机械性能。③ 改善接头机械性能的一些措施是：控制焊缝和母材中氧的含量；对焊缝金属适当合金化和变质处理；合理地选择焊接方法和焊接规范。为了避免接头导电能力的下降，应尽量减少焊缝中杂质和合金元素的含量。为了防止应力腐蚀、工件焊后应进行适当的热处理，以消除焊接应力的影响。

2. 焊接方法选择

紫铜中无氧铜及磷脱氧铜是比较容易焊接的，而含氧铜的焊接性比它们差。紫铜焊接时可使用气焊、碳弧焊、手弧焊、埋弧焊、惰性气体保护焊、等离子弧焊等方法。这些焊接方法也可以用于黄铜的焊接。气焊、碳弧焊和惰性气体钨极电弧焊用于焊接厚度不大于 6 mm 的工件，而熔化极惰性气体电弧焊和埋弧焊则多用于焊接大厚度工件。用等离子弧焊接紫铜最大焊接厚度可达 6～8 mm。

8.8.7 钛及钛合金的焊接

钛及钛合金是一种优良的结构材料，具有密度小、强度高、韧塑性好、耐热耐蚀性好和可加工性好等特点，在运载工具结构轻量化中有重要作用。

1. 钛及钛合金的成分和性能

常用钛及钛合金的成分和性能如表 8-34 所示。由表看出，钛的纯度越高，强度越低，塑性韧性和加工性越好。在 885℃ 以上为 β 钛（体心立方晶格），在 885℃ 以下为 α 钛（密排六方晶格），有良好塑性、韧性、耐蚀性和焊接性。钛合金主要加入 2%～6.5% 的 Al 或同时加入一定量的其他合金而成 β 钛或 $\alpha+\beta$ 钛，也可以仍然是 α 钛。① α 钛的合金加入成分和数量不同，使其大幅度的改变其性能。其中应用最广泛的 TA7 钛，仍为 α 钛，有相当高的强度，又有足够的塑性和相当高的高温性能，还具有一定的焊接性，但氢的影响大。② 随着 Al 的减少和 Cr，Mo 和 V 等元素的加入，使在退火状态仍保持室温单相 β 钛组织，有足够的塑性和加工性能，但室温和高温性能变差。β 钛有相当高的淬硬性，焊接性能差，β 钛有时效硬化性能，淬火时效热处理后，强度可大幅度提高，但塑性降低。③ 当合金调整得到退火状态为 $\alpha+\beta$ 钛时，兼有 α 钛和 β 钛的优点，既有高温变形能力和热加工性，又可通过热处理获得高的强度和塑性，氢的影响减少。随着 α 相的增加加工性变差，随着 β 相的增加焊接性变差。例如应用最广泛的 TC4 钛为 $\alpha+\beta$ 钛，可用加工和热处理得到不同的 α 及 β 的比例和性能，$\alpha+\beta$ 钛室温强度高，耐热性能好，还具有良好的加工及焊接性能，可焊态直接使用，也可通过固溶时效进一步提高强度。

表 8-34 钛及钛合金的成分和性能

牌号	成分组合(数字代表加合金平均量)	合金及状态	室温性能≥(薄板/厚板取值)			高温性能≥(低温/高温取值)		
			σ_b/MPa	δ/%	冷弯/度	试验温度/℃	σ_b/MPa	持久σ_b
TA1	纯度高	α 退火	370~573	40/30	140/130			
TA2	较低		440~620	35/20	100/80			
TA3	低		540~720	30/20	90/80			
TA6	Ti-5Al		685	20/12	50/40	350/500	420/340	390/195
TA7	Ti-5Al-2.5Sn		735~930	20/12	50/40	350/500	490/440	440/195
TB2	Ti-5Mo-5V-8Cr-3Al	β 淬火时效	≤980 1320	20 8	120			
TC1	Ti-2Al-1.5Mn	α+β 退火	590~735	25/20	10 060	350/400	340/310	320/295
TC2	Ti-4Al-1.5Mn		685	25/12	80/50	350/400	420/390	390/360
TC3	Ti-5Al-4V		880	12/10	35/30	400/500	590/440	540/195
TC4	Ti-5Al-4V		895	12/10	35/30	400/500	590/440	540/195

2. 钛及钛合金的焊接性

钛及钛合金的焊接性必须注意：① 焊接接头的脆化：主要受碳、氢、氧、氮等杂质的污染所致，因此必须焊前很好清洁和焊时很好保护（包括背保护）。② 焊接接头的裂纹：钛及钛合金的焊接热裂倾向小，但必须注意焊接材料带入杂质，因此必须充分注意焊接材料的纯净度。钛及钛合金的焊接冷裂倾向不容忽视，特别是氢致冷裂纹。③ 焊缝气孔：焊缝气孔是钛及钛合金焊接时的常见缺欠，氢是形成焊缝和熔合区气孔的主要原因。④ 焊接规范：应根据其木材组织特征控制，如焊 α 钛则需小规范，焊 α+β 钛时则需较大规范，焊接时变形大要注意控制。

8.9 特种合金及材料的焊接

8.9.1 高温合金的焊接

1. 高温合金的分类性能及应用

高温合金是以 Fe、Ni 或 Co 为基体，能在高温 600℃以上承受较大应力和抗氧化和抗腐蚀能力。在 Fe 基合金中一般含有 22%~55%的 Ni 和 13.5%~26.5%的 Cr；在 Ni 基合金中一般含有 8%~26.5%的 Cr；Fe 基和 Ni 基合金中还加入 Cr、Mo、W、Co、Al 等达到固溶强化；加 Al、Ti、Nb 达到第二相沉淀强化；加 B、Zr、Mg、Na、Ce 等达到晶界强化。高温合金主要用于航空、航天、化工、冶金和动力设备。

2. 高温合金的焊接性

高温合金的焊接的主要问题是焊接接头的等强性和组织性能的不均质性；焊接时可能出现结晶裂纹、液化裂纹和应变时效裂纹。解决的办法仍然是合理选择焊接材料、方法和工艺，减少焊接应力。固溶强化合金焊接性较好，沉淀强化合金焊接性较差，焊接难度大。

3. 高温合金的焊接方法

高温合金的焊接方法可用惰性气体保护焊（TIG、MIG 或 MAG 焊）、等离子焊、电子束焊和激光焊。等离子焊、电子束焊和激光焊能优质高效的焊接难度大的沉淀强化合金。钎焊和扩散焊也是难焊高温合金好的焊接方法。高温合金可用等离子堆焊或喷涂重熔以获得高温合金层的复合结构。

8.9.2 硬质合金的焊接

1. 硬质合金的分类性能及应用

硬质合金分 W-Co 类（牌号 YG3-8 计 6 种，含 WC92%～97%，Co3%～8%，数字表含 Co 量）和 W-Co-Ti 类（牌号 YT30-5 计 4 种，含 WC66%～85%，TiC30%～5%，Co4%～10%，数字表含 TiC 量）。W-Co 类抗弯强度和抗压强度高，导热率大，多用于铸铁、淬火钢、不锈钢等刀具及耐磨要求高的量具、模具和采掘工具。W-Co-Ti 类抗弯强度和抗压强度和硬度、热硬性、抗氧化性和抗腐蚀性高，抗弯强度和抗压强度和韧性较低，导热率低，线膨胀系数大，多用于切削钢材的刀具。在 W-Co-Ti 类加上 TaC 或 NbC 为 YW 类（牌号 YW1-2 计 2 种），用于做特殊耐热合金刀具。在牌号最后加 X、J、G 分别表示碳化物颗粒细、极细和粗，颗粒越细，耐磨性越好，但强度要低一些。

2. 硬质合金的焊接性

硬质合金焊接主要采用钎焊，用钎料作中介把硬质合金焊接在钢的基体上，除了避免高温氧化脱 C 过热过烧降低性能外，主要是焊接裂纹。其裂纹敏感性与下列因素有关① 硬质合金的线膨胀系数与基体的差异大小有关，其比值为钢/W-Co-Ti 合金/W-Co 合金进似等于 12/6.5/4.3，因此 W-Co 合金的裂纹敏感性比 W-Co-Ti 合金大。② 与硬质合金的成分有关，W-Co 合金随 Co 的增加硬度增加，焊接裂纹敏感性增加；W-Co-Ti 合金随 TiC 的减少而硬度增加，焊接裂纹敏感性增加。③ 焊接时焊件线膨胀系数与基体的差异即使焊接时不裂，也会产生相当大的残余应力，焊接面越大残余应力越大，残余应力可能在保管和使用中开裂。

3. 硬质合金的扩散焊

可用真空扩散焊、气保护扩散焊、扩散钎焊和等静压扩散焊。扩散焊可以消除钎焊时的一些问题，如接头脆化、过热过烧降低性能、焊接裂纹和残余应力等，但设备投资大生产率低。

4. 硬质合金的堆焊、喷涂和重熔

硬质合金的堆焊，喷涂和重熔是用焊接或喷涂和重熔方法在零件表面堆敷一层硬质合金直接与基体结合，是属于异种材料焊接，构成复合表面耐磨器件。其焊接时出现的问题与前类似，可用多种焊接方法进行。硬质合金的加入可以是棒状或粉末。

8.9.3 非晶态合金材料的焊接

1. 非晶态合金的特征

非晶态合金称非结晶合金或玻璃态合金，又称金属玻璃或非晶态金属，其特点是原子排列无规则，其成分由 70%～75% 的金属元素 Fe、Ni、Co、Cr 及 Mn 和类金属元素 B、Si、P 和 C 等。其制取方法可由高温融体快速冷却（$\geq 10^5$ K/s）而成，如将液态合金喷射到一快速旋转的铜辊上，可形成厚 20～80 μm，宽 1～25 mm 甚至 250 mm 的带或箔。非晶态合金也可用溅射、沉积、高能中子或离子轰击晶态材料等。非晶态合金强度可高达 2 000～4 000 MPa，硬度可高达 1 100 HV，弯曲半径可小到 2～3 mm，耐蚀性好，兼有硬磁和软磁性能。

2. 非晶态合金的焊接

非晶态合金的带箔常需焊接加长或焊在金属支撑体上，最有效的焊接方法是压力焊，如冷压焊，爆炸焊，超声波焊，储能电阻焊。如将软磁金属玻璃焊在齿轮上作信息传感用，如在熔体凝固时加硬质耐磨颗粒的几种出金属玻璃焊在钢轴上作圆形刀具。焊接的关键是焊点不出现结晶组织。几种常用非晶态合金成分和性能与焊接方法如表 8-35 所示。

表 8-35 常用非晶态合金成分和性能与焊接方法

序号	化学成分 /%	厚度 /μm	硬度 /$HV_{0.05}$	可用焊接方法
1	40Fe，40Ni，20B	50	1 005	储能电阻焊时：2 号与 4 号在点焊参数较大变化时熔核无结晶，3 号在 $t \leq 1$ ms 时才无结晶，1 号与 5 号有结晶。6 号为在熔体凝固时加硼化铬制成耐磨材料
2	58Co，10Ni，5Fe，11Si，16B	50	1 019	
3	40Fe，40Ni，14P，6B	50	760	
4	69Ni，7Cr，2Fe，8Si，14B	40	830	
5	60.8Ni，13.1Cr，3.9Fe，7.8Si，14.4B	45	1 019	
6	61Ni，13Cr，3.9Fe，7.8Si，14.3B	30~120	985	

8.9.4 陶瓷材料的焊接

1. 陶瓷材料的组成和性能

陶瓷材料是指各种金属与氧、氮和碳等经人工合成的无机化合物，也称新型陶瓷，有天然陶瓷所不具备的耐热性、耐蚀性、耐磨性和耐氧化性。其物理性能是密度低（除 WC 外），线膨胀系数低，导热率低且相互差异很大，弹性模量和泊松比低；其力学性能是强度硬度差异很大，塑性韧性特别低，耐热冲击性能差；因此加工性能和焊接性能差。可用高能密度熔焊、固相扩散焊和不同钎料钎焊作陶瓷与陶瓷焊接和陶瓷与金属焊接。几种常用的陶瓷材料的性能如表 8-36 所示。

表 8-36 几种常用的陶瓷材料的性能

类型	组成	晶体构造	密度/(g/cm³)	泊松比	导热率/(W/m·K)	σ_b/(MPa)	焊接方法	
氧化物陶瓷	Al_2O_3	六方晶	3.98	0.22~0.25	68	970	真空或气保钎焊	·MnMo 粉膏作陶-金焊 ·活性钎料作陶-金焊 ·Cu_2O 作陶-金焊 ·低熔掐瓷料陶-金焊 ·非晶态陶-金焊 ·超声 Sn-Pb-陶钎焊 ·激光活化陶-陶钎焊
	MgO	立方晶	3.58	0.20~0.36	53	300		
	SiO_2	三方晶	2.65		6.6~12	20		
		非晶形	2.20	0.17	0.55~1.3			
	ZrO_2	单斜晶	5.56	0.27	3			
氮化物陶瓷	AlN	六方晶	3.26	0.25	34.4	260	熔焊法	·激光无填料陶-陶熔焊 ·电子束陶-陶熔焊 ·等离子束陶-陶熔焊
	BN	六方晶	2.28	0.23	22~42	110		
		立方晶	3.48		130			
	Si_3N_4	六方晶	3.23	0.22~0.26	24~32			
	SiAlON	六方晶	5.03	0.28	3~12	395		
碳化物陶瓷	B_4C	斜方六方晶	2.52	0.19	29	340	固相连接法	·气体金属共晶陶-金焊 ·各相同时加压陶-陶焊 ·高温通电陶-金焊 ·高温高压反应陶-金焊 ·扩散钎焊陶-金焊
	SiC	六方晶	3.21		160	680		
		立方晶	3.21	0.13~0.24	160			
	TiC	面心六方晶	4.92	0.18~0.19	31~43	670		
	WC	六方晶	15.8	0.20~0.26	30	700		

2. 焊接实例

除表 8-36 中一些焊接方法外，还有一些其他方法，如各种表面包覆中间金属再连接，加或不加中间金属高温压焊等。现就几种方法作简单介绍：

（1）固相连接法。固相连接法可用真空扩散焊，获得性能最优的是各向同时加压法(HIP 法)，该法是将焊接面加工为近似网状，可不加或加入金属或陶瓷粉末，组合后放入真空度为 133×10^{-3} Pa 的真空容器内在适当温度下，各向同时加以 80~250 MPa 静压下完成焊接，直接连接的加热温度要高，例如 Si_3N_4-Si_3N_4

直接连接要加热到 1 800℃，加压 300 MPa，时间 1 h，而用 Mo 作中间合金加热温度 1 500 ℃，强度可达 420 MPa，用 Fe 作中间合金加热温度 1 200℃，强度可达 325 MPa。例如 Al_2O_3-SUS405 不锈钢 HIP 焊接，采用 Nb-Mo 合金为作中间层，将 Nb-Mo 合金与 Al_2O_3 组合在 1 300～1 500℃，压力为 100 MPa 时间为 30 min 下连接后，再与 SUS405 不锈钢在 1 000℃，压力为 100 MPa 时间为 30 min 下连接成整体。对 Zr_2O_3-SUS405 不锈钢 HIP 焊接，采用 Ti 为作中间层，可直接将 Ti 夹在 Zr_2O_3 与 SUS405 不锈钢间，在 1 000 ℃，压力 100 MPa 时间为 30 min 下连接成整体。对 Si_3N_4-SUS405 不锈钢 HIP 焊接，要采用双层中间层，第一层为 Fe-Ni 和第二层为 W。

(2) 钎焊法。钎焊法是应用最多的焊接方法，如用 Cu_2O 钎焊 Al_2O_3-Al_2O_3，在焊接处充以 Cu_2O 粉末（粒度 2～5 μm），在 $6.7×10^{-3}$ Pa 真空中，在温度 772 K 下保持 20 min 即可完成陶瓷-陶瓷或陶瓷-金属间的焊接。也可用 Ti、Zr、Nb、Ta 等活性金属加入 Cu、Ag、Ni 等组成的钎料进行真空钎焊。用非晶态泊钎料进行真空或气保护钎焊可提高接头强度。用超声波搅拌钎焊和激光活化钎焊也可提高接头强度。在金属与陶瓷连接中也多采用钎焊，如 Al_2O_3-铁镍钴可伐合金（Te54%、Ni28.7%、Co17.1%Mn%），先在 Al_2O_3 焊接表面镀铜。

(3) 熔焊法。最直接的是用高能束热源无焊料直接熔焊。还有一种是利用陶瓷高温导电性能，事先在接头处加入有导电性的无机接合剂组合，将其加热到高温具有导电性时通以电流在接合面放电升温接合。例如 $β$-氧化铝与 Cu 间的加热温度为 600℃，通电电压为 300 V；$β$-氧化铝与 Fe 的加热温度为 500℃，通电电压为 250 V；$β$-氧化铝与 Al 的加热温度为 550℃，通电电压为 300 V。环境气氛为氮气。

(4) 焊接强度。几种焊接方法的连接强度举例如表 8-37 所示。由表看出，几种焊接方法可陶瓷与陶瓷、陶瓷与金属、陶瓷与石墨和金属与石墨近行焊接。可得到不同强度。

表 8-37 几种焊接方法的连接强度举例

焊接方法	连接材料类型	连接材料	中间金属	接头强度 /MPa		
				四点弯	三点弯	拉伸
活性金属钎焊	陶瓷与陶瓷连接	SiC-SiC			264	
	陶瓷与金属连接	Si_3C_4-钢	Ti-Cu-Al 钎料	350	310	180
Cu_2O+Cu 钎焊	陶瓷与陶瓷连接	纯度 99%Al_2O_3-Al_2O_3				53
Mo-Mn 钎焊	陶瓷与陶瓷连接	纯度 99%Al_2O_3-Al_2O_3				25
HIP 法固相焊	陶瓷与金属连接	Zr_2O-Ti		550		
	陶瓷与金属连接	Al_2O_3-SUS 不锈钢	Nb-Mo	300		
激光熔焊	陶瓷与陶瓷连接	Al_2O_3-Al_2O_3			196	
电子束熔焊	陶瓷与陶瓷连接	Al_2O_3-Al_2O_3			98～196	
	陶瓷与金属连接	Al_2O_3-Ta			40～80	
	陶瓷与陶瓷连接	ZrB_2-ZrB_2			147～400	
	陶瓷与陶瓷连接	ZrB_2-SiC			78	
	陶瓷与金属连接	ZrB_2-Mo(Nb，T)			98～196	
	陶瓷与石墨连接	ZrB_2-石墨			10	
	金属与石墨连接	W-石墨			20～39	

8.9.5 其他材料焊接

1. 光导纤维的焊接

光导纤维内层为 10% mol GeO_2 的 SiO_2，用微机控制的等离子辉光放电加热到接近熔熔状态加压接合形成接口凸面，再继续加热加压顶锻使外层纯 SiO_2 接合。

2. 超导材料焊接

超导材料焊接与光导纤维的焊接相似，但可用电阻压力焊。

3. 复合材料焊接

如基体是塑性韧性好的金属，一般焊接性较好，但增强相是高强度、高模量、高熔点、低密度低膨胀系数的非金属就比较差。最好的方法是扩散焊、摩擦焊和真空钎焊。也可用 TIG、MIG，电子束和激光焊，但易发生界面反应而降低材料性能。

8.9.6 合金堆焊

合金堆焊的目的在于增加零件的耐磨、耐热、耐腐蚀等方面的性能，是焊接领域中一个重要的分支。它在铁路运输，工程及农业机械、原子能工程等制造和修复中获得广泛应用。

1. 合金堆焊的用途

合金堆焊的用途包括：① 制造新零件：用堆焊工艺可制成双金属零件。零件的基体和堆焊表层，可采用不同性能的材料，能分别满足两者的不同技术要求。例如基体采用具有一定强度和韧性的材料制造，再在表面堆焊具有耐磨、耐热、耐蚀等性能的表面层，使用寿命可大幅度提高达几倍甚至几十倍，并能大大减少贵重合金的消耗。② 修复旧零件：采掘机、轧辊、工模具、农机零件等易磨损零件，可用同质材料堆焊修复尺寸，也可采用异质材料堆焊以进一步提高性能。

2. 堆焊合金类型

堆焊合金类型及用途如表 8-38 所示。

表 8-38 堆焊合金类型及用途

合金种类(用途)	堆焊合金系	焊层硬度	焊条	合金种类(用途)	堆焊合金系	焊层硬度	焊条
低碳低合金钢(抗高冲击金属间磨损如轴齿和轮缘)	1Mn3Si	≥22HRC	D107	马氏体合金铸铁(抗低应力磨粒磨损)	W9B	≥50HRC	D678
	2Mn4Si	≥30HRC	D127		Cr4Mo4	≥55HRC	D608
	2Cr1.5Mo	≥22HRC	D112		Cr5W13	≥60HRC	D698
中碳低合金钢(抗中等冲击金属间磨损如轴齿和冷冲模)	3Cr2Mo	≥30HRC	D132	高铬合金铸铁(堆焊斗齿高炉料斗柴油机气阀)	Cr30Ni17	≥40HRC	D567
	4Cr2Mo	≥40HRC	D172		Cr30	≥45HRC	D646
	4Cr4Si	≥40HRC	D167		Cr28Ni4Si4	≥48HRC	D667
	4Cr3Mo2	≥40HRC	D212		Cr30Co5Si2B	≥58HRC	D687
高碳低合金(刀片)	7CrMn2Si	≥50HRC	D207	碳化钨合金(抗强磨损)	W45Mn4Si4	≥60HRC	D707
铬钨钼耐热钢(高温性能好堆焊热加工模具)	5CrMnMo	≥45HRC	D397		W60	≥60HRC	D717
	3Cr2W8	≥48HRC	D337	钴基合金(抗高温腐蚀磨粒磨损)	钴 Cr30W5	≥40HRC	D802
	5W9Cr5Mo2V	≥45HRC	D327		钴 Cr30W8	≥44HRC	D812
高铬钢(脆性大主要用以堆焊阀门和水轮机叶片)	1Cr13	≥40HRC	D507		钴 Cr30W12	≥50HRC	D822
	2Cr13	≥45HRC	D517		钴 Cr28W30	≥45HRC	丝114
	3Cr13	40~49HRC		镍基合金(抗高温腐蚀磨粒磨损)	NiCrBSi	C≤1, Cr13, B3.5, Si3.5	
奥氏体高锰和铬锰钢(高锰钢抗强磨铬锰钢抗气蚀)	Mn13	≥180HB	D256		NiCrMoW	C≤0.1, Cr17, Mo17, W4.5	
	Mn13Mo2	≥180HB	D266		NiCoMn	C≤0.2, Co28, Mn1.25	
	2Mn12Cr13	≥20HRC	D276	铜合金	铝青铜，锡青铜，硅青铜，黄铜，白铜		
奥氏体铬镍钢(耐蚀和热强性好用于石化及核能)	Cr18Mn3Ni3	≥170HB		注：各种合金堆焊层由各种手工焊条 D107~D822 完成，要注意焊条包装上的烘干温度和焊件预热温度。目前已有相应的药芯焊丝可用以进行气保护焊剂保护或自保护进行半自动焊和自动焊，不少厂家仍沿用手工焊条相应牌号前加 Q 和厂名			
	Cr18Ni8Si5	270~320HB	D517				
	Cr18Ni8Si7	≥40HRC	D557				
高速钢(刀模具用)	W18Cr4V	60~65HRC	D307				
以上第一数表 C/1 000，后面数表合金/100 数，无第一数的高速钢 C 为 0.8%~1%，铬镍钢≤0.12，高锰钢≤1.2							

3. 合金堆焊掺合金方法

① 焊丝掺合金：选用合金焊丝掺合金，埋弧和惰性气保护焊时用，掺入效率高，在有些合金焊丝难找，还需考虑合金烧损，但可用填丝和双丝匹配掺合金。② 药皮掺合金：手工焊和药芯焊丝焊时用，对原料钢种要求单一，焊接使用方便灵活。③ 粉末掺合金：预置粉末或在焊接过程中加入合金粉末，合金成分调整较易，但掺入效率低，成分控制难，预置合金丝片或在焊接过程中加入合金丝片，合金难找，但掺入效率高。

4. 堆焊的主要问题及解决办法

堆焊的基体大多是中碳或高碳钢或合金结构钢制造的：焊接时如用同材料的钢种堆焊，性能又太差，一般采用性能好的材料来堆焊以获得原来甚至超过原来钢材的机械性能。堆焊中主要问题是气孔、变形和裂缝问题，特别是裂缝更为突出，解决办法为：① 预热工件。采用整体预热或局部预热，并采用合适的焊接材料和焊接方法。② 不预热的方法，即冷焊法。如用奥氏体或镍基焊条过渡，用多层分段锤击焊，可以焊接含碳及合金较高的堆焊层不预热或低温预热。③ 用多层分段焊。用分段交错焊法，让第一层为第二层作预热，第二层为第一层作回火处理，分段的长度要造成热循环合乎预热和回火的要求。④ 用细焊丝埋弧堆焊和双丝埋弧焊。细焊丝埋弧堆焊时由于电流较小，熔深浅，而焊条由于电阻热的作用熔化系数大，故焊缝基体金属百分比小，这时容易通过焊丝和焊剂的渗合金来调整焊缝成分获得所要求的硬度。如果用双丝埋弧自动焊，第一电弧用小电流造成小熔深及预热，紧接着第二层以大电流熔化焊条堆焊和对第一层热处理，可进一步减少基体金属百分比和进一步改善热循环，故减少裂缝倾向。⑤ 二氧化碳气体保护焊和电渣焊是一种良好的堆焊方法，也可以大大减少裂缝倾向。⑥ 等离子堆焊是一种新的堆焊工艺，等离子弧温度很高，能顺利堆焊难熔材料和提高堆焊速度，熔深可以调节，稀释率最低可达5%左右。因此，它是一种难得的低稀释率和高熔敷率的堆焊方法。粉末等离子弧堆焊，在我国发展很快，它是将合金粉末自动送入等离子弧区实现堆焊。等离子堆焊的缺点是设备成本较高，堆焊时有强烈的紫外线辐射和臭氧污染，因此必须采取防护措施。

5. 几种堆焊方法的特点比较

堆焊的基本要求是渗合金、稀释率小、熔敷率高和焊层小而可调。常用的几种堆焊方法的特点比较如表8-39所示。由表看出，不同堆焊方法的特性有较大差异，可以根据堆焊层厚度及材料类型来选择。

表8-39 常用的几种堆焊方法的特点比较

堆焊方法	应用方式	渗合金方法	稀释率/%	熔敷率/(kg/h)	单层最小厚度/mm
氧-乙炔-气焊	手工	实芯焊丝及药芯焊丝	1~10	0.45~2.7	0.8
	手工	合金粉末	1~10	0.45~6.8	0.8
手工电弧焊	手工	实芯焊条及药芯焊条	15~25	0.45~2.7	3.2
熔化极气体保护焊	半自动或自动	实芯焊丝及药芯焊丝	15~25	2.3~11.3	3.2
钨极氩气保护焊	手工	实芯焊丝及药芯焊丝	10~20	0.45~3.6	2.4
	自动	实芯焊丝及药芯焊丝	10~20	0.45~3.6	2.4
埋弧焊	半自动	药芯焊丝	20~60	4.5~9.0	3.2
	单丝自动	药芯焊丝	30~60	4.5~11.3	3.2
	多丝自动	药芯焊丝	15~25	11.3~27.2	4.8
	串联电弧自动	药芯焊丝	10~25	11.3~15.9	4.8
	单带极自动	带极	10	12~36	3
	双带极自动	带极	5	22~68	4
等离子弧焊	自动	合金粉末	5~30	0.45~6.8	0.8
	双丝热自动	焊丝	5	13~27	2.4~6.4
电渣焊	丝极	焊丝	20~60		
	带极	带极	小于100		

8.9.7 合金热喷涂及重熔

合金热喷涂与合金堆焊所用的热源和设备大体相同,所达到的目的也基本相同,所用的材料也很类似,但其连接本质却大不相同。堆焊为冶金接合,热喷涂为机械接合,只有在经过重熔后才能达到冶金接合,对喷涂重熔相继进行的习惯上又叫喷焊。

1. 合金热喷涂的特点

合金热喷涂的特点包括:① 应用范围广,涂层材料可以是各种金属及合金、陶瓷(包括金属陶瓷)、塑料和复合材料;接受涂层的材料可以是各种金属及合金、陶瓷(包括金属陶瓷)、塑料和复合材料,还可以是木材、石膏、陶器和纸质材料;还可以喷涂中间层作为难焊材料焊接的中间层。② 喷涂层薄,基体受热少,热变形很小,不会引起基体组织性能的变化,可以不加工或少加工即可使用。③ 喷涂层由于是机械接合,接合强度低,不宜承受冲击载荷,如喷焊则不具备喷涂层的一些优点,如采用电子束或激光束快速重熔,既能达到冶金接合,又可减少基体热变形组织性能的变化,而且还会获得优异的表层性能。④ 喷涂层有多孔性,但吸油性强,用于油润滑的摩擦面可提高耐磨性,但决不能用于干摩擦。

2. 热喷涂合金及喷涂方法

几种常用的热喷涂方法及合金如表 8-40 所示。

表 8-40 常用的几种热喷涂方法的特点比较

分类	火焰喷涂				爆炸喷涂	电弧喷涂	线爆喷涂	等离子喷涂
	线喷涂	棒喷涂	粉喷涂	粉喷熔				
工作气体	氧气和燃气(如乙炔或氢气等)				氧和乙炔			氩氮氢
热源	燃烧火焰				爆炸燃烧火焰	电弧	电容放电能量	等离子焰流
加速颗粒力源	压缩空气				热压力波	压缩空气	放电爆炸波	焰流
喷涂材料 形状	线材	棒材	粉末		粉末	线材	线材	粉末
喷涂材料 种类	Al,Zn,Mo,Ni,NiCu 合金,钢及合金钢,铜及铜合金	Al_2O_3,Cr_2O_3,ZrO_2,$ZrSiO_4$,锆酸镁等陶瓷棒材	Ni,Co,Fe 基自熔合金,Cu 基合金,镍包铝,Al_2O_3 等	自熔合金或在其中加入部分陶瓷材料	Al_2O_3,Cr_2O_3 等陶瓷材料,Ni-Cr+Cr_2O_3,Co-WC 等复合材料	Al,Zn,钢及合金钢,铜及铜合金	Mo,Ti,Ta 钢及合金钢,超硬质合金	Ni,Mo.TiW,Al 自熔合金,Al_2O 等陶瓷材料,复合材料等
基体温度 /℃	200 以下				约 1 050	250 以下		
接合强度 /MPa	>9.8		>6.9		16.7	≥9.8	>19.6	>14.7
孔隙率 /%	5~20		5~20	0	<3	5~15	0.1~1	3~15

4. 最常用的电弧喷涂与火焰喷涂的性能比较

最常用的电弧喷涂与火焰喷涂的性能比较如表 8-41 所示。由表看出,最常用的电弧喷涂比火焰丝喷涂生产率、结合强度和剪切强度都高得多,耐磨性能除 Cr13 和 0.1%C 钢与高硬度摩擦副相磨以及铝青铜与 0.1%C 钢相磨低于火焰丝喷涂外,其余组合耐磨性均优于火焰丝喷涂。如用拉瓦尔高速喷枪,两者均可获得高结合强度和高生产率。火焰喷涂的优点是能进行陶瓷棒和粉末喷涂,可进行高分子材料的喷涂。

表 8-41 最常用的电弧喷涂与火焰喷涂的性能比较

项目方法 材料	喷涂能力 /(kg/h)		接合强度 /MPa		剪切强度 /MPa		与 0.1%C 钢磨损 /μm		与 RC60 钢磨损 /μm	
	电弧	火焰	电弧	火焰	电弧	火焰	电弧	火焰	电弧	火焰
Cr13	15	5	31.86	20.97	225.40	196.00	25	44	76	24
0.1%C 钢	14	8	39.89	16.07			50	370	450	300
不锈钢	15	5	31.36	17.35	274.40	205.80	355	274	362	525
铝青铜	16	7	25.48		156.80	147.00	840	645	550	778
Al	8	5	18.62	8.31						
Zn	34	14	7.84	7.84						

第9章 焊接变形及应力

在焊接结构生产中，一个比较突出的问题是焊接变形和应力，由于焊接时不均匀的加热而产生不均匀的膨胀和收缩，就产生焊接变形和应力，这在焊接过程中一直在发生和变化，焊接过程中的变形和应力是使产生焊接裂纹的重要条件。这种焊接变形和应力如果发展到室温仍然存在就是残余变形和残余应力。

9.1 焊接变形及应力的产生原理

9.1.1 焊接温度场加热温度与变形和应力

1. 温度与热变形

金属在加热和冷却过程中会产生热胀冷缩现象。一个实际的焊件由于焊接温度场的分布。各个点具有不同的温度，它们的热变形的大小也因此不同。如果用 λ 表示相对热变形，则为：

$$\lambda_T(x,y,z) = \alpha_T T(x,y,z)$$

式中　$\lambda_T(x,y,z)$ ——(x,y,z) 电的相对热变形；

$T(x,y,z)$ ——(x,y,z) 点在时间间隔 $(t-t_0)$ 中温度的变化℃，其值为：

$$T(x,y,z) = T(x,y,z,t) - T(x,y,z,t_0)$$

其中　$T(x,y,z,t)$ ——(x,y,z) 点在 t 瞬间的温度，℃；

$T(x,y,z,t_0)$ ——(x,y,z) 点在 t_0 瞬间的温度，℃；

α_T ——在 $T(t) \sim T(t_0)$ 温度区间的平均线膨胀系数，1/℃。

2. 不均匀加热时的变形和应力

如果焊件上各点相互之间没有制约，能自由地变形，那么它们的相对外观变形 Δ 就等于其相对热变形 λ。但实际上焊件作为一个整体，各点并不能按照自身的温度变化大小来膨胀或收缩。它们是怎样变形的呢？为了便于分析，我们设法将焊接时不均匀加热的问题先转换成杆件均匀加热的问题。例如，在一块板中间堆焊一道焊道，造成板横截面上不均匀的温度分布，假如我们将板分割成许多平行于焊道的，相互之间没有热交换的细板条，因为板横截面上温度分布曲线是连续的，所以在每根细板条横截面上温度可近似地看成是一样的（这里我们假定在板厚上温度是均匀的），板条分得越多越细，温度均匀的近似程度就越高。这样，我们就可以将这些细板条作为均匀加热、冷却的杆件来研究了。

3. 加温时材料性能的变化

根据研究，材料加热到 600℃ 左右，其性能会发生一系列变化，随着温度的升高，物理性能会随温度而变化，例如线膨胀系数 α、比热 C 均随温度升高而增大，密度 ρ 和导热系数 λ 随温度上升而减小。机械性能也和温度有关，例如屈服极限 σ_s、弹性模量 E 都因温度上升而降低，抗拉强度 σ_b、延伸率等也都在变化。在计算机模拟发展的今天，能在计算中作适时变量处理，但在初步和规律性分析中，可做一些工作假定。

4. 一些工作假定

金属在加热和冷却过程中变形的研究和计算十分复杂，为此不得不采用一些简化假定。根据简化假定所进行的变形与应力的分析,一般只能给出变形与应力产生的基本关系和发展规律。由于通过假定进行简化,给出的理论计算往往有较大误差,应用时尚需用经验数据给予校核。这些假定是:

(1) 假定金属的物理性能参数,如膨胀系数、比热、导热系数以及弹性模量等,对于一定的材料是一些与温度变化无关的常数。

(2) 假定金属的相变温度很高,可以不考虑组织应力。

(3) 屈服极限和温度关系的假定,某些金属的屈服极限和温度的实际关系是根据金属成分不同,屈服极限 σ_s 在 538～816℃ 之间急剧下降,低碳钢在 700℃ 时,σ_s 约为常温下数值的 10%,温度继续升高则下降平缓。按照过去流行的假定,屈服极限 σ_s 与温度的关系为 500℃ 以前 σ_s 不变,从 500～600℃ σ_s 直线下降到近于零。认为低碳钢在 600℃ 以上就完全变成塑性的了,任何变形都不会在金属内部引起应力。

9.1.2 焊接变形和应力的基本类型

1. 焊接变形的分类:

焊接变形按类型分类如下:

(1) 按照焊接变形发生的阶段分类。按焊接变形发生的阶段分类可以将焊接加热和冷却时发生的变形称之为瞬时变形。完全冷却后仍保留下来的变形叫做残余变形。对结构影响比较大的就是这类残余变形,常说的焊接变形往往指的是残余变形。瞬时变形的讨论是为了说明最后的残余变形。

(2) 按照焊接变形发生的方向分类。就一条焊缝本身而言,通常,它可以使焊件同时产生纵向、横向收缩变形和角变形。① 纵向收缩变形是平行焊缝方向上尺寸的缩短,横向收缩变形是垂直焊缝方向上尺寸的缩短,如图 9-1(a)所示;② 由于焊缝的布置偏离焊件的形心轴,角变形使焊件平面围绕焊缝轴线转动了一个角度,如图 9-1(b)所示;③ 焊缝的纵向收缩和横向收缩会引起焊件的弯曲变形,如图 9-1(c)所示;在薄板结构中,因为焊缝的收缩造成板局部丧失稳定而形成波浪形变形,如图 9-1(e) 所示。

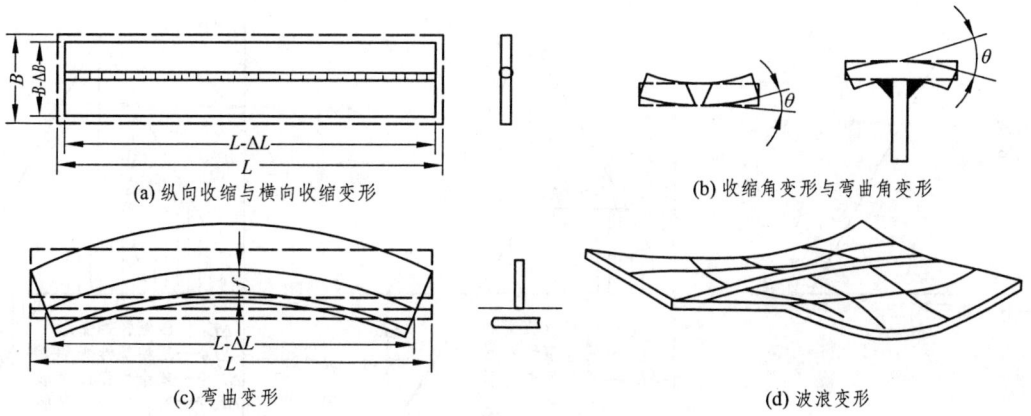

图 9-1 按照焊接变形发生的方向分类

(3) 按变形的范围分类。将收缩变形、弯曲变形归为整体变形,将角变形与波浪变形归为局部变形。因为后者仅发生于焊件的局部区域。

有的著作对焊接变形还举出其他一些类型,但是它们往往是上述几种基本类型的变形所造成,我们就不再单独列出。例如焊接工字梁的扭曲变形是由于沿焊缝长度上角变形逐渐增大,加上相邻焊缝焊接方向相反所造成。起重机不等厚腹板箱形梁的扭曲是由于两侧弯曲变形不同所引起。

2. 焊接应力的分类

焊接应力是无外力作用的条件下,由焊接引起的在构件范围内互相平衡的内应力。可以按照不同的情况对焊接内应力进行分类:

(1) 按照应力相互平衡的范围分为:① 宏观应力(第一类应力)。在整个焊件范围内相互平衡的应力。这是我们研究的主要对象,后文所讨论的,绝大多数应力属于这种宏观应力。② 微观应力(第二类应力)。在晶粒范围内相互平衡的应力。例如金属内不均匀的组织转变产生的组织应力。③ 超微观应力(第三类应力)。在晶格范围内保持平衡的应力。氢原子在晶格、晶粒内部扩散、聚集而产生的应力可属此类。

(2) 根据作用时期分为：① 焊接过程中出现的瞬时应力。② 焊接后保留下来的残余应力。

(3) 根据在结构中的空间位置分为：① 单向应力。应力沿构件一个方向作用时，此应力称单向应力，亦可叫单轴应力。② 平面应力（双向应力）。应力沿构件两个方向作用。③ 三向应力（体积应力）。应力沿构件三个方向作用。

(4) 根据应力与焊缝方向的关系分为：① 纵向应力。应力作用方向与焊缝平行；② 横向应力。应力作用方向垂直于焊缝。

(5) 根据应力形成的原因分为：① 热应力。由于焊件不均匀加热而引起的应力，也叫温度应力。② 拘束应力。由于构件热变形时受到拘束引起的应力。③ 组织应力。由于焊接接头金属组织转变时体积变化受阻引起的应力。

9.1.3 杆件均匀加热、冷却过程中的变形与应力

以一个杆件加热来说明热变形与热应力的基本概念，几种情况如图9-2所示。

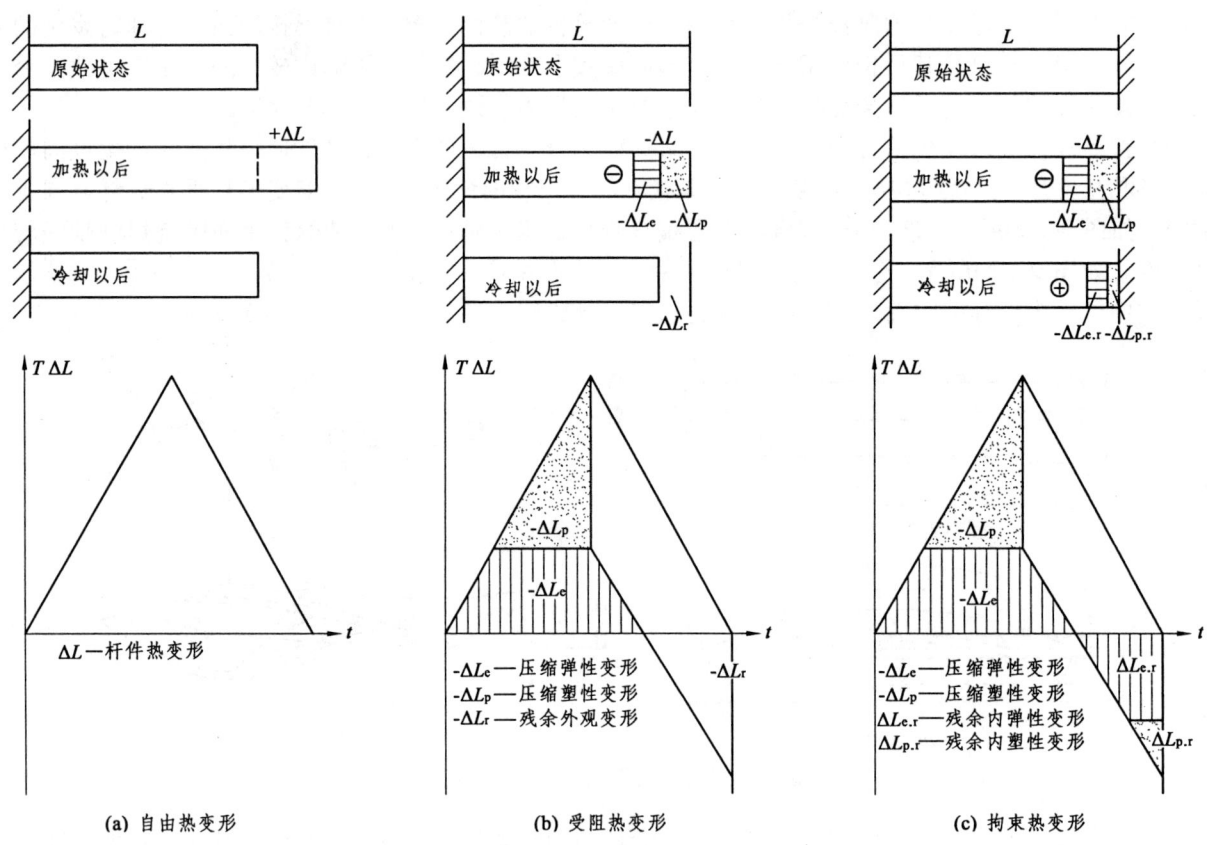

(a) 自由热变形　　(b) 受阻热变形　　(c) 拘束热变形

图9-2 杆件加热时产生的热变形与热应力

1. 自由热变形

以长度为 L 的杆一端固定，将其均匀加热后会伸长 $+\Delta L$，这叫热变形。

$$\Delta L = L\alpha\Delta T$$

$$\lambda = \frac{\Delta l}{l} = \alpha\Delta T$$

式中　α——热膨胀系数，$1/℃$；

　　　ΔT——温度升高，℃；

　　　λ——热应变；

　　　L——杆长，cm。

当 ΔT 下降到 0 时，ΔL 也变到 0，杆件变回到原来长度，在加热冷却过程中有热变形而无热应力，冷却后无残余变形，也无残余应力（如图 9-2(a)所示）。

2. 受阻热变形

如膨胀受到一刚性阻碍，L 不能伸长，相当于把杆压短了 ΔL，产生了内部的压缩弹性变形，同时产生了压缩应力，这时无外观的热变形，有加热受阻引起的内压缩弹性变形 $-\Delta L_e$ 伴生了压缩热应力（应力 $\sigma = E \times \varepsilon_e$，$\varepsilon_e = \Delta L_e / L$），当应力达到该温度下的屈服极限 σ_s 就不再增加而产生压缩塑性变形 $-\Delta L_p$，这时 $\Delta L_e + \Delta L_p = \Delta L$；当冷却时，由于温度的降低，使内压缩弹性变形 $-\Delta L_e$ 和伴生了压缩热应力逐渐减少最后消除为 0；如加热时未产生压缩塑性变形，则内压缩弹性变形 $-\Delta L_e$ 消除时，热应力也为 0，这时无残余变形，也无残余应力；但是如果曾产生压缩塑性变形 $-\Delta L_p$，由于塑性变形是永久变形，它将一至保存到室温而成残余变形 $-\Delta L_r$，如图 9-1(b)所示。由于收缩时是自由的，所以无残余应力，其残余变形 $-\Delta L_r = -\Delta L_p$。由此看出，热变形中高温压缩塑性变形是产生残余变形的根源。

3. 刚性拘束热变形

拘束热变形的形成与受阻热变形相似，不同的是在冷却收缩时到弹性应变和应力消除至 0 时，热变形还要缩短并受到完全拘束而产生拉伸弹性变形 $+\Delta L_e$ 和伴生了拉伸应力，这时无外观变形而有拉伸弹性变形 ΔL_e 伴生的拉伸残余应力，如图 9-1(c)所示，其数值为 $\Delta L_e / L \times E$（E 为弹性模量）。这个拉伸残余应力只有在这刚性拘束中存在，如去除拘束，则此拉伸弹性变形和拉应力都会消除；如在收缩拉伸中达屈服极限到产生了拉伸缩塑性变形，这时如去除拘束，则此拉伸缩塑性变形会保留到室温而成残余变形，但这个残余变形比受阻热变形中所产生的残余变形小得多，因为拘束热变形高温压缩塑性变形被拉伸塑性变形还原，只有残余的一部分拉伸塑性变形在冷却到室温时形成残余变形，所以塑性变形的积累决定最后残余变形的数量。如果拘束是半刚性的，则冷却到室温时既有残余应力又有残余变形，其拘束是刚性越大残余应力就越大，残余变形就越小。

那么，杆件要被加热到多高温度，内部才会产生塑性变形呢？对于屈服极限 σ_s 不同的材料，这个温度差是不同的（如果材料的线膨胀系数 α 不同，这个温度差当然也不同）。对于一般低碳钢，$\sigma_s = (240 \sim 250)$ MPa，$E = 210\,000$ MPa，$\alpha = 1.2 \times 10^{-5}$ 1/℃，可得

$$\sigma_s = E \times \alpha T$$
$$T = \sigma_s / E\alpha = 260 / 210\,000 \times 1.2 \times 10^{-5} = 104 \ ℃$$

由此可知，低碳钢杆件加热受阻时，温差超过 100℃ 左右，内部就会产生压缩塑性变形。屈服极限高的低合金钢，此温差值要高些，例如 16Mn 钢，$\sigma_s = 350$ MPa，此温差约为 140℃。

9.2 纵向收缩变形及所引起的变形和应力

9.2.1 补充工作假定

我们曾对杆件均匀加热、冷却时变形与应力的讨论做过几点工作假定，现在讨论实际焊件的变形还需再补充一些假定。

1. 线热源的假定

板上堆焊或焊接时，认为在板厚方向上温度是均匀的，仅仅在板宽度上、长度方向上有温度梯度，因此认为这时是一个线热源。板厚较小时，十分近似。

2. 单向应力的假定

焊接时产生的内应力常常是平面应力或体积应力，在板厚不大时，厚度方向上的应力较小，而且横向应力相对纵向应力也不大，故此假定是纵向的单向应力。

3. 截面保持平面的假定

板材上进行焊接后,变形时截面保持平面,不会局部凸起或凹陷。板宽不大时,此假定与实际情况基本一致。

我们将根据均匀加热时的三条假定和上述三条补充假定对实际焊件进行简化,以三块板的分合加热用杆件均匀加热的变形应力形成原理来分析板中加热,并据此推出焊接变形及应力的一些基本规律,然后按照实际情况作进一步的说明。

9.2.2 板中加热时的变形与应力的产生

板中加热时的变形与应力,可通过3块同截面同质同长度的中间板加热来分析,假定相互成为整体时不传热(如图9-3所示)。

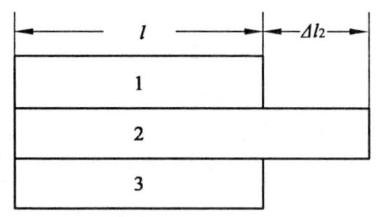
(a) 三板分离时的自由热变形

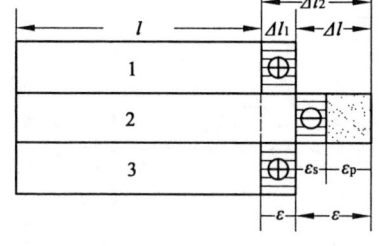
(b) 三板一体加热时的变形与应力

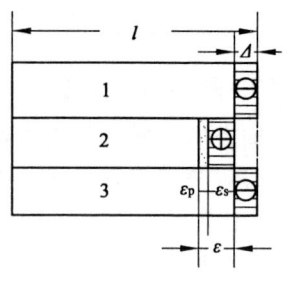
(c) 冷却后的变形与应力

图9-3 纵向收缩变形及所引起的变形和应力

1. 三块板分离时的热变形

我们首先通过一特殊变形形式来全面分析变形和应力产生和发展过程及其相互关系。如图9-3(a)所示,有1,2,3三块板,长均为l,如它们之间互无联系,这时对板2均匀加热,则板2均匀伸长Δl_2,这个变形叫自由热变形。这种情况下,变形是自由的,因此不产生应力,它的变形也不会引起板1,3的变形,当温度冷却到初始温度时也恢复如初,无残余应力,也无残余变形。

2. 三块板一体时的加热时的变形和应力

三块板一体时加热2板的热变形和应力如图9-3(b)所示,1、2、3是一体,而2、3又是一弹性体,这时由于1、2、3的变形要保持同一长度,故2伸长时就受到1、3阻碍而使之缩短,而1、3会被拉长,因此这时1、2、3板共同的伸长量不是Δl_2而是Δl_1,因此

2板中产生了压应力:

$$\sigma_2 = \frac{\Delta l_2 - \Delta l_1}{l}E = \varepsilon_内 E \quad (\varepsilon_内—内应变)$$

1、3板中产生了拉应力:

$$\sigma_{1,3} = \frac{\Delta l_1}{l}E = \varepsilon E \quad (\varepsilon—1,3板拉伸应变)$$

如果2所产生的应力都小于屈服极限σ_s,即$\varepsilon_内 < \varepsilon_s$则不会产生塑性变形,当温度降低复原后,应力也就不存在了,长度也变回原来的长度,不会产生残余应力和残余变形。但是金属有这样一个性质:就是温度越高,材料的σ_s越小,当温度大于600 ℃时,σ_s接近于零,这时极易产生塑性变形,也就是在这种情况下,2板伸长时所产生的σ_2很容易大于σ_s,即$\varepsilon_内$很容易大于ε_s,因此就产生塑性变形ε_p(被压短了),弹性变形只要应力消除后就可复原,而塑性变形是永久变形,即使应力消除后也不能复原。

3. 三块板一体时的冷却时的变形和应力

当温度降低时各个板中应力逐渐减少至消除,三块板一体恢复到原始长度,由于高温压缩塑性变形使2板短了一块,继续冷却收缩时就受1、3板限制,这时使2被拉伸,产生拉应力,当拉应力达到屈服极限

后还会产生拉伸塑性变形；这时而1、3则被压缩，产生压应力。但高温降低复原后，由于1、2、3是整体，故都缩短了Δ，这个缩短的量就是残余变形，由于是纵向收缩引起的故叫纵向收缩变形，同时在2板中产生了拉伸残余应力σ_2，并在1、3板中产生了压缩应力$\sigma_{1,3}$，这就是纵向残余应力，由于焊接温度总远大于600℃，必然产生高温压缩塑性变形，故总会产生残余变形和应力。如三块板面积相同，则1、3板中的压应力的和等于2板中的拉应力值。

由上分析，得出一重要结论，即焊接构件内收缩变形与应力发生发展过程就是焊接件加热区的热变形与其他非加热区的阻碍所产生，同时可以看出加热区高温压缩塑性变形(由加热区材料性质决定)是产生残余变形的根源，并同时伴生了残余应力。最后的塑性变形积累是决定变形应力数量的根据。焊接的热量和构件的刚度是变形应力产生和发展的条件，控制这些条件可以控制残余变形和应力的数量。

9.2.3 残余变形与残余应力的关系

焊接残余变形和应力的存在是表示在该条件下该构件内部加热区热变形与非加热区的反变形处于相对的均衡状态，这对内力保持平衡，这时的平衡位置就是残余变形产生后的位置，同时伴生了残余内应力，F_2中产生了拉应力，F_1、F_3中产生了压应力，而且内力和为零($\sum F=0$)，即

$$\sigma_{1,3}(F_1+F_2)=\sigma_2 F_2$$

式中　σ_2——F_2中拉应力；

$\sigma_{1,3}$——F_1或F_3中压应力；

F_1、F_2、F_3——各板的截面面积

$\sigma_2 F_2$实际上就是冷却时的收缩力。这个收缩力使非加热区板缩短了Δ，所以

$$\sigma_{1,3}=E\cdot\frac{\Delta}{l}=\frac{\sigma_2 F_2}{F_1+F_2}$$

9.2.4 板中堆焊时的变形和应力

上述情况是在1、2、3板均很窄很薄又不长的情况下才能是那样，在焊接时一般非加热区较宽，加热温度高而且成高斯曲线分布，可以认为是很多均匀加热平行纤维的组合。其自由热变形的数量与温度分布一致，而由于板的整体性而强制在一个平面变形即保持同一纤维长度，不同纤维产生了伸长或缩短，形成了相应的变形和应力。

1. 加热时的变形和应力

加热时中部高温区伸长受到两侧低温区很大限制，产生压应力和压缩塑性变形，而相邻低温区则产生拉应力以使内力达到平衡。因为$F_1+F_2\approx F$，反变形能力大，故应力在焊缝及热影响区一个范围内，应力可达到σ_s，把这个区域的截面积叫作主作用区面积F_s，主作用区的膨胀力是焊接变形与应力产生的力源，其数值为$P=\sigma_s\times F_s$，更多的膨胀量转化为压缩塑性变形，因此只有膨胀力P和板的F才会对低温区的应力分布有影响。即是$\sigma_s\times F_s=F_1\sigma_1+F_2\sigma_2$，加热过程中随时都保持这种关系，直到高温主作用区的压缩塑性变形和相邻区的应力达到最大值，这时的变形和应力分布如图9-4(a)所示。由于板宽，所以低温区的应力较小，板的宽度越大，应力就越小。

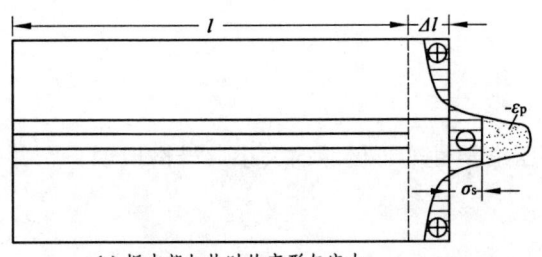
(a) 板中部加热时的变形与应力

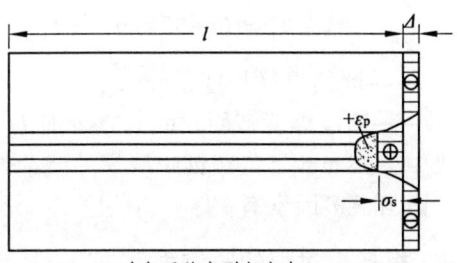
(b) 冷却后的变形与应力

图9-4　板中堆焊时的变形和应力

2. 冷却时的变形和应力

由高温冷却时，各区的弹性变形和伴生的应力逐渐减少直至到 0，这时由于高温产生的压缩塑性变形是永久变形，一直要保持到室温，相当于主作用区缺了一块，继续收缩产生拉伸弹性变形和拉应力，而相邻区而产生压缩弹性变形和压应力，也必须保持平截面假定而使内力平衡。冷却到室温以后形成的变形和应力就是残余变形和残余压应力，在原主作用区的拉应力在一般低碳钢中可达到室温的拉伸 σ_s 甚至产生拉伸塑性变形。

3. 残余变形和残余应力的关系

由上述残余变形和残余应力的形成原因可得出：

因为一般 $F_1 + F_2 \approx F$

所以 $\varepsilon_\Delta = \dfrac{\Delta}{l} = \dfrac{\sigma_s F_s}{EF}$

式中 ε_Δ——板的纵向收缩率（单位长度的残余变形即纵向收缩应变）；

Δ——板的残余变形（纵向收缩量）；

l——板长；

σ_s——板的屈服极限；

F_s——主作用区面积；

E——钢材的弹性模量；

F——板的截面面积。

现在只要求出 F_s，对一定材料和尺寸的焊件就可求出残余变形和应力。根据理论推导和一些实验证明：

$$F_s = \mu \dfrac{q_u}{\varepsilon_s}$$

因此 $\varepsilon_\Delta = \varepsilon_s \cdot \dfrac{\mu \dfrac{q_u}{\varepsilon_s}}{F} = \mu \dfrac{q_u}{F}$

式中 μ——与材料热物理常数有关的系数（钢为 3.53×10^{-6}）；

q_u——焊接线能量；

ε_s——屈服应变 $\left(\varepsilon_s = \dfrac{\sigma_s}{E}\right)$。

从式中可以得出结论：

（1）焊缝纵向收缩量与焊接线能量或焊缝熔敷面积成正比；

（2）焊缝纵向收缩量与工件的横截面积成反比；

（3）焊缝绝对纵向收缩量随着焊缝长度的增加而变大。

关于第三点需要补充说明的是，在板条中间只有部分长度上有焊缝时，根据收缩变形产生的原因知道；只是在有焊缝的部分才会产生收缩，没有焊缝的部分是不会变形的。例如，断续焊时，计算收缩量可用折减后的主作用区面积 F'_s 代替 F_s，其计算式如下：

$$F'_s = [(a+35\text{ mm})/t] \times F_s$$

式中 a——断续焊缝长度，mm；

t——断续焊缝节距，mm，$t<a$ 时 $F'_s = F_s$。

式中，35 mm 是低碳钢中厚焊件断续焊缝头尾前后的压缩塑性变形区域的大小。严格地说，它并非一常数，而与很多因素有关。

4. 板条中对焊的收缩力

就其变形的效果而言，冷却后的纵向收缩变形，犹如有一压力作用在板对称轴上所产生的前压缩变形，这一压力是高温下压缩塑性变形区收缩形成，因此也称收缩力，其大小为 $P=\sigma_s\times F_s$ 为了保持内力平衡，可求出板的纵向收缩量和相应的残余压应力。当较宽的板对接或堆焊发生纵向收缩时，截面保持平面的假定实际上难以维持，其焊后的残余应力和应力分布将与图9-4不同，板的纵向收缩变形将是板中部凹进去，如图9-5(b)所示，在板的两端，应力逐渐下降至零。板与焊缝越总长，中段应力均匀的区域也越长。

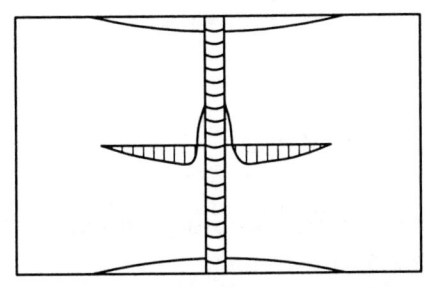
(a) 宽板中部焊接所引起的纵向变形和应力分布

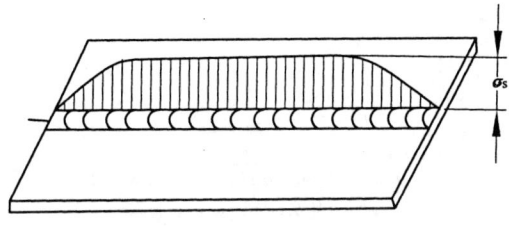
(b) 纵向残余应力在焊缝长度方向的分布

图 9-5　宽板纵向残余应力的横向和纵向分布

5. 焊接时收缩变形的粗略估计

焊接时收缩变形是难以避免的，应用强制方法来抑制收缩变形十分麻烦，生产中常采用下料时放出收缩余量的办法来解决，收缩余量可以计算并根据实际生产经验修正得到。纵向收缩量 ΔL 的估算可用下式进行：

单层焊：　　　　　$\Delta L = k_1 \times F_w \times L/F$

T 形梁双面焊：　　$\sum \Delta L = (1.15 - 1.40)\Delta L$

多层焊：　　　　　$\sum \Delta L = k_2 \Delta L$，　$k_2 = (1 + 85\varepsilon_s \times n)$

式中　F_w——单层焊焊缝横截面面积，mm^2；

　　　L——焊件长度，mm；

　　　F——焊件横截面面积，mm^2；

　　　k_1——与焊件材料和焊接方法有关的系列见表9-1；

　　　k_2——多层焊时的修正系数；

　　　ε_s——屈服应变；

　　　n——焊层数。

一般情况下，计算得出了中厚板焊接时纵向收缩量的概略值。在条件许可的时候，为了简洁和准确，也可在下料时较多地加长尺寸，待完全焊完后，再根据要求将多余的切掉。

表 9-1　中厚板焊接时纵向收缩量的 k_1 值

焊接方法	CO_2 焊	埋弧焊	手　工　焊	
材料	低碳钢	低碳钢	低碳钢	奥氏体钢
k_1	0.048	0.071～0.076	0.048～0.057	0.076

6. 由前分析看规律

由前分析得知，收缩量与焊接线能量 q_u 成正比，与构件截面 F 成反比，但一般焊接线能量 q_u 与焊缝截面 F_w 有关，当 F_w 加大而采用多层焊时，由于焊第二层及以后层刚性增大和初始拉应力的影响，每层收缩量都比单层焊小，所以出现了图 9-6(a) 所示的形状，F/F_w 越大，收缩量越小。同理工字梁的多道焊也得到类似的规律如图 9-6(b)所示。几种不同截面和相应焊脚尺寸的工字梁多道焊的收缩变形如图 9-6(c)所示。

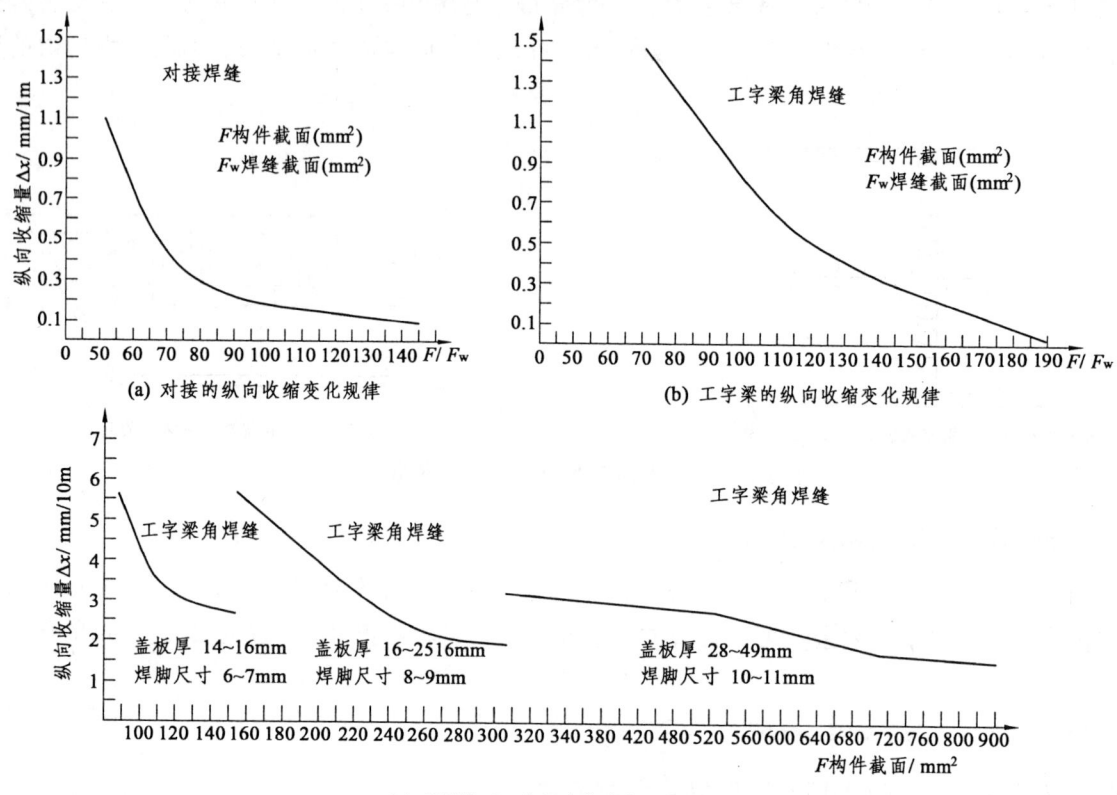

(c) 不同截面工字梁的收缩变形实例

图 9-6 几种接头构件埋弧自动焊的收缩实例

5. 板宽对残余应力分布的影响及估算

在板宽较宽时板边残余应力变小，在板宽较窄时板边残余应力变大，其过宽和过窄板的纵向残余应力如图 9-7 所示，图中特征值 σ_1、σ_2、σ_3 和 y_1、y_2、y_3 可由表 9-2 确定。这些特征值随材料不同，其机械性能和热物理性能不同，残余应力与特征位置也不同；其分布特征与板宽有关，中板压应力呈均匀分布，宽板压应力随板宽增加而减少直到 0，窄板压应力随板宽增加而增加，其分界板宽 W 线与线能量与和板厚比 q_u/h 有关，其特征位置也与线能量与和板厚比 q_u/h 有关，其残余应力与材料室温屈服极限有关。所以只要材料一定，线能量与和板的宽厚一定，就可得出残余应力分布。图 9-5 是分析半幅的情况，如两半幅相等则残余应力对称分布，如两半幅不相等则残余应力不对称分布。

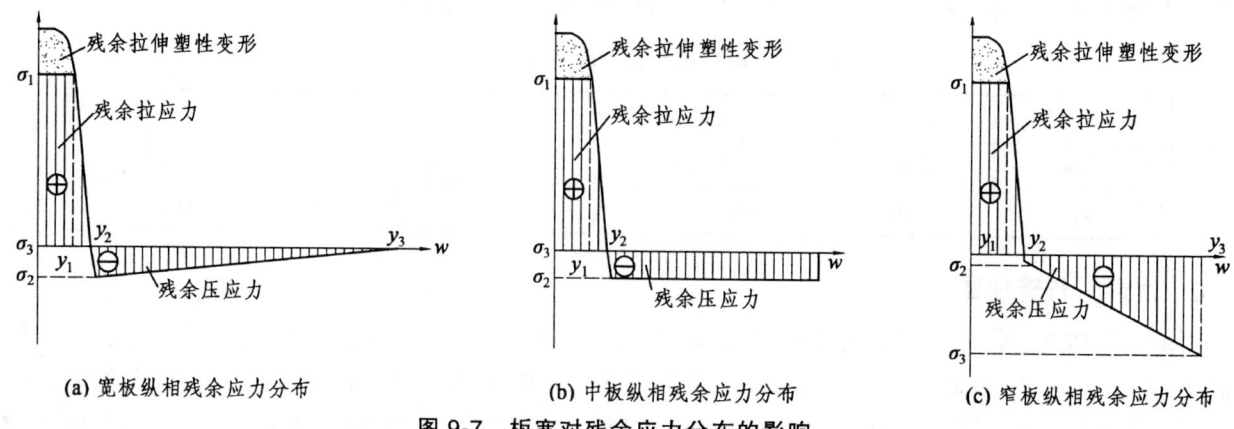

图 9-7 板宽对残余应力分布的影响

表 9-2 不同板宽的对接纵向残余应力分布计算

材料	板宽/cm	残余应力/MPa	特征位置/mm	残余应力分布简图
低碳钢	$W \geq 2.4q_u/h$ h 为板厚, cm	$\sigma_1=(1.0-1.1)\sigma_{s0}$ $\sigma_2=-0.25\sigma_{s0}$ $\sigma_3=-0$	$y_1=-0.14q_u/h$ $y_2=-0.48q_u/h$ $y_3=-2.63q_u/h$	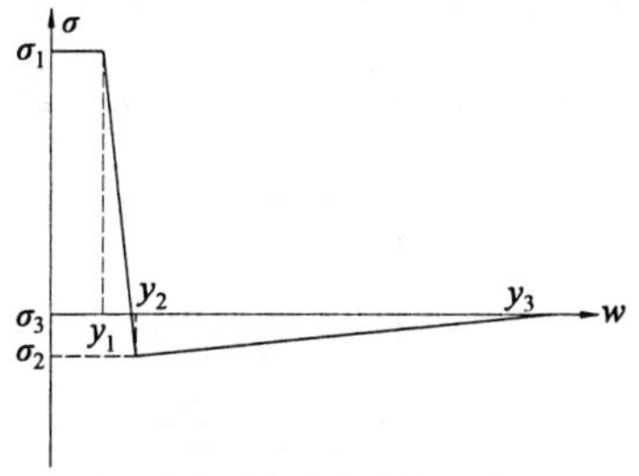 (a) 宽板纵相残余应力分布 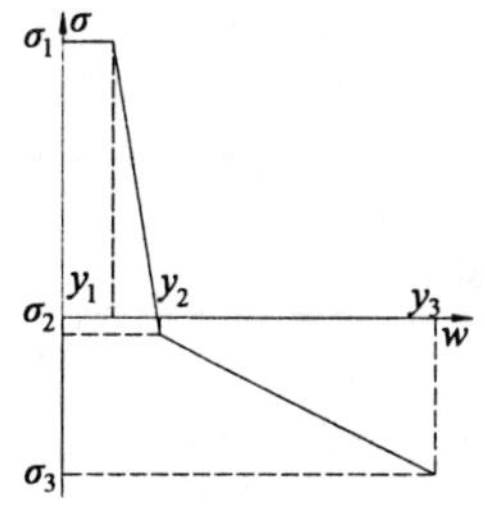 (b) 窄板纵相残余应力分布 注: σ_{s0} 为室温 σ_s。
	$W \leq 0.79q_u/h$ q_u 为线能量, kJ/cm	$\sigma_1=(1.0-1.1)\sigma_{s0}$ $\sigma_2=-0.10\sigma_{s0}$ $\sigma_3=-0.8\sigma_{s0}$	$y_1=-0.18W$ $y_2=-0.4W$ $y_3=-W$	
铝合金	$W \geq 6.5q_u/h$	$\sigma_1=(1.0-1.1)\sigma_{s0}$ $\sigma_2=-0.24\sigma_{s0}$ $\sigma_3=-0$	$y_1=-0.19q_u/h$ $y_2=-0.58q_u/h$ $y_3=-4.3q_u/h$	
	$W \leq 2.2q_u/h$	$\sigma_1=(1.0-1.1)\sigma_{s0}$ $\sigma_2=-0.05\sigma_{s0}$ $\sigma_3=-0.7\sigma_{s0}$	$y_1=-0.12W$ $y_2=-0.33W$ $y_3=-W$	
不锈钢	$W \geq 3.6q_u/h$	$\sigma_1=(1.0-1.1)\sigma_{s0}$ $\sigma_2=-0.3\sigma_{s0}$ $\sigma_3=-0$	$y_1=-0.24q_u/h$ $y_2=-0.53q_u/h$ $y_3=-3.59q_u/h$	
	$W \leq 0.99q_u/h$	$\sigma_1=(1.0-1.1)\sigma_{s0}$ $\sigma_2=-0.25\sigma_{s0}$ $\sigma_3=-0.9\sigma_{s0}$	$y_1=-0.12W$ $y_2=-0.33W$ $y_3=-W$	

9.3 构件边缘加热时的收缩变形和弯曲变形

9.3.1 弯曲变形与纵向应力的形成

1. 板纤维的理想热变形

如果焊接加热不是在板的中部而是在板的上部边缘加热，其变形应力产生和发展过程与前述情况原则上是一样的，不同的是加热区(或主作用区)是偏于构件形心的一方，因此主作用区的膨胀和收缩不只引起构件的伸长和缩短，还有一个内力矩使产生弯曲，如图 9-8(a)所示在加热区加热，如板条各纤维是自由的，其变形就只有热变形 λ，λ 是与温度成正比的，因此其变形也与温度分布曲线相类似，这是理想变形，温度降低，变形也就消失了。

2. 整体板加热时的实际变形和应力

加热的时候实际上各纤维是互相联系的，板是一整体，故必须按图中 9-8(b)所示的形式变化，这时加热区的膨胀将受邻近金属的压缩，产生压缩弹性变形和压应力，如压缩弹性应变达到 ε_s 则产生压缩塑性应变 ε_p，这时 ε_Δ 是外观变形，即加热区纤维实际伸长，又叫实际变形，ε 和 ε_Δ 塑压则为内变形 $\varepsilon_内$，外面看不出来，而发生在纤维内部。如 $\varepsilon_内$ 全为弹性，则冷却后复原，不会产生残余应力和残余变形，但当有 ε_p 产生后，ε_p 部分就不能复原，要保留到室温。

3. 整体板冷却后的实际变形和应力

在冷却到室温以后，如图中 9-8(c)所示，ε_p 要保留下来，如理想变形曲线那样，相当于板边缩短了一块，但实际上变形是要保持一平截面，因此就发生了弯曲变形，这时收缩区就产生了拉伸，而旁边金属被压缩，当塑性变形很大，$\varepsilon_内$ 达到 ε_s^+ 以后，收缩区内还会产生拉伸塑性变形 ε_p。这时构件中心缩短了 ε_Δ，产生了弯曲 f 图右既是变形图，也是应力分布图，因为 $\sigma=E\varepsilon$，由上述全过程分析看出，变形应力的产生和发展过程仍然是加热区的热变形与构件其他部位反变形平衡的结果。残余变形和应力产生根源仍然是高温压缩塑性变形。所不同的是，这个主作用区（加热区）偏于构件形心而产生了偏心力，因而构件不只有纵向收缩，而且有弯曲变形。弯曲变形方向指向加热方向，因为加热一边是收缩的，促使向另一方凸出。与此同时，在主作用区产生达到屈服的残余拉应力，相邻区产生残余压应力，在板的另一边由于弯曲而产生的弹性伸长同时伴生残余拉应力。

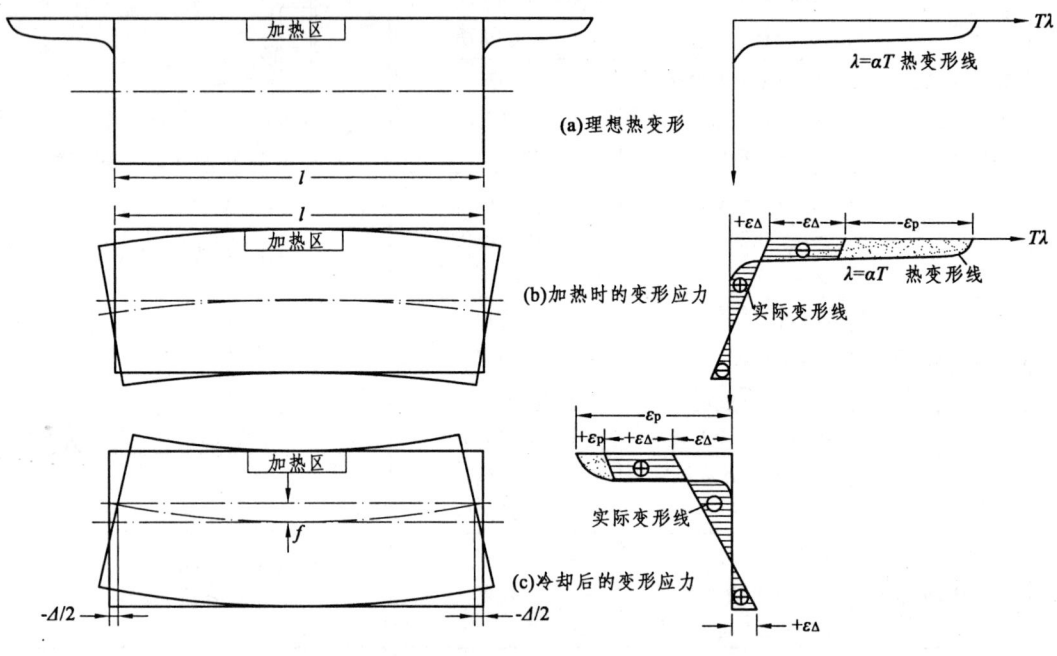

图 9-8　边缘加热时的收缩变形和弯曲变形

9.3.2　影响弯曲变形的因素及控制原则

1. 板边加热后的收缩变形与应力

由上分析看出，边缘加热时的中心纵向收缩率与中部加热时引起的是一样的，即

$$F_s = \mu \frac{q_u}{F}$$

式中　ε_Δ——构件单位中心缩短，cm；
　　　μ——与材料热物理性能有关的系数(碳钢为 3.53×10^{-6})；
　　　q_u——焊接线能量(与焊接规范及焊接方法有关)，J/cm；
　　　F——构件横截面面积，cm^2。

2. 板边加热后的弯曲变形与应力

板边加热后的弯曲变形与应力是由构件的偏心收缩时主作用区收缩造成的，因此可用材料力学的公式表达

$$C = \frac{M}{EJ} = \frac{\sigma_s \times F_s y}{EJ} = \mu\frac{q_u y}{J}, \qquad \left(F_s = \mu\frac{q_u y}{\varepsilon_s}\right)$$

式中　C——构件弯曲曲率，1/cm；
　　　M——收缩力矩，N·cm；
　　　σ_s——材料屈服极限，N/cm^2；
　　　F_s——主作用区截面面积，cm^2；
　　　y——主作用区与构件形心的距离，cm；
　　　J——转动惯性矩，cm^4；
　　　μ——与材料热物理性能有关的系数(碳钢为 3.53×10^{-6})；
　　　q_u——焊接线能量(与焊接规范及焊接方法有关)，J/cm。

如果我们知道了 ε_Δ 和 C 就可求出距形心距离 y' 远的板的纤维的收缩率或膨胀率 ε'_Δ 知道了这个收缩率和膨胀率也就可以求出相应纤维的纵向应力 σ'，因为 $\sigma' = E \cdot \varepsilon'_\Delta$。

对离形心 y 处某截面的单位缩短 ε'_Δ 为：

$$\varepsilon'_\Delta = \varepsilon_\Delta C y' = \mu \left(\frac{1}{F} + \frac{yy'}{J} \right)$$

式中　　ε_Δ——构件的中心收缩率；
　　　　C——构件弯曲率；
　　　　y'——所求纤维对构件形心距离。

另外，我们如果知道了 C 和构件长度 l 就可求出构件的上拱和下挠 f 为：

$$f = \frac{1}{8} C l^2 = \frac{1}{8} \mu \frac{q_u y}{J} l^2$$

9.3.3 弯曲变形的控制

1. 弯曲变形的试验确定

根据上述公式可以计算出构件纵向偏心焊缝所引起的挠度 f。同时我们也可以根据这个原理在生产上作模拟试验来确定梁的焊接变形挠度，从而确定预留拱度。由上式看出在一定材料（μ 一定），一定截面（J，y 一定）和一定焊接规范焊接（q_n 一定）的情况下 $f = Kl^2$。所以我们可以用同一截面的短构件长 $l = 1 \sim 1.5$ 米同一规范和顺序焊接得到 $f_1 = Kl_1^2$ 则长为 l_2 的构件的挠度 $f_2 = Kl_2^2$，则：

$$f_2 = f_1 \frac{l_2^2}{l_1^2}$$

式中　　f_1、f_2——实验短构件及要焊构件的挠度；
　　　　l_1、l_2——试验构件和要焊长构件的长度。

2. 板边加热后的弯曲变形与应力的控制

根据上述公式可看出：构件的弯曲变形曲率是与线能量和主作用区偏心距成正比，与构件的惯性矩成反比，而挠度则与变形曲率和长度平方成正比。用通俗的话来说：

（1）投入单位长度焊缝的焊接热量越大（即电流大，焊速慢），弯曲变形越大。

（2）焊缝位置的偏心程度越大、弯曲变形越大。

根据以上两点我们就可以考虑在设计时要对称布置焊缝和焊接时对称焊接。考虑保证强度前提下不选过大焊脚尺寸和生产时用调整焊脚尺寸来调整变形。

（3）构件刚性越大，弯曲变形越小。这就可以在生产中利用胎卡夹具来增加构件刚性以减少变形，同时利用合理安排组装次序、焊接次序及焊接方向来控制变形，但必须考虑到松卡夹具后由拘束应力松弛的回弹变形。

（4）构件长度并不影响弯曲变形的曲率大小，但大大影响挠度大小，因此可利用分段焊，多层焊等不只减少变形曲率也减少挠度。这是生产上常用的办法。

（5）对于梁类结构常常要求做成上拱，这可由在腹板下料时做成，这时就必须充分考虑到焊接时可能引起的残余变形。

9.4 横向收缩所引起的变形

实践证明，在焊接纵向焊缝时，构件除了产生纵向收缩变形外（如果焊缝偏离形心线，还产生弯曲变形），同时还会产生横向收缩变形。当构件上布有横向焊缝时，其横向收缩会引起构件的纵向收缩，如果它们布置不对称,还会引起构件的弯曲变形。产生横向变形的同时,构件内将产生横向应力。

9.4.1 横向收缩变形形成过程

1. 窄板中部加热的横向收缩变形形成过程

我们讨论在板件中心线上用许多焊点在不同时间内依次加热的情况,这和板件上堆焊是十分相似的。图 9-9 所示有充分厚度的板件,在它的中间集中加热时,不会丧失稳定性。当点加热到 600℃ 或更高温度时,该点处的材料膨胀将受其周围冷的板件刚性部分的压缩而产生压缩塑性变形如图 9-9(a)所示。如果板件尺寸不大,则在板件的外边缘可能出现局部变形。在加热第二点时如图 9-9(b)所示,第一点开始冷却,其中将产生拉伸应力或者是其中尚存的横向压缩应力减小,并在某一瞬间转变成拉伸应力。在这点完全冷却后如图 9-9(c)所示,板件边缘可能出现收缩即横向缩短,并且该点中将产生横向残余拉伸应力。在加热随后的各点时,都会发生与上类似的现象。过程全部结束后,板件的宽度 b 将缩短 Δb,如图 9-9(e)所示,此 Δb 称之为横向收缩变形。然而应该指出的是,加热至各点都冷却后,它们并不都受拉伸的横向应力,只是最后几点肯定是受拉应力的,早先加热的诸点在随后的各点加热冷却中,内中的应力会不断地变更符号与大小以期达到内力的平衡。

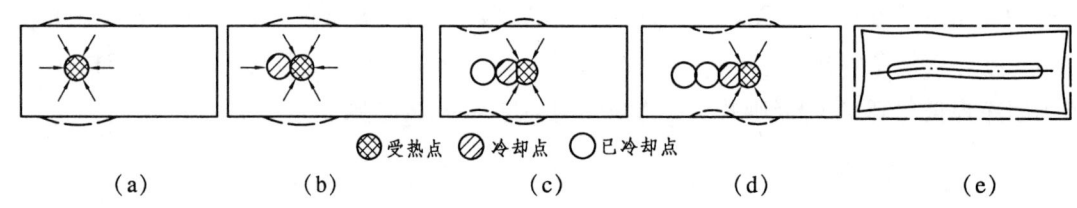

图 9-9 窄板中部加热的横向收缩变形形成过程

2. 窄条对接时的横向收缩变形

焊缝和主作用区在其横向膨胀受邻近金属阻碍也会产出高温压缩塑性变形,收缩时又受邻近金属阻碍而产生横向收缩变形如图 9-10(a)所示。同时产生垂直焊缝的金属纤维内产生残余应力。其原理与纵向收缩变形和应力相似,其变形量为:

$$\Delta b = \zeta' \frac{q_\mathrm{u}}{\delta}$$

式中 δ ——板厚;

ζ' ——固定刚性系数,在厚板上不"穿透加热"最小为 3.6×10^{-6},自由状态并"穿透加热"最小为 13×10^{-6};"穿透加热"指板反面温度超过 100 ℃时,如刚性卡固时可把收缩减少到 40%~70%。

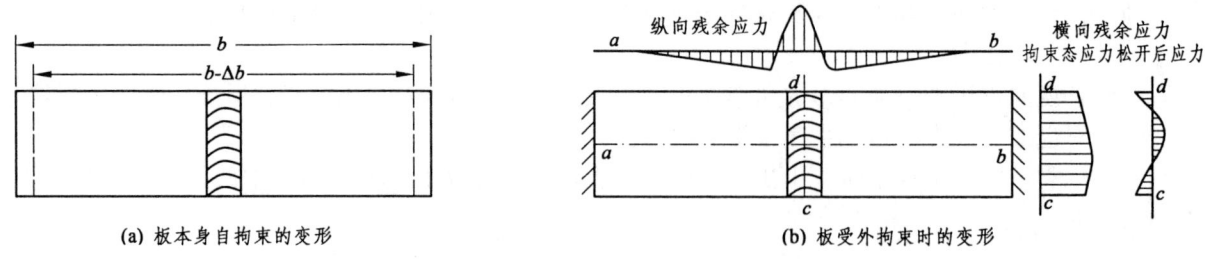

图 9-10 窄条对接时的横向收缩变形

由上式看出横向收缩与刚性固定情况,线能量和板厚有关,除此而外还与焊接方法有关,如气焊收缩就比手工焊差不多要大一倍,自动焊由于高速移动热源,坡口间隙减小,故收缩小。前面讨论过,如用单层焊焊同一截面焊缝,多层焊收缩小;如用断续焊、分段焊逐步退焊或焊后立即敲击焊缝,均可减少收缩变形;生产常用焊接接头的横向收缩变形的参考值如表 9-3 所示。

表 9-3 常用焊接接头的横向收缩变形的参考值

板厚 /mm	手弧焊的坡口形式	相应的横向收缩 /mm	板厚 /mm	手弧焊坡口焊缝型式	相应的横向收缩
3～5	无坡口对接	0.5～0.8	角接板厚=焊脚高	无坡口 T 接断续焊缝	0～0.2.5
6～12	V 形坡口对接	1.0～1.8		无坡口 T 接连续焊缝	0.8～1.7
12～20	U 形坡口对接	1.8～2.4		无坡口＋接连续焊缝	1.2～2.5
15～30	X 形坡口对接	1.6～2.5		无坡口搭接连续焊缝	1.4～1.8

表中数值应用时注意 $\Delta b = \zeta' \dfrac{q_n}{\delta}$ 这个关系，即板厚大规范下或多层焊时取小值。

3. 两端拘束时变形和应力

两端拘束时加热时的压缩塑性变形转变为冷却时的拉伸内变形和拉应力，这时无外观变形，当解除拘束后，拘束应力释放转化为残余变形，保留了一部分残余应力。

9.4.2 宽板对接时的横向收缩变形和应力

1. 板对接时的横向收缩变形和应力

如果两块板对接时不点固也不卡固，自由状态下直接焊接的两板，焊缝宽度 Δ_b 是逐渐变化的，其变化数量是预留间隙 Δ_0、两块板横向收缩 μ 和两块板主作用区的偏心收缩造成的弯曲变形 f 综合，即：

$$\Delta_b = \Delta_0 + 2f + 2\mu$$

对接时横向变形和应力如图 9-11(a)所示。

2. 宽板对横向收缩的影响

宽板对接时相应的焊缝宽度的变化值如图 9-11(b)所示。由图看出，宽度较小的板焊时经过一段焊接以后弯曲变形是主要的，Δ_0 故越变越大，在中部产生了拉伸残余应力；但当宽板时，收缩变形变成主要的，Δ_b 越来越小，甚至两板重叠，在中部产生了压缩残余应力；相对于纵向残余应力来说，分布比较均匀，宽板对接时峰值较小。为了减少变形和应力，因此对接焊时必须使用卡具或点固焊。

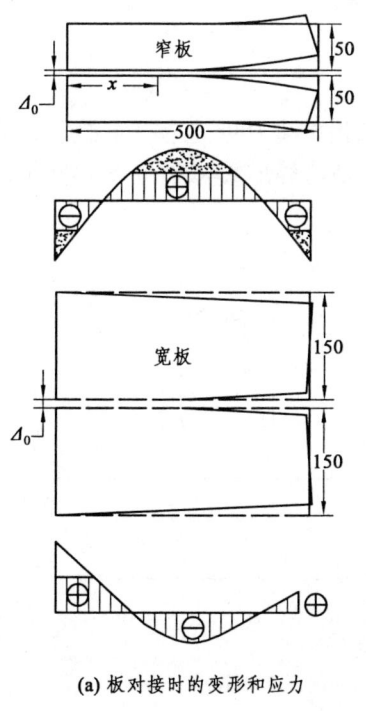
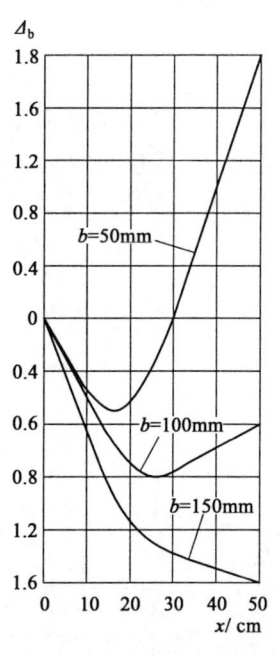
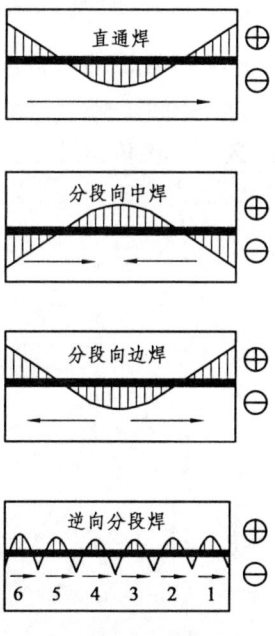

(a) 板对接时的变形和应力　　(b) 不同板宽时的变形　　(c) 焊接工艺对应力的影响

图 9-11 对接时横向变形和应力

3. 焊接方向和分段焊的影响

焊接方向和分段焊的影响如图 9-11(c)所示。宽板直通焊时中部为压应力；用分段对称焊(由中向外两边焊)可改变残余应力的性质和大小；逐步退焊法可以减少变形和应力使残余应力分布均匀化；对接板这样的变形规律也影响到横向残余应力的性质也有不同。焊接窄板时中间受拉，是拉应力；焊接宽板时中间受压，是压应力。

4. 点固焊对接时的变形与应力

在结构焊接中，点固焊是减少焊接变形和应力的基本方法。点固焊对接时的变形与应力如图 9-12 所示。由图看出，点固焊是减少焊接起始端的拉伸残余应力，但加大了焊接末端拉伸应力和拉伸残余应力，对产生弧坑裂纹不利，所以必需收尾工艺，即停止走行，继续送丝燃弧熔化以填满弧坑后再停止送丝和断弧，这样还可以延缓停焊点的冷却速度，必要时可以加引弧收尾板将其引到工件以外。

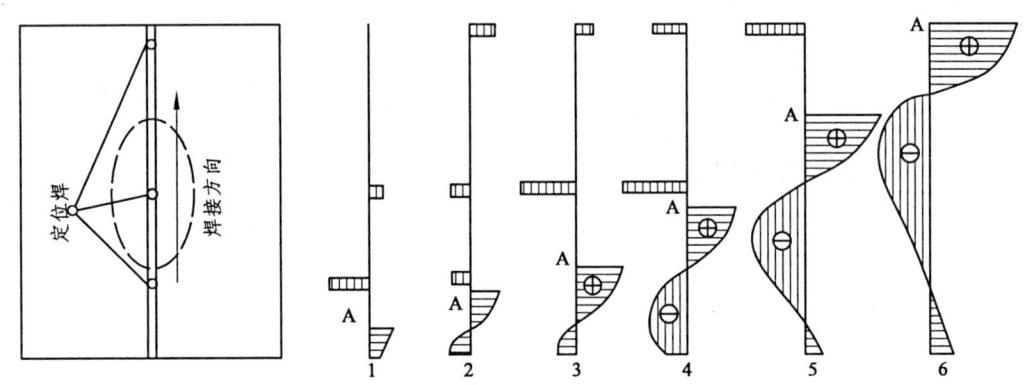

图 9-12 点固焊对接时的变形与应力

9.5 横向收缩引起的角变形和弯曲角变形

9.5.1 焊缝金属收缩引起的倾斜角变形

1. 开坡口对接的倾斜角变形

通常焊缝的形状总是上部宽下部窄，这就决定了焊缝金属凝固及随后的冷却中，总是上部收缩量大于下部，导致了一块板相对另一块板倾斜或旋转。对接接头的角变形主要是这种形式如图 9-13(a)所示。假定焊缝在短时间内一下焊成，则单层对接焊缝的倾斜角变形可用下式计算。

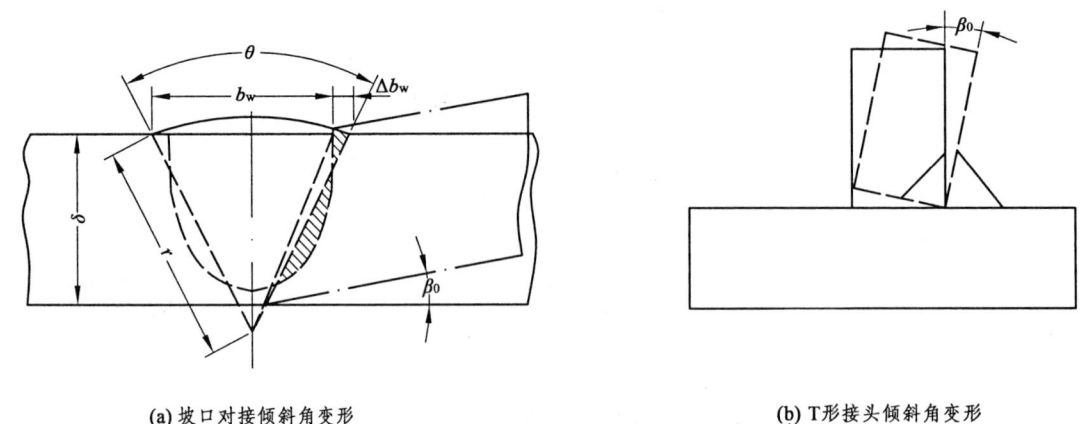

(a) 坡口对接倾斜角变形　　　　　　　　　　(b) T形接头倾斜角变形

图 9-13 横向收缩所引起的倾斜角变形

当角度不大时 $\beta_0 \approx \tan\beta_0 = \dfrac{\Delta b_w}{\delta}$　　$(r \approx \delta)$

因为　　　　　　$\Delta b_w = aTb_w$

$$b_w \approx 2\delta\tan\dfrac{\theta}{2}$$

所以　　　　　　$\beta_0 \approx 2\alpha T\tan\dfrac{\theta}{2}$

由式中看出，焊缝收缩引起的角变形 β_0 大小只和坡口角大小有关，故而坡口的形式影响很大，U 形坡口角变形就比 V 形坡口小。

2. T 形接头角焊缝的倾斜角变形

对于 T 形接头角焊缝的倾斜角变形与对接类似，如图 9-13(b)所示，其 θ 为 90°，所以角变形 β_0 为定值。

9.5.2 焊缝金属收缩引起的弯曲角变形

1. 厚板堆焊和对接引起的弯曲角变形

过去讨论焊缝横向收缩时，都是假定板厚上温度是均匀的，产生的变形都是发生在板平面内的，但实际上厚板的板厚方向温度分布是不均匀的。上面部分加热时温度高，膨胀受到下部温度较低的金属的拘束，会产生压缩塑性变形，冷却后上部横向的缩短，造成整块板围绕焊缝轴线旋转一个角度 $\beta=\beta_1+\beta_2$，如图 9-14(a)所示，产生超出板平面的变形——弯曲角变形。

角变形的大小和横向收缩力及主作用区偏离板件形心轴的距离有关。横向收缩力为：

$$N = \sigma_s \delta_s l_w$$

式中　σ_s——材料的屈服极限；
　　　δ_s——主作用区深度；
　　　l_w——焊缝长度。

产生的弯矩

$$M = NZ'$$

式中　Z'——主作用区形心与板厚形心的距离。

堆焊焊缝弯曲角变形 β 决定于熔深 h 与板厚 δ 之比。H 增大，δ_s 增大，N 增大，β 增大，到一定限度又使 Z' 减小，β 由增大到减小。

2. 角焊缝时的弯曲角变形

角焊缝时的弯曲角变形与堆焊焊缝弯曲角变形类似，如图 9-14(b)所示。

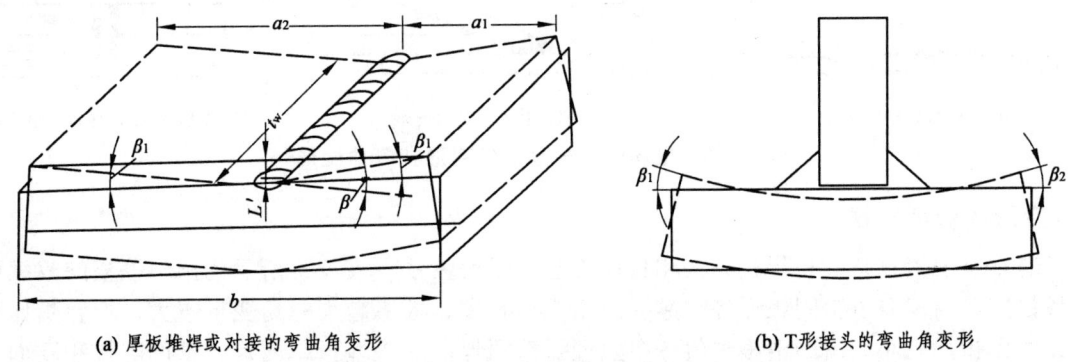

(a) 厚板堆焊或对接的弯曲角变形　　　　　　(b) T形接头的弯曲角变形

图 9-14　焊缝金属收缩引起的弯曲角变形

9.5.3 焊缝金属收缩引起的总角变形

1. 厚板对接的总角变形

对于厚板对接的总角变形,将同时产生弯曲角变形和倾斜角变形,如图 9-15(a)所示。所以总的角变形是两者之和,即 $\beta_1+\beta_2$。

2. 丁字接头和搭接接头的总角变形

对于丁字接头和搭接接头的总角变形,也将同时产生弯曲角变形和倾斜角变形,如图 9-15(b)所示。总的角变形也是两者之和,即 $\beta_1+\beta_2$。

3. 横向收缩引起的杆件弯曲变形的影响

分布在长直构件与轴线垂直的横向焊缝的横向变形实际上是使构件纵向缩短,如横向焊缝很多时,这种缩短往往比构件纵向焊缝听引起的纵向缩短要大得多,如果这些焊缝偏于构件形心也会引起弯曲或旁弯,而且弯曲的量比同样长度的纵向焊缝所引起的弯曲要大,在布置和焊接梁的加筋板时要充分考虑这一点。在生产中可以利用调整加筋板数量和形状来调整弯曲变形。一般横向焊缝收缩引起的纵向弯曲变形 C' 是同样长度纵向焊缝引起的弯曲变形 C 的 1~3 倍,即 $C'=(1\sim 3)\ C$,当横向焊缝贯穿板的全部时由于横向收缩大,故取 3,其焊缝长度 l_T 与板宽 B 之比很小时,取 1 则横向收缩造成的弯曲变形就与同样长纵向焊缝造成的弯曲变形一样了,会使杆件产生一新的弯曲 f,如图 9-15(c)上图和中图所示。如焊缝的中心与构件形心一致就只会形成横向收缩变形使杆件缩短而不会引起弯曲变形,如图 9-15(c)下图所示。此变形原理也可用于变形校正。

4. 横向收缩引起的杆件扭曲变形

在一条长的焊缝中,因为后段焊缝是在前段焊缝产生的角变形基础上发展角变形的,所以后段焊缝产生的角变形要大于前段焊缝的。这一特点在某些情况下就会引起构件复杂的扭曲变形。扭曲变形实际上是一种不对称的弯曲变形或角变形,如果组装是完全正确的,则由不对称的(对 x 及 y 轴都不对称)加热所引起的,如对箱形梁采取对角线同时加热,就会引起扭曲变形。例如用 MZl-1000 埋弧自动焊机焊接工字梁,两边的角焊缝焊接方向相反时就可能造成工字梁的扭曲变形。箱形梁的扭曲变形一旦产生,由于抗扭刚度大,很难校正。

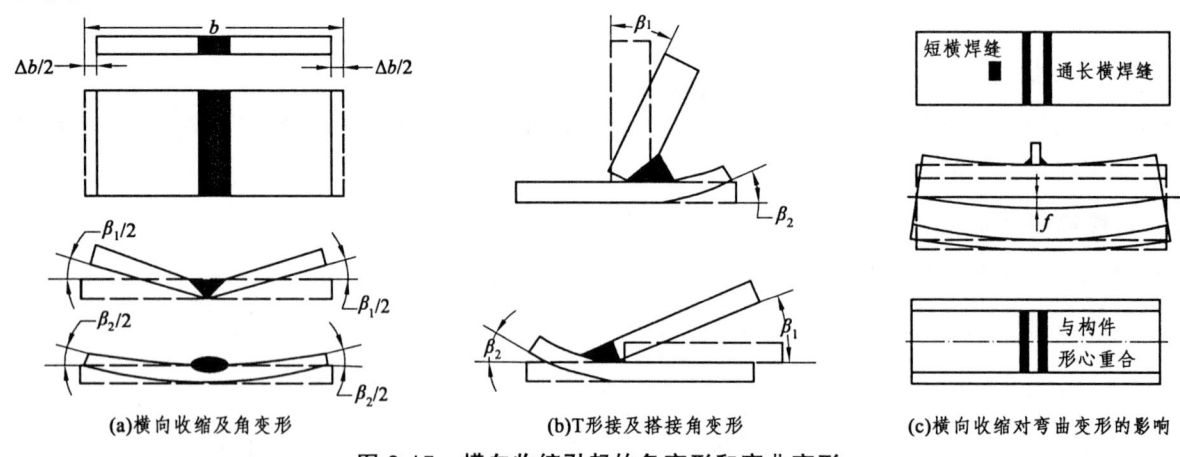

(a)横向收缩及角变形　　(b)T形接及搭接角变形　　(c)横向收缩对弯曲变形的影响

图 9-15　横向收缩引起的角变形和弯曲变形

5. 角变形的参考数据

角变形的影响因素复杂,与焊接方法和具体工艺有很大关系,表 9-4 所示列出一些横向收缩引起的总角变形参考数据。由表看出,同板厚焊层越多总角变形越大;板厚越大总角变形越大;埋弧焊比手工焊总角变形小,气保护焊更小,反面清根焊接、多丝埋弧单面焊、加垫埋弧单面焊、窄间隙焊和双面同时焊可把总角变形减到最小,因此由表中一些有限数据,就可初步得出一些角变形的规律和控制方法。

表 9-4 横向收缩引起的总角变形参考数据

焊法	δ/mm	接头焊接特征	β/°	焊法	δ/mm	接头焊接特征	β/°	焊法	δ/mm	接头焊接特征	β/°
手工多层焊	6	V形坡口单面焊2层	2	埋弧自动焊	40	三丝单层单面焊	0	气体保护焊	12	V形单层焊	1
	12	V形坡口单面焊3层	1.6		40	先双丝后单丝焊	7.5		14	双面垂直焊	0
	12	V形坡口单面焊5层	3.5		40	单丝三层单面焊	15		18	单丝单层窄隙	1
	12	同上清根后焊3层	0		40	单丝四层单面焊	15		18	双丝单层窄隙	2
	20	V坡口焊8层	7		14	铜垫单面单层	0		18	双丝双层窄隙	3
	20	V形坡口多道焊22层	18		20	铜垫单面双层	5		30	单丝双层窄隙	1

注：δ为板厚，单位为 mm；β为角变形，单位为°；窄隙为 4 mm 间隙的窄间隙焊；多道焊为一层多道。

9.5.4 波浪变形

1. 波浪变形的形成

在厚度小于 10～15 mm 的板结构，特别是那些 3～4 mm 以下的薄板结构，焊接后主作用区的纵向收缩引起的压应力和横向压应力，如超过焊接受压部分的临界应力时，会使薄板局部丧失稳定而突出原来平面，如图 9-16 所示。此种变形成为波浪变形。

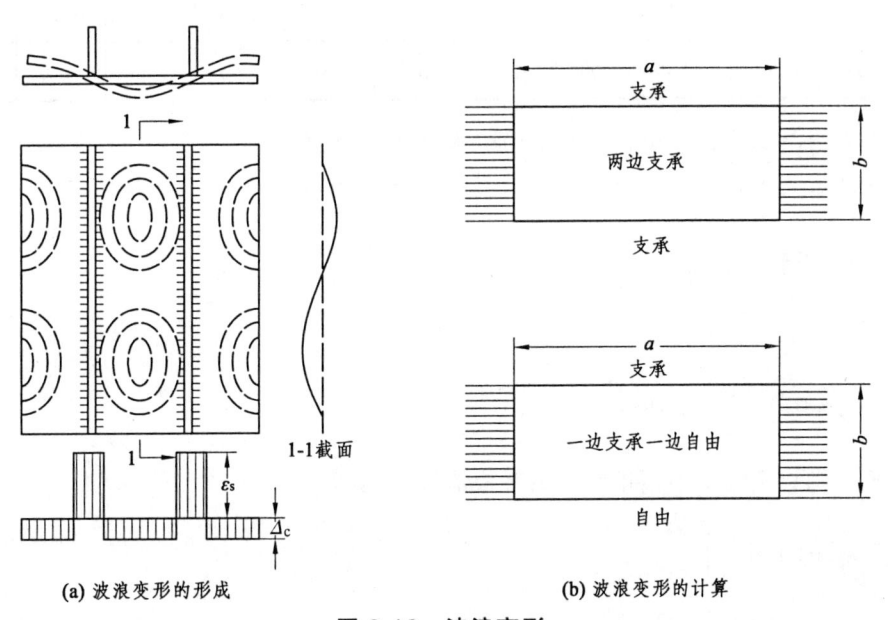

(a) 波浪变形的形成　　(b) 波浪变形的计算

图 9-16 波浪变形

图中将两块筋板焊在薄板上，薄板中的纵向应力分布如图 9-16(a)下部所示，当压应力 σ 大于临界应力 $σ_c$ 薄板就会失稳。

$$σ = Δ_C × E > σ_{cr}$$

式中　$Δ_C$——压应力区的应变；
　　　E——弹性模量。

图中用虚线画出的椭圆即失稳凸起的部分。焊缝及其邻近的区域受拉应力，是不会失稳的。波浪变形不会越过筋隔板(有焊缝)，后者的间距也影响到失稳变形。

2. 板的临界应力

我们根据力学原理知道，在四边支承并沿两对边承受均布压力的板中，如图 9-16(b)上部所示，临界应力值 $σ_{cr}$ 可用下式表示，即：

$$\sigma_{cr} = \frac{K\pi^2 E}{12(1-\mu^2)}\left(\frac{\delta}{b}\right)^2$$

式中　K——板边比系数；

　　　E——弹性模数；

　　　μ——泊松系数；

　　　δ——板厚。

$$\varepsilon_{cr} = \frac{\sigma_{cr}}{E} = \frac{K\pi^2}{12(1-\mu)}\left(\frac{\delta}{b}\right)^2 = A\left(\frac{\delta}{b}\right)^2$$

式中　$A = \dfrac{K\pi^2}{12(1-\mu^2)}$

如能求得 K 值，就可求得 A，其值与边变宽比 a/b 有关，其数值可由表 9-5 查出。

表 9-5　K、A 值与边变宽比 a/b 的关系

a/b	0.3	0.4	0.5	0.6	0.7	0.8	0.9	1.0	1.1	1.2	1.3	1.4
K	13.20	8.41	6.25	5.14	4.53	4.20	4.04	1.00	4.04	4.13	4.28	4.47
A	11.90	7.59	5.52	4.64	4.08	3.79	3.65	0.90	3.65	3.73	3.85	4.02

由表可知，正方形时稳定性最小，在确定筋隔板间距时应避免。

当薄板一条纵向边支承，第二条纵向边自由时如图 9-16(b) 下部所示，则系数 K 按下式求得：

$$K = 0.456 + \left(\frac{b}{a}\right)^2$$

将公式代入，化简得

$$\varepsilon'_c = 0.411\left(\frac{\delta}{b}\right)^2 + 0.9\left(\frac{\delta}{a}\right)^2$$

如板取消横向支承，则稳定性最小，相当于正方板情况，这时

$$\varepsilon_{c'} = 1.311\left(\frac{\delta}{b}\right)^2$$

焊完纵向焊缝后，板中任一点的收缩应变量 Δ_Y 大于临界应变量 $\varepsilon_{c'}$，薄板即丧失稳定，即失稳条件为

$$\Delta_Y > \varepsilon_{c'}$$

受压区任一点的收缩应变量是收缩变形和弯曲变形共同作用的结果，应为：

$$\Delta_Y = \Delta_C + cY$$

式中　Δ_C——构件形心轴上的收缩应变；

　　　c——弯曲变形的曲率；

　　　Y——以形心为原点的坐标系中计算点的坐标。

板厚在 10~15 mm 以上时，实际上很少发现失稳波浪变形，但在起重机制造中，常习惯于将梁腹板的筋隔板焊缝造成的角变形所形成的腹板波浪形也称为波浪变形，应该和失稳波浪变形区别开来，因为它们产生的原因、防止办法都不同。

9.6 影响焊接变形的因素及防止措施

焊接时总是会产生焊接残余变形，而想要消除残余变形是不可能的，但是了解焊接变形的规律并利用它设法减少残余变形，使之不超过设计的允许值则是可能的。

前面已说过，收缩变形常常是通过预留收缩余量的办法来补偿的，所以本节主要是针对弯曲变形来讨论，此类变形也正是对结构精度和安全影响较大的一种变形，是结构生产中人们最关注的问题。

9.6.1 影响变形的因素

1. 焊接方法

由于焊接变形是不均匀加热引起的，变形大小就和加热情况有紧密的联系。不同焊接方法或热源不同，或加热集中程度不同所造成的变形亦随之变化。常用的焊接方法按所产生变形的大小顺序，依次为气焊、手工电弧焊、埋弧焊、气体保护焊、窄间隙焊、高能密度焊和接触焊。

2. 焊接规范

从前几节各种变形的分析讨论中知道，几乎每种焊接变形都与焊接线能量有关。因此，如在设计和工艺上允许的条件下，应尽可能减少线能量来减少焊缝截面尺寸，这对减少焊接变形和应力都是有利的。然而有时在工艺上却又利用加大焊缝来调整变形。例如某厂焊 16.5 m 桥吊工字形中梁时，未留上拱，将下盖板腰焊缝（即腹板与盖板的连接焊缝）焊脚由 8 mm 增大到 14 mm，然后翻转再焊上盖板，焊脚为 8 mm 的腰焊缝，这就造成了最后有 $L/1\,000$ 的上拱度（L 为中梁长度）。在一些吊车的箱形梁中，也有用调整筋隔板与腹板焊缝的焊脚大小来调整旁弯。但是大量生产中并不希望采用此种方法，以免浪费工时和材料或引起新的其他变形。线能量一定的情况下，用大电流快速焊比小电流慢速焊加热集中程度高，主作用区窄，收缩变形和弯曲变形都会减少。埋弧自动焊焊接变形比手工电弧焊小就是这个原因。

3. 构件截面的几何特性

构件截面的几何特性，如板厚、截面面积、惯性矩大，一般变形要小。

4. 焊缝偏离截面形心距离的大小

焊缝偏离截面的偏心距越大，弯曲变形越大。

5. 焊缝长度

焊缝长度严重影响弯曲变形和收缩变形的大小，所以用断续焊代替连续焊可大大减小变形。但需要指出的是，断续焊缝起弧收尾点多，影响焊缝质量，增加锈蚀，特别是造成相当多的应力集中源，大大降低焊接结构的疲劳强度和抗脆断能力，因此承受动载及低温工作的结构不宜采用断续焊缝，不如用小截面连续焊缝。

6. 初应力对变形的影响

绝大多数焊接结构存在着许多条焊缝，当第一条焊缝焊后，结构中就有焊接残余应力存在，随后的焊缝则都是在有初应力的情况下焊接的。实际上因为很多结构生产中是用气割下料的，气割过程会和焊接一样产生残余应力，故此，几乎所有焊缝都是在有初应力的状态下焊接的。初应力到底对以后的变形有什么影响呢？我们以板条边缘堆焊为例，分两种情况来讨论。

（1）用同样规范在板条同侧堆焊第二条焊缝，因边缘堆焊会进一步产生弯曲，弯曲越严重，转角 α 越大。第二条焊缝因为规范相同，要是不考虑初应力的影响，则造成的变形应和第一条焊缝的一样，最后的残余弯曲变形总和为 $+2\alpha$。但由于存在初应力为拉应力，在第二条焊缝加热阶段时，超过 600 ℃ 的区域原来存在的拉应力将消失，这就使原来的内应力平衡状态受到破坏，只有通过新的变形才能使内应力重新平衡，尽管第二条焊缝和第一条焊缝规范相同，但引起的残余弯曲变形却小于第一条焊缝，实验中测量截面转角不如测量弯曲挠度容易和直观。将实测的第一条焊缝和第二条焊缝引起的挠度变化过程绘制于挠度

f—时间 t 坐标系内，如图 9-17(a)所示，可以看出同样的结果。实际上，实测结果往往是第二条焊缝几乎未引起什么残余变形。例如板条边缘堆焊三条焊缝近缝区最大收缩变形为：第一条焊缝焊后为 0.17%，第一、二条焊缝焊后为 0.21%；第一、二、三条焊缝焊后为 0.23%。这种现象可以认为是，第二条焊缝造成的主作用区与第一条焊缝主作用区因焊接规范相同而大小一样，几乎完全重合，其效果和一条焊缝的几乎相同。如果第二条焊缝规范比第一条焊缝小，其主作用区包含在第一条焊缝的主作用区内，则看不出它的影响；当第二条焊缝规范大于第一条焊缝，主作用区相应的扩大，变形就会增大。如图 9-17(b)所示的丁字接头双面焊缝有部分主作用区重合，两条焊缝对残余变形(包括弯曲变形、收缩变形)的影响，约为一条焊缝的 1.15 倍，因为据估算，总的主作用区面积约为一条焊缝形成的主作用区的 1.15 倍。

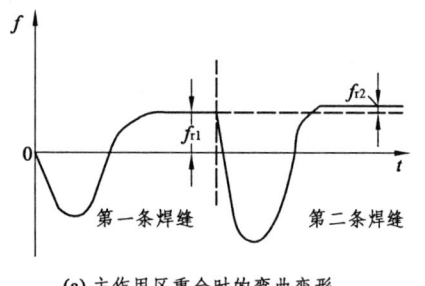 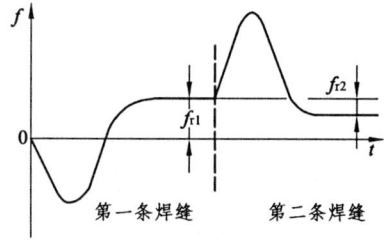

(a) 主作用区重合时的弯曲变形　　(b) 主作用区部分重合时的弯曲变形　　(c) 主作用区位于形心对面时的弯曲变形

图 9-17　初应力对变形的影响

（2）用相同规范在板条对边焊第二条焊缝时，由于第一条焊缝焊后形成的残余应力，在焊缝一侧有初始拉应力，因此第二道焊缝加热时消除的拉应力为重新平衡而产生的变形和应力比前面焊缝的数值小。从图 9-17(c)看出，在形心线对边焊第二条焊缝所产生的残余弯曲变形方向与第一条焊缝的相反，但数值上小，不能完全抵消第一条焊缝所造成的残余弯曲变形，最后的残余弯曲变形是和第一条焊缝形成的残余弯曲变形方向一致的。至于收缩变形，两条焊缝作用是叠加的，比同侧焊缝叠加的要大些。这样的例子很多，例如焊接工字梁，尽管焊缝是对称布置的，但先焊的焊缝所造成的弯曲变形总比后焊的要大，最后还是可能有残余弯曲或旁弯变形。多层焊比单层焊的变形小，其原因和上面所说的是类似的。多层焊时随着焊道的增加，总的变形量虽有所增大，但增加的量却越来越少。

9.6.2　减少和防止焊接变形的方法

焊接结构的设计应当从一开始就注意采取各种可能的方法来减少焊接残余变形，以免变形过大超差，或者使产品报废，或者浪费更多的人力物力去矫正变形，从而提高了生产成本，延长了生产周期。

1. 设计方面的措施

（1）选择对称截面的结构。焊缝对称布置，对称截面往往能使弯曲变形互相抵消大部分。

（2）选用小的焊缝尺寸。在满足强度要求的前提下，尽量选用小的焊缝尺寸，尽可能减少焊缝数量，尤其是横向焊缝的数量。用型材、压型件代替钢板。对非传力焊缝用断续焊代替连续焊。

（3）避免焊缝交叉和密集。避免焊缝交叉布置和集中布置，以减少复杂的变形和应力。

（4）避免在应力集中区布置焊缝。尽量避免在应力集中区和最大工作应力截面布置焊缝。

（5）合理选择材料工艺。

2. 工艺方面的措施

（1）正确地确定装配焊接次序。不同的装配焊接次序可使构件的惯性矩 J 和焊缝的偏心距 y 不同。我们可利用这点来调节变形。现以箱形梁组装焊接为例来分析说明，如图 9-18 所示。箱形梁的组装焊接顺序要先组装焊接成 Π 形梁。由上盖板，两块腹板以及若干块大小隔板组成。设上盖板与大、小隔板的连接焊缝为 1，大隔板与腹板的连接焊缝为 2，小隔板与腹板间的焊缝为 3，上盖板与腹板间的焊缝为 4，下盖板与腹板间的焊缝为 5。组装焊接可有三种方案：

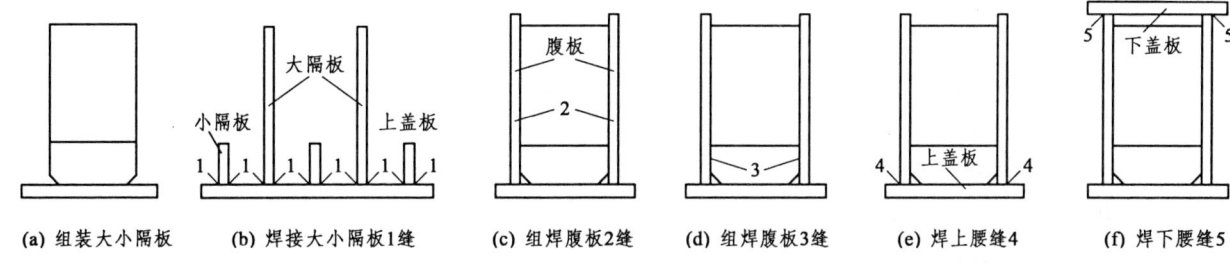

图 9-18 箱形梁的组装焊接顺序

方案一：先装大、小隔板于上盖板上，焊焊缝 1。此时构件形心轴在上盖板厚度 1/2 处，构件惯性矩即盖板之惯性矩，各块大小隔板未计入，这是因为它们的存在并不影响构件铅垂方向的抗弯能力。焊缝 1 离形心轴之偏心距 y_1 也为 1/2 板厚，其值很小，所产生的弯曲变形也很小，可略去（即使有变形，也因刚性小较易矫正）。然后组装腹板，再焊焊缝 2、3、4。此时构件形心轴上移，焊缝 2 中心在形心轴上方，焊缝 3、4 中心在形心轴下方，如以下弯的曲率为正，上弯的曲率为负，则总的弯曲变形为：

$$\sum C = C_2 - C_3 - C_4$$

方案二：全部组装完毕后再焊接，此时构件形心线位置与方案一中焊腹板时相同，但焊缝 1 偏心距增大，总的弯曲变形比方案一大。

$$\sum C = C_2 - C_1 - C_3 - C_4$$

方案三：先组装腹板与上盖板，焊焊缝 4，再组装大小隔板；焊焊缝 1、2、3，此时构件形心位置、截面惯性矩与方案 2 相同，总的弯曲变形可认为与方案二相同(实际上焊缝 4 时，构件没有装配上大小隔板，刚度是不一样的，与方案一中隔板仅装在盖板上情况不同，方案三总的弯曲变形要大些)。

最后下盖板与腹板焊缝 5 离形心远变形方向与 2 同可以抵消一些下弯变形，因此可以调整组装焊接顺序来控制变形。对于每种结构，什么组装方案变形小，需作具体分析。

(2) 选择适当的施焊次序和方向。就一条焊缝而言，我们在前面提到的直通焊，分向焊、分段倒退焊将使变形依次有所减小。此处主要是指当结构中有多条焊缝时，各焊缝先后施焊次序对变形的影响。现仍以图 9-18 所示箱形梁的 4 条腰焊缝来分析，箱形断面构件的焊缝是对称布置，根据前述初应力及刚度的变化对变形的影响，最好是 4 条焊缝同时同规范施焊，如先焊 4，可能有一定上弯，如先焊 5，就可能有一定下弯；如先焊左侧 4、5，就可能有一定向右旁弯，如先焊右侧 4、5，就可能有一定向左旁弯；构件刚性越大，影响就越小。如果箱形断面或工形构件截面和焊缝不是对称布置，就必然要产生弯曲变形，这就必须采用调整焊接工艺或预变形来解决。可总结出施焊原则为：当结构形心轴两侧有焊缝时，先焊焊缝少的一侧；先焊离构件形心轴近的焊缝，以便逐渐增加构件刚度，把对构件变形影响最大的焊缝放到最后焊。对于截面对称的构件，则应对称地交替焊接，尽管这可能增加了翻转辅助时间。不可以先将一边焊完再焊另一边。

(3) 反变形法。反变形法是在构件焊前顶制与焊后变形相反方向的变形，以期求得两者抵消，最后没有或较小的残余变形。这种方法可以防止弯曲变形，也可防止角变形。反变形法可以分为弹性反变形和塑性反变形两种。弹性反变形法是焊前用刚性夹具将构件产生弹性的反变形，并在焊接时始终保持此种状态，直到焊毕冷却后才拆除夹具。外力解除后，构件会发生弹性回跳，在确定反变形量必须考虑弹性回跳量。塑性反变形系在构件上预制比弹性反变形更大的反方向塑性变形，角变形常用机械方法预制，弯曲变形可在气割下料时预制。例如吊车梁设计要求具有 $L_k/1\,000 - L_k/700$ 的上拱度，但此梁有不少大小隔板，较多的焊缝偏在形心轴上方，焊后极易使梁下挠。为防止这些弯曲变形和保证焊后上拱，可在气割下料时使腹板切成一定曲率的上拱，预制上拱比设计要求大 1～4 倍。无论是用弹性反变形法还是塑性反变形法，要达到预期目的，关键在于控制反变形量，目前主要是通过反复试验积累经验获得。

(4) 利用夹具卡固构件施焊。这种方法一方面缩短了组装时间，提高了装配精度；另一方面可以用胎夹具进行反变形，使其在卡固条件下焊接，达到减少和防止残余变形。一些批量生产的结构，如桥梁和机车车辆结构就常使用专门的胎夹具卡固下焊接。根据计算和实验研究确定，在夹具卡固下焊接和自由状态下焊接时的挠度关系可用下式表示：

$$f_1 = \frac{f}{1+\dfrac{F_s y'}{J}}$$

式中　f——自由状态下焊接时的挠度；

　　　f_1——夹具卡固下焊接时的挠度；

　　　F_s——主作用区面积；

　　　y'——焊缝偏离形心轴的距离；

　　　J——构件截面惯性矩。

由上式看出，如 F_s 越大，y' 越大，J 越小时，使用卡固减少变形的效果越好，其中惯性矩 J 的影响更为突出，因为同样形状的截面，尺寸增大时，J 比 y' 增加的速度要快得多，所以刚度很大的构件，卡固的效果不大。

（5）其他方法。以上几种方法是现场经常采用的减少变形的方法，其他诸如用多层焊代替单层焊，用 X 形坡口、U 形坡口代替 V 形坡口等都可减少焊接变形，特别是角变形，它们也常为现场采用。由于焊接工艺的多样化，还可根据具体构件情况灵活地应用各种方法来减少变形。例如 T 形构件焊接时会产生弯曲变形和角变形，如系批量生产，可以成对地背靠背卡固，或用点定焊暂时相对固定后进行焊接，可减少变形。再如一构件下方有焊缝，焊后会造成上拱。为减少此上拱，可将构件两端支起，使焊缝在中部悬空的状态下焊接，在焊接加热时。由于构件重力 G 作用会下挠得较多，从而减少焊缝收缩引起的上拱。特别是在刚度较小的情况下，由于在加热状态下重力作用所产生的下挠可能比焊缝收缩引起的上拱更厉害。这又提醒我们，在一些桁架焊接时，下部必须垫平不能悬空，否则焊后极易扭曲。

总之，需要我们较熟地掌握焊接变形的规律，根据具体结构、具体生产条件找出防止或减少焊接变形的方法。

9.6.3　焊接变形对结构的影响

1. 对结构尺寸的影响

焊接变形不仅使结构的美观受到影响，而且对于高速列车、舰船、飞机之类产品，还会由于表面歪扭使流体阻力增大。构件尺寸的变化又使装配发生困难，即使勉强装配上，也可能产生装配应力而带来不利影响，几种主要变形如图 9-19 所示。

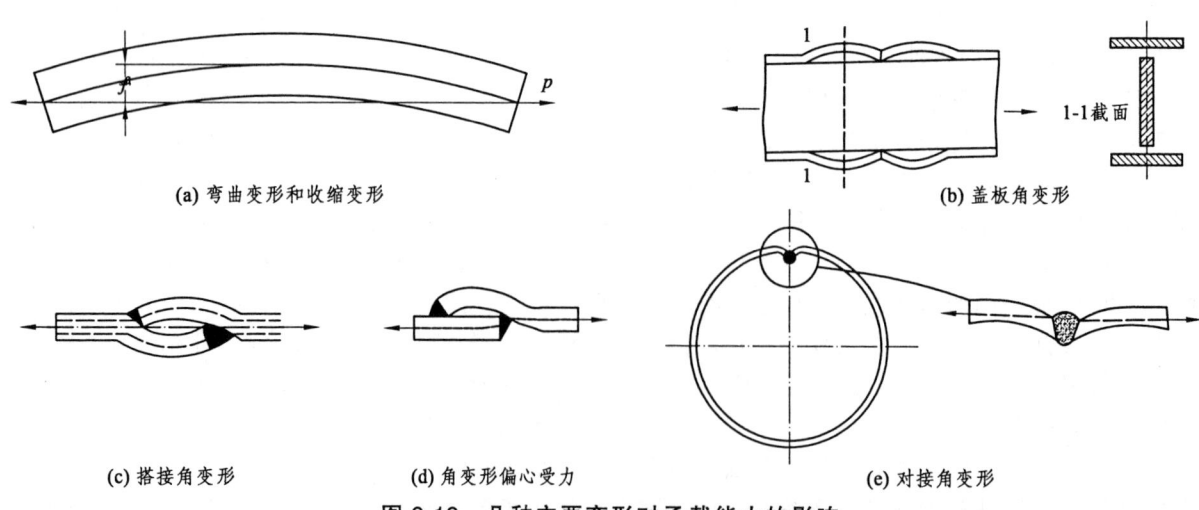

图 9-19　几种主要变形对承载能力的影响

2. 几种主要变形对承载能力的影响

焊接变形常常会使结构工作时要承受附加应力，从而可能危及结构的安全。如图 9-19(a)所示弯曲变形增加了接头承受的应力，构件本来的计算应力为：

$$\sigma = \frac{P}{F}$$

变形后实际应力为：

$$\sigma = \frac{P}{F} + \frac{Pf}{W} = \frac{P}{F}\left(1 + \frac{Ff}{W}\right)$$

式中　P——构件承受的拉伸载荷；
　　　F——构件横截面面积；
　　　f——焊接弯曲变形的挠度；
　　　W——构件抗弯截面系数。

由式中看出弯曲变形越大，因附加弯矩而增加的应力就越大。其他如角变形也会产生附加的弯曲应力。焊接变形会使受压杆件或构件受压部更易丧失稳定，严重的会使应力骤增导致断裂。因此，一般设计制造中都根据结构不同要求规定变形的容许公差，如超过公差就要进行矫正。

3. 焊接结构的变形容许值

焊接变形往往难以避免，但必须控制在一定范围之内，各种焊接结构都有自己的要求。一般工程焊接结构的变形容许值为：

（1）弯曲变形：

$$f = (1 \pm 0.2)f_0$$

式中，f_0 为设计要求的挠度值。

（2）扭曲变形：

$$h = \frac{1}{2\,000}l$$

式中，h 为翘起量；l 为构件长。

（3）角变形：

$$箱形梁水平倾斜 \leqslant \frac{1}{250}盖板宽$$

$$箱形梁腹板垂直倾斜 \leqslant \frac{1}{250}腹板高$$

$$工字梁水平倾斜 \leqslant \frac{1}{40}盖板宽，转角不大于3°$$

（4）波浪变形：

$$f_t = (0.003 \sim 0.005)h$$

式中，h 为波节长度；f_t 为波峰高度。

（5）收缩变形：
按是否有装配要求而言，一般不超过 ± 4 mm。

9.6.4　焊接变形的机械矫正

焊接变形的矫正，除了那些焊接变形十分严重、无法挽救外，对于变形超差的构件总是要设法矫正的。具体结构的变形允许值在图纸上会标注出。矫正方法分两大类：机械矫正和火焰矫正。

1. 弯曲变形的机械矫正

弯曲变形的机械矫正是用机械的方法施加外力于构件，使其产生与焊接残余变形大小相同、方向相反的新的塑性变形来抵消焊接残余变形，见图 9-20。此类方法较适用于中小型刚度不太大的构件。可以用螺旋、气动、液压器具来加力。有专用的矫形机，也有通用的压力机。小型构件可用锤击矫形。不过机械矫正冷作硬化较大，特别是在应力集中部位由于塑性变形大，局部金属冷作硬化更大，增加时效倾向，使材料变脆，对结构抗脆断能力有不良影响。对于大型构件变形的矫正需要很大的力，需要相应的矫形设备，功率也要求很大，这就不如采用火焰矫正，或者两种方法一起使用。

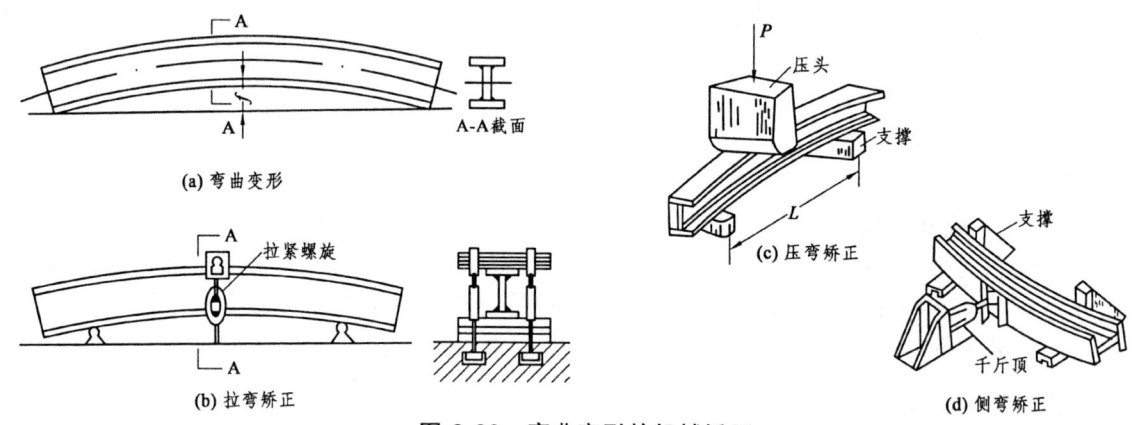

图 9-20 弯曲变形的机械矫正

2. 角变形的机械矫正

细长杆件的纵向 T 接或对接焊缝，常会引起角变形。这类角变形可以采用机械压力矫正如图 9-21(a) 和(b)所示；在大量生产中常采用辊压矫正如图 9-21(c)和(d)所示。专用的多滚式辊压机不只能矫正角变形，同时也可以矫正弯曲变形。

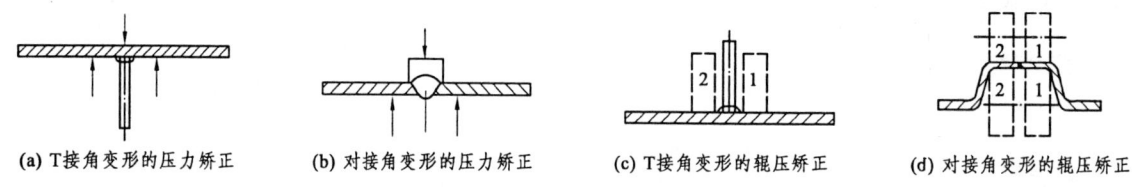

图 9-21 角变形的机械矫正

3. 薄板结构波浪变形的辊压矫正

薄板结构产生失稳变形的根源是拉应力引起的压应力超过板的失稳临界应力。焊缝比较规则时，其失稳波浪变形可用圆盘形辊轮碾压焊拉应力区，使其纤维伸长以消除失稳变形的根源拉应力，如不够可滚压二次或三次，如图 9-22(a)、(b)所示，甚至出现压应力，可大大减少两侧压应力。如一次达不到目的，可按图中 9-24(e)所示次序依次碾压。其辊轮压力 P_0 可由下式求出：

$$P_0 = S\sqrt{\frac{10.1 d \delta \sigma_z^2}{E}}$$

式中　S, d——滚轮的宽度与直径，cm；

　　　σ_z, E——被碾材料的屈服极限和弹性模数；

　　　δ——碾压区金属的厚度，cm。

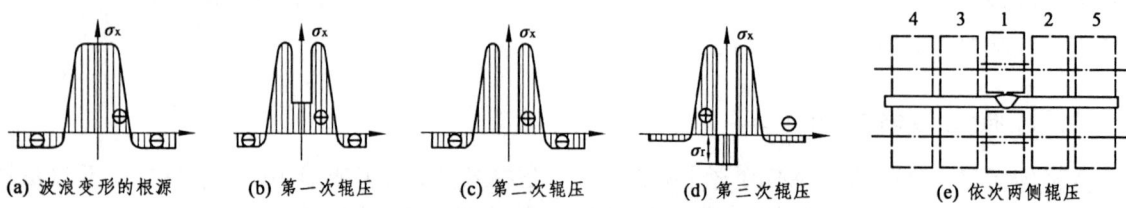

图 9-22 薄板结构波浪变形的辊压矫正

9.6.5 焊接变形的火焰矫正

如果说机械矫正是使构件产生塑性伸长变形去抵消焊接中的收缩变形，那么火焰矫正则是使原来显得过长的金属纤维缩短到和焊接时缩短的纤维一样来矫正变形。火焰矫正是用氧、乙炔火焰加热纤维过长的部位使其缩短，其原理和焊接变形的原理是相同的。火焰矫正能产生很大的矫正力，例如屈服极限为 250 MPa(2 500 kgf/cm^2)的低碳钢，矫正时每 cm^2 横截面可产生 25 000 N(2 500 kgf)的收缩力。火焰矫正的效果主要决定于正确选择加热位置和加热范围。几种变形的热校正方法如图 9-23 所示。

火焰矫正加热的温度通常在 700℃左右。低碳钢及强度级别较低的低合金钢都可用火焰矫正方法，对它们的性能影响不大，一般可浇水冷却来加速矫形过程，是否可用浇水需视材料而定。对于低合金高强度钢需特别谨慎，对调质钢加热的温度最高不超过 600℃以免产生软化区，不能用浇水冷却，以免产生淬硬组织和裂纹。

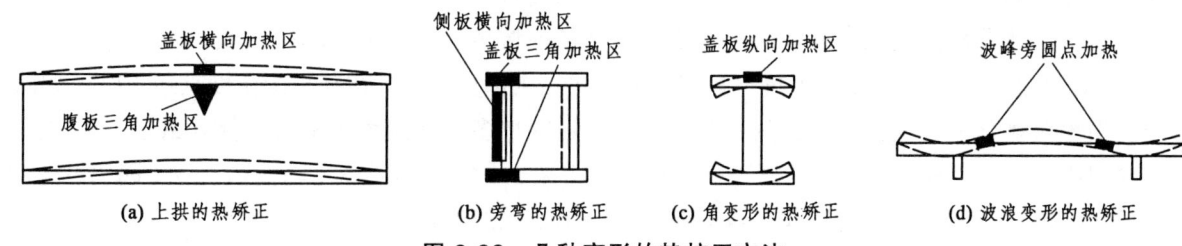

图 9-23 几种变形的热校正方法

1. 箱形梁上弯的校矫正

图 9-23(a)表示对箱形梁上拱弯曲的矫正，其方法使用与上盖板（拱出的一方）横向布置与盖板宽相同的带状加热区，加热时产生压缩塑性变形，冷却时产生横向收缩力是形心线上方缩短而把梁拉直，这是效果最好的加热区域和方向，因为离形心线最远，横向加热带又比同样长度的纵向加热带效果高出 2 倍，所以是首选方案；如果加热带不够，还可在加热带两侧对称布置横向加热带。另外一种方法是在两侧腹板上方布置三角加热区，由于离形心线也较远，收缩量上大下小，所以很有利于上弯的矫正。在弯曲矫正中，人们常利用热矫正来造成设计所需的上拱，这未必恰当，因为这个上拱是由于梁的下方产生的拉应力而形成，在使用加载后与工作应力叠加，减少了下盖板的承载能力而产生拉伸塑性变形，上拱减少，经历的工作应力越大，产生拉伸塑性变形就越大，上拱减少就越多。

2. 箱形梁旁弯的矫正

箱形梁旁弯的矫正与上弯的矫正的原理相同，只不过是分别对凸出边布置横向加热带和在上下盖板弯曲凸边作三角形加热，如图 9-23(b)所示。

3. 工字梁角变形的矫正

工字梁的上弯和旁弯的矫正与箱形梁相同。工字梁角变形的矫正则不同，加热部位为沿盖板拱出部位布置纵向加热带，如图 9-23(c)所示，但不能布置三角加热区。

4. 薄板失稳波浪变形的矫正

薄板失稳波浪变形是由拉应力引起的压应力超过板的失稳临界应力。加热部位可在波峰周围的部位用圆点加热，如图 9-23(d)所示。必要时可辅以平锤锤击(反面垫上砧铁)，加热圆点数目需视变形面积大小而定，通常数量较多。

9.7 焊接组织应力

前面所讨论的焊接变形和应力的规律，是建立在母材金属焊接过程中不考虑组织转变，对于低碳钢这个假定是符合实际情况的，但对于低合金高强钢、中碳钢等则不同，它们冷却时的组织转变发生在较低温度,这会给焊接变形和应力的发展过程带来什么影响呢?这是本节要讨论的问题。

9.7.1 合金钢与低碳钢焊接时相对变形的差异和组织应力的形成

1. 合金钢与低碳钢焊接时相对变形的差异

我们用图 9-24(a)来说明合金钢与低碳钢焊接时相对变形因组织转变而引起的差异。钢材焊接时。热影响区中温度未超过 A_{c1} 的纤维的变形按前述规律变化,但是那些加热温度超过 A_{c1} 的纤维的变形规律却比较复杂。温度达到 A_{c1} 以后出现奥氏体。其比容比铁素体、珠光体都小,体积开始减小,直到全部转变成奥氏体为止。温度继续升高时,体积再次随温度成比例增大。对于低碳钢和合金钢,在加热阶段体积变化的特点是一样的,在图中用曲线 1 表示。但在冷却阶段则不同:低碳钢奥氏体分解温度高,分解产物是铁素体、珠光体,体积稍为变大,在全部分解后,体积再随温度直线下降,如曲线 2 所示,它和曲线 1 差别很小;而合金钢奥氏体分解温度低,并且随着合金元素含量的增多、冷速增大降得更低。由于奥氏体的膨胀系数比其他组织大很多,故而体积随温度下降变大很多,在全部分解后,体积再随温度直线下降,如曲线 3 所示,合金钢奥氏体分解温度低,并且随着合金元素含量的增多、冷速增大降得更低。由于奥氏体的膨胀系数比其他组织大很多,故而体积随温度下降缩小的速率要快。随着奥氏体向马氏体转变,因比容差得多,体积增大很多,转变结束后,冷却随体积再度缩小,这是形成组织应力的根本原因。

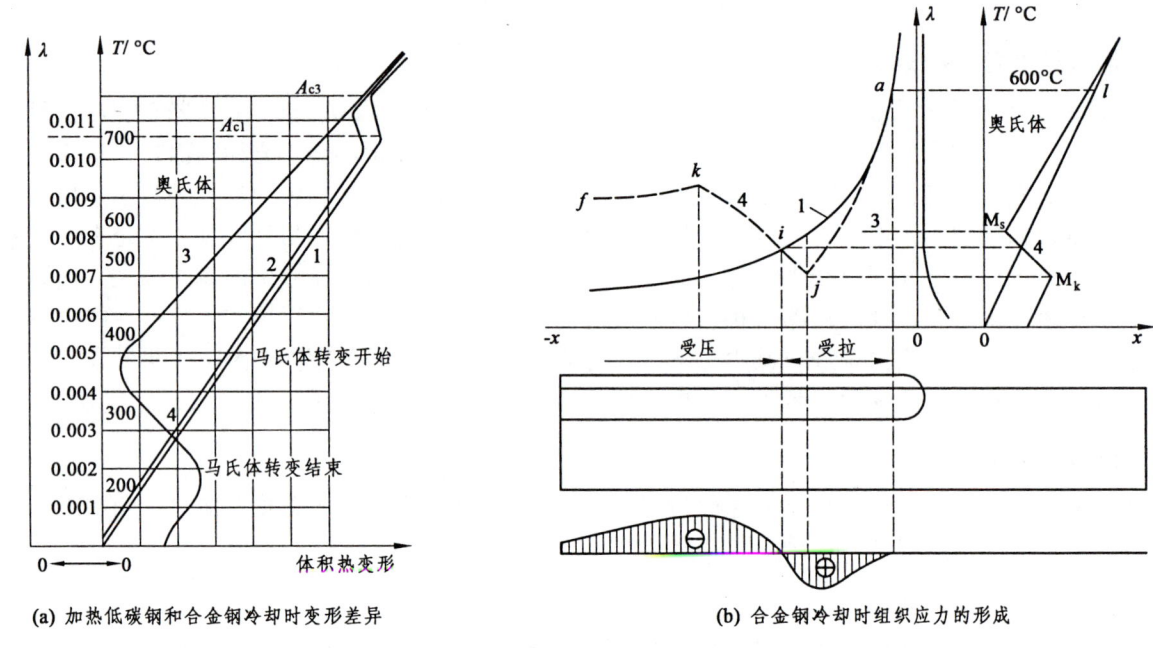

(a) 加热低碳钢和合金钢冷却时变形差异   (b) 合金钢冷却时组织应力的形成

图 9-24 合金钢与低碳钢焊接时相对变形的差异和组织应力的形成

2. 组织应力的形成

我们知道离焊缝距离不同的各纵向纤维在焊接时变形是不同的,如将图 9-24(a)的曲线简化并取一根温度超过 A_{c1} 的纤维的变形来研究,可用图 9-24(b)来说明组织应力的形成,其中图右上方为由于组织变化随温度变化而产生的纤维变形,可以看到合金钢转变温度低,在 M_s 点开始转变成马氏体之前,奥氏体冷却时变形沿折直线 4 变化,完全变成马氏体后 M_k 后收缩。图左上方为与温度相应的纤维热变形,如未发生组织转变,应该与纤维热变形一致,如发生了马氏体转变,如果把此变形也画在图左上方如 $ajikf$,两者变形产生了差异,因之差产生的应力即称之为组织应力,如图下部中。aji 变形小于纤维热变形,所以产生了拉应力,在 ikf 段大小纤维热变形,所以产生了压应力。此组织应力与焊接纵向应力叠加,当组织应力是拉应力时会增加主作用区的拉应力和拉伸塑性变形,转变成压应力后,则又使邻近金属受拉部分增加拉应力,这些都可能促使焊缝及热影响区在冷却时出现横向裂纹。

9.7.2 焊接热影响区超过 A_{c3} 的区域内的组织应力

焊接热影响区超过 A_{c3} 的区域内各纤维被加热到不同的最高温度，而且冷却速度也不一样，因而对于合金钢，这些金属纤维是在不同的温度下向马氏体转变的，尽管情况和上面所说的类似，但产生组织应力的时间和大小却并非相同，这可从图 9-25 中看出。图中 y_1 纤维比相邻 y_2 纤维靠近焊缝，温度高冷速快，M_s 点低，在 $1'$ 点开始转变，而后者在 1 点就开始转变了，y_1 纤维尚处于受拉阶段时 y_2 纤维已转成受压，所以尽管都是在 A_{c3} 以上、转变成奥氏体的区域，内部转变却并非同时进行，互相之间制约产生的应力比较复杂。

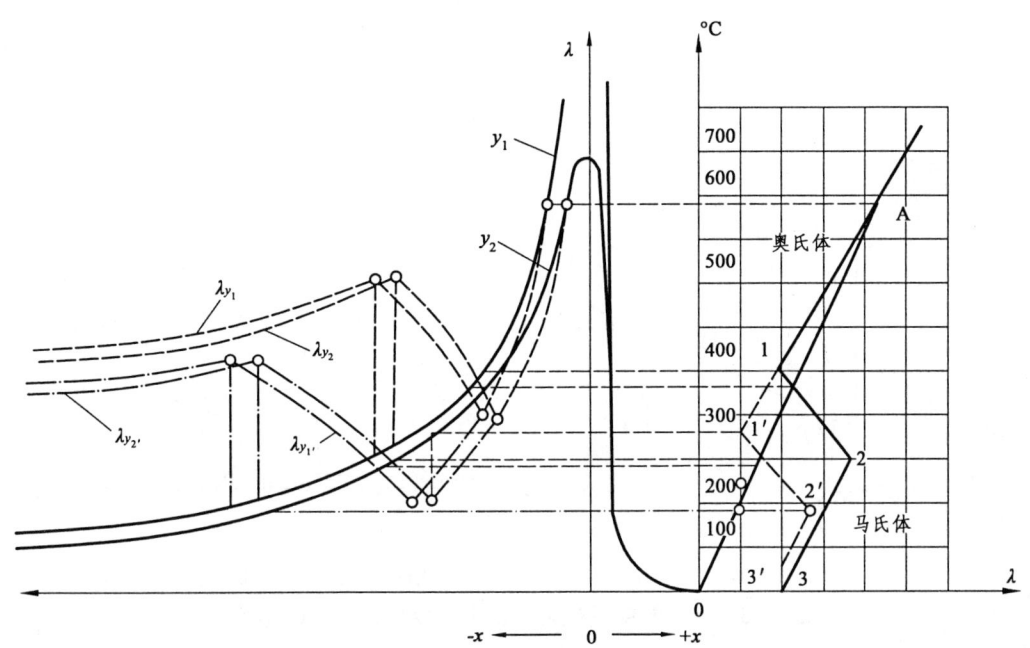

图 9-25 焊接热影响区超过 A_{c3} 的区域内的组织应力

9.7.3 组织转变对板条边缘堆焊变形、应力的影响

板条边缘堆焊时的变形和应力在前面已讨论过，现在研究如有低温下的组织转变，将对其变形、应力有什么影响？我们选择两个瞬间：转变的始点和终点，如图 9-26 所示。

1. 组织开始转变时板条截面的变形应力

图 9-26(a)所示的是在组织开始转变时板条截面的情况。如果组织转变发生在 600℃ 以上，则各纤维的相对热伸长 λ 以曲线 $abcd$ 表示。考虑到以前高温下得到的压缩塑性变形后，则相对热变形以曲线 $a'b'cd$ 表示。外观变形是 $a''d'$ 直线。但是奥氏体的那部分纤维在低于 600℃ 的温度转变，转变前会收缩得快些，则相对热变形以曲折线 $a_1 f_1 fcd$ 表示，再考虑到以前得到的塑性变形，就应以曲折线 $a'_1 f'_1 f''b'cd$ 表示。

2. 组织转变完成时板条截面的变形应力

各纤维的相对变形的变化使外观变形的直线位置改变到 $a''_1 d'_1$ 直线位置。结果是焊缝处一带的拉应力增加到 σ_s 值，而所研究截面的弯曲曲率减少了。在以后相当于奥氏体转变为马氏体的转变终点的瞬间，相对变形如图 9-26(b)所示。此时将发生以曲线 $a_1 f_1 fcd$ 表示的相对变形，考虑到以往产生过塑性变形后的曲线用 $a'_1 f'_1 f''b'cd$ 表示的相对变形以代替相对应的用曲线 $abcd$ 或曲线 $a'b'cd$ 表示的相对变形。故此，在组织转变区内的正相对变形因马氏体的形成而增加。外观变形不是决定于直线 $a''d'$，而是直线 $a''_1 d'_1$。并且在所研究截面上板条的曲率减少了。然而与图 9-26(a)不同，两者曲率虽都减少，但方向正好相反。应力图同样也有很大的变化。在所研究的情况下，所有组织转变的区域均受压缩，而最大拉应力(等于 σ_s)则在距离板条边缘 S 处。

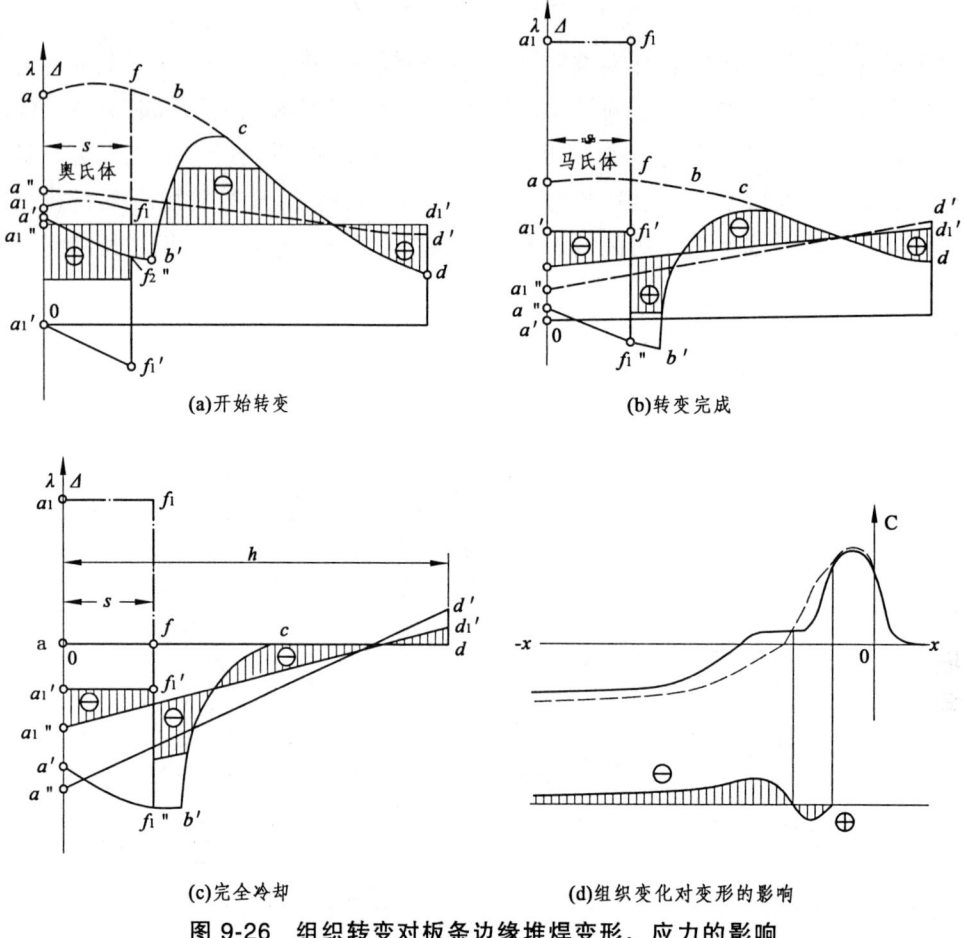

图 9-26 组织转变对板条边缘堆焊变形、应力的影响

3. 完全冷却后的变形和应力

按照上述变形和应力发展的变化,最后的变形和应力如图 9-26(c)所示。如果所有纤维互无联系,它们可有相当于各纤维的热变形和组织变形的叠加长度,将处在曲折线 aa_1f_1fcd 所表示的位置。再考虑到以前得到的塑性变形,则变形以 $a_1'f_1'f_1''b'cd$ 表示。实际上外观变形以直线 $a_1'd_1'$ 表示,最后的弯曲变形小于组织转变发生在 600℃ 以上时的弯曲变形。

4. 焊接过程中组织转变对焊接变形和应力的影响

焊接过程中组织转变对焊接变形和应力的影响如图 9-26(d)所示,由图看出,对最后的变形和应力影响不算大,但焊接过程中组织转变对焊接变形和应力还是相当大,对合金钢焊接时裂纹的产生有重要影响。

9.8 焊接残余应力

9.8.1 焊接残余应力的分布

钢结构用焊接方法制成后,内部不可避免地存在有残余应力。因为焊接结构的结构形式、焊缝多少、组装焊接顺序和焊接规范等的不同,残余应力的分布变化是很大的,对于简单焊接构件定性分析其残余应力分布较易做到,但要进行定量分析却因许多计算公式是在简化假定的前提下推出,与实际情况不尽吻合,准确性是不高的。而对于复杂的结构即使作出定性分析也是十分不易的。所以在工程上想要了解结构中残余应力的分布常需求助于各种实际测定的技术。

1. 典型构件的纵向残余应力分布

在厚度不大(<20 mm)的焊接构件，残余应力基本上是平面应力，厚度方向上的应力很小。只有在大厚度的焊接结构中，厚度方向的应力才比较大。前面已分析过一些最简单的焊缝如板条边缘堆焊、板中央堆焊或者对接接头的纵向、横向应力分布。图 9-27 所示为几种典型焊接件残余应力的分布情况，其中 a、b、c 分别表示工字梁、箱形梁和 T 形梁的中纵残余应力分布示意图，实际上就是边缘堆焊、板中央堆焊的组合。另外板边气割也相当于边缘堆焊，因这些构件相当长，板又不厚，横向应力或 z 向(厚度方向)应力都可忽略，视为单向应力。在各种构件的分析中如果是板边气割而未机械加工进行组装焊接时必须考虑其初始残余应力的影响。

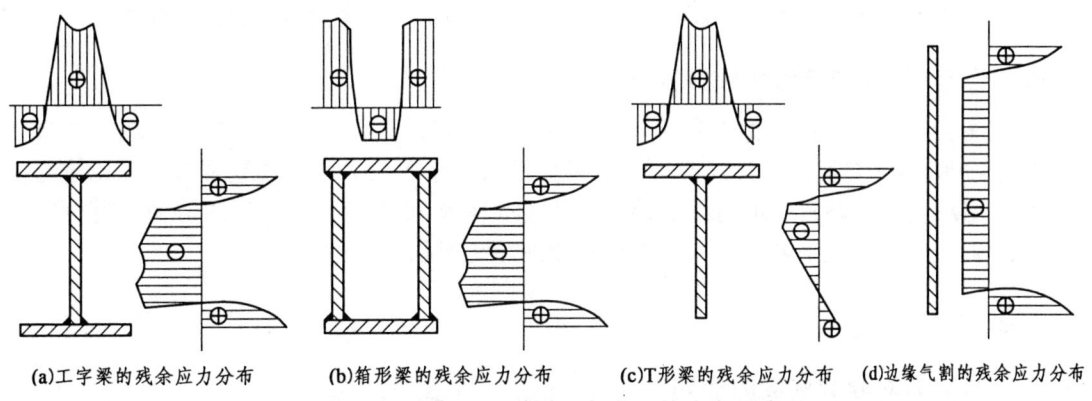

(a)工字梁的残余应力分布　　(b)箱形梁的残余应力分布　　(c)T形梁的残余应力分布　　(d)边缘气割的残余应力分布

图 9-27　几种典型焊接件残余应力的分布示意图

2. 厚板对接产生的三向残余应力

厚板产生的三向残余应力的情况如图 9-28 所示。图 9-28(a)所示为厚板对接产生的三向残余应力方向；图 9-28(b)所示为 Z 向应力随板厚增加而增大，随焊接规范变大而减小；图 9-28(c)所示为 100 mm 厚低合金钢板对接焊缝在 1/2 板厚处的焊接残余应力分布情况，σ_x，σ_y，σ_z 分别为纵向应力，横向应力和 Z 向应力。

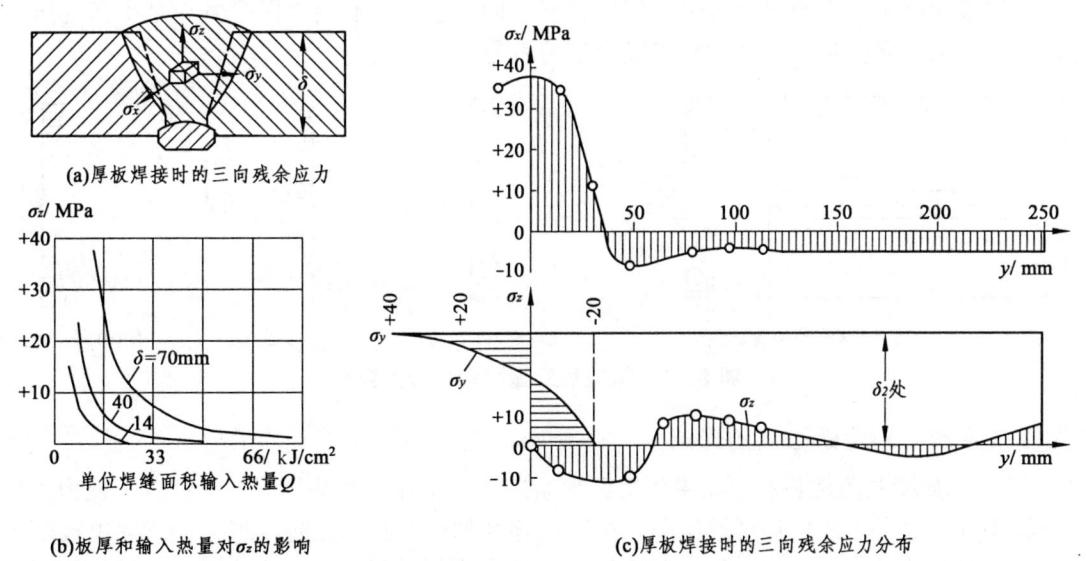

(a)厚板焊接时的三向残余应力

(b)板厚和输入热量对σ_z的影响　　(c)厚板焊接时的三向残余应力分布

图 9-28　厚板所产生的三向残余应力

3. 拘束对 Z 向 σ_y 残余应力分布的影响

很多试验结果表明，板厚在 80～100 mm 以下时，在厚度方向上分布较均匀，更厚的板用电渣焊焊的焊缝就不均匀了，最大的应力在板厚中部。σ_y 在厚度方向上分布极不均匀并和施焊条件有关。例如 V 形坡口多层焊，无拘束状态下焊接，σ_y 的分布如图 9-29 所示，在无拘束下焊接时焊缝根部 σ_y 为拉应力，板厚在 80～100 mm 以上时因角变形造成的塑性变形大，σ_y 可达到引起破坏的数值；但在卡固下焊接，无角变形，σ_y 分布最后一层的 $\sigma_z \approx (0.4～0.6)\sigma_s$。

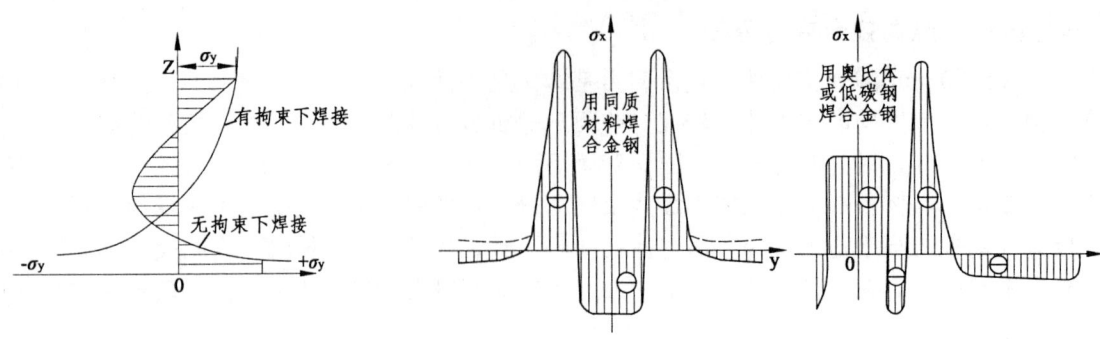

图 9-29 拘束对 Z 向 σ_y 分布的影响　　　图 9-30 合金钢焊接残余应力分布

4. 含碳或合金元素量较高的钢的残余应力

焊接残余应力分布受到组织应力的影响。组织转变的温度越低，焊缝及其毗邻区域的拉应力σ_x越小，在转变温度低于 300~400℃ 时σ_x变为压应力，但是焊缝如果是奥氏体组织或铁素体、珠光体组织，则焊缝受拉应力，而有组织变化成马氏体的近缝区是压应力，如图 9-30 所示。这是不均匀加热时热应力和组织应力叠加的结果。对于横向应力，Z 向应力同样也有组织应力叠加的问题。

9.8.2 焊接残余应力对承载能力的影响

1. 焊接残余应力对静载强度的影响

由图 9-31 可看出，焊接纵向残余应力在主作用区的拉应力可达到屈服极限，在相邻区产生与之平衡的压应力。焊件在同一方向外载应力的作用下与残余应力叠加，在主作用区不能增加应力，但可以增加塑性应变，扩大了屈服区宽度，如果塑性韧性储备足够就不会开裂，就不会影响焊接结构的静载强度，但扩大了屈服区宽度，减少了承载面积，使承载面积内应力增加。外载作用在焊件两侧压应力区，会使压应力抵消一部分拉应力，也会形成一个不均匀的应力场。如卸去载荷，会由于产生了新的塑性变形使残余应力重分布而减少，原屈服区的拉应力降至远低于屈服极限，同时也要降低相邻区产生与之平衡的压应力，加载应力越大，残余应力下降就越多，过载法去残余应力就是这个道理。

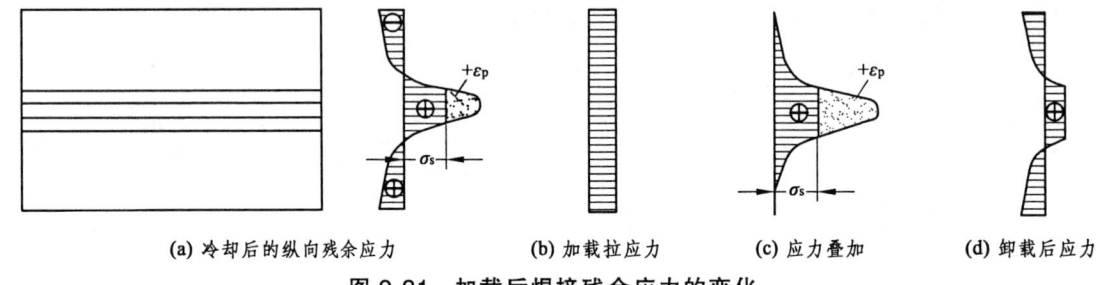

(a) 冷却后的纵向残余应力　　(b) 加载拉应力　　(c) 应力叠加　　(d) 卸载后应力

图 9-31 加载后焊接残余应力的变化

2. 焊接残余应力对脆断强度的影响

在图 9-31 中，如果是脆性材料，在主作用区残余应力与工作应力叠加后，塑性变形能力很差，很容易在局部应力集中处启裂并迅速扩展形成脆断。材料的韧性越低，脆断倾向就越大，三向焊接残余应力使脆断倾向增大。承受冲击载荷的结构和低温环境使用的结构脆断倾向加大，就需要提高母材特别是焊接接头各部位的韧性和避免三向焊接残余应力。

3. 焊接残余应力对疲劳强度的影响

残余应力对构件疲劳强度的影响因为和其他一些因素交织在一起，比较复杂，经过很多试验研究，结果表明，对不同的钢种，不同类型的应力集中源，残余应力场对构件承载能力的影响可以是完全不同的。可以使疲劳强度降低，有时又没有影响，而在某些情况下还可提高疲劳强度，因此关于残余应力对疲劳强度的影响不少意见是矛盾的。据有关文献介绍有以下几点基本规律：

(1) 光滑金属零件疲劳强度的影响因材料而异，是随材强度增大而增大，但应力集中敏感性也随之增大；焊接残余应力对疲劳强度的影响也增大。

(2) 对同一材料、同样的残余应力场，却因作用的反复应力特征不同而产生不同的影响。

(3) 残余应力对疲劳强度的影响决定于三个方向上残余应力的大小和符号。对于拉伸残余应力使疲劳强度降低，压缩残余应力能提高疲劳强度这一点未发现有分歧。经分析提出：具有残余应力的试件在循环特性 $r=-1$ 情况下，疲劳极限近似地可用下式表示：

$$\sigma_{-1r} = \sigma_{-1}\left(1 - \frac{\sigma_r}{\sigma_b}\right)$$

式中　σ_{-1r}——对称循环时有残余应力试件的疲劳极限；
　　　σ_{-1}——对称循环时无残余应力试件的疲劳极限；
　　　σ_r——在可能破坏的区域里的拉伸残余应力；
　　　σ_b——材料抗拉强度。

生产上常对承受反复应力的零件进行表面喷丸以提高其疲劳寿命，就是在零件表面造成压缩的残余应力。

(4) 如承受疲劳载荷，焊件在同一应力幅值的作用下与残余应力叠加，与残余拉应力叠加，使应力循环上移，与残余压应力叠加，使应力循环下移，前者提高了平均应力，后者降低了平均应力；另一方面也会改变应力幅值；在残余拉应力区最大应力或应力幅值提高，就会降低疲劳强度，而在残余压应力区最大应力或应力幅值降低，就会提高疲劳强度；这是指加载在屈服极限以内，但在主作用区本身就达到屈服极限，与静载一样会增加塑性应变，扩大了屈服区宽度，如果塑性韧性储备足够不裂，就不会影响焊接结构的疲劳强度，但与静载不同的是一个循环加载，此区可能逐渐硬化而提高屈服极限，减少韧性储备，甚至局部启裂和扩展，这就降低了疲劳强度。如果在使用前加以低应力和低循环加载，使主作用区有不过量的新塑性变形，这时原屈服区的拉应力降至远低于屈服极限，同时也要降低相邻区产生与之平衡的压应力，加载应力越大，残余应力下降就越多，但必须适度，振动法去残余应力就是这个道理，由于峰值残余应力的降低而提高承载能力。总之，主作用区（即焊缝及热影响区）的塑性韧性储备非常重要。厚板焊接中会出现三向残余应力，而且随板厚的增加而增加。横向应力在自由状态和拘束状态下有很大的不同，因此应力三个方向应力在板厚方向分布也有所不同，用这些规律可以在焊接中控制三向残余应力的性质和数量，但形成三向残余应力是必然的结果，这样就增加了主作用区的脆性，减少了塑性韧性储备，就会增加脆断倾向和降低疲劳强度，还会在使用中由于局部塑性变形所引起的次变形。

4. 焊接残余应力对结构刚度的影响

焊接残余应力对结构刚度的影响可分两种情况来讨论：

(1) 受拉构件。当构件受拉时，应力没有达到屈服极限 σ_s 时，有下列关系：

$$\Delta L = \frac{\sigma}{E}L = \frac{PL}{EF}$$

式中　ΔL——构件在力的作用下的伸长量；
　　　P——外力；
　　　E——弹性模数；
　　　F——构件截面面积。

如构件中心有一条焊缝，并且在焊缝附近主作用区是拉伸残余应力，一般等于 σ_s，两侧为压缩残余应力。在外力的作用下，由于该区中的应力已达到 σ_s 不能继续增加，只增加拉伸塑性变形，不能再承受载荷，外力由该区以外的区域来承受，有效承载面积 F 缩小，构件刚度也就减少。由图9-31可看出，由于主作用区产生了新的拉伸塑性变形，卸载后原来尺寸也不能完全恢复，出现的二次变形。总之，假如构件中存在着与外力方向一致的残余应力，其数值又达到 σ_s，则在外力作用下刚度将降低，而且刚度降低的程度和出现的二次变形量与主作用区宽度与构件板宽之比有关，如果残余应力值未达到屈服极限 σ_s，服役后仍会产生二次变形,但变形量要小些。其比值越大,对刚度的影响也越大,产生二次变形及其影响也越大。经过一次加载和卸载后,原来为σ_s值的残余应力将下降,如果对这个构件再以同样大小的外力加载一次,所引起的应力与残余应力之和正好等于σ_s,加载过程完全是弹性变形的,卸载后不会有新的二次变形。由此可得到一个结论:在静载下,焊件经过一次加卸载后,以后再次加载,只要其大小不超过前一次,残余应力不再起作用,外载也不影响焊件内部残余应力的分布。

(2)受弯构件。上述分析对于其他加载方式为弯曲等也是适用的。例如焊接工字梁的弯曲,角焊缝附近主作用区F_s,如图 9-32 中的残余应力达到σ_s,与外力矩 M 引起的下盖板拉应力符号相同,加载时将引起拉伸塑性变形,截面的有效惯性矩由无残余应力的 J 变为 J',比无残余应力的减小,所产生的挠曲变形增大,卸载后也会产生二次变形,残余挠度f'为:

$$f' = f\left(\frac{J_x}{J'_x} - 1\right)$$

式中 f——无残余应力的梁加载时的挠度;
J_x——梁截面对形心轴 x-x 之惯性矩;
J'_x——梁有效截面对其形心轴 x'-x' 之惯性矩。

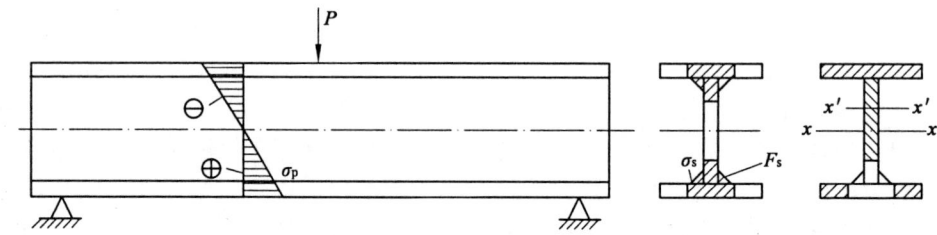

图 9-32 残余应力对受弯构件刚度的影响

实际生产中各种焊缝及火焰矫正都可能在相当大的截面上产生较大的残余应力,对构件拱度的影响是不可忽视的。例如梁类结构往往要求有一定的上拱度,倘若没有考虑残余应力的影响,可能会使预制的上拱度在服役一段时间后减少或消失。

5. 焊接残余应力对压杆稳定的影响

对于板局部失稳的影响在波浪变形一节中已讨论过,现在讨论一下杆的稳定情况。焊接结构中的某些部件是受纵向压缩,这在框架和桁架结构中特别多。杆的失稳临界应力σ_{cr}为:

$$\sigma_{cr} = \frac{\pi^2 EJ}{l^2 F}$$

式中 E——弹性模数;
l——受压件自由长度;
J——构件截面惯性矩;
F——构件截面面积。

以工字梁为例,其焊接残余应力与工作压应力叠加情况如图 9-33 所示。图 9-33(a)所示为杆件的残余应力分布情况,图 9-33(b)所示为工作压应力,图 9-33(c)所示为工作应力σ_p与残余应力叠加后的应力分布情况。由图看出,腹板的压应力和盖板两侧的压应力都增加了,如果叠加后的压应力达到σ_s则工形丧失进一步承载的能力,相当于减少了截面有效面积,截面有效惯性$J_x(J_x<J_y)$亦随之减少,并且比 F 的减少量大得多,所以临界应力σ_{cr}变小,降低了整体抗压承载能力。在轻型薄板杆件中即使不达到σ_s,只要压应力达到板的临界应力也会局部失稳,同样也会降低整体抗压承载能力。如板边缘堆焊使边缘处形成拉伸残余应力,则可大大提高临界应力。残余应力对受压杆件稳定的影响在杆件长细比为 90 左右时最严重,增大或减少都会使其影响减弱。

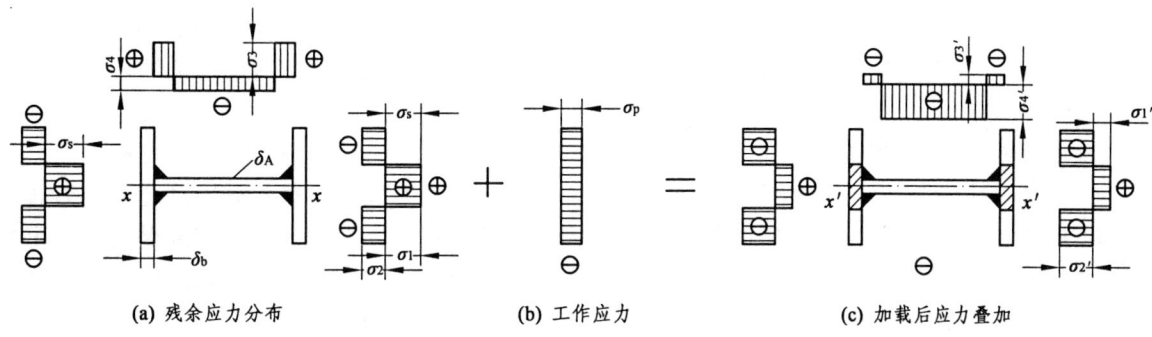

(a) 残余应力分布　　(b) 工作应力　　(c) 加载后应力叠加

图 9-33 焊接残余应力对压杆稳定的影响

6. 焊接残余应力对应力腐蚀的影响

应力腐蚀开裂(简称应力腐蚀)是拉应力和介质腐蚀共同作用下产生裂纹的一种现象。原因是由于在拉应力作用下对金属表面腐蚀钝化膜的破坏而加速腐蚀破坏过程。拉应力越大，发生应力腐蚀开裂的时间越早。如有残余拉应力和工作应力叠加，则会加速应力腐蚀开裂。焊件在海洋这样特定的腐蚀介质中，尽管拉应力不一定很高，但与焊接残余拉应力叠加作用下会使表面保护膜破坏，产生局部区域的腐蚀并向深度扩展，其危害比均匀腐蚀严重得多。所以，在海水这样腐蚀介质中工作的特殊连接件，首先要选择抗腐蚀性能好的防腐材料，更主要的是对构件进行焊接残余应力的消除。也曾有腐蚀气体环境下应力腐蚀开裂的实例，如某处的螺旋管天然气管道沿螺旋焊缝开裂并迅速扩展，事后分析表明为天然气硫化氢超标与螺旋管焊接残余应力与工作应力叠加所致。

7. 残余应力对机械加工精度的影响

焊件（也包括铸件）不经过消除应力处理，内部则存在互相平衡的残余应力。当进行机械加工时，如切削掉焊件的一部分承受残余应力的金属，则焊件会重新变形（称之为二次变形）来使残余应力重新分布，以求得新的平衡。焊件不断地切削就会不断地变形，加工精度不能保证。即便切削是在夹具卡固下加工，加工过程中不表现出这种二次变形，夹具一旦松掉，二次变形马上就会出现，仍然影响加工精度。例如加工一工形断面焊件的一个平面，松卡后就可能翘曲成为凹面或凸面。又如焊接齿轮箱的轴孔，已加工好的第一轴孔的精度在加工第二轴孔时，会因它的二次变形而受到影响。解决焊件的加工精度最好的办法是加工前进行消除应力处理。但有时也可以在机械加工工艺上作些调整来达到这个目的。例如前述工形断面焊件，沿其长度刨铣平面时，加工一层后即松开夹具，重新卡紧再加工一层后又松开，如此重复下去并逐次减少加工量直到尺寸到限，这样可提高加工精度。对于齿轮箱，如要加工几个轴孔，可分数次交替加工每个轴孔，逐次减少加工量，避免将一个轴孔全部加工完毕后再加工另一个，这样也可提高加工精度。看得出，这种加工工艺是十分不方便的。焊件内有残余应力，长期存放由于蠕变和应力松弛也会出现尺寸少量的变化。对于合金钢和中碳钢，焊后产生大量不稳定组织如马氏体和残余奥氏体，在室温下长期存放，会发生马氏体逐渐转化成回火马氏体或者残余奥氏体转化成马氏体，这些组织变化既使内应力发生变化，本身体积也有微量变化，都会使构件尺寸不稳定。

9.8.3　焊接过程中焊接残余应力的调整

1. 调节残余应力的措施

采用一些简单的工艺措施就可以调节残余应力，降低残余应力自身峰值，避免在大面积内产生较大的拉应力，并使残余应力分布更合理。有些措施不但可以降低残余应力，还可降低焊接过程中的内应力，因此也有利于防止焊接裂纹。为了获得更为良好的效果，有时也不得不应用一些麻烦的工艺，或者使用一些专门的设备。

（1）采用合理的焊接顺序和方向，尽量使焊缝能自由地收缩。现举几例说明，如图 9-34 所示。

例一：按收缩量大小确定焊接顺序的实例如图 9-34(a)所示。图中盖板端有对接焊缝①，盖板和工字钢有搭接焊缝②。应先焊收缩量比较大的对接焊缝①，使它能自由收缩，后焊周围搭接角焊缝②，从而减少内应力。

例二：图 9-34(b)所示为焊接梁的工地安装接头的焊接顺序实例。为了能使梁的对接时残余应力分布比较合理，应该使梁对接端留出一段腰焊缝③最后焊，先焊工作时受力最大的盖板对接焊缝①，然后再焊腹板对接焊缝②。这样的焊接顺序可以使盖板、腹板对接焊时较易收缩，并可使盖板对接焊缝受压应力，而腹板焊缝受拉应力。此外，可以在对接盖板时采用反变形措施，防止产生角变形。试验证明，用这种焊接顺序焊接的梁，疲劳强度比先对接腹板后对接盖板的高出 30%。

例三：拼接平板时实例如图 9-34(c)所示。为了减少焊接时的拘束度，焊接次序是先焊短焊缝①和②，再焊直通的长焊缝③，使短缝焊接时较易收缩，如采用相反的焊接顺序，则短缝横向收缩受阻将产生很大的拉应力，更严重的是在这种错误的焊接顺序下焊接方向是由外侧较自由的一端向里侧固定端施焊，焊缝交叉处应力会非常大。应该指出的是，在焊这类交叉焊缝时要特别注意交叉处的焊缝质量。如果在接近纵向焊缝的横焊缝内有缺陷（如未焊透等），它们恰好位于纵缝的拉伸应力场中，会造成复杂的三向应力状态。此外，缺陷尖端部位的金属在焊接热循环中，由于应变集中，消耗材料塑性储备，这里往往是脆性断裂的根源。

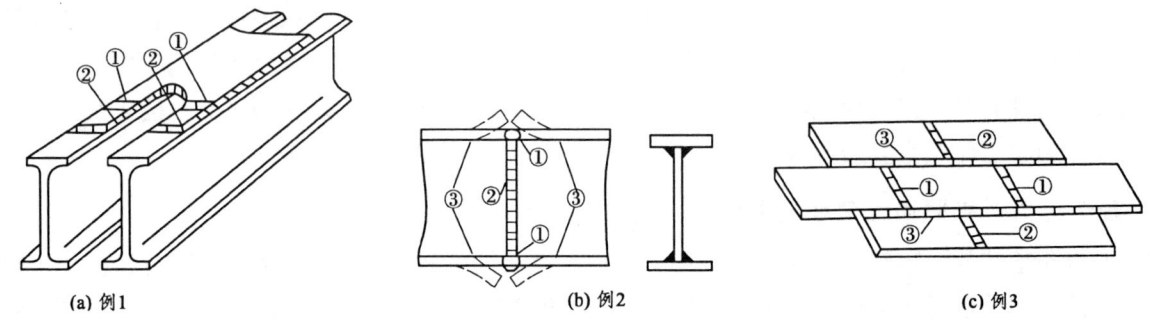

图 9-34　采用合理的焊接顺序和方向调节应力和残余应力

2. 分段分区焊法

如前图 9-11 所示用分段焊和逐步退焊法可减少焊接和残余应力和变形。用分区对称焊也是减少焊接和残余应力和变形的常用的焊接方法。

3. 加热应力平衡法

加热应力平衡法如图 9-35 所示。

（1）加热减应区法。图 9-35(a)所示为修理中常用的铸铁大皮带轮或齿轮的辐条或轮缘断裂焊补时的加热减应区法，在结构适当部位加热使其膨胀并带动欲焊部位产生一个与焊缝收缩方向相反的变形。冷却时，加热区的收缩与焊缝的收缩方向相同，使焊缝能自由收缩得以减少内应力，既可减少焊接时的拘束应力以减少裂纹倾向，同时也可减少焊后残余应力和变形。

（2）低应力无变形法。图 9-35(b)所示为薄板焊接时采用的低应力无变形法，其方法的实质是在焊接件预置一可控温度场 T，造成应力场 σ 提供特殊的拉伸效应，在焊接过程中一直随焊接热源对其热应变进行实时控制直到焊接结束，最后不发生失稳变形和只有很少的残余应力。

（3）多源动态控制低应力无变形法。图 9-35(c)所示为薄板焊接时采用的多源动态控制低应力无变形法，其方法的实质是在焊接电弧后一定距离 L 加一冷源（热沉）降温（如喷水），高温金属在急冷中拉伸，补偿焊缝区的塑性变形而达到无变形和低应力的效果，甚至有可能在焊缝区形成压应力。

4. 跟踪加热法

跟踪加热法有两种，其目的各不相同。一种是在焊接时预热和跟踪加热，预热降低屈服极限、弹性模量，并减少温差，能降低最大残余应力，并且预热的温度越高，效果越好。如能适时跟踪加热效果更好。另一种是在焊缝两侧的压应力区提前产生新的热应力与焊接变形应力抵消。

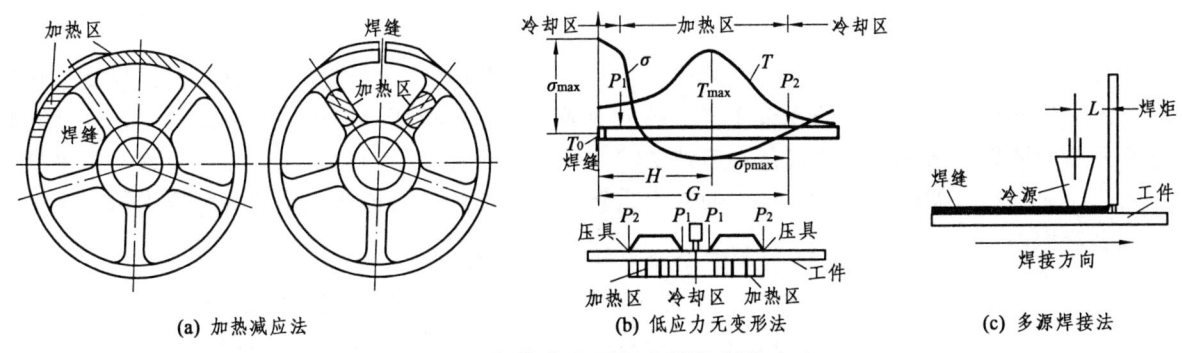

图 9-35 加热应力平衡法调整焊接应力

5. 机械应力平衡法

与加热应力平衡法相似，每焊一道焊缝后就使用小圆头的风枪或小手锤锤击焊缝区，使焊缝金属得到延展，从而松弛内应力。

9.8.4 用热作用去除残余应力的方法

用热作用去除残余应力的方法有两类，一类为整体去应力退火热处理方法，另一为类局部加热法，还有一种原理与之不同的热塑性法。

1. 整体退火去除应力基本原理

低温退火去除残余应力要将材料加热到 600℃ 左右，其性能会发生一系列变化，随着温度的升高，热膨胀系数增大，而弹性模量减少，屈服极限减少到接近于零。在加热到 600℃ 及其冷却后，焊接残余应力发生一系列的变化如图 9-36 所示。由图看出，焊接接头有残余应力（如图 9-36(a)所示），在加热时要伸长产生热应变（如图 9-36(b)所示），这时逐渐去除主作用区的拉应力，同时也去除与之平衡的两侧压应力，由于升温的同时热膨胀系数增大，而弹性模量与高温屈服极限减少，不太高温度的热膨胀（图 9-36(b)中的粗线处）就可使应力降到 0，这时仍保持了原有的拉伸塑性变形（如图 9-36(c)所示），再提高温度时原拉伸塑性变形逐渐减少并最终转变成压缩塑性变形（如图 9-36(d)所示），这时开始冷却，弹性逐渐恢复，此压缩塑性变形限制了板的缩短因而在此区形成拉应力和两侧的压应力，最后形成冷却后的残余应力分布（如图 9-36(e)所示），其残余应力大大减少。因为 600℃ 时屈服极限已降到很低，主作用区残余拉应力得到很大的松弛并产生结构整体的残余应力平衡，使各处的峰值应力较大幅度的降低，保证能将残余应力降低到 $(0.05\sim0.2)$ 水平的回火温度。对于不同的金属材料回火温度如下：

镁合金　250～300℃　　　钛合金　550～600℃
铝合金　250～300℃　　　铌合金　1 100～1 200℃
结构钢　580～680℃　　　奥氏体钢　850～1 050℃

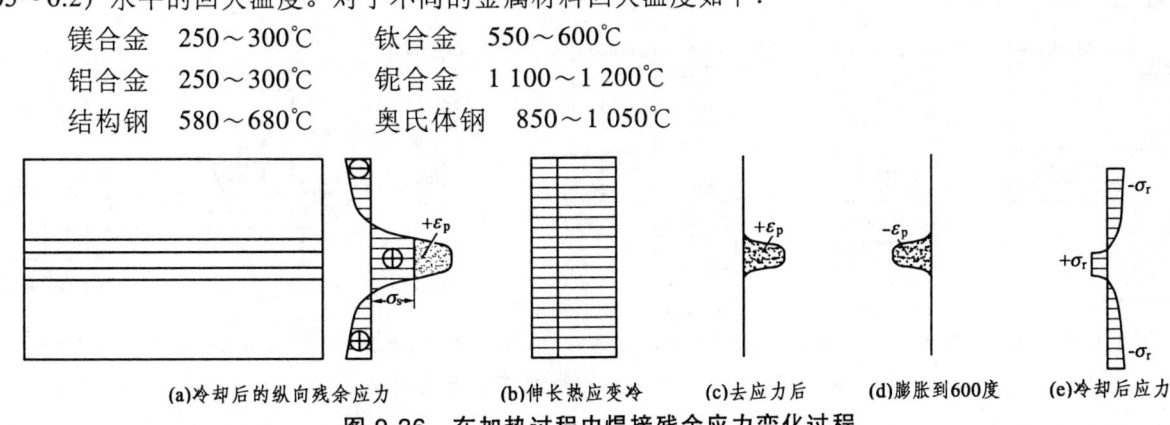

图 9-36 在加热过程中焊接残余应力变化过程

2. 局部加热退火法

一些特大的结构也用火焰局部加热屈服残余应力区到 600℃ 以上，再用石棉被保温冷却，这样可使原来峰值应力降低，但也会由于相邻板和构件拘束而产生一定量的新残余应力。火焰加热的局部退火与炉内退火不同的是保温时间很短，冷却速度较快。

3. 热塑性法去应力

在一些特大的结构无法整体热处理时也用热塑性法，在焊接中的分段退焊法和分层分面焊就是热塑性法的一种；做成结构以后用前述焊接残余变形和应力生成原理进行反变形的火焰局部加热校正也会同时使残余应力重分布而降低残余应力，这也是热塑性法的一种；还有在焊缝两侧的压应力区布置两条平行的加热线形成两个拉应力区（如图 9-37 所示），使应力重新分布，形成一低峰波浪形的残余应力重分布可大大降低峰值残余应力。

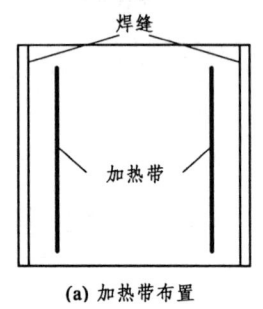
(a) 加热带布置

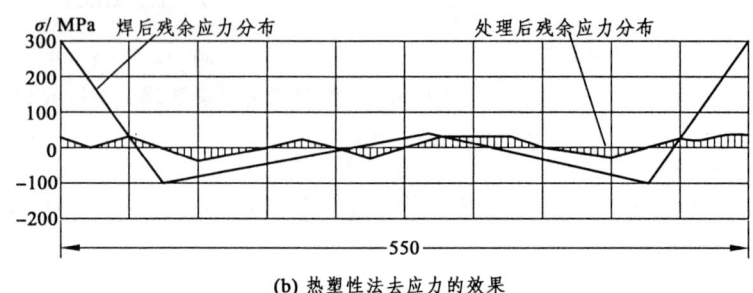
(b) 热塑性法去应力的效果

图 9-37 热塑性法去应力

9.8.5 用机械作用除去残余应力方法

1. 机械拉伸法(或过载法)

通过施加外载，使截面残余拉应力屈服区产生叠加的拉伸塑性变形，卸载后使残余应力减少如图 9-38 所示。图 9-38(a)～(d)所示为加载和卸载后的残余应力分布，图 9-38(e)所示为该过程在应力-应变图上工作点的变化，初始残余应力的工作点为 A 和 B，这时拉应力为 $\sigma_1 = \sigma_s$ 并有拉伸塑性应变 ε_p，σ_2 为压应力；加载拉应力 σ_p 叠加后工作点移到 A' 和 B'，这时 $\sigma_1' = \sigma_s$ 在 ε_p 上增加 ε_p'，σ_2 由负变到正 σ_2'；加载拉应力 σ_p 卸载后工作点移到 A'' 和 B'' 时，σ_1' 变到 $+\sigma_1''$，σ_2' 变到 σ_2''，其大小由塑性变形 ε_p'、ε_p'' 和 $\Delta\varepsilon_p$ 大小而定，σ_1'' 与 ε_p'' 数值有关，σ_2'' 与 $\Delta\varepsilon_p$ 数值有关，此即产生的二次变形。其总的剩余残余应力与 ε_p' 有关，加载系数 β 越大，ε_p' 就越大，总的剩余残余应力就小，去残余应力的效果就越好。在生产实践中经常用过载法来去残余应力，如起重机或桥梁在使用前超出设计载荷一定比例加载，又如压力容器在使用前作超压水压试验，这样就是残余应力峰处产生局部塑性变形而重分布以降低残余应力变形和稳定结构尺寸，只要以后在使用中不超过设计应力或低于过载试验应力就不会有新的局部塑性变形和二次变形产生，可保证结构安全使用。有研究表明，如果加载系数 β 达到 0.8，结构峰值残余应力可降低 40%以上。在国外有的规范中规定压力容器的过载系数 β 可达到 0.88。

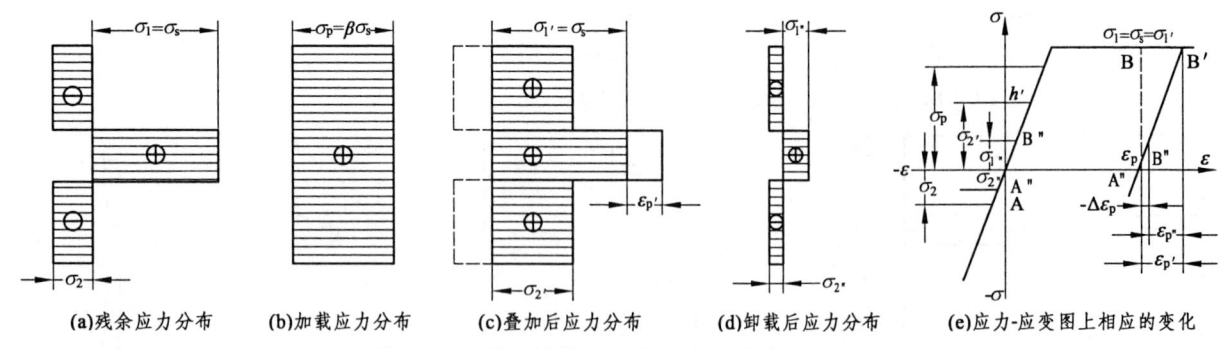

(a)残余应力分布　(b)加载应力分布　(c)叠加后应力分布　(d)卸载后应力分布　(e)应力-应变图上相应的变化

图 9-38 用机械作用除去残余应力方法原理

2. 振动消应力法

机械拉伸法可用静载，也可用振动载荷，当变载荷达到一定数值后，经过多次循环加载后，结构中的单向残余应力逐渐降低。图表示截面为 30 mm×50 mm 一侧经过堆焊的试件，经过多次应力循环($\sigma_{max} = 122$ MPa，$\sigma_{min} = 5.5$ MPa)后，残余应力不断下降，如图 9-39(a)～(c)所示，但下降到一定程度后下降就很缓慢，因此一些规范中提出一些工艺参数如图 9-39(d)所示。消除应力的效果与振源布置和振动规范有很大关系，振动规范主要包括动应力 σ、共振频率 f、振幅和振动时间。选择不当，有可能得到不利的结果。振动时可自动记录振幅频率曲线，参数发生变化直到稳定几分钟后进行副振几分钟后结束。由试验结果可以看出，振动消应力法残余应力消除效果比用同样大小的静载拉伸好。

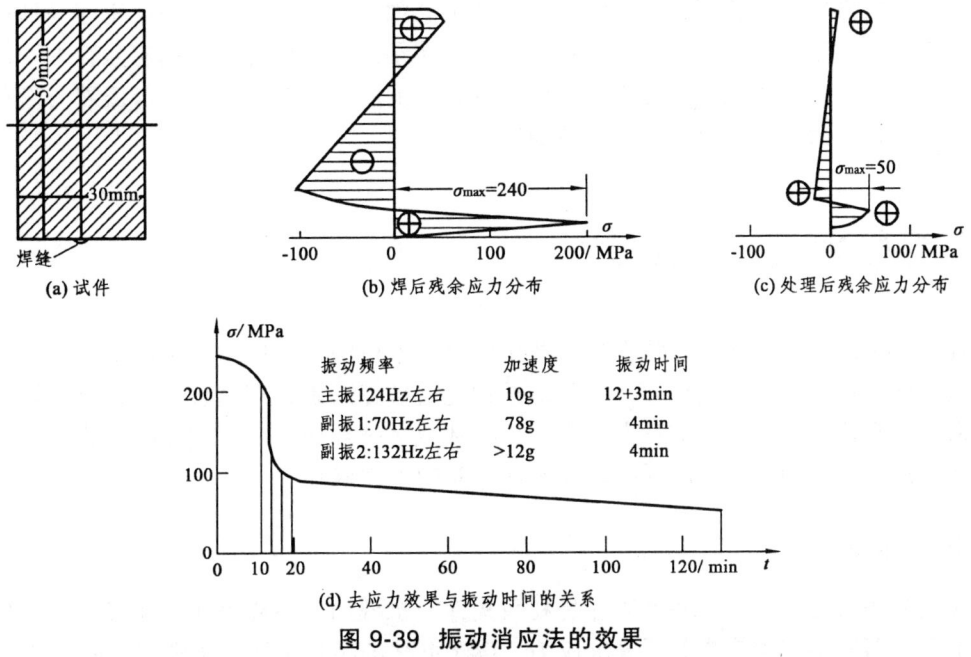

图 9-39 振动消应法的效果

关于振动消除残余应力的机理尚无完善的统一的理论，较为流行的有三种观点：

（1）力学观点。在交变应力和残余应力叠加达到材料屈服极限时产生局部塑性变形，使残余应力释放并重新分布，因此可使残余应力峰值降下来。

（2）能量观点。由于残余应力存在使原子处于不平衡状态，通过机械振动，可使不平衡状态的原子获得新的能量，使之重新回到平衡位置而消除了残余应力，这与加热消除残余应力的机理是相同的。

（3）位错运动观点。残余应力在交变应力作用下产生大量位错运动，产生塑性变形而使应力释放，使金属内部原子稳定下来，从而消除了残余应力。

有些单位对 3、5 t 叉车焊接门架、起重机焊接滚筒、ϕ500 起重轮淬火件等进行振动消除残余应力，都取得了良好的效果。残余应力可消除 20%～60%。在焊接车辆转向架的热处理消除应力（TSR）和振动消除应力（VSR）时的效果如表 9-6 所示。用 5 个转向架编号为 1～5，其中 3 用 TSR，其余用 VSR，比较测点位置基本相同，除 1 转向架只测了 4 点外，其余转向架测了 11 点，其平均值比较也列于表中，综合比较 TSR 消除应力比例为 38%，VSR 消除应力比例为 47%～56%。用转向架实物疲劳试验表明，VSR 与 TSR 处理相比，同样加载条件下转向架整体构架可提高疲劳寿命 20%，只是侧梁做试验可提高 90%。振动法有很好的节能效果和经济效益，与热处理消除应力比，一般可大大节约能源，无大气污染，生产周期、生产成本和初期投资都可降低 90% 左右，而且材料类别和构件大小限制极小。

表 9-6 焊接车辆转向架的热处理消除应力（TSR）和振动消除应力（VSR）效果的比较

项目 对象	各典型测点处理振前后残余应力值（MPa）和消除率（%）（小数点后数据作四舍五入处理）														
	测点 2			测点 5			测点 8			测点 9			共 11 测点平均		
	前	后	少	前	后	少	前	后	少	前	后	少	前	后	少
TSR3	246	153	38	476	95	103	270	107	78	159	124	23	197	224	38
VSR1	303	160	47	279	47	83	285	122	48	203	176	14	256	126	56
VSR2	321	126	68	79	32	59	235	10	53	203	138	32	224	117	48
VSR4	202	18	100	66	111	47	241	140	42		126		193	193	47
VSR5	232	50	79	170	61	64	274	54	80	221	284	28	227	114	50

3. 其他用机械作用调整和消除残余应力方法

主作用区辊压可在高拉应力区产生局部塑性变形，也会产生残余应力的重新分布而降低残余应力。由于焊缝和热影响区是残余拉应力的峰值区，又有焊趾处的应力集中和熔合区的韧性降低，高应力开裂和应力腐蚀开裂的最先启裂最容易从此开始，以降低承载能力，如用辊压方法产生表层压缩变形和压应力，会使表层拉伸残余应力变成压缩残余应力而提高承载能力，特别是抗高应力开裂和应力腐蚀开裂的能力。同理采用焊缝和焊趾处喷丸、手工或电动锤击、新近发展起来的超声冲击和造成局部压缩变形和压应力都能达到此目的，降低峰值残余应力以提高提高疲劳强度。

9.9 焊接残余应力的测定

为了弄清残余应力的分布和数值，特别是一些比较复杂部位的残余应力，用计算方法往往比较困难，需要用实测办法。残余应力测定方法很多，按其对结构是否破坏来讲，有全破坏法，半破坏法和无损法。按其测试原理来讲，有应力释放法，这种方法大多要破坏或半破坏构件；有物理法，此类方法一般是无损法；有实验力学测试法，它们之中有的要半破坏构件，有的不用破坏。

9.9.1 全破坏法

用此法测残余应力历史已很长，基本原理是利用构件在机械加工后应力部分释放，会产生变形来重新分布应力达到平衡，再利用应力应变关系来求应力。属于此法的有切条法、车削法、刨削法。

1. 切条法

将需要测定残余应力的构件测出长度 L，顺焊缝方向切条量出长度的变化量 ΔL，即可求出该窄条原来的纵向应力值 $\sigma_x = E \times (\Delta L / L)$，$\Delta L$ 缩短 σ_x 是拉应力，反之为压应力；如此继续切条即可求出纵向应力分布。如板过长，事先划分成几个区域，在各区待测点上两端划定标距 L_m 的标记并用测定其初始值，只在各测点间切出梳状切口如图 9-40(a)所示，使内应力得以释放。再测出释放应力后的 L_m 的变化量 ΔL_m 即可求出该窄条原来的纵向应力值 $\sigma_x = E \times (\Delta L_m / L_m)$；更好的办法是在各区待测点上贴上电阻应变片，测定其初读数或调零，然后切出梳状切口（可比实测法短得多），用应变片各应变片的读数，得求出应变量 ε_x，纵向应力 $\sigma_x = E\varepsilon_x$，因为测定的应力是切条的平均应力，所以切条越窄测量精度越高。特别是在那些应力梯度大的部位。

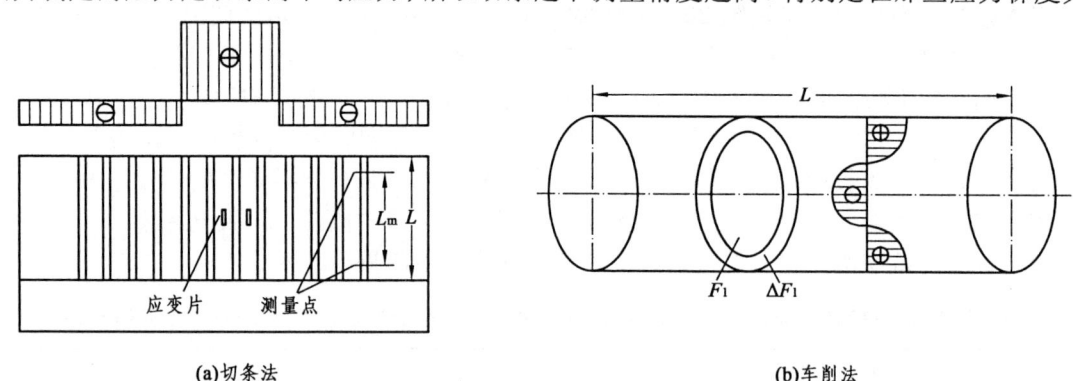

(a)切条法   (b)车削法

图 9-40 全破坏法测量残余应力方法

2. 车削法

测定圆柱零件如轴堆焊后的残余应力，可采用车削法。假定某圆柱体工件内残余应力分布如图 9-40(b)所示；可采用逐层车削法测残余应力。

设车削层横截面积为 ΔF_1，其中应力为 σ_1，则消除的内力为 $\sigma_1 \Delta F_1$。

因内力是平衡的，则圆柱体内也会消除拉力 $\sigma_1 F_1$。所以得

$$\sigma_1 \Delta F_1 = \sum \sigma_1' F$$

$$\sigma_1 = \frac{\sigma_1' \cdot F}{\Delta F_1} = \frac{E \cdot F_1}{\Delta F_1} \cdot \frac{\Delta l}{l} = \frac{E \cdot F_1}{\Delta F_1} \cdot \frac{(l_1 - l)}{l}$$

式中 l——圆柱体原长；

l_1——切去第一层后的圆柱体长；

ΔF_1——切去第一层的面积；

F_1——切去第一层后圆柱体剩余面积；

E——弹性模量。

用同样方法依次车去第二、三、四层直到第 n 层，σ_n 应为

$$\sigma_n = \frac{\left[\frac{(l_n - l)}{l} \cdot E \cdot F_n - \frac{(l_{n-1} - l)}{l} \cdot E \cdot F_{n-1}\right]}{\Delta F_n}$$

式中 l——圆柱体原长；

l_n——车去 n 层后圆柱体长；

l_{n-1}——车去 $l_n - 1$ 层后圆柱体长；

F_n——车去 n 层后，圆柱体剩余截面积；

F_{n-1}——车去 $n-1$ 层后，剩余截面积；

ΔF_n——第 n 层的横截面积。

3. 刨削法

对于不便于切条的构件可用刨削法，其原理与车削法同。也是用计算截面力来求应力，不过因为刨去一层后要产生挠度变化，故而还要测挠度。刨削法层数太少不准确，层数多了则计算复杂。

9.9.2 小孔释放及套孔法

小孔释放法是一种半破坏性的残余应力测定方法，是应力释放法中破坏性最小的一种方法。国内近几年来已研制生产出专用的测钻装置。在提高测试精度方面也进行了深入的研究，并在压力容器、机车车辆等结构上进行了实物测定。

1. 小孔释放法的基本原理

小孔释放法的基本原理是在弹性力学 G.Kirsch 公式的基础上建立起来的，在应力场中钻一深度等于直径的小盲孔，应力的平衡受到破坏，则钻孔周围的应力将重新调整，测得孔附近的应变变化如图 9-41(a) 所示，即可用 G.Kirsch 公式推算出小孔处的应力。G.Kirsch 公式得到的是在一个受力的各向同性，均匀连续弹性板上个钻通孔后求应力的解。分析受力板中一个微小单元体上的受力情况。

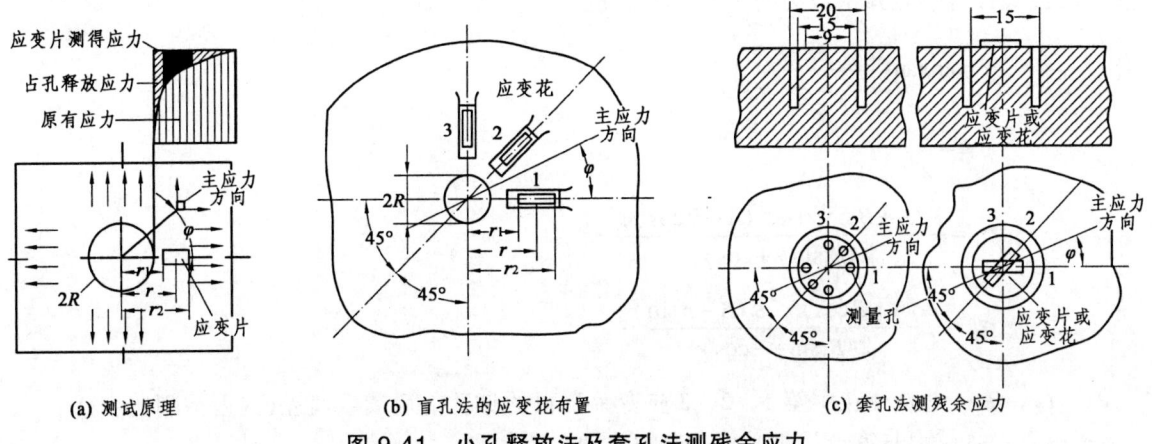

图 9-41 小孔释放法及套孔法测残余应力

无孔时：

切向应力 $\quad \sigma_t = \dfrac{\sigma_1+\sigma_2}{2} - \dfrac{\sigma_1-\sigma_2}{2}\cos 2\varphi$

径向应力 $\quad \sigma_r = \dfrac{\sigma_1+\sigma_2}{2} + \dfrac{\sigma_1-\sigma_2}{2}\cos 2\varphi$

在 O 点钻一半径为 R 的通孔后：

切向应力 $\quad \sigma_t'' = \dfrac{\sigma_1+\sigma_2}{2}\left(1+\dfrac{R^2}{r^2}\right) - \dfrac{\sigma_1-\sigma_2}{2}\left(1+\dfrac{3R^4}{r^4}\right)\cos 2\varphi$

径向应力 $\quad \sigma_r'' = \dfrac{\sigma_1+\sigma_2}{2}\left(1-\dfrac{R^2}{r^2}\right) + \dfrac{\sigma_1-\sigma_2}{2}\left(1+\dfrac{3R^4}{r^4}-\dfrac{4R^2}{r^2}\right)\cos 2\varphi$

钻孔后的应力变化量为 σ_t' 和 σ_r'

$$\sigma_t' = \sigma_t - \sigma_t''$$
$$\sigma_r' = \sigma_r - \sigma_r''$$

相应的应变片可在钻孔前调零，只要测出钻孔后的 σ_t'。σ_t' 所引起的应变值变化，R、r、φ 平均值可知，即可算出 σ_1、σ_2 来。在此单元体位置上贴电阻应变片，按照虎克定律，其应变值为：

$$-\varepsilon_t' = (\sigma_t' - \mu\sigma_r')/E$$

式中 μ、E——泊松比和弹性模量。负号表示残余应力释放后应变符号与残余应力符号相反。

从图 9-41(a)可看出，由于应变片有一长度 $l = r_2 - r_1$，其应变读数反映的是平均应变 ε_m'。经过推导，可得：

$$\varepsilon_m' = A(\sigma_1+\sigma_2) + B(\sigma_1-\sigma_2)\cos 2\varphi$$

式中 A、B——和材料、应变片基长 l、与孔相对位置 r、钻孔直径有关的常数。

2. 盲孔法测残余应力

小盲孔释放法是在测点贴应变花，如图 9-41(b)所示。或用三个应变片代替应变花。在其中钻小盲孔测应变变化。小盲孔释放法测试的过程是：首先在应变仪上读出各应变片的初读数(通常调零)，钻盲孔后再读出各应变片的读数，计算出钻孔前后应变读数差值 ε'，这些 ε' 仅反映出钻孔释放了的应力的一部分见图 9-41(a)。实测过程中由于钻孔或铣孔时产生钻削应变 $\varepsilon_{钻}$(为压应变)，所以应变值 ε' 中应减去此部分钻削应变值，真正的释放应变为：

$$\varepsilon = \varepsilon' - \varepsilon_{钻}$$

最后可按下列公式计算确定残余应力的主应力和主应力的方向，即

$$\gamma = \arctan\dfrac{2\varepsilon_2 - \varepsilon_1 - \varepsilon_3}{\varepsilon_3 - \varepsilon_1}$$

$$\varphi = -\dfrac{1}{2}\gamma$$

$$\sigma_1 = \dfrac{\varepsilon_1(A+B\sin\gamma) - \varepsilon_2(A-B\cos\gamma)}{2AB(\sin\gamma+\cos\gamma)}$$

$$\sigma_2 = \dfrac{\varepsilon_2(A+B\cos\gamma) - \varepsilon_1(A-B\sin\gamma)}{2AB(\sin\gamma+\cos\gamma)}$$

式中 ε_1、ε_2、ε_3——应变花中第1、2、3应变片测得的钻孔前后读数值差(减去钻削应变)；

φ——最大主应力与第一片应变片方向的夹角；

σ_1、σ_2——测点的最大、最小残余主应力；

A、B——和材料、应变片基长 l、与孔相对位置 r、盲孔直径有关的常数，

$$A = -\frac{1+\mu}{2E} \cdot \frac{R^2}{r_1 r_2},$$

$$B = -\frac{1}{E} \cdot \frac{2R^2}{r_1 r_2}\left[1 - \frac{1+\mu}{4} \cdot \frac{R^2(r_1^2 + r_1 r_2 + r_2^2)}{r_1^2 r_2^2}\right]$$

上式为钻盲孔且孔深比板厚小很多时套用通孔的理论解作出的近似解。A、B 不能用理论解中的 A、B，需试验标定，而且实测时应变花(片)的尺寸、钻孔位置、孔径需和标定时所用相同。测试时中心位置与孔心边距离 r 为应变长 l 的 1.5～2 倍，钻孔直径为 1.5～2 mm，深度为 1～1.5 倍。r 越小，A、B 值越大，$-\varepsilon'_m$ 越大，测量精度越高，但 r 太小则会受钻削塑形变形层影响。A、B 常数标定精确，钻孔对中程度的提高，钻削应变确定准确都将提高残余应力测定的精度。现举一单位用 120°锥形麻花钻孔标定结果如表 9-7 所示以供参考，对平底钻钻孔标定钻会有差异，不同应变花参数和粘贴位置，不同材料的标定的 A、B 值都可能有差异，材料和各参数不同时应重新标定。

表 9-7 不同材料的标定的 A、B 值

参数	a/d	h/d	r/d	L/d	$b \times a$	A	B	N_c
钢种	a 为应变片宽，b 为应变片长，r 为片心距，d 为孔径 /mm					$\times 10^{-7} \mu\varepsilon \cdot cm^2/N$		$\mu\varepsilon$
低碳钢	1.0	1.0	2.0	10～15	2×2	-2.8	-5.4	35
					4×2	-2.46	-4.77	15
16Mn 09Mn2Si	1.0	1.0	2.0	10～15	2×2	-2.8	-5.8	45
					4×2	-2.5	-4.8	20
18-8 不锈钢	1.0	1.0	2.0	10～15	2×2	-2.5	-5.5	70
					3×2	-2.4	-4.7	40
					4×2	-2.7	-5.1	60

3. 套盲孔法测残余应力

本法采用套料钻或管形电极电火花加工环形孔来释放应力，如图 9-41(c)所示。如果孔内部预先贴上应变片，则可根据测出应力释放后的应变量来算出表面残余应力，

$$\begin{matrix}\sigma_1\\\sigma_2\end{matrix} = E\left[-\frac{\varepsilon_1+\varepsilon_3}{2(1-\mu)} \pm \frac{1}{2(1+\mu)}\sqrt{(\varepsilon_1-\varepsilon_3)^2 + (2\varepsilon_2-\varepsilon_1-\varepsilon_3)^2}\right]$$

切削深度一般达到 $(0.6～0.8)D$ 即可使应力基本释放，破坏性不大。近年来国外在此法的基础上发展为用特制传感器测沿厚度方向的三向应力。

9.9.3 X 射线测残余应力

晶体在应力作用下，原子间距发生变化，其变化与应力大小成正比。如能直接测到晶格尺寸，则可不破坏物体就测出内应力的数值。

1. 测试原理

当 X 射线(单一波长的标识谱线 X 射线)以 θ 角入射到晶面上时如图 9-42(a)所示。

如 θ 满足下列公式，则 X 射线在反射角方向上将因干涉而加强。

$$2d\sin\theta = n\lambda$$

式中 d——晶面之间距离；

λ——X 射线的波长；

n——任意正整数。

根据此原理可以求出 d 值，用 X 射线以不同 θ 角入射物体表面，则可测得不同方向的 d 值，从而求得表面内应力。本法属物理法，不破坏构件，但只能测表面应力，对被测表面要求较高，所用设备比较昂贵。

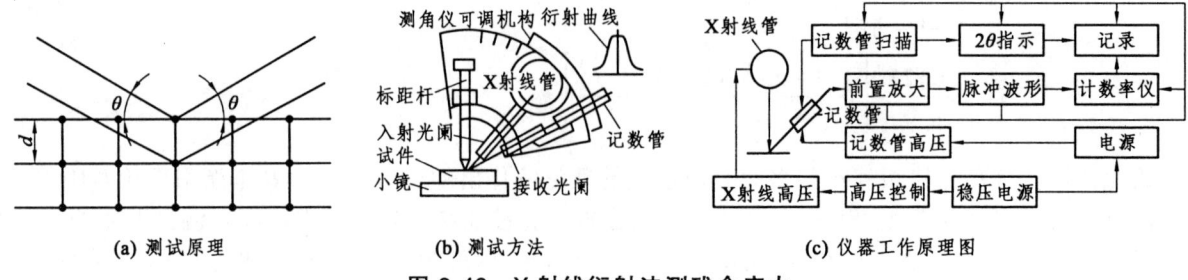

(a) 测试原理　　　(b) 测试方法　　　(c) 仪器工作原理图

图 9-42　X 射线衍射法测残余应力

2. 测试设备及方法

测试设备组成如图 9-42(b)所示，控制电路原理如图 9-42(c)所示。用标距点定位，X 射线管发射出 X 射线经入射光阑照射到工件，衍射线则通过接收光阑和盖格计数管。可用手轮调整入射角，用测角仪调整机构带动接收光阑和盖格计数管扫描，将结果送到计数率仪进行整形计数并转换成与脉冲频率相对应的直流信号，然后送入电子电位计记录，同时也记录下转动扫描的角度，就可得出描的角度变化与衍射强度的关系曲线。最简单的测试方法是 0～45°法，即测出 0°和 45°处应变。

3. 测试结果及其处理

以最简单的 0～45° 法为例，可用两个任意入射角 φ_1 和 φ_2，测出扫描的角度变化与衍射强度的关系曲线，取其半波峰高处的中点作 X 轴的垂线的交点即为 $2\theta\varphi_1$ 和 $2\theta\varphi_2$，根据衍射原理可推导得出：可

$$\sigma_\varphi = K \cdot M_1$$

$$M_1 = \frac{2\theta_{\varphi 2} - 2\theta_{\varphi 1}}{\sin^2\varphi_2 - \sin^2\varphi_1}$$

$$K = \frac{-E}{2(1+\mu)} \cot\theta_0 \frac{\pi}{180}$$

式中　M_1——由测试数据 $2\theta\varphi_1$ 和 $2\theta\varphi_2$ 和入射角 φ_1 和 φ_2 可求出；
　　　K——由材料弹性模量 E 和泊松比 μ 在 φ 为零度时的入射角的一个常数，也可标定求出。

9.9.4　磁性法测残余应力

磁性法是非破坏性的物理法，与 X 射线衍射法相比，测定仪器及测量方法都较简单，并能测较深部位的应力。从使用的情况看，影响因素多，因探头较大，测的是一个区域上的平均应力，对于应力梯度大的部位就只能十分粗略了。日本有关研究工作者认为，用磁应力仪测量 1.6%C 以下的钢材，60～300 MPa 的单向残余应力，误差在 30%以内。

1. 磁性法原理及单向应力测试

用磁性法测定应力是利用铁磁材料具有磁致伸缩效应(也叫磁应变效应)的性质。是将被测材料中应力的变化造成磁导率的变化，转换成电量的变化，再测量出应力，其基本关系是：磁应变量 $\Delta\mu/\mu_\sigma$ 与应力 σ 成正比：

$$\frac{\Delta\mu}{\mu_\sigma} = \lambda_0\mu_0\sigma$$

式中　μ_0、μ_σ——无应力和有应力时的导磁率；
　　　$\Delta\mu = \mu_0 - \mu_\sigma$——磁导率在有应力后的变化量；
　　　λ_0——初始磁致伸缩系数。

现在的关键问题是要测出$\Delta\mu$。用图 9-43(a)、(b)所示组成的磁测应力仪即可解决。图 9-43(a)是由仪器的探头与试件组成磁回路，探头是固定磁阻 R_1，试件是变化磁阻 R_2。磁回路磁阻 R 为：

$$R = R_1 + R_2 = \frac{L_1}{\mu_1 S_1} + \frac{L_2}{\mu_2 S_2}$$

式中　μ_1、μ_2——探头和试件的磁导率；
　　　S_1、S_2——探头和试件的磁路有效截面；
　　　L_1、L_2——探头和试件的磁路有效长度。

式中：探头是固定磁阻 R_1，试件是变化磁阻 R_2，在有应力时只有 μ_2 变化，R_2 也就随之变化，使探头的磁通发生变化，于是探头的磁阻是 R_1 也就随之变化，其变化量也就是应力变化量。用图 9-43(b)所示的电路，图中采用了一个补偿探头，在无应力板上使两探头的磁阻平衡，这时输出电流为零，再将探头放在有应力的试件，使探头磁阻变化而破坏平衡而有电流输出，其输出电流的大小与应力接近直线关系，由输出电流即求出其应力。

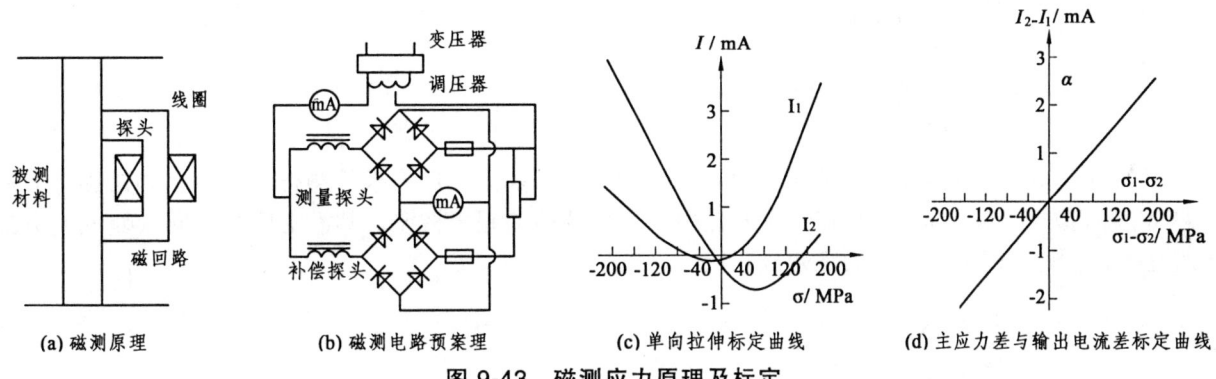

图 9-43　磁测应力原理及标定

2. 平面应力测试及磁测应力的标定

平面应力测试首先要确定主应力 σ_1 和 σ_2 的大小及方向，在零应力下磁为各向同性（各方向磁滞回线十分接近），但在应力作用下呈各向异性，受拉时磁滞回线与零应力下比较接近，在垂直受力方向则小得多，但在受压时则与此相反。根据这一原理，就可利用探头在一点转动找出输出电流的极大和极小值，就可找到 σ_1 和 σ_2 的方向，如变换加载应力，输出电流的极大和极小值也随之变化，如将 σ_1 与拉伸方向重合，则可得出单向拉伸标定曲线如图 9-43(c)所示，同时也可得出（$\sigma_1 - \sigma_2$）与（$I_1 - I_2$）的关系如图 9-43(d)所示。同时可得出修正系数 $\alpha = (\sigma_1 - \sigma_2)/(I_1 - I_2)$，图 9-43(c)、(d)所示为 45 号钢的标定曲线，标定曲线的标定材料必须与要测工件一致。如有条件能作双向标定更好。

3. 测试方法及数据处理

根据弹性理论，平面应力的平衡方程为：

$$\frac{\partial \sigma_x}{\partial x} + \frac{\partial \tau_{yx}}{\partial y} = 0$$

$$\frac{\partial \sigma_y}{\partial y} + \frac{\partial \tau_{xy}}{\partial x} = 0$$

则主应力 σ_x、σ_y 和 τ_{xy} 可求：

$$\sigma_x = \sigma_{x_0} - \int_{x_0}^{x} \frac{\partial \tau_{yx}}{\partial y} \mathrm{d}x = \sigma_{x_0} - \sum \frac{\Delta \tau_{yx}}{\Delta y} \Delta x$$

$$\sigma_y = \sigma_{y_0} - \int_{y_0}^{y} \frac{\partial \tau_{xy}}{\partial x} \mathrm{d}y = \sigma_{y_0} - \sum \frac{\Delta \tau_{xy}}{\Delta x} \Delta y$$

$$\tau_{xy} = \tau_{yx} = \frac{1}{2}(\sigma_1 - \sigma_2)\sin 2\theta$$

式中：σ_{x_0} 和 σ_{y_0} 分别为 $x=x_0$ 和 $y=y_0$ 处的初应力值，若 x_0 和 y_0 为自由边界，以代数值最大的数值为 σ_1，与 x 轴的夹角为 θ，$(\sigma_1-\sigma_2)$ 可直接测出。由 Δx 和 Δy 步距确定后 $\Delta\tau_{xy}$ 可求，于是依序求出 $\Delta\tau_{xy}(\Delta y/\Delta x)$，$\Delta y/\Delta x$ 一般取定值，最后求其总和，如 σ_{x_0} 和 σ_{y_0} 为已知，即可求出 σ_x 和 σ_y 和 $\sigma_x+\sigma_y$，由弹性力学得知 $(\sigma_1+\sigma_2)=(\sigma_x+\sigma_y)$，由于 $(\sigma_1-\sigma_2)$ 可直接测出，于是 σ_1 和 σ_2 可求。

9.9.5 其他测应力方法

除上述方法以外，近几年来正研究一些新的测定焊接应力及残余应力的方法，超声波测定法、硬度比较法和云纹法等，有的正从实验室研究阶段迈入现场实用阶段，自然还有不少问题有待解决。

1. 超声波方法测量残余应力

超声波方法测量残余应力的原理是利用有应力时超声波传播速度的变化（通常是以直接测量超声脉冲传播时间算得声速）来测应力。超声纵波垂直于应力传播时，其传播速度的相对变化与主应力之和成正比：

$$\frac{V_1-V_{10}}{V_{10}}=S'(\sigma_1+\sigma_2)$$

$$S'=\frac{\mu\cdot l-\lambda(m+\lambda+2\mu)}{\mu\cdot(3\lambda+2\mu)(\lambda+2\mu)}$$

式中，S' 为纵波声速应力常数，这些常数可由试验确定。V_{10} 为无应力板所测得的声速，如能测出有应力板中的 V_1 即可求出 $(\sigma_1+\sigma_2)$。垂直于平面应力作用面传播的超声横波，其沿主应力方向 (σ_1, σ_2) 分量的传播速度 (V_1, V_2) 之差和主应力之差成正比：

$$\frac{V_1-V_2}{V_0}=S(\sigma_1-\sigma_2)$$

$$S=\frac{(4\mu+n)}{8\mu^2}$$

式中，S 为横波声速应力常数，这些常数可由试验确定。V_0 为无应板所测得的声速，由此可求出 $(\sigma_1-\sigma_2)$，同时也可求得 σ_1 和 σ_2。此方法的优点是无损、轻便和快速，人工费用不足小孔法的 1/10。可以测出沿板深度方向的应力，但可靠性稍低，如只测表面应力则只利用表面波（瑞利波）测试，方法与前相同，根据半无限体在弹性应力作用下的各向异性可求声速与主应力的关系：

$$\frac{V_0-V_1}{V_0}=K_1\sigma_1+K_2\sigma_2$$

$$\frac{V_0-V_2}{V_0}=K_2\sigma_1+K_1\sigma_2$$

2. 硬度法

硬度法与超声法十分类似，只是利用有无应力时的硬度变化比较得出应力的变化，并由此求出应力值。

3. 云纹法

云纹法是利用光线通过两块平行或成小角度重叠一起的栅线节距不同的栅板，形成干涉云纹。当一块栅板随同试板形变移动，则会产生不同的云纹，可据此计算出应力来。已有用此法测定焊接时较大面积高温瞬态热应变，这种高温应变是其他方法很难测到的。用某种方法释放残余应力时，用云纹法自然也能够显示出来。

第 10 章 焊接接头的强度计算

在正常情况下，焊接接头能保证静载强度，如焊条选用恰当、焊缝质量好，是完全能与母材等强度的。研究证明，有足够塑性和韧性的焊缝，即使焊缝强度低于母材，也能使焊接接头断裂强度等于母材，但是焊接接头的应力集中在某些情况下会对焊接接头强度带来相当严重的影响，必须予以充分注意。

10.1 焊接接头应力集中与应力分布

应力集中的概念在第一章已作讲述，现仅将焊接接头的应力集中作一较为深入的阐述。

10.1.1 对接接头的应力分布

对接接头焊缝形状，产生了构造上的不连续性，因而引起不同的应力分布，如图 10-1 所示。对接接头的最大应力集中部位在焊趾部位，其应力集中系数 K_T 可由下式求出，即

$$K_T = 1 + \sqrt{\frac{c}{r}} k \sin\theta$$

式中 c——焊缝余高量；
r——焊缝到母材的过渡半径；
θ——焊缝过渡面与母材夹角，一般为 30°；
k——系数。

由上式看出，焊缝余高量 c 越大，过渡半径 r 越小，θ 越大。即过渡越急，接头的应力集中系数 K 值越大。因而用增加 c 来增加焊缝截面有百弊而无一利。

V 形坡口对接的各截面的应力分布实例如图 10-1 所示。由图看出，其应力集中点在表面焊趾处，最大 K 值为 1.6。

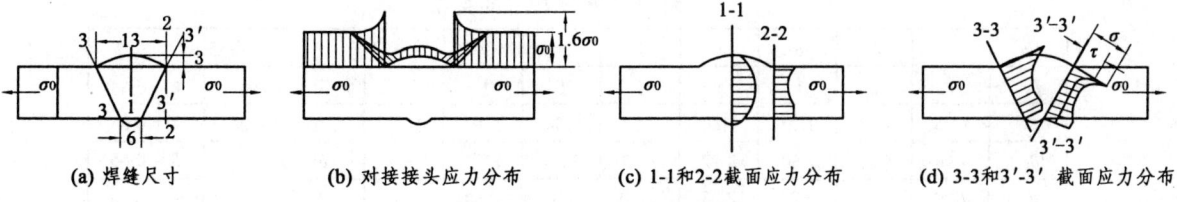

(a) 焊缝尺寸　　(b) 对接接头应力分布　　(c) 1-1和2-2截面应力分布　　(d) 3-3和3'-3'截面应力分布

图 10-1　V 形坡口对接的各截面的应力分布实例

不同的焊接方法焊缝成形有差异，其应力集中系数有所不同，焊接缺欠也会引起应力集中。根据有限元计算结果比较如表 10-1 所示。由表看出对接的应力集中系数随余高增加而有所升高；埋弧焊由于成形好，同样余高而过度缓和应力集中系数较小。对两种焊接缺欠来说，未焊透处在焊缝中部属于深埋裂纹类缺欠，应力集中系数较小，而咬边属于表面裂纹类缺欠，应力集中系数较大，如果是贯穿裂纹类缺欠，应力集中系数最大。

表 10-1　几种焊接对接接头应力集中系数的比较

应力集中源	焊接方法	形状尺寸	K	应力集中源	焊接方法	形状尺寸	K
焊缝焊趾处	埋弧焊	余高 C 为 2.0 mm	1.693	焊缝焊趾处	埋弧焊	余高 C 为 3.52 mm	1.762
	CO_2 焊		2.650		CO_2 焊		2.835
中部未焊透	未焊透深为 1.8 mm		1.835	焊趾处咬边	咬边深 1 mm，角度为 60°		3.087

10.1.2　搭接接头的应力分布

1. 正面焊缝的搭接接头

正面焊缝搭接的应力分布见图 10-2。以焊趾和焊根处应力集中系数最大。正面搭接的应力集中系数 K_T 与很多因素有关。例如焊趾或焊根的应力集中系数 K_T 就与 K、r 和 θ 有关。(K、r 用板厚 δ 表示)，见图 10-2 中附表。一般的规律是 θ 越小和底边焊脚长越大时，应力集中系数就越小。

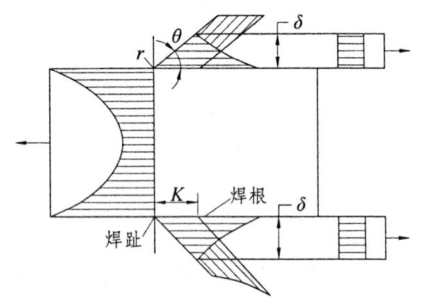

附表　应力集中系数 K_T 与 K、r 及 θ 的关系

夹角 θ	焊脚高 K	过度半径 r	应力集中系数 K_T	
			焊趾处	焊根处
65°	1 δ	2.4 δ	4.7	6.7
53°	0.76 δ		5.7	8.1
45°	1 δ		4.7	6.9
37°	1 δ		3.2	6.6
30°	1.31 δ		2.1	6.1

图 10-2　正面焊缝搭接的应力分布

在两连接板厚 δ 和搭接长度 l 及焊脚高度 K 不同时，两条焊缝受力是不相等的，根据其变形关系可按图 10-3 所示的公式和附表数值计算得出板厚 δ 和搭接长度 l 及焊脚高度 K。

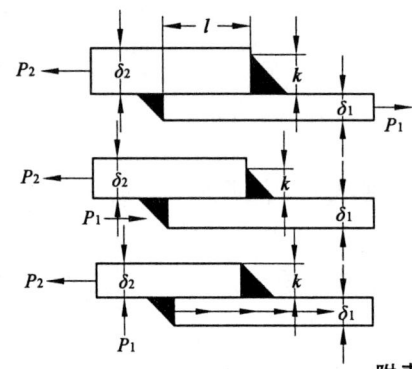

注：图中相应加载时的力配比 β 的计算公式

$$\beta_a = \frac{P_1}{P_2} = 1 + \frac{\delta_2 - \delta_1}{\delta_1} \cdot \frac{Kl}{Kl + \delta_2}$$

$$\beta_b = \frac{P_1}{P_2} = 1 + \frac{Kl}{\delta_2} \cdot \frac{\delta_2 + \delta_1}{\delta_1}$$

$$\beta_c = \frac{P_1}{P_2} = 1 + \frac{\delta_2}{\delta_1} \cdot \frac{2Kl}{Kl + 2\delta_2}$$

附表　β 与 l/δ 的关系

l/δ	3	4	5	6	7	8	9	10	备注	
β_0	1	1	1	1	1	1	1	1	$\delta_1 = \delta_2 = \delta$	K = 0.66
β_a	1.66	1.73	1.77	1.80	1.82	1.84	1.86	1.87	$\delta_2 = 2\delta_1 = \delta$	K = 0.66
β_b	4.96	6.27	7.60	8.92	10.2	11.6	12.9	14.2	$\delta_2 = \delta_1 = \delta$	K = 0.66
β_c	2.00	2.14	2.25	2.33	2.39	2.45	2.50	2.50	$\delta_2 = \delta_1 = \delta$	K = 0.66

图 10-3　根据板厚 δ 确定和搭接长度 l 及焊脚高度 K 的图表

2. 侧面焊的缝搭接接头

搭接接头的应力集中系数很大，特别是具有纵向侧面焊缝的搭接两端应力集中最大，如果加上正面焊缝，可以减少侧面焊缝的应力集中，但却加强了与受力方向垂直的正面焊缝焊趾处的应力集中，所以疲劳强度可能更低。侧面焊缝中应力分布也是不均匀的，在连接板截面相等时，侧面焊缝中切应力 τ_x 用下式计算。

$$\tau_x = 0.7\sigma \frac{\delta}{K} \cdot \frac{\cos h\frac{x}{B} + \cos h\frac{l-x}{B}}{\sin h\frac{l}{B}}$$

式中　τ_x——距焊缝两端 x 处焊缝平均切应力；

　　　σ——平均切应力，$\sigma = \frac{P}{B\sigma}$；

　　　B——连接件宽度；

　　　δ——连接件厚度；

　　　K——焊脚高；

　　　l——焊缝长度。

τ_x 最大值在焊缝两端，如图 10-4 中 q ，即 $x=0$ 或 l 处，这时为 τ_{max}，

$$\tau_{max} = 0.7\sigma \frac{\delta}{K} \cdot \frac{\cos h\frac{l}{B} + 1}{\sin h\frac{l}{B}}$$

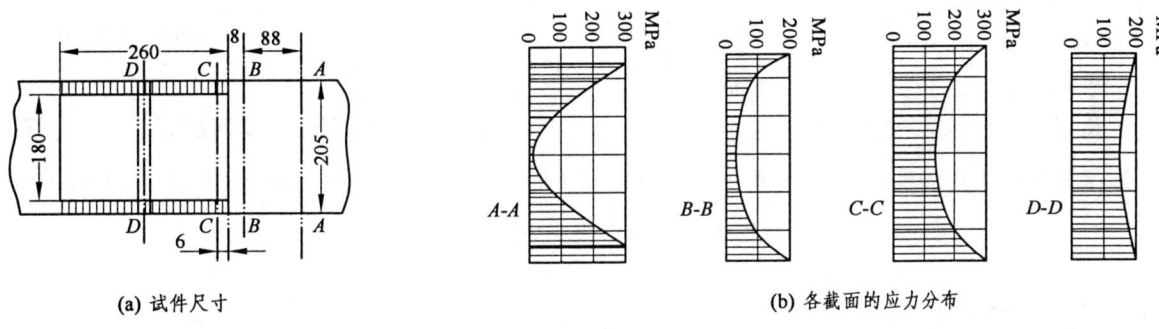

图 10-4　侧面焊缝搭接的应力分布

如果两连接板截面不相等，τ_{max} 在小截面板焊缝端部。侧面焊缝与母材板等强时，其应力集中系数可用下式作粗略估计，即

$$K_T = 0.63\sqrt{\frac{l}{0.7K}}$$

式中　l——焊缝长度；

　　　K——焊脚高度。

由上式看出，l/K 越大，应力集中越严重，因此，规定搭接接头的侧面焊缝长度应小于 $50K$，而且不能单边使用。

10.1.3　十字接头的应力分布

十字接头有熔透和不熔透两种，两者应力集中有很大差异，其应力分布如图 10-5 所示。

1. 熔透的十字接头

熔透的十字接头应力分布如图 10-5(a) 所示，由图可看出熔透的十字接头有较小的应力集中系数，因此主要传力的十字接头或 T 形接头应采用熔透角接接头。

2. 未熔透的十字接头

未熔透的十字接头应力分布如图 10-5(b) 所示，由图可看出未熔透的十字接头在焊趾和焊根处有较大的应力集中系数，其中以焊根处为最大。未熔透的 T 形接头与此类似。

3. 无载荷分担的十字接头

还有一种是无载荷分担的十字接头（即焊缝不传力），它的应力集中系数，比有载荷分担的十字接头要小得多，两者的比较如图10-5(c)所示，由图还可看出，有载荷分担的十字接头，如用钢板受力方向焊脚尺寸较长的不等边角焊缝，可降低应力集中系数。另外无载荷分担的十字接头的应力集中系数随 K/t 的增加而增加，而有载荷分担的十字接头的应力集中系数随 K/t 的增加而减少。无载荷分担的单面加筋板接头的应力集中系数要低于无载荷分担的十字接头。

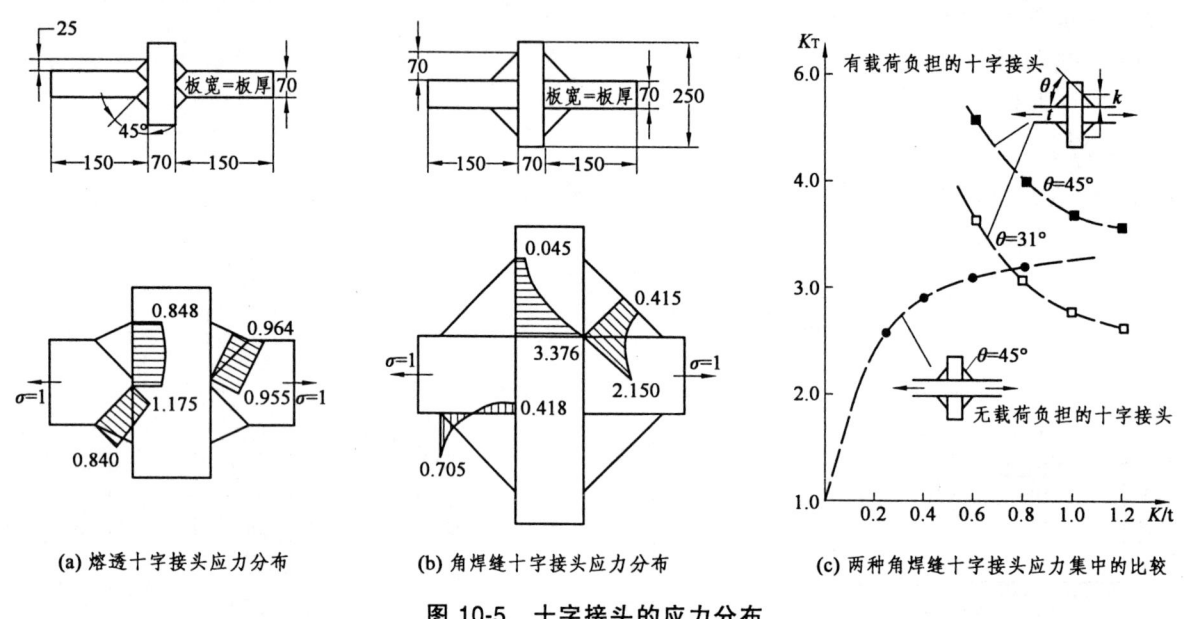

图 10-5　十字接头的应力分布

10.1.4　点焊接头的应力集中

单排点焊接头的应力分布，如图 10-6(a)所示，多排点焊以两端焊点受力最大，如图 10-6(b)所示，传递了89%的力。因此焊点多于三排是合理的。

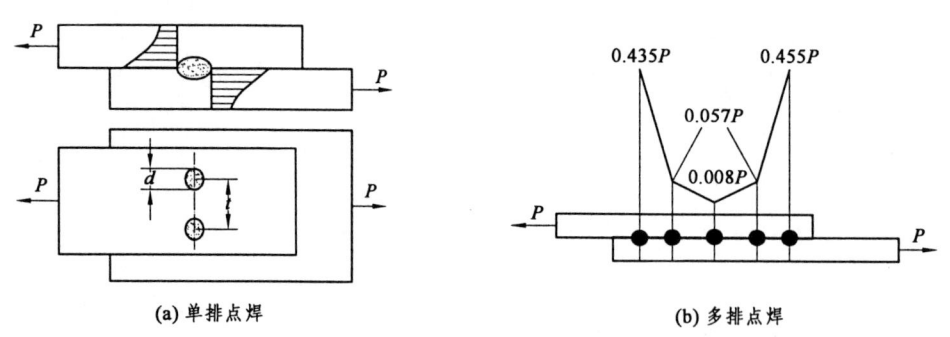

图 10-6　点焊接头的应力集中

10.2　焊缝的静载强度计算

焊缝分传力焊缝和不传力焊缝两种如图10-7所示。图10-7(a)为直接传力的叫工作焊缝，图10-7(b)为不直接传力但起联系作用的的叫联系焊缝，但也传递两板协同工作的剪应力，一般应力不大；前者焊缝垂直或斜交于主应力方向，后者平行于主应力方向。工程上只计算工作焊缝的强度。在两块联结板中的一块固定，另一块受平行于主应力方向传递剪力仍然是工作焊缝。

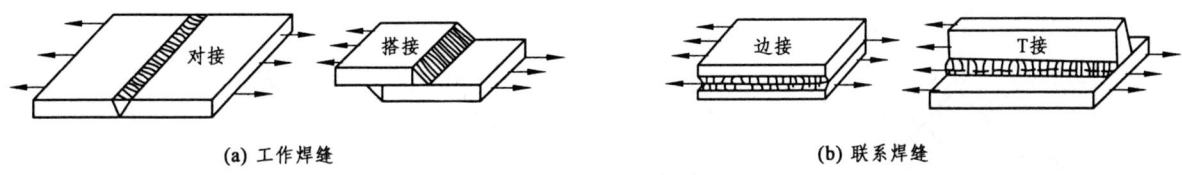

图 10-7 焊缝的分类

焊缝静强度计算原则如下：
（1）不考虑残余应力的影响；
（2）不考虑应力集中，以平均应力计算；
（3）不考虑正面与侧面焊缝、焊缝的加强与减弱和不同焊接规范引起的焊缝性能的差异，而用统一的计算截面和许用应力。

10.2.1 对接焊缝的计算

对接焊缝计算时由于不考虑增高量尺寸而要求与母材等强度，因而计算方法完全与母材相同。如为两块厚薄不同的板材焊接，则应取薄板厚度为计算厚度，如为异种钢材焊接，则选用低强材料等强应力为计算依据。对接焊缝计算的受力情况和各部位尺寸如图 10-8 所示。对接焊缝强度计算公式如下（对 l 取实际焊缝长，对 s 取实际值不计余高）：

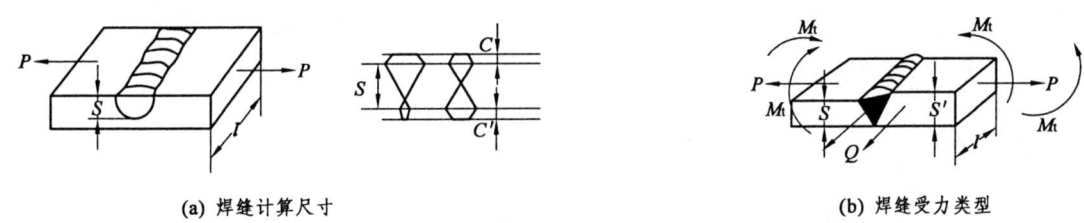

图 10-8 对接焊缝计算的受力情况和各部位尺寸

受拉时 $\quad \sigma_i = \dfrac{P}{l \cdot s} \leqslant [\sigma']$

受剪时 $\quad \tau = \dfrac{Q}{l \cdot s} \leqslant [\tau']$

面内弯 $\quad \sigma_x = \dfrac{M_1}{W_1} = \dfrac{\sigma M_1}{s \cdot l^2} \leqslant [\sigma']$

垂直弯 $\quad \sigma_y = \dfrac{M_2}{W_2} = \dfrac{\sigma M_2}{l \cdot s^2} \leqslant [\sigma']$

综合作用 $\quad \sigma_{合} = \sqrt{\sigma^2 + 3\tau^2} = \sqrt{(\sigma_1 + \sigma_2 + \sigma_3)^2 + 3\tau^2} \leqslant [\sigma']$

10.2.2 角焊缝的计算

角焊缝计算假定和计算方法基本上与对接焊缝相同，其不同点是计算截面与母材无关，只与由焊接方法所决定的熔深有关，如图 10-9 所示。

1. 手工焊及埋弧焊和深熔焊接时的角焊缝计算

手工焊及埋弧焊和深熔焊接时的角焊缝的计算如图 10-9(a)所示。对于一般手工焊，由于熔深浅，计算焊缝截面高为 $AB = K\sin 45° = 0.7K$，而埋弧焊和深熔型的焊接方法，由于熔深增加，$A'B' = 1.5K\sin 45°$，所以 $a = K$，破坏认为是属于剪切破坏，故用剪应力计算。但在设计中，总是考虑用双面角焊缝为合理，所以用双面手工焊。考虑上面两点，角焊缝计算公式表达如下：

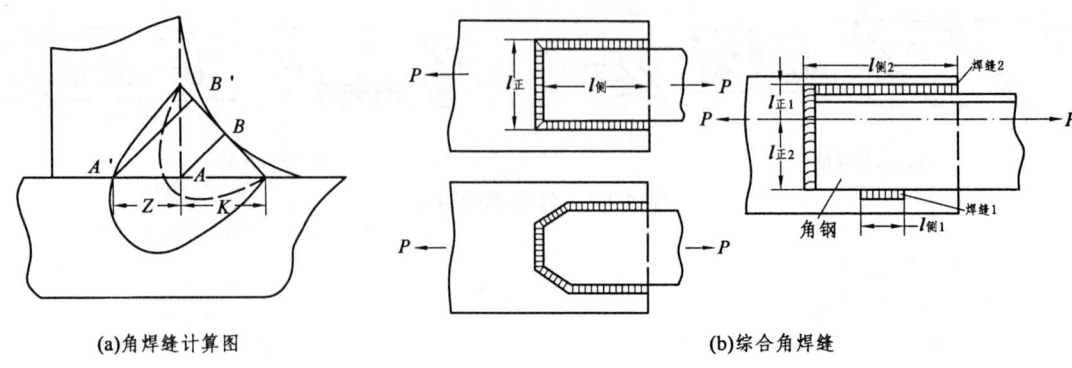

(a) 角焊缝计算图   (b) 综合角焊缝

图 10-9　角焊缝计算

(1) 单面手工焊时：

$$\tau = \frac{P}{al} = \frac{P}{0.7Kl} \leq [\tau']$$

(2) 单面自动焊时：

$$\tau = \frac{P}{al} = \frac{P}{Kl} \leq [\tau']$$

(3) 双面手工焊时：

$$\tau = \frac{P}{1.4Kl} \leq [\tau']$$

(4) 双面自动焊时：

$$\tau = \frac{P}{2Kl} \leq [\tau']$$

2. 综合接头角焊缝计算

对于综合搭接接头焊缝计算图如图 10-9 所示。

(1) 板与板连接的综合搭接接头焊缝计算。

$$\tau = \frac{P}{a\Sigma l} \leq [\tau'] \quad \begin{pmatrix} \text{手工焊}\ a = 0.7K \\ \text{自动焊}\ a = K \end{pmatrix}$$

(2) 角钢与板组成的综合角焊缝计算。角钢与板组成的综合角焊缝计算时则需考虑角钢形心不在中心，使板两边受力不一样，其受力大小与形心距成反比，对等边角钢为

$$\frac{l_{正_1}}{l_{正_2}} = \frac{0.3}{0.7}$$

所以

$$P_{侧_1} = 0.3 P_{侧}$$
$$P_{侧_2} = 0.7 P_{侧}$$
$$P_{侧} = P - P_{正}$$

上述情况是受拉情况，如系受弯和受剪也应像对接那样，取不同的计算公式，其不同点在于计算厚度 a 不同，计算应力和许用应力应取剪应力。但如丁字接头和十字接头是完全焊透的，计算截面和应力就完全与对接一样了。

3. 角焊缝强度的计算新方法

前述的角焊缝计算方法是粗略的，近些年来，在这方面进行了很多研究，经过了不断的修改，1976 年

国际焊接学会ⅩⅤ委员会提出了新的折合应力计算方法，如图10-10所示。

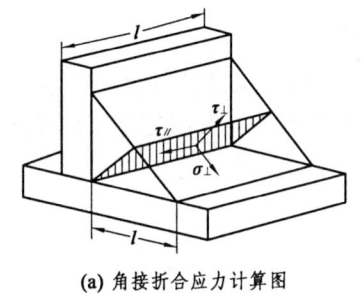
(a) 角接折合应力计算图

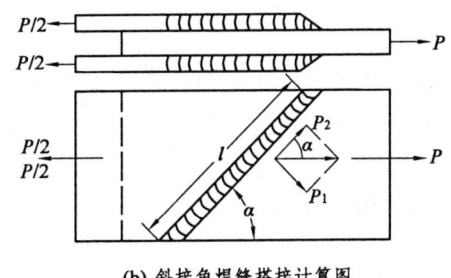
(b) 斜接角焊缝搭接计算图

(c) 开坡口角接计算图

图10-10 折合应力计算方法计算图

（1）折合应力计算法。折合应力计算方法即不只考虑剪应力，还需考虑正应力，其计算图如图10-10(a)所示，计算公式如下：

$$\sigma_{折} = \beta\sqrt{\sigma_\perp^2 + 3(\tau_\perp^2 + \tau_{//}^2)} < (\sigma')$$

并且要求 $\sigma_\perp \leqslant [\sigma']$

式中 β——与σ_s有关的系数 $\begin{bmatrix} \sigma_s = 240\text{ MPa}, \beta=0.7 \\ \sigma_s = 360\text{ MPa}, \beta=0.85 \\ \sigma_s(\text{其余}), \beta\text{用插入法求} \end{bmatrix}$。

（2）斜接角焊缝搭接计算。以图10-10(b)所示的斜接角焊缝搭接计算为例，先将P分解为垂直于焊缝的P_1和平行于焊缝的P_2，再将P_1分解为垂直于剖断面的$P_\perp$和平行于$P_{//}$，然后分别求出$\sigma_\perp$，$\tau_\perp$，$\tau_{//}$，如图10-10(a)所示，再求折合应力。

$$P_1 = P\sin\alpha \qquad\qquad P_1 = P\sin\alpha$$

$$P_{\perp\sigma} = P_1\cos 45° = \frac{P\sin\alpha}{\sqrt{2}} \qquad P_{\perp\tau} = P_1\cos 45° = \frac{P\sin\alpha}{\sqrt{2}}$$

$$P_{//} = P_2 = P\cos\alpha \qquad\qquad P_\perp = \frac{P_{\perp\sigma}}{2al} = \frac{P\sin\alpha}{2\sqrt{2}al}$$

$$\tau_\perp = \frac{P_{\perp\tau}}{2al} = \frac{P\sin\alpha}{2\sqrt{2}al} \qquad \tau_{//} = \frac{P_{//}}{2al} = \frac{P\cos\alpha}{2al}$$

$$\sigma_{折} = \beta\sqrt{\sigma_\perp^2 + 3(\tau_\perp^2 + \tau_{//}^2)} = \beta\frac{P}{2al}\sqrt{2\sin^2\alpha + 3\cos^2\alpha} = \frac{P}{2al}\beta\beta_0 \qquad \frac{P}{2al} = \frac{[\sigma']}{\beta\beta_0}$$

$$\sigma_{折} \leqslant (\sigma')$$

式中 系数$\beta_0 = \sqrt{2\sin^2\alpha + 3\cos^2\alpha}$，数值为$\alpha$：30°、45°、60°、90°，$\beta_0$：1.65、1.58、1.50、1.41。

（3）开坡口角焊缝的计算。开坡口角焊缝的计算尺寸如图10-10(c)所示。这时不只要考虑K，还要考虑p和θ，一般$p>K$，这时焊接接头的极限强度为：

$$\sigma_b' = \sqrt{\frac{3\sin^2\theta_P + 1}{3}}\sigma_b^W$$

当$\theta = 45°$时，

$$\sigma_b' = \sqrt{\frac{4p^2 + K^2}{3(p^2 + K^2)}}\sigma_b^W$$

根据等强度条件 $2a\sigma_b' = h\sigma_b^B$

由此如已知板厚h和母材及焊缝的许用应力即可求出喉高a，即可求出K及p。

10.2.3 点焊及塞焊焊缝的计算

1. 设计原则

布置焊点是应避免分流现象（即电流除经过所焊焊点外还分出较大的电流经过旁边的焊点），焊点间的距离 t（也称节距）应保证大于一定的尺寸，其尺寸与焊点直径 d 有关，而焊点直径又决定于电焊机电极尺寸 d_e，通常 $d=0.8 \sim 1.0 d_e$。

对于钢制件的焊点直径与工件的厚度 s 有关。

$s \leqslant 3$ mm 时，$d=1.2s+4$ mm

$s>3$ mm 时，$d=1.5s+54$ mm

焊点离工件边缘要有一定距离，如设此距离为 t，如取焊点中心离道平行于外力方向的边缘距离为 t_1，至垂直于外力方向的边缘距离为 t_2，则焊点布置为：

$$t=3d; \qquad t_1>2d; \qquad t_2>1.5d$$

2. 焊点计算

焊点应力可用下式计算：

单面受剪 $\qquad \tau' = \dfrac{P}{\dfrac{\pi d^2}{4}} \leqslant [\tau'_0]$

双面受剪 $\qquad \tau' = \dfrac{P}{2\dfrac{\pi d^2}{4}} \leqslant [\tau'_0]$

焊点受拉 $\qquad \sigma' = \dfrac{P}{\dfrac{\pi d^2}{4}} \leqslant [\sigma'_0]$

在多点焊接头中，按全部焊点均匀受力来计算，

$$\tau' = \dfrac{P}{i\dfrac{\pi d^2}{4}}$$

式中 $[\tau'_0]$、$[\sigma'_0]$——焊点的许用剪应力和拉应力；

P——一个焊点所传的力；

d——焊点直径；

i——接头中单剪面的焊点数量。

3. 塞焊计算

圆孔塞焊与点焊完全一样，长孔塞焊与点焊也类似，只不过将圆孔面积换为长孔面积；周边角焊缝连接的槽焊，则与综合焊缝搭接一样计算。

10.2.4 母材及焊缝的许用应力

1. 母材及焊缝的许用应力

为了保证结构的安全使用，必须使其设计应力小于许用应力，母材和焊缝的许用应力分别用 $[\sigma]$ 和 $[\sigma']$ 或 $[\tau]$ 和 $[\tau']$ 表示。很多结构的设计规范都有其具体规定，一般结构取值如表 10-2 所示。

2. 由安全系数确定许用应力

母材的 $[\sigma]$ 比 σ_s 要小得多，可以用 σ_s 和安全系数 n 来确定，即：

$$[\sigma] = \dfrac{\sigma_s}{n}$$

n 视结构重要性要求，取 $1.5 \sim 3.0$。

表 10-2 母材和焊缝的许用应力

钢材牌号	板厚分级/mm	母材许用应力（MPa）			焊缝许用应力（MPa）			
		[σ]拉压弯	[τ]剪切	[σ]压磨平顶压	[σ']拉伸 埋弧对接	[σ']拉伸 手工对接	[τ']剪切 对接受剪	[τ']剪切 角缝拉压
A_3	4~40	166.50	98.00	249.00	166.50	142.00	98.00	117.50
	40~100	152.00	93.00	223.00	152.00	127.00	93.00	117.50
16Mn	≤16	235.20	142.00	372.40	235.20	201.00	142.10	166.50
	17~25	225.40	137.20	328.10	225.40	191.00	137.20	166.50
	26~35	210.70	127.40	313.60	210.70	181.00	127.00	166.50

3. 焊缝的许用应力的估算

焊缝的许用应力可视其焊接方法和材料不同可取等于或低于[σ]，对焊缝的许用应力[σ']也可由母材许用应力按表 10-3 来估算。

表 10-3 焊缝的许用应力的估算表

焊缝种类	应力状态	焊缝许用应力	
		J422 和 J502 焊条手工电弧焊	低氢焊条手工焊，自动及半自动焊
对接焊缝	拉压应力	0.9[σ]	1.0[σ]
	压应力	1.0[σ]	1.0[σ]
	剪应力	0.6[σ]	0.65[σ]
角焊缝	剪应力	0.6[σ]	0.65[σ]

10.3 焊接连接强度计算

10.3.1 受弯搭接接头的静载强度计算

焊接结构是以不同焊接接头形式连接而成的，其受弯接头的静载强度计算如图 10-11 所示。

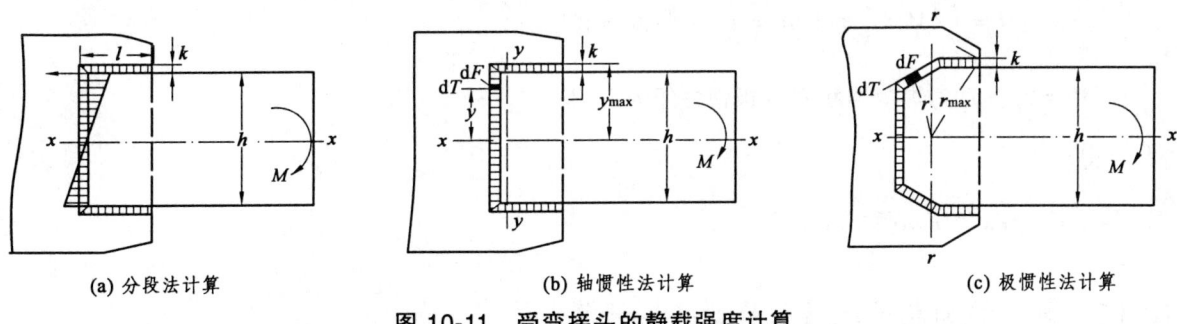

(a) 分段法计算　　(b) 轴惯性法计算　　(c) 极惯性法计算

图 10-11 受弯接头的静载强度计算

焊缝强度计算除了考虑焊缝特征外，还必须考虑其传力情况和在结构中的地位，在计算时首先要确定是否是工作焊缝，其薄弱环节在什么地方，传递怎样性质的载荷，可能以怎样形式发生破坏。然后再按一定公式计算。受弯搭接接头可有下列三种计算方法。

1. 分段计算法

分段计算法的计算原则，是使外加力矩 M 与水平焊缝产生的内力矩 $M_{\parallel}$ 和垂直焊缝所产生的内力矩 $M_{\perp}$

之和平衡，如图 10-11(a)所示。其计算公式为：

$$M = M_{//} + M_{\perp} = \tau \times 0.7Kl(h+K) + \tau \frac{0.7Kh^2}{6}$$

$$\tau = \frac{M}{0.7Kl(h+K) + \frac{0.7Kh^2}{6}}$$

2. 轴惯性矩法

当分段有困难时，可用轴惯性矩法计算。此法的计算原则是假定焊缝中的应力与母材的变形成比例，如图 10-11(b)所示。因而应力的增加与该点至构件中性轴的距离成比例，全部焊缝对中性轴的内力矩应与外力矩平衡。其计算公式为：

$$\frac{\tau}{\tau_1} = \frac{y}{1}$$

$$\tau = \tau_1 y$$

式中 τ_1——与 x-x 轴相距为一时的剪应力；

$$M = \int_F dM = \int_F d\tau \cdot y = \int_F \tau dF \cdot y = \int_F \tau_1 y^2 dF = \tau_1 J_x$$

式中 $d\tau$——在焊缝微小面积 dF 上的反作用力，其值为 $\tau \cdot dF$；

dM——由 $d\tau$ 对中性轴 x-x 的反作用力矩，其值为 $d\tau \cdot y$；

$\int_F y^2 \cdot dF$——焊缝计算面积对 x-x 的轴惯性矩 J_x。

由此可得：

$$\tau_{max} = \tau_1 y = \frac{M}{J_x} y_{max}$$

3. 极惯性矩法

有些形状复杂的接头，则用极惯性矩法比较简单，其计算原理如图 10-11(c)。其方法是接头受 M 的作用力绕重心 O 旋转，而微元 dF 中形成反作用力 dT 对 O 形成反作用力矩与之平衡，假定 $r = r_1 \cdot r$（r_1 为 $r=1$ 时的 r），$dT = r \cdot dF$，则

$$M = \int_F dM = \int_F \tau \cdot r \cdot dF = \int_F \tau_1 \cdot r^2 \cdot dF = \tau_1 J_p \circ$$

式中 $\int_F r^2 \cdot dF = J_p$（$J_p$ 为焊缝面积对 O 极惯性矩） $J_p = J_x + J_y$

由此可得：

$$\tau_{max} = \tau_1 r_{max} = \frac{M}{J_p} r_{max}$$

10.3.2 复杂截面构造连接的静载强度计算

对一些复杂截面构造连接首先要找出危险点，并弄清该处应力的性质和方向，并计算合成应力，有时把正应力当切应力考虑并叠加，这是为了简化并偏于安全的处理。

1. 受弯复杂截面构造联接接头的静载强度计算

如构件同时承受弯曲力矩 M、拉伸力 N 和剪切力 Q，则必须求出其各种应力后，再求其合成应力，再与许用应力比较，其计算方法如下：

弯曲应力计算，首先要确定 J_F 和 y_{max}，然后可求 $\tau = \dfrac{M}{J_F} y_{max}$。如果构件同时受弯矩 M 和轴向力 N 时，则

$$\tau_{合} = \dfrac{M}{J_F} y_{max} + \dfrac{N}{0.7Kl} \leq [\tau']$$

如果除 M、N 外，还受切力 Q，假定 Q 只由腹板焊缝承受并沿焊缝均匀分布，则

$$\tau_Q = \dfrac{Q}{F_{缝}}$$

$$\tau_{合} = \sqrt{\left(\dfrac{M}{J_F} \cdot \dfrac{h}{2} + \dfrac{N}{0.7Kl}\right)^2 + \tau_Q^2} \leq [\tau']$$

计算应该算盖板外侧焊缝的 $\tau_{合}$ 和腹板立焊缝端点的合成应力，计算中特别要注意 y_{max} 的差异。

2. 梁与梁连接强度的计算

梁与梁或梁与柱的连接多系空间焊缝如图 10-12 所示。

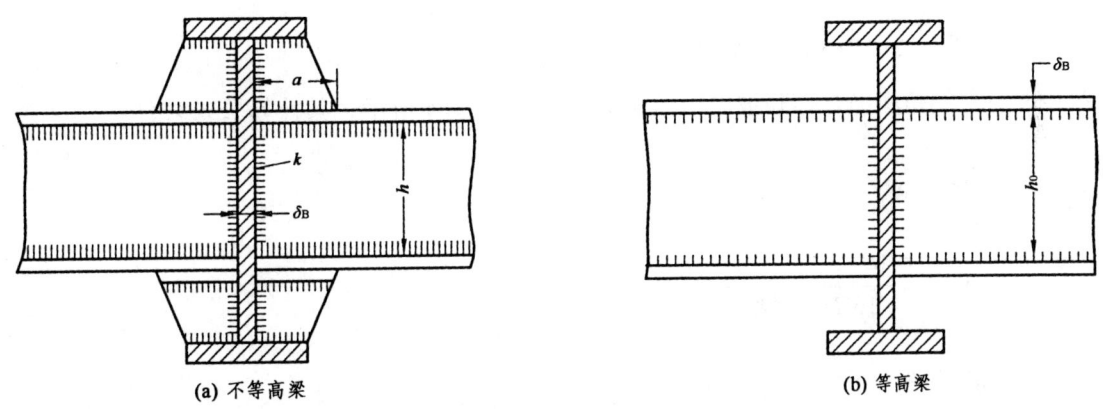

(a) 不等高梁　　　　　　　　(b) 等高梁

图 10-12　梁与梁连接强度的计算图

（1）不等高梁连接计算。在不等高梁连接或梁柱连接时外加力矩 M，可假定由连接平面的焊缝承受 $M_\perp$ 和垂直于平面的四条平行焊缝承受 $M_{//}$。

$$M = M_\perp + M_{//} = \dfrac{J_F}{y_{max}} \tau + 2 \times 0.7 Ka\tau(h+K)$$

$$\tau = \dfrac{M}{\dfrac{J_F}{y_{max}} + 1.4Ka(h+K)} \leq [\tau']$$

（2）等高梁连接计算。在等高梁连结中 M 由两个长 h_B 的垂直承受 $M_\perp$，两对长 a 的焊缝承受 $M_{//}$ 焊缝，两个盖板对接焊缝承受 $M_{//}$ 水平，则：

$$M = M_\perp + M_{//} + M_{水平} = \dfrac{2 \times 0.7 K h_B^2}{6}\tau + 2 \times 0.7a\tau(h_B+K) + b_B\delta_B(h_B+\delta_B)\tau$$

$$\tau = \dfrac{M}{\dfrac{2 \times 0.7 K h_B}{6} + 2 \times 0.7a(h_B+K) + b_B\delta_B(h_B+\delta_B)} \leq [\tau']$$

3. 受扭矩的接头强度计算

一般受扭矩的接头都设计成封闭截面，用开坡口熔透角焊缝或不开坡口，一般角焊缝连接如图 10-13

所示。强度计算公式如下:

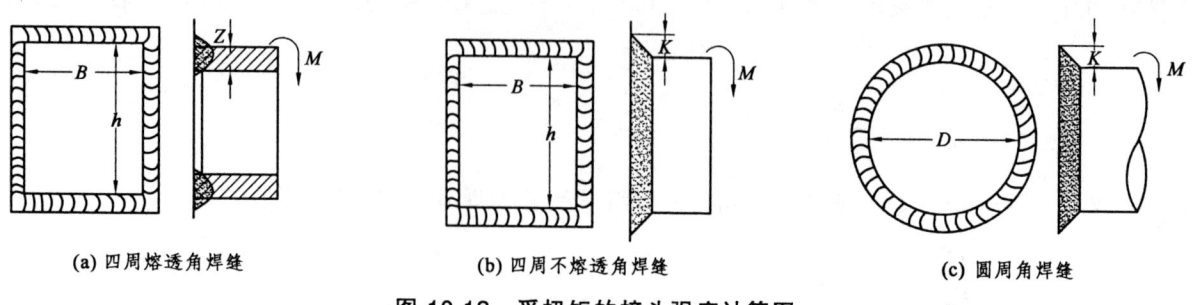

(a) 四周熔透角焊缝　　　(b) 四周不熔透角焊缝　　　(c) 圆周角焊缝

图 10-13　受扭矩的接头强度计算图

(1) 开坡口四周熔透角焊缝:开坡口四周熔透角焊缝可与母材等强,所以计算与母材一样(图 10-13(a)),其计算公式为:

$$\tau_{max} = \frac{M}{2z(h-z)(B-z)}$$

(2) 不开坡口四周不熔透角焊缝:不开坡口四周不熔透角焊缝如图 10-13(b)所示,其计算公式为:

$$\tau_{max} = \frac{M}{2 \times 0.7K(h+0.7K)(B+0.7K)}$$

(3) 不开坡口沿周角焊缝:不开坡口沿周角焊缝如图 10-13c 所示,其计算公式为:

$$\tau_{max} = \frac{M}{W_合}$$

$$W_合 = \frac{\pi \left[(D+1.4K)^4 - D \right]}{16(D+1.4K)}$$

10.3.3　计算实例

1. 角钢连接与板连接

【例】　现将 $100 \times 100 \times 10$ 角钢固定于钢板上(如图 10-11(b)所示),按等强原则设计,$[\sigma]=142$ MPa,$[\tau']=98$ MPa,$K=10$ mm,$F=19.8$ cm^2。求焊缝长 l_1、l_2 及搭接长 l。

解　　$P_侧 = P - P = 14\,200 \times 19.8 - 0.7 \times 1 \times 10 \times 9\,800 = 212\,600$ (N)

$$l_1 = \frac{0.3 P_侧}{0.7K[\tau']} = \frac{0.3 \times 212\,600}{0.7 \times 1 \times 9\,800} = 9.3 \text{ (cm)},\ 取 10 \text{ cm}$$

$$l_2 = \frac{0.7 P_侧}{0.7K[\tau']} = \frac{0.7 \times 212\,600}{0.7 \times 1 \times 9\,800} = 21.69 \text{ (cm)},\ 取 22 \text{ cm}$$

$$l = l_2 = 22 \text{ (cm)}$$

2. 桁架节点连接强度计算

【例】　校核节点板焊缝强度,节点板与焊缝等厚等强(如图 10-14 所示)。

解　三根杆件通过两个节点板对焊缝 4 施以力 N、Q、M。

压力　　　$N = 480\,000 + 180\,000\sin 45° - 360\,000\sin 45° = 353\,000$ (N)

切力　　　$Q = 180\,000\cos 45° + 360\,000\cos 45° = 382\,000$ (N)

弯矩　　　$M = 382\,000 \times 6.5 = 2\,480\,000$ (N)

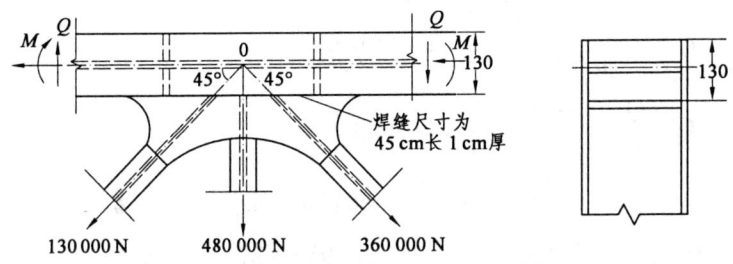

图 10-14 桁架节点连接强度计算图

$$\sigma' = \frac{N}{F} + \frac{M}{W} = \frac{253\,000}{2\times 45 \times 1} + \frac{2\,480\,000}{2\times \frac{1\times 45^2}{6}} = 76.10 \quad (\text{MPa})$$

$$\tau' = \frac{Q}{F} = \frac{382\,000}{2\times 45 \times 1} = 42.50 \quad (\text{MPa})$$

$$\sigma'_{合成} = \sqrt{\sigma^2 + 3\tau'^2} = \sqrt{76.10^2 + 3\times 42.50^2} = 106.00 \quad (\text{MPa})$$

$\sigma'_{合成} < 142.00$ MPa，故焊缝强度合格。

3. 悬臂梁连接计算

【例】 验算悬臂工字梁与刚性壁的连接焊缝强度，其计算参数见图 10-15。

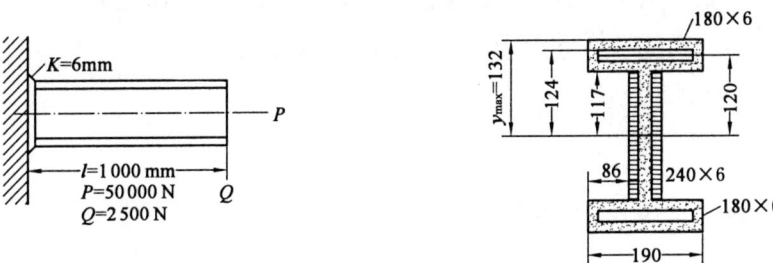

图 10-15 悬臂梁连接计算图

解 先计算 F'_C、J'_C 和 W'_C，对有些很短的焊缝可略而不计。

焊缝截面　　　　$F = 0.7(2\times 24 \times 0.6 + 2\times 1.9 \times 0.6 + 4\times 8.6 \times 0.6) = 50.5 \quad (\text{cm}^2)$

受剪焊缝截面　　$F = 0.7(2\times 24 \times 0.6) = 20.2 \quad (\text{cm}^2)$

焊缝惯性矩　　　$J_C = 0.7\left[\frac{2\times 24 \times 0.6}{12} + 2\left(\frac{19\times 0.6^3}{12} + 19\times 0.6 \times 12.9^2\right) + 2\left(\frac{2\times 8.6 \times 0.6^3}{12} + 2\times 8.6 \times 0.6 \times 11.7\right)\right]$

$\qquad\qquad\qquad = 5\,600 \quad (\text{cm})$

危险截面 1 工字梁边缘处拉伸合成：

截面模数　　　　$W_C = \dfrac{J_C}{y_{max}} = \dfrac{5\,600}{13.2} \quad (\text{cm}^3)$

拉伸引起的剪应力　$\tau'_P = \dfrac{P}{F_C} = \dfrac{50\,000}{50.5} = 9.90 \quad (\text{MPa})$

弯曲引起的剪应力　$\tau'_M = \dfrac{M}{W_C} = \dfrac{25\,000 \times 100}{5\,600} \times 13.2 = 58.00 \quad (\text{MPa})$

同方向合成　　　$\tau_{合成} = \tau'_P + \tau'_M = 9.90 + 58.00 = 68.70 \quad (\text{MPa})$

危险截面 2 工字梁腹板顶部由拉、弯、剪三种应力合成：

拉应力引起的剪应力　$\tau'_P = 9.90 \quad (\text{MPa})$

弯曲引起腹板顶端应力　　$\tau'_M = \dfrac{25\,000 \times 100}{5\,600} \times 12 = 53.60$　(MPa)

剪切引起剪应力　　$\tau'_Q = \dfrac{Q}{F} = \dfrac{25\,000}{20.2} = 12.30$　(MPa)

同方向合成　　$\tau'_{合成} = \sqrt{(9.90+53.6)^2 + 12.30^2} = 64.70$　(MPa)

计算结果两个截面的焊缝剪应力均小于许用剪应力 98.00 MPa，故安全。

4. 梁与梁的连接强度计算

【例】 校核如图 10-16 所示车辆枕梁与中梁连接焊缝强度。$[\sigma] = 120.00$ MPa。

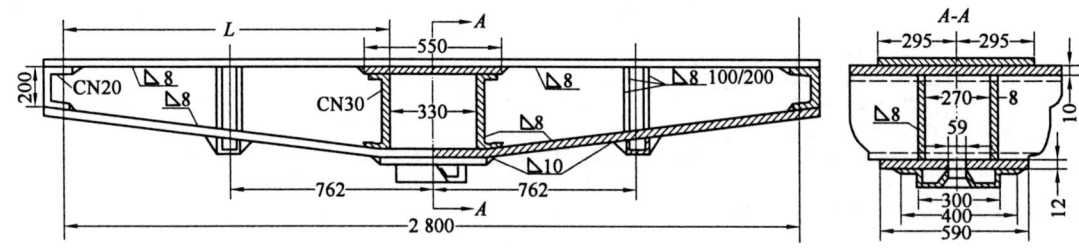

图 10-16　车辆枕梁与中梁连接

解　因盖板无接头，故只有双腹板与槽钢连接，计算尺寸如图 10-16 所示。

总弯矩　　$M = [\sigma]W = \dfrac{12\,000 \times 27^2 \times 0.8}{6} = 1\,170\,000$　(Nm)

由垂直焊缝承受　　$M_\perp = \tau \dfrac{0.7 \times 0.8 \times 27^2}{6} = 68\tau$

由水平焊缝承受　　$M_{/\!/} = \tau \times 0.7 \times 0.8 \times 6.7 \times 27 = 101\tau$

总力矩平衡　　$M = M_\perp + M_{/\!/} = 68\tau + 101\tau = 169\tau$

$$\tau = \dfrac{M}{169} = \dfrac{1\,170\,000}{169} = 69.30 < 89.00 \text{ (MPa)}$$

由最大横向力考虑，枕梁 W 为 2 000 cm³，则

$$M = 12\,000 \times 2\,000 = 24\,000\,000 \text{ N·cm} = Ql$$

$$Q = \dfrac{M}{l} = \dfrac{24\,000\,000}{283 - 33} = 192\,000 \text{ (N)}$$

$$\tau = \dfrac{192\,000}{2 \times 0.7 \times 27 \times 0.8} = 63.60 \text{ (MPa)} < 89.00 \text{ (MPa)}$$

计算结果，两种情况下 τ 均小于 $[\tau']$，故合格。

第 11 章 焊接接头和结构断裂分析

焊接接头及结构强度必须从设计、制造、使用和维修各方面予以保证。很多结构是经常处于交变载荷下工作的，并经常有在严寒状态和大气腐蚀条件下工作的可能性，钢轨、桥梁、机车车辆和船舶等运载工具更是这样，因此必须严重注意疲劳断裂和脆性断裂问题，前者是经过较长使用期后发生疲劳裂缝逐渐扩展，有时还可能在压应力区止裂，还可以作一些止裂预防或修复；后者则常在低温下由初始裂缝迅速扩展，瞬时即断，所以危险性非常严重。

11.1 焊接结构的断裂失效分析

11.1.1 焊接接头的特点分析

由前分析看出，焊接接头是成分组织性能的不均质区、残余应力的峰值区、接头应力集中区和焊接缺欠的产生区相重合的区域，如图 11-1(a)所示，是影响焊接结构安全和寿命的关键部位，其质量的控制至关重要。

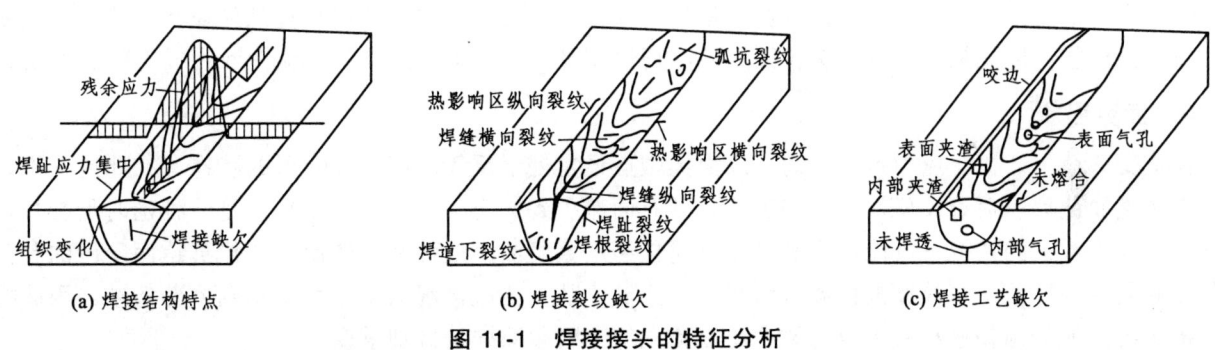

图 11-1 焊接接头的特征分析

1. 成分组织性能的不均质性

在熔化焊中焊缝熔合区与母材成分经常是不同的，即使不加填充材料的同质材料连接，由于其加热及冷却速度也有不同，所以所得的组织性能也就不同，在外载的作用下，其力学行为也不同，在焊接过程或使用过程中组织性能最差的部位可能局部启裂扩展直至断裂。

2. 残余应力的存在

焊接接头区也是残余拉应力存在的峰值区，对一些低中强度钢甚至可达到屈服极限，在外载的作用下，该区丧失承载能力而产生局部塑性变形和硬化，到达塑性极限就可能局部启裂扩展直至断裂。在塑性韧性储备足够时可缓解残余应力对承载能力的影响。焊接残余应力的压应力区，与拉伸外应力叠加可提高承载能力，但与压缩外应力再叠加，如超过杆板的承压临界应力会失稳。

3. 焊接接头的应力集中

焊接接头的传力方向突变，焊缝与母材过渡处的截面变化，焊缝及熔合粗晶区产生的焊接缺欠等都会引起静载情况应力集中，在外载的作用下，应力集中区可能会超过外载平均应力的几倍，很快达到屈服极限，产生局部塑性变形和硬化，到达塑性极限就可能局部启裂扩展直至断裂。

4. 焊接缺欠

焊接缺欠是焊接接头另一应力集中源，特别是与受力方向垂直的裂纹类缺欠，应力集中程度大，焊接裂纹的产生原因和性质在焊接冶金和材料焊接性一章已有描述，裂纹产生的位置可以是焊缝或热影响区，其方向可以是纵向、横向或人字形的宏观裂纹，还可以是无固定方向的晶内、晶界或穿晶的微观裂纹，最容易产生的是弧坑裂纹、焊趾裂纹、焊道下裂纹和焊根裂纹，如图 11-1(b)所示。焊接工艺不当引起的缺欠如图 11-1(c)所示，其中咬边和未焊透缺欠与裂纹相当，但尖端的尖锐度不如裂纹，而长度一般要大于裂纹；气孔和夹渣为体积性缺欠，其影响不如裂纹类缺欠大，因此有些结构验收标准视其重要程度不同，容许一定大小和数量的气孔和夹渣存在，但不容许裂纹类缺欠存在。

由上看出，焊接结构的断裂往往由焊接接头部位局部启裂扩展直至开裂，继续发展到整个结构的断裂。因此焊接接头的质量控制成了保证整个焊接结构可靠性和安全性的关键。

11.1.2 焊接结构的失效形式

1. 静载延性断裂

当外力作用于接头后应力集中区出现峰值应力产生弹性应变 ε 和应力 σ，当 ε 达到 ε_s，σ 达到 σ_s 产生塑性应变达到极限后启裂并缓慢扩展至断裂，其特征是断裂处有较大的塑性变形，宏观断口呈灰色纤维状，从扫描电镜观察断口呈韧窝状。因此提高焊接接头各区的韧性和减少应力集中源是防止早期静载延性断裂的重要途径。

2. 脆性断裂

当在低温下工作或承受冲击载荷，而焊接接头各区的韧性储备不够时，在应力集中区启裂并迅速扩展至瞬时断裂，形成危害极大的脆断，其特征是断裂处无塑性变形，宏观断口呈亮晶颗粒状，从扫描电镜观察断口呈河流状。因此提高焊接接头各区的低温韧性和减少应力集中源在防止脆性断裂显得特别重要。

3. 疲劳断裂

在交变载荷下，由于应力是交变的，应力集中点经常处于反复局部塑性变形的状态，在此过程中，逐渐强化变脆而使启裂后裂纹反复止裂和扩展，到断面减少到一定程度就突然断裂，是一种延时断裂，但遇到低温或冲击载荷的情况下可能作为裂源而迅速扩展形成脆断。疲劳断裂的启裂和扩展这两阶段的断口很易分出启裂裂源部位、裂纹逐渐扩展区域和瞬断区域，从扫描电镜观察断口可观察到疲劳条纹。因此提高焊接接头各区的低温韧性和减少应力集中源在防止疲劳断裂同样是特别重要。

4. 应力腐蚀断裂

应力腐蚀断裂也是一种延时断裂。在腐蚀介质与应力集中区高应力作用下具有防腐能力的表面膜破坏，腐蚀介质侵入，特别是在焊接接头这样的组织性能不均质区形成应力腐蚀裂纹，并加速腐蚀扩展直至应力腐蚀断裂，也会在遇到低温或冲击载荷的情况下可能作为裂源而迅速扩展形成脆断。

11.1.3 裂纹的启裂、扩展、止裂和失稳扩展

一个断裂过程一般都是要经过裂纹的萌生和启裂，裂纹的扩展，由于材料对裂纹扩展的阻力增大，扩展的裂纹可能止裂，但也可能扩展到一临界尺寸以后迅速加速失稳扩展到断裂。

焊接结构发生断裂，从宏观上讲，大多起源于焊接缺陷。即使没有焊接宏观缺陷，焊接结构中的应力集中使应力集中部位产生局部滑移也会形成裂纹源。从微观上说，由于微观缺陷处的应力集中产生局部滑移也会形成裂源，而微观缺陷在材料中是难以避免的。体心立方金属微观上形成裂源的原因可能有：① 滑移面阻塞(即位错塞积)；② 机械孪晶交叉；③ 脆性第二相破裂和晶界碳化物；④ 晶界弱化。

裂纹的扩展过程是由微裂纹首先形成裂纹核心，然后扩展合并、长大。形成裂纹核心需要表面能，而

且在扩展前要产生局部塑性变形(滑移),也需要一定塑性变形能,只要有足够的能量,裂纹就扩展。试验表明,裂纹扩展能量为成核能量的100~1000倍。当裂纹穿过晶界,扩展要受到阻力。就需要更大的能量,当能量小于提供的能量时就可能止裂。当能量大到一定临界值时,裂纹就会快速失稳扩展而至断裂。

11.1.4 裂纹性质和形貌分析

裂纹性质一般可由断口的宏观形貌作初步分析,也可进一步保存断口原貌用扫描电镜作断口形貌观察。

1. 延性断裂的形成及形貌

(1) 滑断或纯剪断。对单晶体来说,在外力作用下 $\sigma < \sigma_s$ 时,只能发生原子间距的变化,当达到 σ_s 时,成排原子就沿45°方向滑移,产生永久变形,宏观上可看到直线痕迹,电镜下可看到"线状花样"。对多晶体材料,由于不同晶粒间的约束和牵制,不是沿某一滑移面滑移,而是沿着许多相互交叉的滑移面滑移,其微观断口的电镜照片是"蛇形花样"。若变形再加大,则"蛇形花样"平坦化而变为"涟波花样",同时形成新的蛇形滑动。如继续加大变形,涟波模糊,变成无特征的平坦面而形成延伸区,其过程如图11-2所示。当变形大到一定程度,也就延伸区增加到一定程度后即达到一定临界值后即断裂。因此这个临界值与裂纹尖端的断裂力学参量,有极为密切的关系。

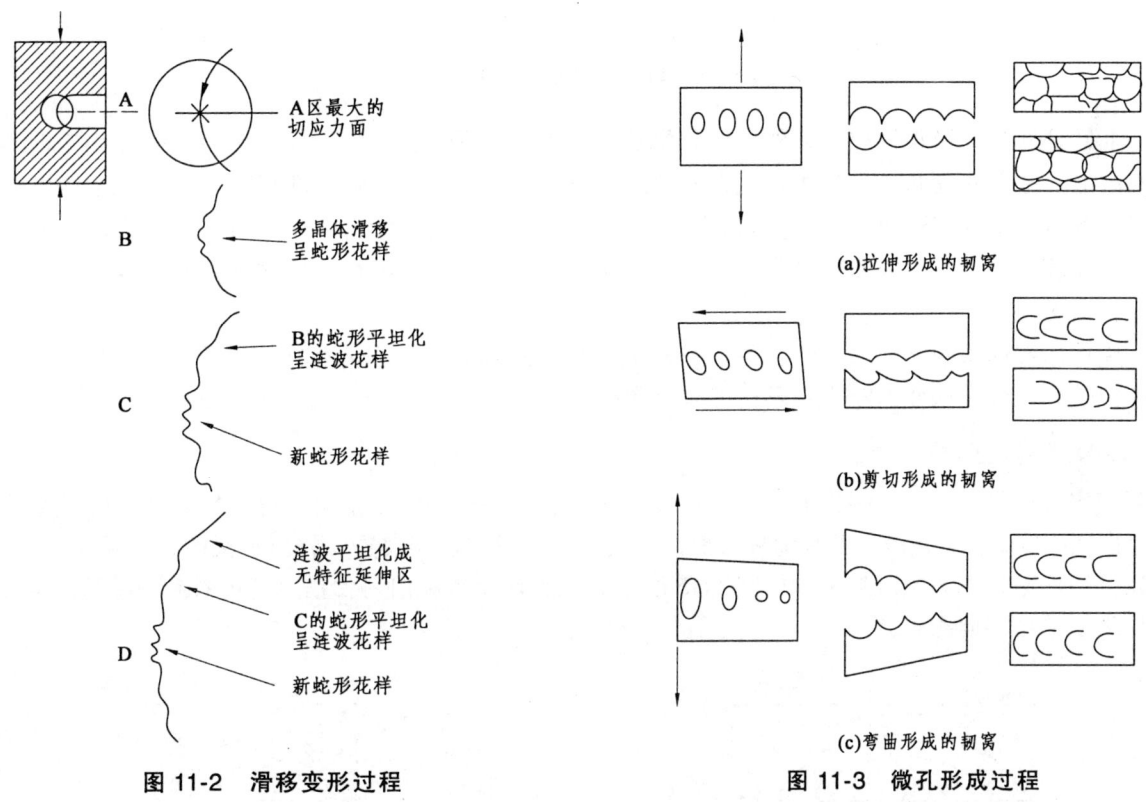

图11-2 滑移变形过程　　图11-3 微孔形成过程

(2) 微孔聚集机制和韧窝花样。构件受拉时,在塑性变形断裂的过程如图11-3所示,在缩颈处内部由于夹杂物、第二相质点与母材弹性和塑性的差别,形成显微空洞,开始时数量少而相互隔绝,随着塑性变形的加大,空洞长大、聚集并连通形成微裂,逐渐扩展并断裂,这就是断裂的微孔聚集机制。这种微孔在扫描电镜观察下为窝坑,称之为韧窝花样。微孔聚集机制断裂的断口呈韧窝花样,韧窝的中间往往还残留着第二相质点或杂质。韧窝的大小、深浅和形状决定于受力条件和变形程度。如延性很好的材料就形成深而大的韧窝,并在韧窝边缘伴随有涟波花样和延伸区。在正应力作用下形成等轴韧窝,在剪应力作用下形成45°方向的拉长韧窝,而在弯曲撕裂情况下则形成局部拉长并和拉长方向相同的韧窝。

(3) 延性断裂的宏观表象。延性断口的宏观形貌,除有明显的塑性变形外,其断口表面呈灰色纤维状断口,断口周围出现沿45°方向断裂的剪切唇。

2. 解理断裂与准解理断裂及形貌

(1) 解理断裂。在正应力作用下，由于原子键被破坏而造成穿晶断裂而形成解理台阶和解理面如图 11-4 所示。理论上的解理面，应该是一个平坦面，但由于晶体缺陷、位错、沉淀相、夹杂物等影响，不只沿一个晶面解理，而是沿一族相互平行位于不同高度的晶面解理，这就在不同高度平行解理面之间形成"解理台阶"。在解理裂纹扩展过程中，很多台阶相互汇合，就形成了解理断裂的典型微观形态——"河流花样"如图 11-4(a)、(b) 所示。河流花样的流向与显微裂纹扩展方向是一致的，河流在通过晶界时，还有可能发生形态和数量上的变化。另外，裂纹与晶粒内的空洞，如气孔，粒子破碎等内表面相交，也会形成河流花样。另一种典型的解理断裂形貌是"舌状花样"，这种情况在脆性大的材料和低温脆断时发生。因为当材料在低温时，临界切应力增大，滑移变形困难，由于裂纹尖端的形变与孪晶相遇，主裂纹改变方向沿孪晶面(112)扩展到孪晶界而突然断裂就形成舌状花样，如图 11-4(c) 所示。

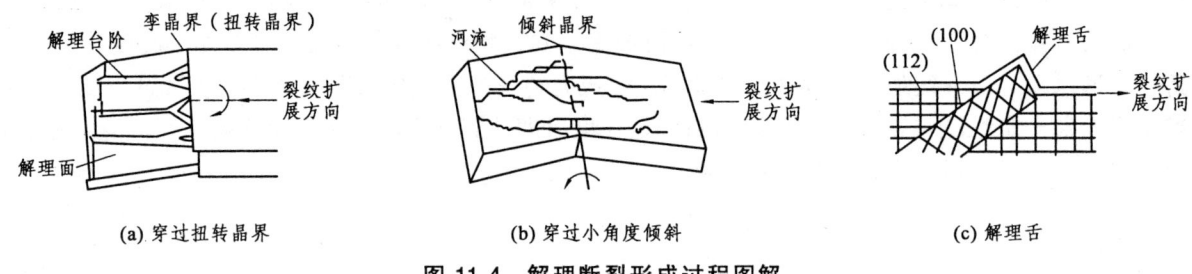

(a) 穿过扭转晶界　　(b) 穿过小角度倾斜　　(c) 解理舌

图 11-4　解理断裂形成过程图解

(2) 准解理断裂的微观特征。另外一种典型断口形貌是准解理，它属于解理断裂但又有其特征。与解理断裂不同的，是其解理面并不与体心立方的解理面严格对应；裂纹源常在准解理小平面内部，并在小平面间由于局部微观塑性变形而形成许多撕裂棱。大量短而弯曲的撕裂棱由中央向四方放射并有二次裂纹，准解理并不能算为一种真正的断裂机制，可能是一种复杂断裂机制的组合。焊接结构的断裂中，出现准解理的情况相当多。

(3) 脆性断裂的宏观特征。在断裂前几乎无塑性变形，断口为结晶状断口，即表面平整发亮，断面垂直于拉应力轴，在较大构件的断裂中还出现人字图样。

3. 疲劳断裂及形貌

疲劳断裂过程是一个启裂—扩展—钝化止裂—再启裂—扩展—钝化止裂—再启裂的多次反复直至断裂的过程。由在 1 000 次反复以上断裂的疲劳断口，宏观可能看到扩展痕迹，分出裂源区、扩展区和断裂区。疲劳断裂有塑性断裂和脆性断裂两种如图 11-5 所示。在脆性疲劳断口用扫描电镜可看到羽毛纹或河流纹，其方向与裂纹扩展方向垂直。

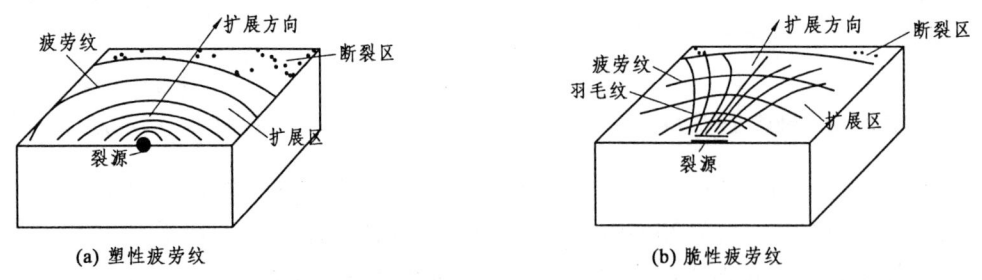

(a) 塑性疲劳纹　　　　　　　　(b) 脆性疲劳纹

图 11-5　疲劳断裂形态

4. 沿晶断裂

前面所述的一些断裂都是穿晶断裂。由于蠕变、回火脆性、氢脆、热裂和应力腐蚀所产生的断裂是沿晶断裂。沿晶断裂在宏观上变形很少，断裂沿晶界进行。扫描电镜观察呈冰糖状花样。根据晶界面的形貌，可把沿晶断裂分为：

(1) 晶界微坑聚合。晶界有一定塑性，由于晶界局部区域的应力达到屈服极限，在晶界上发生显微空洞聚集造成晶界处开裂，例如焊接热影响区裂纹、氢脆和蠕变开裂。

（2）晶界脆断。由于晶界存在脆性相，使晶界韧性下降而产生脆性断裂，例如焊接热裂纹和结构高温运行时的晶界脆断开裂。

（3）晶界腐蚀。在腐蚀介质中，晶界优先腐蚀而开裂，断口表面有腐蚀痕迹；如系应力腐蚀，断口表面还会出现变形和腐蚀特征。

（4）晶界疲劳。疲劳裂纹沿晶界扩展，断口表面除有沿晶断裂特征外，还有疲劳纹。

11.2 焊接接头的静载断裂强度分析

在一般焊接结构设计中都以平均应力计算而不注意焊接连接强度，即使进行焊缝强度计算，也是按平均应力计算，而难以考虑焊接接头的应力集中和与应力集中作用类似的焊接残余应力，现对此加以分析。

11.2.1 焊接接头的断裂

1. 材料的性能及断裂

在力学试验中，当外力作用于试件后，产生弹性应变 ε 和应力 σ，当 ε 达到 ε_s，σ 达到 σ_s 时即产生塑性变形，塑性变形程度越大，则变形越难，σ 也随之增加最后达到最大 σ_b 时启裂扩展而断裂，这时是塑性断裂如图 11-6 中的 0-σ_s-σ_b 曲线，这时可得到常规力学性能 σ_s、σ_b、δ 和 φ，前两个为强度指标，后两者为塑性指标，如果能画出应力应变图还可求出变形所需的弹性变形功、塑性变形功和裂纹扩展功，这就是静力韧度 α。这种经过大的塑性变形才断裂的叫塑性断裂或延性断裂，其宏观断口可看出有相当大的塑性变形和剪切唇，断口是纤维状断口。上述 0-σ_s-σ_b 曲线并非真实强度，与真实断裂断面相对应的净截面强度曲线应该是 0-σ_s-S_b 曲线。对于高碳钢或某些高合金钢材料不发生屈服就达到强度极限而断裂就是脆性断裂，所需的功主要是弹性变形功如 0-$\sigma_{0.2}$ 曲线，其宏观断口可看不出塑性变形，而呈平齐结晶状断口，是电镜扫描断口是河流状花样

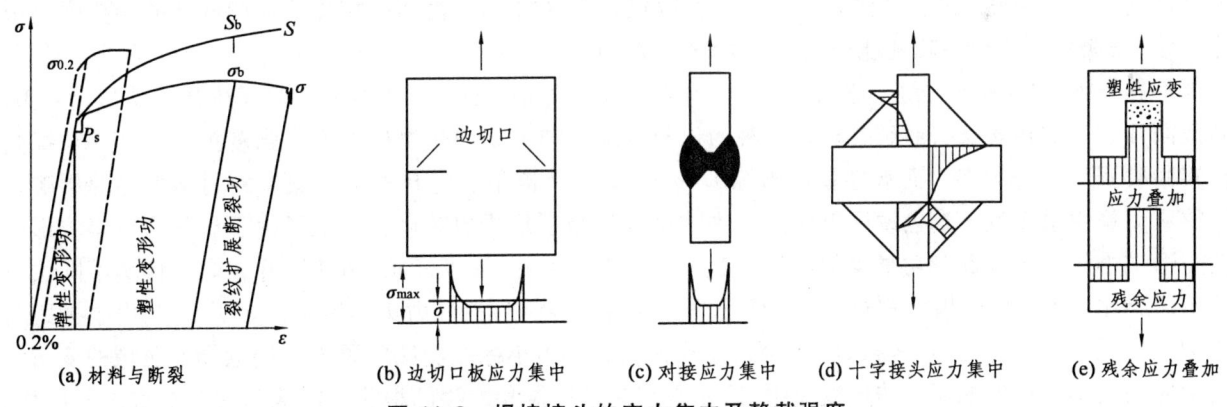

(a) 材料与断裂　　(b) 边切口板应力集中　　(c) 对接应力集中　　(d) 十字接头应力集中　　(e) 残余应力叠加

图 11-6　焊接接头的应力集中及静载强度

2. 有切口焊接接头的断裂

在具体结构中的焊接接头的形状变化、焊接接头缺陷等引起应力集中，这种应力集中可以用较大尺寸的有切口试件，如图 11-6(b)所示来分析。

（1）试件制作。试验用通用的 H08MnA 焊丝和含微量元素强化的 H08C 焊丝配 SJ101 烧结焊剂埋弧焊 14MnNbq 钢，50 mm 厚板 X 坡口对接，然后加工成 45 mm 厚和 22 mm 宽、440 mm 长的试件，在厚度方向开双边 r=0.5 mm 的线切割切口于焊缝、熔区和母材，受力净截面为 28 mm×22 mm，无切口试件保持 144 mm 长受力净截面为 28 mm×22 mm 的均匀截面的矩形光滑拉伸试件；另外还加工了两种焊缝和母材的常规标准试件以作比较。

(2) 试验方法。试验在 1 000 kN 试验机上进行，记录应力应变图，用 100 mm 和 8.5 mm 标距的钳试引伸计和 1 mm×1 mm 的应变片来测各种变形参量，用声发射来监测启裂点。由测试结果得出各种试件的强度、塑性和韧性，如表 11-1 所示。

表 11-1 两种匹配焊接接头的试验结果

试件类型		切口在焊缝		切口在熔区		无切口试件		切口在母材	标准无切口试件		
匹配类别		高	低	高	低	高	低		H08C缝	H08MnA	母材
焊丝牌号		H08C	08MnA	H08C	08MnA	H08C	08MnA				
匹配比		1.16	0.86	1.16	0.86	1.16	0.86	1.00	1.16	0.86	1.00
强度 MPa	$\sigma_{0.2}$ 100 mm 标距	530	515	505	495	330	325	445	525	390	400
	$\sigma_{0.2}$ 8.5 标距	520	500	480	440	415	415	400			
	σ_c 启裂强度	560	505	525	485	505	435	435			
	σ_b 断裂强度	705	640	670	655	515	520	615	625	465	540
	S_b 真实断裂强度	710	680	700	605	1200	1170	690			
塑性 %	e_b 真实均匀塑性	6.0	5.0	4.6	4.8	13	10	4.4			
	δ 100 mm 标距	9.5	7.0	9.0	8.5	26	28	7.5	26	29	29
	δ 8.5 标距	90	86	100	89			93			
	φ	30	24.5	47	41	72	72	40	69	70	
韧性	δ 张开位移 mm	0.26	0.20	0.23	0.21			0.19			
	$\sigma_{0.2}100/\sigma_b$	0.75	0.81	0.75	0.76	0.64	0.62	0.72	0.84	0.84	0.74
	α MJ/m²	55.5	41.0	51.9	50.6	177	186	43			

(3) 试验结果分析。① 两种接头的无切口试件的接头强度、塑性和韧性都十分接近，都断在母材，实际上是代表母材的性能，说明这样的低匹配也能达到等强要求。② 由两种接头的切口试件的接头强度塑性韧性比较，H08C 的焊缝各项性能全面高于 H08MnA 的焊缝，对熔合区（实际上为跨三区）除 e_b 略低外，其余也都高于 H08MnA 的焊缝。这说明微合金化的焊缝，虽是高匹配，但全面提高了焊接接头质量。③ 同样静截面开切口焊接接头（断裂在母材可视为母材性能）与无切口光滑试件比，强度指标 $\sigma_{0.2}$ 和 σ_b 提高，但真实断裂强度则低得多；而塑性韧性指标 δ、φ 和 α 大为降低，这代表应力集中对材料性能的影响，即材料的应力集中敏感性，这也说明有应力集中的试件的断裂形式的变化，验证了由于局部应力集中形成了塑性变形很小和扩展及断裂功很少的断裂，使真实断裂强度大大降低。④ 由切口开在焊接接头不同位置的试件与母材比，各项性能指标差异不大，证明焊缝及接头与母材的应力集中敏感性相近。⑤ 由小标距与大标距测试结果表明，对 $\sigma_{0.2}$ 比较接近，但 δ 则差异很大，因为小标距测试结果十分接近局部区域的变形，这说明由应力集中引起的屈服区的应变集中，这才是启裂—扩展和断裂的根源。⑥ 大试件与标准小试件相比，强度高于小试件，延伸率和屈强比相近。⑦ 值得提出的是带切口试件中，两种匹配的焊缝的静力韧性 α 和启裂韧性 δ（裂纹张开位移）都高于母材，其中 H08C 焊缝高于 H08MnA 焊缝。⑧ 此结果可类比分析一些表面裂纹类缺欠如焊接表面裂纹、咬边和根部未焊透等。

3. 焊接接头的应力集中

焊接接头的应力集中如图 11-6(c)、(d) 所示，与前述情况十分类似。

4. 焊接残余应力叠加

这种情况是在主作用区存在可能达到屈服的初始应力，工作应力叠加后，该区不能承载，只能产生塑性变形，如图 11-6(e) 所示，达到极限后启裂—扩展—断裂。

11.2.2 焊接接头应力集中与断裂的原因

1. 焊接接头应力集中源

由上分析,焊接接头断裂的原因中应力集中是其主要因素,焊接接头的应力集中主要由下列几方面引起:

(1) 焊接工艺缺陷及冶金缺欠。焊接时产生的、夹渣、气孔、咬边和未焊透均会引起焊接接头的应力集中。其中,咬边和未焊透较为严重。焊接时冶金缺陷主要是指焊接过程中和焊后产生的裂纹。这种裂纹,特别是与受力方向垂直的裂纹严重地引起焊接接头的应力集中。焊接工艺缺欠及冶金缺欠在断裂分析时取影响最严重的裂纹为代表,并分为贯穿裂纹、表面裂纹和深埋裂纹,以贯穿裂纹危害最严重,表面裂纹次之,深埋裂纹最小。

(2) 焊缝外形。即使没有焊缝缺陷,不同焊缝形状也会引起不同程度的应力集中,如对接焊缝或角焊缝就会产生较大的应力集中,当对接去掉加高量或角焊缝焊成凹入焊缝,就可以减少或消除应力集中现象。

(3) 接头形式。不同接头形式会引起不同程度的应力集中,对接的应力集中最小,搭接的应力集中最大,十字接头应力集中介于其中。但通过改变焊缝形状,改变焊透情况,进行焊趾加工以使应力传送缓和,均可大大减少应力集中现象。

(4) 制造过程中的缺陷。如气割切口不平或有裂缝、弧坑、洋冲眼和焊疤等缺陷都会引起应力集中。

(5) 焊接残余应力。焊接残余应力与同方向工作应力叠加,也相当于应力集中造成的影响。

2. 应力集中对静载强度的影响

当具有足够塑性、韧性的焊接结构,如果是单向应力集中小或单向残余应力,是不会影响静载强度的。当加载时,由于工作应力叠加,会使应力集中区首先达到屈服,产生局部的塑性变形,应力就不再上升。这时载荷加在相邻未屈服区域,如工作应力增加,屈服区扩大甚至全面屈服,这对就消除了应力集中和残余应力的影响。由于焊接结构多采用低碳和低合金钢,塑性储备很大,局部屈服甚至全面屈服也不会引起断裂,在这种情况下,应力集中和残余应力不会引起静载强度的降低。因此一般就计算静截面平均应力而不考虑应力集中。

但是对某些脆性材料和某些塑性储备不足的材料(如铸铁、高碳钢和中高合金钢),这时就可能在应力集中处,由于塑性变形能力低,使应力升高到强度极限而局部开裂并扩展到临界值后断裂。

对于有三向应力的焊接接头及结构,即使材料本身塑性很好,但处于三向应力状态也会使材料脆化。在低温条件下和快速加载情况下,材料也会脆化,这时如有应力集中,也会产生局部启裂,继而扩展到断裂。

3. 材料断裂的力学条件和断裂性质的影响

(1) 材料性能和应力状态的影响:材料性能和应力状态的影响如图 11-7(a)所示,材料的成分组织和性能决定材料的强度,但断裂的形式确定于应力状态。当应力状态为 1 时,应力增加到屈服强度而塑性变形到塑性极限即达到剪切强度,与受力方向成 45°的塑性断裂;当应力状态为 3 时,应力增加到正断强度不产生塑性变形与受力方向垂直的脆性断裂;当应力状态为 2 时,应力增加到屈服强度而产生一定塑性变形后即达到正断强度的混合断裂,从断口外表面上看可有一定的塑性变形和呈 45°的塑性断裂剪切唇,中部为与受力方向垂直的脆性断口。$\sigma_{Tmax}/\sigma_{Fmax}$ 为应力状态的重要参数,其值越小,脆断倾向越大。在三向拉伸的情况下,剪应力为零,$\sigma_{Tmax}/\sigma_{Fmax}$ 为零,单向拉伸时为 0.5,扭转时为 0.8,单向压缩时为 3。

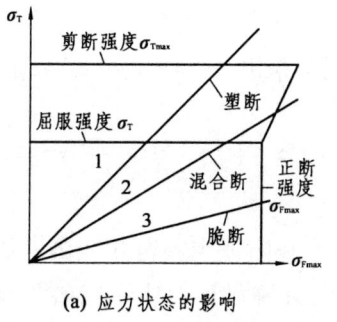

(a) 应力状态的影响

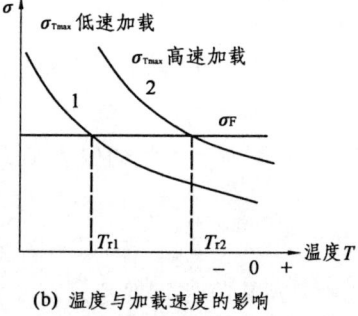

(b) 温度与加载速度的影响

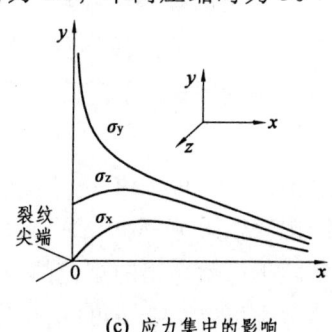

(c) 应力集中的影响

图 11-7 影响断裂强度的因素

(2) 环境温度和加载速度的影响。环境温度和加载速度的影响如图 11-7(b)所示，一般材料的正断强度受温度影响很小，而屈服极限和剪断强度确随温度降低而升高使脆性加大，在低于一定临界温度 T_{r1}（实际上是一个温度范围）后，脆性增加直至完全脆断，上述温度称之为脆性转变温度。加载速度对材料的正断强度影响很小，对和剪断强度和屈服极限影响大，加载速度提高，使转变曲线由 1 右移到 2，使脆性转变温度提高到 T_{r2}。

(3) 应力集中的影响。应力集中是焊接结构中最突出的影响，前面已有详细阐述，除此而外，它还改变切口尖端的应力状态如图 11-7(c)所示，使切口尖端区形成三向应力而增加材料脆性，由平面应力状态变为平面应变状态。

(4) 材料初始条件的影响。材料的晶粒大小、晶体结构及其组织对性能的影响很大，特别是对脆性的影响最大。板厚增加由于厚度方向拘束加大，也可增加材料脆性由平面应力状态变为平面应变状态。还有材料的方向性影响也很大，沿轧制方向优于垂直轧制方向，更优于沿板厚方向，对塑性和韧性的影响比强度大得多。对低温性能的影响比常温性能的影响要大得多。脆性解理断裂常常发生在大厚度粗晶粒材料、在低温和大变形情况下有较大应力集中和残余应力的结构，脆断倾向加大。

11.2.3 延性断裂的安全评定

关于用断裂力学方法评定焊接缺陷，对于目前一般焊接结构多为延性断裂，用基于延性断裂准则来做断裂的安全评定。

1. 基于延性断裂的安全评定的基本资料

(1) 缺陷部位的应力(包括应力集中及残余应力情况)；
(2) 存在缺陷部位的结构形状和焊接接头形状；
(3) 用无损探伤确定评定对象的缺陷大小、位置和方向；
(4) 存在缺陷部位的断裂韧性值((δ_c 或 C_V)和材料的 σ_s，

2. 缺陷部位的应力

当净截面屈服（裂纹外截面屈服）或全面屈服后断裂（构件裂纹远处达到屈服）时可用由宽板试验得出的全面屈服表达式来作安全评定，其关系表达式（称 Wells 公式）为：

裂纹张开位移 COD：$\delta = 2\pi e a$　或　无量纲 COD：$\Phi = \dfrac{\delta}{2\pi e_s \cdot a} = \dfrac{e}{e_s}$

式中　a——裂纹半长；
　　　e——工作应变；
　　　e_s——屈服应变。

为了进一步接近宽板试验数据带，经过了多次修正。

1971 年英国焊接学会修正为：$\Phi = e/e_s - 0.25$，

1974 年为国际焊接学会 IIW 缺陷评定规范采用。

1978 年我国钢铁研究院修正为：$\Phi = e/e_s - 0.50$。在有焊接残余应力情况下采用：$\Phi = [(e+e_s)/e_s] - 0.25 = e/e_s + 0.75$。

对试件的修正：$\Phi = \alpha(e/e_s - 0.25)$；$\alpha$ 值为：中心切口为 1.0，单边为 1.2~1.57，表面为 0.75~0.8。各曲线比较如图 11-8(a)所示。

实际上以后定出的规范的设计曲线还有较大修改，如日本的 WES-2805 缺陷评定规范和我国的压力容器缺陷评定规范 CVDA-84 的设计曲线比 IIW 缺陷评定规范又有了大的修正，几种设计曲线比较如图 11-8(b)所示。

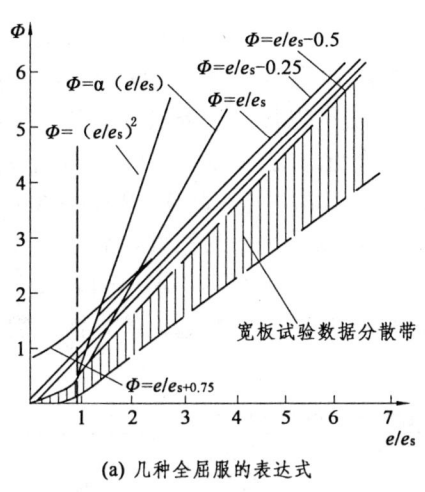
(a) 几种全屈服的表达式

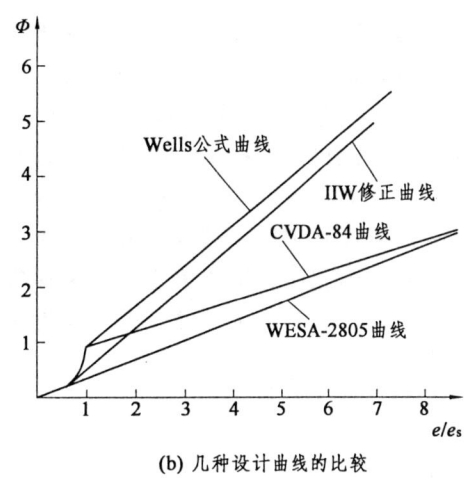
(b) 几种设计曲线的比较

图 11-8 延性断裂的安全评定

3. COD 延性断裂的安全评定的应用

在 1974 年国际焊接学会(IIW)上提出草案，1975 年英国标准协会(WEE137 委员会)也公布了类似的草案。1980 年日本焊接学会又公布了 WES-2805K 标准。我国在 1984 年也公布了压力容器缺陷评定规范 CVDA-84。这些标准原则相似，但具体规定有所不同，因而其结果的宽严也有所不同。如缺陷理想化的规定，当量裂纹尺寸确定的图表，力学条件的假定等均有所不同。一般认为 WES-2805K 规定得比较具体、合理，较易执行，因此本节以 WES-2805K 标准为主，将缺陷评定方法作一简要介绍。

延性断裂的安全评定首先要确定 COD 计算式如图 11-8(b)所示。以日本的 WES-2805 曲线的 COD 计算式条理清晰，现以此为例：

COD 计算式: $\delta = 3.5\pi e a$

其中：总应变 $e = e_1 + e_2 + e_3$

主应变 $e_1 = (\sigma_t + \alpha_b \sigma_b)/E$

残余应变 $e_2 = \alpha_r \sigma_s/E$

应力集中应变 $e_3 = (K_t - 1)e_1$

式中 σ_t、σ_b、σ_s——工作应力、强度极限和屈服极限；

α_b、α_r——缺陷类型和残余应力修正系数；

K_t——应力集中系数。

由上看出，该 COD 计算式皆以应变为参量，不只考虑了主应变，而且考虑了由残余应力引起的应变和应变集中的影响，对不同情况的影响程度作了相应的修正，其修正系数如表 11-2 所示。

表 11-2 各 种 修 正 系 数

缺陷种类	残余应力修正系数 α_r				缺陷类型修正系数 α_b	应变集中系数 K_t			
	对接焊缝缺陷		角焊缝缺陷			对接焊缝		角焊缝	
	∥	⊥	∥	⊥		横缝 $c<0.15t$	1	横缝工作	2~3
穿透缺陷	0	0.6	0	0.6	0.5	横缝 $c>0.5t$	1.5	纵缝工作	2~3
深埋缺陷	0	0.6	0	0.6	0.25	横缝 $c<0.5t$	$1+p$	横缝联系	1~1.5
表面缺陷	0.2	0.6	0.6	0.6	拉侧 0.75	横缝 $c>0.5t$	$1+p$	纵缝联系	1
表中 $p=3$(角变形矢高+错边量)/板厚					压侧 0	纵缝	1	环缝附件	1~1.5

4. 裂纹的理想化

（1）裂纹的方向。与受力方向成一定角度的裂纹都应转化为与受力方向垂直的裂纹，其长度取其投影的长度。

(2) 裂纹的转换。裂纹分穿透裂纹、深埋裂纹和表面裂纹，当深埋裂纹和表面裂纹超过板厚的一定比例就转化为穿透裂纹处理，如图11-9(a)所示，$p_1 \leqslant b$时，则深埋裂纹转化为表面裂纹[$2a \times (2b+p_1)$]；当表面裂纹$p_2 \leqslant b$时，转化为贯穿裂纹[$2a \times (2b+p_2)$]。当非裂纹缺陷存在也以最大边界尺寸转化为裂纹尺寸。相邻缺陷合并为包括相邻缺陷尺寸的大裂纹尺寸，如图11-9(b)所示，表面裂纹中；$s_1 \leqslant a_1$时[IIW为$s_1 < (a_1+a_2)$]，$s_2 \leqslant b_1$。[IIW为$s_2 < (b_1+b_2)$]时，合并为$(2a_1+s_1+2a_2) \times (2b_1+s_2+2b_2)$。WES-2805与IIW不同点在于前者是以合并中最小裂纹尺寸为标准，后者则以两裂纹的a或b之和为标准。后者合并要求严，合并以后尺寸大，因此计算结果偏于安全和保守。非同一平面的缺陷，在相距小于最小的a或b时，也要按上述同样原则合并。总之是从最安全的角度来把各类型的缺陷转化为统一的穿透裂纹、深埋裂纹或表面裂纹长度a。

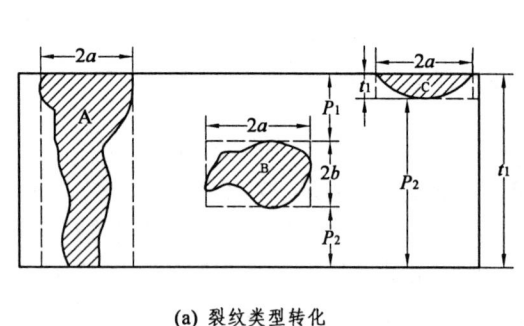
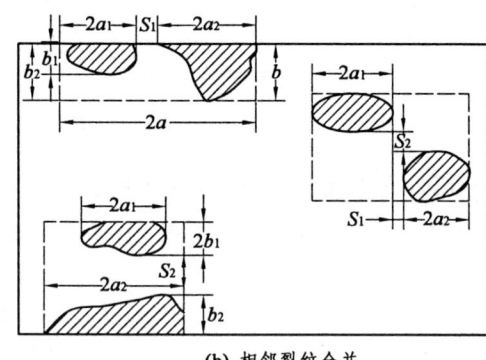

(a) 裂纹类型转化   (b) 相邻裂纹合并

图11-9 缺陷的理想化的转化图

(3) 亚临界扩展的考虑。日本WES-2805考虑了受循环载荷的裂纹亚临界扩展量a_N，其计算方法见后节，其判据为$a = a_0 + a_N < a_c$。

(4) 当量裂纹尺寸$\bar{a}$的换算。在计算表达式中的a都是代表穿透裂纹的长度，现在还必须把深埋裂纹或表面裂纹长度a转化为与穿透裂纹相当的当量裂纹尺寸$\bar{a}$，经过转换和合并以后的裂纹如为穿透裂纹，那么这个裂纹长度$2a$中的a就是当量裂纹尺寸$\bar{a}$。如为表面裂纹或深埋裂纹则需转换为$\bar{a}$，IIW和WES-2805均介绍有图表可查，两者稍有不同，现给出WES-2805标准的计算图，其换算方法如图11-10所示，其中a为由深埋裂纹转化为穿透裂纹，b为由表面裂纹转化为穿透裂纹。

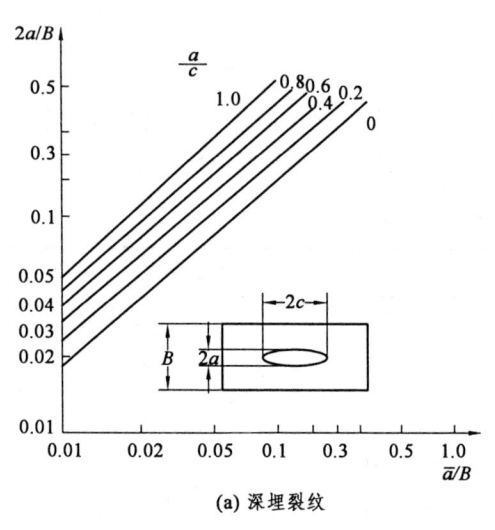
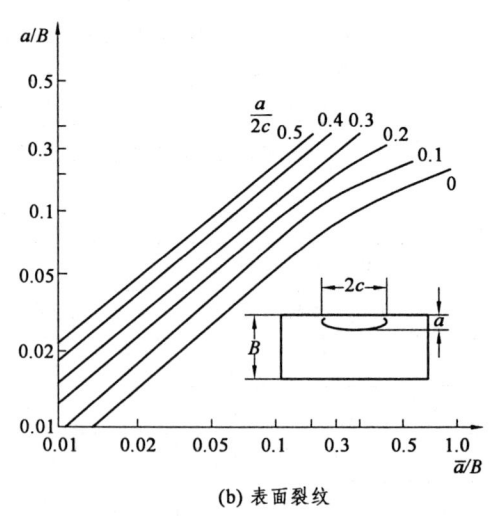

(a) 深埋裂纹   (b) 表面裂纹

图11-10 当量裂纹尺寸的$\bar{a}$换算图

5. 焊接接头的断裂韧性指标之一 COD

有缺陷的的结构能否继续使用就看这两个条件，即：

$$\bar{a} \leqslant \bar{a}_c, \quad \delta \geqslant \delta_c$$

式中 $\bar{a}_c$ —— 临界裂纹尺寸；

δ_c —— 临界裂纹 COD，由断裂韧性试验得出，如图 11-11 所示。

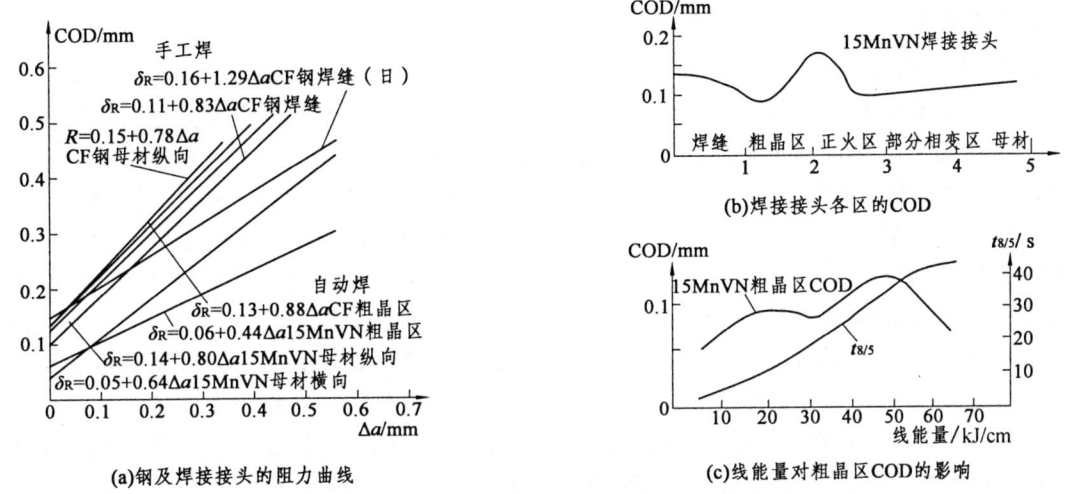

图 11-11 焊接接头的断裂韧性指标之一 COD

(1) COD 试验试验方法。COD 试验试验有多种方法，最常用的有开疲劳裂纹试件的三点弯曲试验，按 COD 试验标准进行，用多试样或单试样弹性柔度的变化作出裂纹扩展阻力曲线（COD-Δa 的关系）如图 11-11(a)所示。母材多用前者，焊接接头为了保持测试区域的一致性，可采用边切口小试样来测指定部位的裂纹扩展阻力曲线。测阻力曲线的好处是可将数据回归成线性表达式可在数值计算中使用，另外可由此求启裂韧性 δ_i 和一定裂纹扩展量的临界断裂韧性(如 $\delta_{0.05}$ 或 $\delta_{0.2}$)临界断裂韧性 δ_c，还可比较各种情况下的裂纹扩展阻力 $\delta/\Delta a$，阻力曲线的斜率即 $\delta/\Delta a$ 越大，抗裂纹扩展阻力越大。如果只为测得启裂韧性 δ_i，用取声发射监测启裂点并测出当时启裂 COD 为 δ_i 即可。还可继续加载求出开始卸载前的最大 COD 为 δ_m，有的取 δ_m，用此作性能比较还可以，因为它包含了裂纹扩展阻力的大小，如用作缺陷评定的临界值则过宽，以 δ_i 为临界值又过严，一般取一定裂纹扩展量的临界断裂韧性 δ_c。COD 试验试验也可在低温下进行和作出韧脆转变曲线，但由于是静载，所以韧脆转变不如缺口冲击试验那样大，得出的转变温度比缺口冲击试验低。

(2) 焊接接头的断裂韧性：在图 11-11(a)中已可看出不同焊接接头的 δ_i 和 $\delta/\Delta a$ 都不同。在同一焊接接头各区断裂韧性也不同，以一种钢的焊接接头为例，如图 11-11(b)所示。由图看出，以粗晶区最低，正火区最高。以不同线能量焊接的焊接接头粗晶区作比较，有一最优的焊接线能量区域，如图 11-11(c)所示。因此确定焊接接头的断裂韧性要比母材复杂的多，不过影响程度不如冲击韧性大。如果没有条件作焊接接头的断裂韧性试验也可由冲击韧性 vE（即 Cv)转换：

$$\delta_c(T) \approx 0.1 vE(T+112-0.1\sigma_s-5\sqrt{t})$$

式中 $\delta_c(T)$ —— T ℃时的 δ_c 值；

T —— 使用温度，℃；

t —— 板厚，mm；

$vE(T+112-0.1\sigma_s-5\sqrt{t})$ —— 在 $(T+112-0.1\sigma_s-5\sqrt{t})$ 温度时的 vE，J；

σ_s —— 室温屈服极限，MPa。

WES-2805 还考虑了冲击载荷的影响，如构件受冲击时用下式求 δ_d。

$$\delta_d(T) = \delta_c(T-120+0.12\sigma_s)$$

或 $$\delta_d(T) = 0.1 vE(T-8+0.02\sigma_s+5\sqrt{t})$$

式中 $\delta_d(T)$ —— 在 T ℃时的动态断裂韧性，mm；

$\delta_c(T-120+0.12\sigma_s)$ —— 在 $(T-120+0.12\sigma_s)$ 温度下的 δ_c，mm；

$vE(T-8+0.02\delta_s+5\sqrt{t})$ —— 在 $(T-8+0.02\delta_s+5\sqrt{t})$ 温度下的 vE，J；

σ_s——室温屈服极限，MPa；

t——板厚，mm。

6. 影响δ_c的因素

(1) 焊接热影响区的脆化。由于焊接热循环的影响，会对焊接接头引起两种脆化，一为冶金脆化，一为热应变脆化。在低碳钢及低强度结构钢中，主要考虑热应变脆化，对低合金高强度钢，则主要考虑熔合区及过热区的冶金脆化。对调质钢和冷加工硬化钢还要考虑软化区性能的变化，焊接接头各区的δ_c分布如图 11-11(b)所示。由图看出δ_c的大小与各区金相组织密切相关，而熔合区及过热区的δ_c最低。从工艺上讲，熔合区及焊缝容易产生裂纹，从结构上讲，又是应力集中及残余拉应力最严重的地区，因此必须特别注意这个区域δ_c的变化，这是控制焊接结构安全的关键，同时也可利用δ_c的变化规律来评定材料焊接性。

(2) 焊接方法和规范的影响。不同焊接方法会得到不同的δ_c分布，而同一焊接方法，其焊接规范不同，也会使δ_c发生明显的变化，其过热区δ_c与焊接线能量的关系如图 11-11(c)所示。由图还可看出，如果钢材成分不同，则焊接性将有差异，其δ_c变化的情况也不一样，这是与过热区组织密切相关的，由相应的焊接连续冷却曲线，即 SHCCT 图的组织分析可找出其δ_c变化的原因，图中还列出了所用焊接线能量相应的$t_{8/5}$。

(3) 试验方法和结构因素对低温δ_c的影响。温度是影响材料脆性的重要因素，也可以像C_V那样作出转变曲线如图 11-12 所示。① 试验可用多种试验方法进行，其试验结果如 11-12(a)所示，由图看出，试验方法，试件形式(三点弯曲为通用标准试验中心缺口宽板是接近使用情况的工程试验)和缺口位置深度不同，试验所得δ_c(严格地说应该是启裂韧性δ_i)随温度变化的趋势在同一分散带内，就是说对δ_c不发生明显影响。② 图中 11-12(b)所示说明残余应力和应力集中的影响，实验证明，残余应力和应力集中，虽然会因提高总应变而提高了δ，但对δ_c的影响却不同。由图看出，用深切口宽板拉伸(无残余应力)与焊接切口拉伸(有残余应力)所得的δ_c-T 曲线在同一分散带内，但用加筋拘束试件(有严重应力集中和残余应力同时存在)的试验结果使转变曲线大大右移。这就说明，单纯的残余应力并不影响δ_c值，但与应力集中相结合时就会大大降低δ_c值和提高转变温度。③ 如图 8-12(c)所示说明冶金脆化和热应变脆化对δ_c-T 曲线的影响，母材开缺口试验代表有应力集中时的δ_c-T 曲线。④ 焊接以前开缺口代表有应力集中与焊接冶金脆化区重合时的δ_c-T 曲线，其值较低和转变温度较高。⑤ 焊后开切口的试件由于切口尖端应变集中还产生了热应变脆化。可认为除有应力集中与焊接冶金脆化区重合外，还有热应变脆化，所以其值更低和转变温度更高。

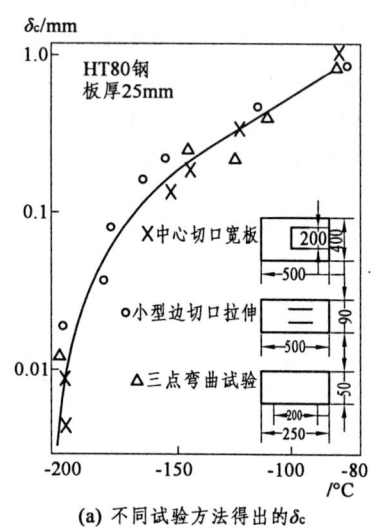 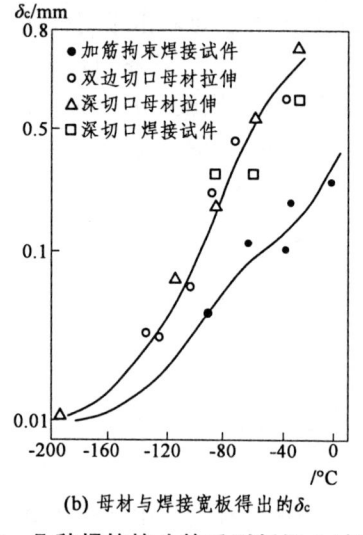 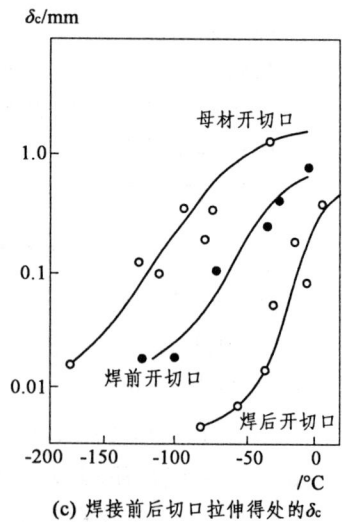

(a) 不同试验方法得出的δ_c　　(b) 母材与焊接宽板得出的δ_c　　(c) 焊接前后切口拉伸得处的δ_c

图 11-12　几种焊接接头的系列低温δ_c试验结果

(4) 切口尖锐度的影响。实验研究表明，试件切口半径r越大，δ_c越高，转变温度越低。当$r \leqslant 0.1$ mm时，就与疲劳裂纹相近。因此有人提出在焊接断裂力学试验中用$r \leqslant 0.1$ mm 的切口代疲劳裂纹作试验。但在一些对应力集中敏感的低合金高强度钢中，则$r=0.1$ mm 的切口比疲劳裂纹件试验要左移 30℃，有的甚至左移 40~50℃。所以在日本 WE5-2305K 标准中规定，用机加工切口代替疲劳裂纹时，要将温度调到比构件工作温度低 30℃进行试验。

(5) 加载速度的影响。加载速度会影响到临界 COD 值,一般材料在常用的加载速度范围内,动态 COD(用 δ_d 表示)比 δ_c 低,转变曲线右移,但材料 σ_s 和加载速度在一定范围内之外就有不同。日本 WES—2305K 标准中建议有 δ_c 与 δ_d 的关系式。

4. 缺陷评定方法

如工作应变 e 已经确定,又知道缺陷部位的试验 δ_c 值,即可进行缺陷评定

(1) 日本 WES-2805 标准

$$\bar{a}_{\max} = \frac{\delta_c}{3.5e}$$

这里 $\bar{a}_{\max}$ 是应变水平为 e,试验临界断裂韧性为 δ_c 时的最大缺陷容许当量尺寸,$\bar{a}_{\max}$ 可根据不同裂纹形式转换为相应的 $a_{\max}$ 值。如检查裂纹尺寸为 a,将其转换为 $\bar{a}$ 作比较。

(2) IIW 缺陷评定标准建议

对大量中低强度钢($\delta_s \leqslant 500 \text{ MPa}$),则用

$$\bar{a}_{\max} = C\left(\frac{\delta_c}{e_s}\right)$$

$$= \frac{1}{2\pi\left(\dfrac{e}{e_s} - 0.25\right)}$$

对 $\delta_s > 500 \text{ MPa}$ 的钢,仍用下式

$$C = \frac{1}{2\pi\left(\dfrac{e}{e_s}\right)^2}$$

如 $\delta < \delta_c$ 或 $\bar{a} < a_{\max}$ 就安全,否则不安全,这就是所谓安全评定。如果已知(按探伤水平定),又知材料 δ_c,亦可求出最大容 $\delta_c < a_{\max}$。

11.3 焊接结构的脆性断裂

11.3.1 脆性断裂的特征及力学条件

1. 脆性断裂的宏观特征

构件在外力作用下,首先在有缺口应力集中部位产生塑性变形形成屈服区,在某些脆性区并形成微裂纹,然后扩展为指甲状的纤维区,当裂纹达到临界尺寸,便迅速扩展。扩展的过程是在临界裂纹前端不远处产生三向应力区(平面应变状态),并在区内形成圆饼状内裂纹,迅速长大;后又在前端形成新的三向应力区和内裂纹,使裂纹迅速向前扩展,并形成人字花样和不同瞬间的抛物线前沿位置,在极脆的断裂情况下,也可能根本不形成纤维区。脆性断裂的宏观特征是与受力方向垂直的平断口。

2. 脆性断裂与解理断裂

脆性断裂,一般属于解理断裂,但两者不是同一概念。脆性断裂是指塑性变形很小的宏观断裂。其性质可以是穿晶断裂或沿晶断裂,而低温脆性断裂则大多是穿晶解理断裂。所谓解理断裂是一种微观断裂机制,是指在正应力作用下沿一定结晶平面(解理面,如体心立方晶格的(100)面解理开裂,有时也沿滑移面和孪晶面解理断裂。因而脆性断裂与解理断裂两者有密切关系,经常同时表现出来,但两者并不是一回事。

3. 脆性断裂的力学及温度条件

(1) 脆性断裂的力学条件。1921 年 Griffith 提出了脆性断裂能量理论。这个理论是建筑在裂纹开始扩展时释放的弹性变形能和裂纹新表面形成所需功之间的平衡为基础的。假定有一单位板厚的无限宽板中产生有 $2a$ 长的裂纹后形成表面能 $4a\gamma_s$，如图 11-13(a)所示，并由释放的弹性能所提供，这时总能量 u 为

$$u = -\frac{\pi\sigma^2 a^2}{E} + 4a\gamma$$

当 $a < a_c$ 时，系统能量增加。$a > a_c$ 时，系统能量减少，裂纹扩展自动进行。系统能量变化的极值就是产生失稳扩展的临界裂纹尺寸 a_c。

$$\frac{\partial u}{\partial a} = \frac{2\pi a \sigma^2}{E} + 4\gamma_s = 0$$

所以

$$\sigma = \sigma_c = \left(\frac{2E\gamma_s}{\pi a}\right)^{1/2}$$

即

$$\sigma_c \sqrt{\pi a} = \sqrt{2\gamma_s E} = K_I$$

式中　σ_c——失稳扩展的临界应力；
　　　γ_s——形成新表面的表面能；
　　　E——弹性模量。

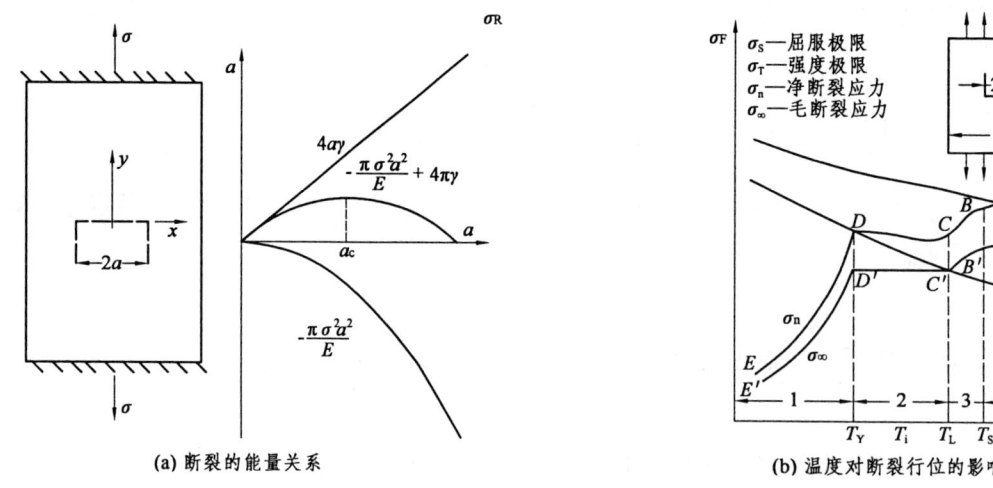

(a) 断裂的能量关系　　(b) 温度对断裂行位的影响

图 11-13　脆性断裂的力学及温度条件

当时这个理论是建立在极脆条件的材料（如玻璃），但对于金属，除需要形成新表面能 γ_s 外，还需要塑性变形能 γ_p。

$$\sigma_s = \sqrt{\frac{2(\gamma_s + \gamma_p)E}{\pi a}}$$

这就是裂纹失稳扩展的力学条件，即应力达到 σ_c 时，也就是 $\sigma\sqrt{\pi a} \geq \sigma_c\sqrt{\pi a}$，即 $K_I \geq K_{Ic}$ 时，裂纹就快速失稳扩展，这就是断裂力学的基础。

(2) 温度对断裂的影响。温度对有裂纹板的断裂应力影响很大，无裂纹板的断裂强度 σ_T 和屈服强度 σ_s，在相当低的温度仍然保持升高趋势，但有裂纹板在相当高的温度就降低了断裂应力如图 11-13(b)所示。图中 $ABCDE$ 为净截面断裂应力，$A'B'C'D'E'$ 为全截面断裂应力，图中显示出几个特征温度。

① T_Y：$(\sigma_n)_F$ 达到 σ_s 时的温度；
② T_L：$(\sigma_\infty)_F$ 达到 σ_s 时的温度；

③ T_s：$(\sigma_n)_F$ 接近 σ_b 时的温度。

这些温度表示某些断裂特征转变：

当 $T<T_y$ 时产生低应力脆断。

当 $T_y<T<T_L$ 时产生高应力脆断，在这个区间，断口形貌由脆性向延性转化。

当 $T<T_I$ 时为脆性断口，$T>T_I$ 时开始有纤维断口，所以 T_I 是开始出现纤维断口的最低温度。在 T_I 以下产生的是解理失稳断裂，在 T_I 以上产生的是纤维型失稳断裂。

(3) 当 $T_L<T<T_s$ 时产生高应变脆断，为全屈服的失稳断裂，断口延性部分增加，为纤维型失稳断裂。

(4) 当 $T>T_s$ 时，$(\sigma_n)_F$ 达到 σ_b，呈全塑性断裂。

11.3.2 焊接结构的脆断的断裂力学评定

近几十年来，国内外关于断裂力学在焊接上的应用有很大发展，在焊接结构脆断分析、疲劳强度分析、材料工艺筛选、焊接结构安全评定等方面都积累了不少经验，有些国家已将断裂力学应用纳入了标准。

1. 焊接结构的线弹性断裂力学分析

(1) 裂纹尖端的应力场及应力强度因子。以Ⅰ型贯穿裂纹为例，距裂纹尖端 r 与 x 轴呈口角处的应力场如图 11-14(a)所示，其相应表达式如下：

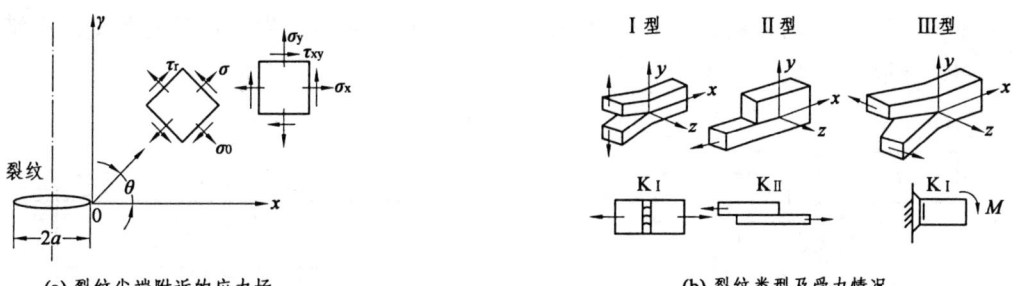

(a) 裂纹尖端附近的应力场　　　　　　　　　(b) 裂纹类型及受力情况

图 11-14　裂纹尖端的应力场及应力强度因子

$$\sigma_n = \frac{K_I}{\sqrt{2\pi r}} \cos\frac{\theta}{2}\left(1+\sin\frac{\theta}{2}\sin\frac{3\theta}{2}\right)$$

$$\sigma_s = \frac{K_I}{\sqrt{2\pi r}} \cos\frac{\theta}{2}\left(1-\sin\frac{\theta}{2}\sin\frac{3\theta}{2}\right)$$

$$\tau_{sy} = \frac{K_I}{\sqrt{2\pi r}} \cos\frac{\theta}{2}\left(\sin\frac{\theta}{2}\cos\frac{\theta}{2}\right)$$

如果写成通式，则为：

$$\sigma_{ij} = \frac{K_I}{\sqrt{2\pi r}} f_{ij}(\theta), \qquad (r \ll \text{裂纹半长}\alpha)$$

由式中看出，某点的应力与所处位置 r,θ 有关，如位置一定，就只与 K 有关，K 是各分量中一个共同的因子。它表示裂纹在名义应力作用下裂纹尖端应力场的强弱，即它的大小，就确定了裂纹尖端各点应力大小，因之叫应力强度因子，在无限大板中心贯穿裂纹情况下应力强度因子 K_I 表达式为：

$$K_I = \sigma\sqrt{\pi a}$$

式中　σ——应力；
　　　a——裂纹半长。

(2) 裂纹类型。裂纹按受力情况可分为Ⅰ、Ⅱ、Ⅲ型，如图 11-14(b)所示。裂纹类型是按裂纹面和扩展方向与受力方向关系而定的；Ⅰ型为张开型，其裂纹面垂直于受力方向，裂纹扩展方向也垂直于受力方向，如对接焊缝中纵向裂纹(其焊缝也是垂直于受力方向)即属此类；Ⅱ型为滑开型，裂纹表面及裂纹扩展方向均平行于受力方向，如侧面搭接焊缝中的纵向(焊缝平行受力方向)裂纹即属此类，Ⅲ型为错开型，裂纹表面平行于受力方向，而裂纹扩展方向垂直于受力方向，如轴类零件对接中的环周向裂缝在扭力作用下即属此类。各种裂纹类型也能得出应力表达式，也能得出与 K_I 相应的应力强度因子表达式：

$$K_I = \sigma\sqrt{\pi a}$$

$$K_{II} = \tau\sqrt{\pi a}$$

$$K_{III} = \tau_e\sqrt{\pi a}$$

上面各型裂纹如是贯穿于板厚的叫贯穿裂纹，如只存在于板表面的叫表面裂纹，如深埋于板内部的叫深埋裂纹。在以后的研究中主要以Ⅰ型裂纹为研究对象，而且大多数情况是研究贯穿裂纹。因为这种条件是最苛刻的应力条件。

(3) 各种类型宽板的修正。如果不是无限宽板中心贯穿裂纹，则：

$$K_I = a\sigma\sqrt{\pi a}$$

式中 α——与受力情况、裂纹位置、类型、板的宽度有关的参数（见表11-3）。

(4) 角变形和错边对 K_I 的影响。在焊接及组装过程中，往往可能产生一定量的角变形和错边，其理想化模型如图 11-15 所示。

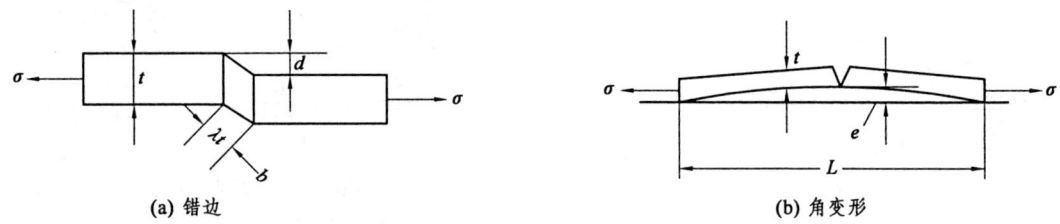

(a) 错边　　　　　　　　　　　　　(b) 角变形

图 11-15　角变形和错边的理想化模型

日本一些研究者建议有角变形和错边时 K_I 的公式，其原理是采用应力强度因子叠加：

$$K_I = K_P + K_B = \frac{\sigma\sqrt{\pi a}}{\varphi}\left[a_P + 6a_B \times \frac{ek_e + dk_d}{t}\right]$$

式中 a_P——拉伸情况的应力强度形状修正因子；

a_B——弯曲情况的应力强度形状修正因子；

$$k_e = \frac{\tan h\left(\dfrac{M}{2}\right)}{M}$$

$$k_d = \frac{\sin h\lambda M\,[M\cos hM(1-\lambda) - \sin h(1-\lambda)M - \lambda M]}{\lambda M(1-\lambda)(M\cos hM - \sin hM)}$$

$$M = \sqrt{3(1-\mu^2)\frac{\sigma}{E}\cdot\frac{l}{t}}$$

其中 e——角变量（每 m 范围内的挠度）；

d——错边量；

μ——泊松比。

表 11-3 与受力情况、裂纹位置及类型、板的宽度有关的参数 α

裂纹几何形式	条　件	$a\ (x=a/W)$		
（无限板宽中心裂纹示意）	无限板宽中心裂纹	1		
（2W宽板中心裂纹示意）	2W 宽板中心裂纹	$\dfrac{1.0-0.5x+0.37x^2-0.44x^4}{(1.0-x)^{1/2}}$ 或 $\sqrt{\dfrac{2W}{\pi\sigma}\tan\dfrac{\pi\alpha}{2\beta}}$		
（2W宽板双边切口示意）	2W 宽板双边切口	$\dfrac{1.122-0.561x-0.205x^2-0.471x^3-0.19x^4}{(1.0-x)^{1/2}}$ 或 $\sqrt{\dfrac{2W}{\pi\sigma}\left(\tan\dfrac{\pi\alpha}{2W}+0.1\sin\dfrac{\pi\alpha}{W}\right)}$		
（W宽板单边切口示意）	W 宽板单边切口	$\left[\dfrac{0.752+2.02x+0.37\left(1.0-\sin\tfrac{1}{2}\pi x\right)^2}{\cos\tfrac{1}{2}\pi x}\right]\times\left(\dfrac{2}{\pi}\tan\tfrac{1}{2}\pi x\right)^{1/2}$ 或 $\dfrac{1}{\sqrt{\pi}}\left(1.99-6.41x+18.79x^2-38.48x^3+53.85x^4\right)$		
（W宽板单边切口纯弯曲示意）	W 宽板单边切口纯弯曲	$\left[\dfrac{0.923+0.199\left(1.0-\sin\tfrac{1}{2}\pi x\right)^4}{\cos\tfrac{1}{2}\pi x}\right]\times\left(\dfrac{2}{\pi}\tan\tfrac{1}{2}\pi x\right)^{1/2}$ 或 $\dfrac{1}{\sqrt{\pi}}\left(1.99-2.47x+12.97x^2-33.17x^3+24.3x^4\right)$		
（半椭圆表面裂纹示意）	半椭圆表面裂纹 $a\times 2\sigma$（a 向底处 K）	$\dfrac{1.1}{\left[\phi^2-0.212\left(\dfrac{\sigma}{\sigma_1}\right)^2\right]^{2/3}}$	σ/c	ϕ
			0	1.0000
			0.1	1.0148
			0.2	1.0505
			0.3	1.0965
			0.4	1.1507
	椭圆深埋裂纹	$\dfrac{1}{\phi}$	0.5	1.2100
			0.6	1.2764
			0.7	1.3456
			0.8	1.4181
			0.9	1.4935
			1.0	1.5708

（5）残余应力对 K_I 的影响。在有残余应力同时作用时用下列表达式：

$$K_I = K_P + K_B + K_r$$

式中　K_r——残余应力引起的 K_I 值；

$$K_r = \langle\sigma_r\rangle\sqrt{\pi a}$$

其中　$\langle\sigma_r\rangle = \int_0^a \dfrac{\sigma_r}{\sqrt{a^2-x^2}}\mathrm{d}x$

当用矩形模型时 $\langle\sigma_r\rangle = \overline{\sigma_r}$。

在 IIW 规定中，$\overline{\sigma_r}$ 取 σ_s，在日本标准中则根据不同情况 $\overline{\sigma_r}$ 取 $0\sim 0.6\sigma_s$，$\overline{\sigma_r}$ 为平均残余应力，一般就写为 σ_r。

(6) 应力集中的影响。

由于应力集中，也会引起应力强度因子的增加，则

$$K_I = K_P + K_B + K_r + K_T$$

式中　　　　$K_T = \sigma_T \sqrt{\pi a}$

$$\sigma_T = (K_T - 1)(\sigma_P + \sigma_B)$$

K_T——应力集中系数。

由上述分析看出 K_I 的大小不只决定于 a、α、σ，而且有残余应力，应力集中、错边和角变形时，均会大大提高 K_I。

2. 临界应力强度因子 K_{Ic}

(1) 线弹性断裂力学判据。

线弹性断裂力学判据可表达为：

$$K_I < K_{Ic} \quad 安全$$

$$K_I \geq K_{Ic} \quad 裂纹失稳扩展，不安全$$

根据格里费斯理论得出

$$\sigma_c \sqrt{\pi a} = [2(r_s + r_p)E]^{1/2} = K_{Ic}$$

由此看出，K_{Ic} 是应力达到失稳扩展临界值 σ_c 时的 K_I，所以称之为临界应力强度因子 K_{Ic}。K_{Ic} 是与材料性能 E、r_s、r_p 有关的参数，可由试验得出。

(2) 平面应力与平面应变状态。如图 11-16 所示，裂纹尖端一点处于三向应力状态时有三个主应力 σ_x、σ_y、σ_z 和三个主应变 ε_x、ε_y、ε_z，所谓平面应力状态就是 $\sigma_z = 0$，这就将发生板的两个自由边沿板厚的收缩变形，即 $\varepsilon_z = -\dfrac{\mu}{E}(\sigma_x + \sigma_y)$。这种情况下引起的变形是由剪应力引起的沿 45°方向滑移，所以塑性变形能 γ_P 占的数量很大，因而 K_c 值就高。如图 11-16 所示，$\sigma_z \neq 0$，这时有主应力 σ_x、σ_y、σ_z，称为平面应变状态。在这种情况下，板厚方向不变形，并具有三向应力状态。这时 $\sigma_z = -\mu(\sigma_x + \sigma_y)$，由于没有板厚方向的塑性变形，因而 γ_P 数随就小得多，而且趋近于一个常数。这种平面应变状态下的 K_I（其值最低），称为 K_{Ic}，用此可作为线弹性断裂力学的失稳扩展产生脆断的断裂判据。较薄板受力时是平面应力状态，当板厚大到一定程度就变为平面应变状态。是否达到平面应变状态，可由板厚 T 按下式决定。

$$T = 2.5 \left(\dfrac{K_I}{\sigma_s}\right)^2$$

由上式看出，K_{Ic} 值越高和 σ_s 越低的材料，就需要相当厚的板才能满足平面应变条件。所以只有在厚度大和屈服强度高的的情况下才适合采用线弹性断裂判据。

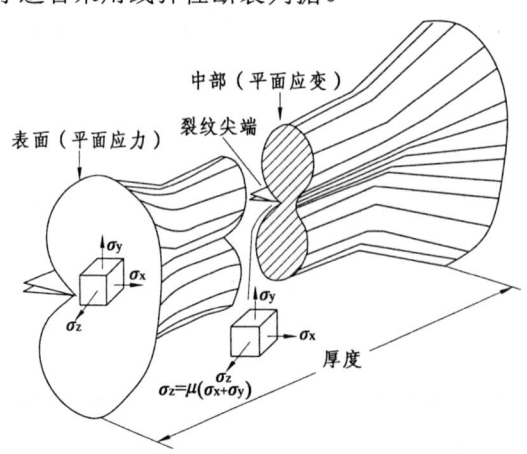

图 11-16　平面应力与平面应变状态

2. 焊接结构的弹塑性断裂力学分析

焊接结构用的材料大多是低中屈服强度钢,一般都属弹塑性断裂,因此最适合用弹塑性断裂力学分析。

(1) 有裂纹板的断裂类型。有裂纹板的断裂类型如图 11-17(a)。图中 $OABC$ 曲线为远场应力 σ_∞ 和远场应变 ε_∞ 曲线。B 点为全面屈服点,A 点为净截面屈服点。由于裂纹尖端附近有很大的应力集中,即使应力低于净截面屈服应力 A(即 $\sigma_n = \dfrac{P}{2W-2a} \approx \sigma_s$),也会在裂纹尖端附近发生屈服,这叫小范围屈服。应力越大,屈服区越大。当 $\sigma_n \geqslant \sigma_s$ 时,裂纹两边的韧带部分全部屈服,这就叫韧带屈服或净截面屈服。应力再继续增加当 $\sigma_\infty \geqslant \sigma_s$ 时,则全板宽发生屈服,叫全面屈服。在 $2W \gg 2a$ 时,净截面屈服与全面屈服将同时发生,即图中 A,B 两点重合。图中 Ⅰ,Ⅱ,Ⅲ 分别相当于小范围屈服、净截面屈服和全面屈服的断裂情况。

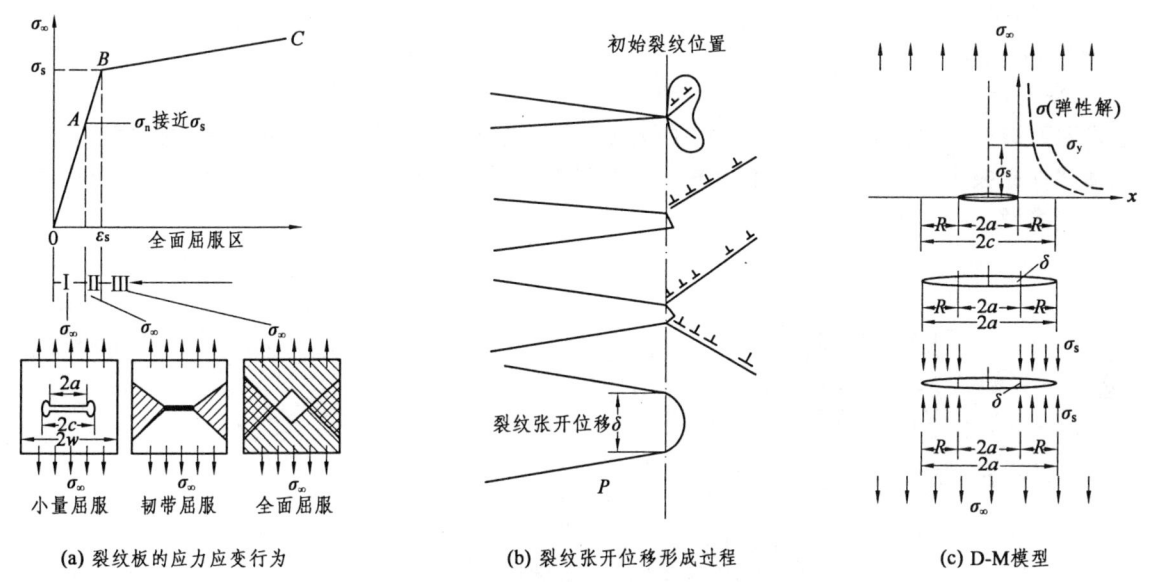

(a) 裂纹板的应力应变行为　　(b) 裂纹张开位移形成过程　　(c) D-M模型

图 11-17　焊接结构的弹塑性断裂力学分析

(2) 小量屈服的弹塑性断裂力学判据。线弹性断裂力学只适用于弹性范围的断裂;对于小量屈服可对线弹性断裂力学加以修正后应用,修正的原则是将小量屈服区当做裂纹加长,即用 $a' = a +$ 塑性区半径,代入原 K_I 公式中即可求出:

$$K_{IP} = \dfrac{K_I}{\left[1 + \dfrac{1}{2}\left(\dfrac{\sigma}{\sigma_s}\right)^2\right]^{1/2}} \quad \text{(平面应力状态)}$$

$$K_{IP} = \dfrac{K_I}{\left[1 + \dfrac{1}{4\sqrt{2}}\left(\dfrac{\sigma}{\sigma_s}\right)^2\right]^{1/2}} \quad \text{(平面应变状态)}$$

将 K_{IP} 来代替原来的 K_I 与 K_{Ic}。作比较评定其安全性。

(3) 弹塑性断裂力学的判据 δ。上述修正式在屈服区扩大时误差就加越大,就要用弹塑性断裂力学判据 δ_c 和 J_{Ic}。焊接结构的缺陷最易产生在焊缝及热影响区,而这往往又是残余应力最大,应力集中最严重的部位;但又是属于强度较低韧性较好的材料,所以比较合理而经常采用的是弹塑性断裂力学判据 δ 和 J。构件在外力作用下,由于裂纹尖端的应力集中,局部达到屈服就产生较大的塑性变形区,因而裂纹尖端就会张开形成并钝化同时向前延伸如图 11-17(b),到达一定临界值时即开裂。

(4) 用 D-M 模型求 δ。在较大屈服时,可以用 D-M 模型求 δ,D-M 模型就是将屈服区(拉应力达到 σ_s)用方向相反的压应力 σ_s 叠加,相当于裂纹长由 $2a$ 变到 $2c$,这时在 $2a$ 裂纹尖端出现张开位移 δ,如图 11-17(c)所示。由弹性力学求解,得下列 δ 表达式:

$$\delta = \frac{8\sigma_s a}{\pi E} \ln \sec \frac{\pi \sigma_c}{2\sigma_s}$$

此式由压力容器爆破试验所证实，但还需考虑圆形鼓胀效应的修正，即：

$$\delta_c = \frac{8\sigma_s}{\pi E} \ln \sec \left(\frac{\pi \sigma_c M}{2\sigma_s} \right)$$

M 为膨胀系数　　$M = \left(1 + \alpha \frac{a^2}{Rt}\right)$

式中　α——系数，球形容器穿透裂纹为 1.93，筒形容器轴向裂纹为 1.61，环向裂纹为 0.32；
　　　R——容器半径；
　　　t——容器壁厚；
　　　a——缺陷半长。

上述 δ 为弹塑性断裂力学的判据，全面屈服的 δ 表达式及应用已在十一章第二节中讲述。

（5）弹塑性断裂力学的判据 J。J 积分是以裂纹扩展单位面积的能量下降率 G_I 为基础，其表达式为：
裂纹扩展率及

$$G_I = \frac{\partial u}{\partial A} = \frac{\partial \left(-\frac{\sigma^2 a^2 \pi}{E'}\right)}{\partial 2a}$$

$$= \frac{a\pi\sigma^2}{E'} = \frac{K_I^2}{E'}$$

式中　　　　$E' = E$　（平面应力状态）

$$E' = \frac{E}{1-v^2} \quad （平面应变状态）$$

当 $G_I = G_{Ic}$ 时，安全；$G_I \geqslant G_{Ic}$ 时，裂纹失稳扩展。

J 积分在数值上就等于 G_I，是一个能量判据，即：

$$J_t = G_I = \frac{K_I^2}{E'}$$

但其真正的定义是一个与积分路径无关的曲线积分。因为在裂纹尖端由于应变集中，按 K_I 的定义，此处有数学上的奇异点，为了避开此点，可用一与积分路径无关的积分表达。

经过数学推导出，J 积分表达式为：

$$J = \frac{\partial u}{\partial a} = \int_c \left(\omega \mathrm{d}y - \frac{\partial u}{\partial a} T \mathrm{d}s \right)$$

式中　ω——应变能密度(单位体积的应变能)；
　　　u——位移矢量；
　　　S——边界路径长。

J 积分也可用下式表达：

$$J = \frac{2E}{B(W-a)}$$

式中　E——变形能量；
　　　B——韧带厚度；
　　　$W-a$——韧带宽度（W 为试件高，a 为裂纹长）。

这个公式在断裂力学试验的计算中常用。

虽然 δ 判据在工程实用上很受欢迎，但总感到是一个实验表达式，理论根据不足，自 J 积分出现后，一般认为，J 积分在理论上是无懈可击的，但使用并不方便。现在不少研究者用 J 积分理论推导出的 δ 表达式，所以奠定了 δ 表达式的理论基础，又发扬了 δ 使用方便的优点。J 积分与 δ 均属于弹塑性断裂力学判据，两者有密切的关系。在线弹性范围内，它们与 K_I 也有直接关系，可写为：

$$J = m\sigma_c\delta$$

式中　m——COD 降低系数，脆性材料为 1，中强材料为 1.5，低强材料为 2～2.5。

实际上 J 积分包括两部分，即弹性部分 J_e 和塑性部分 J_p，

$$J_I = J_e + J_p$$

式中　J_e——弹性部分，

$$J_e = G_I = \frac{K_I^2}{E'}$$

J_p——塑性部分，

$$J_p = \frac{2E_p}{B(W-a)}$$

3. 断裂力学试验

（1）断裂力学试件取样。不同的断裂力学试件取样方向得出的断裂韧性是不同的，试件取样方向必须与裂纹及其受力方向一致。试件取样的方向及代号如图 11-18(a) 所示。试样的代号规定原则是 L 为轧制方向，T 为板宽方向，S 为板厚方向。代号的第一个字母为取样方向，第二个字母为裂纹扩展方向，只要知道这个命名原则就可规定或判别试件的取样方向了。

（2）三点弯曲试验。三点弯曲测试原理如图 11-18(b) 所示。δ_c、J_{Ic} 与 K_{Ic} 试验相似。在作 K_{Ic} 试验时试件的尺寸要求首先要满足 $T = 2.5\left(\dfrac{K_I}{\sigma_s}\right)^2$ 才行，否则就不能算为 K_{Ic}。试件高度一般取 $W=2T$，三点弯曲试验的支点距离 $s=4W$，切口深度 a 为 0.4～0.5W（包括 1.5 mm 的疲劳裂纹），试样要严格保证其垂直度、平行度和光洁度，在需要测试的某焊接接头区开切口，先线切割，然后开疲劳裂纹。进行试验时，首先将试件置于试验机支座上，在中部压头通过传感器加载，并将信号输入动态应变仪放大后输入 X-Y 记录仪，Y 轴自动记录 P 的变化。由于试件受力弯曲，裂纹嘴张开产生位移，固定在钳口上的钳式引伸计测量出裂纹嘴张开位移 V_g，并将信号通过动态应变仪放大输入 X-Y 记录仪 X 轴记录，于是就自动记录了 P-V_g 曲线。取 $\Delta a/a = 2\%$（相当于 $\Delta V/V = 5\%$）时的 P，即画斜率为 5% 的直线与曲线相交点为 P_Q，由此可求出 K_Q。（公式中符号如图 11-18(c) 所示）

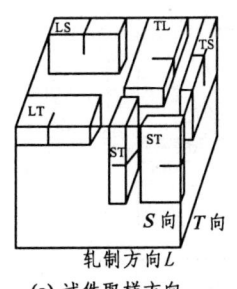
(a) 试件取样方向

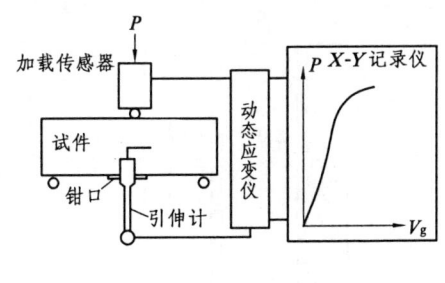
(b) 测试原理示意　　(c) 试件尺寸示意

图 11-18　断裂力学试验

$$K_Q = \frac{P_Q}{B\sqrt{W}}F\left(\frac{a}{B}\right)$$

$$F\left(\frac{a}{B}\right) = 2.9\left(\frac{a}{B}\right) - 4.5\left(\frac{a}{B}\right)^{3/2} + 21.2\left(\frac{a}{B}\right)^{5/2} - 27.6\left(\frac{a}{B}\right)^{7/2} + 38.7\left(\frac{a}{B}\right)^{9/2}$$

弹塑性断裂力学 δ_c、J_{Ic} 与 K_{Ic} 试验相似，只是计算方法有所不同，如果在压头上装一只钳式引伸计，使其同时测量出 P-Δ 曲线（Δ 为施力点位移），即根据 P-V_g 曲线计算 δ_c，根据 P-Δ 曲线计算 J_{Ic}。（公式中符号如图 11-18(c)所示）

$$\delta = \delta_s + \delta_p = \frac{K_I^2}{2\sigma_s E'} + \frac{0.4(W-a)V_p}{0.4W+0.6a+z}$$

$$J = J_s + J_p = \frac{K_I^2}{E'} + \frac{2E_p}{B(W-a)}$$

或

$$J = J_s + J_p = \frac{K_I^2}{E'} + 0.94 \times 2\sigma_s \left[\frac{0.4(W-a)V_p}{0.4W+0.6a+z}\right]$$

式中　E_p—— p-Δ 曲线下的塑性变形能量；

V_p—— p-Δ 曲线下的裂纹嘴塑性张开位移量。

J_{Ic} 并不要求试件厚度不要求达到平面应变状态，δ_c 用结构材料全厚度试件验作；J_{Ic} 厚度要求是 $B \geqslant (1.5\sim2.5)(W-a)$ 和 $(W-a) \geqslant (20\sim60)(J_{Ic}/\sigma_s)^2$。这两个要求在一般低中强度钢很容易达到，因此常用 J_{Ic} 试验结果来转换 K_{Ic} 这时称之为 K_{IJ}。

在焊接接头的断裂韧性试验中，由于要求试件裂纹尖端及扩展在某一窄区内，用小试件比较容易做到这点。为了使小试件接近或达到平面应变状态，可以开边切口。为了测定焊接各区断裂韧性分布，可以用 WHB 试件（即包括焊缝、热影响区和母材的跨三区试件），用金相剖面法或用扫描电镜测量伸展区深度 SZD 或伸展区宽度 SZW。由此就可画出 δ_c 和 J_{Ic} 的分布。

$$\delta_c = (SZD_1)_c + (SZD_2)_c$$

$$J_{Ic} = \frac{E' SZW_c}{95}$$

4. 宽板试验

宽板试验能在实验室内重现焊接结构的低应力脆断，能很好地模拟实际焊接结构的板厚，残余应力和热应变各方面的情况，不只可以研究脆断机理，也是选材的基本方法。

（1）韦尔斯宽板拉伸试验。韦尔斯宽板试验的试验原理如图 11-19(a)所示。

韦尔斯宽板试验过程是：先将试件开成 X 形坡口，在板中部坡口面切入 5 mm 深切口（切口宽 0.2 mm），然后焊接，由于焊接过程中的热应变，使切口尖端有相当大的应力集中，使之产生热应变脆化，然后在一

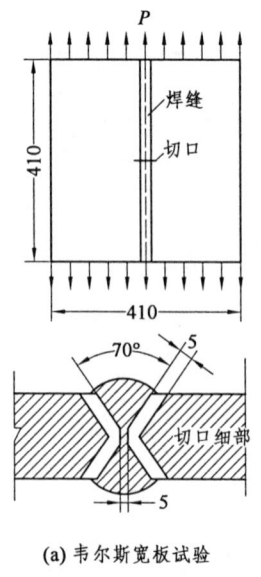

(a) 韦尔斯宽板试验

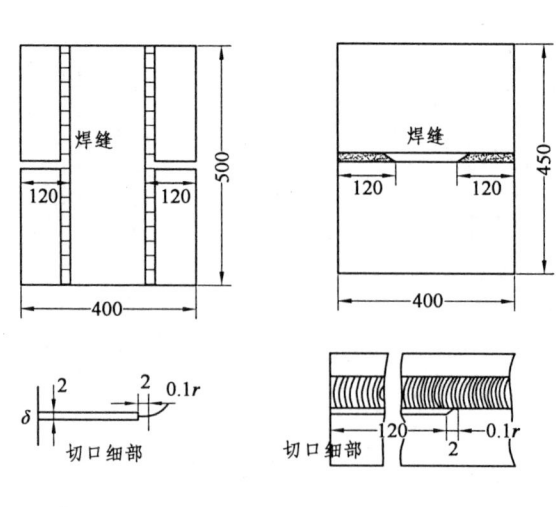

(b) 深切口宽板试验

图 11-19　宽板试验

定温度下纵向拉伸至断裂,由此可得出断裂应力与实验温度的关系曲线,即脆性转变曲线。在很多情况下并不以断裂应力作为评定标准,而是以 510 mm 标距的应变 0.5% 为标准,以 0.55% 全应变时断裂的温度为最低工作温度,这是基于压力容器接管处的实际情况而定的。对于某些强度级别较高的钢,可能焊缝和熔合区是主要脆化区域,因而可将切口开在焊缝或热影响区处,这个目的主要是检验焊缝或热影响区的抗开裂性能。

(2)深切口试验。在日本发展了深切口宽板试验,其方法与韦尔斯宽板试验相同,但试件形式有所不同,其试件形式如图 11-19(b)所示。左侧形式只需在中间板上开平直切口,边板上刨坡口,坡口加工及切口加工部很简单,仍可在焊后达到热应变脆化,根据一些研究结果证明,与韦尔斯宽板试验相比,两种方法所得的 0.5% 应变的转变温度相近。也可将试件形式改为右侧形式,在焊缝或热影响区开切口测该区的转变温度。深切口试验和韦尔斯试验均可在焊后开切口再拉伸,但焊后开切口的转变温度一般低于焊前开切口时的转变温度。深切口试验切口简单平直,为有限宽板的双边切口类型,便于用断裂力学进行计算。

5. 由宽板试验的 K_c 测试结果分析影响 K_c 的因素

用中心切口或深切口宽板试验可测出实际焊接接头各区的 K_c 值,这里往往用实际结构相同的板厚来做,并不要求满足平面应变条件,这时测出的值称为 K_c 而不是 K_{Ic}。下面用一些实验结果来分析影响 K_c 的因素(如图 11-20 所示)。

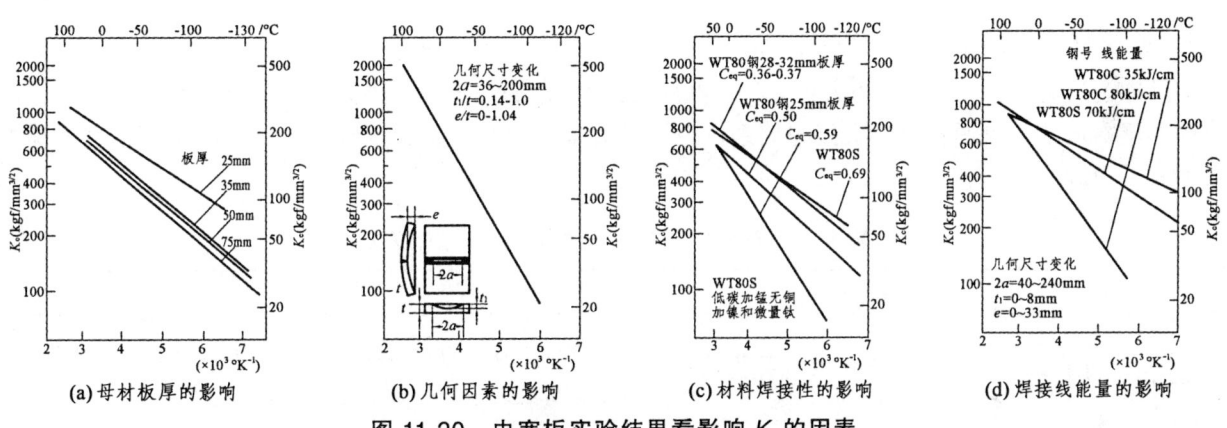

图 11-20 由宽板实验结果看影响 K_c 的因素

(1)板厚的影响。板厚增加,所测出的 K_c 就小,根据一些实验研究结果表明,对 HT50~80 级的低合金高强度钢板厚大于 36 mm 以后 K_c 值就趋于稳定,如图 11-20(a)所示。因此可以认为这时的 K_c 就是 K_{Ic}。

对小于 40 mm 板作出的 K_c,可用下式换算成 K_{Ic}:

$$K_{Ic} = (K_c + K_{Rc})/F(t)$$

式中

$$F(t) \begin{cases} 1 + 0.043(40 - t) & t \leqslant 40 \text{ mm} \\ 1 & t > 40 \text{ mm} \end{cases}$$

$$K_{Rc} \begin{cases} 0 & \text{埋弧焊接头} \\ 1176 \text{ MPa}\sqrt{m} & \text{手工焊接头} \end{cases}$$

(2)几何因素和温度的影响。K_c 与 C_v 相似,也是随温度降低而降低,如将 K_c 与温度的关系化为线性关系,即可变为直线关系,图 11-20 中都利用了这一关系,即:

$$\ln K_c = m \frac{1}{T_K} \times 10^3 + B$$

式中 T_K——热力学温度;

m、B——直线斜率及截距,由试验决定。

在图 11-20(b)中还可看出不同裂纹尺寸 $2a$ 和角变形的宽板试验所有的 K_c 与 $\frac{1}{T_K}$ 的关系在同一分散带内。这也说明几何因素对的测量值没什么影响（指厚板）。

（3）等效含碳量 C_{eq} 对 K_c 的影响。根据在熔区开表面裂纹的宽板拉伸试验表明，试件的几何因素虽不影响 K_c 值，但母材 C_{eq} 却对 K_c 有很大影响。如 WT80、WT80C、WT80S 三种钢，强度级别相同，但 K_c 相差很大如图 11-20(c)所示，这就是由于 C_{eq} 不同所致。母材的 C_{eq} 对过热区 K_c 影响很大，一般情况下，C_{eq} 增加，K_c 降低；但也不尽然，如 WT80S 钢的 C_{eq} 最高，但 K_c 值却高于其他两种同强度级的钢。这种钢的特点是降低了含碳量，增加了含锰量，不含铜，增加了镍和微量钛，此钢母材的 C_V 值比其他两种还要低，但焊后熔合区的 K_c 却比其他两种高得多。从这里看出，由调整成分来调整熔合区的 K_c 是可行的，另外也说明单要求母材韧性而不注意焊接接头的韧性是不恰当的。

（4）焊接规范的影响。图 11-20 所示仍为熔合区宽板试验结果，一般低合金高强钢(弥散强化型)都适用于用小热输入热焊接，如对 WT80C 钢用 35 kJ/cm 和 70 kJ/cm 热输入焊接，小热输入时 K_c 比大热输入时高得多，所以是可以用选择恰当的焊接方法和规范来控制热输入以改善熔合区的 K_c。但对 WT80S 钢即使用 70 kJ/cm 的大热输入量焊接仍有相当高的 K_c 值，因而用调整钢材成分以适应高热输入焊接的高韧性焊接用钢是一个发展方向。由于适用于高热输入焊接，就可大大提高焊接生产率。

6. 断裂韧性与冲击韧性的经验关系

却贝冲击试验经济、方便，为人们乐用。如能找出与 K_{Ic} 的关系，就将大大有利于用断裂力学来评定焊接结构。严格地说，这两者没有直接的关系，但通过大量的试验可找出其经验关系，现推荐几个经验关系如表 11-4 所示。

表 11-4 断裂力学与冲击试验结果的经验关系

作者	关系式	说明
伊藤、田中	$\left(\dfrac{K_{Ic}}{100}\right)^2 = 300\dfrac{vE}{\sigma_s}$	用 HT60、HT80 焊接熔合区内有表面裂纹的宽板拉伸试验结果求出的关系
田中、田野	$\dfrac{K_{Ic}}{\sigma_s} = 900\sqrt{vE}$	由低碳钢~HT80 钢焊接熔合区和 HT50 钢求出的关系
长谷郎、川口有持	$\dfrac{K_{Ic}}{3\,000} = \exp\left[\dfrac{1.5VT_{rs}+12\sqrt{t}-90}{T}\right]$	由低碳钢~HT80 钢及其焊接接头的关系式，t 为板厚（mm），VT_{rs}、T 的单位为 K

11.3.3 焊接结构的脆断实例分析

1. 焊接结构脆断特点

焊接结构的脆断特点可归纳为以下几方面：① 脆断应力低于屈服应力，甚至低于设计应力，属于低应力断裂；② 脆断大多在低温或冲击载荷下发生；③ 脆断前无预兆，突然发生并伴以巨响；④ 脆断一般由焊接缺陷、疲劳裂纹源、三向残余应力区或应力集中部位启裂并扩展；⑤ 脆断是在一定条件下启裂，并扩展到一定极限或一启裂就直接以极高速度扩展至整体断裂。⑥ 断口平直，无明显塑性变形，有人字花样。

2. 焊接结构脆断实例及分析

在第二次世界大战中，国外船舰和桥梁的脆断事故较多，以后在压力容器上也发生过不少脆断事故，这些事故与安全运行的结构相比，虽然为数甚少，但危害甚大，震惊全球。

（1）桥梁的脆断。① 1938 年鲁代尔多夫桥使用几个月后在 -12℃ 时无车辆通过时即发生主梁脆断。材料为 ST-52 钢（$\sigma_s=343\sim383$ MPa），根据分析，材料含 P 超过规定标准，焊接热影响区硬度过高(>400 HV)是引起脆断的主要原因。② 1938—1940 年间，比利时建造的 50 座桥中有 10 座先后发生了脆断事故。如哈塞尔特桥在使用 14 个月后的冬天 -20℃ 时无外载条件下脆断，材料为低碳钢（$\sigma_s = 223$ MPa），断裂裂源在下盖板加强板端部，主要原因是结构构造上应力集中。③ 1951 年，加拿大魁北克桥也因构造的应力集中及焊接不良使全桥一裂数段而崩塌。④ 1962 年，肯斯桥在落成 15 个月后，在 2℃ 气温时有一辆 45 t 电动车辆通过时断裂，该桥材料为 BS968 钢（$\sigma_s = 343$ MPa），裂源在盖板和加强板端部焊接处。通过分析，主要断裂原因为构造设计使应力集中过大和焊接结构材料焊接性不良所致。

(2) 船舰的脆断。① 1946 年，美国海军部发表资料透露，在第二次世界大战中，美国制造的 4 694 只船舰中，970 只共有 1 442 处裂缝，其中 24 支甲板横断，有 8 只从中分为两段，4 只沉没。分析原因，主要在于甲板舱口设计不合理，在方形舱口转角处存在方角过渡并叠焊盖板，形成严重的应力集中，后来将转角处改为圆滑过渡，用实物尺寸试件试验，承载能力由 680 t 增加至 910 t，更主要的是破坏能量由 25 870 J 增加到 660 520 J。这里并没有改变材料品种，又未增加用材的厚度和重量，但承载能力提高到 1.4 倍，特别是破坏能量提高了 20 多倍。② 1980 年 3 月，北海油船由半潜式海上平台克兰德号在 16～20 m/s 的风速和 6～8 m 高的海浪冲击下沉没。裂源是在水平补强支持管上的声波探测器支持板的焊接部位产生的疲劳裂纹，在一年中裂纹扩展遍及支持管（连接 4 个柱脚的管子）的 2/3 周长，脆断就由此疲劳裂纹诱发使柱脚从本体断离而造成事故。③ 1979 年 3 月，英国克尔的什坦号油船在航道上，以 7.7 m/s 速度闯进浮冰群，脆性裂纹从船底龙骨未焊透处发源传到船体外侧板，使船体折为两段。这些事故除本身存在一定应力集中和原始裂纹外，海浪的剧烈冲击和低温也是造成脆断的重要条件。

(3) 锅炉及压力容器的脆断。① 1965 年，英国依明汗合成氨厂大型厚壁压力容器（壁厚 150 mm，外径 2 m，用 Mn-Cr-V 钢制造），在试水压时就脆断，裂源为锻造法兰和筒身的环向自动焊缝，锻件上有偏析区，该区与熔合线相交处附近产生 10 mm 的三角形裂纹，这里的硬度达到 420～460 HV，而热影响区才有 310～360 HV。② 1970 年，日本一多层包扎压力容器（壁厚 144 mm，用 HT60 钢制成），焊后未消除应力作水压试验中脆断，裂源在筒体与锻造封头环焊缝附近靠锻件一侧，这主要是由于氢致裂纹和残余应力作用造成。③ 1968 年，日本德山厂一台大型球罐在水压时脆断，水温 8.5℃，材料是用 HT80 钢，裂纹发生在球罐底部焊缝处，主要原因是氢致裂纹和残余应力，另外也由于焊接热输入过大，造成热影响区韧性降低所致。④ 1974 年 12 月，在冰岛和 1978 年在仙台都发生过石油贮罐的破坏事故，其原因主要由于海水、潮风和储油中的 H_2S 等应力腐蚀所致，同时也由于应力变动引起的裂纹扩展所致。⑤ 1980 年 4 月在日本德山，石油脱硫装置反应塔定期检修中进行通氮气密试验时，反应塔发出一声巨响后断裂。其原因是修补时产生了长 108 mm、深 25 mm 的初始裂纹，并扩展所致。

(4) 车辆结构脆断。① 在 1938 年，捷克比尔森斯柯达工厂制造的元宝车中梁发生过大量脆断，裂源是在成型时产生的裂纹焊补处。② 20 世纪 50 年代前期，我国东北用进口沸腾钢制造的车辆，在冬天发生一批中梁在无外载下脆断。③ 在东北使用的车辆中，在冬季的断裂事例比平时要多得多，而且裂源多在焊缝和热影响区。④ 东北某矿 1978 年引进的美国 75B 型卡车，先后 75 台投入使用，到 1982 年 11 月，共有 50 台发生大梁脆断，使用最长为 107 天，最短只有 17 小时，通过失效分析，主要是材料脆性转变温度过高，不适合该使用地区的要求。

(5) 工程机械及起重机械结构的脆断。① 据东北某省统计，仅矿山及工程机械一项的脆断事故，每年要给国家造成巨大损失。仿苏 C3-S 挖掘机斗杆用 A_3 及 16Mn 钢焊接，在 -30～-40℃ 使用时脆断。1979 年 12 月东北某矿 WK-4 型挖掘机回转台前护膝（45 号钢焊接），在 -3.5℃ 就发生脆断。② 1984 年 1 月，在西北某处 -15℃ 时发生起重机吊臂在超载使用下脆断，材料 σ_s 为 686 MPa。裂源在有三向应力区的焊接部位，小盖板有未焊透，热影响区有原始裂纹旧痕。该吊臂母材冲击韧性在 -20℃ 时，却贝冲击值 C_V 只有 18～30 J/cm^2，焊接部位 C_V 值未测。由此例看出多方面都可能对脆断产生影响。

3. 脆断事故原因综合分析

断裂原因从设计、材料和制造工艺三方面去分析。1971 年国际焊接学会公布了一个调查报告，由调查的 60 例分析，缺口应力集中占 30 例（其中设计不良 11 例，焊接中制造缺陷 11 例，使用中疲劳及腐蚀裂纹 7 例）；应力为主的 2 例（主要是残余应力）；选材不当为主的 19 例（其中缺口敏感性高者 10 例，时效倾向大者 9 例）；热处理不当者 2 例。

1978年日本第三次国际学术讨论会中有报告对过去文献资料总结分析如表11-2所示。

表 11-5 脆断事故原因综合分析

原因类	序号	脆 断 事 故 原 因 分 析	失效次数及百分数		
			次数	%≥	总计/%
材料 与制造有关	1	热裂	2	0.5	33.2
	2	冷裂(氢、冶金脆化、应力、机械作用)	37	8.5	
	3	再热裂(包括粗晶脆化)	14	3.3	
	4	应变时效	26	6.1	
	5	仅由焊接组织状态引起的腐蚀	64	14..9	
材料 设计有关	6	层状撕裂	40	9.3	38.9
	7	疲劳裂纹	36	8.4	
	8	热影响区蠕变强度不足	14	3.3	
	9	脆断(不合适的初始裂纹,母材止裂性差)	76	17.7	
设计	10	缺口应力集中、十字交叉不连续、焊缝交叉、强度刚度不够	41	9.6	9.6
制造	11	缺口(焊接引起的咬边和未焊透等)	35	8.2	14.6
	12	缺口(切割、清理和矫正所引起的)	15	3.5	
	13	几何缺陷(减少强度)	10	2.3	
	14	金属夹渣、过烧、几何缺陷(缺口加剧作用、检查不当)	3	0.6	
使用	15	过载、用坏	16	3.7	3.7
总计			429	100	100

由表中看出,熔化焊钢结构失效原因中,材料是最主要的因素,占 72.1%。

从防止措施看主要是选择合理的焊接结构用钢,并从工艺和设计上采取各种有效措施,以防止热裂、冷裂、再热裂、应变时效、腐蚀及应力腐蚀、层状撕裂、疲劳裂纹、热影响区蠕变断裂和脆断。在设计上主要是尽可能避免构造不连续性,减少应力集中。制造上主要考虑避免产生各种应力集中源。使用上主要不能超载使用和要加强安全监测。

11.3.4 焊接结构的冲击试验脆断评定

脆性断裂除了温度影响很大外,另外就是加载速度。因此广泛采用一定温度的或系列温度冲击试验来做脆断评定。为了近于使用情况,发展了一些大试件的冲击试验。

1. 焊接接头冲击试验及其应用

在脆断研究中最早就是用低温冲击试验,由于简便易行,至今仍是材料和焊接接头的主要韧性评定方法。关于冲击试验和焊接接头冲击试验及其应用在前面已作较详细的讲述,而且目前已在各种材料和焊接规程中应用。目前必须补充说明的是:

(1) 焊接接头冲击试验方法的选定。目前所用冲击试验主要有梅氏和却贝两种试验,两者不同点在于,前者缺口半径为 1 mm,后者缺口半径为 0.25 mm,夹角为 45°;试件尺寸皆为 55 mm×10 mm×10 mm,缺口深度皆为 2 mm。由于两种冲击试验缺口半径不同,所以得出的值和转变温度也不同,前者冲击值低于后者,而脆性转变温度高于后者,我国过去大多使用梅氏试验标准,现在大多采用却贝试验标准,梅氏单位一般用 J/cm^2,却贝单位一般就用 J。这些特点在选用试验方法和引用试验资料时都需特别注意。

(2) 焊接接头冲击试验方法的选定。焊接接头冲击试验与母材不同的是,试件加工后要进行腐蚀,要在指定的部位开切口(如焊缝、熔合区、粗晶区和软化区等),除焊缝外,热影响各区往往很窄,而且不平直,一般开 V 形或 X 形坡口对接测出的熔合区韧性,实际上是跨三区的综合韧性,一般都要高于真正的熔合区韧性。如用开 K 形坡口来测熔合区,可基本代表真正的熔合区韧性,如图 11-21(a)所示。T 形接头的接头韧性更麻烦，如在一块板取样，测出的焊缝及熔合区韧性都是跨三区的综合韧性。与角焊缝的喉高垂直取样时可测得焊缝真正的韧性，但熔合区韧性仍是跨三区的综合韧性如图 11-21(b)所示。因此焊接接头的冲击试验比较费时和费事。要保证试验的准确度有相当大的难度。

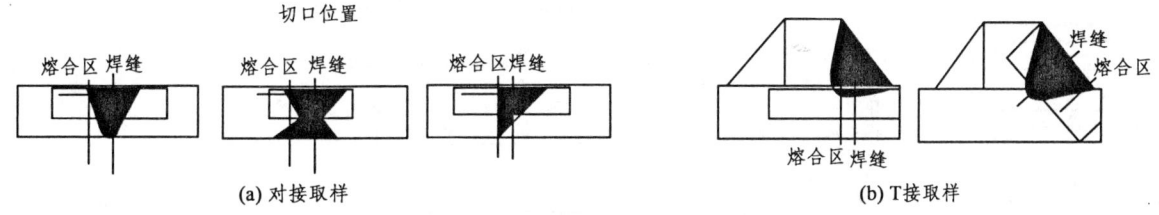

图 11-21 焊接接头冲击试验取样

（3）冲击试验的局限性。冲击试验是目前使用最广的韧性评定方法，在材料和焊接接头的韧性评定和选材中起着重要作用，并且纳入有关标准。但未能考虑结构的材料因素、尺寸因素和残余应力等因素，特别是认为冲击试验一定值（如 27 J）的温度为设计使用温度就更不合适。因此有些标准作了进一步的考虑。例如：

① JISB-8250：低碳钢≥27 J，SM490 钢≥40 J，SM590 钢≥47 J，考虑钢材强度级别。

② BS5500：490 钢板厚 20 mm 以下≥27 J，20～30 mm≥47 J，30～40 mm≥60 J，考虑板厚。

同级焊接 20 mm 以下≥27 J，20～30 mm≥38 J，30～40 mm≥47 J，考虑焊接。

③ BS3480-82：1 级 vE=$\sigma_s \cdot t$/710，2 级 vE=$\sigma_s \cdot t$/1420，(J)，考虑钢材承载级别。

有应力集中 vE=σ[0.3t(1+0.7)/355，(J)，考虑板 t 和应力集中系数 K_t

④ BS1515 附录 C：考虑板 t 和残余应力，按宽板试验所确定的温度来设计温度，根据板厚和是否后热处理来确定≥27J（σ_b＜450 MPa 材料）或≥40 J（σ_b＞450 MPa 材料）的选材，材料参考温度如图 11-22 所示。

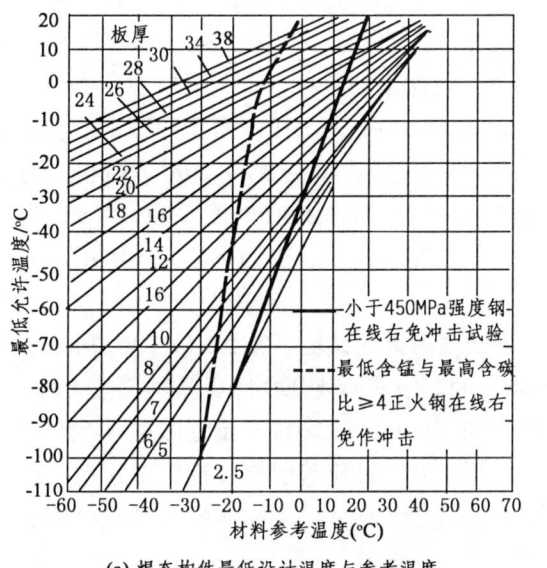
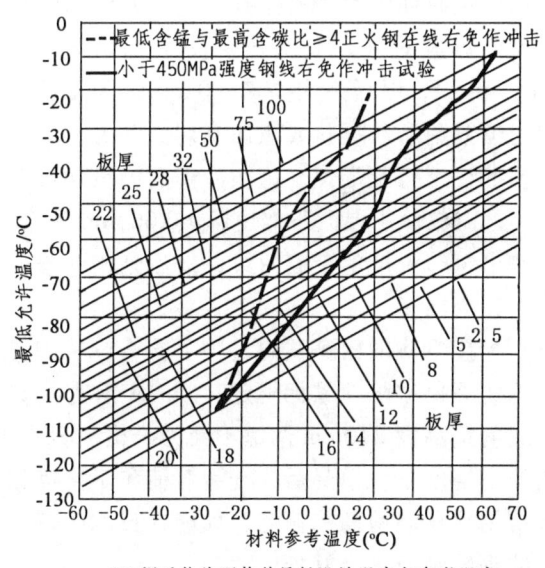

(a) 焊态构件最低设计温度与参考温度　　　(b) 焊后热处理构件最低设计温度与参考温度

图 11-22 宽板试验所确定的设计温度与选材参考温度的关系

2. 冲击加载试验

（1）落锤试验。落锤试验是考虑焊接构件实际情况的一种试验，试验方法装置如图 11-23(a)所示，落锤试验的目的在于得出 NDT 温度（无延性转变温度）。落锤试验的方法是将试件在受试部位（母材、焊缝或热影响区），在试板中部用硬合金堆焊焊条(如堆 127，R_c≥30)按要求堆焊一道焊缝，并在与受试部位相对应的焊缝中部按图要求锯一锯口作为启裂裂源，在一定温度低温槽中降温并保温，保温时间以 1.5 min/mm 计，但最少不低于 30 min，P_1 型要求大于 45 min，要求过冷 2℃，取出试件到冲击加载时间不大于 20 s。冲击能量及其他参数均按表 11-4 确定。以试件受拉面裂纹扩展到一边或两边边缘为断裂标志。以裂纹出现扩展为启裂，以裂源未扩展为无效，以试件断裂的最高温变为无延性转变温度 NDT。

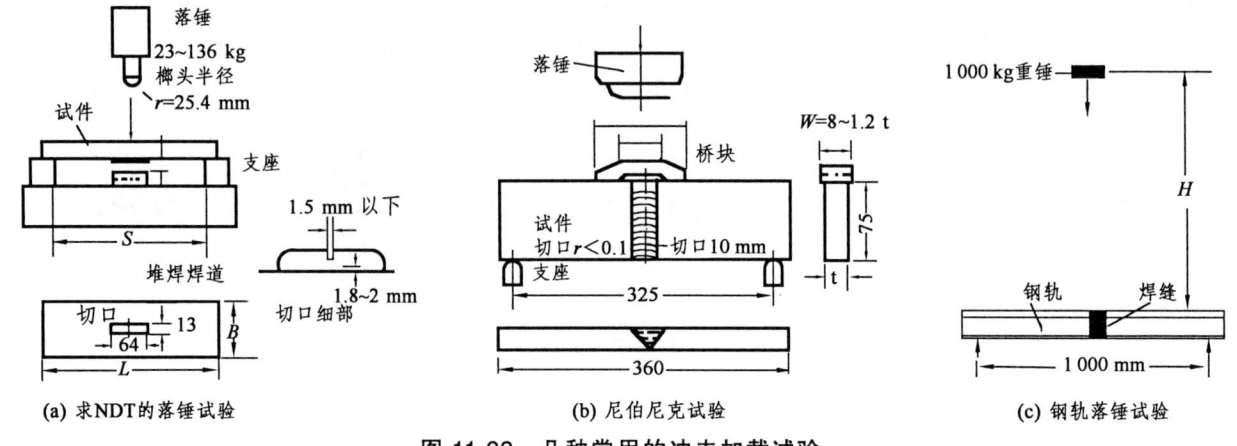

图 11-23 几种常用的冲击加载试验

利用这种试验和爆破试验或其他大型试验可建立断裂判据，相应可得三种转变温度。

① 无延性转变温度 NDT：在 NDT 温度以下将发生脆性断裂，即低于 σ_s 的断裂，缺陷尺寸越大，断裂应力越低。NDT 温度由落锤试验得出。

② 弹性断裂转变温度 FTE：在 FTE 温度以下，裂纹可在低应力区扩展，高于这个温度，裂纹在塑性区扩展。FTE=NDT+33℃

③ 塑性断裂转变温度 FTP：在 FTP 温度以上，呈全塑性断裂。FTP=NDT+66℃

（2）尼伯尼克试验。尼伯尼克试验是由 IIW "焊缝金属脆断试验小组"成员提出的，IIW 九委和十委认为从评定脆性启裂的观点而论，这种方法可能成为基本方法。这种方法所用设备与落锤试验相同，但试验方法和评定原理则有大的差异。这种方法的试验装置、试板尺寸及桥块尺寸如图 11-23(b) 所示。试验方法是用一定重量的锤头(锤头重=板厚±20%)对试件通过桥块进行四点弯曲冲击加载，第一次落锤高度为 $h_1=10\sigma_s$ (mm)，以后每次提高 100 mm，当大于 1 000 mm 后，每次增加 200 mm 直至断裂。试件事先在需要检测的位置用磨薄锯片或线切割切深 10 mm，宽小于 0.2 mm 的切口，并在切口两边画基准线，在切口端部附近基准线上打基准点，每次冲击后测量切口尖端塑性张开位移 δ_F，以 $\delta_F \geqslant 0.06$ mm 为合格。对于生产性试验，只需在使用温度下作出 $\delta_F \geqslant 0.06$ mm 为合格。断裂的标准，一般以裂纹扩展 5 mm 为准。也可用多种温度作出每一温度的断裂曲线，然后划出断裂(或启裂) δ_F 与温度的关系，进而求出 $\delta_F=0.06$ mm 时的温度为脆性转变温度。

（3）焊接钢轨的落锤试验。为了检查钢轨焊接接头冲击强度用落锤试验，如图 11-23(c) 所示，主要用于检验钢轨焊接缺陷，铁标规定对 60 kg 钢轨，支点距离取 1 m，锤头重 1 000 kg，落锤高度 520 cm 一锤不断，或落锤高度 310 cm 两锤不断为合格。日本的落锤试验是由 300 cm 左右开始逐级提高至开裂，记录其每级的下挠度量，以最后的开裂载荷和下挠度量考核其承载能力。目前我国焊接钢轨的落锤试验，无法考核焊接钢轨低温脆断的倾向，如能在日本的落锤试验和尼伯尼克试验基础上加作低温试验可能在控制低寒地区的钢轨脆断大有好处。

表 11-4 落锤试验的冲击能量及其他参数

试板型号及尺寸 /mm	试件各部尺寸 /mm	材料强度级别及对应落锤能量	
		δ_s /MPa	W /J
P₁型 25×90×360	$t=25\pm2.5$ $L=360\pm10$ $B=90\pm2.0$ $S=305\pm1.5$ $d=7.6\pm0.05$	205～340 340～480 480～620 620～755	805 1 080 1 355 1 630

续表 11-4

试板型号及尺寸 /mm	试件各部尺寸 /mm	材料强度级别及对应落锤能量	
		δ_s /MPa	W /J
P_2 型 19×50×130	$t=19\pm1.0$ $L=130\pm10$ $B=50\pm1.0$ $S=100\pm1.5$ $d=1.5\pm0.05$	205～410 410～620 620～825 825～1 030	335 400 470 540
P_3 型 16×50×130	$t=16\pm1.0$ $L=130\pm1.0$ $B=50\pm1.0$ $S=100\pm1.5$ $d=19\pm0.05$	205～410 410～620 620～825 825～1 030	335 400 470 540
$P_1P_2P_3$ 共同尺寸	焊道高 4～15 mm	缺口底高 1.8～2.0	缺口宽≤1.5

3. 止裂试验

(1) 止裂试验。前面所述的宽板试验是属于抗开裂试验，止裂试验是评定裂纹一旦发生后在扩展中的止裂能力，因而比较安全和保守，对材料要求更为苛刻。止裂试验的方法很多，现仅以罗伯逊试验加以说明。这种试验方法如图 11-24(a)所示。试验时用 250 mm 宽的板焊于两联结板之间，在端部钻一个 25 mm 的孔，孔边锯一个宽 0.5 mm 长 5 mm 的切口，在孔周围降温。另端加温以造成温度梯度，这时在拉伸作用下加以冲击，使裂纹活化并扩展到一定距离，由于温度升高，扩展阻力加大而停止，停止处的温度叫止裂温度 T_s，止裂时的应力叫临界应力 σ_c。止裂温度 T_s 比一般脆性转变温度要 T_f 高，因而要求安全性特别大的结构才采用这种相当保守的止裂设计原则。在此基础上还发展了其他几种止裂试验方法，都可得出止裂曲线——CAT 曲线。

(2) 止裂试验和宽板试验结果比较。如图 11-24(b)所示，PR 线为光滑试件的 σ_b，PST 为有应力集中的 σ_b，PSBW 为有应力集中及残余应力时的 σ_b，PAVW 为止裂曲线，T_s 为止裂温度，T_f 为脆性转变温度，T_a 为脆裂产生温度，并分成启裂不扩展、启裂并扩展和止裂区。

(3) 止裂试验和落锤试验结果比较。配里尼将以上结果综合分析了上面各种关系提出了断裂分析图如图 11-24(c)所示。此图建立了缺陷尺寸、断裂强度和温度之间的关系，建立了落锤试验 NDT 温度在厚板和特厚板的 FTP 和 FTE 之间的关系。当工作温度低于 NDT 温度时，缺陷尺寸增加，断裂强度明显下降；当工作温度高于 NDT 温度时，这种关系发生明显变化，其断裂强度明显上升；当温度达到 FTE 后，不管裂纹尺寸如何，都超过材料屈服强度后断裂；而当温度达到 FTP 后，材料达到屈服强度后才断裂。图中 CAT 曲线为止裂曲线，在此线以右，裂纹会停止扩展。

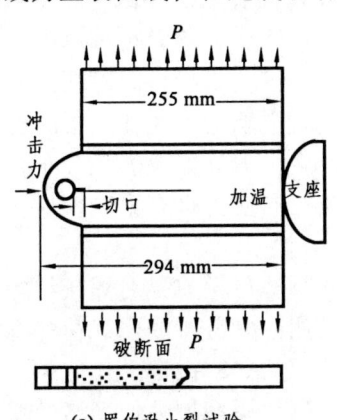
(a) 罗伯逊止裂试验

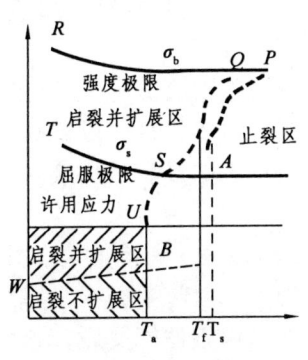
(b) 止裂试验与板宽试验对比

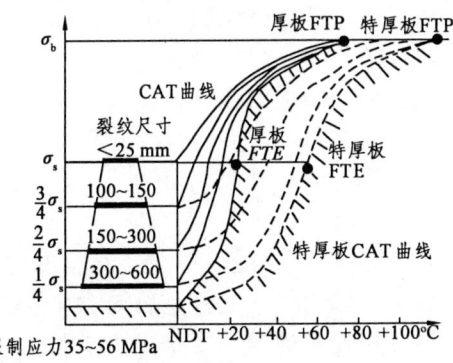
(c) 配里尼断裂分析图

图 11-24 止裂试验及其应用

4. 动态断裂韧性测试及应用

动态断裂韧性测试及应用与静态相似，不过必须在断裂力学参量中增加动能量，和静态断裂韧性作比较，动态断裂韧性测试方法和内容也相似，测出的值加"D"以示区别，其转变温度高于静态断裂韧性。动态断裂韧性测试开展不多，可以用工作温度以下（$120-\sigma_s$）度的静态断裂韧性δ_c值为δ_c^D。δ_c^D也可用V形切口的试验结果vE来转换，即：

$$\delta_c^D = 0.01vE(T-8+0.2\sigma_s-5\sqrt{B})$$

式中 $(T-8+0.2\sigma_s-5\sqrt{B})$ ——与板厚B、材料屈服强度σ_s和工作温度T有关的修正值。

11.3.5 焊接结构的脆断控制

焊接结构在冲击载荷下，由于加载速度很快，应力集中来不及均匀化，同时在很多情况下由某些原因造成的三向应力状态使材料变脆，因此在冲击载荷下更易以脆断形式断裂，温度对断裂形式有很大影响，这些在小试件冲击试验和前述多种试验都得到证明。

1. 焊接接头和结构强度的影响因素

（1）焊接接头和结构的应力集中。影响焊接结构的断裂强度特别是疲劳和脆断强度因素最主要的应力集中，引起应力集中因素有：① 焊接工艺缺陷，如气孔、焊缝及热影响区裂缝，咬边、未焊透或夹渣均会引起焊缝及焊接接头的应力集中其中尤以裂缝、未焊透和咬边最为严重。② 制造过程中的工艺缺陷，如气割口不平或裂缝，弧坑，洋冲眼都会引起应力集中。③ 焊缝外形。不同的焊缝外形给基体金属带来不同切口影响如对接去掉加强，就没有应力集中了，如有凸起的对接焊缝就有较大应力集中，在焊趾处打磨成圆滑过渡可减少应力集中。④ 接头形式。不同接头形式对应力集中影响也不一样，对接有最小的应力集中，搭接应力集中最大，其中以侧面焊缝的搭接接头应力集中最大，丁接接头和十字街头也有较大应力集中；搭接或丁接如果是用粗焊条或小电流慢速焊均可造成表面凸起的加强焊缝，但熔深很浅，这样就易形成相当大的应力集中，重要结构是不能这样的；如用较细焊条与相应焊条直径电流偏高的电流短弧焊时可得较大熔深和小的凸起，在自动焊时甚至可以焊成溶深很大，加强高度为负(即凹下)的减弱焊缝，这种焊缝应力集中最小；如采用焊透角焊缝可大大减少应力集中。⑤ 结构形式。结构形式设计的改进大大地减少应力集中，可大大的提高焊接结构的疲劳强度和抗脆断能力，最值得注意的是杆件连接处形式、加筋形式。整个结构形式也是有影响的；如将厚盖板工字梁改为箱形梁，可以减小用钢板的厚度；可降低韧脆转变温度和焊接时的拘束应力和裂纹倾向，也可减少焊后的三向残余应力。

（2）应力对接头强度的影响。应力包括工作应力和残余应力。① 设计应力的影响。设计构件尺寸或焊缝尺寸过小，或未考虑结构和焊接接头的应力集中，使工作应力超载。② 焊接变形的影响。焊接变形过大会使结构强度降低，一是增加了部件安装时的次应力，如因变形了就在大外力强制下安装而产生大的安装附加应力，另外焊接变形也会在外载作用下产生附加应力，因此焊接结构的验收中都对其尺寸公差提出了相应的要求。③ 焊接应力的影响。前面已经分析过单向残余应力对结构强度是没有什么影响的，即使平面残余应力(如薄板对接时的残余应力)对一般静载、疲劳和冲击载荷的结构都没有什么不良影响；对于脆性材料或存在三向应力状态使材料脆化，使脆性转变温度提高，因此对脆断强度有不良影响；同时使部分区域塑性变形能力达到极限，使材料变形能力下降，这对疲劳强度和脆断强度都有影响，因此在焊接时应尽量避免三向应力产生。焊接三向应力在厚板焊接中对接焊缝和对接有裂缝时产生；另外如果焊缝分布在空间不同的方向内，并互相交叉，也会有三向应力状态的产生。焊接次序对形成三向应力也有影响，这在焊接施工中要特别注意。

（3）结构材料的影响。焊接结构的材料对结构强度的影响很大。① 结构材料的化学成分对焊接结构有重要意义。因为化学成分是决定组织性能的基础，一般重要结构，特别是承受疲劳疲劳、冲击载荷和可能在低温环境使用的结构要求塑性和韧性储备要大，焊接性能要好，选用低 C 低 P 低 S 微合金化的中高强钢可提高塑性和韧性储备和焊接性能。② 母材板厚对结构强度的影响很大，一是板厚增加会使韧脆转变温度提高，脆性倾向增加；一是板厚增加焊接应力大，裂纹倾向大，焊后残余应力大和产生三向残余应力。

在结构部件连接处应力集中大。③ 母材热处理状态对焊后性能有重要影响。

(4) 焊接材料的影响。焊接材料是获得优质焊缝性能的关键。① 焊接材料必须要与母材性能性能相匹配，以保证焊接接头的性能。② 焊接材料不止是保证焊缝性能优异，还可减少焊接裂纹倾向，提高结构运行过程中抗开裂和裂纹扩展能力。③ 焊缝和熔合区韧性在提高结构安全性方面特别重要，一般常温韧性差异可能并不太大，但低温韧性差异可能相当大。其中以降低的 C、P、S 加镍和微合金化的焊丝和碱性药皮、药芯和烧结焊剂，可以提高焊缝的塑性和韧性储备和提高焊接性能，减少裂纹倾向。

(5) 焊接工艺的影响。焊接工艺方法，工艺规范和焊接顺序都对焊接结构强度有影响。不同的焊接工艺方法，其温度场与热循环都有很大的不同，同样的焊接工艺方法其工艺规范，特别是焊接初始温度和焊接线能量对焊接结构强度都有影响。因此合理选择焊接工艺对防止焊接缺陷保证焊缝良好成形和焊接接头性能起着重要作用。

2. 提高焊接接头和结构抗脆断能力的措施

综上所述，了解了焊接接头及结构强度的主要问题，也了解了影响焊接接头及结构强度的各个主要方面，就可以从各方面给以保证和提高焊接接头和焊接结构的措施。

(1) 合理选择焊接结构材料。① 要从材料的使用性能来选择焊接结构材料，如静载、疲劳、冲击和磨损等条件来选材，对承载结构必须有良好的塑形及韧性储备，特别是承受疲劳和冲击载荷的结构要求更高。对承受磨损的构件则要求硬度和一定韧性。② 要从材料的使用环境来选择焊接结构材料，如高温、低温、腐蚀介质和辐射等条件选用相应的结构钢。③ 如要用做焊接结构就必须有良好的焊接性，目前发展的倾向是选用低 C 低 P 低 S 微合金化的中高强钢。

(2) 合理设计焊接接头及结构形式。合理设计焊接接头及结构形式的主要要求是尽量减少应力集中。① 合理设计焊缝及焊接接头。对直接传递疲劳和冲击载荷的构件尽量采用小余高的对接接头和焊透的十字接头和 T 形接头，并加工去余高和焊趾平滑过渡；对厚薄板对接要将厚板加工成斜坡使对接处厚度一致；对难以避免的搭接可采用不等边角焊缝以达到传力和缓过渡。② 要避免铆焊或栓焊接头共同受力。因为焊缝是刚性的，而铆接和螺栓连接是可松动连接，如按焊缝和铆钉共同受力，由于焊接的刚性，而全部力首先加在焊缝上，焊缝吃不消首先破坏，铆钉或螺栓也随之破坏，另外焊接的加热也会使螺栓或铆钉松动受不了力。因此尽量避免联合受力结构(大件分段拼装除外)。③ 合理设计联结的形式。一些构件联结的地方，往往是应力比较复杂的地方，因此要尽量避免应力集中。④ 尽量避免焊缝集中和焊缝立体交叉应从联结形式、筋板形式、筋板尺寸及数量各方面尽量设法，既要保证一定刚度，又要减少焊缝数量及集中程度。⑤ 在强度要求许可的条件下，尽量把焊缝布置在应力最小区，同时使焊缝尽量不布置在一个截面上。但是这些措施都是预防万一的措施，关键还在合理设计焊接接头，焊缝及结构形式。

(3) 合理选用焊接材料。要选择合适的与母材匹配的焊接材料，如用微合金化焊丝和碱性药皮、药芯或焊剂，选用合适的保护气体，可提高疲劳强度和抗脆断能力。

(4) 合理制订工艺来提高接头强度。对工艺过程必须严格控制，主要考虑下列几方面。① 对导致冷变形过程要当心，尤其是在不知道变形程度情况下要特别当心，如剪切、冷压校正或成形加工，特别要避免在冷加工区进行焊接。② 由氧气切割造成的缺口不能留在构件中；特别是受拉盖板的边缘。③ 合理选择焊接工艺，如焊接方法、焊接规范和焊接顺序，以达到最小残余变形和应力、良好焊接接头组织和性能和最少的焊接缺陷，特别是裂缝，不容许存在，咬边、未焊透对承受交变载荷和抗脆断能力有严重影响。

11.4 焊接结构的疲劳强度

11.4.1 疲劳强度的基本概念

疲劳断裂是焊接结构特别是重载高速运行的运载工具和工程结构的主要断裂形式之一，有时是先有疲劳裂纹而后在一定情况下脆断。有资料介绍，由疲劳裂纹引起的断裂失效达 70%～80%，甚至达 90%。

1. 概　述

（1）疲劳断裂特征。在变化载荷的作用下经过裂纹萌生，启裂、亚临界扩展到失稳扩展以至断裂的现象，称为疲劳断裂。所以疲劳是一个损伤积累过程，在断口上可以由“年轮弧线”似的痕迹分出裂源区、扩展区和终断区，如图 11-25(a)所示。

（2）疲劳载荷控制分类。疲劳分低周应变疲劳和高周应力疲劳。由恒幅加载疲劳试验得出的应力或应变与断裂周次的关系如图 11-25(b)、(c)所示。高周应力疲劳作用应力远低于屈服极限，它的启裂和扩展主要受应力所控制，裂纹扩展慢，到达断裂的周期很长，因而称之为高周应力疲劳。低周应变疲劳在启裂部位已达到屈服极限，受应变循环所控制，断裂的循环周次比较低，因而叫低周应变疲劳。

(a) 疲劳宏观断口　　(b) 高周应力疲劳曲线　　(c) 低周应变疲劳曲线

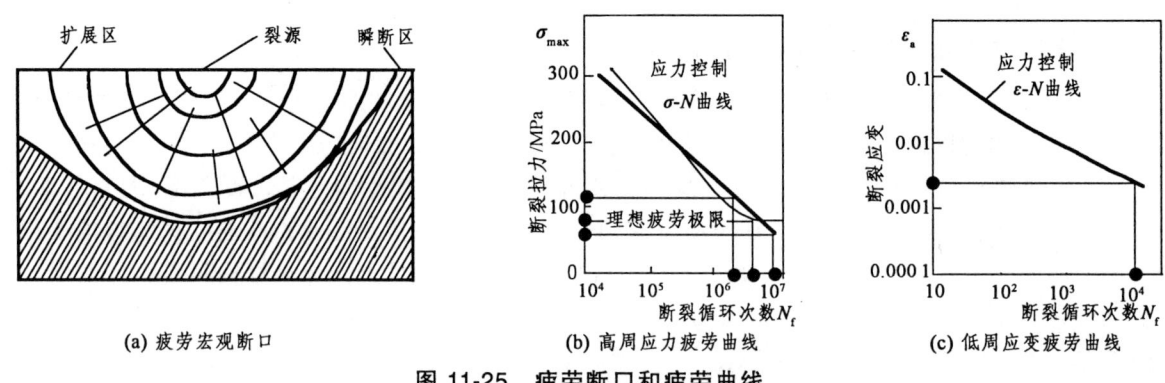

图 11-25　疲劳断口和疲劳曲线

2. 疲劳载荷

一般焊接结构的疲劳载荷大多是一个随机载荷，但长期以来做试验多用正弦波加载，最近试验设备和技术已发展到用三角波、矩形波。甚至用计算机控制按实际结构的载荷谱加载。现以常用的正弦波加载来说明几个载荷的特征值。正弦波应力波形举例如图 11-26 所示。图中应力符号及意义表达如下（应变ε的符号及意义与应力σ相似）。

$$\sigma_a(\text{应力振幅值})=\frac{\sigma_{max}-\sigma_{min}}{2};$$

$$\Delta\sigma(\text{应力幅值})=\sigma_{max}-\sigma_{min};$$

$$\sigma_m(\text{平均应力值})=\frac{\sigma_{max}+\sigma_{min}}{2};$$

$$R(\text{循环特性})=\frac{\sigma_{min}}{\sigma_{max}}\quad(\text{亦可用}\eta\text{表示})。$$

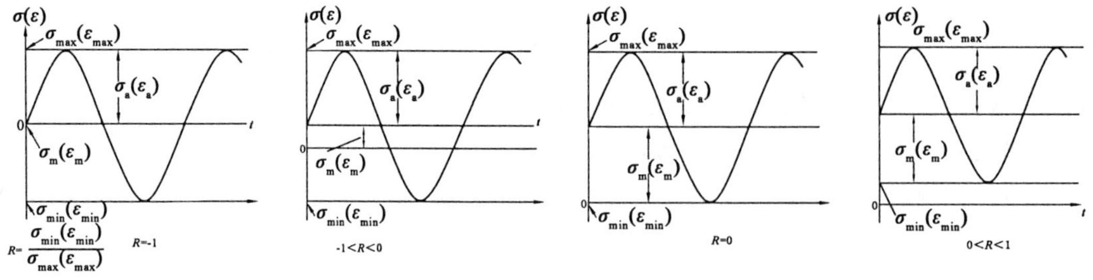

(a)对称交变循环　　(b)非对称交变循环　　(c)脉动循环　　(d)部分脉动循环

图 11-26　正弦波加载特性

按循环特性载荷可分为：① 对称交变载荷如图 11-26(a)所示，这时循环特性 $R=-1$，平均应力$\sigma_m=0$，应力幅值$\Delta a=2\sigma_{max}$，应力振幅$\sigma_a=\sigma_{max}$。这时得出的疲劳强度称为σ_{-1}。② 脉动载荷如图 11-26(c)所示，这时循环特性 $R=0$，平均应力$\sigma_m=\sigma_{max}$，应力幅值$\Delta a=2\sigma_{max}$，应力振幅$\sigma_a=\sigma_{max}$。这时得出的疲劳强度称为σ_0。

③ 非对称交变载荷如图 11-26(b)所示，这时 R 值为一负分数，其疲劳强度的 σ 下标为一负分数。④ 部分脉动载荷图 11-26(d)所示，这时 R 值为一正分数，其疲劳强度的 σ 下标为一正分数。各种载荷特性得出的疲劳强度是很不相同的，不同的载荷特性的结构应选用相应载荷循环特性的疲劳强度。另外载荷性质不同所得出的疲劳强度也不同，如拉压加载、弯曲加载、扭转加载和冲击加载等作出的疲劳强度数值也不同，在作比较时一定要注意载荷特性和循环特性相同。另外尺寸因素和环境因素也有影响。

3. 疲劳极限与疲劳图

（1）疲劳极限。由图 12-25(b)、(c)所示，当循环周次增加时，断裂强度降低，当应力低于某一应力值时，经过相当长的应力循环周次也不会断裂（虚线），这个应力称为疲劳极限。但有时并不能得到这个应力值，所以经常以结构或零件的使用寿命为参数，转化为对数坐标并回归线性化后，定出循环多少次不断裂的最高应力值为疲劳极限。对一般钢结构常取 $N=2\times10^6$ 次，而对一般机器零件常取 $N=1\times10^7$ 次，同时取这个周次的应力为疲劳极限。但对低周应变疲劳，一般断裂寿命只有 $10^3\sim10^4$ 次，最多不超过 10^5 次，一般 $N>10^5$ 次就已属于高周应力疲劳。最科学的分法应以 σ-N 线和 ε-N 线的交点的循环次数为分界线。

（2）疲劳曲线的表达式。应力疲劳曲线表达式可写为

$$N\sigma^m = C$$

即
$$\lg N + m\lg\sigma = \lg C$$

即
$$\lg\sigma = -\frac{1}{m}\lg N + B$$

这样就可以将疲劳曲线在双对数坐标纸上画为直线，直线的斜率和截距由 $\frac{1}{m}$ 和 B 值决定，式中 $\frac{1}{m}$ 实际上主要受应力集中程度所控制，在焊接结构中主要受焊缝形状、焊接接头形式，表面加工及处理等情况决定，B 实际上主要受接头或材料的静载强度水平所控制。另一方面，材料的应力集中敏感性对 $\frac{1}{m}$ 的值也有相当大的影响，也就是说同样静载强度和应力集中程度的试件和接头，其 $\frac{1}{m}$ 也有所不同，但是一般不如应力集中影响大。如果用试验求出了不同材料不同接头的 $\frac{1}{m}$ 和 B 值，就可以求出一定周次的疲劳强度。

试验方法和试件尺寸对 $\frac{1}{m}$ 和 B 值也有一定影响，试验温度和试验介质也对 $\frac{1}{m}$ 和 B 值有影响，因此在比较和使用各种资料时要注意。

（3）疲劳图。上述方程中的 $\frac{1}{m}$ 和 B 是在一定 R 值、一定材料、一定接头形式和一定载荷类型情况下作出的。具体结构的载荷循环特性是随结构的自重和使用工作载荷而变化的，因此，经常要求出一定 R 值时的疲劳极限，这时就要利用疲劳图。疲劳图一般有多种表示方法如图 11-27 所示，其实只要作出 σ_{-1} 或 σ_0，又已知 σ_b 就可以画出简化的疲劳图。当然如果能作出两三种 R 的疲劳强度就可画出较为精确的疲劳图，实际上简化图(图 11-27 中的直线)是偏于安全的。由图也可看出不同循环特性的疲劳强度是不同的。

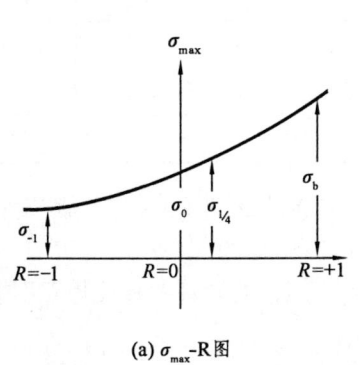
(a) σ_{max}-R 图

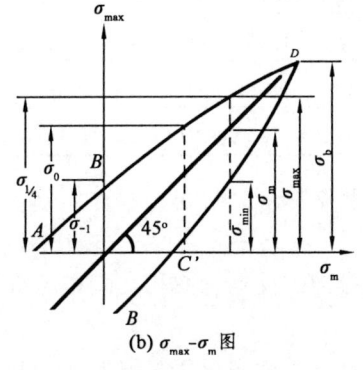
(b) σ_{max}-σ_m 图

(c) σ_{max}-σ_{min} 图

图 11-27 疲劳图

11.4.2 焊接接头疲劳强度

1. 焊接接头疲劳强度分析

现举低碳钢焊接接头的疲劳强度试验结果举例如表11-5所示。可以充分说明各种焊接接头疲劳强度的差异。

（1）接头形式的影响。由表11-5最后9行σ_0比较，以对接疲劳强度最高，加工以后的对接已接近母材；以综合角焊缝最低。只有对接的20%左右。其他接头σ_0在两者之间。一般疲劳强度最高的对接也不如母材，经过磨削的试件例外。一些典型焊接接头的疲劳强度如表11-6所示，由表11-5和表11-6可看出。同一接头形式的σ_0比σ_{-1}高，高周次的σ_0和σ_{-1}比表11-5低碳钢焊接接头的疲劳强度试验结果比低周次的σ_0和σ_{-1}低。由表看出各种焊接接头的疲劳强度差异很大，其中以对接最高，去余高的焊接接头更高，与原材料十分接近。加载的形式不同，如弯曲、拉伸和扭转加载的疲劳强度也不同。

表11-5 低碳钢焊接接头的疲劳强度试验结果举例

接头	载荷	疲劳强度 σ_s /MPa			
		平均		90%的可信度	
		回归方程	$N=2\times10^3$	$N=10^3$	$N=2\times10^3$
低碳钢母材（原材）	脉动	$\lg\sigma=\lg 405-0.075\lg(N/10^4)$	268	290~400	230~320
低碳钢母材（刨削）	脉动	$\lg\sigma=\lg 360-0.0611\lg(N/10^4)$	261	280~348	231~283
低碳钢母材（抛光）	脉动	$\lg\sigma=\lg 381.3-0.0191\lg(N/10^4)$	297	306~382	232~324
低碳钢母材（磨削）	旋转弯	$\lg\left(\dfrac{\sigma}{10}\right)=\lg 38.6-0.105\lg(N/10^4)$	221	276~332	200~224
对接、横向拉伸	脉动	$\lg\sigma=\lg 396.6-0.1841\lg(N/10^4)$	149	205~330	117~188
对接、横向拉伸（加工）	脉动	$\lg\sigma=\lg 321.2-0.0541\lg(N/10^4)$	240	212~380	179~323
对接、横向拉伸	交变	$\lg\left(\dfrac{\sigma}{10}\right)=\lg 13.12-0.0027\lg(N/10^4)$	113	—	—
对接、横向拉伸	反复弯曲	$\lg\sigma=\lg 433.6-0.2352\lg(N/10^4)$	126	216~296	107~148
对接、横向拉伸（抛光）	反复弯曲	$\lg\sigma=\lg 441.9-0.1525\lg(N/10^4)$	196	286~388	182~214
对接、横向拉伸（磨削）	旋转弯	$\lg\sigma=\lg 408.7-0.0782\lg(N/10^4)$	270	296~392	235~310
对接、纵向拉伸	脉动	$\lg\sigma=\lg 382.2-0.1408\lg(N/10^4)$	182	250~308	164~202
对接、纵向拉伸（加工）	脉动	$\lg\sigma=\lg 425.9-0.1148\lg(N/10^4)$	233	307~352	216~247
正面角焊缝	脉动	$\lg\sigma=\lg 234.1-0.1557\lg(N/10^4)$	103	110~253	66~159
侧面焊缝	脉动	$\lg\sigma=\lg 244.7-0.1218\lg(N/10^4)$	135	167~225	116~157
综合焊缝	脉动	$\lg\sigma=\lg 100.2-0.0751\lg(N/10^4)$	67	60~117	48~84
综合角焊缝（母材断）	脉动	$\lg\sigma=\lg 156-0.3387\lg(N/10^4)$	46	70~123	35~61
T形角焊缝	脉动	$\lg\sigma=\lg 259.3-0.2011\lg(N/10^4)$	136	—	114~166
焊缝金属（纵向）磨削	脉动	$\lg\sigma=\lg 425.4-0.1661\lg(N/10^4)$	177	244~345	117~210
焊缝金属（纵向）	脉动	$\lg\sigma=\lg 333.4-0.1713\lg(N/10^4)$	134	—	122~124

（2）疲劳寿命取值的影响。不同疲劳寿命取值得出的疲劳强度不同。疲劳寿命取值越大，疲劳强度越低。

（3）载荷类型的影响。以对接横向拉伸的反复弯曲和交变拉压所得的σ_{-1}比较，两者疲劳强度相差不大，说明载荷类型对疲劳强度影响不大。

（4）循环特性的影响。以对接横向拉伸的交变拉压得出的σ_{-1}和脉动加载得出的σ_0比较，σ_{-1}比σ_0低30%

左右。说明循环特性对疲劳强度影响较大。

（5）试件去余高加工的影响。以对接纵向拉伸的 σ_0 加工去焊缝余高和保留焊缝余高比较，可提高疲劳强度 35% 左右，但横向拉伸提高 60% 左右。

（6）试件表面加工的影响：以母材的 σ_0 比较，磨削高于刨削，更高于原材。对接反复弯曲横向拉伸的交变拉压得出的 σ_{-1}，经过抛光 σ_{-1} 可提高 60% 左右。磨削后对接试件的旋转砖弯曲的横向拉伸 σ_{-1} 甚至高于磨削后的母材。

表 11-6 典型焊接接头的疲劳强度比较

焊缝形式	接头形式	σ_0 /MPa		σ_{-1} /MPa		附注
		$N=10^6$	$N=2\times10^6$	$N=10^6$	$N=2\times10^6$	
平板和对接焊缝	250 mm×150 mm 平板试件(p)	329.6	218.6	184.8	120.7	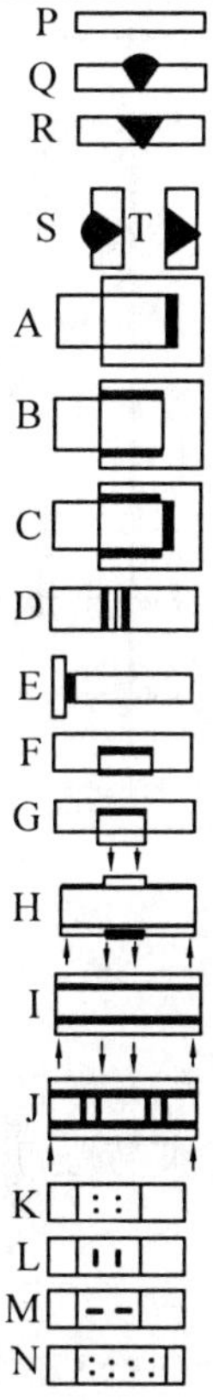 P
	横向 V 形坡口对接，焊态(Q)	240.6	160.0	154.5	102.7	Q
	横向 V、U 形坡口对接，去余高(R)	258.6	197.9	188.9	110.3	R
	纵向 V 形坡口对接，焊态(S)	273.0	179.3			S T
	纵向 V、U 形坡口对接，去余高(T)	324.8	210.3	144.8	107.6	
搭接角焊缝	正面搭接接头(焊脚高 8 mm)(A)	208.9	127.6	111.7	77.9	A
	侧面搭接接头(焊脚高 8 mm)(B)	187.5	135.8	104.8	78.8	B
	综合搭接接头(焊脚高 8 mm)(C)	105.1	141.3	90.3	61.4	C
	T 形接头(焊脚高 8 mm)，断在焊趾(D)	131.7	66.2	91.7	42.7	D
	垂直焊缝受弯，断在焊缝(E)	322.7	182.7	183.4	119.3	E
角焊缝焊附件	纵向焊缝焊接附件(F)	168.2	93.8			F
	横向焊缝焊接附件(G)	132.4	84.1			G
焊接梁	轧制工梁上下横向角缝焊接附加板(H)	157.2	82.7			H
	轧制工梁全长角缝焊接附加板(I)	282.7	157.2			I
	组合梁(J)	322.0	121.4			J
塞焊及槽塞焊	塞焊，断在焊缝(K)	150.3	86.9	77.9	44.8	K
	开槽塞焊，横向布置 L()	137.9	70.3	68.9	36.5	L
	开槽塞焊，纵向布置(M)	192.4	76.5	111.0	42.1	M
	塞焊，断在母材 (N)	181.3	69.6	97.9	36.5	N

2．影响焊接接头疲劳强度的主要因素

（1）焊缝及接头形式和焊缝形状的影响。由表 11-5 和表 11-6 已看出，接头形式对疲劳强度有很大影响。其中以对接为最好。改变搭接的焊脚尺寸，同时加工焊趾以圆滑过渡，能提高搭接的疲劳强度。十字接头焊透可提高疲劳强度；如果焊透而且又加工焊趾，可得到相当满意的疲劳强度。增高量过高会大大降低疲劳强度，如焊成凹入的角焊缝(如埋弧自动焊可做到)可大大提高疲劳强度。各种改善焊缝及接头形式和焊缝形状的影响如表 11-7 所示。

（2）焊接缺陷的影响。焊接缺陷对疲劳强度的影响如图 11-28 所示。焊接接头往往有可能产生裂纹、夹渣、气孔、咬边和未焊透等缺陷，这些缺陷都会产生不同程度的应力集中，会降低疲劳强度，其中以裂纹类平面缺陷最为严重，最易产生的未焊透对疲劳强度的影响如图 11-28(a)所示。即使是气孔、夹渣类非平面缺陷也有相当大影响，但比未焊透降低得小一些。有气孔夹渣缺陷的试件疲劳强度使用范围如图 11-28(b)所示，该图是对加工去掉余高量的试件，如有余高量，还要降低其疲劳强度。由图 11-28 可见，对气孔率<3%的试验结果全在直线①上方。随气孔率的加大及夹渣尺寸加大，疲劳曲线分别降为 W、X、Y 和 Z。在同一应力水平，就要降低断裂寿命，要保证一定的使用寿命，就得降低应力水平。

表 11-7 改善焊缝及接头形式和焊缝形状的影响

焊缝及接头形式	$\dfrac{\text{焊接接头疲劳强度(包括铆接)}}{\text{母材疲劳强度}} \times 100\%$													备注
	母材			对接		搭接					十字接头			加工是指在焊趾处加工为圆滑过渡
	原材	去余高	余高 2 mm	余高 5 mm	焊趾加工	侧面焊缝	正面焊缝 K 1:1	正面焊缝 K 1:1	正面焊缝 K 1:1	铆接	不焊透	焊透	焊透加工	铆接
σ 比值	100%	100%	94%	68%	100%	34%	40%	49%	51%	100%	65%	53%	70%	100%	5.6%

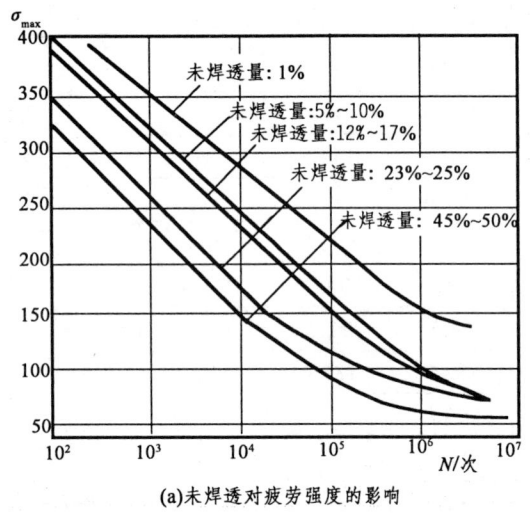
(a) 未焊透对疲劳强度的影响

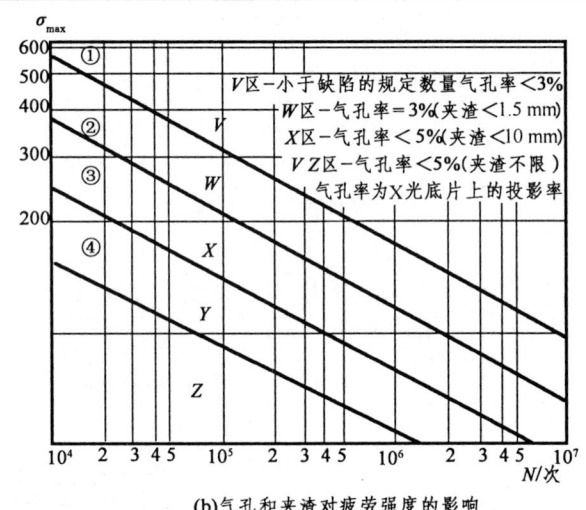
(b) 气孔和夹渣对疲劳强度的影响

图 11-28 焊接缺陷对疲劳强度的影响

(3) 母材和焊丝成分的影响。① 一般说强度级别高的钢,应力集中敏感性大,因而并不能提高焊接接头的疲劳强度,甚至可能还有所降低,如表 11-8 所示。现在一般认为由疲劳控制的构件,不宜于用高强钢件,不宜于用高强钢,但这也得具体分析。如前苏联研究资料证明用苏联 HΛ-2 钢,其接头疲劳强度与低碳钢一样,但同强度级别的 C-Mn 钢的焊接接头疲劳强度提高 20%,用工字形焊接梁的试验也得出同样结果。分析其原因是 C-Mn 钢比 HΛ-2 钢应力集中敏感性低,其 σ_{-1}/σ_s 比和 HΛ-2 和 MCT3 低碳钢都高,因此用应力集中敏感性较低的高强度钢来制造承受交变载荷的构件和用清除应力集中的措施来提高疲劳强度,并非不能实现。② 焊丝成分也是有影响的,如用 H10Mn2 焊丝焊成的接头比 H08 焊丝焊成的接头 σ_{-1} 提高 20%,HCr18Ni9 焊丝焊成的接头要比 H08 焊丝焊成的接头 σ_{-1} 提高 30%。

表 11-8 不同强度钢材焊接接头的 σ_0 值应力 (MPa) $N=2 \times 10^6$

钢材级别 σ_b /MPa		490~588	588~686	686~784	784~882	低碳钢
(σ_0) 接头疲劳强度	平滑母材	245	275	275	294	263
	加工对接	216	245		294	235
	不加工对接	127	127	137	127	145
	十字角焊缝	64	64	49		
	侧面角焊缝	44				

(4) 残余应力的影响。残余应力是一个不均匀分布的自平衡的内应力,焊缝及主作用区甚至可达到 σ_s,而工作应力与残余应力叠加时,同向相加,反向相减。相加区会提高总应力,相减区会降低总应力,因而

就改变了平均应力 σ_m 和应力循环特性 R，从这点来说对疲劳强度是有影响的。另一方面，当残余应力与工作应力叠加达到 σ_s 后会产生强化，降低塑性和韧性，同时也会降低残余应力的数量。如果材料塑性储备足够的话，就可以不启裂并由局部塑性变形来减少甚至消除残余应力的影响，但若材料的塑性韧性储备不足，特别是焊接接头中往往是应力集中和高残余应力的叠加，会产生相当高的应变循环，这时就有可能启裂而降低疲劳寿命。特别是存在三向残余应力时会大大降低其塑性变形能力，材料呈脆性状态，因而有可能在低的循环周次就启裂。同时这个区域由于组织性能的变化，可能提高裂纹扩展速率，这就会降低疲劳寿命或降低疲劳强度。

（5）焊接结构形式的影响。① 焊接结构细节对疲劳强度的影响如图 11-29 所示。焊接结构由于容易引起启裂的原因及部位较多，疲劳强度大为降低。焊接结构形式的细节对疲劳强度的影响相当大，以图中一转向架试验结果说明，不同结构形式(1～5)所得疲劳强度差异很大。1 为工字钢盖板连接，纵横梁用盖板搭接；2 为冲压焊接梁，纵横梁用盖板周边搭接；3 为冲压焊接梁，纵横梁用铸钢件连接；4 为搭接连接部件；5 为盖板搭接部件。根据试验结果比较，以 4 结构形式为最好，以 2 结构形式为最低。因此结构形式的合理设计对提高结构疲劳强度是很重要的。② 构件联接刚性对疲劳强度有相当大的影响，用工字梁 Ⅰ，Ⅱ 试验结果比较，两者 W_x 和 F 相近，只 J_x 有较大差异。两者的几何特性和疲劳强度比较如下：

Ⅰ 梁：$J_x = 8\,400\ \text{cm}^4$；$W_x = 590\ \text{cm}^3$；$F = 69.6\ \text{cm}^2$；$\sigma_{-1} = 50\ \text{MPa}$

Ⅱ 梁：$J_x = 6\,300\ \text{cm}^4$；$W_x = 570\ \text{cm}^3$；$F = 74.0\ \text{cm}^2$；$\sigma_{-1} = 68\ \text{MPa}$

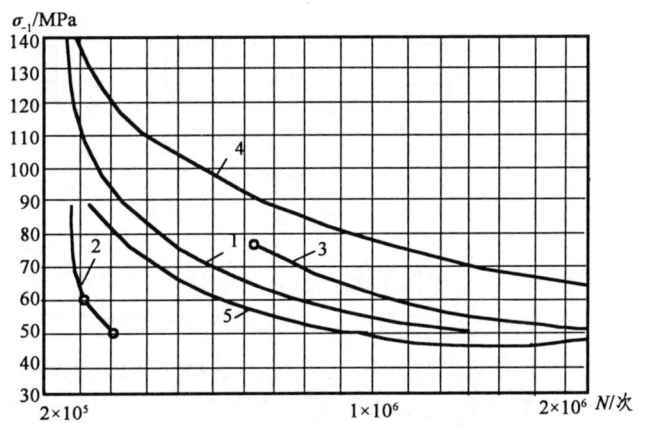

图 11-29 焊接结构细节对疲劳强度的影响

从疲劳强度的比较看出，两者 F 接近，表示用料量接近，由于从结构形式改变 $\dfrac{J_x}{W_x}$，其值小的梁，即刚性小的梁，σ_{-1} 可以提高 30%。③ 节点的设计和梁柱连接的过渡也是很重要的，如图 11-30 所示为三种节点形式疲劳强度的比较。图中如以基本构件为 100%，(a)型的疲劳强度只达到 64%，即使过渡处加工也只能达到 74%，而(c)型可达到 85%，如加大过半径 R，还可提高疲劳强度，如 R 加大到 60～70 mm，甚至可接近和达到基本构件的疲劳强度。(b)型介于其中。由此看出结构细节和传力过渡点的设计十分重要。

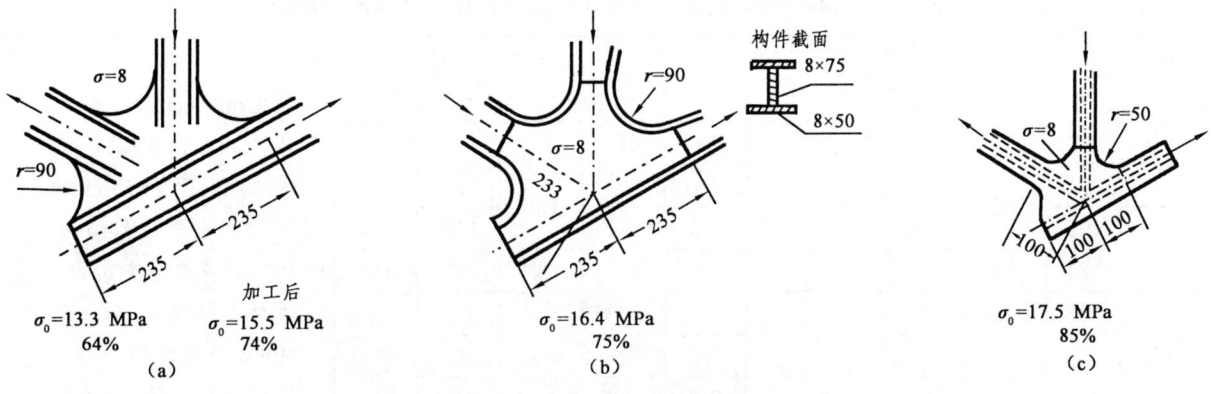

图 11-30 三种节点形式疲劳强度的比较

3. 提高焊接接头及结构疲劳强度的措施

(1) 合理设计焊缝、焊接接头和结构形式。设计的原则就是尽量减少应力集中，如尽可能采用低加强高的对接接头，重要结构甚至要用加工去掉加强高。对承受疲劳的十字接头希望开坡口焊透并使焊缝凹入最好。在不可避免要用搭接接头时，可用调整 K 值和加工焊趾过渡以减少应力集中。对结构上要尽量避免盖板接头。搭接和 T 接要避免单边角焊缝。另外，尽量避免三条焊缝相交和在转角处布置焊缝，联接刚性也不能过大。图 11-31 所示为各种接头设计方案的比较。

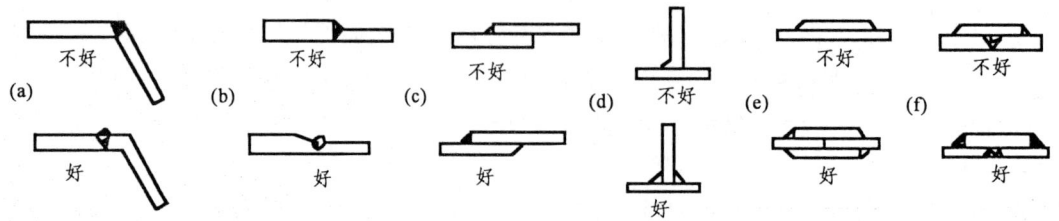

图 11-31 各种接头设计方案的比较

(2) 合理结构细节设计。对节点或梁柱联结的细部，尽量采用圆滑过渡的结构形式。例如在起重机设计中，小车支承结构形式设计方案的比较如图 11-32 所示，其原则是减少应力集中，保证圆滑过渡。其他结构设计亦是如此。

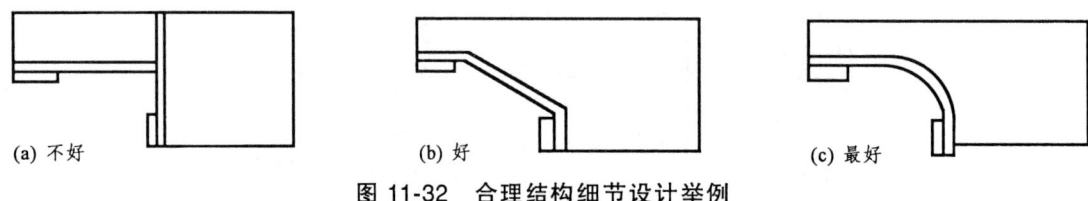

图 11-32 合理结构细节设计举例

(3) 合理选择结构材料和焊接材料。合理选择主要是要选择切口敏感性小的结构材料和焊接材料。一般来说，选择韧性好和屈强比（屈服强度/拉伸强度）小的材料和焊接材料对提高疲劳强度有利。例如，近些年来多用 14MnNbq 做钢桥，有研究对此母材和焊接接头进行了反复弯曲平板缺口疲劳试验，试验方法用 Locati 法逐级增载至断裂，用累积损伤理论作出疲劳曲线以求出 σ_{-1}。试验的条件为，缺口试件为初载 112 MPa，每级增载 15 MPa，每级加载循环数 75 000 次；光滑试件为初载 229 MPa，每级增载 25 MPa，每级加载循环数 125 000 次。将试验结果处理可得断裂强度 σ_f，疲劳强度 σ_{-1}，计算缺口敏感度 q_f 等如表 11-9 所示。由表结果比较可看出：① H08MnA 焊缝的切口疲劳强度与母材相近，而含微合金的 H08C 焊缝疲劳强度高于母材和 H08MnA 焊缝，证明了某些高强钢的切口疲劳强度的确可以高于低强钢。② H08C 焊缝的强度要高于 H08MnA 焊缝 30%，但缺口敏感度 q_f 两者十分相近，证明了某些高强钢的切口敏感度并不一定比低强钢高。③ 两种焊缝的缺口敏感度 q_f 略高于母材与之接近。

表 11-9 14MnNbq 钢的反复弯曲平板缺口疲劳试验结果比较

母材 B，焊缝 W 为含微合金的 H08C					母材 B，焊缝 W 为通用的 H08MnA					附注
	试件	σ_f 及平均		σ_{-1} 及平均		试件	σ_f 及平均		σ_{-1} 及平均	1. 匹配 σ_{sw}/σ_{sb} H08C 为 1.31
开切口件	W1	202		137		开切口件	W1	172		137	H08MnA 为 0.98
	W2	202	202	137	131		W2	202	185	137	118	2. 试件净截面 F=25 mm×22 mm
	W3	202		128			W3	172		128	应力集中系数 K_t=3.45
	B	187	187	112	112		B	187	187	112	112	3. 计算缺口敏感度 q_f 为：
光滑件	W1	333		250		光滑件	W1	333		270	母材为 0.58
	W2	333	344	265	275		W2	333	333	260	265	H08C 焊缝为 0.63
	W3	365		280			W3	333		265		H08MnA 焊缝为 0.62

(4) 合理的焊接方法和工艺。合理的焊接方法和工艺主要是尽最大可能减少冶金和工艺缺陷，保证良好的焊缝成形，以减小应力集中。另外就是尽最大可能减少焊接过程中的变形和应力和焊后的残余变形和残余应力。把出现的缺陷和残余变形和残余应力消灭在出厂之前。合理的焊接方法和工艺也可提高焊接接头性能和接头内在质量，提高生产率，节约能源和材料，达到优质、高效、节能和环保。

4. 提高焊接接头及结构疲劳强度的后处理改善应力集中的方法

(1) 焊后去应力热处理。一般大型结构很难甚至不可能进行整体消除残余应力热处理；有时也用局部加热焊接接头的局部消除残余应力热处理。最简单的方法是在残余拉应力区圆点加热产生压应力以降低初始的残余拉应力如图 11-33(a)所示。其效果如图 11-34 所示。

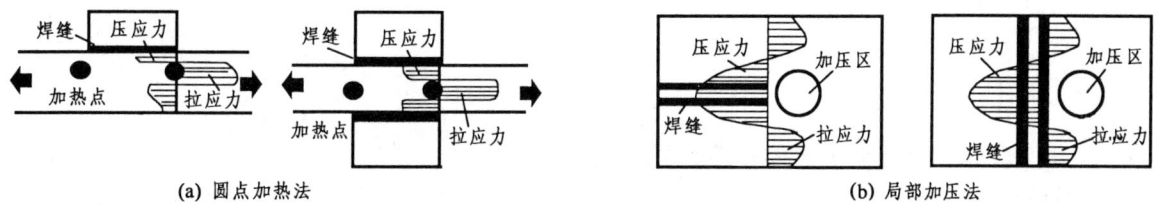

图 11-33 局部处理焊接接头的高应力区

(2) 机械法去应力。在焊接变形与应力一章已讲过超载拉伸或振动消除残余应力峰的原理和应用。过载拉伸的效果在图 11-34 中也有比较。现在有一些简单易行的方法就是在原拉应力锋值区加压如图 11-33(b)所示，在此区造成局部压应力。由图 11-34(c)看出其效果与加压区直径大小有关。机械法中还可采用风锤击法或超声锤击法，锤击法在图 11-34(a)、(b)图中也有比较。

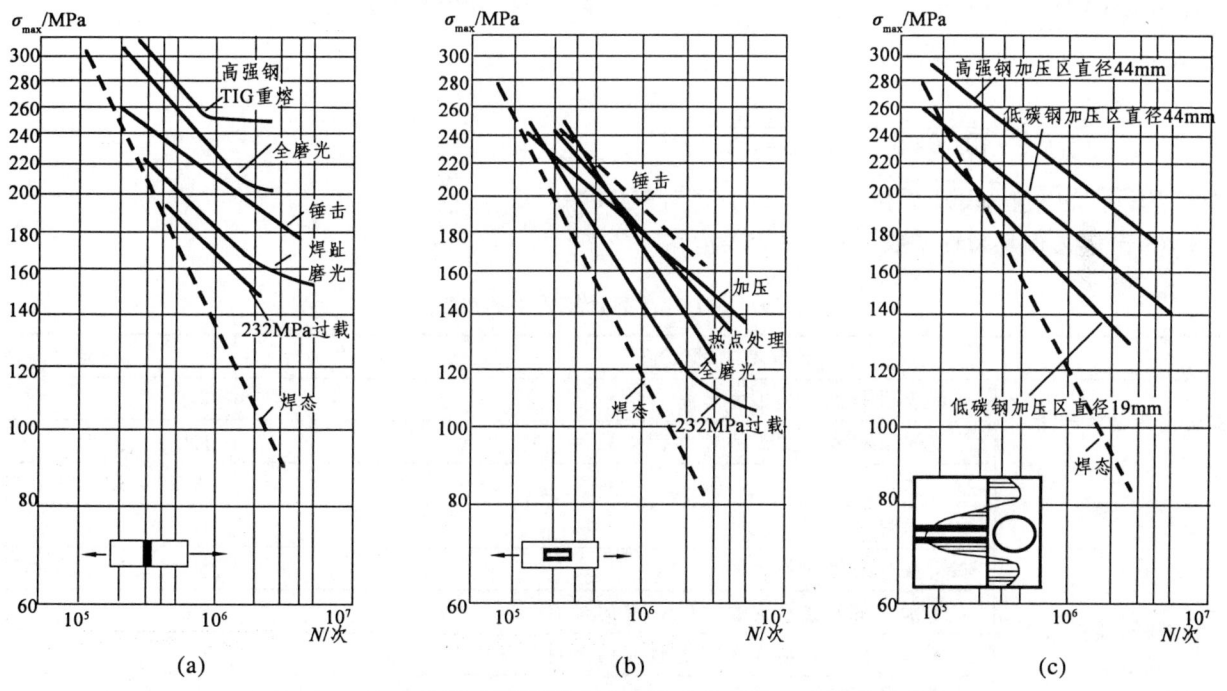

图 11-34 各种提高焊接接头及结构疲劳强度方法的效果比较

(3) 机械加工及打磨。机械加工及打磨主要是减少应力集中，如磨光焊缝加强高、加工焊趾使圆滑过渡。加工及打磨的效果在图 11-34 中也有比较。

(4) 焊趾 TIG 重熔。焊趾 TIG 重熔是改善焊趾成形减少应力集中和改善残余应力状况，对高强钢提高疲劳强度的效果在图 11-34(c)图中也有比较。

(5) 各种提高焊接接头及结构疲劳强度方法的效果比较。各种提高焊接接头及结构疲劳强度方法的效果比较如图 11-34 所示。由图可以比较各种方法提高焊接接头及结构疲劳强度的效果，同样方法对对不同结构形式和不同材料的效果也不尽一样，特别是局部加热和加压方法的区域位置和大小对提高疲劳强度的效果有明显差异。因此不同处理方法的工艺规范选择很重要。

11.4.3 焊接接头疲劳强度计算

1. 许用应力法

目前国内通用的是许用应力法，钢结构设计规范规定许用应力按以下公式计算。

绝对值最大应力为拉时

$$[\sigma^p] = \frac{[\sigma_0^p]}{1-kR}$$

绝对值最大应力为压时

$$[\sigma^p] = \frac{[\sigma_0^p]}{k-R}$$

式中 $[\sigma_0^p]$——$R=0$ 时主体金属和连接的容许拉应力；

　　　k——系数；

　　　R——应力循环特性系数。

根据不同设计规范可查到 σ_0^p，k，各规范中根据要求不同，略有差异，对低碳钢和 16Mn 钢，由于焊接接头形式不同。σ_0^p 在 40~245 MPa 和 k 在 0.5，0.8 范围内变化。

2. 应力折减系数法

此法是用静载的许用应力 $[\sigma]$ 乘以折减系数 γ，即成为疲劳许用应力 $[\sigma^p]$，计算式为：

$$[\sigma^p] = \gamma[\sigma^p]$$

$$\gamma = \frac{1}{(0.6\beta+0.2)-(0.6\beta-0.2)R}$$

式中 β——有效应力集中系数（1.0~3.4）可查表 11-10；

　　　R——应力循环特性系数（亦可用 η 表示）。

表 11-10 上列计算式中的 β 值

不同计算截面的 β 值		β 值
按远离焊缝的母材	轧制表面和边缘加工的母材	1.0
	轧制表面和边缘加工的母材，边缘为气割	1.1
按焊缝	横向角焊缝	手工焊 3.0，自动焊 1.7
	纵向角焊缝	1.7
按向焊接接头过渡处的母材	在对接焊缝过渡的母材	机加工 1.0，不加工 1.4
	在不加工的搭接横向角焊缝过渡的母材	3.0
	在不加工的搭接纵向角焊缝过渡的母材	3.4
	隔板或筋板近邻处的母材	手工焊 1.6，自动焊 1.0
	用自动焊纵向焊缝焊接的组合截面	1.0
按向其他元件过渡处的母材	1 与梁盖板对接板，向盖板缓和过渡，过渡处焊透并加工	1.2
	2 与梁腹板 T 接板，向腹板缓和过渡，过渡处焊透并加工	1.2
	3 与梁盖板对接板	1.5
	4 盖板中断处缓和过渡，过渡处焊透并加工，工形盖板全中断	1.2

有的国家利用疲劳图稍加变化制成求 γ 的疲劳图 11-35，由图只要知道 R，就可确定 γ。例如，未加工的则面焊缝搭接在 $R=0.2$ 时，可查出：按 E 标准 $\gamma=0.5$，而按 D 标准受拉时 $\gamma=0.58$，受压时 $\gamma=0.64$，

这样由 E 标准得出的 $[\sigma^p]$ 就偏于保守。这个疲劳图可用典型的焊接接头疲劳试验求得，按上述公式计算 $\gamma=0.535$，介于 E 标准和 D 标准之间。

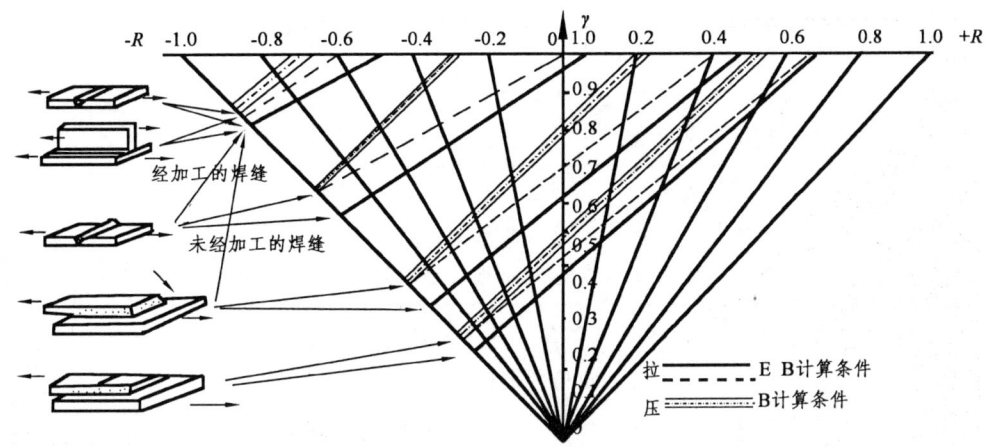

图 11-35　求 γ 的疲劳图

3. 按细节构造设计

近来疲劳强度的计算已有了较大的变化，一是用 $\Delta\sigma$ 作为参量而不用 σ_{max}，二是按结构细节分类确定 $\Delta\sigma$，其方法是：将构造细节分为 B、C、D、E、F_1、F_2、G、W 各级，按级确定 $\Delta\sigma$ 值，如图 11-36 所示。图中各构造 B～W，各编号细节有图及详细说明见表 11-11。例如查表 11-11 有等厚对接不加工属 C 级，不等宽对接属 D 级，焊透的十字接属 F_1 级、双面侧面焊缝属 G 级，再查图 11-36 可得 $N=2\times10^6$ 相应的 $[\Delta\sigma]$ 为 160 MPa、122 MPa、95 MPa、66 MPa，然后按结构实际工作时的 $R\left(即\dfrac{\sigma_{min}}{\sigma_{max}}\right)$，如取 $N=2\times10^7$ 相应的 $[\Delta\sigma]$ 为 100 MPa、71 MPa、53 MPa、38 MPa。

图 11-36 是平均的 $\Delta\sigma$-N 曲线，如用有标准差的平均数的 $[\Delta\sigma]$ 值还要小，与上述相应值 $N=2\times10^6$ 相应的 $[\Delta\sigma]$ 是 124 MPa、91 MPa、80 MPa、68 MPa。

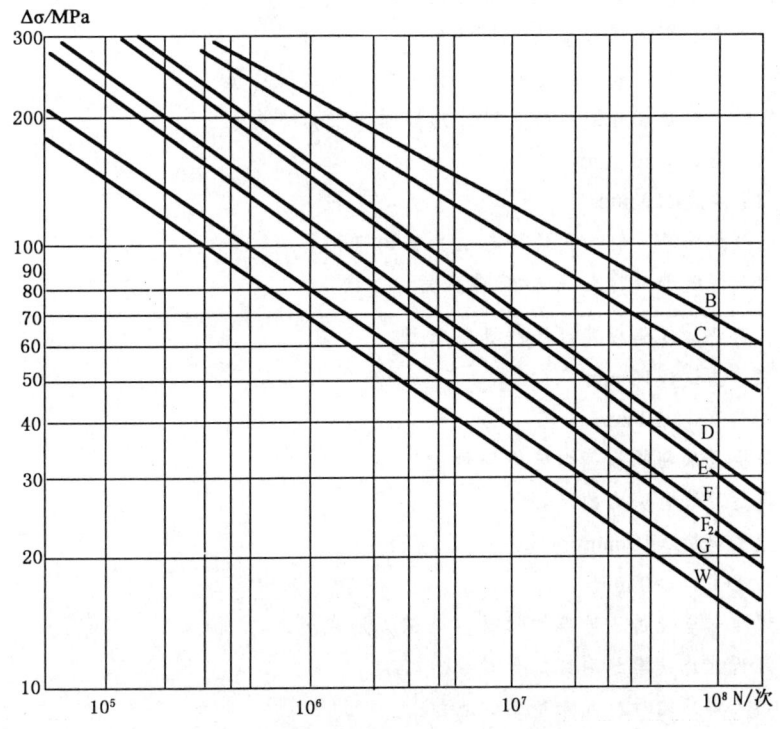

图 11-36　按结构细节分类确定 $\Delta\sigma$ 的 $\Delta\sigma$-N 图

表 11-11 不同接头的疲劳强度级别

接头传力	结 构 细 节	级别
母材	1．表面加工并磨光的均匀或非均匀变化截面 2．轧制表面较光洁无气割边或气割边加工 3．轧制表面自动气割无裂纹	A B C
平行于受力方向的连续焊缝	1．焊透的对接焊缝或角接：去余高，加工方向//受力方向 2．焊透的对接焊缝或角接：无起灭弧点的自动焊接 3．焊透的对接焊缝或角接：有起灭弧点或手工焊接	B C D
基本垂直于受力方向的横向对接焊缝	1．等宽等厚或加工成 1:4 的不等宽等厚的对接焊缝 　（1）修整与板面平齐的无缺陷焊缝 　（2）平焊位置的手工或自动焊 　（3）上述以外焊缝 2．在永久钢垫上对接全焊透的对接焊缝 3．不等宽对接在焊缝两端磨光到半径不小于 1.25 倍板厚	 C D E F_1 F_2
受力部件表面或板边焊有附加件	1．接近焊趾或坡口对接端部或附加件母材处 　（1）附加件平行于受力方向，长度≤150 mm，离边≥10 mm 　（2）附加件平行于受力方向，长度>150 mm，离边≥10 mm 2．焊趾或附加件端部母材 3．一部件穿过受力部件并焊透连接的焊趾处母材 　（1）穿过部件平行受力方向，长度≤150 mm，离边≥10 mm 　（2）穿过部件平行受力方向，长度>150 mm，离边≥10 mm 　（3）离边<10 mm	 F_1 F_2 G F_1 F_2 G
承载角焊缝与 T 形焊透焊缝	1．靠近十字接头或 T 形接头的母材 　（1）全部焊透焊缝接头，部件角上咬边经磨修 　（2）部分焊透或角焊缝接头，部件角上咬边经磨修 2．靠近承载角焊缝的焊趾母材，焊缝垂直受力方向 　（1）离边≥10 mm 　（2）离边<10 mm 3．承载焊缝端母材，角焊缝与受力方向平行 4．承载焊缝部分焊透(平行或垂直受力方向)	 F_1 F_2 F_2 G G G
焊接板梁细节	1．盖板及加筋隔板等焊缝的焊趾母材 　（1）离边≥10 mm 　（2）离边<10 mm 2．盖板及加筋隔板等焊缝端部母材 3．靠近焊缝有剪力的母材 　（1）离边≥10 mm 　（2）离边<10 mm 4．焊接非全长盖板端部的母材，端部方形或契形 5．靠近非连续焊缝端部的母材 　（1）焊缝端母材或未重熔的点焊 　（2）焊缝端母材或未重熔的点焊并接近圆孔	 F_1 G E F_1 G G E F_1

4. 按累积损伤理论计算

前面讨论的都是恒幅疲劳，对于变幅疲劳问题，近年来发展用累积损伤理论计算，

$$n_1(\Delta\sigma_1)^m + n_2(\Delta\sigma_2)^m + \cdots = C$$

或

$$\frac{n_1}{N_1} + \frac{n_2}{N_2} + \cdots + \frac{n_i}{N_i} = \sum_{i=1}^{n}\frac{n_i}{N_i} = 1$$

式中 n_i——相应于 $\Delta\sigma_i$ 的循环次数

N_i——相应于 $\Delta\sigma_i$ 的疲劳寿命

在英国规范中用累积损伤理论来求当量应力幅值，即

$$N(\Delta\sigma_{is})^m = \sum n_i(\Delta\sigma_i)^m$$

$$\Delta\sigma_{is} = \left[\frac{\sum n_i(\Delta\sigma_i)^m}{N}\right]^{1/m}$$

式中，$\Delta\sigma_{is}$ 相当于 $N=10^6$ 时的疲劳容许应力幅值；$m=3$(焊态)；$m=4$(去应力)。

11.4.4 焊接接头疲劳裂纹形成及扩展

1. 疲劳裂纹的形成

光滑试件疲劳裂纹的形成如图 11-37(a)所示。由于材料本身有不均匀处(如微小夹杂、气孔或局部软点，或在自身循环应变过程中产生的不均匀性)，就在这些部位由于局部应力集中产生局部滑移而形成挤出峰和挤入谷，形成高度集中的密集滑移带而形成裂源。假定在疲劳中产生了高位错密度的表面层并得到强化，形成大量位错塞积形成裂纹核心，扩展、聚合而成可见裂纹源，这样一个过程就是裂纹萌生阶段，由 N_1 到 N_2，一直到达 N_3 启裂，这时的寿命叫寿命 N_3，然后一直扩展到断裂，这时的寿命叫断裂阶段直到寿命 N_4。

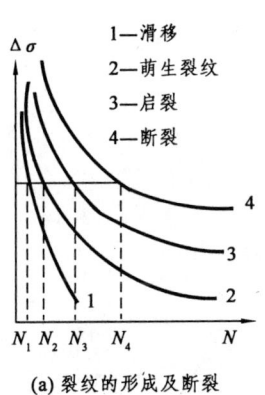
(a) 裂纹的形成及断裂

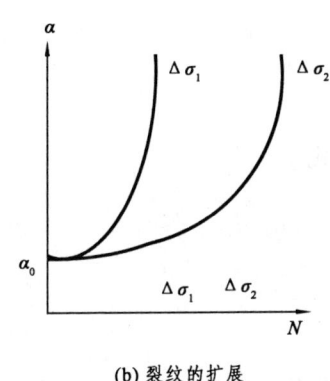
(b) 裂纹的扩展

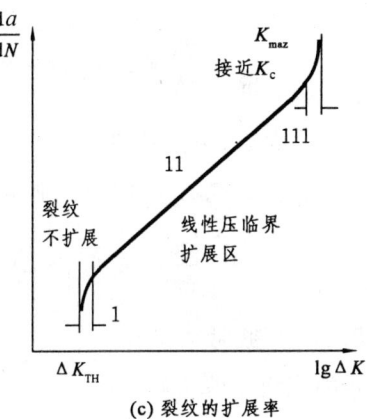
(c) 裂纹的扩展率

图 11-37 疲劳裂纹的形成及扩展

对于焊接接头，由于可能存在各种焊接缺陷，而且焊接接头本身就有不同的应力集中，这种应力集中和焊接缺陷，极易形成甚至本身就是一个初始裂源，因此焊接接头的启裂寿命是十分短的，甚至可以达到可以忽略的程度。

对于一些高强钢，可能在内部夹杂处微观解理，形成裂源，因此高强钢一般应力集中敏感性大，因而启裂寿命也短，其应力集中敏感性决定于钢材本身的纯净程度和内部组织对裂纹扩展的阻力。

2. 裂纹的亚临界扩展

裂纹的亚临界扩展是一个缓慢的稳定扩展过程，当载荷增加应力越大时，裂纹增长，裂纹尖端由于应力集中而产生滑移，形成一个永久变形的塑性区并产生加工硬化，其裂纹尖端由锐变钝；在卸载时，裂纹

闭合，对原塑性区加压使裂纹尖端锐化，再加载时即使裂纹扩展 Δa；$\Delta \sigma$ 增加，即 ΔK 增加，Δa 也增大，如图 11-37(b)所示。以后重复前面过程。

3）裂纹扩展率

每一次循环扩展的裂纹长度称为裂纹扩展率 $\dfrac{da}{dN}$，应力强度因子 K 既然能够表示裂纹尖端的应力场强度，那么就可以认为 K 是控制裂纹扩展的重要参量，于是提出了目前仍在广泛使用的裂纹扩展率的经验公式：

$$\frac{da}{dN} = c(\Delta K)^n$$

式中　ΔK——应力强度因子幅值，$\Delta K = \Delta \sigma \sqrt{\pi a}$；
　　　C、n——材料常数。

裂纹扩展率有Ⅰ，Ⅱ，Ⅲ阶段如图 11-37(c)。当 ΔK 小于 ΔK_{Th}，裂纹不发生扩展，这个位置就叫下门坎值，当 ΔK 大于 ΔK_{Th}，裂纹快速扩展经Ⅰ阶段；然后进入裂纹亚临界稳定扩展，此区为Ⅱ阶段；经过一段时期的亚临界扩展后，ΔK 接近 ΔK_c 时，又进入快速扩展，此区为Ⅲ阶段，即失稳扩展，直至全断。以上是一般未考虑疲劳循环特性的通用表达式，在Ⅰ、Ⅱ、Ⅲ阶段的 c、n 值是不同的，一般采用第Ⅱ阶段的裂纹扩展率。

4. 疲劳循环特性 R 对 $\dfrac{da}{dN}$ 与 ΔK 的关系影响

一些研究表明，疲劳循环特性 R 对 $\dfrac{da}{dN}$ 与 ΔK 的关系影响很大，不同 R 值有自己的曲线，而且 R 越大曲线越向左移。为了考虑考虑循环特性的影响，可用下列表达式：

$$\frac{da}{dN} = \frac{C(\Delta K_1)^n}{(1-R)K_{1c} - \Delta K_1}$$

或

$$\frac{da}{dN} = C\left[K_{max}(1-R)^m\right]^n$$

5. 门坎值 ΔK_{Th} 影响

如考虑门坎值 ΔK_{Th} 影响，则用下列表达式

$$\frac{da}{dN} = A(K_{max}^2 - \Delta K_{Th}^2)$$

6. 应变疲劳表达式

如为应变疲劳，则

$$\frac{da}{dN} = A(\Delta \delta)^m$$

或

$$\frac{da}{dN} = B(\Delta J)^M$$

11.4.5　焊接接头裂纹扩展率与安全寿命估计

1. 焊接接头及结构的裂纹扩展率

焊接接头的裂纹扩展率与母材不同的是一个不均匀的组织，并有残余应力和应力集中的影响，这些影响会使裂纹扩展率表达式中 A、n、ΔK 有所不同，A、n 可以用试验方法求出，ΔK 可用应力叠加原理求得。

（1）焊接接头裂纹扩展率。焊接接头裂纹扩展率用下列表达式：

$$\frac{\mathrm{d}a}{\mathrm{d}N} = S = C_2(\Delta K)^{m_2}$$

$$\frac{\mathrm{d}a}{\mathrm{d}N} = C_2(\Delta K)^{m_1}$$

式中，S 为扫描电镜测疲劳裂纹间距得出的 $\frac{\mathrm{d}a}{\mathrm{d}N}$，其系数为 C_2 和 m_2。另式为断裂力学试验得出的 $\frac{\mathrm{d}a}{\mathrm{d}N}$，其系数为 C_1 和 m_1。根据研究结果，HT80 钢的数值如表 11-12 所示。由表看出扫描电镜测出与力学试验结果，母材的系数基本相同，但在焊缝与热影响区差异则较大，但仍属同一数量级，这个差异主要就是组织不均匀性的影响。由表还看出，母材、焊缝和热影响区的 C、m 均有不同，母材的纵横向也有不同。

表 11-12　$\frac{\mathrm{d}a}{\mathrm{d}N}$ 式中的系数值

试　件	C_1	m_1	C_2	m_2
母材横向	1.6×10^{-11}	2.8	1.7×10^{-11}	2.0
母材纵向	5.0×10^{-11}	2.4	4.4×10^{-11}	2.4
焊　缝	5.8×10^{-13}	3.6	7.7×10^{-13}	2.3
热影响区	1.2×10^{-11}	2.7	2.4×10^{-11}	2.5

(2) 焊接接头的表面裂纹扩展率。焊接接头的疲劳裂纹往往从表面的应力集中处开裂并扩展，因此求出焊接接头表面裂纹扩展率甚为重要。1979 年 Newman 提出了新的表达式可以求拉伸和弯曲的表面裂纹扩展率，即

$$\frac{\mathrm{d}a}{\mathrm{d}N} = A(\Delta K)^m$$

$$\Delta K = \Delta\sigma\sqrt{\frac{\pi a}{Q}} F \cdot H$$

其中，H 在拉伸时为 1，弯曲时 $H = f\left(\frac{a}{b}, \frac{a}{t}, \phi\right)$。

式中　F——$F = f\left(\frac{a}{t}, \frac{b}{t}, \frac{a}{b}, \phi\right)$；

b——裂纹半长；

a——裂纹深度；

t——板厚；

ϕ——裂纹轮廓上某点位置的角度。

根据一些研究表明，$\frac{\mathrm{d}a}{\mathrm{d}b}$ 关系可用下式表达：

$$\frac{\mathrm{d}a}{\mathrm{d}b} = \frac{1}{\left(1.1 + 0.35\frac{a}{t}\right)\left(\frac{a}{b}\right)^{n/2}}$$

(3) 残余应力影响下的裂纹扩展率。根据一些研究，残余应力影响下的裂纹扩展率为：

$$\frac{\mathrm{d}a}{\mathrm{d}N} = A(\Delta K_\mathrm{I})^m \left(1 + \frac{K_\mathrm{r}}{\Delta K_\mathrm{I}}\right)^S$$

式中　S——指数，$S=0.25$；

K_r——残余应力引起的应力强度因子；

ΔK_I——Ⅰ型应力强度因子幅值，则

$$\Delta K_I = \Delta\sigma\sqrt{\pi a}f$$

其中　f——由残余应力引起的修正系数。

研究证明，裂纹在拉应力区扩展 $\dfrac{da}{dN}$ 上升，在压应力区扩展 $\dfrac{da}{dN}$ 下降。

（4）层状撕裂的裂纹扩展率。根据研究，层状撕裂的裂纹扩展率有较大增加，表达式为：

$$\frac{da}{dN} = 1.5\times10^{-10}(\Delta K)^3$$

（5）焊接构件的裂纹扩展率。根据美国里海大学用 A36，A441，A514 等钢做成不同构造细节的工字梁实验结果，说明焊接结构的裂纹扩展率主要决定于构造细节，所有试验综合得到下列结果

$$\frac{da}{dN} = 2.59\times10^{-10}(\Delta K)^3$$

式中　ΔK——应力强度因子幅值，则

$$\Delta K = q(\Delta\sigma)\sqrt{a}f$$

其中　q——几何修正因素，$\dfrac{a}{b}$ 小时用 $1.1\sqrt{\pi}$，$\dfrac{a}{b}$ 大时用 $2\sqrt{\pi}$；

　　　　a——裂纹半长；

　　　　f——几何应力集中修正系数。

工字梁角焊缝焊趾 $f = 2.5 \sim 4.5$。用此关系评定了美国一公路桥的断裂并用扫描电镜测 S，结果有良好的吻合性。

2. 焊接接头的 ΔK_{Th}

根据研究，15MnVN 钢焊接接头的 ΔK_{Th} 为：

母材　　　　　$\Delta K_{Th} = 376(1-R)$

当 $R > 0.58$ 时　$\Delta K_{Th} = 158$

焊缝　　　　　$\Delta K_{Th} = 313(1-R)$

当 $R > 0.64$ 时　$\Delta K_{Th} = 112$

热影响区　　　$\Delta K_{Th} = 294(1-R)$

当 $R > 0.64$ 时　$\Delta K_{Th} = 105$

3. 焊接结构的寿命估计

（1）无限寿命设计。

无限寿命设计就必须有 ΔK_{Th} 的实验数据，用下列公式可求

$$\Delta K_{Th} = \Delta\sigma\sqrt{\pi a_{Th}}$$

或

$$\Delta\sigma_{Th} = \frac{\Delta K_{Th}}{\sqrt{\pi a_0}}$$

一般按疲劳极限设计也认为是无限寿命设计。

（2）有限寿命设计及安全寿命估计。有限寿命设计就是充分利用裂纹亚临界扩展阶段的寿命，根据第二阶段裂纹扩展率公式

$$\frac{\mathrm{d}a}{\mathrm{d}N} = A(\Delta K)^m$$

$$N = \int_{a_0}^{a_c} \frac{\mathrm{d}a}{A(\Delta\sigma)^n a^n (\pi a)^{n/2}}$$

$$= \frac{2}{n-2} \cdot \frac{1}{A a^n \pi^{n/2} (\Delta\sigma)^n} \left[\left(\frac{1}{a_0}\right)^{\frac{n-2}{2}} - \left(\frac{1}{a_c}\right)^{\frac{n-2}{2}} \right]$$

（3）日本 WES-2805K 标准的推荐公式。日本 WES-2805K 标准建议在进行缺陷评定时要考虑疲劳裂纹扩展，它的判据是

$$a_0 + a_N < a_c$$

式中　a_0——初始裂纹半长；

a_N——使用期的裂纹扩展量；

a_c——失稳扩展的临界尺寸，mm。

该标准推荐的计算公式如下：

① 对无限宽板贯穿裂纹：

$$a_N = a_0 / \left[1 - 5.46 \times 10^{-12} \left(\Delta\sigma_{\mathrm{eff}} \sqrt{\pi a_0} \right)^4 N / a_0 \right]$$

$$\Delta\sigma_{\mathrm{eff}} = \Delta\sigma_t + 0.5\Delta\sigma_b$$

式中　a_0——$N=0$ 时的缺陷尺寸半长（即初始裂纹半长）；

a_N——N 次循环后裂纹的扩展半长；

N——应力循环数；

$\Delta\sigma_{\mathrm{eff}}$——有效应力幅（$\Delta\sigma_t$、$\Delta\sigma_b$ 分别表示拉伸及弯曲应力幅值）。

② 对深埋缺陷：

$$b_N \leqslant b_0 / \left[1 - 5.46 \times 10^{-12} \left(\Delta\sigma_{\mathrm{eff}} \sqrt{\pi b_0} \right)^4 N / b_0 \right]$$

$$\Delta\sigma_{\mathrm{eff}} = \Delta\sigma_t + 0.25\Delta\sigma_b$$

$$= \frac{2}{n-2} \cdot \frac{1}{A a^n \pi^{n/2} (\Delta\sigma)^n} \left[\left(\frac{1}{a_0}\right)^{\frac{n-2}{2}} - \left(\frac{1}{a_c}\right)^{\frac{n-2}{2}} \right]$$

式中　b_0——$N=0$ 时缺陷在板厚方向的尺寸半长；

b_N——N 次循环后在板厚方向的尺寸半长；

对应于 $b_0 = b_N$ 的板宽方向裂纹，尺寸半长为：

$$a_N = a_0 \left[1 + \frac{b_N^3 - b_0^3}{a_0^3} \right]^{\frac{1}{3}}$$

③ 对表面缺陷：

$$a_N = a_0 / \left[1 - 5.46 \times 10^{-12} \left(\Delta\sigma_{\mathrm{eff}} \sqrt{\pi a_0} \right)^4 N / a_0 \right]$$

$$\Delta\sigma_{\mathrm{eff}} = \Delta\sigma_t + 0.5\Delta\sigma_b$$

式中　a_0——$N=0$ 时缺陷在板表面的裂纹半长；

a_N——在 N 次循环后板表面的裂纹半长。

裂纹穿过板厚时的应力循环数 N 为对应在 N 次循环后扩大的裂纹深度尺寸 N_p：

$$N_p = \frac{1}{5.39 \times 10^{-11} \Delta\sigma_{eff}^4} \left[\frac{1}{a_0} - \frac{1}{a_p} \right]$$

式中 a_p——$a_p = t/(0.92 - 0.87 R_b)$；

R_b——$R_b = \Delta\sigma_b / (\Delta\sigma_t + \Delta\sigma_b)$；

t——板厚。

对应 a_N 在 N 次循环后扩大的裂纹深度尺寸 b_N 为：

$$b_N = (0.98 + 0.87 R_b) \Big/ \left[\frac{1}{a_N} + (0.06 + 0.94 R_b)/t \right]$$

11.4.6 焊接接头的应变疲劳

1. 应变疲劳的一般概念

在循环加载试验中，当外载作用下只有弹性变形时，材料的应力应变曲线是完全按原路折回的，即弹性应变是可逆的。如果产生了塑性流动，一个完整的载荷历程以后，就形成一个滞后回线（如图 11-38(a) 所示）表现出既有弹性又有塑性，滞后回线所包的面积代表材料塑性变形功。图中所示的弹性应变范围 $\Delta\varepsilon_e$ 和塑性应变范围 $\Delta\varepsilon_p$ 分别为：

$$\Delta\varepsilon_e = XT + QVY = \frac{\Delta\sigma}{E}$$

$$\Delta\varepsilon_p = \Delta\varepsilon_T - \frac{\Delta\sigma}{E} = TQ$$

式中 $\Delta\varepsilon_T$——总应变幅值。

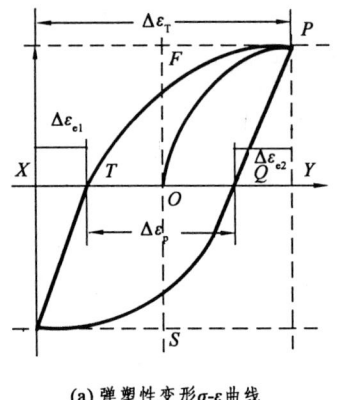
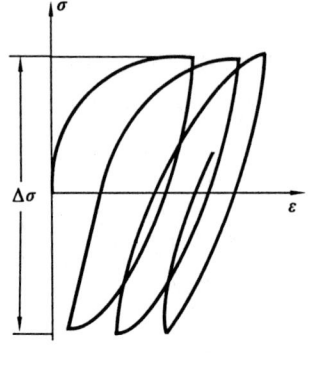
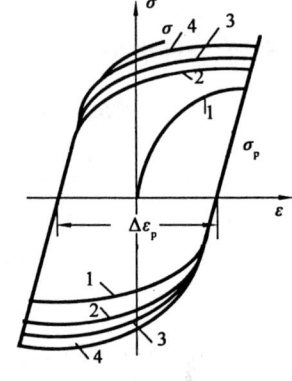

(a) 弹塑性变形 σ-ε 曲线　　　(b) 应力控制　　　(c) 应变控制的循环特征

图 11-38 应变疲劳

2. 材料的循环特性

（1）应力控制和应变控制。应力控制是等应力幅值 $\Delta\sigma$ 控制，其材料的循环特性如图 11-38(b) 所示。应变控制是等应变幅值 $\Delta\varepsilon_p$ 控制，其材料的循环特性如图 11-38(c) 所示。由图看出，在两种情况下，材料特性均将随循环增加而变化，经过一定的循环后(通常不超过 100 次)才达到稳定状态。

（2）循环硬化与循环软化。有些材料会发生循环硬化，而有些材料可能发生循环软化如图 11-39。循环软化材料将降低图 11-38(a) 中 PS 应力幅值，而增加 $\Delta\varepsilon_p$ (即 TQ) 可能会引起过早的断裂。一般软而强度低的钢会循环硬化，硬而强度高的钢会循环软化。另外与 σ_b/σ_s 和硬化指数 n 有关，$\sigma_b/\sigma_s > 1.4$ 或 $n > 0.20$ 的钢会循环硬化，而 $\sigma_b/\sigma_s < 1.2$ 或 $n < 0.10$ 的钢会循环软化。

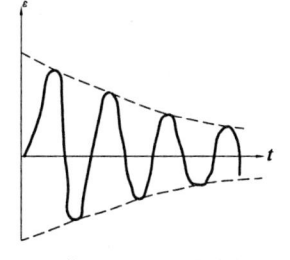 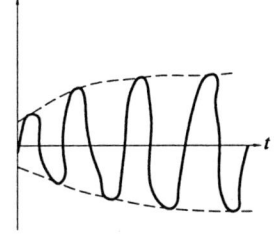 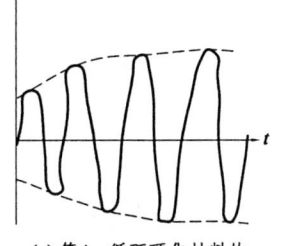 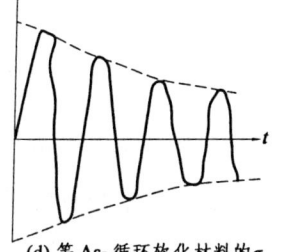

(a) 等Δσ循环硬化材料的ε　　(b) 等Δσ循环软化材料的ε　　(c) 等Δε_p循环硬化材料的σ　　(d) 等Δε_p循环软化材料的σ

图 11-39　恒幅应力-应变控制下的应力-应变变化

3. 应变寿命曲线

应变寿命曲线可用图 11-40 表示。

弹性应变幅　$\dfrac{\Delta\varepsilon_e}{2} = \dfrac{\sigma'_f}{E}(2N_f)^b$

塑性应变幅　$\dfrac{\Delta\varepsilon_p}{2} = \varepsilon'_f(2N_f)^c$

总应变幅　$\dfrac{\Delta\varepsilon_T}{2} = \dfrac{\Delta\varepsilon_e}{2} + \dfrac{\Delta\varepsilon_p}{2} = \dfrac{\sigma'_f}{E}(2N_f)^b + \varepsilon'_f(2N_f)^c$

式中　σ'_f——疲劳强度系数；
　　　b——疲劳强度指数；
　　　N_f——断裂循环次数；
　　　ε'_f——疲劳延性系数；
　　　c——疲劳延性指数。

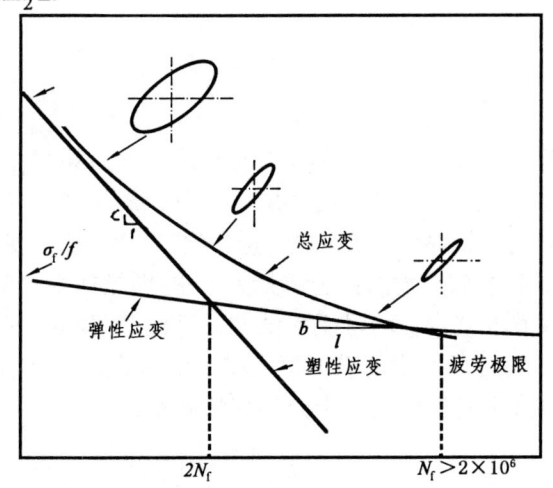
图 11-40　应变寿命曲线

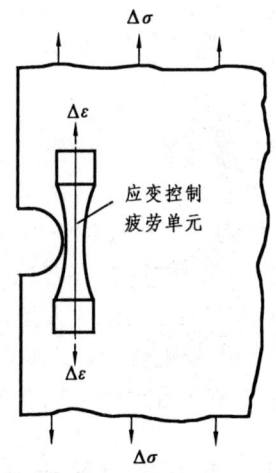
图 11-41　用光滑试件模拟切口疲劳元

如果能用控制应变的应变疲劳试验求出 σ'_f、ε'_f、b、c 即可得到总应变幅 $\Delta\varepsilon_T$ 与断裂寿命 N_f 的关系，就可用实测应变幅值来估计使用寿命。

4. 用平滑试件特性估计焊接启裂寿命

焊接结构都是由焊接接头组成，焊接接头处均有一定应力集中，因之往往疲劳的起裂就始于焊接接头的应力集中处，由于这个应力集中处会产生屈服区，而此屈服区是由周围弹性区所包围的，在塑性区内是受应变控制的应变循环，如果将应力集中区的塑性区当做一个小的应变疲劳单元，如图 11-41 所示，那么这个单元的断裂寿命，就是结构的启裂寿命。基于上述原理，对实际结构可以用一光滑小试件：来模拟应力集中处的应变循环，求出应变断裂寿命曲线和相应的系数，就可以估计结构的启裂寿命。有研究者试验

得出 ε_T-N_f 关系式为：

$$\varepsilon_T = 1.75\frac{\sigma_T}{E}N_{fi}^{-0.12} + 0.5\varepsilon_{fi}^{0.6}N_{fi}^{-0.6}$$

式中　σ_T——抗拉断裂强度；

　　　ε_{fi}——抗拉真实断裂应变，$\varepsilon_{fi} = \ln\frac{100}{100-\psi^2}$；

　　　ψ——断面收缩率。

例如某结构用 σ_T=420 MPa 钢制成，ε_{fi}=1.2，假如结构上有一接头 ε_T=0.34%，即可用上式求出 N_{fi}=10^4 次，如果另一接头 ε_T=0.14%，则可求出 N_{fi}=10^5 次。

日本一方钣田用 20 种钢材及焊缝试验整理得出：

$$\varepsilon_T = 0.286\varepsilon_{fi}N_{fi}^{-(0.042\,5\varepsilon_{fi}+0.544)} + (5.26\times10^{-6}\sigma_T + 0.001\,3)\times N_{fi}^{-(0.173-1.074\times10^{-4})\sigma_T}$$

由此亦可用以估计焊接接头的起裂寿命。

5. 裂纹在塑性区扩展

有应力集中或拉伸残余应力的焊接接头，在受力情况下，较普遍的情况是塑性区扩展，这时是由塑性应变幅 $\Delta\varepsilon_p$ 裂纹张开位移幅值 $\Delta\delta_t$ 以及 J 积分控制裂纹亚临界扩展速率。

R.J. Donabue, W.D. Dover 等人从控制裂纹张开位移幅值 $\Delta\delta_t$ 出发得出软钢（σ_b = 520 MPa）的 $\frac{da}{dN}$ 与 $\Delta\delta_t$ 的关系为：

$$\frac{da}{dN} = 9.63(\Delta\delta_t)^{3.26}$$

11.5　焊接接头的应力腐蚀

腐蚀是材料与周围介质作用产生的物理化学过程。应力腐蚀则是在应力及腐蚀介质的共同作用下的裂纹萌生、扩展和断裂现象。由于焊接接头组织成分的不均匀性，与周围介质的作用，最易产生局部电化学腐蚀，而焊接构件接头部位一般又存在最大的焊接残余应力和其他残余应力(如安装应力、校正变形产生的加工应力等)，同时往往存在有比较严重的应力集中，因此最易产生应力腐蚀现象。特别是在很多海洋结构、化工容器及锅炉、工业区的大型建筑结构和天然气管道等结构，均是焊接结构，因此了解和研究焊接接头的应力腐蚀是十分重要的。日本在 1965—1975 年化工设备所发生的破坏事故中主要是腐蚀破坏，其中一半属应力腐蚀破坏，由此也可以看出，腐蚀及应力腐蚀的研究和控制是十分迫切的问题。

11.5.1　应力腐蚀的一般概念

1. 应力腐蚀的特征

应力腐蚀裂纹，从焊缝外观看无明显均匀腐蚀痕迹，呈断断续续的龟裂形式，从横断面的金相照片看，如枯树根须，由表面向内部发展，断口为脆性断口。

一般的情况，低碳钢、低合金高强度钢、α 黄铜和铝合金等大多属沿晶断裂，裂纹大致垂直于拉应力方向，由晶间向纵深发展，超高强度钢大多沿奥氏体晶界开裂。这类沿晶断裂在电镜下观察为冰糖花样。对 β 黄铜及不锈钢，大多是穿晶断裂，可在电镜下看到河流花样。

2. 材料与腐蚀介质的的匹配

除纯金属外，合金在特定的腐蚀介质中都有一定应力腐蚀开裂倾向。并不是说在任何介质中都有，而是有一定匹配性，如表 11-13 所示。

表 11-13 材料与介质的匹配

材料	介质
低碳钢和低合金钢	苛性碱溶液,氨溶液,含 H_2S 或 HCN 溶液,湿的 $CO-CO_2$,碳酸盐溶液,海水,海洋大气和工业大气,$FeCl_3$ 溶液,混合酸($H_2SO_4-HNO_3$)溶液
奥氏体 Cr-Ni 不锈钢	热海水,高温水,热 NaCl,$NaOH-H_2O$ 溶液,二氯乙烷,H_2S 水溶液,NaOH 水溶液,NaOH+硫化物水溶液,浓缩锅炉水,$H_2SO_4+CuSO_4$ 水溶液,H_2SO_4+氯化物水溶液,水蒸气,热浓碱,过滤酸钠,严重污染的工业大气,酸溶液,明矾水溶液,海水,河水,海洋大气,湿氯乙烷,硫铵饱和水溶液
铁素体 不锈钢	海洋大气,工业大气,高温水,水蒸气,氯化物水溶液,高温高压水,NaOH 水溶液,NH_3,硫酸-硝酸,H_2S 水溶液,高温碱
马氏体 不锈钢	氯化物,海水,工业大气,酸性硫化物
铝合金	湿空气,海洋和工业大气,海水,NaCl,$CaCl_2$ 和 NH_4Cl 水溶液
镁合金	氯化物-铬酸钾溶液,氯化物,热带工业海洋大气,蒸馏水
铜合金	氨蒸汽或溶液,水,水蒸气,$AgNO_2$,湿 H_2S,$FeCl_3$,含 N 的有机化合物,柠檬酸,酒石酸

3. 应力腐蚀过程和类型

应力腐蚀开裂广义来说应包括两类,一为阳极溶解应力腐蚀(APC),一为阴极吸氢脆裂(HEC),多数情况下是两者共存的。根据电化学理论得知,电化学腐蚀有两个相互关连的环节,如图 11-42(a)所示。由图看出:

在阳极是金属 M 的溶解。

$$M \longrightarrow M^+ + c \ (M^+进入溶液,c到阴极)$$

在阴极是流来的电子被金属吸收产生氢脆

$$H^+ + e^- \longrightarrow H \uparrow$$

在应力 σ 作用时,阳极可发生 M^+ 溶解,阳极电流 i_a 越大,M^+ 溶解越多,腐蚀开裂时间越短,这种开裂叫应力阳极溶解开裂(APC)。在应力 σ 作用时,阴极会发生吸氢致脆,阴极电流 i_e 越大,吸氢过程越强,这就是应力阴极氢脆开裂(HEC)。

4. 应力腐蚀开裂的原因

应力腐蚀产生的原因可归纳为环境因子、应力因子和材料因子。为了说明产生机理,从上述三个方面提出了各种假设,目前比较成熟的是机械化学假设,这种假设认为对应力腐蚀敏感的合金,在特定的腐蚀介质中在表面形成一种保护膜(例如铁被氧化后形成使表面均匀氧化的氧化薄膜,到一定程度后,反而起保护作用防止氧对铁的继续氧化,这个过程叫钝化),如果没有应力作用,就不会发生腐蚀破坏,最多是均匀腐蚀,如图 11-42(b)所示,如果有应力作用,特别是残余应力叠加或存在应力集中部位,会产生局部滑移,形成滑移台阶面破坏保护膜露出新的金属表面,如图 11-42(c)所示。由于滑移台阶附近的滑移带中,堆集了大量位错,甚至可能伴随有孔洞少量台金元素和杂质原子在滑移带上析出等原因,使滑移台阶附近金属活化,加速化学溶解,并形成电化学腐蚀的阳极,保护膜末破坏区为阴极溶解开裂,如图 11-42(d)所示。

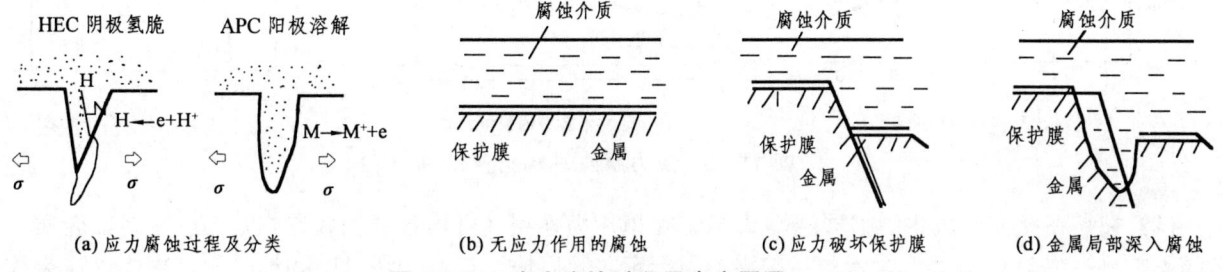

(a) 应力腐蚀过程及分类　　(b) 无应力作用的腐蚀　　(c) 应力破坏保护膜　　(d) 金属局部深入腐蚀

图 11-42 应力腐蚀过程及产生原因

机械化学假设能解释很多应力腐蚀现象，但不能解释为什么有很多情况的应力腐蚀是属于沿晶断裂，这是因为晶界能量高、电位低，因此相当于阳极，晶体本身相当于阴极，故在晶界发生阳极溶解。在发生新表面滑移带的阳极溶解时放出电子 e 直接流入阴极，被电解质中的 H^+ 所吸收而成 H，这样使 e 不断流来，加速腐蚀过程，就造成吸氢腐蚀。

5. 影响应力腐蚀的因素

影响应力腐蚀的材料因素主要是材料的化学成分和组织性能的不均匀性，由于其电极电位不同，易形成微电池，故与一定介质(电解质)匹配时就会产生电化学腐蚀。

影响应力腐蚀的应力因素主要是工作应力，残余应力(包括焊接、加工及安装残余应力)，由于它们的叠加使局部滑移而破坏钝化膜使金属产生应力腐蚀。

焊接缺陷和结构或焊接接头的不连续处、由于加载引起应力集中，进而产生局部塑性应变，产生滑移而破坏钝化膜后产生应力腐蚀。

以上分析的几个原因，正是焊接接头和结构所具有的，因此焊接接头及结构的应力腐蚀问题就特别突出，更有了解和研究的价值。

11.5.2 应力腐蚀的断裂力学分析

1. 应力腐蚀应力强度因子 K_{ISCC} 和扩展速率 da/dt

（1）应力腐蚀应力强度因子 K_{ISCC}。在线弹性断裂力学中的判据是 $K_I < K_{Ic}$，但在应力腐蚀介质中，由于时间加长，因腐蚀而使裂纹扩展，这时 K_I 就将随之上升，当达到 K_{Ic} 时就会失稳扩展直至完全断裂。当低于 K_{Ic} 的 K_{I1} 加载，时间达到 t_1 时，K_{I1} 就增加到 K_{Ic}，这时就在 C_1 点断裂；如再降低到 K_{I2} 加载，这就要有更长的时间 t_2，K_{I2} 才达到 K_{Ic}，并在 C_2 点断裂，这时断裂时间加长；如果继续降载，到一定 K_I 时也不断裂，这时的 K_I 就称之为 K_{ISCC}。理论上说就是这条曲线的水平渐近线，实际上经常根据钢种不同做到一定长的时间不断即可。上述过程如图 11-43(a) 所示。对一特定的腐蚀介质中的 K_{ISCC} 是近似为一常数，一般 $K_{ISCC} = \left(\dfrac{1}{2} - \dfrac{1}{5}\right) K_{Ic}$，在有应力腐蚀情况下，要用 $K_I < K_{ISCC}$ 作安全评定的判据。

$$K_{ISCC} = \sigma_{Th} \sqrt{\pi a}$$

$$\sigma_{Th} = \frac{K_{ISCC}}{\sqrt{\pi a}}$$

$$a_{Th} = \frac{K_{ISCC}^2}{\pi \sigma^2}$$

式中　σ_{Th}——应力腐蚀门坎应力。

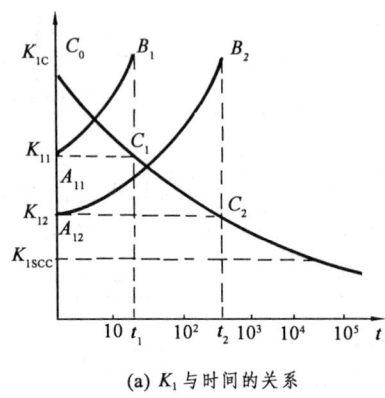
(a) K_I 与时间的关系

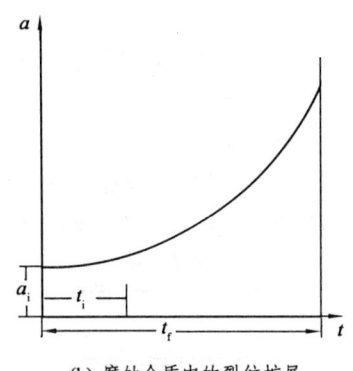
(b) 腐蚀介质中的裂纹扩展

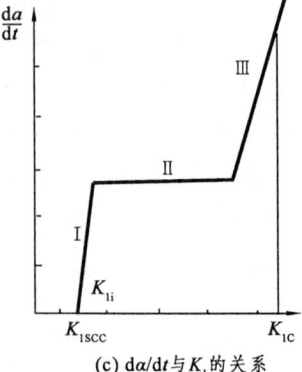
(c) da/dt 与 K_I 的关系

图 11-43　应力腐蚀的 K_{ISCC} 与 da/dt

（2）裂纹在腐蚀介质中的扩展速率 da/dt。在恒应力作用（可用各种加载方式）下放在腐蚀介质中开始裂纹不扩展，经过 t_i 时间后缓慢稳定扩展，到一定时间后快速扩展如图 11-43(b) 所示。由此可得裂纹扩展

（3）da/dt 与 K_I 的关系：由上述关系综合可得出 da/dt 与 K_I 的关系，如图 11-43(c)所示，图中 K_{ISCC} 前裂纹不扩展，这是孕育期，$K_I > K_{ISCC}$ 为快速扩展阶段 I，这时主要受 K_I 控制；接着出现慢速扩展(阶段 II)，其扩展速率与 K_I 基本无关，主要由电化学条件所控制，到一定时间以后，当 K_I 接近 K_{Ic} 时，又出现快速扩展阶段(阶段 III)，因此我们可以利用第 II 阶段来估算寿命，因为 $\dfrac{da}{dt}$ 与 K_I 无关，只取决于腐蚀速度 A，比较简化的方程是：

$$\frac{da}{dt} = A = \frac{a_2 - a_0}{t_F}$$

$$t_F = \frac{a_2 - a_0}{A}$$

因此只要由试验得出 A 值就可估算寿命。

2. 材料对门坎应力 σ_{Th} 的影响

不同材料的门坎应力 σ_{Th} 是随钢的强度级别不同而不同的，其应力腐蚀的主要特征也分别属于 APC 或 HEC。现将常用的 7 类材料对其敏感介质的门坎应力列于表 11-14。由表看出，不锈钢属于 APC，而且在不同介质中 a_{Th} 相差很大。一般结构钢(低碳和低合金高强度钢)属于 HEC。当 $\sigma_s > 490$ MPa 以后，σ_s 越高，a_{Th} 越低。但如在 P_{H_2} 小的环境中(如雨水、稀盐水)则要在相当高强度级别的钢才使 a_{Th} 降低。

表 11-14 材料对其敏感介质的门坎应力的影响

代号	钢 种	腐蚀介质	σ_{Th}	类型
A	奥氏体钢	盐水	$\sigma_{Th} \approx \sigma_s$	APC
B	奥氏体钢	硫酸	$\sigma_{Th} \approx 0 <>$	APC
G	奥氏体钢	高温高压水	$\sigma_s > \sigma_{Th} > 0$	APC
C	$\sigma_s < 490$ MPa 级钢	硫化氢水	$\sigma_{Th} \approx \sigma_s$	HEC
D	$\sigma_s = 490 \sim 780$ MPa 级钢	硫化氢水	$\sigma_{Th} < \sigma_s$	HEC
E	$\sigma_s = 780 \sim 980$ MPa 级钢	雨和稀盐水	$\sigma_{Th} \approx \sigma_s$	HEC
F	$\sigma_s > 980$ MPa 级钢		$\sigma_{Th} < \sigma_s$	HEC
注	表中 σ_{Th} 变化如右附图，P_{H_2} 大为硫化氢水，P_{H_2} 小为雨和稀盐水			

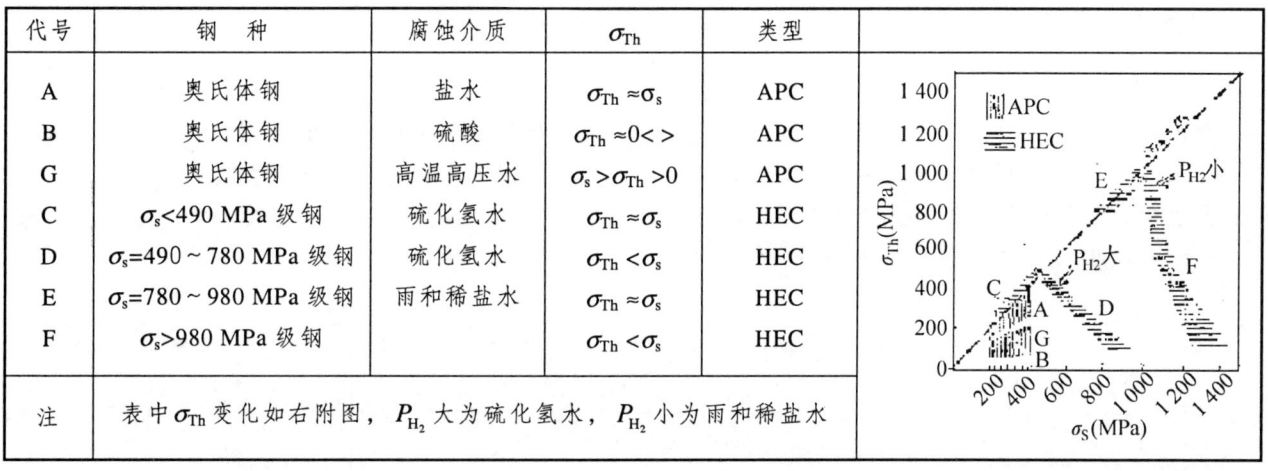

3. 应力腐蚀的控制

在生产条件下。如何控制应力腐蚀，是一个较难的课题。应力腐蚀的控制不外从设计、工艺和管理几方面控制。

（1）从设计方面控制。从设计方面主要是合理选材及避免应力集中。合理选材要有充足的试验数据，不能只看材料牌号，尤其不能只考虑强度级别，同一强度级别不同合金系统的钢材，可能抗应力腐蚀开裂的倾向相差很大，这点在选材时应充分注意，发展新钢种也必需充分考虑这一点。避免应力集中方面的要求与疲劳设计要求相同。

（2）从生产工艺上控制。从生产工艺上必须进行下列几方面控制：

① 冷作变形的控制。在焊接生产中，首先要进行冲剪成型等冷作工艺，焊后有冷校正，冷变形会产生大的残余应力和硬化，这都增加应力腐蚀倾向，所以必须尽可能地减少冷作变形。

② 焊接材料的选择。焊接材料对母材的匹配是很重要的，这要了解结构的工作条件，熟悉介质的腐蚀特性，认真分析合金系统各合金元素的特性，来选择焊条。目前对这些规律还缺乏认识，往往通过比较实验来选择。

③ 焊接工艺控制。焊接工艺控制的基本要求是不产生严重的热影响区硬度，晶粒长大和各种脆化。实验证明，热影响区硬度升高，开裂临界应力降低，如以 Welten-80C 钢在中，HV 为 357 时，开裂临界应力为 250 MPa，而 HV 为 383 时降为 100 MPa；但在 50 ppm 的 H_2S 中，开裂临界应力均在 620 MPa 以上，两者未显出明显差异。因而介质浓度有很大影响。热影响区组织对应力腐蚀开裂倾向有相当大的影响，对低合金高强度钢大体按下列次序增大应力腐蚀倾向：球状珠光体→层状珠光体→500℃回火马氏体→马氏体。过大的线能量使晶粒粗化，也会大大增加应力腐蚀倾向。

④ 焊接残余应力及应力集中源的控制。焊接残余应力是产生应力腐蚀的重要条件之一。有单位试验证明，用焊成的铁研式裂缝试件放入 H_2S 介质中，结果经一段时间后，未经过消除应力的试件完全裂通，而经过热处理消除应力的试件根本未裂，这就说明了残余应力的重要作用。焊接时强制组装所引起的装配应力也会促进应力腐蚀开裂。因此用各种方法消除残余应力对防止应力腐蚀开裂有重要作用。要特别注意消除工艺过程中各种伤痕，如拉筋伤痕、锤击伤痕和非焊接区的引弧疤痕等都会成为应力腐蚀的裂源，必须加以避免。这些措施，必将同时提高疲劳强度。

⑤ 严格生产管理。在生产中要特别注意钢材和焊接材料的管理，千万不能弄错。在结构使用中必须加强介质的分析和杂质的控制。如某地天然气管道曾发生多次应力腐蚀开裂，但加强了天然气中 H_2S 的控制，减少了事故发生。另外要进行定期的有效的防蚀处理和监控分析、检查修补，防止事故发生。

⑥ 分析断裂实例与提出预防措施。如果发生应力腐蚀开裂后，要进行分析，除宏观分析外，还可用电子显微镜作断口分析。例如某处 50 000 kW 中压汽轮机叶片，为 2Cr13 钢制造，由于焊"拉筋"过程中在焊接热影响区出现马氏体和疤痕的应力集中，在运行过程中产生应力腐蚀开裂。其断口宏观形貌可看出启裂、扩展和终断区。分析其原因后，就可吸取经验，在今后工艺过程中加以预防。

11.5.3　腐蚀疲劳

1. 腐蚀疲劳的特征

腐蚀疲劳是在腐蚀介质中承受交变的循环载荷时的力学行为。腐蚀疲劳也是工程中一个相当重要的问题，由于应力腐蚀，疲劳强度也将有所下降。如软钢在大气和海水中疲劳试验结果表明，在高应力时，即在屈曲点前，断裂寿命主要由循环周次所决定；而低应力时，在屈曲点后，主要由腐蚀所决定，其寿命首先决定于介质和时间，如图 11-44(a)所示。

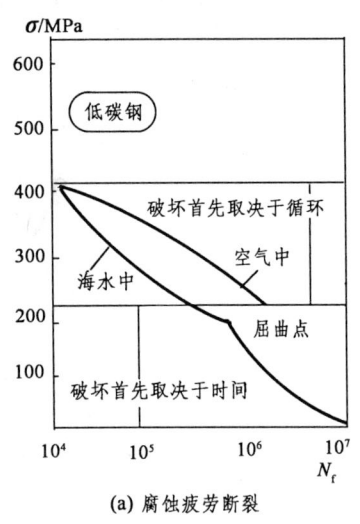
(a) 腐蚀疲劳断裂

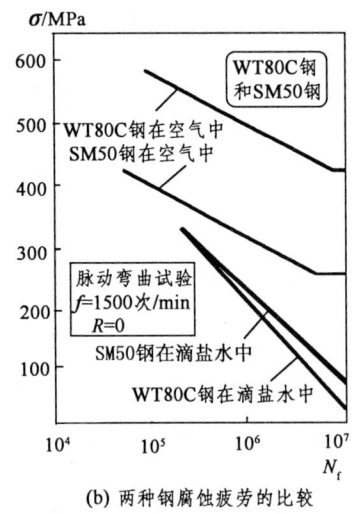
(b) 两种钢腐蚀疲劳的比较

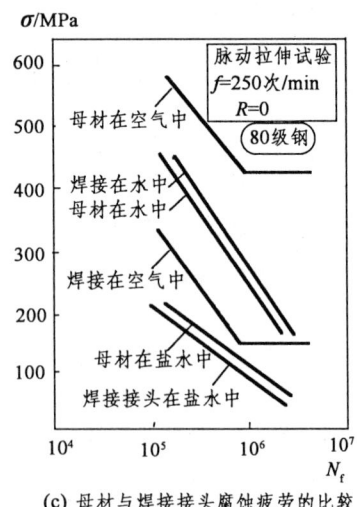
(c) 母材与焊接接头腐蚀疲劳的比较

图 11-44　材料和介质对腐蚀疲劳的影响

2. 影响腐蚀疲劳的主要因素

（1）环境介质的影响。由图 11-44(a)已可看出环境介质的影响，都会使疲劳强度降低，但在不同情况影响不同。

（2）材料成分的影响。由图 11-44(b)可看出环境对两种强度级别的钢的影响，在空气中两者疲劳强度差异恨大，但在盐水介质中疲劳强度差异很小。不同合金其影响程度不同，一些试验结果表明，以不锈钢在空气中最高，在海水介质中下降最少；以铝合金在空气中最低，在海水介质中下降最多；碳素钢介于其中。

(3) 高强钢焊接的影响。由图 11-44(c)可看出焊接高强钢对腐蚀疲劳强度的影响，在空气中母材远高于焊接接头，但在水中和盐水中腐蚀疲劳强度两者十分相近。在水中的腐蚀疲劳强度高于在盐水中腐蚀疲劳强度。

3. 焊接接头的腐蚀疲劳强度

(1) 不同焊接方法及加工试件的疲劳强度。对焊态不加工的焊接对接接头自动焊高于手工焊，但在焊缝加工后可同时提高接头在空气中的疲劳强度，如图 11-45(a)所示。

(2) 不同焊接方法及加工试件的腐蚀疲劳强度。与(1)同样条件的试件和试验方法在滴淡水中的腐蚀疲劳强度如图 11-45(b)所示，两者比较腐蚀疲劳强度有较大幅度下降。

(3) 不同焊接接头的腐蚀疲劳强度。全焊透的十字接头的腐蚀疲劳强度如图 11-45(c)所示，由图看出，全焊透的十字接头在盐水中腐蚀疲劳强度下降很多，焊缝打磨可大大提高空气和盐水中的腐蚀疲劳强度。

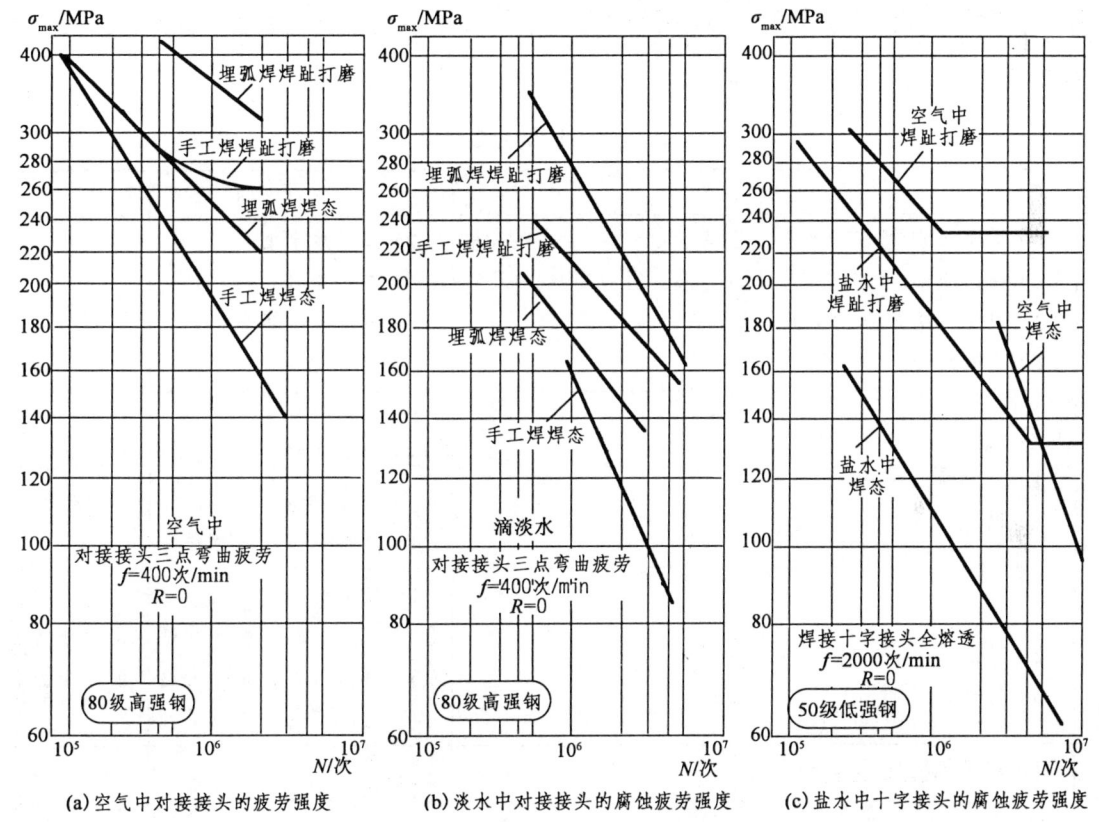

图 11-45 焊接接头的腐蚀疲劳强度

4. 高强钢的腐蚀疲劳强度下降率

高强钢焊接接头的腐蚀疲劳强度比母材低得多，但在盐水中高强钢焊接接头的疲劳强度不一定比母材低，某些焊接方法甚至还有提高。例如 HT80 钢的弯曲疲劳比较如下：

母材　　　　　$\sigma_r = 460$ MPa（空气）；150 MPa（盐水），下降 67%
手工焊接　　　$\sigma_r = 167$ MPa（空气）；130 MPa（盐水），下降 22%
埋弧焊对接　　$\sigma_r = 233$ MPa（空气）；165 MPa（盐水），下降 26%
手工焊打磨　　$\sigma_r = 266$ MPa（空气）；192 MPa（盐水），下降 28%

5. 腐蚀疲劳裂纹扩展率

过去几年发现材料—环境组合对腐蚀疲劳是敏感的。试验频率、载荷比、载荷波型和温度是影响材料在腐蚀环境中疲劳裂纹扩展性能的主要变量，如 12Ni5Cr3Mo 马氏体时效钢在 3%氯化钠溶液中的疲劳特性

用下述关系描述

$$\frac{\mathrm{d}a}{\mathrm{d}t} = D(t)\Delta K^2$$

式中，$D(t)$ 是与材料组合有关的材料参数。当试验频率降低时。$D(t)$ 增大，当 K_{ISCC} 减小时，$D(t)$ 增加，正弦波和三角波及正锯齿波的环境效应非常强烈，而方波和负锯齿波就无影响；循环特性系数 R 提高，裂纹扩展的腐蚀分量提高。

11.6 焊接接头的质量控制及检验

11.6.1 焊接接头的质量分析

焊接质量控制的重要环节之一在于焊接缺如何检查出缺陷，找出缺陷产生的原因，按一定标准来控制焊接接头的质量。陷可在焊缝中产生，也可能在热影响区产生。焊接缺陷的分类，产生原因及检查方法如表 11-15 所示。

表 11-15　焊接接头的质量分析

类型	缺 陷	产 生 原 因	检 查 方 法
尺寸形状缺陷	(1) 焊缝形状(熔宽、熔深、余高)和外形平整度不合格 (2) 焊接变形(收缩、弯曲、角变形、波浪变形)超标 (3) 烧穿、未焊透、咬边、未填满、满溢等 (4) 大量夹渣	(1) 焊工技术低 (2) 工作粗心 (3) 焊接规范不合适 (4) 焊接准备工作不良	外观及规尺检查
组织结构缺陷	(1) 气孔 (3) 非金属夹渣 (3) 偏析	(1) 焊接材料选择不好 (2) 焊接处铁锈污物过多 (3) 冷却过快 (4) 焊接规范不好熔深大	外观及金相检查 无损探伤
	(1) 裂纹 (2) 过热 (3) 淬硬	(1) 钢的焊接性不好 (2) 焊接材料选择不合适 (3) 焊接方法规范不合适 (4) 忽略工件刚性及导热	化学分析 金相检查
机械性能缺陷	(1) 焊缝机械性能不合适 (2) 热影响区机械性能不合适 性能包括强度、塑性、韧性、硬度、抗腐蚀性	(1) 由于尺寸缺陷引起 (2) 由于组织缺陷引起	各种机械性能试验

11.6.2 焊接接头的质量标准

对于质量有两种要求水平，即用于质量控制的水平 Q_A 和适用于产品的使用水平 Q_B。Q_A 是产品质量控制的目标，Q_B 是保证使用安全的最低质量要求。因此工厂必按 Q_A 作为标准进行质量管理，不合要求的要修补，不能修补的要报废。Q_B 是对已有的或在使用中的缺陷进行安全评定，进行使用中的安全控制，绝不能以此作为出厂质量标准。Q_A 可用国际焊接学会提出的规定控制（见表 11-15）作参考，各国各行业根据结构的使用载荷及环境条件、结构安全要求的重要程度都有自己的标准，一个好的标准在焊接接头和焊接结构的质量控制和焊接结构的安全使用和寿命起着关键作用。而对于 Q_B 则可用断裂力学中的方法进行计算容限尺寸。国际焊接学会第十委员会提出的"用断裂力学方法评定焊接缺陷"和日本焊接学会的 WES2805—1980 缺陷评定标准均可作为 Q_B 标准参考，我国也定出料压力容器缺陷评定标准在压力容器行业使用。

11.6.3 焊接接头的缺陷检验及无损探伤的应用

1. 焊接缺陷检验内容及方法

焊接检验是焊接产品质量控制的重要环节，它可以是全长检验和抽样检验。当抽样检验不能通过时则必须对该批产品进行全长检验。焊接检验的方法如表 11-16 所示。

表 11-16 焊接缺陷的容许尺寸（IIW）

缺 陷 形 式		容　许　尺　寸		
平面缺陷	裂纹与层状撕裂	不容许		
	根部未焊透(除非工作角焊缝外)	不容许		
	侧面熔合不良	不容许		
	根部熔合不良	不容许		
	层间熔合不良	不容许		
气孔	孤立气孔或成群气孔中每一气孔容许直径 Φ	$\Phi<6.0$ mm，板厚>75 mm $\Phi<4.5$ mm，板厚 30～75 mm $\Phi<3.0$ mm，板厚 25～30 mm $\Phi<1.5$ mm，板厚<25 mm		
	局部均匀分布气孔	板厚≤25 mm 最大容许 1%(按 X 光片)厚板比例放大		
	线状气孔	不容许平行于焊缝轴线的多孔性气孔		
	孤立虫状气孔	$\Phi \leqslant 6.0$ mm，宽≤0.5 mm		
	线状虫状气孔	不容许平行于焊缝轴线的线状虫状气孔		
	弧坑	$\Phi \leqslant 6.0$ mm，宽≤0.5 mm		
固体夹渣和夹杂	夹渣	每夹渣个都平行于焊缝轴线	板厚 $h \leqslant 18$ mm 渣长≤$h/2$≤6 mm 渣宽≤1.5mm	板厚 $h19$～75 mm 渣长≤$h/3$ mm 渣宽≤1.5 mm	板厚 $h>75$ mm 渣长 25 mm 渣宽≤1.5 mm
		线状夹渣群	总长不超过夹渣群的 8%，夹渣长度不超过 12 h		
		每一方向	每一方向的最大尺寸为 6 mm		
	夹杂	孤立夹杂	同孤立气孔		
		成群夹杂	同局部均匀分布气孔和线状气孔		
	铜夹渣物	不容许		
外形缺陷	咬边	容许不连续不尖锐咬边存在但其深度不超过 0.4 mm		
	收缩引起的沟槽状缺陷	不超过 1.2 mm		
	焊透过多过渡(烧穿)	容许少量焊透过多但其高不超过 3 mm		
	余高过渡不良	余高应平滑过渡		
	满溢	不容许		
	线状错边	$d \leqslant h/10$，最大不超过 3 mm		

表 11-17 焊接缺陷检验内容及方法

阶段	检验内容	检验方法
焊接检验	（1）焊接结构设计监定 （2）结构材料的焊接性试验 （3）焊接材料试验 （4）焊工考核	（1）审查监定设计文件 （2）化学分析，金相、硬度、机械性能和工艺试验 （3）按技术考工给合格证

续表 11-17

组装中焊接过程检验	（1）焊前准备工作检查（包括尺寸公差、收缩于两、坡口尺寸，装配间隙，防止变形应力，施焊面清理）	（1）外观检查，规尺检查
	（2）施焊过程检查（焊条、焊剂牌号，烘烤程度，焊接规范，焊接次序，操作方法）	（2）外观检查
	（3）抽查焊缝及焊接头质量	（3）外观检查，规尺检查，钻孔检查
焊后检验	（1）焊缝尺寸形状的检查（包括成型、变形、表面缺陷）	（1）外观、规尺检查
	（2）内部缺陷检查（气孔、夹渣、裂纹、未焊透）	（2）磁性、X光、γ光、超声、涡流、荧光等法
	（3）产品破坏检查	（3）破坏取样或整体破坏
	（4）结构加载或超载试验	（4）实际加载或超载

2．无损探伤方法

（1）X 光及 γ 光探伤。利用 X 射线或 γ 射线可对金属内部缺陷进行无损探伤，其工作原理如图 11-46(a) 所示。X 射线是一种波长短、能量大的电磁波，是在真空的高电压电场中，由加热阴极发射电子冲击阳极产生的。X 射线对不同密度物质的穿透力不同，因而对底片上感光程度不同，显影后就显示出缺陷投影形状。在一些生产线（如焊管）尚需要快速作在线检查，可采用无底片荧光显示，即把 X 光的成像用图像放大，通过光学系统显示在监控屏上，同时还可用电视录像机录下待查。γ 光检查原理与 X 光相同，不过 γ 光是一种放射性同位素（一般用 ^{60}Co）作射线源，而不需要发射电磁波的装置。γ 光比 X 光穿透能力强，能透射很厚的工件，而且能对圆形或球形容器焊缝作一次透射，生产率高，但对缺陷显示的灵敏度不如 X 光。X 光透射的能力决定于供给的管电压和电流。为了透射大厚度工件，可用电子回转加速器产生高能 X 射线。根据照相底片，就可评定焊缝质量，按容许缺陷数量可分为Ⅰ，Ⅱ，Ⅲ级。Ⅰ级质量最高，如桥梁、起重机主梁等重要结构就要求工作焊缝达到Ⅰ级标准。

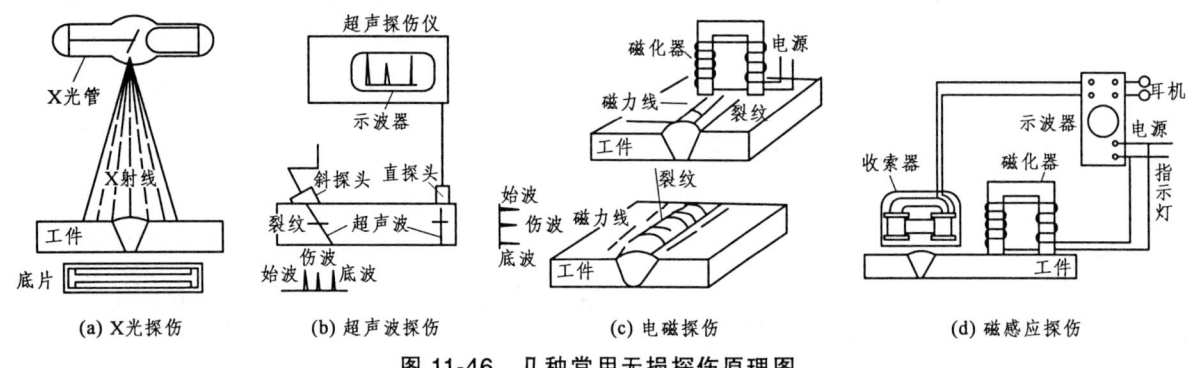

图 11-46 几种常用无损探伤原理图

（2）超声波探伤。超声波探伤工作原理如图 11-46(b)所示。超过 20 000 Hz 的声波叫超声波。超声波系由高频脉冲发生器发生高频脉冲，用压电晶片(在探头内)作换能器使电脉冲转变为超声波。超声波以一定方向进入工件，一部分反射回去，经过换能器转变为电脉冲在示波管上显示为"始脉冲"。进入工件的超声波，如遇缺陷则将其中一部分反射回来，经过换能器转变为电脉冲在示波管上显示为"伤脉冲"。经过缺陷到工件底部表面反射回来一部分超声波显示为"底脉冲"。这样在示波器荧光屏上就可看出三个脉冲，由"伤脉冲"是否存在判断有无缺陷，由移动探头时伤脉冲从无到有的区段就是缺陷的长度和范围。由三个脉冲的间距可定出缺陷在工件厚度方向的位置和尺寸。超声波探伤方法简便，成本低，而且能当场作出判断，因此得到广泛的应用，但要求探伤表面平整。它的优点是能探相当厚的工件，但对薄件探伤灵敏度低。对焊缝探伤由于余高也不好用直探头，这时可改用斜探头探伤。超声波探伤探伤仪发展很快，目前已有多种数字化探伤仪供应。同时发展了相控阵技术，在相控阵探头上压电元件发射多组脉冲，通过数据采集与分析软件根据操作者输入的数据得出不同的延迟时间，计算以后输出有效结果和进行数据的储存。

(3) 电磁探伤。电磁探伤的原理如图 11-46(c)所示，它是利用交流或直流将工件磁化，使工件在缺陷边界形成磁极以检查缺陷的方法。当磁力线平行于裂纹时，磁力线匀顺过渡，不易探出裂纹，如磁力线垂直于裂纹，在裂纹附近出现突变和局部漏磁，铁粉集中此处，即可定出缺陷位置及大小，磁性探伤的方法有干法和湿法，用干铁粉显示缺陷的叫干法。用磁性悬浮液显示的叫湿法。悬浮液可用每 kg 油中加入 100～200 g 铁粉来配制。磁性探伤只能检查出与磁力线垂直或以一定角度相交的缺陷，由此可用横向磁场来检查纵向焊缝，用纵向磁场检查横向焊缝。这种方法以检查表面裂缝最灵敏，检查小气孔、夹渣则较为困难。

(4) 磁感应探伤。磁感应探伤的原理如图 11-46(d)所示。磁感应探伤与电磁探伤不同的是，只不过用一搜索器来寻找磁力线突变部位以显示缺陷。在磁力线畸变处，搜索器线圈中产生一电势差，并用放大器放大后送入指示器(电表、示波器、耳机和电眼等)显示出来。磁感应探伤可检查 6～15 mm 深的缺陷，而且可自动记录，但对表面缺陷显示不如磁粉法好。另外还有磁针探伤和涡流探伤原理与此相似。

(5) 水压试验和气密试验。用水或其他液体压入焊接容器叫水压或液压试验，用压缩空气压入焊接容器叫气密试验。这两种方法主要是试验焊接容器的致密性，但有时也用以检验容器结构强度，这时一般是加压到超过工作压力的 0.5～1 倍，检查是否渗漏。有时甚至加压到爆破或泄漏，测定破坏应力。为了检查焊接容器和管道的致密性，还可用煤油和氨气试验，煤油试验是在焊缝反面涂白粉，在焊缝正面涂煤油：若焊接中有微小裂缝或穿透气孔，煤油会穿过缝隙而使白粉一面出现黑斑纹，由此可以确定焊接缺陷位置和大小，氨气试验则在容器或管道中通入 10%的氨气，在外壁焊缝面贴一层宽于焊缝的硝酸汞溶液试纸，有渗漏时，氨与硝酸汞反应而成黑色斑纹或斑点。

(6) 萤光及着色探伤。把工件表面浸沾、刷涂或喷涂一层萤光渗透液，在缺陷处由于毛细管作用吸入，清理表面乾燥后再涂以显像剂，即可显示出在缺陷处有强光。

(7) 声发射检验。声发射技术是 20 世纪 60 年代发展起来的一种新技术，其特点是在外力或内力作用下，缺陷处因应力集中而产生塑性变形或开裂，内部储存的能量的一部分以应力波(弹性波)的形式释放出来供物体发声，这种现象叫声发射。用电子仪器对发射出来的应力波进行接收并加以处理，显示出来，进而对缺陷进行评定的技术叫声发射技术。近年来国内外用声发射技术来探测焊接过程中由于热应力产生的裂纹。监测焊后延迟裂纹的产生和发展，焊接构件的安全监测，以及研究焊接结构脆断机理和断裂力学测试中都得到应用。

3. 无损探伤的应用

(1) 各种探伤方法应用现状。以外观、超声波、磁粉、射线、涡流和声发射 6 种方法在美国调查结果，无论是在使用前或使用中检查，无论是在现场生产中或实验室中应用，按多少排队均是：外观、超声波、磁粉、射线、涡流、声发射这个排列次序。

(2) 常用的几种探伤方法合理使用范围如表 11-18 所示。

表 11-18 各种探伤方法合理使用范围

对　　象	探 伤 方 法
破口表面缺陷检查	外观、磁粉
破口附近母材缺陷检查	超声波
多层焊各层表面缺陷检查	磁粉、渗透
铲根后表面残存缺陷检查	磁粉、渗透
焊接区表面缺陷检查	磁粉、渗透
焊接区(2 mm 以内)表面层缺陷检查	磁粉
焊接区内部缺陷检查	射线、超声波
点固胎具处缺陷检查	磁粉、渗透
水压试验时裂纹产生和扩展	声发射
水压试验或加载引起的应力应变和启裂及其扩展	电阻应变仪和声发射

（3）无损检验的可靠性。现在使用的无损检验中，不见得能完全准确地发现所有的焊接缺陷，并把所有的缺陷尺寸原封不动反映出来，为表示无损检验的可靠性，必须搞清楚两个量。

① 无损检验的灵敏度 S_{NDT}。

$$S_{NDT} = \frac{用NDT（无损检验）能检查出的缺陷数量}{同一区域实际存在的缺陷总数} \times 100\%$$

② 无损检验的精度 S_{NDT}。

$$A_{NDT} = 1 - \left| \frac{a_{NDT} - a_{ACT}}{a_{ACT}} \right|$$

式中　a_{NDT}——无损检验出的缺陷大小；

　　　a_{ACT}——缺陷的实际大小。

图 11-47 表示有表面疲劳裂纹（此为最细小的宏观缺陷）的 4330 钢应用各种无损检验方法的灵敏度和精度的比较。由图 11-47(a)可看出，以 90%可信度能检查出的最小裂纹长度为：超声波为 5 mm，渗透法为 9 mm，磁粉法为 7 mm，X 射线对疲劳裂纹检查的灵敏皮相当差。由图 11-47(b)可看出无论哪种无损检验方法，其精度大约是 60%～80%，因此，用作缺陷评价时必须将 a_{NDT} 放大 20%～40%。当然对尺寸较大的宏观缺陷，其 S_{NDT} 和 a_{NDT} 会提高。试验人员的技术水平、精心程度、材料和缺陷的种类都将对其 S_{NDT} 和 A_{NDT} 产生影响。

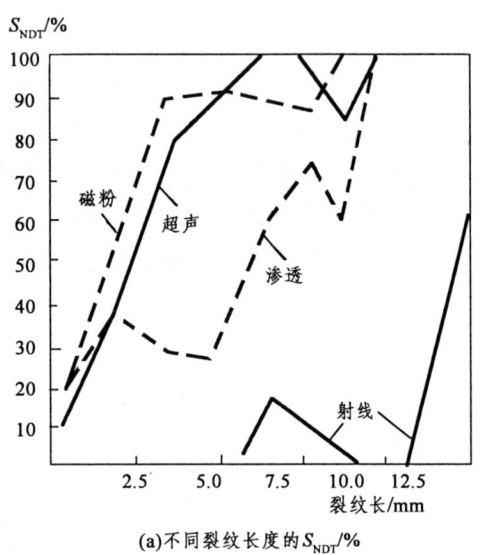
(a)不同裂纹长度的 $S_{NDT}/\%$

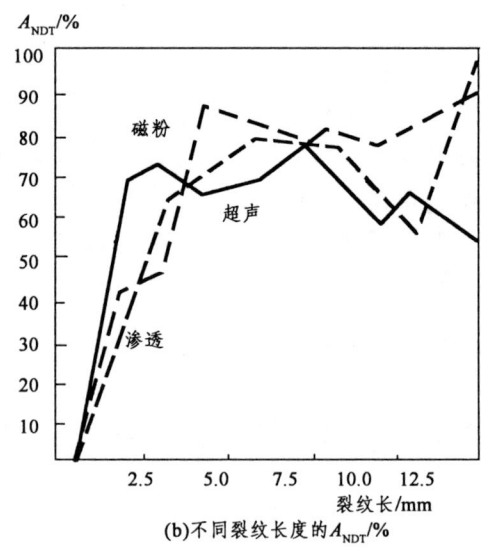
(b)不同裂纹长度的 $A_{NDT}/\%$

图 11-47　不同裂纹长度的 S_{NDT} 和 A_{NDT}

11.6.4　焊接接头及结构的实物或模型试验

在一些重要结构的新材料、新工艺和新结构的研究开发中，还要做很多的化学或光谱分析、金相或电镜分析、各种机械性能分析，以优化新材料、新工艺和新结构的选用；目前信息化和计算机技术的发展，用计算机模拟及仿真和最优化技术，可减少相当一部分试验工作量。但一些必要的焊接接头及结构的实物或模型试验还是必要的，如实际焊接接头原尺寸的性能试验和能模拟焊接结构和残余应力因素的宽板试验或整体结构的静弯试验、焊接接头及结构的疲劳试验和冲击试验。压力容器或运载系统的超载试验是最直接的实物试验，有的大型结构还做缩小一定比例的模型试验。

参考文献

[1] 王元良主编. 焊接及焊接结构. 北京：中国铁道出版社，1986.

[2] [美]R A 林德伯格，等著. 焊接及其他连接方法. 李致焕等译. 重庆：科学技文献书出版社重庆分社，1983.

[3] [美]美国焊接学会编. 焊接手册（第1卷）. 清华大学焊接教研组译. 北京：机械工业出版社，1986.

[4] [美]美国焊接学会编. 焊接手册（第3卷）. 清华大学焊接教研组译. 北京：机械工业出版社，1991.

[5] [美]美国焊接学会编，焊接手册第4卷. 黄静文等译. 北京：机械工业出版社，1991.

[6] 曾　乐主编. 现代焊接技术手册. 上海：上海科学技术出版社，1993.

[7] 俞尚知主编. 焊接工艺人员手册. 上海：上海科学技术出版社，1991.

[8] 孙珍宝等编著. 合金钢手册. 北京：冶金工业出版社，1984.

[9] 中国机械工程学会焊接学会编. 焊接手册. 第1卷. 北京：机械工业出版社，1992.

[10] 陈伯蠡编. 焊接冶金原理. 北京：清华大学出版社，1991.

[11] 贺运佳主编. 金属材料熔焊工艺. 西北工业大学出版社，1988.

[12] 焦馥杰编著. 焊接结构强度分析. 上海：上海科学技术文献出版社，1991.

[13] Y L WANG etc. Study on Fracture Toughness of Welded for 15MnMVNRE Stell, Cryogenic Materiails' 88, ICMC, Boulder, Colorado, 1988.

[14] Y L WANG etc. The Effect of Preloading on Residual Stresses in Welded Structures, IUTAM Symposium, Mechanical e ffects of Welding Luled, 1991.

[15] T R GURNEY. Fatigue of welded structures. Cambridge University Press, 1979.

[16] L Yansun. Mechanization and Automatomation of Heavy Equipment Welding in Chia, Advanced Techniques and Low Cost Automation. International Academmic Publishers, 1994.

[17] 铃木春义等著. 溶接金属学. 产业出版株式会社，1978.

[18] 金泽武等著. 溶接继手的强度. 产业出版株式会社，1979.

[19] 郑宜庭等编. 焊接电源. 北京：机械工业出版社，1988.

[20] 李亚江主编. 焊接材料选用. 北京：化学工业出版社，2004.

[21] 李亚江著. 特殊及难焊材料的焊接. 北京：化学工业出版社，2003.

[22] 李亚江等编著. 焊接修复技术. 北京：化学工业出版社，2005.

[23] 王国凡主编. 钢结构焊接制造. 北京：化学工业出版社，2004.

[24] 宋天民编著. 焊接残余应力的产生与消除. 北京：中国石化出版社，2005.

[25] 王元良. 焊接工业工程. 北京：中国机械工程出版社，1996.

[26] 王元良，屈金山，晏传鹏，胡久富. 高速列车车体轻量化用铝合金选材及焊接材料匹配. 西南交通大学百周年校庆论文集（材料科学与工艺分册）. 成都：西南交通大学出版社，1996.

[27] 王元良. 高速重载运行下铁路钢桥的材料选择. 西南交通大学百周年校庆论文集（材料科学与工艺分册）. 成都：西南交通大学出版社，1996.

[28] 王一戎，车小莉，骆德阳. 高速动力车体的焊接技术. 西南交通大学百周年校庆论文集（材料科学与工艺分册）. 成都：西南交通大学出版社，1996.

[29] 王元良，李兴中，王一戎，孙鸿. 京九线孙口黄河大桥整体节点焊接接头强韧匹配研究. 西南交通大学百周年校庆论文集（材料科学与工艺分册）. 成都：西南交通大学出版社，1996.

[30] 李兴中，王元良，陈明鸣，等. 强度匹配对14MnNbq钢焊接接头拉伸性能的影响. 西南交通大学百周年校庆论文集（材料科学与工艺分册）. 成都：西南交通大学出版社，1996.

[31] 车小莉，王一戎. 不同强度匹配焊接接头的冲击韧性及组织分析. 西南交通大学百周年校庆论文集（材料科学与工艺分册）. 成都：西南交通大学出版社，1996.

[32] 陈明鸣，李兴中，王元良，等. 焊缝强度匹配对焊接接头疲劳性能的影响. 西南交通大学百周年校庆论文集（材

料科学与工艺分册). 成都：西南交通大学出版社, 1996.

[33] 胡久富, 王元良, 俞申伟, 雷宇. 新的含 Ti-B 焊丝的研制. 西南交通大学百周年校庆论文集（材料科学与工艺分册). 成都：西南交通大学出版社, 1996.

[34] 陈鹏等. B665 低温无缝钢管的焊接工艺性研究. 西南交通大学百周年校庆论文集（材料科学与工艺分册). 成都：西南交通大学出版社, 1996.

[35] 谢 敏等. 钢轨的窄间隙焊接方法. 西南交通大学百周年校庆论文集（材料科学与工艺分册). 成都：西南交通大学出版社, 1996.

[36] 雷斌隆等. 钢筋窄间隙焊在工程中的应用. 西南交通大学百周年校庆论文集（材料科学与工艺分册). 成都：西南交通大学出版社, 1996.

[37] 王元良等. 细双丝三弧焊接及堆焊的研究. 焊管, 1997 (3).

[38] 王元良等. 微量 B、Ti、Re 高韧性焊丝的研究. 焊管, 1998 (4).

[39] 王元良等. 铝合金焊接性能及其焊接接头性能. 有色金属学报, 1997 (1).

[40] 王元良, 吕其兵, 陈辉. 计算机在焊接工程中的应用. 机械, 2000 (3).

[41] 王元良, 屈金山, 胡久富, 周友龙. 高效节能的细双丝自动焊研究. 焊接技术, 2000 (12).

[42] 王元良, 周友龙, 胡久富. 汽车焊接适用新技术. 电焊机, 2000 (9).

[43] 王元良, 屈金山, 胡久富, 周友龙. 高效节能的细双丝自动焊设备的研究. 焊接技术, 2001 (12).

[44] 王元良, 周友龙, 胡久富. 双丝单弧预热填丝焊研究. 焊管, 2001 (4).

[45] 王元良. 西部大开发与焊接工程. 电焊机, 2001 (9).

[46] 王元良, 周有龙, 胡久富, 屈金山. 运载工具的铝合金选材与焊接. 有色金属学报, 2001 增刊.

[47] 王元良, 周友龙, 胡久富. 药芯焊丝自动双丝焊工艺研究. 焊管, 2001 (11).

[48] 王元良, 周友龙, 胡久富. 高效节能的细丝双丝焊工艺及设备研究. 电焊机, 2002 (3).

[49] 王元良, 周友龙, 胡久富. 用细丝双丝双弧焊改变焊缝强韧匹配研究. 焊管, 2002 (9).

[50] 王元良等. 汽车焊接适用新技术. 电焊机, 2002 (9).

[51] 王元良. 论焊接科学与工程. 电焊机, 2003 (7).

[52] 王元良, 周友龙, 胡久富, 等. 解决远载工具铝合金难题的新途经——搅拌摩擦焊. 电焊机, 2004 (1).

[53] 王元良, 周友龙, 胡久富. 我国钢桥技术及其发展. 电焊机, 2004 (4).

[54] 周友龙, 胡久富, 王元良. 14MnNbq 铁路桥梁钢双细丝双弧焊接试验研究. 电焊机, 2004 (4).

[55] 王元良, 陈 辉, 周友龙, 等. 汽车结构及零件的再制造工程. 电焊机, 2004 (6).

[56] 王元良, 戴 虹, 陈 辉. 现代焊接工程在制造业中的作用及其发展. 电焊机, 2004 (11).

[57] 栾国红. 搅拌摩擦焊在中国的发展. 电焊机, 2004 全国焊接学术交流会增刊, 2004 (4).

[58] 何德孚等. 单电源双丝埋弧自动焊研究. 电焊机, 2004 全国焊接学术交流会增刊, 2004 (4).

[59] 王元良等. 用氢-秧取代氧-乙炔作焊接切割的必要性及可行性. 电焊机, 2005 (1).

[60] 王元良, 周友龙, 胡久富. 我国钢结构技术及其发展. 钢结构, 2005 (8) 增刊.

[61] 王元良, 周友龙, 胡久富. 铝合金运载工具轻量化及其焊接新技术. 电焊机, 2005 (9).

[62] 王元良, 陈辉, 周友龙, 胡久富. 钢轨自动堆焊的发展前景. 铁道建筑, 2005 (8).

[63] 王元良, 陈辉周友龙, 胡久富. 热喷涂技术及其设备应用. 电焊机, 2005 (11).

[64] 陶然, 陈晖, 陈鹏. 自保护药芯焊丝在钢轨冷焊中的应用. 电焊机, 2005 (11).

[65] 王元良. 螺柱焊焊接技术的发展及应用. 电焊机, 2006 (1).

[66] 王元良. 焊接工程及产业的发展趋势. 现代焊接, 2006 (1).

[67] 蔡立民. MZS-1250 型双弧双丝埋弧焊设备及工艺. 电焊机, 2006 (4).

[68] 王元良, 周友龙, 方培泉, 等. 新型对焊机传动控制的研究. 电焊机, 2006 (8).

[69] 李明, 雷斌隆, 陈晖. 用微型剪切试研究 WD610 焊接接头性能. 电焊机, 2007 (2).

[70] 周友龙, 李蓉, 胡久富, 等. HRB400 半自动闪光焊试验研究. 电焊机, 2007 (2).

[71] 戴为志. 从"鸟巢"钢结构焊接工程看钢结构焊接发展趋势. 现代焊接, 2007 (9).

[72] 陈伯蠢. 中国钢桥的发展. 电焊机, 2007 (3).